Theory, Methodology and Programming of Systems Engineering

系统工程理论、方法与程序

主 编 周 伟

副主编 余德建 陈 瑾 缑迅杰

中国财经出版传媒集团

经济科学出版社

Economic Science Press

·北京·

Perface

前言 >>>

这是一本面向管理科学与工程、工商管理、应用经济学等专业本科、硕士乃至博士研究生的方法类应用型教科书。目的是使学生能够全面了解系统工程相关方法的发展背景、理论概念、模型运用以及软件实现，其显著特点是：新旧方法结合、方法程序一体。本书的编写理念是：不过多讲述基本概念和发展历史，不局限于系统工程基本原理和概念，通过简述理论引入新成果和新方法，并立足所有方法和模型提供详细的软件实现过程，以此来全面介绍系统工程类量化研究方法，以及新形势下出现的新模型、新理念、新技术与新软件。本书不仅适用于从事学术研究的硕士、博士研究生，还适合经管类本科生开展深层次的实证研究和方法研究。

本书特点有：理论侧重核心与要点、模型涵盖经典和热点、方法概括过程和程序、案例展示运用和分析。针对新的系统工程理论、方法与实现程序，通过系统性讲授和过程性实操力争让全部模型实现看得清、学得会、懂得用。因此，学以致用、学而好用、学了能用是本书的特色，也是不同于类似方法和课程的特点。

为了使读者全面了解系统工程的发展背景、理论概念、模型运用与软件实现，本书搭建了一个完整的逻辑体系，每章内容都遵循“理论发展→功能介绍→方法推导→关键解释→过程总结→程序实现→案例展示”的渐进过程。每章有关理论、方法和程序的介绍均具备独立性，即使数学公式和模型推导较难理解，仅根据程序实现过程和案例分析过程也能掌握系列方法的实际运用。当理论、方法和计算全部了解后，则可以开展理论完善、方法优化与应用扩展等方面的进阶研究。不仅适合经管类本科生开展尝试性实证研究，还适合大部分专业研究生开展深入性探索研究。

总的来说，本书每章内容对基本原理部分的涉及不多但也不会显得单薄；本书内容较为广泛，添加了一系列新兴方法的介绍，同时还补充了软件实现和实例应用，使本书的受众面不会仅局限在学术研究层面，还将扩展到可实现模型应用的实际分析层面。

结合上述考虑和定位，全书内容按照"背景匹配—文献综述—理论介绍—软件实现—案例分析—习题巩固"的结构框架进行阐述，汇集了系统工程理论中的8类经典模型和4种新兴方法，以及作者通过扩展、优化和提炼并改进而成的新方法和新技术，共分为十二章。其主要内容包括：第一章，系统关联文献分析与CiteSpace + Pajek实现；第二章，系统网络层次分析与Super Decision实现；第三章，系统灰色技术分析与GTMS实现；第四章，系统动力学分析与Vensim实现；第五章，系统网络分析与Ucinet实现；第六章，系统尾部分析与R程序实现；第七章，系统包络分析与DEAP实现；第八章，系统降维分析与SPSS实现；第九章，系统结构分析与Amos实现；第十章，系统正则化分析与R程序实现；第十一章，系统泡沫趋势分析与1stOpt软件实现；第十二章，系统学习分析与Python实现。

整体而言，本书所涉及的学习阅读对象是经管类本科生与研究生。作为一本以系统工程理论为内容的方法类应用型教材，目的是让学生真正掌握一类方法理论、学会方法实现、了解方法应用，尤其是让经济管理类的研究生学会如何用社科类方法和理论尝试分析现实问题，进而解决社会问题，真正体现经济管理研究的实际价值。

此外，作为一本教材，本书还为每一章配备了相应的电子课件以供参考学习。作为一门处理复杂系统问题的现代科学技术，系统工程涉及的知识面也越来越广。受限于作者知识水平，书中疏漏之处在所难免，敬请广大读者批评指正，当然我们也会持续矫正并不断完善。同时，也希望读者能够从本书中有所收获！

本书每章编者分工如下：第一章，余德建、周伟、项波、武朝霞；第二章，周伟、缑迅杰、徐鑫茹、符新伟；第三章，陈瑾、周伟、陈悦、王舒可；第四章，周伟、陈燕、潘宇庭；第五章，陈瑾、罗丹雪、徐艺榛；第六章，周伟、柳曼、庄严；第七章，缑迅杰、周伟、郭瑾；第八章，余德建、陈瑾、马镱鸣；第九章，周伟、缑迅杰、庄严；第十章，陈瑾、余德建、武朝霞；第十一章，周伟、陈燕、徐艺榛；第十二章，周伟、罗丹雪、薛晓锐。

编者

2022年10月

Contents

目录 >>>

第一章

Chapter 1

系统关联文献分析与CiteSpace+Pajek实现

第一节　系统关联文献分析方法与相关背景

一、系统关联文献分析方法介绍

系统工程的特性取决于系统的组成部分及结构。为了掌握系统变化的规律，必须要对系统各组成部分之间的联系进行观察和研究。要对系统进行有效的分析研究，首先应对系统进行定性和定量分析，找出研究对象的特征和发展规律，以此进行研究并建立系统模型。在不能直接解决系统本身的问题时，需要借助系统建模方法。因此，系统模型与建模方法是系统工程解决问题的必备工具，也是系统工程人员必须掌握的技术手段。系统建模的方法同样适用于定性和定量分析的系统关联文献研究，对于相关领域研究的最好途径就是查询和阅读该领域的前沿和热点文献。同样对于系统工程问题而言，文献研究分析法是不可或缺的工具，本章着重介绍系统关联文献分析方法。

系统关联文献分析方法是一种针对研究领域的内容和研究对象相关的文献进行定性分析与定量测度的文献计量分析方法。作为一种文献计量方法，系统关联文献分析方法对相关研究领域的高频被引文献和热点文献在整个研究领域内所发挥的重要传播与承接作用，以及相关研究领域的重要转折点和知识传播过程等内容进行了分析。对于系统关联文献分析方法所需要使用的软件，本书主要介绍了 CiteSpace 和

Pajek 软件，一方面从定性角度对系统关联文献进行文献综述，另一方面从定量角度对系统关联文献进行计量分析。

二、系统关联文献分析相关背景

系统关联文献分析即文献计量分析法，是指以数理统计和计算技术等数学方法为基础，定量地分析相应学科领域知识演化脉络及交叉领域的方法，对科学活动的输入、输出和过程进行定量分析，旨在发现科学活动的规律（Van, 1997; Schubert, 2002; Wuehrer & Smejkal, 2013; Heneberg, 2013; Kim & Chen, 2015），是一种从量化角度看待相关领域发展的方法。通常文献计量的主要对象有作者、关键词、被引文献、主题、期刊、国家和机构等。基于此，本书主张在进行论文写作尤其是文献综述部分时，可以基于以下几个方面掌控大致的写作方向。

（1）在所研究的学科领域中，哪些文献做出了具有创新性和指标性的工作?

（2）在所研究的学科领域中，与其他研究领域之间是如何相互联系的?

（3）所研究学科领域的演变过程是一种怎样的动态状态?

（4）能否从所研究的学科领域中得出相关主题与热点内容?

不难发现，上述四个方面基本涵盖了学科领域发展的大部分内容，而本书的目标就是通过这四个方面，运用相关工具，尝试从自己的认知角度去完成相关领域的文献计量研究。CiteSpace、VOSviewer、HistCite 以及 Pajek 均为经典的文献计量软件。CiteSpace 软件是由陈超美教授与大连理工大学的 WISE 实验室联合开发的文献计量软件。CiteSpace 实际上是“引文空间”（Citation Space）的缩写，其具备了对文献的科学计量分析以及对数据信息的可视化能力。该软件初期是被用来研究共引文献以及提取知识等聚类情况的一种工具。如今除了针对文献共引之外，一些其他知识变量，如关键词、主题、文献等也被补充进来，从共引与被引两个角度分别进行数据计算与可视化演示。

考虑到 CiteSpace 在上述四个方面都为文献计量研究提供了相应的理论支撑，本书选择 CiteSpace 作为文献计量研究工具。

三、文献计量研究综述

学习 CiteSpace 软件的主要目的是更好地了解相关专业的发展脉络与热点研究等内容。研究一个领域的发展前沿、研究热点、演化脉络等有助于学者思考本身专业的研究思路和建立研究路径。文献计量学是一个科学研究领域，越来越受到科学界的重视（Alvarez-Betancourt & Garcia-Silvente, 2014），构建某一科学研究领域的概览是公认的有效途径（Claude et al.，2014）。近年来，随着社会的发展，尤其是计算机和互联网的发展，文献计量学得到了迅速的发展（Merigó et al.，2016）。一般来说，它属于图书情报学的范畴（Glänzel，2015），但它已被广泛地扩展到其他研究领域，如经济管理（Du & Teixeira，2012；Hoepner et al.，2012；Gallardo-Gallardo et al.，2015；Lampe & Hilgers，2015）、能源和燃料（Chen & Ho，2015；Jiang et al.，2016）、心理学（Vanleeuwen，2013；Lee et al.，2014）等。在计算机科学和工程中，文献计量学也被广泛应用，如决策支持系统（Arnott & Pervan，2005a；Arnott & Pervan，2014b）、生物信息学（Kim et al.，2014；Song et al.，2014）、启发式（Loock & Hinnen，2015）、大数据（Huang et al.，2015）、心电图（Yang et al.，2015）等研究领域。

在过去的十几年里，许多学者的研究内容丰富且繁杂，有很多研究者对用科学计量学的方法找出关于领域的现象和规律感兴趣。胡等（Hu et al.，2014）运用科学计量学方法分析了电动汽车研究领域的现状和未来的研究趋势。金姆和陈（Kim & Chen，2015）对推荐系统领域进行了科学计量学研究，发现了研究的新趋势和新方法。齐格米勒和穆勒（Siegmeier & Möller，2013）通过采用描述性科学计量方法研究了有机农业和生物能源问题，揭示了这一领域的发展、结构和分布。吴和段（Wu & Duan，2015）利用已发表的文献调查了精神分裂症领域的合作作者网络。张等（Zhang et al.，2015）以 CiteSpace 软件为基础，将引领社交媒体支持知识管理领域发展趋势的关键参考文献可视化，并绘制了该领域有影响力的作者和研究热点。卡尔马和戴维斯（Calma & Davies，2015）提出了一种基于引文网络的方法，用于分析1976～2013 年高等教育领域的所有研究成果，并揭示了被引频次最多的关键词、高产作者和被引作者。卡尔马和戴维斯（2016）对《管理学院学报》1958～2014 年的出版物进行了详细的调查和讨论，确定了最有影响力的贡献者、被引用最多的文章、最有成效的机构和负责出版的国家。

国内学者对 CiteSpace 软件的运用，针对某些研究领域进行科学的系统探索，如心理学与教育（辛伟等，2014；李培凯等，2016）、化学教学（董垠红，2018）、地理学（李琬和孙斌栋，2014）、医学领域（李婴嫱等，2017；胡昌盛，2019；石晶晶，2020）、生态环境（高云峰等，2018；曹文杰和赵瑞莹，2019）、重金属（罗杨，2020）、养老服务（梁誉等，2020）等。李婉和孙斌栋（2014）将 CiteSpace 运用到西方经济地理学领域中，综合分析了该领域中的基础知识、脉络演化和前沿热点。肖婉和张舒予（2016）分析了混合学习研究与实践的趋势以及未来研究中值得关注的问题，为教育研究者和实践者提供了一定的参考。徐建国等（2021）综合利用CiteSpace 和 VOSviewer 两款软件来探究国内深度学习领域的研究进展和热点前沿。同时，如前所述，Pajek 软件也可以基于学科领域识别出相应的研究热点、演变过程、新兴趋势和主要路径等内容。赵等（Zhao et al.，2020）利用 Pajek 与 CiteSpace

分析了语境线索在个体注意资源挖掘中的重要性，强调了对文献的系统回顾在一定程度上起到了理论与实践相连接的桥梁作用。达因等（Daim et al.，2020）为了更好地了解物联网、网络安全和区块链等新兴技术，使用 CiteSpace 和 Pajek 软件技术对专利引文网络进行分析。由此可见，将 CiteSpace 与 Pajek 软件搭配使用也是一种较为常见的方式。对于 Pajek 软件的其他用法，可以参考本书后面的内容，会有详细介绍。

不难发现，文献计量分析对各个领域来说都是一项不可或缺的研究，它能够帮助学者全面地了解该领域的重大动态和热点内容。CiteSpace 是一款侧重于应用的软件，在进行文献计量研究时具有指示性作用，系统学习 CiteSpace 是了解领域发展现状的重要手段之一。

本书将在后续内容重点介绍该软件的使用过程，并且给出一个具体案例分析，以供读者对该软件的用途有较为详细的理解。此外，本书也会在后面简单介绍关于文献计量分析部分的 Pajek 软件操作过程。

第二节　CiteSpace 与 Pajek 软件介绍与使用

本节主要介绍 CiteSpace 与 Pajek 软件的相关安装过程，以及对 CiteSpace 软件界面功能区的一般介绍和对 Pajek 软件的简单操作，力求读者能够对该软件有一个较为详细的了解。

一、数据采集与处理

软件的运用依赖于对数据的分析，数据的采集则是软件运用的基础，目前较为主流的数据采集主要借助于系统的文献数据库。数据库通常会收录除正文之外的所有文献信息，而且还附带了数据库对记录文献的分类标引，因此，不同数据库之间的数据格式存在一定的差异性。读者在进行 CiteSpace 的相关运用时，最好是专注于一个数据库进行数据采集。相比之下，Web of Science（WoS）的数据结构是最为完整的，而其他数据库（如 Scopus、Derwent、CSSCI 和 CNKI 等）次之。本书仅对 WoS 数据库进行展示，对其他数据库不做考虑，若读者对此感兴趣，可以查找相应资料。

CiteSpace 软件分析的数据是以 WoS 数据格式为基础，即其他数据库的数据格式都需要将数据类型转化为 WoS 格式，才能进行下一步分析。通常用户收集的 WoS 格式数据都会包含 PT（文献类型）、AU（作者）、SO（期刊）、DE（关键词）、AB（摘要）、C1（机构）和 CR（参考文献）等信息。

本节主要介绍中文、英文相关数据的采集和处理，以及数据采集的详细操作步骤和注意事项。

（一）中文数据采集

1. CNKI 数据采集

第一步：进入中国知网首页。

登录中国知网首页 www. cnki. net，进入文献检索界面（见图 1－1）获得知网权限。这里以 2020 年将 CiteSpace 作为主题发表的相关论文为例。

图 1－1　中国知网首页

第二步：数据检索方式。

单击首页检索输入栏右侧的“高级检索”，进入高级检索界面（见图 1－2）。在“主题”检索栏输入“CiteSpace”匹配方式为“精确”，并将时间范围选择为“2020－01－01”至“2021－01－01”。

图 1－2　数据检索界面

第三步：检索相关结果与处理分析。

输入“CiteSpace”共检索到2029篇文献记录（见图1-3），由于中国知网会收录英文文献，因此单击“中文”能够剔除英文文献，共检索到1829篇中文文献。由于检索到的结果中包含的信息过于零散杂乱，因此需要进一步限制和删减文献记录。

图1-3 文献检索结果界面

选择左侧的相关分类：“科技/社科”“主题”“文献来源”“学科”“作者”以及“机构”等，单击“确定”，可以筛选出相关分类的文献数据，设置最大页面显示（50页）以方便数据的采集操作。

单击“全选”选择本页的50条数据（见图1-4），重复操作选择每一页数据，最多选择CNKI的500条数据上限，对于超过500条的数据需要分批次下载。

第四步：数据下载与保存。

选中500条需要下载的数据记录后，单击“导出与分析—导出文献—Refworks”进入数据下载页面（见图1-5）。最后导出相关文献记录，较为重要的一点是，下载的数据命名格式必须为“download_XXX”。后续下载的数据分别命名为“download_500-1000”“download_1000-1500”“download_1500-1829”，获得全部的数据记录（见图1-6）。

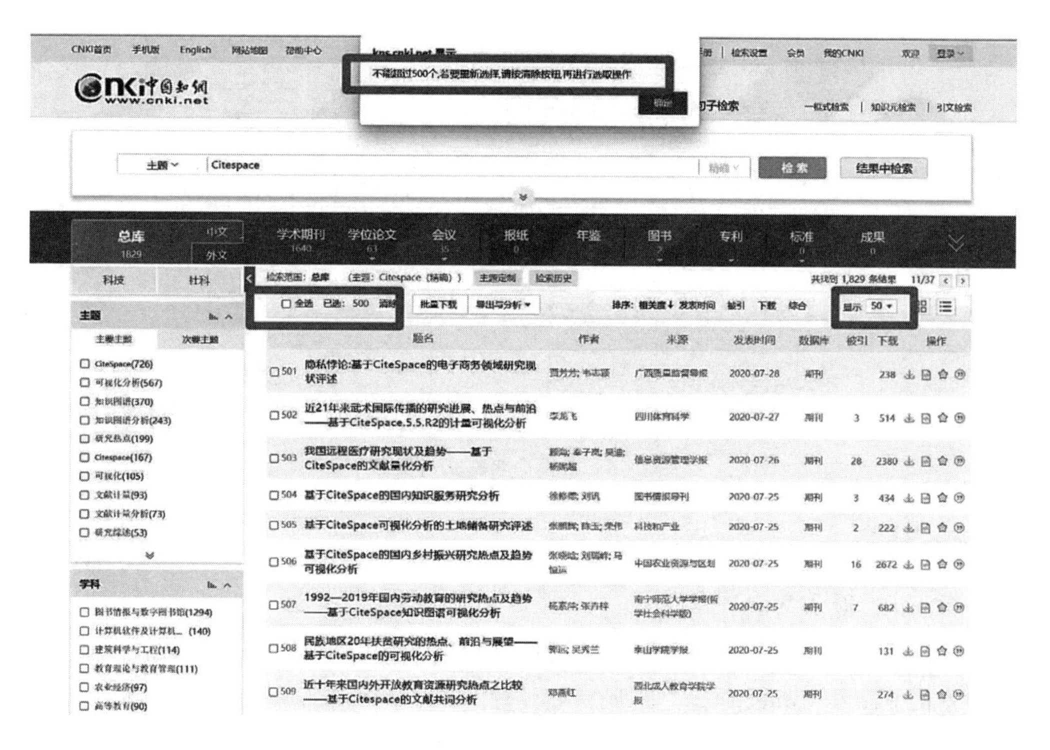

图 1-4　文献数据选取

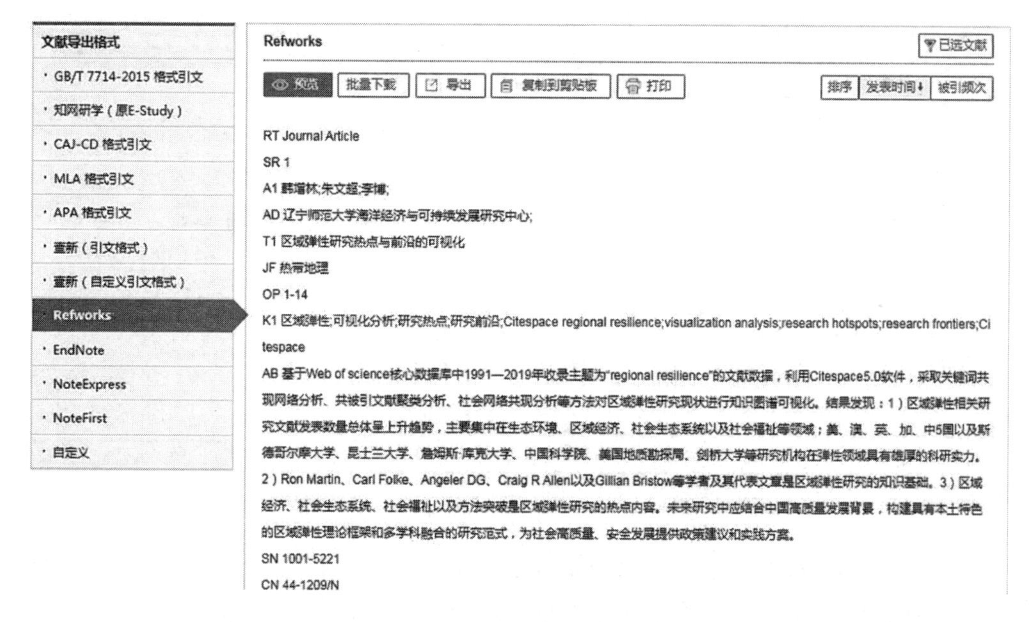

图 1-5　数据下载界面

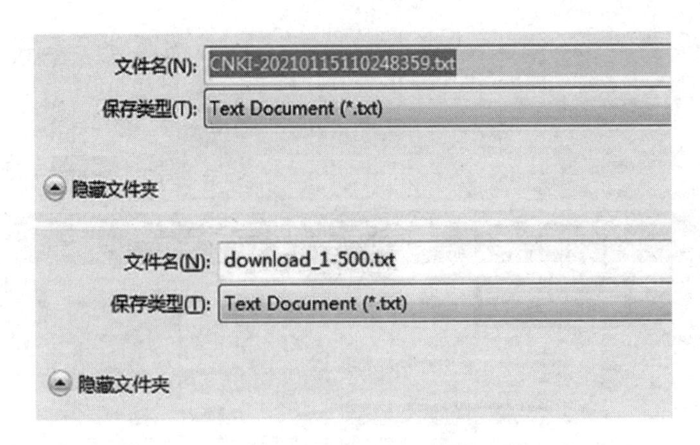

图 1-6 数据命名格式与保存

2. CSCD 数据采集

第一步：登录 WoS 数据库。

登录 WoS 数据库后，在数据库中选择“中国科学引文数据库”（见图 1-7），在检索栏中输入“CiteSpace”，时间跨度设置 2020～2021 年。

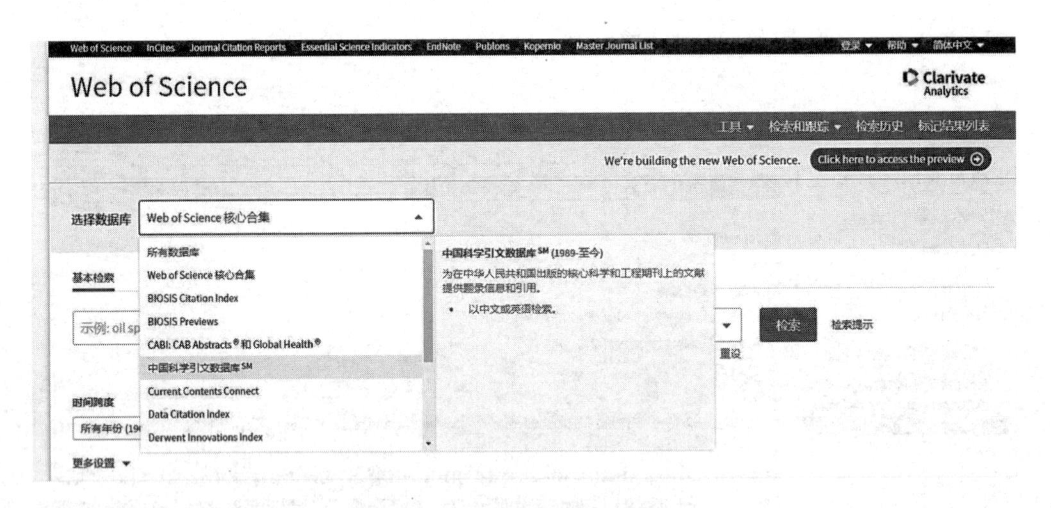

图 1-7 登录 WoS 数据库界面

第二步：检索结果及导出。

输入“CiteSpace”共检索到 136 篇论文，在检索页面单击“导出—其他文件格式”，选择记录来源，即输入需要导入的文献序号，记录内容：“全记录与引用的参考文献”，文件格式：“纯文本”（见图 1-8）。以此“导出”相关数据，同样的，对于导出文件格式命名必须严格按照命名格式“download_XXX”。若检索数据超过 500 条，则需要接续下载 1～500 条数据后，重复这一步骤，获得剩下的数据。

图 1-8 数据导出

（二）英文数据采集

第一步：登录 WoS 数据库首页。

登录 WoS 数据库之后，默认情况下检索的数据是“Web of Science 核心合集”（见图 1-9）。

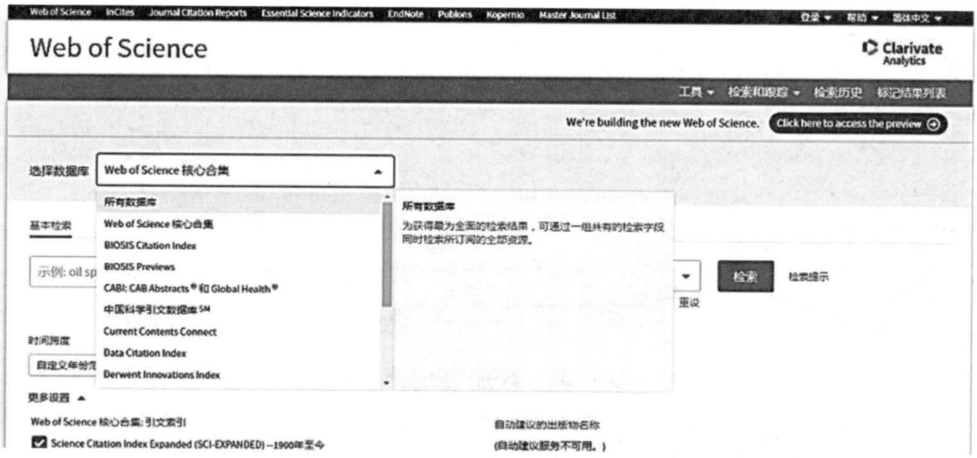

图 1-9 WoS 数据库

第二步：数据检索方式。

本部分以“volatility spillover”为基本检索主题，选择数据库为“Web of Science 核心合集”，时间跨度选择所有年份（1990～2021 年），在更多设置中勾选“SCI”与“SSCI”数据库（见图 1-10）。

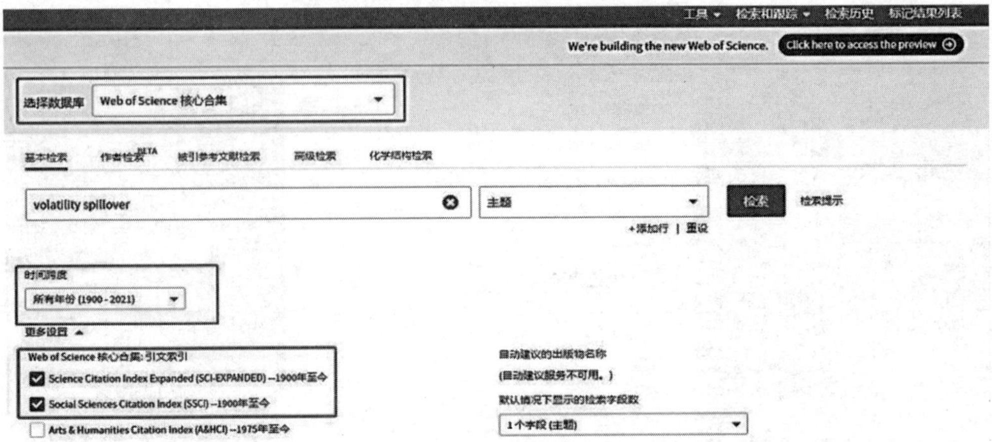

图 1－10　数据检索条件设置

第三步：数据检索结果及基本分析。

通过基本检索主题“volatility spillover”共检索到文献 1846 篇（见图 1－11），若用户对该检索结果不满意，可通过检索界面左侧进一步对检索结果进行精炼和过滤。

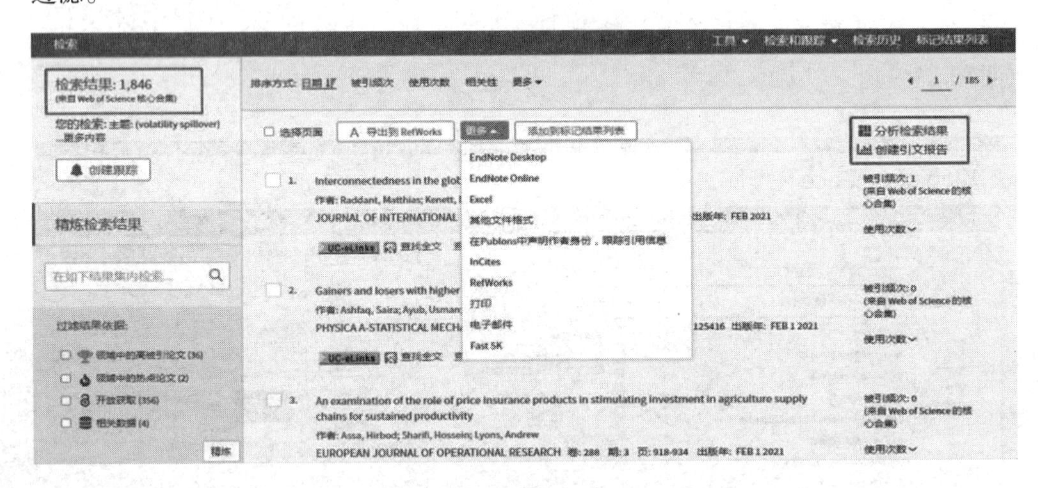

图 1－11　数据检索结果界面

第四步：检索结果的导出与储存。

在检索结果界面单击“更多—其他文件格式”进入数据导出界面后，选择记录来源 1 至 500，记录内容：“全记录与引用的参考文献”，文件格式：“纯文本”（见图 1－12），单击“导出”按钮，并按照 CiteSpace 格式要求保存为“download_XXX”。

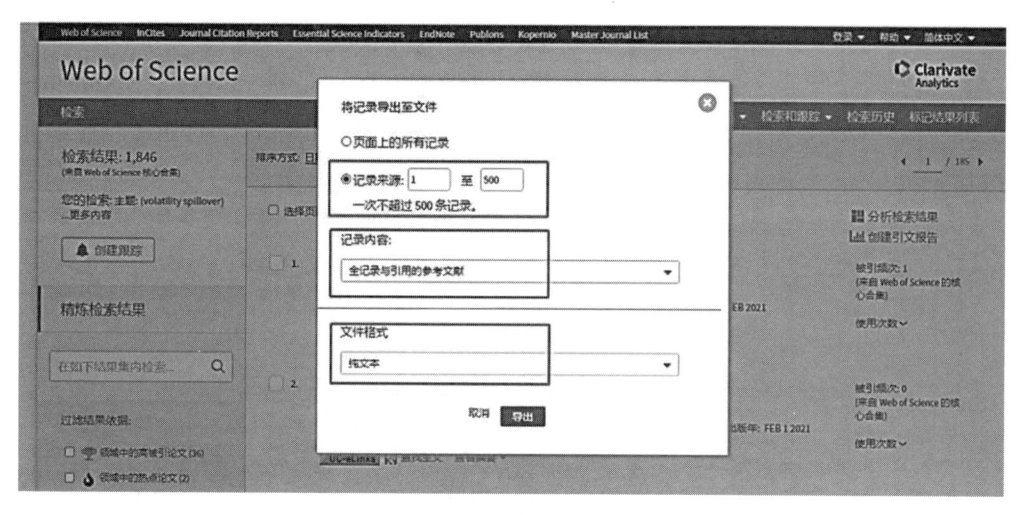

图 1－12　数据导出

（三）数据预处理

为了使 CiteSpace 能够对不同数据库的数据进行分析，CiteSpace 软件专门提供了数据的格式转换功能，可以将 CNKI、CSSCI 以及 SCOPUS 等数据转换为 WoS 需要的数据格式。当然，数据的格式转换并不是唯一的功能，主要功能还包括数据的降重、过滤。实际上过滤操作在提取数据时就可以进行，因此本节主要介绍数据的降重以及数据格式转换。

1. 数据的降重

第一步：建立两个文件夹，一个用来储存原始数据（data），一个用来保存被处理过后的数据（adjust data）。

第二步：在 CiteSpace 软件界面，单击 Data→Import/Export，进入数据处理界面（见图 1－13），可以看到多种数据处理操作，本节以处理 WoS 数据降重为例进行说明。

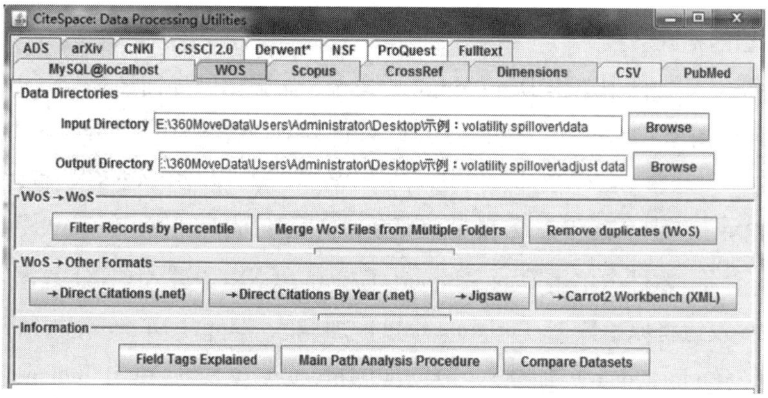

图 1－13　CiteSpace 数据处理界面

第三步：单击 Browse 按钮将原始数据（data）加载入“Input Directory”，将保存处理后的文件夹（adjust data）加载入“Output Directory”。之后单击 Remove duplicates（WoS）按钮等待降重过程执行完毕（见图 1-14）。具体的降重后数据可以在 adjust data 文件夹中查看，此处不再赘述。

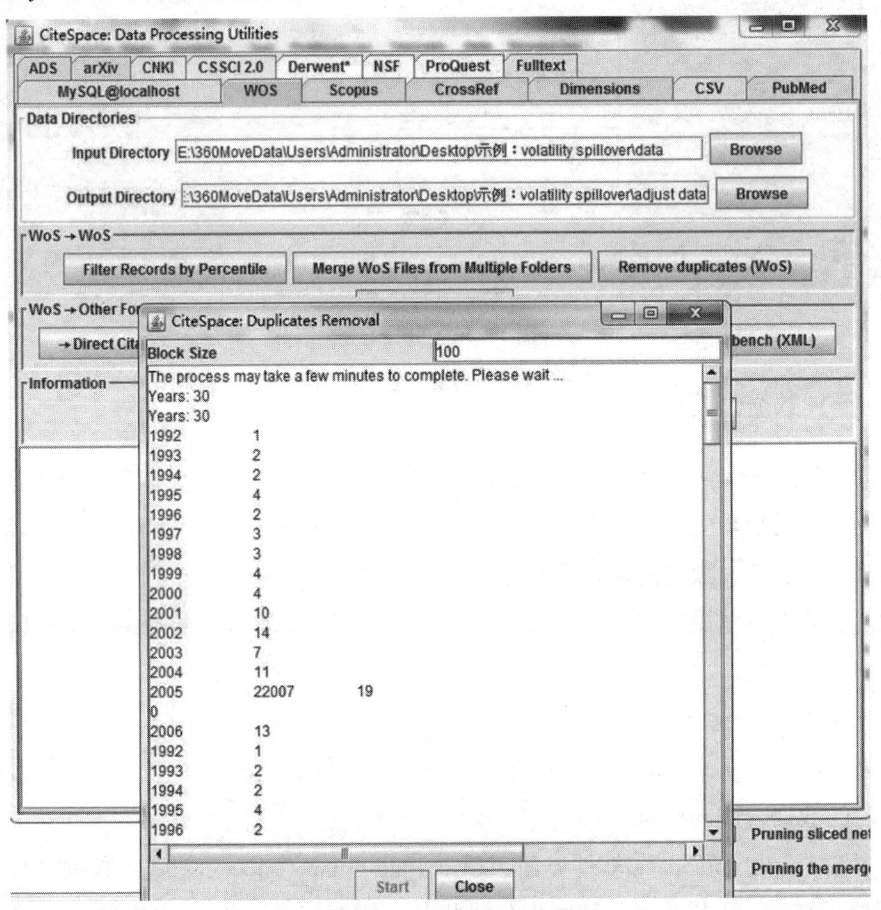

图 1-14 数据处理界面

2. 数据的格式转换

在 CiteSpace 软件中单击 Data→Import/Export 后弹出的界面还提供了数据格式转换的功能。由图 1-14 可知，CiteSpace 软件的转换功能包括“WoS→Other format”“CNKI→WoS”“CSSCI→WoS”以及“Scopus→WoS”等，本节以 CNKI 数据转换为例。

由于 CNKI 数据的格式是 Refwork，需要用 CiteSpace 将其转换为 WoS 格式。

在 CiteSpace 软件中单击 Data→Import/Export→CNKI，进入 CNKI 数据转化界面。单击 Browse 按钮将原始数据（original data）加载入“Input Directory”，将保存处理后的文件夹（adjust data）加载入“Output Directory”，之后单击 Remove duplicates（WoS）按钮等待降重过程执行完毕，最后单击 CNKI Format Conversion 按钮即可完

成转换（见图 1 – 15）。相应的转换后的文件可以在 adjust data 文件夹中查看。

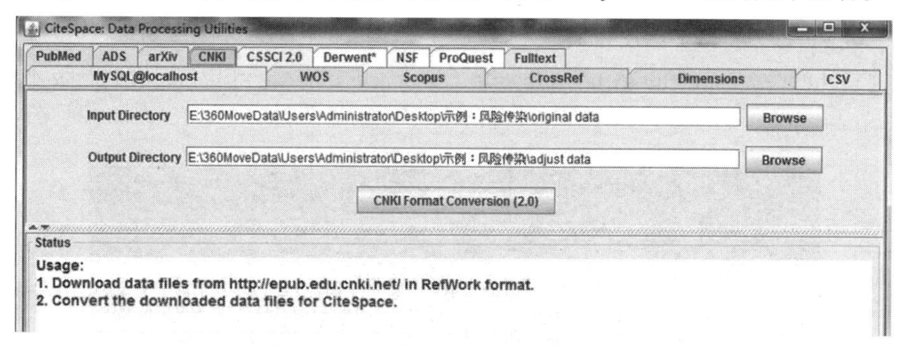

图 1 – 15　CNKI 功能转换界面

二、CiteSpace 软件安装与介绍

（一）CiteSpace 软件安装过程

第一步：软件 Java 环境配置。

在安装 CiteSpace 之前，首先需要配置 CiteSpace 软件的 Java 运行环境，根据电脑版本安装相应的 Java 版本，即 32 位电脑需要安装 Windows X86 版本的 Java，64 位电脑需要安装 Windows X64 版本的 Java。若电脑系统不是 Windows 系统，也可根据相应提示安装。CiteSpace 的下载界面为 http：//cluster. ischool. drexel. edu/ ~ cchen/CiteSpace/download/，单击 Download Now 按钮进入下载界面，单击 Download Java JRE 64 – bit / Windows x64 可下载与电脑相匹配的 Java 版本（见图 1 – 16）。

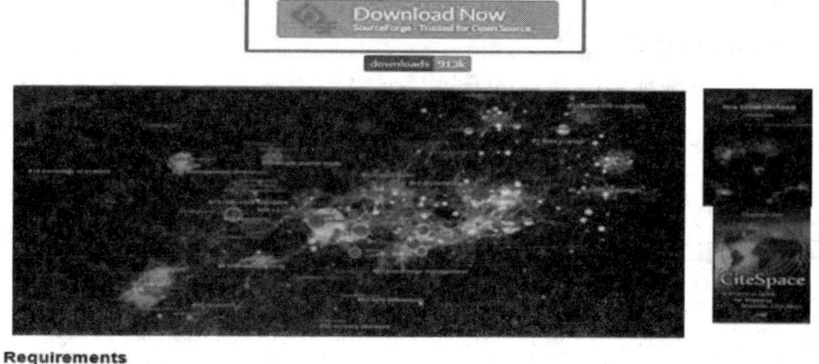

图 1 – 16　CiteSpace 下载界面

第二步：下载 CiteSpace。

单击 Download Now 按钮进入下载界面下载最新版本，或者登录 CiteSpace 软件下载地址 https://sourceforge.net/projects/CiteSpace/files/，可以下载各个版本软件（见图 1－17）。

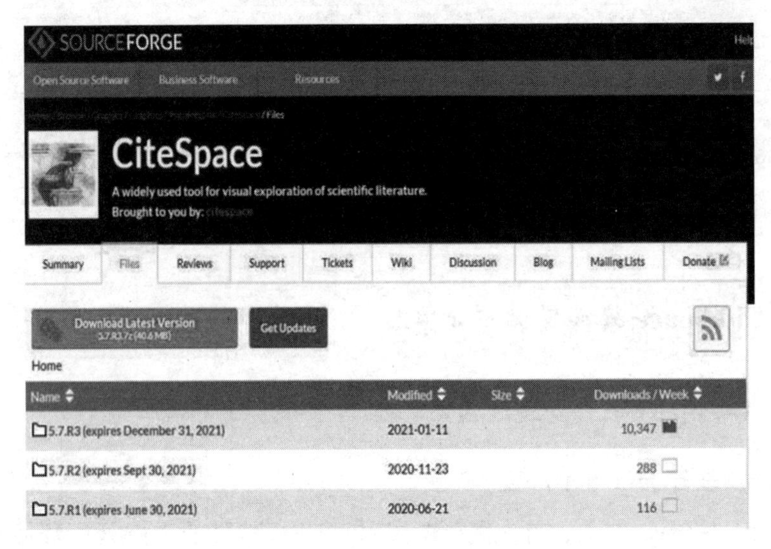

图 1－17　CiteSpace 软件下载界面

第三步：运行 CiteSpace。

将下载的适用版本 5.5.R2.7z 文件进行解压。在安装好 Java 运行环境的基础下，CiteSpace 不需要进一步的安装，解压后直接运行 StartCiteSpace_Windows.bat 文件即可打开软件。

（二）CiteSpace 软件功能介绍

1. CiteSpace 软件运行

打开 CiteSpace 软件可以通过单击 StartCiteSpace_Windows.bat 文件，在弹出指示框后，输入 2 即可等待软件启动（见图 1－18），单击 Agree 按钮进入软件控制界面。在控制界面的 projects 区域载入 WoS 格式数据，对于界面右侧的参数保持不变，进行一次示例演示。单击 New 按钮在弹出界面载入路径 Project Home 和路径 Data Directory。单击 GO 按钮运行结束后，单击 Visualize 按钮，可以获得可视化结果演化图（见图 1－19），这样就完成了一次简单的 CiteSpace 软件的运行过程。

2. CiteSpace 主界面参数介绍

CiteSpace 的控制界面主要分为两个部分：一部分是对于数据计算功能的调整设置；另一部分是对数据分析结果可视化的调整设置。本节主要介绍一些常用功能，对于一些高级功能，我们将在后面进行进一步介绍。

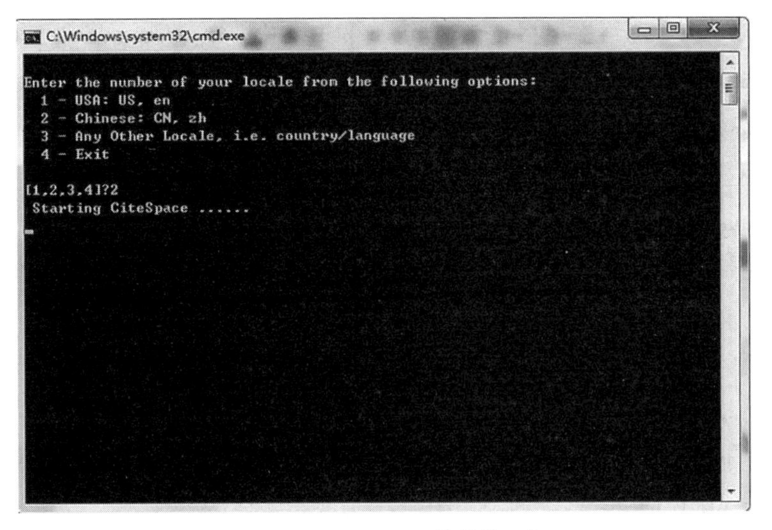

图 1－18　CiteSpace 软件指示框

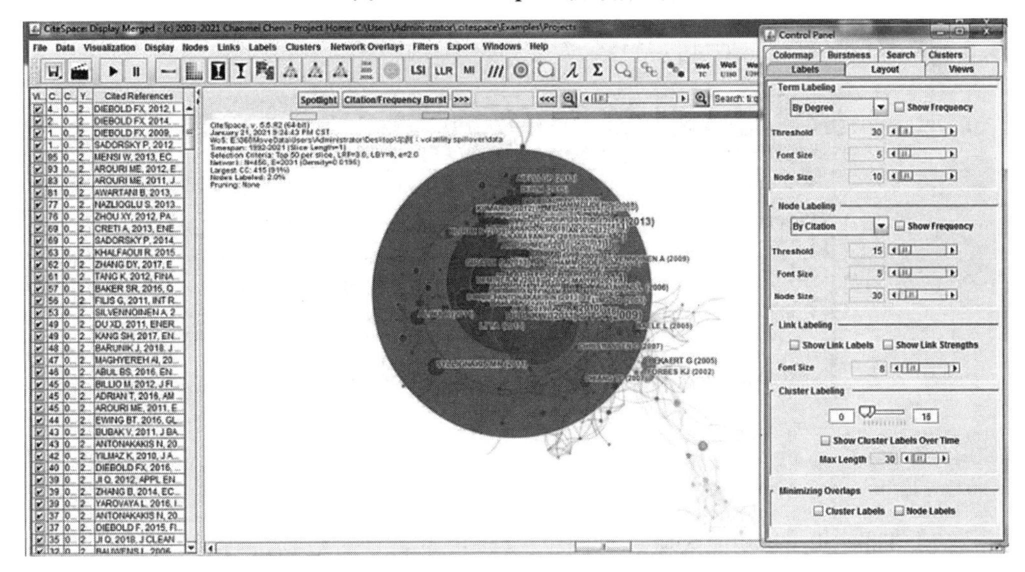

图 1－19　可视化结果

首先对 CiteSpace 软件的控制界面菜单栏进行分析（见图 1－20）。

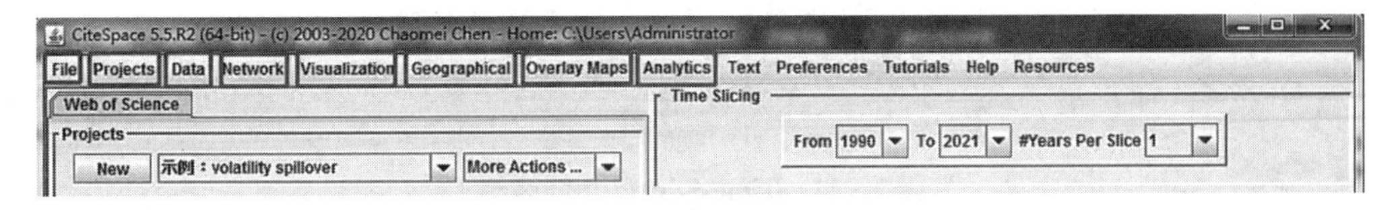

图 1－20　CiteSpace 控制界面菜单栏

（1） File（文件）：主要用于对参数设置的保存以及软件退出。

（2） Project（项目）：用于工程项目的编辑，提供下载相关数据格式的示例文件。

（3） Data（数据）：对载入数据进行进一步的降重、转换格式等操作。

（4）Network（网络）：对 . net 文件、GraphML 以及 Adjacency List 的可视化操作。

（5）Viusalization（可视化）：读取 CiteSpace 分析后得到的可视化文件。

（6）Geographical（地理图）：对数据地理位置的可视化分析。

（7）Overlay Map（图层叠加）：用来实现期刊的双图叠加分析。

（8）Analysis（分析）：主要包括作者合作分析（COA）、作者共被引分析（ACA）、文献共被引分析（DCA）和期刊共被引分析（JCA）等，详细操作可以在快捷区域设置。

以上仅介绍了一些在分析数据时经常使用的功能。本章以简单使用软件为基本目的，因此考虑略去一些不常用功能介绍。

其次对于控制界面的各个区域的介绍，这也是熟练掌握软件运行的核心部分，本节将进行详细说明。

（1）Projects 区域（见图 1 – 21）：位于界面左上角，主要功能是通过单击 New 按钮载入数据，对新数据进行新建、编辑和删除操作。

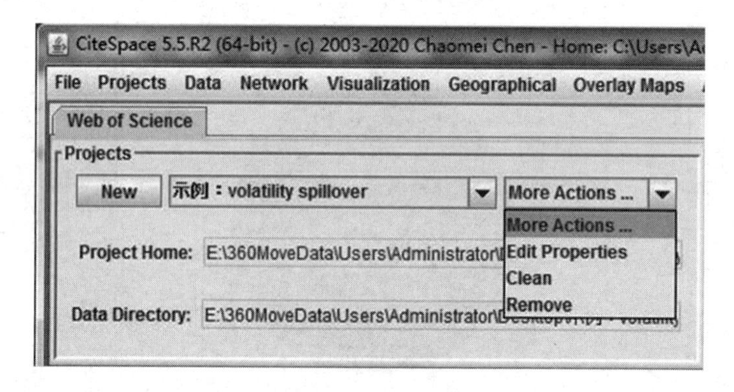

图 1 – 21　Projects 功能区域

（2）Time Slicing 功能区域（见图 1 – 22）：主要是对数据进行时区分割，即将数据按照年份切分成多个部分。例如，数据所选年份为 1990 ~ 2021 年，当"Years Per Slice = 1"时，则认为是按照一年一个时间分割，则有 20 个时间切片。

图 1 – 22　Time Slicing 功能区域

（3）Text Processing 功能区域（见图 1 – 23）：该功能区域包含 Term Source 与 Term Type 两方面。Term Source 主要用于选择提取载入数据，包括 Title（标题）、Abstract（摘要）、Author Keywords（作者关键词）和 Keywords Plus（ID）（增补关键词）。Term Type 是共引分析的补充，其中选择 Noun Phrases 为提取名词术语，还

可以选择 Burst Terms 对主要的名词术语进行突发性探测（Detect Bursts）。

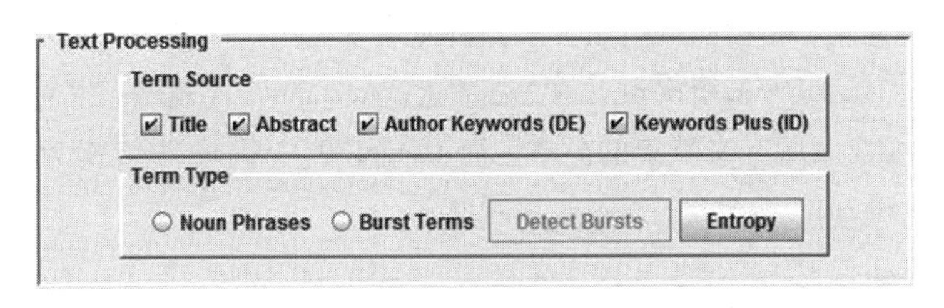

图 1－23　Text Processing 功能区域

（4）Node Types 功能区域（见图 1－24）：该部分是 CiteSpace 分析数据的最主要环节，可以从不同角度分析数据获得可视化结果。CiteSpace 可以分析的角度包括作者（Author）、机构（Institution）、国家（Country）、术语（Term）、关键词（Keyword）、来源（Source）、类别（Category）、参考文献（Reference）、被引作者（Cited Author）、被引期刊（Cited Journal）、文献（Article）、基金（Grant）和声明（Claim）。

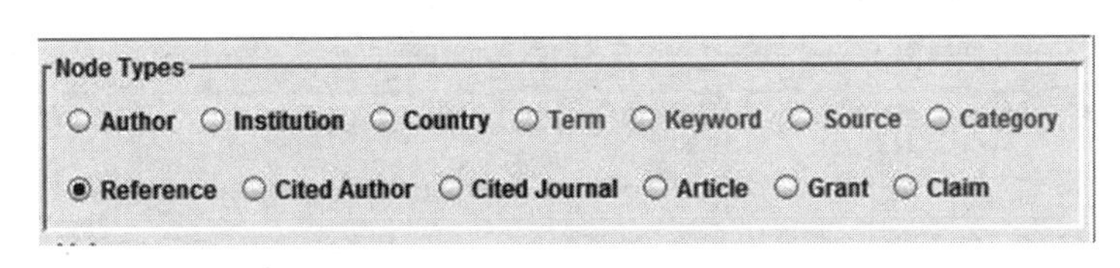

图 1－24　Node Types 功能区域

（5）Links 功能区域（见图 1－25）：顾名思义该功能区域主要是给出不同计算数据网络中相关文献的连接方法，分别为 Cosine、PMI、Dice 和 Jaccard。在给定计算方法后，存在两个运用范围（Scope）：在各个时间切片内部（Within Slices）和在各个时间切片之间（Across Slices）。一般 CiteSpace 默认选择 Within Slices。

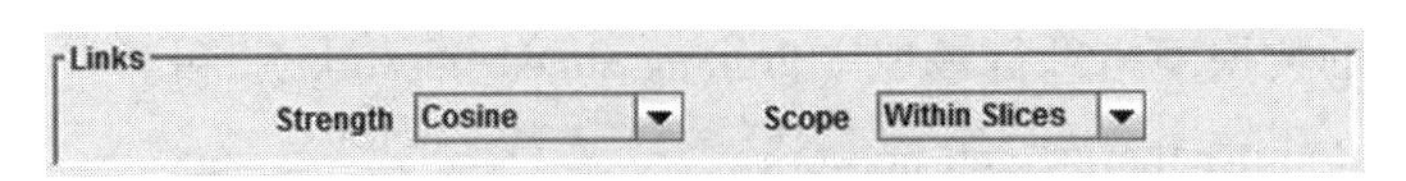

图 1－25　Links 功能区域

（6）Selection Criteria 功能区域（见图 1－26）：该功能区域存在 7 个提取时间切片内数据对象的方法。其中 Top N 表示通过提取每一个时间切片内排名前列的数据对象。Top N% 代表的是提取排名前 N% 的数据对象。g-index 是采取知识单元抽取方法提取数据对象，通过增加规模因子 k，按照修正后的 g 指数来抽取数据对象。默认 k 为 5，推荐使用 10，20，30，……来进行尝试。Thresholds 通过设定前中后三个时间段（c，cc，ccv）。c 代表最低被引或出现频次，cc 代表共现频次或共被引频次，ccv 代表共现率或共被引率。在 CiteSpace 中给定前、中、后三个时间段的默认值为（2，2，20）、（4，3，20）、（3，3，20）。Citation 通过文献被引频次的分布来考虑提取数据对象，是按照被引频次来分析文献（见图 1－27）。其中，TC 代表被引次数，Freq 代表某个被引次数下的文献数量，Accum. % 代表该频次对应的累计百分比，0－716 代表所有文献集的分布。而 Usage180 与 Usage2013 分别代表的是近 180 天内保存和 2013 年至今的所有数据对象。

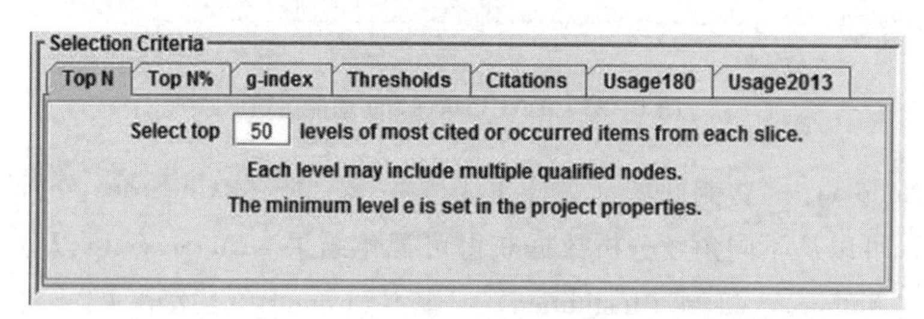

图 1－26　Selection Criteria 功能区域

Selection Criteria

Top N | Top N% | g-index | Thresholds | Citations | Usage180 | Usage2013

Use TC Filter 0 - 716 Check TC Distribution Continue

TC	Freq	Accum. %
0	343	18.9085
1	191	29.4377
2	145	37.4311

图 1－27　Citation 功能区域

（7）Pruning 功能区域（见图 1－28）：Pruning 是数据网络的裁剪功能区，是调整可视化结果的一种方式，当数据网络的可视图较为密集或者繁杂时，则可以通过不同的裁剪方式使网络可视图更具可读性。两种主要的裁剪算法为：寻径（Pathfinder）与最小生成树（Minimum Spanning Tree），并且还有两种辅助裁剪策略：对每个时间切片的数据网络进行裁剪（Pruning sliced networks）和对合并后的数据网络进行裁剪（Pruning the merged network）。

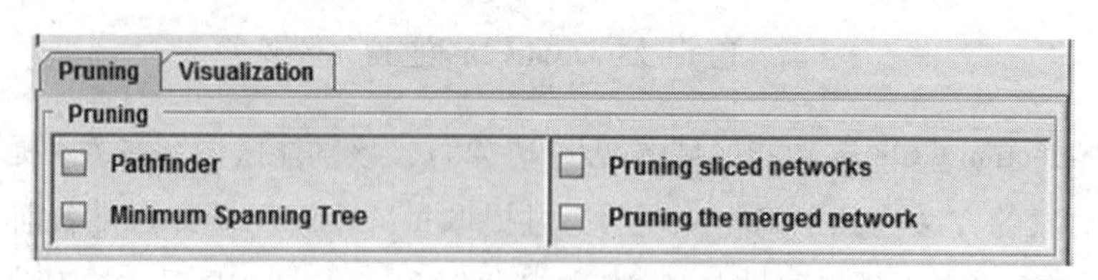

图 1－28　Pruning 功能区域

（8）Visualization 功能区域（见图 1－29）：主要是对可视化结果的设置。聚类视图（Cluster View-Static）、实现整体网络（Show Merged Network）是默认设置。Show Networks by Time Slices 代表了将可视化网络按照各个时间切片显示，Cluster

View-Animated 是将可视化网络调整为动态图。

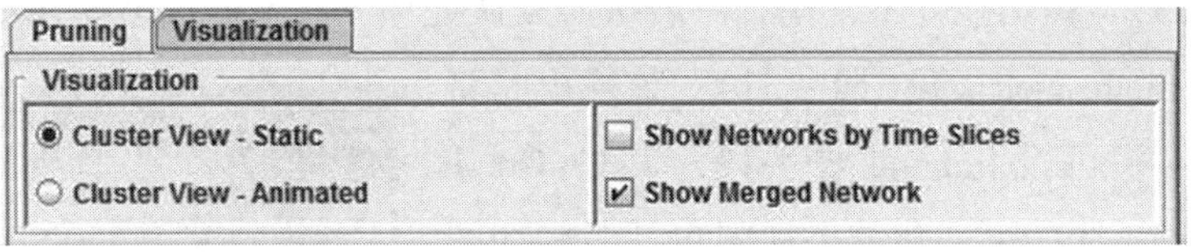

Pruning　Visualization
Visualization
◉ Cluster View - Static　☐ Show Networks by Time Slices
○ Cluster View - Animated　☑ Show Merged Network

图 1 - 29　Visualization 功能区域

（9）数据运行功能区域（见图 1 - 30）：CiteSpace 左下角是数据运行过程的两个动态显示区域。Space Status 显示了相应参数设置在各个时间切片上的数据分布，Process Reports 显示了数据提取过程的动态报告。

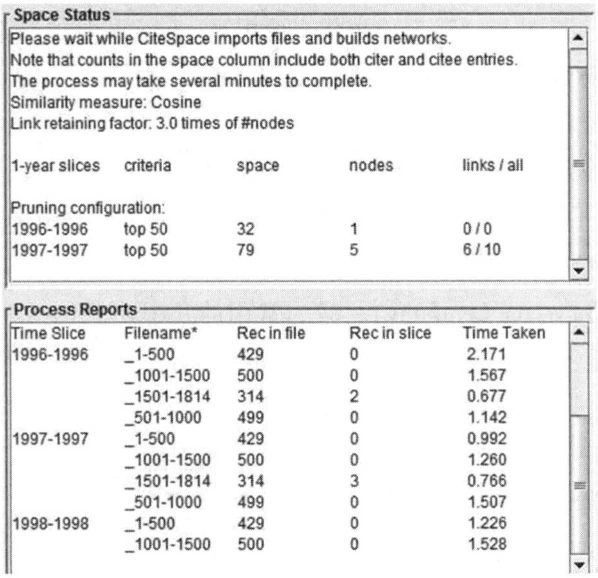

Space Status
Please wait while CiteSpace imports files and builds networks.
Note that counts in the space column include both citer and citee entries.
The process may take several minutes to complete.
Similarity measure: Cosine
Link retaining factor: 3.0 times of #nodes

1-year slices	criteria	space	nodes	links / all
Pruning configuration:				
1996-1996	top 50	32	1	0 / 0
1997-1997	top 50	79	5	6 / 10

Process Reports

Time Slice	Filename*	Rec in file	Rec in slice	Time Taken
1996-1996	_1-500	429	0	2.171
	_1001-1500	500	0	1.567
	_1501-1814	314	2	0.677
	_501-1000	499	0	1.142
1997-1997	_1-500	429	0	0.992
	_1001-1500	500	0	1.260
	_1501-1814	314	3	0.766
	_501-1000	499	0	1.507
1998-1998	_1-500	429	0	1.226
	_1001-1500	500	0	1.528

图 1 - 30　数据运行功能区域

3. 可视化界面功能介绍

当 CiteSpace 控制界面完成数据计算过程后，会弹出数据处理结果的可视化界面。在可视化界面的菜单栏主要包括了文件（File）、数据（Data）、可视化（Visualization）、显示（Display）、结点（Nodes）、连接（Links）、标签（Labels）、聚类（Clusters）、网络叠加（Network Overlays）、筛选（Filters）、导出（Export）、窗口（Windows）和帮助（Help）。在这一部分，本节主要介绍其常用功能。

（1）File：打开可视化结果（Open Visualization），保存可视化结果（Save visualization），打开预先设定参数设置（Open layoutPlus），保存参数设置（Save layoutPlus），将内容数据保存至文件（Save Content Data to File），保存为 PNG 格式（Save As PNG）和退出（Exit）。

（2）Data：设置睡眠时间（Set CrossRef Sleep Time）与导入标题（Import Titles from CrossRef），该功能并不常用，一般按照默认处理，故不做过多操作要求。

（3）Visualization（见图1－31）：该功能是将数据处理结果可视化的重要手段，其中Graph Views提供了不同的可视化结果视图包括时间线图（Timeline View）、聚类图（Cluster View）以及Barnes-Hut空间分布图（Barnes-Hut View）。Start/Stop是布局网络构图的“开始与结束”按钮，其他功能并不常用，读者可以通过不同尝试来探索具体用途。

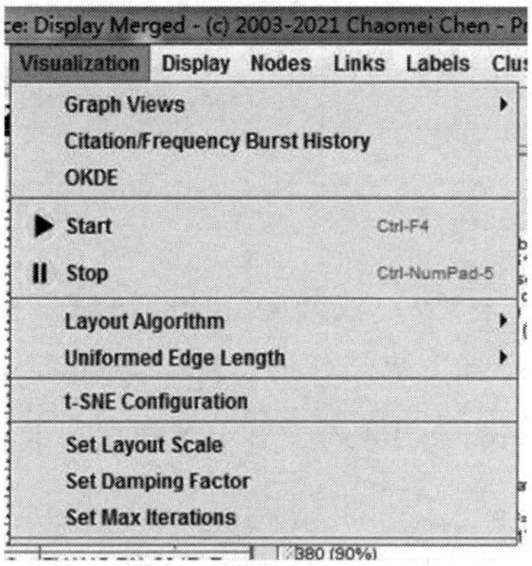

图1－31 Visualization功能介绍

（4）Display（见图1－32）：该功能主要用来改变可视化图的背景颜色（Background Color）和整个网络的颜色分布（Colormap Palate），并且还提供在保存可视化图操作时的界面简洁功能，以及隐藏相关参数的计算过程：Show/Hide Signature。

（5）Nodes（见图1－33）：结点设置功能主要是对节点显示类型的选择（Visual Encoding），包括引文年轮（Tree Ring History）、中介中心性（Centrality）和特征向量中心性（Eigenvector Centrality），较为常用的几个功能包括PR值（PageRank Scores）和统一显示大小（Uniform Size）。Node Shape通常选择圆（Circle）或方（Square），一般选择都是遵从美观原则。

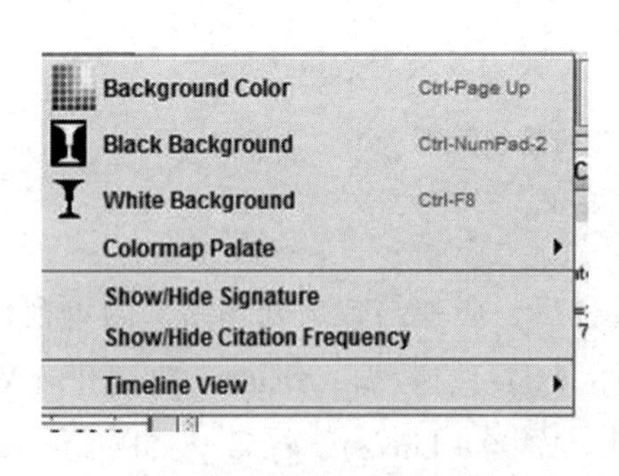

图1－32 Display功能介绍

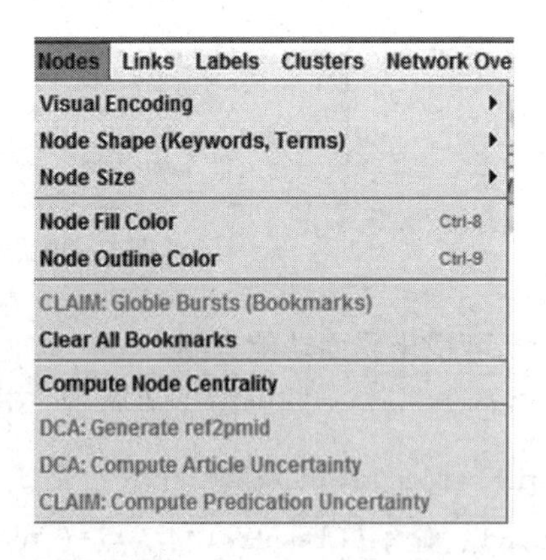

图1－33 Nodes功能介绍

（6）Links（见图1－34）：该功能可进一步调整可视图细节，使图形更加美观。选择直线或者曲线连接（Link Shape），连接颜色（Link Color），Solid Lines：实线颜色（Set Color），Dashed Lines：虚线颜色（Set Color），Link Transparency：0.0－1.0（连线透明度），Solid Lines：显示或隐藏实线（Show/Hide），Dashed Lines：显示或隐藏虚线（Show/Hide），Link Labels：显示或隐藏连接标签（Show/Hide），Link

Raw Count：显示或隐藏连接计数（Show/Hide），Link Strengths：显示或隐藏连接强度（Show/Hide）。

（7）Labels（见图 1 – 35）：主要对可视图中的标签进行调整。包括标签排列（Label Alignment）、标签颜色（Label Color）、标签大小（Label Font Size）和标签位置（Label Position）。

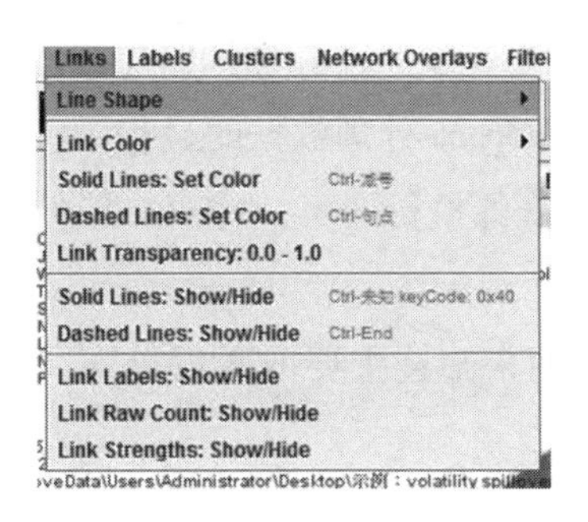

图 1 – 34　Links 功能介绍

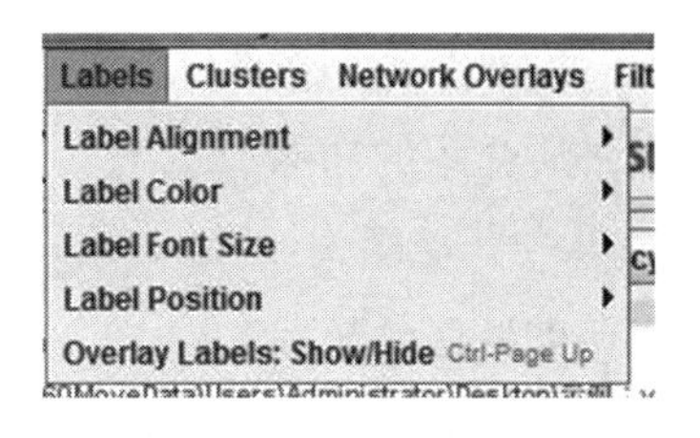

图 1 – 35　Labels 功能介绍

（8）Clusters（见图 1 – 36）：主要是对聚类结果进行分析与导出具体分析结果。首先使用 Find Clusters 对网络数据进行聚类操作，Extract Cluster Labels 是执行聚类结果的设置依据，其包括标题（T，Title）、关键词（K，Keywords）和摘要（A，Abstract）。

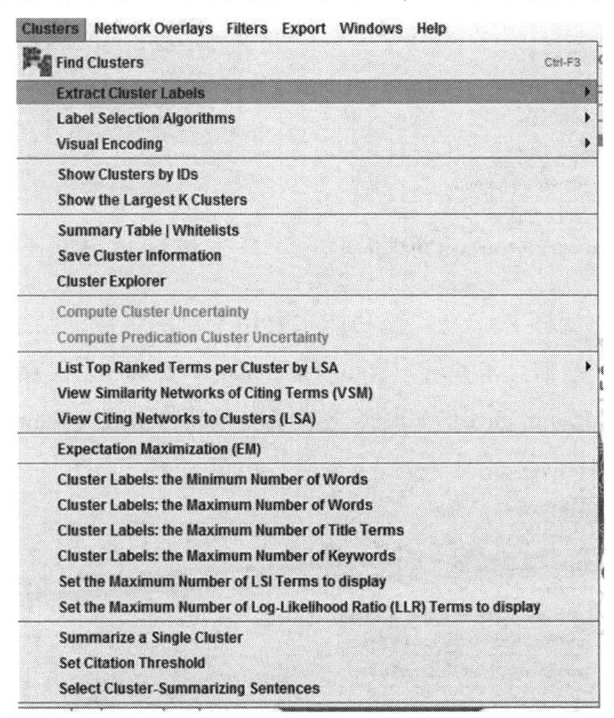

图 1 – 36　Clusters 功能介绍

Label Selection Algorithms 是选择不同的算法来提取聚类标签，这三种算法分别为 Label Clusters by LSI Terms（LSI）、LLR 极大似然率（log-likelihood Ratio）以及互信息（mutual information）。Show Clusters by IDs 与 Show the Largest K Clusters 则是根据聚类标签的编号选择不同的标签，标签编号一般为#0，#1，……聚类规模越大，则编号越小。对于其他不常用的聚类功能将在后面的具体案例介绍中给出，具体内容将在接下来的案例展示中给出详细操作过程。

（9）Network Overlays（见图 1－37）：该功能主要是对数据网络层采取叠加、覆盖等操作。该功能并不常用，实际上在使用 CiteSpace 处理数据的过程中，大部分是采用默认设置，除非特别需要，否则只需按照步骤执行即可，对于一般的学术研究只需了解本书所介绍的功能。

（10）Filters（见图 1－38）：该功能主要用来筛选主要的数据分布，而忽略一些零散、联系度较低的数据。

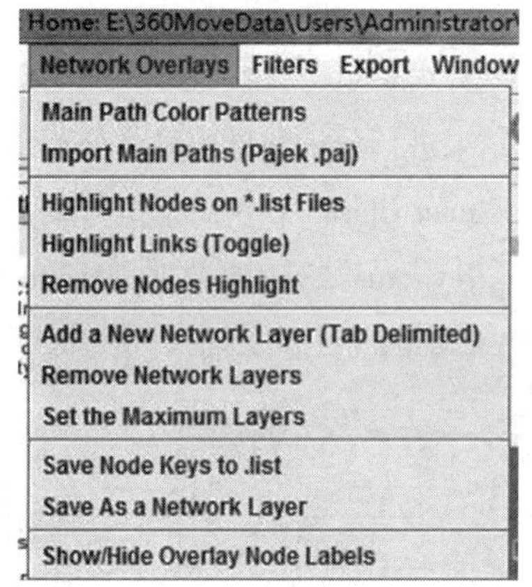

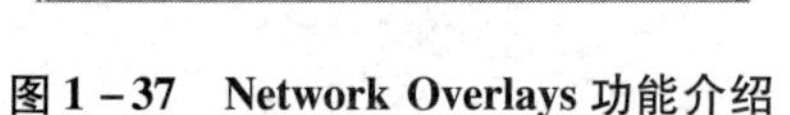

图 1－37 Network Overlays 功能介绍

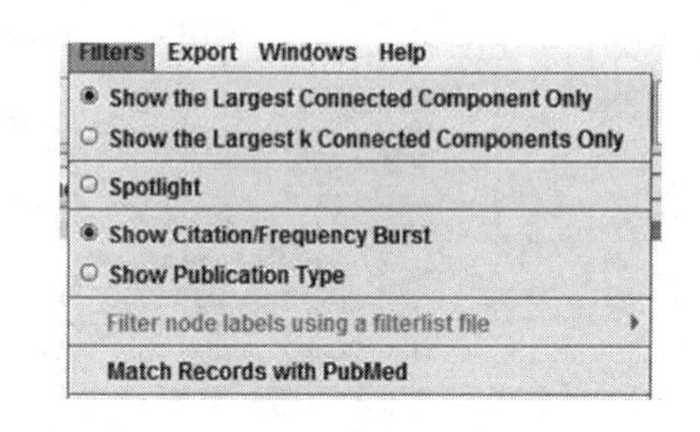

图 1－38 Filters 功能介绍

（11）Export（见图 1－39）：该功能主要用于对网络数据结果的查询和导出，常用的功能包括网络信息汇总表（Network Summary Table）、保存文献为 RIS 格式（Save Cited References to an RIS File）、导出为其他软件格式（Network）以及生成报告（Generate a Narrative）。

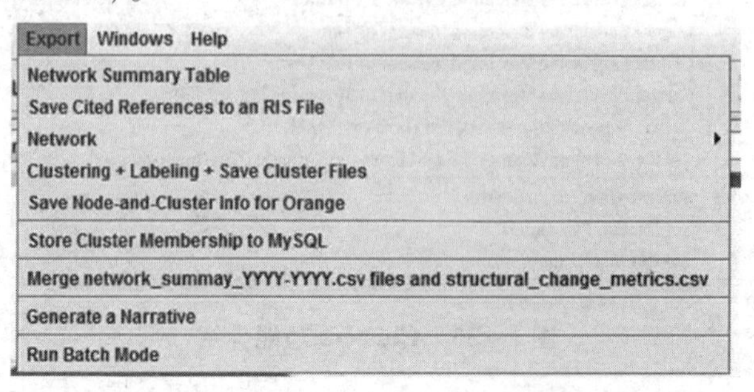

图 1－39 Export 功能介绍

（12）Windows：提供了空间面板（Control Panel），方便调节相关参数设置以及节点细节（Node Detail）。

（13）Help：对 CiteSpace 软件相关信息进行介绍。

可视化界面不但提供了以上详细操作功能，还提供了一些常用的快捷功能键，如图 1－40 所示，这些快捷功能都可以从以上功能中找到。

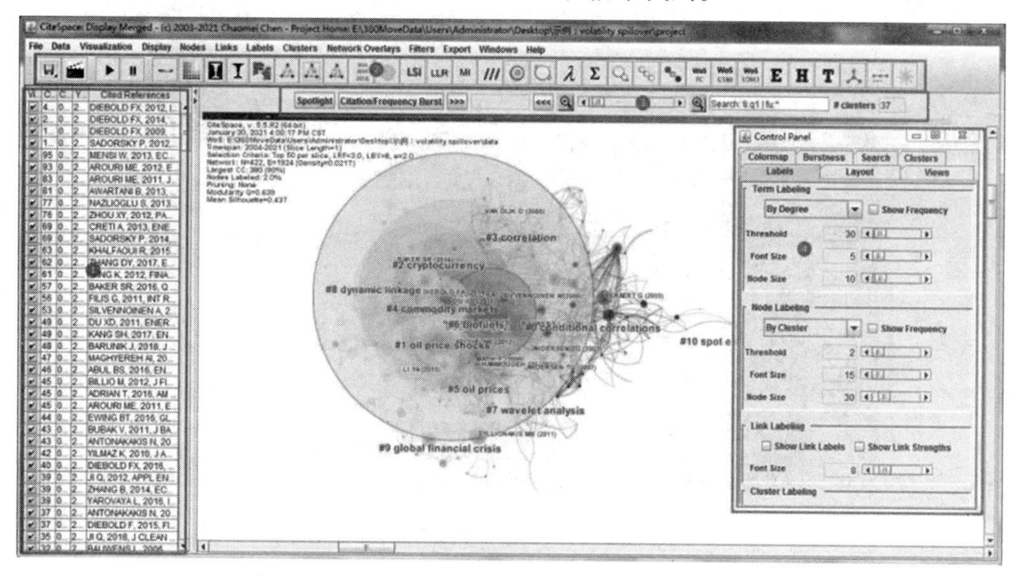

图 1－40　CiteSpace 的网络可视化界面

（1）主要是节点信息的列表区域。用户可以按照计数（Count）、中心性（Centrality）、年份（Year）和被引文献（Cited References）对显示的信息进行排序。

（2）主要包括对一些结果的运行、编辑、显示和计算功能的快速编辑。其快捷键功能从左至右依次为保存、运行、停止、颜色调整、聚类、聚类标准、聚类算法选择和节点显示类型。

（3）主要是网络调整和计算的其他功能，包含了节点突发探测、网络在时间序列上的变化、可视化图形的缩小放大、节点信息的索引和聚类数量显示。

（4）主要是节点以及标签设置的快捷控制面板，包括了标签设置（Labels）、网络布局（Layout）、可视化调节（Views）和突发探测（Burstness）。

三、Pajek 软件安装与介绍

（一）Pajek 软件安装过程

除了通过 CiteSpace 进行文献计量分析之外，Pajek 软件同样可以进行文献计量分析。本章旨在着重介绍 CiteSpace 相关运用，对于 Pajek 只做简单介绍。

Pajek 软件的安装十分简单，仅需要下载相应版本的软件。首先，进入网站 http://mrvar.fdv.uni-lj.si/pajek/，如图 1-41 所示。其次，根据所用电脑的版本选择相应的软件，单击 Install Shield Install-Zip Portable 进行下载。最后，对所下载的文件进行解压后，双击 Pajek.exe 打开软件。

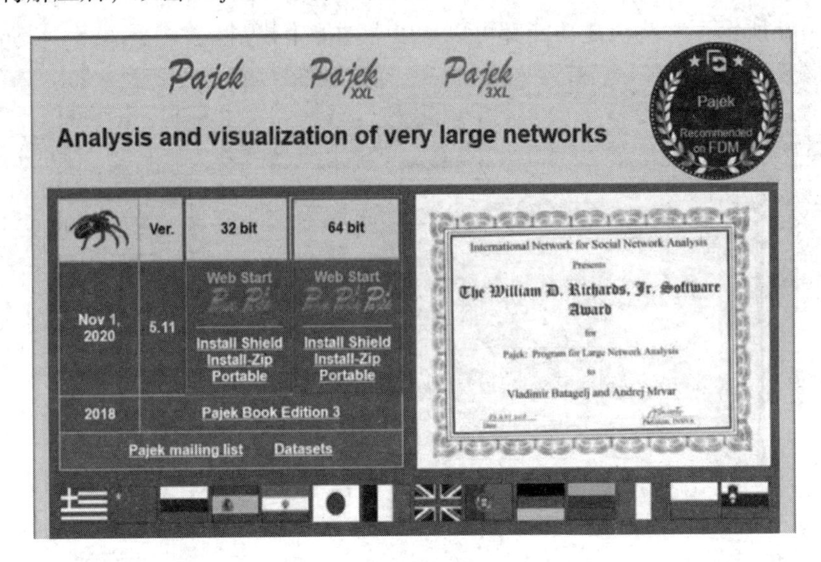

图 1-41 Pajek 网站界面

（二）Pajek 软件功能介绍

Pajek 软件的运行需要经过两个步骤，即数据转换与数据运行。由于无法直接从知网或 WoS 数据库中获得 Pajek 软件所需要的 .net 文件格式，因此需要进行数据转换，具体操作如下。

1. 数据转换

首先展示如何将 CiteSpace 数据格式转换为 Pajek 数据格式，单击 Data→Import/Export→WOS。根据 Data Directories 的指示添加储存格式转化后数据的路径。

（1）引用文献设置最小全局引用得分（global citation score，GCS）。GCS 是指对于一篇引用文献来说其被整个线上的 WoS 库中包含的所有文献引用的次数。因为线上的 WoS 库所包含的文献较多，从而会存在引用了某一篇文献的论文与研究主题不相符的情况。但 GCS 还是会把这个引用数据记录下来，该值一般设置为 20，如图 1-42 所示。

（2）被引文献设置最小局部引用得分（local citation score，LCS）。LCS 是指对于一篇文献来说其在本地数据集（可以认为是自身下载的数据集中）中被其他文献引用的次数。该值一般设置为 10，如图 1-43 所示。

图 1-42　为引用文献设置最小全局引用得分

图 1-43　为被引文献设置最小局部引用得分

（3）是否设定自顶而下的演变过程（Top-down Flow），默认选择 Y（Yes），如图 1-44 所示。

（4）获得设置后的数据信息，即 Unique references 和 Direct citations，如图 1-45 所示。

图 1-44　设定自顶而下的演变过程为默认 Y

图 1-45　获得设置后的数据信息

（5）数据信息的储存位置，如图 1-46 所示。

图 1-46　数据信息的储存位置

2. 数据运行

在 WoS→Other Fromats 中单击 Direct Citations（.net）后可以得到以下操作界面，如图 1-47 所示。在该转换界面图中，单击 Main Path Analysis Procedure，将会得到在 Pajek 中对数据的操作过程。

（1）导入文件。单击 File→Network→Read 后添加转换后的数据路径，如图 1-48 所示。

（2）选择网络中最大的连通分量进行主路径分析。单击 Network→Create partition→Component→Weak，该步骤是为了保留最大的连接成分。

通过查看上一步骤的信息，确定其中最大的聚类点。单击 Partition→Info→OK（默认设置）可以得到聚类点信息，如图 1-49 所示。

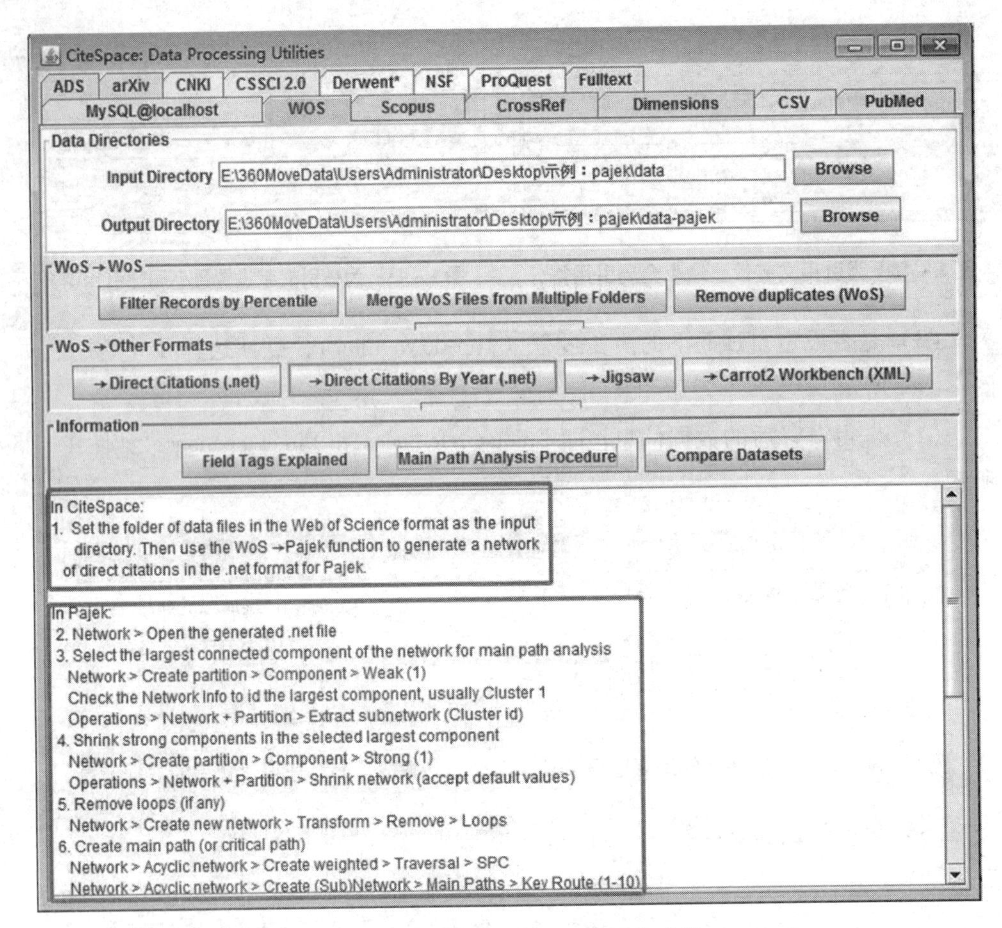

图 1-47 数据转换与 Pajek 操作过程

图 1-48 导入文件

Report

File

The highest value: 225

Frequency distribution of cluster values:

Cluster	Freq	Freq%	CumFreq	CumFreq%	Representative
1	750	77.0021	750	77.0021	MarkowitzH1952
2	1	0.1027	751	77.1047	SklarM1959
3	1	0.1027	752	77.2074	FamaEF1965
4	1	0.1027	753	77.3101	GrubelHG1968
5	1	0.1027	754	77.4127	MertonRC1973
6	1	0.1027	755	77.5154	SolnikBH1974
7	1	0.1027	756	77.6181	CopelandTE1976

图 1－49　聚类点信息

接下来单击 Operations→Network + Partition→Extract Subnetwork→SubNetwork Induced by Union of Selected Cluster（Cluster id）（不同版本软件操作名称不同，但是效果相同）。

（3）收缩所选最大组件中的强组件。首先单击 Network→Create Partition→Component→Strong。其次单击 Operations→Network + Partition→Shrink Network（选择默认值）。

（4）删除循环（如果有）。单击 Network→Create New Network→Transform→Remove→Loops。

（5）计算沿主路径的遍历权重。单击 Network→Acyclic Network→Create Weighted Network + Vector→Traversal Weights→Search Path Count（SPC）。

（6）创建包含多个关键路径的主路径（见图 1－50）。单击 Network→Acyclic Network→Create（Sub）Network→Main Paths。按照该步骤则可以根据需要分析的目标进行选择，单击 Local Search→Forward 可分析局部向前路径；单击 Local Search→

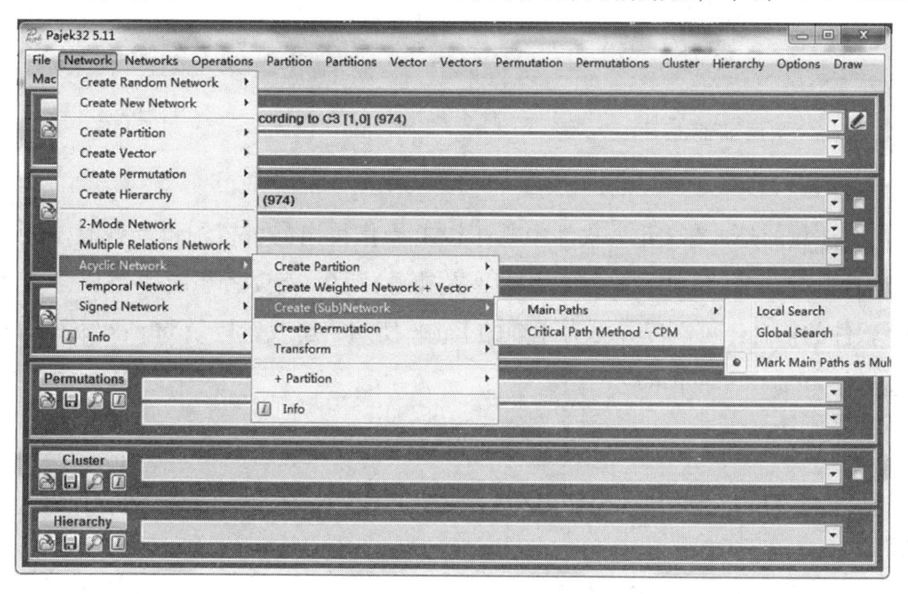

图 1－50　创建包含多个关键路径的主路径

Backward 可分析局部向后路径；单击 Local Search→Key-Route 可分析局部关键路径；单击 Global Search→Standard 可分析全局标准路径；单击 Global Search→Key-Route 可分析全局关键路径（可根据自己需要调节该参数）。

（7）绘制合成的主路径。Macro→Play（LAYERS. MCR），同时需要注意的是，如果有需要改变网络图中的箭头指向顺序，可以根据 Network→Create New Network→Transform→Transpose 1→Mode 来执行操作。

（8）最后给出了一些相关路径分析的示例，如图 1－51 所示。

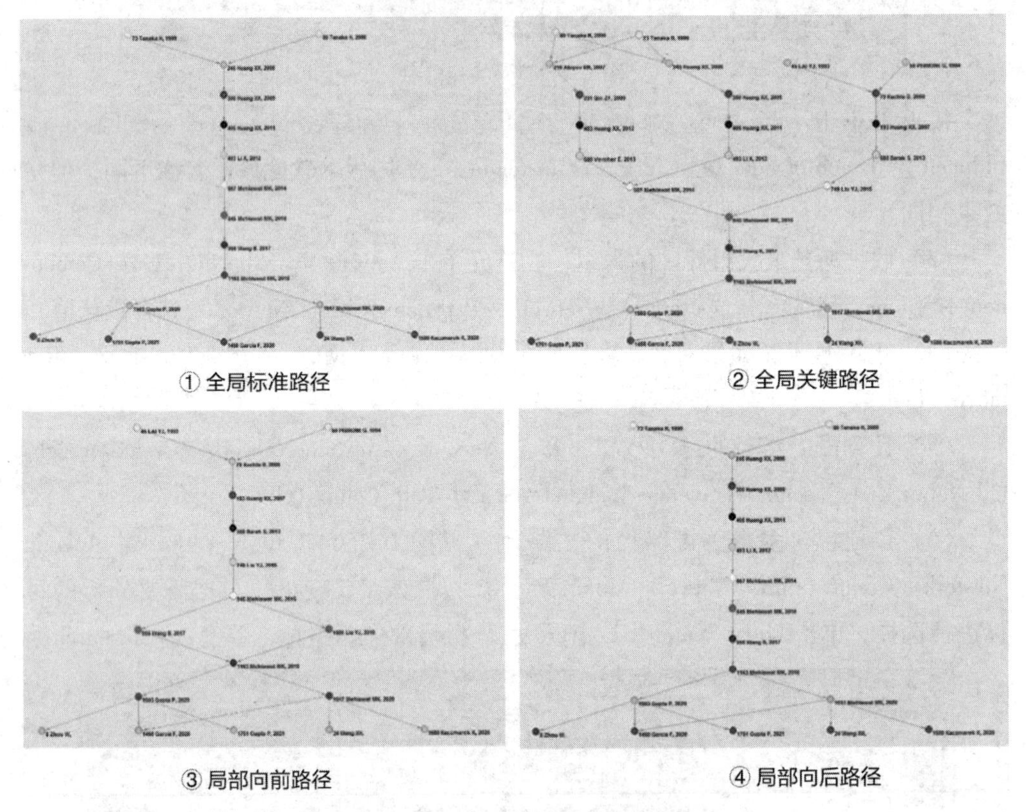

图 1－51　基于 Pajek 的主路径分析可视图

需要注意的是，在 Pajek 软件中基于以上操作得出的可视图可能各有不同，这需要读者自行调节路径中的参数设定以及图例展示。若读者想要了解更多有关于 Pajek 软件的信息，可以搜寻更为详细的 Pajek 使用手册或者登录 http：//vlado. fmf. uni-lj. si/pub/networks/pajek/网站。

第三节　基于 CiteSpace 与 Pajek 软件的案例分析

考虑到初学者对于 CiteSpace 软件较为懵懂，对相关知识不了解。因此，本节内容直接给出一个具体案例，给读者呈现一个使用 CiteSpace 软件的具体流程。同时，本节也会简单呈现 Pajek 软件所产生的可视化结果，进一步阐述某一领域的演化过程。本节案例分析以“volatility spillover”为例，详细内容在前面有所介绍，在此不再赘述。

一、基于 CiteSpace 的关联文献共被引分析

共被引是用于测度文献之间存在的某种相关关系的一种研究方法，它指的是多篇文献（至少两篇）同时被一篇或多篇论文所引用，构成了共被引关系。耦合分析是指多篇文献同时引用了相同的文献。CiteSpace 软件的运作机制是通过共被引和耦合原理来进行分析。

一篇文章的题录信息主要有题目、作者、摘要、关键词、期刊、机构、参考文献等。根据共被引和耦合原理，进行共被引分析时主要利用的是“参考文献”中的“题目、作者、期刊”，由此可构成文献共被引、作者共被引、期刊共被引；进行耦合分析时，假如文献 A 引用了 N 个参考文献，那么文献 A 中的“题目、作者、关键词、期刊、机构”，可与 N 个参考文献中的“题目、作者、期刊”进行组合，可构成文献耦合分析、作者耦合分析、期刊耦合分析、机构耦合分析、引文作者耦合分析、引文期刊耦合分析、机构作者耦合分析、机构期刊耦合分析等多种组合。但是，CiteSpace 目前仅提供了文献耦合分析，即在分析文献耦合时，选择 Node Type→Paper。下面主要分析几个常用的共被引分析以及文献耦合分析。

（一）文献共被引分析

第一步：启动和参数设定。

进入 CiteSpace 功能区后，在 Node Types 区域选择 Reference（在 5.1 版本中选择 Cited Reference），单击 Go。在数据经过运行后弹出弹窗，单击 Visualization，可以获得图 1－52 界面以及最基本的文献共被引可视图。

第二步：可视化网络调整。

可以看出，图 1－52 过于拥挤且整体不够美观，这并不符合要求，因此需要进行进一步的调整。可以采用网络图剪枝与网络图手动调整两种方式进行调整。

网络图剪枝操作首先是关闭本次运行结果回到 CiteSpace 最初的功能界面，在界面最下方单击 Pruning→Pathfinder。在运行后，可以得到图 1－53 的结果。通过网络图剪枝前后对比，其可视结果逐渐变得清晰明朗且分散开来。

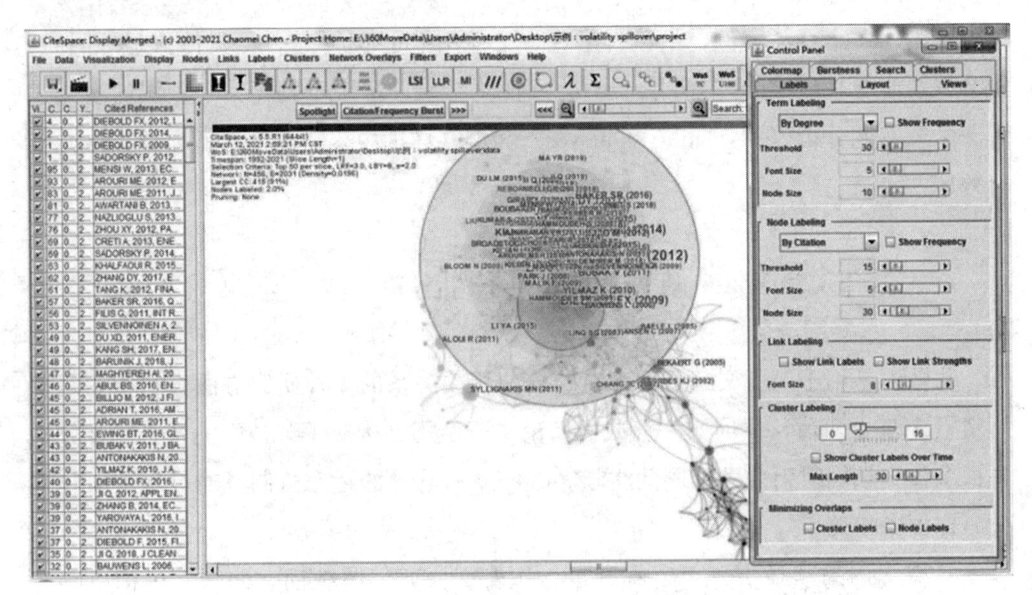

图1－52　最基本的文献共被引可视图

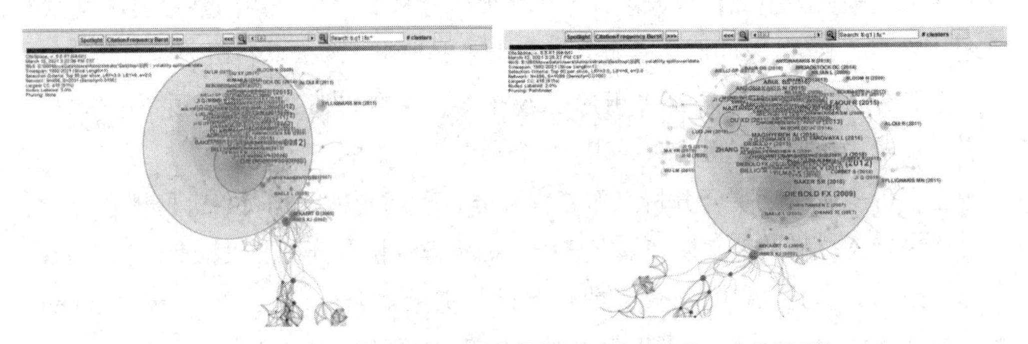

图1－53　网络图剪枝前后可视化结果（左剪枝前，右剪枝后）

网络图手动调整操作首先分析网络剪枝后该可视图的整体布局，可以发现，该可视图存在文献节点较大而遮挡了其他节点、节点过小而无法显示、颜色区分力度不够以及节点标签拥挤、不清晰等问题。因此需要用到控制面板（Control Panel），在 Node Labeling 中选择 Threshold 可以调整节点标签显示数量，Font Size 可以调整标签字体大小，Node Size 可以调整节点大小，功能区的▭可以调整可视图颜色。此外，还可以通过拉动图中节点达到分散效果。图1－54为调整后的结果。

第三步：可视化网络的聚类分析。

在对文献共被引进行可视化操作之后，若想进一步提取出相关文献的研究主题与热点问题，可以进行聚类分析。在可视图界面首先单击▭，然后选择▭▭▭中的任意一个［一般选择 K（Keyword）］，对于聚类算法的选择，Citesapce 提供了三种 LSI LLR MI。最终通过控制面板的相关参数调整，可以得到图1－55所示的最终聚类分析结果。

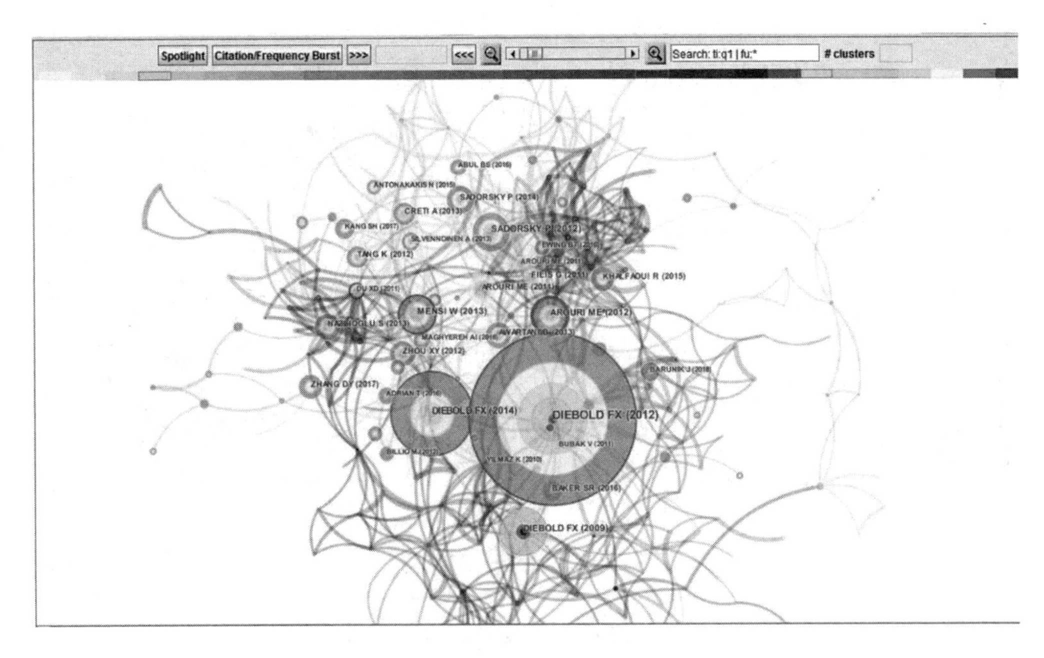

图 1－54　调整后可视图

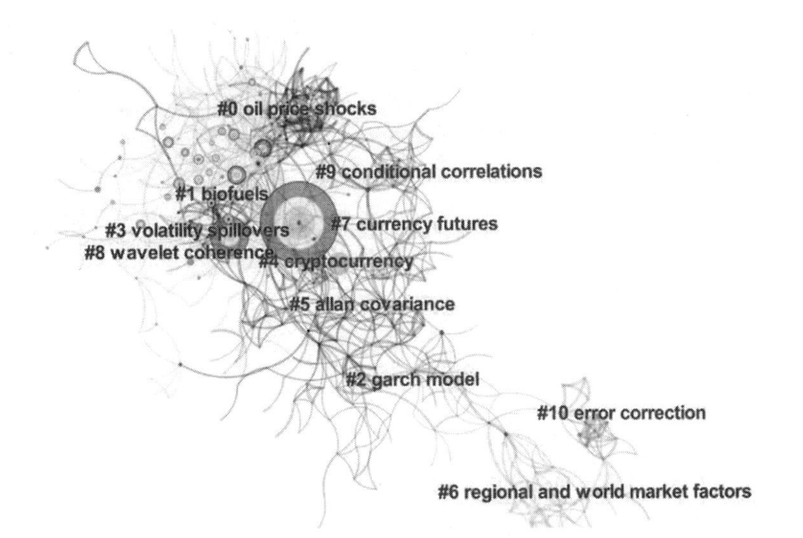

图 1－55　文献聚类可视图

第四步：提取聚类结果。

图 1－55 文献聚类可视图是通过 CiteSpace 计算得出的可视化结果，实际的聚类结果可以通过四种方式获得。

（1）选择 Cluster→Cluster Explorer，可以找到相应的聚类结果显示。

（2）选择 Cluster→Summary Table，可以看到相应的聚类情况（见图 1－56）。

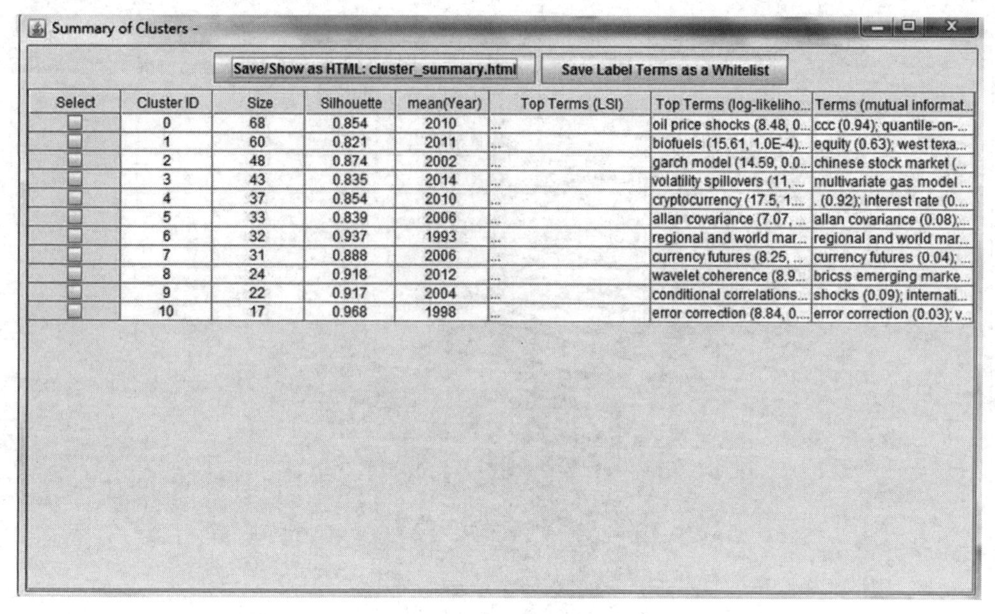

Summary of Clusters -

Save/Show as HTML: cluster_summary.html | Save Label Terms as a Whitelist

Select	Cluster ID	Size	Silhouette	mean(Year)	Top Terms (LSI)	Top Terms (log-likeliho...	Terms (mutual informat...
	0	68	0.854	2010	...	oil price shocks (8.48, 0...	ccc (0.94); quantile-on-...
	1	60	0.821	2011	...	biofuels (15.61, 1.0E-4)...	equity (0.63); west texa...
	2	48	0.874	2002	...	garch model (14.59, 0.0...	chinese stock market (...
	3	43	0.835	2014	...	volatility spillovers (11, ...	multivariate gas model ...
	4	37	0.854	2010	...	cryptocurrency (17.5, 1....	. (0.92); interest rate (0....
	5	33	0.839	2006	...	allan covariance (7.07, ...	allan covariance (0.08);...
	6	32	0.937	1993	...	regional and world mar...	regional and world mar...
	7	31	0.888	2006	...	currency futures (8.25, ...	currency futures (0.04); ...
	8	24	0.918	2012	...	wavelet coherence (8.9...	bricss emerging marke...
	9	22	0.917	2004	...	conditional correlations...	shocks (0.09); internati...
	10	17	0.968	1998	...	error correction (8.84, 0....	error correction (0.03); v...

图 1-56 聚类结果

（3）选择 Cluster→Summarize a Single Cluster，可以得到不同聚类的详细结果。

（4）选择 Export→Generate a Narrative，会弹出一个有关聚类信息指标的新网页。

第五步：聚类结果可视化图形调整。

图 1-56 聚类可视图可以有另一种可视形式。通过单击 （Timeline View）可获得如图 1-57 所示的聚类分析时间视图。

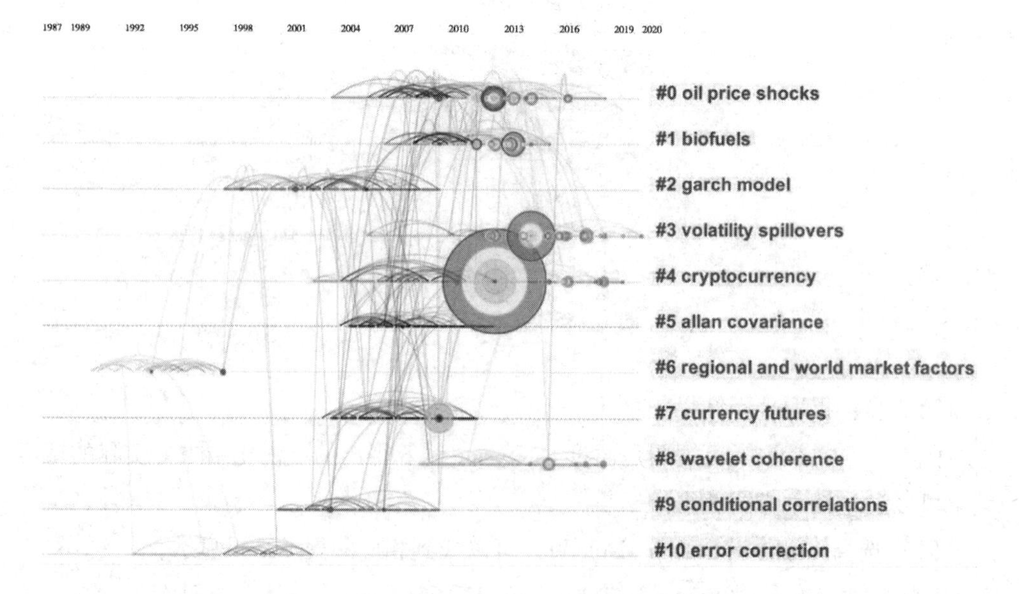

图 1-57 聚类分析时间视图

（二）作者共被引分析

作者共被引分析可以简单地认为是分析作者之间学术联系程度的过程。通过将某一领域内的核心作者进行分类，进一步将相应领域内的科学共同体可视化。进入 CiteSpace 功能区后，选择 Cited Author→Go 运行，可获得如图 1 – 58 所示的可视结果。

相似地，若需要获得作者共被引分析的相关计算结果，可以通过两种方式：第一种是选择 Export→Network Summary Table 获得具体的每一个节点的作者相关信息，也可以通过可视化界面左侧得到；第二种是选择Export→Generate a Narrative，从弹出的网页界面中获取相关信息。

图 1 – 58　作者共被引分析可视化结果

（三）期刊共被引分析

期刊共被引分析可突出某一期刊对该期刊研究领域的一个大致情况，对于高被引和高产出文献量的期刊来说，其在该领域内的学术价值也就越高。对于初学者或者想要了解相关领域发展的研究人员来说，直接搜寻该期刊的论文是一个不错的选择。期刊共被引分析通过调整后的可视图结果如图 1 – 59 所示。

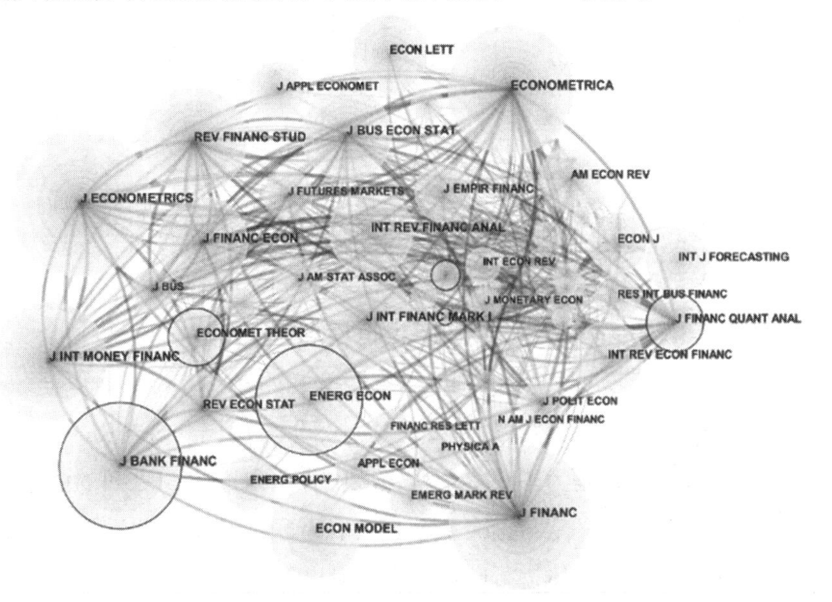

图 1 – 59　期刊共被引分析可视图

二、基于 CiteSpace 的关联文献科研合作分析

科学合作包括作者、机构或者国家等方面的合作形式，通过分析这样一种合作关系，来进一步阐明相关研究领域的研究主旨，从而突出学者们的贡献以及领域发展脉络。

在 CiteSpace 功能参数区的 Node Types 选择 Author，其他参数设置为默认设置。然后单击 Go！进入可视化界面之后，通过调整可视图可以获得如图 1－60 所示的作者合作网络图。

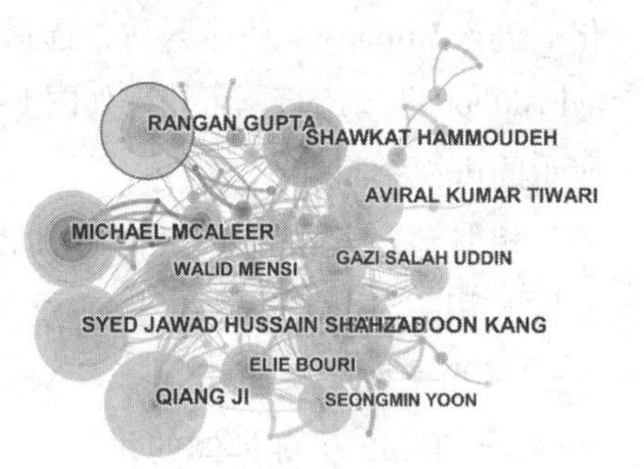

图 1－60 作者合作网络图

同样地，在 CiteSpace 功能参数区的 Node Types 选择 Country，其他参数设置为默认设置，则可以获得国家合作网络可视图，如图 1－61 所示。相应地，可以获得机构合作网络图（见图 1－62）。

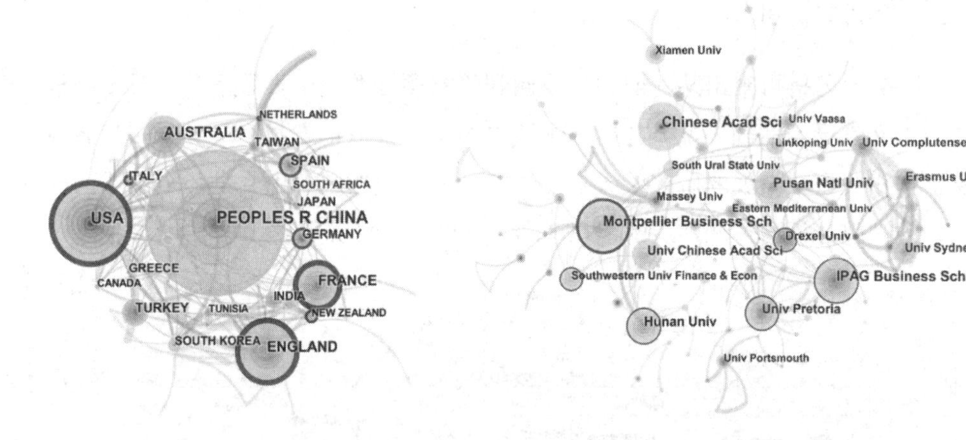

图 1－61 国家合作网络图　　图 1－62 机构合作网络图

三、基于 CiteSpace 的关联文献共现网络分析

在 CiteSpace 中主题和领域共现主要是通过分析关键词共现与 Burst Detection 这两方面。关键词共现分析是为了获得学科领域中各个研究主题之间的联系，在一篇论文中存在的多个关键词必定与论文主题相关联，联系紧密的关键词会形成一个个团体，进一步可以根据此团体进行归纳总结，得出不同主题。Burst Detection 分析则是用来表现一个变量在一段时间内的变化形式，与关键词相连接使用，则可以表示

与某一关键词关联的主题在某一段时间内发生了很大的变化。通常来说，Burst Detection 可以基于关键词、主题以及被引文献等角度进行分析。

（一）关键词共现与 Burst Detection 分析

首先，在 CiteSpace 功能参数区的 Node Types 选择 Keyword，其他参数选择默认设置。然后单击 GO!，在等待一段时间的数据运行后，单击 Visualize 进入可视化界面。最终，通过调整获得如图 1－63 所示的关键词共现网络图。在控制面板中选择 Burstness→Refresh→View，就可以显示 Burst Detection 的相关内容（见图 1－64）。

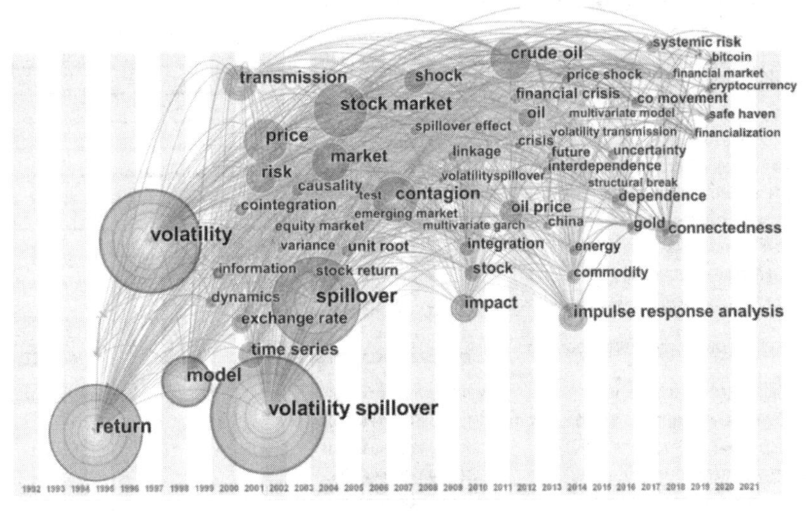

图 1－63　关键词贡献网络图

Occurrences Burst History

Top 20 Keywords with the Strongest Citation Bursts

Keywords	Year	Strength	Begin	End
united states	1992	4.006	**1992**	2000
volatility	1992	4.6006	**1992**	2003
model	1992	10.9583	**1992**	2006
return	1992	5.5054	**1993**	2006
information	1992	5.6995	**1995**	2006
exchange rate	1992	3.8668	**1995**	2008
generalized arch	1992	5.3686	**2000**	2008
price	1992	4.4567	**2000**	2004
comovement	1992	4.4164	**2005**	2012
contagion	1992	9.0292	**2006**	2012
conditional correlation	1992	3.6663	**2008**	2012
cointegration	1992	6.9121	**2009**	2012
business cycle	1992	4.3126	**2010**	2015
asymmetric volatility	1992	4.1852	**2010**	2014
biofuel	1992	4.7078	**2011**	2015
asymptotic theory	1992	6.7702	**2011**	2018
bond	1992	5.4904	**2012**	2015
autoregressive conditional heteroscedasticity	1992	4.093	**2013**	2017
arch	1992	4.6836	**2013**	2018
behavior	1992	5.282	**2013**	2016

图 1－64　前 20 个最强突发探测关键词

（二）文献的 Burst Detection 分析

前面已经介绍了文献分析的相关内容，因此在这一小节中仅对文献的 Burst Detection 进行分析。在 CiteSpace 功能参数区选择 Node Types 中的 Reference，在可视化界面的控制面板中执行上述同样的操作，如图 1－65 所示。

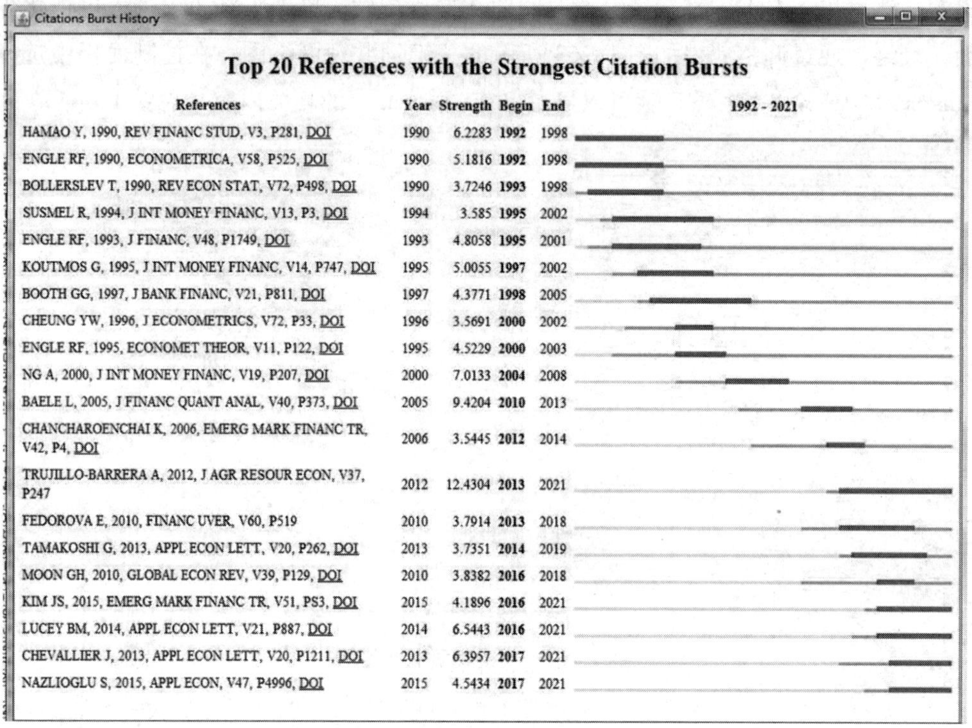

Citations Burst History

Top 20 References with the Strongest Citation Bursts

References	Year	Strength	Begin	End	1992 - 2021
HAMAO Y, 1990, REV FINANC STUD, V3, P281, DOI	1990	6.2283	**1992**	1998	
ENGLE RF, 1990, ECONOMETRICA, V58, P525, DOI	1990	5.1816	**1992**	1998	
BOLLERSLEV T, 1990, REV ECON STAT, V72, P498, DOI	1990	3.7246	**1993**	1998	
SUSMEL R, 1994, J INT MONEY FINANC, V13, P3, DOI	1994	3.585	**1995**	2002	
ENGLE RF, 1993, J FINANC, V48, P1749, DOI	1993	4.8058	**1995**	2001	
KOUTMOS G, 1995, J INT MONEY FINANC, V14, P747, DOI	1995	5.0055	**1997**	2002	
BOOTH GG, 1997, J BANK FINANC, V21, P811, DOI	1997	4.3771	**1998**	2005	
CHEUNG YW, 1996, J ECONOMETRICS, V72, P33, DOI	1996	3.5691	**2000**	2002	
ENGLE RF, 1995, ECONOMET THEOR, V11, P122, DOI	1995	4.5229	**2000**	2003	
NG A, 2000, J INT MONEY FINANC, V19, P207, DOI	2000	7.0133	**2004**	2008	
BAELE L, 2005, J FINANC QUANT ANAL, V40, P373, DOI	2005	9.4204	**2010**	2013	
CHANCHAROENCHAI K, 2006, EMERG MARK FINANC TR, V42, P4, DOI	2006	3.5445	**2012**	2014	
TRUJILLO-BARRERA A, 2012, J AGR RESOUR ECON, V37, P247	2012	12.4304	**2013**	2021	
FEDOROVA E, 2010, FINANC UVER, V60, P519	2010	3.7914	**2013**	2018	
TAMAKOSHI G, 2013, APPL ECON LETT, V20, P262, DOI	2013	3.7351	**2014**	2019	
MOON GH, 2010, GLOBAL ECON REV, V39, P129, DOI	2010	3.8382	**2016**	2018	
KIM JS, 2015, EMERG MARK FINANC TR, V51, PS3, DOI	2015	4.1896	**2016**	2021	
LUCEY BM, 2014, APPL ECON LETT, V21, P887, DOI	2014	6.5443	**2016**	2021	
CHEVALLIER J, 2013, APPL ECON LETT, V20, P1211, DOI	2013	6.3957	**2017**	2021	
NAZLIOGLU S, 2015, APPL ECON, V47, P4996, DOI	2015	4.5434	**2017**	2021	

图 1－65　文献突发探测分析

四、基于 Pajek 的关联文献主路径分析

基于 Pajek 软件的关联文献主路径分析包括局部向前主路径分析、局部向后主路径分析、全局标准主路径分析以及全局关键主路径分析。本节同样以“volatility spillover”做案例分析，需要注意的是，在 Pajek 运行过程中，保持默认参数设置。

为了更好地说明不同路径的区别，简单介绍了基于 SPC 算法的主路径分析过程。搜索路径计数（Search Path Count，SPC）通常来说是指所有从起始节点到终点节点的路径中经过该路径的次数，如图 1－66 所示。

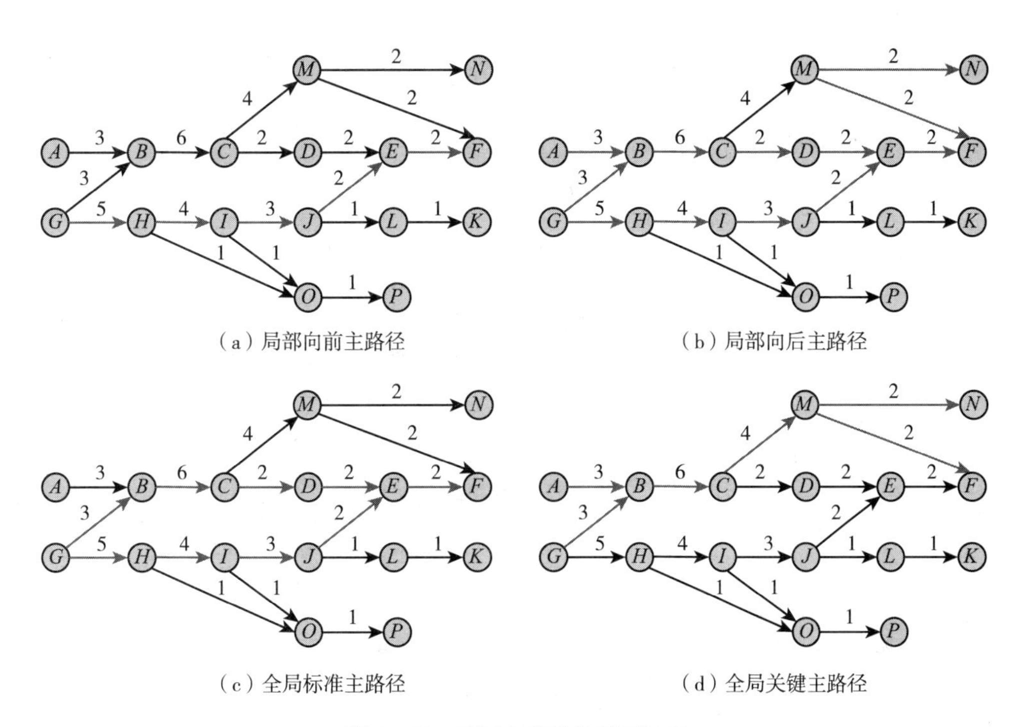

（a）局部向前主路径　（b）局部向后主路径

（c）全局标准主路径　（d）全局关键主路径

图 1－66　不同主路径的遍历过程

对于局部向前主路径分析（a），可选择的具有最大遍历计数的初始路径为 $G \rightarrow H$，以 H 为起始节点开始向前搜索具有最大遍历计数的路径，故形成了一条有向路径：$G \rightarrow H \rightarrow I \rightarrow J \rightarrow E \rightarrow F$；对于局部向后主路径分析（b），可选择的具有最大遍历计数的初始路径为 $M \rightarrow N$，$M \rightarrow F$，$E \rightarrow F$，以 M 和 E 为起始节点开始向后搜索具有最大遍历计数的路径；对于全局标准主路径分析（c），则需要从整个网络计算一条有向路径的整体遍历计数，其中 $G \rightarrow B \rightarrow C \rightarrow D \rightarrow E \rightarrow F$ 和 $G \rightarrow H \rightarrow I \rightarrow J \rightarrow E \rightarrow F$ 的遍历计数之和都为 15，是该网络中的最大值；对于全局关键主路径分析（d），遍观整个网络，其中路径 $B \rightarrow C$ 的遍历计数最大，则以 B 为起始节点向后搜索具有最大遍历计数的路径，以 C 为起始节点向前搜索具有最大遍历计数的路径。

（一）局部向前主路径分析

局部向前主路径分析（local forward main path）用于测度知识领域在传播过程中的局部重要性，即对于一个研究领域来说，任何一个相关领域的文献都是一个时间节点，最早的时间节点是该领域的可能起始点，以此进行知识体系传播演化。在时间维度上，时间节点是顺流而上的，但是在空间维度上，一个时间节点可能产生分叉路。不同的分叉路重要程度也有所不同，局部向前主路径是具有最大总遍历计数的一条连接起点和终点的有向路径，如图 1－67 所示。

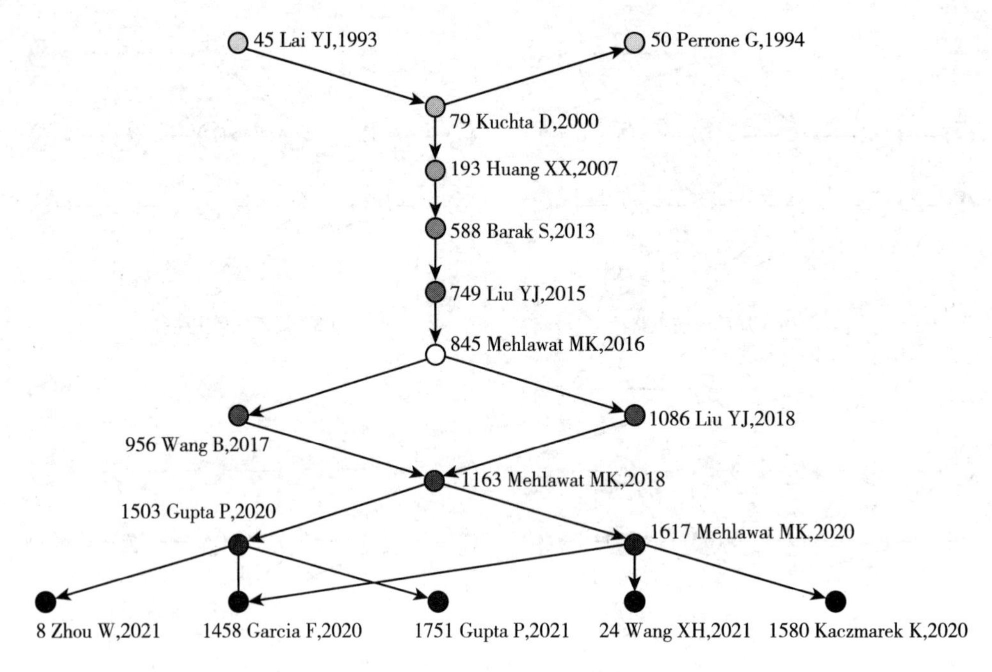

图 1－67 局部向前路径分析

（二）局部向后主路径分析

局部向后主路径分析（local backward main path）与局部向前主路径分析正好相反，它考虑的是最近发表的文献作为终点节点，以此逆流而下，寻找最初可能的起始节点，将具有最大总遍历计数的不同时间节点，从起始节点一直连接到终点节点的有向路径。如图 1－68 所示。

（三）全局标准主路径分析

全局标准主路径分析（global standard main path）试图在整个网络中找到具有最大总遍历计数的有向路径，其更加注重知识传播的整体重要性而非局部，如图 1－69 所示。

（四）全局关键主路径分析

全局关键主路径分析（global key main path）是指从整个网络中具有最大总遍历计数的链路中提取出的有向路径。即搜索出具有最大遍历计数的相邻节点，以此相邻节点为基础，向前向后搜寻具有最大遍历计数的不同节点，最后将初始节点与终点节点连接构成一条有向路径，如图 1－70 所示。

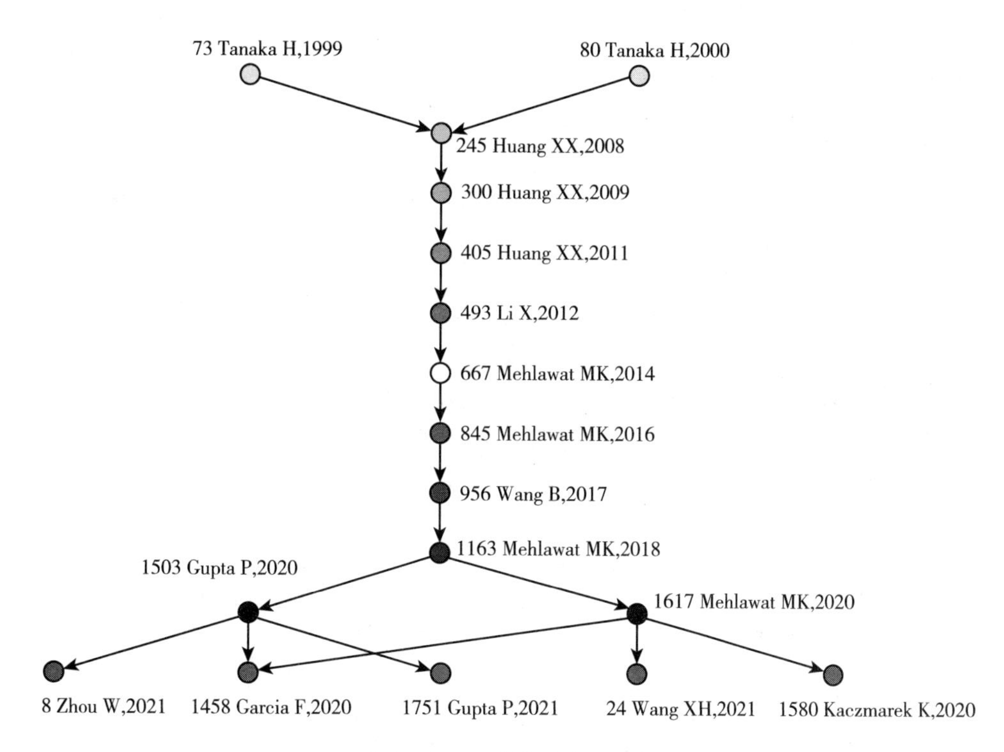

图 1-68 局部向后路径分析

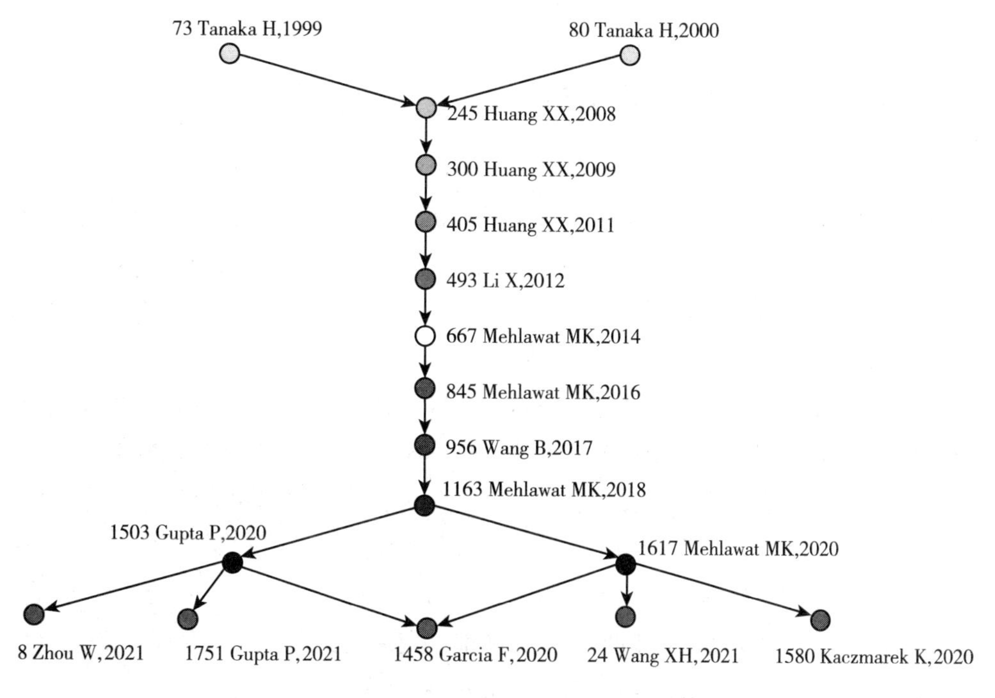

图 1-69 全局标准路径分析

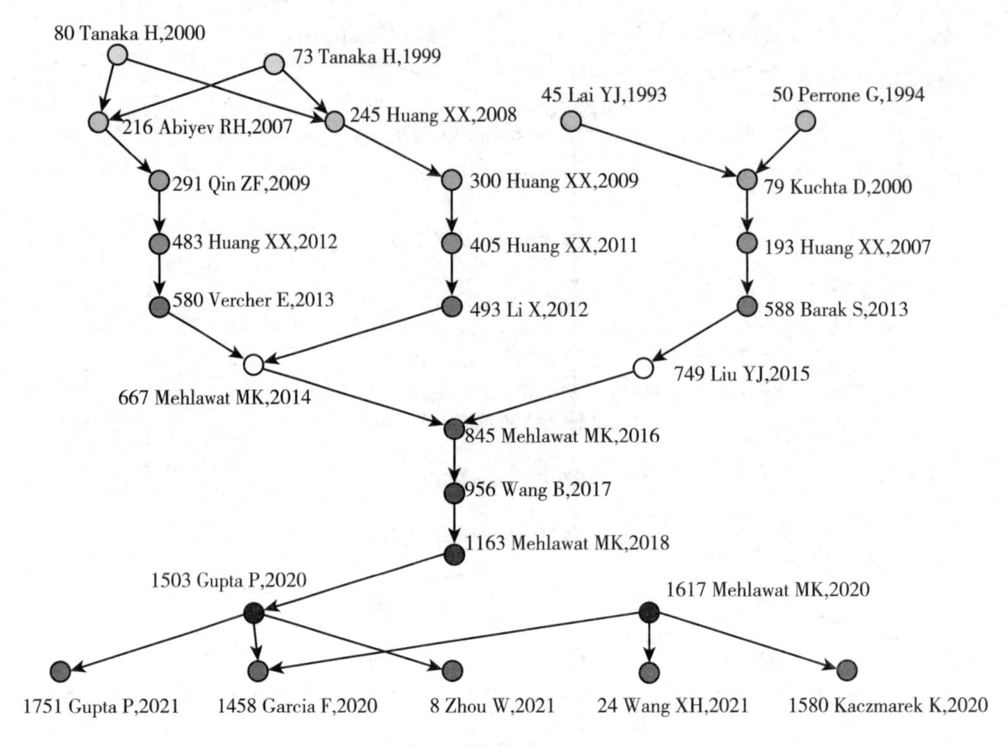

图 1-70　全局关键路径分析

第四节　本章小结

在本章中，首先，论述了系统关联文献分析方法即文献计量方法研究的作用及其应用情况。文献计量方法对于学科领域的研究来说是必不可少的，通过此方法可基于学科领域识别出相应的研究热点、演变过程、新兴趋势和主要路径等内容。其次，介绍了相关的文献计量方法，即 CiteSpace 与 Pajek 软件的应用，其中对于 CiteSpace 软件的功能和操作进行了详细介绍，包括但不限于数据处理、功能选择、可视化结果处理以及文献计量信息提取等内容。Pajek 软件的其他功能将会在第五章中重要运用，因此在本章中只做了有关文献计量分析方面的简单介绍，包括软件安装、软件操作过程等。最后，基于一个案例数据对 CiteSpace 与 Pajek 软件进行实际操作，包括基于 CiteSpace 的关联文献共被引分析，关联文献科研合作分析和关联文献共现网络分析，以及基于 Pajek 的局部向前、向后主路径和全局标准、关键主路径分析。由此，通过本章的学习，对 CiteSpace 和 Pajek 的文献计量方法有了一定的了解并掌握了实际操作能力，这对于读者在进行相关领域的了解以及论文写作时都有着重要的作用。当然，文献计量方法并不局限于这两种，还包括 VOSviewer、

HistCite 等，对于读者来说，能够熟练掌握一到两种方法，实现自己的目标即可。CiteSpace 作为一款经典的文献计量软件，是非常有必要掌握的。当你能够按照自己的要求熟练地运用 CiteSpace 软件获得相关信息，标志着你已经能够熟练地运用此软件。本章较为详细地介绍了相关软件，但是受限于篇幅与主次原因，依旧有很多地方阐述不到位。读者可以通过查询相关网页和论坛获取更多关于 CiteSpace 和 Pajek 软件的内容。

参考文献

[1] 曹文杰、赵瑞莹：《国际农业面源污染研究演进与前沿——基于 Citespace 的量化分析》，载于《干旱区资源与环境》2019 年第 7 期。

[2] 樊一阳、许京京：《基于 Citespace 文献计量法的石墨烯研究文献可视化图谱分析》，载于《现代情报》2015 年第 8 期。

[3] 冯雪、吴国春、曹玉昆：《基于 Citespace 的中国生物质能源研究知识图谱分析》，载于《干旱区资源与环境》2018 年第 1 期。

[4] 高云峰、徐友宁、祝雅轩、张江华：《矿山生态环境修复研究热点与前沿分析——基于 VOSviewer 和 Citespace 的大数据可视化研究》，载于《地质通报》2018 年第 12 期。

[5] 胡昌盛、陈丽萍、张彩霞、许星莹：《基于 Citespace 文献计量可视化软件探讨国内糖尿病中医护理研究趋势》，载于《广州中医药大学学报》2019 年第 5 期。

[6] 李培凯、杨夕瑾、孙健敏：《2010 - 2014 年心理学核心期刊载文的文献计量分析》，载于《心理与行为研究》2016 年第 6 期。

[7] 李琬、孙斌栋：《西方经济地理学的知识结构与研究热点——基于 Citespace 的图谱量化研究》，载于《经济地理》2014 年第 4 期。

[8] 李曌嫱、秦义、田元祥、赵建新：《针灸治疗腰椎间盘突出症的 Citespace 知识图谱可视化分析》，载于《中国针灸》2017 年第 5 期。

[9] 梁誉、周亚星、曹信邦：《我国养老服务研究的知识图谱——基于 Citespace 的可视化计量分析》，载于《社会保障研究》2020 年第 2 期。

[10] 罗杨、吴永贵、段志斌、谢荣：《基于 Citespace 重金属生物可给性的文献计量分析》，载于《农业环境科学学报》2020 年第 1 期。

[11] 石晶晶、石树青、杜柏、王欢、王丹丹、许荣荣、胡元会：《基于 Citespace 的可视化分析在医学领域的应用》，载于《中国循证心血管医学杂志》2020 年第 1 期。

[12] 肖婉、张舒予：《混合学习研究领域的前沿、热点与趋势——基于 Citespace 知识图谱软件的量化研究》，载于《电化教育研究》2016 年第 7 期。

[13] 谢伶、王金伟、吕杰华：《国际黑色旅游研究的知识图谱——基于 Citespace 的计量分析》，载于《资源科学》2019 年第 3 期。

[14] 辛伟、雷二庆、常晓、宋芸芸、苗丹民：《知识图谱在军事心理学研究中的应用——基于 ISI Web of Science 数据库的 Citespace 分析》，载于《心理科学进展》2014 年第 2 期。

[15] 徐建国、刘泳慧、刘梦凡:《国内深度学习领域研究进展与热点分析——基于 Citespace 与 VOSviewer 的综合应用》,载于《软件导刊》2021 年第 1 期。

[16] Alvarez-Betancourt Y., Garcia-Silvente M., An Overview of Iris Recognition: A Bibliometric Analysis of the Period 2000 - 2012. *Scientometrics*, Vol. 101, No. 3, 2014, pp. 2003 - 2033.

[17] Arnott D., Pervan G., *A Critical Analysis of Decision Support Systems Research Revisited: The Rise of Design Science*. Palgrave Macmillan, Cham: Enacting Research Methods in Information Systems, 2016, pp. 43 - 103.

[18] Arnott D., Pervan G., *A Critical Analysis of Decision Support Systems Research*. Palgrave Macmillan, London: Formulating Research Methods for Information Systems, 2015, pp. 127 - 168.

[19] Calma A., Davies M., Academy of Management Journal, 1958 - 2014: A Citation Analysis. *Scientometrics*, Vol. 108, No. 2, 2016, pp. 959 - 975.

[20] Calma A., Davies M., Studies in Higher Education 1976 - 2013: A Retrospective Using Citation Network Analysis. *Studies in Higher Education*, Vol. 40, No. 1, 2015, pp. 4 - 21.

[21] Chen H., Ho Y. S., Highly Cited Articles in Biomass Research: A Bibliometric Analysis. *Renewable and Sustainable Energy Reviews*, Vol. 9, 2015, pp. 12 - 20.

[22] Cheng L., Jun Z., Information Visualization Analysis of Tourism Management Research based on Web of Science. *Tourism Tribune/Lvyou Xuekan*, Vol. 29, No. 4, 2014.

[23] Claude R., Charles-Daniel A., Jean A., et al., Bibliometric Overview of the Utilization of Artificial Neural Networks in Medicine and Biology. *Scientometrics*, Vol. 59, No. 1, 2004, pp. 117 - 130.

[24] Cobo M. J., Martínez M. Á., Gutiérrez-Salcedo M, et al., 25 Years at Knowledge-based Systems: A Bibliometric Analysis. *Knowledge-Based Systems*, Vol. 80, 2015, pp. 3 - 13.

[25] Daim T., Lai K. K., Yalcin H., et al., Forecasting Technological Positioning Through Technology Knowledge Redundancy: Patent Citation Analysis of IoT, Cybersecurity, and Blockchain. *Technological Forecasting and Social Change*, Vol. 161, 2020, P120329.

[26] Du Y., Teixeira A. C., A Bibliometric Account of Chinese Economics Research Through the Lens of the China Economic Review. *China Economic Review*, Vol. 23, No. 4, 2012, pp. 743 - 762.

[27] Gallardo-Gallardo E., Nijs S., Dries N., et al., Towards an Understanding of Talent Management as a Phenomenon-Driven Field Using Bibliometric and Content Analysis. *Human Resource Management Review*, Vol. 25, No. 3, 2015, pp. 264 - 279.

[28] Glänzel W., Bibliometrics-aided Retrieval: Where Information Retrieval Meets Scientometrics. *Scientometrics*, Vol. 102, No. 3, 2015, pp. 2215 - 2222.

[29] Heneberg P., Effects of Print Publication Lag in Dual Format Journals on Scientometric Indicators. *PLoS One*, Vol. 8, No. 4, 2013, e59877.

[30] Hoepner A. G. F., Kant B., Scholtens B., et al., Environmental and Ecological Economics in the 21st Century: An Age Adjusted Citation Analysis of the Influential Articles, Journals, Authors and Institutions. *Ecological Economics*, Vol. 77, 2012, pp. 193 - 206.

[31] Hu Y., Sun J., Li W., et al., A Scientometric Study of Global Electric Vehicle Research

[J]. *Scientometrics*, Vol. 98, No. 2, 2014, pp. 1269 – 1282.

[32] Huang Y., Schuehle J., Porter A. L., et al., A Systematic Method to Create Search Strategies for Emerging Technologies based on the Web of Science: Illustrated for "Big Data". *Scientometrics*, Vol. 105, No. 3, 2015, pp. 2005 – 2022.

[33] Jiang H., Qiang M., Lin P., A Topic Modeling based Bibliometric Exploration of Hydropower Research. *Renewable and Sustainable Energy Reviews*, Vol. 57, 2016, pp. 226 – 237.

[34] Kim M. C., Chen C., A Scientometric Review of Emerging Trends and New Developments in Recommendation Systems. *Scientometrics*, Vol. 104, No. 1, 2015, pp. 239 – 263.

[35] Kim M. C., Jeong Y. K., Song M., Investigating the Integrated Landscape of the Intellectual Topology of Bioinformatics. *Scientometrics*, Vol. 101, No. 1, 2014, pp. 309 – 335.

[36] Lampe H. W., Hilgers D., Trajectories of Efficiency Measurement: A Bibliometric Analysis of DEA and SFA. *European Journal of Operational Research*, Vol. 240, No. 1, 2015, pp. 1 – 21.

[37] Lee C. I. S. G., Felps W., Baruch Y., Toward a Taxonomy of Career Studies Through Bibliometric Visualization. *Journal of Vocational Behavior*, Vol. 85, No. 3, 2014, pp. 339 – 351.

[38] Loock M., Hinnen G., Heuristics in Organizations: A Review and a Research Agenda. *Journal of Business Research*, Vol. 68, No. 9, 2015, pp. 2027 – 2036.

[39] Merigó J. M., Mas-Tur A., Roig-Tierno N., et al., A Bibliometric Overview of the Journal of Business Research between 1973 and 2014. *Journal of Business Research*, Vol. 68, No. 12, 2015, pp. 2645 – 2653.

[40] Merigó J. M., Rocafort A., Aznar-Alarcón J. P., Bibliometric Overview of Business & Economics Research. *Journal of Business Economics and Management*, Vol. 17, No. 3, 2016, pp. 397 – 413.

[41] Qian G., Scientometric Sorting by Importance for Literatures on Life Cycle Assessments and Some Related Methodological Discussions. *The International Journal of Life Cycle Assessment*, Vol. 19, No. 7, 2014, pp. 1462 – 1467.

[42] Schubert A., The Web of Scientometrics. *Scientometrics*, Vol. 53, No. 1, 2002, pp. 3 – 20.

[43] Siegmeier T., Möller D., Mapping Research at the Intersection of Organic Farming and Bioenergy-A Scientometric Review. *Renewable and Sustainable Energy Reviews*, Vol. 25, 2013, pp. 197 – 204.

[44] Song M., Kim S. Y., Zhang G., et al., Productivity and Influence in Bioinformatics: A Bibliometric Analysis Using Pubmed Central. *Journal of the Association for Information Science and Technology*, Vol. 65, No. 2, 2014, pp. 352 – 371.

[45] Van Leeuwen T., Publication Trends in Social Psychology Journals: A Long-Term Bibliometric Analysis. *European Journal of Social Psychology*, Vol. 43, No. 1, 2013, pp. 9 – 11.

[46] Van Raan A., Scientometrics: State-of-the-art. *Scientometrics*, Vol. 38, No. 1, 1997, pp. 205 – 218.

[47] Wu Y., Duan Z., Visualization Analysis of Author Collaborations in Schizophrenia Research. *BMC Psychiatry*, Vol. 15, No. 1, 2015, pp. 1 – 8.

[48] Wuehrer G. A., Smejkal A. E., The Knowledge Domain of the Academy of International Business Studies (AIB) Conferences: A Longitudinal Scientometric Perspective for the Years 2006 – 2011.

Scientometrics, Vol. 95, No. 2, 2013, pp. 541 – 561.

[49] Yang X. L., Liu G. Z., Tong Y. H., et al., The History, Hotspots, and Trends of Electrocardiogram. *Journal of Geriatric Cardiology*: *JGC*, Vol. 2, No. 4, 2015, P. 448.

[50] Zhang X., Gao Y., Yan X., et al., From e-learning to Social-learning: Mapping Development of Studies on Social Media-supported Knowledge Management. *Computers in Human Behavior*, Vol. 51, 2015, pp. 803 – 811.

[51] Zhao Y., Wang L., Zhang Y., Research Thematic and Emerging Trends of Contextual Cues: A Bibliometrics and Visualization Approach. *Library Hi Tech*, 2020.

第二章

Chapter 2

系统网络层次分析与Super Decision实现

第一节 系统网络层次分析方法与相关背景

系统工程作为一门技术，其目的是寻求系统设计、实施和运行的最佳方案。在系统工程方法论中有个经典的理论为“霍尔三维结构”，是美国系统工程专家霍尔等（A. D. Hall et al.，1969）在大量工程实践的基础上提出的一种系统工程方法论。“霍尔三维结构”将系统工程的整个活动过程分为时间维七个阶段和逻辑维七个步骤，每个时间阶段都要大致按照逻辑步骤进行，以便在每个阶段都能寻求最佳方案。它通常先明确目标并确定目标，通过系统综合来提出多个备选方案，然后通过系统分析和优化比较各个方案间的优劣，再决策出某个最佳方案，最后实施过程。评价各个方案之间的优劣属于系统评价的问题，需要有一套规范标准的评价技术来保证对系统进行一个合理的评价。在系统评价中，网络层次分析是一种非常有效且快速的方法。它通常将与决策有关的元素分解成目标、准则和方案等层次，在规范的评价准则下对各个不同的备选方案进行详细分析，最后通过方案的得分权重来确定最优选择。这种方法不仅符合系统工程对于最优方案选择的追求，同时能够给出一套完善的评价体系。具体而言，网络层次分析法的发展历经层次分析法和网络层次分析法两个阶段。层次分析法（the analytic hierarchy process，AHP）由美国运筹学家萨蒂（T. L. Saaty）教授于20世纪70年代初，在为美国国防部研究“根据各个工业部门对国家福利的贡献大小而进行电力分配”课题时，应用网络系统理论和多目标综合评价方法，提出的一种层次权重决策分析方法。在更加深入的研究中，萨蒂教授认为层次分析法的使用存在一些先决条件，当研究目标和指标之间出现更为复杂的网络状的依存关系时，层次分析法就不再适用了。因此，他提出了一种更为优化的网络层次分析法（the analytic network process，ANP），该方法解决了层次分析法目标和指标间不独立的问题。通过层次分析法和网络层次分析法都能够很好地对决策系统中的一些备选方法进行评价、得出排序结果，从而作出更为科学的决策行为，这也与系统工程的目标一致。本章将具体阐述有关系统工程方法中 AHP 和 ANP 的相关理论知识和软件实现过程，并介绍系统 AHP 和 ANP 的优化发展和应用实践。

经过多年的研究，系统 AHP 和 ANP 已经被证实是一种非常有效的决策分析工具。该方法将定性与定量、系统化与层次化相结合，为决策者提供了一种更为科学的运筹决策方式。自从系统 AHP 和 ANP 成为各个领域学者们研究的新焦点后，针对这两种方法的改进和优化持续不断，且主要集中在算法改进和模型拓展两个方面。此外，这两种评价方法也在应用的广度上被不断挖掘。

一、算法改进方面

在算法改进上，不论是系统 AHP 还是系统 ANP，都在时代的变更中实现了发展。学者们通过不断的改进和完善，对模型构建中的各个步骤都进行了大量的优化研究，使决策模型的计算更为简单和精确。接下来主要对其中几个步骤进行描述。

（一）排序问题

研究初期，很多学者从模型内部进行研究，在模型的排序问题、优化方法、概率判断等决策因素上得到了更多的选择（Lipovetsky，1996；Basak，1998；Zahir，1999）。在上述决策因素的构造中，他们都将向量和矩阵视为关键要素，向量和矩阵能将传统的层次分析法扩展到线性系统和欧式空间，对排序具有重要影响，为决策过程增加了几何意义。对于排序问题，王莲芬教授（2001）在萨蒂教授的循环系统基础之上进行了改进，计算极限超矩阵的相对排序向量时使用带有原点位移的幂法，简化了求解平均极限排序的算法。另外，系统 ANP 中还存在逆序问题，对此，刘奇志（2004）提出利用有向图及其矩阵，将系统 AHP 中的积因子方法引申到系统 ANP 问题当中。

（二）判断矩阵

系统 AHP 的关键步骤是构造判断矩阵（谢雅宁，2014），因依赖于人的主观评价，使判断矩阵的量化过程不够精确，因此需要对这个关键步骤做出改进。但是，在构造判断矩阵中可能存在不一致问题，从而导致一致性检验无法通过。对此，王巧珍和杨凡德（2011）利用最优传递矩阵进行了改进。另外，也有学者针对不确定层次分析法中的区间互反判断矩阵提出新的改进方法，认为没有决策者参与的情况下也能得出新的具有一致性的评价向量（刘同超和李振福，2017）。这种情况下，传统构造判断矩阵的方法不能很好地适应多目标决策问题。为此，谢忠秋（2015）提出了一种相比传统的 AHP 构造判断矩阵更为简单的方法。

（三）权重计算

对于系统 AHP 中的权重因素，许多学者认为有必要研究其可信度（严浩等，2014；郭金维等，2014）。严浩等针对数据质量综合评估，提出采用二次变权的思想对传统层次分析法进行改造。二次变权既反映了专家对影响因子相互间重要程度的经验值，又体现了最终决策者对影响因子实测值不同状态所想体现的激励或惩罚的调节措施，使评估的结果更加贴近实际，且可信度更高。郭金维等则是进一步研究多决策目标的模型中现有权重计算方法存在的不足，提出了一种改进的熵权层次分析法。该方法将熵权法和层次分析法的指标权重结合起来，综合上一层指标的权重并归一化得到最终的指标权重，通过这种方式使结果具有更好的可信度。

二、模型拓展方面

在模型拓展上，通过查阅大量文献发现，除了对模型本身进行优化外，系统 AHP 和 ANP 还能通过结合其他模型来提高整个模型的综合性能，从而解决更为复杂的问题。主要的结合模型有 Fuzzy、DEA、SWOT、TOPSIS、熵权、运筹学等。下面将逐一综述这些模型与系统 AHP 或 ANP 结合的具体情况。

（一）Fuzzy 模型

在系统 AHP 模型中，对于单一目标决策问题，许多学者将系统 AHP 和模糊分析法结合起来构建评价模型，利用系统 AHP 确定各指标权重，模糊综合评价法（FCE）计算综合评价结果，通过定性指标与定量指标相结合，从而提高预测结果的准确性（颜赛燕，2020；金占勇等，2020；贺肖飞等，2020）。针对多目标决策问题，王一雷（2020）提出了一种模糊目标规划（FGP）程序，解决了随机多目标决策（MODM）机会约束目标实现的有限概率愿望水平的问题，根据专家的意见使用模糊 AHP 方法分析供应商选择标准的重要程度。此外，在系统 ANP 模型中，学者还用模糊评价方法来解决分类标准或边界不明确、不清晰的情况（李俊松和仇文革，2011；朱琳，2012）。对所有因素的综合评价可以利用模糊线性变化和隶属度原则，从低到高实现排序。与此同时，系统 ANP 能够客观地描述元素之间的关系，既解决了评价指标难以精确定性的问题，也极大地提高了评价指标权重的科学性（周黎莎和于新华，2009；杜红兵等，2010；余顺坤等，2012）。针对上述类似的难以定性的问题，使用结合模糊评价的 ANP 方法可以将定量和定性研究很好地结合起来，从而增强评价的可靠性（赖志向和叶家伟，2009；田水承等，2011）。然而，也有学者对于将模糊评价应用到 AHP 中存在疑义。近年来，系统 AHP 理论创始人萨蒂从模糊 AHP 缺乏数理逻辑性、AHP 判断本身来自模糊语义、模糊 AHP 对不一致性的改进不一定能确保改进结果的有效性等角度质疑模糊 AHP 方法的科学性。朱克毓和杨善林（2014）表示认同，并对萨蒂批判模糊 AHP 方法的观点进行系统阐述，就经典 AHP 和模糊 AHP 两方观点进行了深入的分析。

（二）DEA 模型

在系统 AHP 模型中，程文仕等（2016）从不同的角度设计出了 4 种项目工程建设方案，在此基础上根据建设工程内容和投资水平等资料，构建了带层次分析法约束锥的数据包络分析（data envelopment analysis，DEA）模型，对 4 个可行方案的土地整治综合效益进行评价。李爽和潘秀（2017）针对传统的物流配送中心选址不足的问题，提出了一种基于 DEA 和系统 AHP 的混合模型。该模型运用 DEA 计算出各个方案间的相对效率系数，构造出所需的判断矩阵，再运用 AHP 实现对候选方案的全排序，最终表明 DEA + AHP 模型比传统选址模型具有更强的可行性和实用性。其中，DEA 的原理主要研究生产决策单元（decision making units，DMU）的输入与输出数据，从相对有效性的角度出发来评价具有相同类型的多投入、多产出决策单元的技术与规模的有效性。DEA 反映的是一个相对有效性，可能会出现某些指标是有效的，但大多数无效的指标却占据优势的情形，最后导致决策不科学。此时，结合 ANP 能够有效地处理这个问题，这是由于 ANP 可以客观地反映指标间的相互依赖关系，快速有效地建立一个综合权重评价系统，为科学决策提供支撑（姜建华，2009）。

（三）SWOT 模型

首先，在 AHP 模型中，申红田等（2019）对天津市城市中心区轨道交通站域进行分类，结合 AHP-SWOT 分析法，对历史文化型站域更新的内部优势、劣势因素以及站点建设带来的外部机会、威胁因素进行量化分析。舒洪水等（2020）通过 SWOT 分析方法，分析确定走廊建设面临的内部优势、劣势与外部机遇威胁，并利用 AHP 分析方法对影响中巴经济走廊建设的各要素进行量化与可视化分析，以此确定战略选择。胡新丽（2020）运用 SWOT 分析法对新媒体背景下大理白族自治州的环境治理进行定性分析，采用 AHP 对各影响因素进行定量分析，从而构建判断矩阵得出环境保护战略四边形，实现了定量与定性的有机结合。其次，在 ANP 模型中，张传平等（2015）针对中国煤层气产业发展影响因素的错综复杂现状，提出了 ANP-SWOT 综合分析模型。运用 SWOT 模型对我国煤层气产业发展进行了全面的分析，主要着眼于内外部影响因素；另外，设计能够准确反映影响因素间关系的 ANP 网络结构，以此度量具有关联性的影响因素权重，进而对煤层气战略备选方案作出选择。宋姗姗等（2020）基于网络分析法与态势分析法综合模型（ANP-SWOT）开展相关分析，其中 SWOT 方法被用作确定我国海洋科技情报领域发展面临的环境因素，权重确定和策略排序则利用 ANP 方法得出。阳富强和林子燚（2020）运用态势分析法（SWOT 分析法），全面分析了大学校园安全文化建设过程中存在的内外部环境影响因素，并采用 ANP 设计了能够准确反映内外部环境影响因素之间关系的网络层次结构。由此确定具有关联性的影响因素权重，进而对大学校园安全文化建设优化方案做出选择。

（四）TOPSIS 模型

在 AHP 模型中，贺纯纯等（2014）利用兼并 ANP 描述客观事物准确性与 TOPSIS 处理指标分配不均的逻辑来建立方案评价体系。为检验该方法是否更优，有学者对 VLBI 台站电磁兼容性进行评估，实证分析结果证明该组合模型比单一 AHP 模型更适合解决类似问题。罗一墩等（2020）认为该组合模型能有效解决评价生态茶园景观质量时所遇到的分配评价指标权重困难问题，避免由于人为因素或者单因素决策出现决策错误。霍明等（2018）运用 AHP-TOPSIS 模型对华东地区的创新综合能力及其一级分项指标进行了评价排名，为国家农业科技园区创新能力建设提供理论参考依据。AHP 模型优势让其在应用中占据平台资源，葛慧磊等（2019）在专利信息计量分析的基础上，通过专家访谈、政策提炼分析，引入 AHP-SWOT 定量与定性测度模型，从定性与定量相结合的角度研究中国卫星导航专利技术产业化机会与障碍的影响因素。

（五）熵权

通过 AHP 主观权重和熵权加权以确定综合权重来进行指标评价更加客观公正，学者们从不同场景对其进行应用评价。金帅等（2017）将群决策思想融入该模型，通过对多决策者不同偏好的基于欧式距离的聚类、基于判断矩阵 Hardmard 积的集结以及基于极大熵准则的合成，形成含有群决策思想的 DEA 偏好约束锥置于 DEA 模型中，从而形成了极大熵准则下的群决策下的 AHP 约束锥的 DEA 模型。祝志川等（2018）建立了基于熵值排序修正 AHP 赋权的综合评价模型，兼具了评价结果反映主观意识与客观数据真实状态。同时，还可解决合赋权方法中组合系数无法科学合理分配的难题。李娟等（2020）首先基于文献分析确定专利价值评估指标，采用层次分析法（AHP）和熵权法分别计算各项指标权重；其次结合两种方法的贡献度修正指标权重；最后确定专利的综合价值度评估模型。

三、模型应用方面

在模型应用上，由于考虑了决策要素之间复杂且相互关联的关系，网络分析过程能够同时应用定量和定性属性，是一种广泛用于解决现实生活中各种管理问题的多准则决策方法。接下来对部分现有的 ANP 应用研究进行回顾和分类。

（一）业务和财务管理

业务和财务管理包含多样的应用类别，如功能评价、项目选择、策略选择、风险评估和其他应用。每个应用都有大量的学者进行研究。在功能评价时，学者们往往结合 DEMATEL 技术、模糊评价法和 MOORA 方法等来探讨各指标间的相互关系和影响权重，从而在确保自身战略实施的同时获得准确、充分的信息，并以面向未来的眼光来改善组织（Hung et al., 2012；Isfahani et al., 2014；Dinçer et al., 2017）。在项目选择中，加西亚－梅隆和波韦达－包蒂斯塔（García-Melón & Poveda-Bautista, 2015）提出了一种利用项目与企业战略目标的一致性来高效可靠地使用网络分析过程确定项目组合优先级的新方法。这种技术允许考虑网络中所有要素之间的影响，即战略目标，有助于为组织选择战略上最一致的项目。ANP 还可以应用在策略选择中，通过收集行业和研究机构的专家学者的反馈，系统地呈现对业务策略的研究结果。业务战略评估框架和评估结果可以作为移动通信行业的参与者审查、改进和提高自己的服务和战略的指导（Chen & Cheng, 2010）。刘等（Liu et al., 2013），曹和宋（Cao & Song, 2016）和陈（Chen, 2017）均把 ANP 应用于风险评估中，他们认为在很多项目的研究过程中充满着不确定性和复杂性，设备研发成本和实际性能要求高，存在很大的挑战和风险。因此，风险管理是项目研究中降低风险的关键。基于此，他们发现将 ANP 融合到评估过程中可以有效地处理决策者的主观性和模糊性，以获得更准确的权重。除此之外，还有很多学者将 ANP 应用到业务、财务管理等其他方面，以完善评价指标体系（Kumar & Claudio, 2016；Piltan & Sowlati, 2016）。

（二）物流与供应链管理

这项管理的过程中将会涉及选址、外包和供应商选择等问题。具体而言，戈文丹等（Govindan et al. , 2013）认为逆向物流已成为企业构建战略优势的一个重要维度，这部分工作依赖于潜在的外包活动。针对这种竞争问题，他们提出了一种包含层次分析法和网络层次分析法的多步骤模型，从而选择第三方逆向物流供应商的评估标准。阔和梁（Kuo & Liang, 2011）则提出一种用于配送中心选址的决策方法，该方法将多准则和 ANP 结合起来构造所有准则的模糊权值。通过对不同方案进行聚类模糊评价，并确定最佳选址方案。运输同样是物流和供应链中不可忽视的一环，奥德梅尔和巴斯里吉（Ozdemir & Basligil, 2016）认为空运的运输速度是最快的，能够在物流管理中发挥重要的作用。为此，他们利用多准则决策技术、模糊 ANP 法和 Choquet 积分法进行评价，并用模糊层次分析法对两种算法的结果进行比较，对土耳其航空公司的飞机采购问题进行了研究。在物流与供应链领域中，除了上述的一些领域还有很多其他项目的应用可以结合 ANP，如选择绿色供应链管理的战略，评价企业职能中最重要的活动等（Chen et al. , 2012）。

（三）能源管理

能源管理是对能源的生产、分配、转换和消耗的全过程进行科学的计划、组织、检查、控制和监督工作的总称。我国校园建筑的气候条件多变，且空调结构独立，因此对校园建筑的节能性能进行评估是一个重要而又困难的问题。胡等（Hu et al. , 2015）提出了一种基于模糊分析网络的校园建筑节能评估机制。对评估结果进行了讨论，以优化未来校园建筑的能源性能。此外，可再生能源（RER）正在全球范围内作为能源生产的替代能源出现，这些资源在未来将具有至关重要的作用。卜尤科兹坎和古拿鲁斯（Büyüközkan & Güleryüz, 2016）采用多标准决策（MCDM）方法，采用决策试验和评价实验室模型（DEMATEL）技术，结合网络层次分析法（ANP），从以投资者为中心的角度选择最合适的土耳其 RER。

通过上述文献整理不难发现，层次分析法的应用非常广泛，具有较好的实际价值。层次分析法除了上述整理出的模型优化和应用领域外，还有很多其他改进和应用。由于篇幅有限，不再一一列举，读者可以自行查找相关文献进行阅读和研究。

第二节 层次分析模型与基本步骤

一、AHP 建模逻辑与基本步骤

如背景所述，AHP 是美国运筹学家萨蒂教授提出的一种实用又简洁的新方法。这种方法的特点是在面对诸如政治、经济和社会的复杂环境时，能够深入剖析问题的本质，研究影响因素及其内在关系。基于此，AHP 通过结合较少的定量信息，实现决策过程的科学化，从而为具有多准则、难以完全定量特性的复杂系统提供决策方法。层次分析法的原理主要是根据系统的性质和所要达到的目标，将问题分解为许多组成因素。然后按照各因素之间的隶属和依赖关系将它们进行归组分层，由此构建层次结构。在这种层次结构中存在自上而下的支配关系，具体而言，首先，上一层次中的元素对下一层次的元素存在支配关系。但是，同一层次中的各个元素是相互独立的。这种层次结构也被称为递阶层次结构，本质上是为了解决备选方案相较于目标的重要性或优劣次序的排序问题。其次，除目标层和方案层外的准则层中，AHP 的两两（成对）判断能够度量不同方案在某一准则下的相对重要性。在此基础上，决策者可以使用单排序计算方法得到备选方案的优劣排序。最后，为了取得递阶层次结构中某一层元素对于总目标组合权重和这一层元素与上层元素的依存关系，需要决策者计算该层所有层次单排序结果，直到计算出备选方案层对于目标层的组合权重，此过程被称为层次总排序。通过上述过程，决策者可以根据优劣次序结果更加科学地进行选择等决策活动。AHP 模型归根结底是一种具有科学性的思维方法，因其系统性分析、简洁实用、所需定量数据信息少等特点受到了学者们的喜爱。

总结而言，在运用 AHP 进行决策时，主要包含以下几个步骤。

第一，建立层次结构模型，剖析研究对象，将目标体系和包含的所有因素进行归组分层；

第二，构造两两判断矩阵，也称为成对判断矩阵，一般采用 1 - 9 标度法测度；

第三，层次单排序及一致性检验，度量不同方案在某一准则下的相对重要性；

第四，层次总排序及一致性检验，层次总排序要求自上而下逐层完成。

可以用一个流程图展示上述评价决策过程，如图 2 - 1 所示。

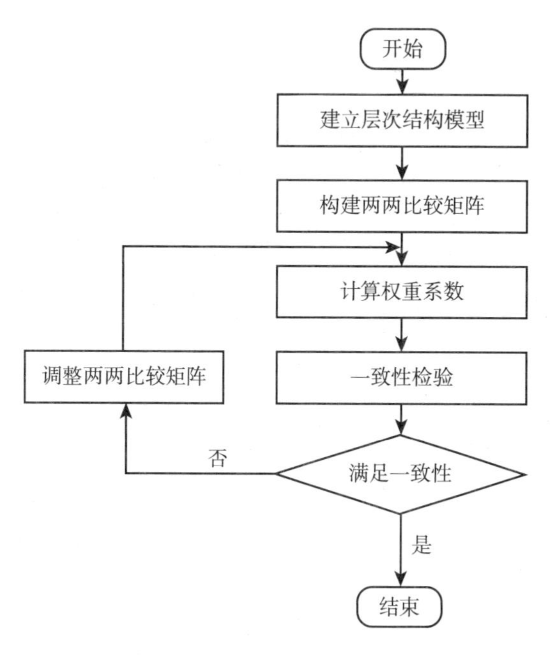

图 2-1　AHP 模型建模的基本步骤

二、递阶层次结构与两两判断矩阵

（一）构建递阶层次结构

首先，对需要决策的问题进行条理化剖析，将问题分解为多个组成因素。其次，按照各因素之间的隶属和依赖关系将它们进行归组分层，由此构建出能够反映系统内在联系的递阶层次结构模型。在这种递阶结构下，同一层次的元素将受到上一层次元素的支配，也对下一层次的元素起着制约作用。一般可以分为三种层次类型。

一是目标层：这一层次中只包含一个因素 G，一般是分析问题所得的预定目标。

二是准则层：这一层次中包含为实现目标所涉及的中间环节，主要是一些指标和准则。

三是方案层：这一层次中包含为实现目标可供选择的各种方案。

图 2-2 显示了一般情况下的递阶层次结构模型，具体信息为：目标层中有一个总目标 G；子目标层 S 也为准则层，可以包含多个，在这个模型中，泛化为 n 个子目标层，在图中体现为 S 的上标。另外，由于每个子目标层中的准则个数不一定相同，因此也需要加以区分，在图中体现为下标 mn；在方案层有 K 个各不相同的备选方案。整个递阶层次由上述三个部分组成。此外，每个层次之间还需要用关系线自上而下地连接起来，关系线体现了上下层次元素的关联情况，分为完全关联和不完全关联。

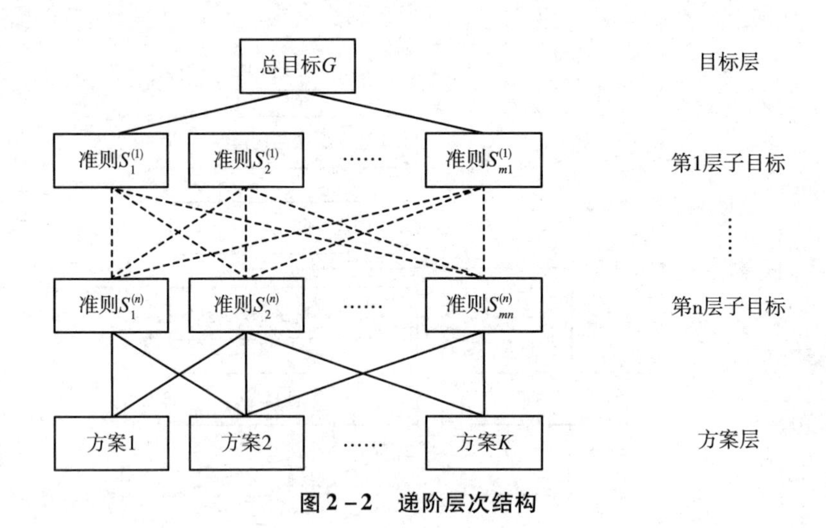

图 2-2 递阶层次结构

接下来用几个实例来展示递阶层次结构模型是如何具体构建的。

【例 1】购房选择

一位客户决定要购买一套房子，经过初步的调查研究筛选出三套备选的房子 A、B 和 C。目标是决定购买哪一套房子，即要选择一套较合适满意的房子。客户需要从经济、地理和建筑三个因素出发考虑，基于此，购买满意房子的决策准则有 8 个。

（1）价格：指价格是否合适，是否在承受能力之内。

（2）设备：指房子配备的天然气、照明和暖气是否安全合规等。

（3）环境：指环境是否安静、空气污染少等。

（4）房龄：指房子建筑年龄、老化程度等。

（5）空地：指是否配备小院子、停车场等。

（6）交通：指交通是否方便，离地铁、公交路线是否近。

（7）结构：指房子的房屋结构、维修是否安全方便。

（8）面积：指房间的数目、大小和总面积等。

可以把这位客户购买房子的问题分解成一个层次结构，目标层是购买到适合满意的房子，准则层是选择满意房子的 8 个决策判断，方案层是三套备选的房子。将会用第二层的 8 个判据来评价这三幢房子。图 2-3 就是购买房子的层次结构。

【例 2】河道工程建设选择

某港务局要改善一条河道的过河运输条件，需要确定是否修建桥梁或隧道以代替现有的轮渡。在此问题中过河方式的确定取决于过河方式的效益与代价。通常用费效比（效益/代价）作为选择方案的标准。为此分别给出了两个层次结构（见图 2-4 和图 2-5），它们分别考虑了影响过河的效益与代价的因素。这些因素可分为三类：经济、社会和环境。决策的制定将取决于根据这两个层次结构确定的方案的效益权重与代价权重之比。

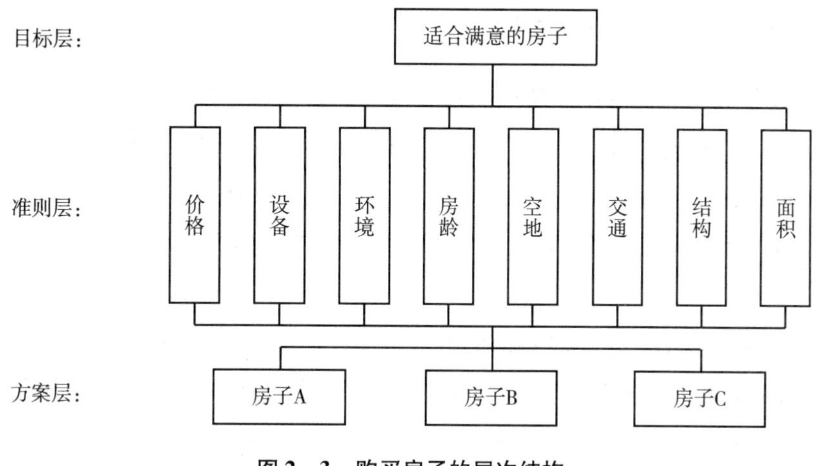

图 2－3　购买房子的层次结构

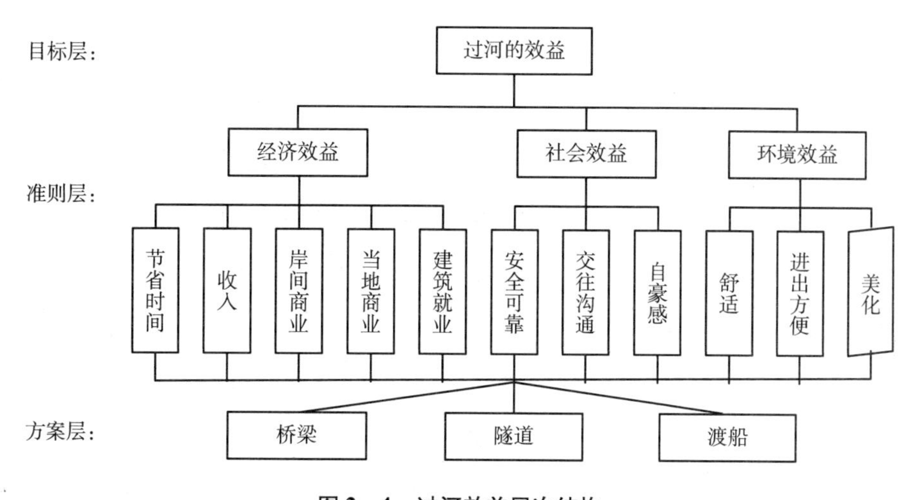

图 2－4　过河效益层次结构

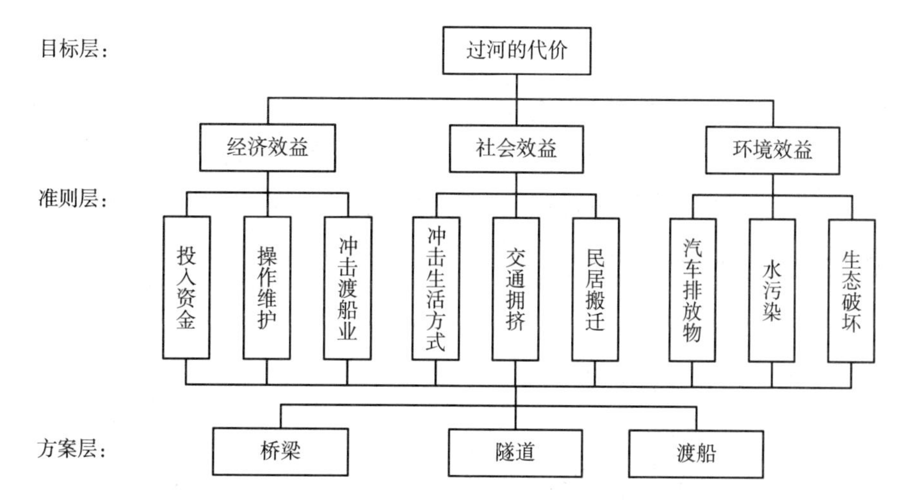

图 2－5　过河代价层次结构

（二）构造两两判断比较矩阵

AHP 区分方案的优劣排序所用的指标是权重，这是一种相对量度指标，其取值范围为 0 ~ 1。在确定的某个准则下，权重指标越大表示优先程度越大，方案越优；反之，权重指标越小表示优先程度越小，方案越劣。另外，通过从上到下逐层计算能够得到每一个方案对于整个系统的权重，由此，判断出方案对于整个系统的优劣程度。

【例 3】假设现有 4 块完全不同的石头，逐一称重后的结果为 t_1、t_2、t_3、t_4。为了测出各石块的重量，现将每一石块与其他石块重量两两比较：将第 i 个石块重量与其他石块重量进行比较，会得到 4 个重量比值，即 t_i/t_1、t_i/t_2、t_i/t_3、t_i/t_4（$i=1,2,3,4$）。基于此，得到了一个关于这 4 块石头重量的两两判断矩阵，显然，这是一个 4 行 4 列的矩阵。

$$D=(d_{ij})_{4\times 4}=\begin{pmatrix} t_1/t_1 & t_1/t_2 & t_1/t_3 & t_1/t_4 \\ t_2/t_1 & t_2/t_2 & t_2/t_3 & t_2/t_4 \\ t_3/t_1 & t_3/t_2 & t_3/t_3 & t_3/t_4 \\ t_4/t_1 & t_4/t_2 & t_4/t_3 & t_4/t_4 \end{pmatrix}$$

设 4 个石块的重量所组成的向量为 $T=(t_1,t_2,t_3,t_4)^T$，则有：$DT=4T$

$$D\cdot T=\begin{pmatrix} t_1/t_1 & t_1/t_2 & t_1/t_3 & t_1/t_4 \\ t_2/t_1 & t_2/t_2 & t_2/t_3 & t_2/t_4 \\ t_3/t_1 & t_3/t_2 & t_3/t_3 & t_3/t_4 \\ t_4/t_1 & t_4/t_2 & t_4/t_3 & t_4/t_4 \end{pmatrix}\cdot\begin{pmatrix} t_1 \\ t_2 \\ t_3 \\ t_4 \end{pmatrix}=\begin{pmatrix} 4t_1 \\ 4t_2 \\ 4t_3 \\ 4t_4 \end{pmatrix}=4\begin{pmatrix} t_1 \\ t_2 \\ t_3 \\ t_4 \end{pmatrix}=4T$$

上式中，D 是由两两评判组成的判断矩阵，T 是矩阵 D 的特征向量，则 4 是矩阵 D 的最大特征根。根据 4 是矩阵 D 的最大特征值，T 是矩阵 D 属于特征值 4 的特征向量。因此，石块测重问题就转化为求判断矩阵的特征值和对应的特征向量，4 个石块的重量，就是判断矩阵最大特征值 4 的特征向量的各个分量。

判断矩阵：

$$D=\begin{pmatrix} d_{11} & d_{12} & d_{13} & d_{14} \\ d_{21} & d_{22} & d_{23} & d_{24} \\ d_{31} & d_{32} & d_{33} & d_{34} \\ d_{41} & d_{42} & d_{43} & d_{44} \end{pmatrix}=\begin{pmatrix} t_1/t_1 & t_1/t_2 & t_1/t_3 & t_1/t_4 \\ t_2/t_1 & t_2/t_2 & t_2/t_3 & t_2/t_4 \\ t_3/t_1 & t_3/t_2 & t_3/t_3 & t_3/t_4 \\ t_4/t_1 & t_4/t_2 & t_4/t_3 & t_4/t_4 \end{pmatrix}=\begin{pmatrix} 1 & t_1/t_2 & t_1/t_3 & t_1/t_4 \\ t_2/t_1 & 1 & t_2/t_3 & t_2/t_4 \\ t_3/t_1 & t_3/t_2 & 1 & t_3/t_4 \\ t_4/t_1 & t_4/t_2 & t_4/t_3 & 1 \end{pmatrix}$$

元素 $d_{ij}>0$，称为正矩阵，$i,j=1,2,3,4$，并且满足下列三个条件：

（1）$d_{ii}=1$；（2）$d_{ij}=1/d_{ji}$；（3）$d_{ij}=d_{ih}/d_{jh}$，$i,j,h=1,2,3,4$。

决策的根本问题是从备选方案中选择一个理想的方案。理想方案是根据一定的准则，通过效用最大化而产生的。对于社会经济系统的决策问题，其困难在于对系统进行定量的测度。由于测量环境经常发生变化，测量对象的属性大都具有相对性质，缺少测量工具和统一标度。因此，社会经济系统的测量往往是依赖人的判断和经验来完成的。对此，萨蒂提出了 1 ~9 级相对重要性的比例标度，并将其应用于 AHP 中量化评价，如表 2 -1 所示。

表 2 -1　　九级标度法及其含义

标度	定义	含义
1	同样重要	表示元素 i 与元素 j 同样重要
3	略微重要	表示元素 i 比元素 j 略微重要
5	明显重要	表示元素 i 比元素 j 明显重要
7	非常重要	表示元素 i 比元素 j 非常重要
9	绝对重要	表示元素 i 比元素 j 绝对重要
2，4，6，8	相邻标度中值	表示上述相邻判断的中间值
上述非零数的倒数	反比较	表示元素 j 与元素 i 的重要性比值为：$a_{ji}=1/a_{ij}$

萨蒂在选择标度的试验过程中，经过大量模拟和对比各种级别的标度方法，最终发现与其他方法相比，九级标度法能够更加有效地将主观判断量化成数值。具体而言，九级标度法不仅符合人的认识规律。同时，由于评价是专家根据所掌握的经验和学识通过直觉判断得出的结果，在判断事物差异时，九级标度法采用的是诸如相同、略微、非常、绝对等具有比较性的词汇，这是为了能够更好地描述两者之间的区别。另外，根据心理学上的研究，大部分人在相同的准则上，针对不同事物之间的辨别能力介于 5 ~9 级之间。由此可见，萨蒂教授提出的九级标度法也契合心理学研究结论。

三、元素单排序及一致性检验

所谓元素单排序是指，对于上一层某元素而言，本层次各元素的重要性的排序。在上面已经通过石块的例子阐述了判断矩阵的基本原理，在这里将其泛化为一般情况。假定已知有 n 个石块 $D_1,D_2,D_3,\cdots,D_n$，重量向量设为 W，则每个石块的重量分

别为 $w_1, w_2, w_3, \cdots, w_n$。把这些石块的重量两两比较，即可得到 n 个石块相对重量关系的比较矩阵，如下所示：

$$D \cdot W = (d_{ij})_{n\times n} \cdot (w_i)_{n\times 1} = \begin{pmatrix} w_1/w_1 & w_1/w_2 & \cdots & w_1/w_n \\ w_2/w_1 & w_2/w_2 & \cdots & w_2/w_n \\ \cdots & \cdots & & \cdots \\ w_n/w_1 & w_n/w_2 & \cdots & w_n/w_n \end{pmatrix} \cdot \begin{pmatrix} w_1 \\ w_2 \\ \cdots \\ w_n \end{pmatrix} = \begin{pmatrix} nw_1 \\ nw_2 \\ \cdots \\ nw_n \end{pmatrix} = n \begin{pmatrix} w_1 \\ w_2 \\ \cdots \\ w_n \end{pmatrix} = nW$$

其中，n 代表矩阵 D 的一个特征值，每个石块的重量 w 代表矩阵 D 对应于特征值 n 的各个分量。基于此，可以计算层次单排序的权重向量。在上面提到过层次单排序的含义，其目的是在于通过计算特征根和特征向量，来确定本层次中与上一层次某元素存在联系的相关元素的重要性次序，并获得权重值。对于判断矩阵 D，计算满足：

$$DW = \lambda_{\max} W \tag{2-1}$$

其中，$\lambda_{\max}$ 为矩阵 D 的最大特征值，W 为特征向量；w_i 表示各层次元素单排序的权值向量。

接下来判断矩阵的一致性，如前所述，在进行两两比较评价的时候很容易出现逻辑上的错误，因此，必须要检验每个两两比较矩阵的一致性。在这过程中，所有的判断矩阵都满足一致性是困难的，但仍然希望得到一个满意的一致性。具体体现为：判断矩阵的最大特征值 $\lambda_{\max}$ 略大于阶数 n，其余特征根趋于零。这样，计算出来的层次单排序权重才是合理的。

设判断矩阵 D 的全部特征值为：$\lambda_1 = \lambda_{\max}, \lambda_2, \cdots, \lambda_n$。由于 D 是互反矩阵，$d_{ii} = 1 (i = 1, 2, 3, \cdots, n)$。则：

$$\lambda_{\max} + \lambda_2 + \cdots + \lambda_n = \sum_{i=1}^{n} d_{ii} = n, \text{即} \left| \sum_{i=2}^{n} \lambda_i \right| = \lambda_{\max} - n$$

为了得到一个满意的一致性结果，除了 $\lambda_{\max}$ 之外，其余特征根应尽量趋近于零。

$$CI = \frac{\left| \sum_{i=2}^{n} \lambda_i \right|}{n-1} = \frac{\lambda_{\max} - n}{n-1} \tag{2-2}$$

式（2-2）的计算结果 CI 值用来检验一致性。通常，CI 值越小意味着一致性越好，CI 值越大意味着一致性越差。其中，判断矩阵的阶数 n 对 CI 值也存在影响，当阶数 $n>2$ 时，n 越大则判断过程中的主观因素可能造成更大的偏差，从而一致性越差。反之，一致性结果越好。当阶数 $n \leqslant 2$ 时，$CI=0$，表示判断矩阵具有完全一致性。然而，由于判断矩阵的阶数存在变化，无法很好地判断一致性的检验结果。因此，需引入平均随机一致性指标 *RI*，该指标将随判断矩阵阶数的变化而变化，如表 2－2 所示，表中显示了十阶判断矩阵的 *RI* 值。

表 2－2　十阶判断矩阵的 *RI* 值

n	1	2	3	4	5	6	7	8	9	10
RI	0.00	0.00	0.58	0.90	1.12	1.24	1.32	1.41	1.45	1.49

当矩阵阶数 $n>2$ 时，*CI* 和 *RI* 的比值称为随机一致性比率，记作 *CR*。

$$CR=\frac{CI}{RI} \tag{2-3}$$

CR 用于检验判断矩阵 *D* 的一致性，当 *CR* 越大时，表示判断矩阵偏离一致性越大；反之，则偏离一致性越小。一般认为，当 $CR \leqslant 0.1$ 时，判断矩阵符合一致性要求，即层次单排序的结果是合适的。否则，认为一致性不符合要求，需要返回去校正判断矩阵直至通过检验。

综上所述，可以总结出判断矩阵的一致性检验步骤。

第一步：根据公式求出指标 *CI* 值；

第二步：根据阶数 n 查询得到指标 *RI* 值；

第三步：根据 *CI* 和 *RI* 计算出一致性比率 *CR* 值；

依照上述理论部分，当 $CR \leqslant 0.1$ 时，接受判断矩阵；否则，修正判断矩阵直至检验通过。

判断矩阵是决策者自身或者通过专家主观判断所得出，目前判断矩阵的求解方法主要有根法、和法及幂法。由于在求解的过程中，不对判断矩阵作高精度要求。对此也不再做详细解析，只是简单介绍计算步骤。

（一）根法

第一步：根据判断矩阵 *D* 的每行元素，计算它们的乘积 P_i；

第二步：计算 P_i 的 n 次方根 d_i；

第三步：将向量 $\boldsymbol{d}=(d_1,d_2,\cdots,d_n)^{\mathrm{T}}$ 归一化，并令 $w_i=d_i\Big/\sum_{h=1}^{n}d_h$，由此得到特征向量 W；

第四步：求判断矩阵 $\boldsymbol{D}$ 的最大特征值 $\lambda_{\max}$，其公式为：$\lambda_{\max}=\frac{1}{n}\sum_{i=1}^{n}\frac{(DW)_i}{w_i}$；

第五步：完成一致性检验，根据 *CI* 和 *RI* 计算出一致性比率 *CR* 值。

（二）和法

第一步：将判断矩阵 $\boldsymbol{D}$ 的每列元素进行归一化，得到矩阵 $\boldsymbol{R}$；

第二步：将矩阵 $\boldsymbol{R}$ 的每行元素分别相加，得到向量 d；

第三步：将向量 $d=(d_1,d_2,\cdots,d_n)^{\mathrm{T}}$ 归一化，并令 $w_i = d_i \Big/ \sum_{h=1}^{n} d_h$，由此得到特征向量 W；

第四步：求判断矩阵 $\boldsymbol{D}$ 的最大特征值 $\lambda_{\max}$；

第五步：进行一致性检验，根据 CI 和 RI 计算出一致性比率 CR 值。

（三）幂法

定理：设 $B=(b_{ij})_{n\times n}$，$B>0$，则

$\lim\limits_{u\to\infty}\dfrac{B^k \cdot E}{Q^T \cdot B^k \cdot E}=\Lambda \cdot W$，其中，$E=(1,1,1,\cdots,1)^{\mathrm{T}}$，$\Lambda$ 是常数。

第一步：$u=0$，任取初始正向量：

$$Z^{(0)}=[z_1^{(0)},z_2^{(0)},\cdots,z_n^{(0)}]^{\mathrm{T}},N_0=\max_i\{z_i^{(0)}\},K^{(0)}=\frac{Z^{(0)}}{m_0}$$

第二步：$u=1$，迭代计算：

$$Z^{(1)}=B\cdot K^{(0)},N_1=\max_i\{z_i^{(1)}\},K^{(1)}=\frac{Z^{(1)}}{m_1}$$

$u=u+1$，迭代计算$(u=0,1,2,3,\cdots)$

$$Z^{(u+1)}=B\cdot K^{(u)},N_{u+1}=\max_i\{z_i^{(u+1)}\},K^{(u+1)}=\frac{Z^{(u+1)}}{m_{u+1}}$$

第三步：精度检验，当 $|N_{u+1}-N_u|<\sigma$，下转第四步；否则，令 $u=u+1$，转入第二步；

第四步：求最大特征值 $\lambda_{\max}$和对应的特征向量 W。

四、元素总排序及一致性检验

第三节介绍了层次单排序方法的原理，本小节将叙述层次总排序的原理。层次总排序是为了取得递阶层次结构中某一层元素对于总目标组合权重和这一层元素与上层元素的依存关系，这需要决策者首先计算该层所有层次单排序的结果，其次计算所有层次元素对于与目标层的组合权重。层次总排序这个过程是自上而下进行的，得到的相对权重代表决策方案的优劣次序。从上述描述不难发现，AHP 的层次总排序其实就是基于单排序所得的。所以，层次总排序与层次单排序的实现过程也大体相同。

假设第 $L-1$ 层次包含 $e-1$ 个因素：$L_1,L_2,\cdots,L_{e-1}$，对于目标层的总排序权重向量为 $W^{l-1}=[w_1^{(l-1)},w_2^{(l-1)},w_3^{(l-1)},\cdots,w_{nl-1}^{(l-1)}]^{\mathrm{T}}$，设第 L 层上的元素包含 e 个因素：$L_1,L_2,\cdots,L_e$，则第 L 层次上的元素对于 $L-1$ 层次上第 j 个元素为准则的单排序向量 $G_j^l=[g_{ij}^{(l)},g_{2ij}^{(l)},g_{3ij}^{(l)},\cdots,g_{nij}^{(l)}]^{\mathrm{T}}$，$i,j=1,2,3,\cdots,n_{l-1}$，其中，不受第 j 个元素支配的元素权重为零。矩阵

$$G^{(l)}=[g_1^{(l)},g_2^{(l)},g_3^{(l)},\cdots,g_{nl-1}^{(l)}]$$

是 $n_l\times n_{l-1}$ 阶矩阵，表示了第 L 层上元素对 $L-1$ 层上各元素的排序，那么第 L 层上元素对目标的总排序为：

$$W^{(l)}=[w_1^{(l)},w_2^{(l)},w_3^{(l)},\cdots,w_{nl}^{(l)}]^T=g^{(l)}W^{(l-1)} \tag{2-4}$$

写成分量为：

$$w_i^{(l)}=\sum_{j=1}^{n_{l-1}}g_{ij}^{(l)}w_j^{(k-1)},(j=1,2,3,\cdots,n) \tag{2-5}$$

因为

$$W^{(l-1)}=g^{(l-1)}W^{(l-2)}$$

由此递推可得：

$$W^{(l)}=g^{(l)}g^{(l-1)}\cdots g^{(3)}W^{(2)} \tag{2-6}$$

这里 $W^{(2)}$ 就是第二层上元素对于目标的总排序，也是单准则下的排序向量。

与层次单排序一样，层次总排序也需要检验一致性。沿用上文假设，某递阶层次结构有 n 层，第 j 层的元素数目为 n_j，$j=1,2,\cdots,n$。令 w_{ij} 是第 j 层的第 i 个元素的合成权数，而 $\theta_{i,j+1}$ 是第 $j+1$ 层元素对于第 j 层的第 i 个元素作两两比较的一致性指标。则某递阶结构的一致性指标将定义为：

$$CI_S=\sum_{j=1}^{n}\sum_{i=1}^{n_{ij}}w_{ij}\theta_{ij+1} \tag{2-7}$$

其中，$w_{ij}=1$，$j=1$。n_{ij} 是第 j 层中和第 $j+1$ 层元素有关联的元素数目。

如果把 $\theta_{i,j+1}$ 用对应的平均随机一致性替换，则可得到递阶结构的平均随机一致性指标为：

$$CR_S=\sum_{j=1}^{n}\sum_{i=1}^{n_{ij}}w_{ij}CR_{ij+1} \tag{2-8}$$

已知 CI 和 CR 后，可以计算出递阶结构总的随机一致性比率 RI 为：

$$RI_S=\frac{CI_S}{CR_S} \tag{2-9}$$

根据 RI_S 的数值可判定层次总排序是否满足一致性，判断原则与层次单排序一样。

第三节 网络层次分析模型构建与应用

如前所述，ANP 作为一种决策科学方法，主要是针对决策结构中的因素间存在相互依赖和影响现象，是 AHP 的扩展模型。AHP 提供了一种系统因素测度的基本方法，这种方法充分利用了人的经验和判断力，并采用了相对标度的形式。在递阶层次结构下，虽然给系统问题的处理带来了方便，但 AHP 未考虑到各层次内部因素之间的依赖和支配关系。然而，在许多实际问题中，系统内部的影响关系往往是更加复杂的。具体体现在，影响关系不仅存在于各个不同的层次间，同时还会存在于层次内部的不同因素间。此时，由于复杂的影响关系，系统的结构更趋向于网络结构。针对这种情况，萨蒂教授提出了 ANP 方法。下面将具体介绍 ANP 的相关理论知识。

一、ANP 的基本结构与建模步骤

ANP 将系统元素划分为两大部分：第一部分为控制因素层；第二部分为影响网络层。结构示意如图 2－6 所示。

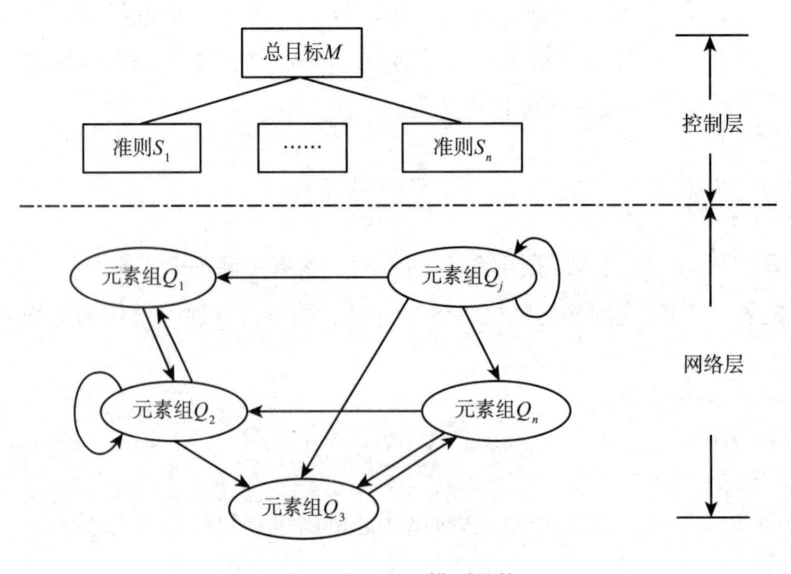

图 2－6 ANP 模型结构

（一）控制因素层

在 ANP 方法中，控制因素层非常重要。控制层中包含了问题目标及决策准则，因此也被称为控制准则层。所有的决策准则均被认为是彼此独立的，且只受目标因素支配。控制因素中可以没有决策准则，但至少有一个目标。控制层中每个准则的权重均可用 AHP 方法获得。

（二）影响网络层

影响网络层由多个元素集合组成，每个元素集合间不相隶属，而元素之间存在相互依存和支配关系。递阶层次结构中的每个准则支配的不是一个简单的内部独立元素，而是一个互相依存的网络结构。具体而言，某一元素集合可能会影响整个网络系统中的任意元素集合；反之，亦可能受其影响。元素集中的元素之间可能相互影响，也可能影响另一元素集或受其影响。影响网络层的构建较好地解决了层次分析法由于假设带来的决策效果问题，描述的问题更符合实际，考虑的因素更全面、更系统。

ANP 的基本步骤可以概括为：分析系统问题、构造网络结构、计算相关权重。

（1）分析系统问题。

系统分析一个决策问题，划分出元素、元素集、准则和目标，在这个过程中归类要准确。另外，要分析问题中的层次和因素是内部独立还是内部依存，这部分的分析方法与 AHP 基本类似。

（2）构造网络结构。

根据第一步中分析所得的划分内容，构造 ANP 的影响网络层。与 AHP 递阶层次结构不同，ANP 由于其内部影响关系的复杂性，最终呈现的是一种网络结构。这种网络结构更为灵活，既可以是纯粹的元素集（分组）组成的网络结构，也可以是递阶层次结构与网络结构的结合体，甚至还可以是递阶层次结构物。

（3）计算相关权重。

与 AHP 类似，权重的计算包括若干个部分。分别构造元素集和元素之间的两两判断矩阵，根据判断矩阵计算出单层次排序下的优先权重，然后再计算出总层次排序下的优先权重。其中，判断矩阵、初始矩阵和极限矩阵的正确计算是非常重要的。ANP 模型的构建流程如图 2－7 所示。

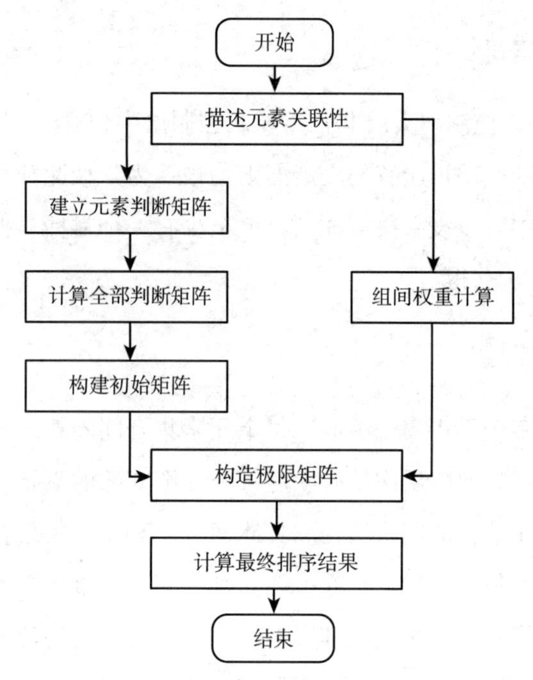

图 2-7 ANP 模型的构建流程

二、超矩阵与极限超矩阵计算

（一）ANP 模型超矩阵的计算

在 ANP 模型中，来自不同元素组的各元素之间存在相互影响作用，同一元素组内部各元素之间也存在相互影响作用，这两类影响作用是通过 ANP 网络结构的超矩阵来表现的。设 ANP 的控制层中有 N 个准则元素组 $S_1, S_2, \cdots, S_N$，受准则 X_N 所支配的网络结构中有 N 个元素组 $Y_1, Y_2, \cdots, Y_N$，且 Y_i 有元素 y_{i1}，y_{i2}，…，y_{in_i}（$i=1$，2，…，N）。以控制层 S_N 为准则，以元素组 Y_j 中元素 y_{jt}（$t=1,2,\cdots,n_j$）为次准则，元素组 Y_j 中元素按其对 y_{jt} 的影响程度采用间接优势度法进行两两比较，由此构建出两两判断矩阵，并求出此矩阵的归一化特征向量。

y_{jt}	y_{i1}，y_{i2}，…，y_{in_i}	归一化特征向量
y_{i1}		r_{i1}^{jt}
⋮	$i=1$，2，…，n	⋮
y_{in_i}		$r_{in_i}^{jt}$

由特征根法得排序向量 $(r_{i1}^{jt}, r_{i1}^{jt}, \cdots, r_{in_i}^{jt})'$，将这个归一化向量记作 R_{ij} 为：

$$R_{ij}=\begin{pmatrix} r_{i1}^{j1} & \cdots & r_{i1}^{jn_j} \\ \vdots & \ddots & \vdots \\ r_{in_i}^{j1} & \cdots & r_{in_i}^{jn_j} \end{pmatrix}$$

其中，R_{ij}的列向量就是 Y_i 中元素 $y_{i1},y_{i2},\cdots,y_{in_i}$，对 Y_j 中元素 $y_{j1},y_{j2},\cdots,y_{jn_i}$的影响程度排列向量。若 Y_j 中元素不受 Y_i 中元素影响，则 $R_{ij}=0$。

将所有的子矩阵 $R_{ij}(i,j=1,2,\cdots,N)$组合成一个 $N\times N$ 阶的分块矩阵 R，那么分块矩阵 R 是准则 S_N 支配下的超矩阵。

$$R=\begin{array}{c c} & \begin{array}{cccc} Y_1 & Y_2 & \cdots & Y_n \\ y_{11}\ y_{12}\cdots y_{1n_1} & y_{21}\ y_{22}\cdots y_{2n_2} & \cdots & y_{n1}\ y_{n2}\cdots y_{nn} \end{array} \\ \begin{array}{c} Y_1\ y_{11} \\ y_{12} \\ \vdots \\ y_{1n_1} \\ y_{21} \\ y_{22} \\ Y_2\ \vdots \\ y_{2n_2} \\ \vdots \\ \vdots\ y_{n1} \\ y_{n2} \\ \vdots \\ Y_n\ y_{nn} \end{array} & \begin{bmatrix} R_{11} & R_{12} & \cdots & R_{1n} \\ R_{21} & R_{22} & \cdots & R_{2n} \\ R_{n1} & R_{n2} & \cdots & R_{nn} \end{bmatrix} \end{array}$$

超矩阵 R 中每个子矩阵 R_{ij}都是归一化的，但超矩阵 R 自身是非负矩阵且非归一化。然而为了方便计算，需要通过加权将超矩阵 R 列归一化。对此以 S_N 为准则，在 S_N 支配下各组元素对次准则 $Y_j(i=1,2,\cdots,N)$的影响程度进行两两比较。

Y_j	Y_1，Y_2，…，Y_N	排列向量（归一化）
Y_1		d_{1j}
⋮	$i=1$，2，…，N	⋮
Y_N		d_{Nj}

与 Y_j 无关的元素集的排序向量分量为零，从而可得加权矩阵 D：

$$D=\begin{pmatrix} d_{11} & \cdots & d_{1n} \\ \vdots & \ddots & \vdots \\ d_{n1} & \cdots & d_{nn} \end{pmatrix}$$

对超矩阵 R 的元素加权，即得：

$$\bar{R} = (\overline{R_{ij}})$$

其中，

$$\overline{R_{ij}} = d_{ij}R_{ij}, (i, j = 1, 2, \cdots, N)$$

则 $\bar{R}$ 为归一化的加权超矩阵，也称为列随机矩阵，其列和为 1。

（二）ANP 模型极限超矩阵的计算

ANP 处理决策问题时，网络结构中已不同于 AHP 中的递阶层次结构，不存在起整体支配作用的单个元素或最高层次。因此，类似递阶层次结构的方案综合排序已经没有意义，取而代之的是网络的影响排序，是指在准则之下所有元素对于某个元素的影响作用排序。实际上是把某个元素作为准则，其他元素对该元素影响的重要性进行排序。网络系统中各元素存在外部与内部的依存，而且是交互的：元素 1 影响元素 2，元素 2 影响元素 3，元素 3 又影响元素 1，如图 2－8 所示。

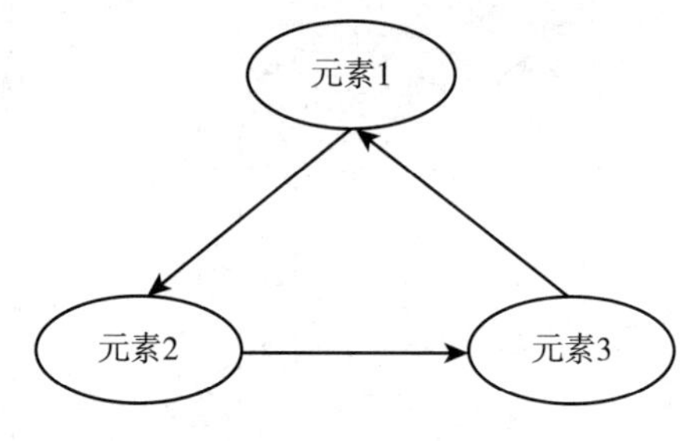

图 2－8　网络系统中元素的交互影响

对于这类排序必须找到影响的极限状态，这就需要求出极限相对排序。

设超矩阵 $\bar{R}$ 的元素为 R_{ij}，R_{ij}的大小反映了元素 i 对元素 j 的第一步优势度，而元素 i 对元素 j 的优势度也可由 $\sum_{i=1}^{N} R_{iK}R_{Kj}$ 得到，称为第二步优势度，它是$\overline{R^2}$的元素，且$\overline{R^2}$也是列归一化的。

以此类推，元素 i 对元素 j 的第 h 步优势度可以表示为 $\overline{R_{ij}^h} = \sum_{m=1}^{N} \overline{R_{im}^1}\,\overline{R_{mj}^h}$，而$\overline{R^h}$在 $h \to \infty$ 时极限存在，则有$\overline{R^\infty} = \lim_{h \to \infty} \overline{R^h}$，则$\overline{R^\infty}$的第 j 列就是准则 S_N 下网络层各元素对于元素 j 的极限相对排序向量。

同理，$\bar{R}^{hZ(0)}$ 在 $h \to \infty$ 时极限存在，则有：

$$Z^\infty = \bar{R}^\infty Z^{(0)} = \lim_{h \to 0} \bar{R}^h Z^{(0)}$$

其中，Z^∞ 为加权超矩阵 $\bar{R}$ 的极限绝对排序，它是指在得到所有元素在系统中的初始重要程度排序后，通过累计影响作用得到的排序。这个排序是针对整个系统的，并不是针对某个次准则。因此，极限绝对排序 Z^∞ 即为准则 S_N 所支配的网络结构中所有元素的最终权重排序。

三、稳定性分析与方案总排序

稳定性分析也称灵敏度分析，灵敏度分析是一种十分有用的技术分析手段，它是一种假设分析，即“如果这样，将会如何变化”这样一种分析手段。它允许选择任何独立变量的组合，通过改变其中的某个变量的值来观察其他变量值的变化趋势。进行灵敏度分析，实际上是通过一个或几个影响元素（独立变量）的变化来观察备选方案排序结果是否发生变化，从而确定计算结果是否具有稳定性，同时还能了解哪些影响元素将对排序结果产生较大的影响。

进行灵敏度分析主要有两个目的：一是检验计算结果的稳定性：将每个元素作为影响因素，改变它们的相对权重，然后观察备选方案的排序结果是否发生改变。如果排序结果发生改变，则说明计算结果的稳定性较差；而如果无论影响因素的相对权重如何变化，排序结果都不改变，则表明计算结果具有很好的稳定性。二是找出排序发生改变的交汇点：有时当某个影响因素的相对权重增大到一定数值时，将使备选方案的排序结果发生改变。换句话说，就是当这个影响因素引起人们更高的重视时，备选方案的排序结果将被改变。这个分析结果，对于系统分析者和决策者来说，有时更为重要。有关于稳定性的具体应用可以参考第四节案例展示中灵敏度分析的相关内容。

在 ANP 模型中方案总排序与 AHP 模型是基本一致的，在前面已经详细介绍了 AHP 模型方案总排序的具体计算步骤，读者可以自行参照 AHP 的方案总排序考虑 ANP 模型的方案总排序。

第四节　基于 Super Decision 的方法实现与案例展示

一、SD 软件概述

本章的前两节对有关 AHP 和 ANP 的理论知识做了一个较为详细的阐述。由于理论知识比较抽象，因此，本节结合案例、利用软件将这两种方法具体化。目前，有关 AHP 和 ANP 的计算软件较少，其主要原因在于 AHP 和 ANP 的理论内涵丰富，计算复杂，要设计出合适的计算软件难度较大。常见的层次分析软件主要有两种：一种是由美国 Expert Chioce 公司研发而成的“Super Decision”软件（“超级决策”软件，“SD”）；另一种是山西元决策软件科技有限公司设计的“Yaahp”软件（“元决策”软件）。这两种软件在可实现的功能上略有不同，但最终分析的结果一致，且都具有良好的性能。因此，软件不会影响最终的分析结果，读者可以自行选择，并在相应的官网中下载安装即可。本节以下内容主要分为两个部分：第一部分展示AHP模型在SD软件上的实现及其结果的分析；第二部分展示ANP模型在SD软件上的实现以及其结果的分析。

为使初学者对SD软件有一个初步的认识，在进行详细介绍之前，对其基本操作步骤进行简述，具体的操作过程将在后面两小节详细介绍。

SD软件进行操作包含以下基本步骤。

第一步，启动一个新模型，可选用软件中已有的案例模板，也可以自定义一个新模板。

第二步，若是选用软件中已有的模板，打开后可以直接查看所有的参数及结果。

第三步，若是自定义一个新模板，需要通过相关的命令来构建模型。

第四步，选定Network板块，构建层次结构图：

（1）建立元素组Cluster和元素/节点Node，并进行命名；

（2）建立连接：利用视图的方法将存在关联的元素组或元素连接起来；

（3）建立子网：对于较为复杂的模型，设置相应的子网。

第五步，选定Judgement板块，构建判断矩阵：

（1）输入数据：对元素组之间进行两两比较，对组内或者不同组之间的相关元素进行两两比较；

（2）检验所有两两比较的一致性。

第六步，选定Computations，计算各种所需的结果。

第七步，显示、分析计算结果。

二、基于SD软件的AHP模型实现与案例展示

在本小节中，结合案例在SD软件3.2.0版本中构建AHP模型。选择的案例为“足球队员的选择”。首先，介绍案例的背景和内容；其次，在SD软件中构建AHP模型，并将数据输入模型中；最后，对输出的结果进行分析。

在一支足球队中，每个队员对于比赛都起着至关重要的作用，选择更优秀的队员能够增加比赛获胜的概率。在某一次比赛中，球队中有一个成员因伤无法参赛，需选择一个新成员替补。此时，替补成员总共有三人：乔本、迈克和布朗。若仅凭借教练的主观判断进行选择可能存在较大的局限性。决定通过AHP来选择最合适的替补成员。根据以往的经验，教练认为球员的选择既要考察其比赛表现，也要考察其身体素质状况。如果合理地选择球员，不仅可以发挥其最好的水平，同时保证身体素质足够坚持到完成比赛。这两项属于不可观测指标，因此可以依据一些具体的

可观测指标进行判断。经过讨论，教练确定了 6 个观测指标，即过往表现、天赋、团队协作、时间安排、年龄和伤病。其中前 4 个指标能够判断球员比赛中的表现，后 2 个指标能够判断球员的身体素质状况。

根据上述背景，经过分析后分别提取出 AHP 中每个层次对应的内容。具体而言，目标层为选择一位合适的替补球员。准则层包含两条准则为球员的预期表现和身体素质，这两条准则之下有子准则层，预期表现包含过往表现、天赋、团队协作和时间安排；身体素质包含年龄和伤病。方案层为三个候选人：乔本、迈克和布朗。

（一）构建层次结构

首先，可以构造一个择优选择球员的层次结构，如图 2－9 所示。

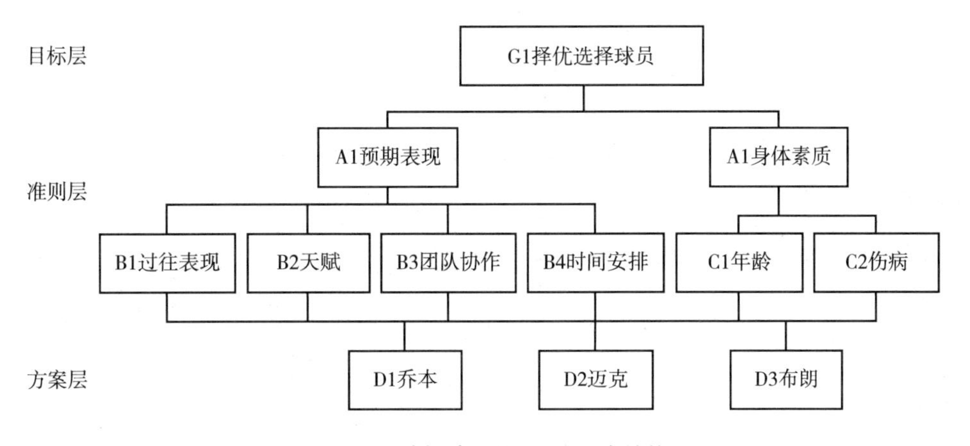

图 2－9　选择球员的 AHP 层次结构

该案例属于 SD 软件中 AHP 下的其中一个模板，若要直接加载这个模型，单击 Help 命令，然后单击 Sample Models，接着选择 1 AHP models，然后单击 Fantasy football selection 即可直接将该案例完整呈现出来。本书旨在告诉读者如何在遇到一个案例时应用 AHP 及 SD 软件对已知的若干方案进行选择。因此，本书将从案例背景出发，通过 SD 软件的操作逐步将 AHP 的应用过程展示出来。

在构造出如图 2－9 所示的层次结构图后，可以在 SD 软件的 Network 中将层次结构图复刻出来（见图 2－10 ~ 图 2－12）。具体包含以下操作步骤。

第一步：创建 Cluster（元素组/集合）

（1）打开 SD 软件，单击左上方 ➕ 创建元素组，下方 Create/Edit Details 随即展开；

（2）在 Name 中输入集合的名称；

（3）在 Description 中添加对于该集合的描述，本案例中每个定义都可以从名称中很自然地知晓其含义，在此不做过多的说明；

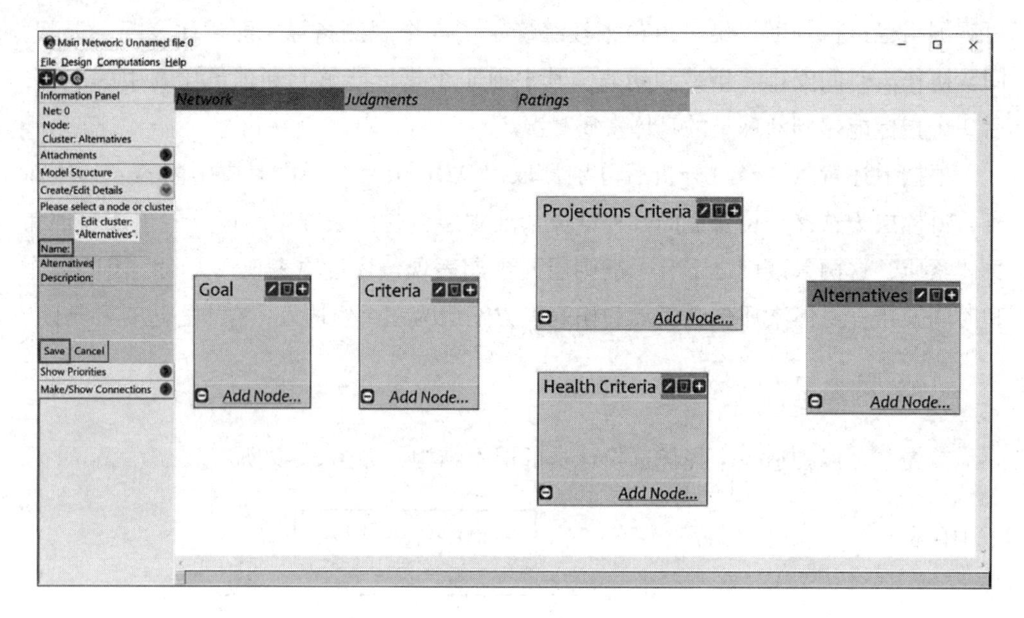

图 2-10 择优选择球员中的 5 个元素组

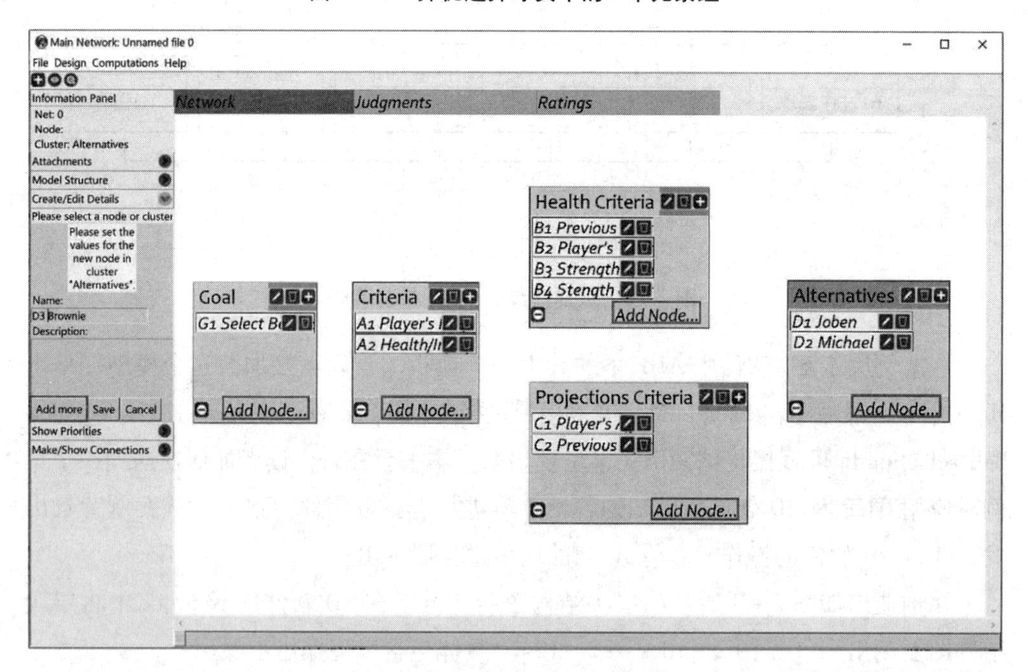

图 2-11 择优选择球员中的 5 个元素组及元素

（4）单击 Add More 按钮增加下一个元素组；

（5）如此反复，直至创建完成所有元素组，单击 Save 按钮保存。

第二步：创建 Node（元素/节点）

（1）单击每个 Cluster 中的 Add Node，为元素组加入元素内容；

（2）在 Name 中对元素进行命名；

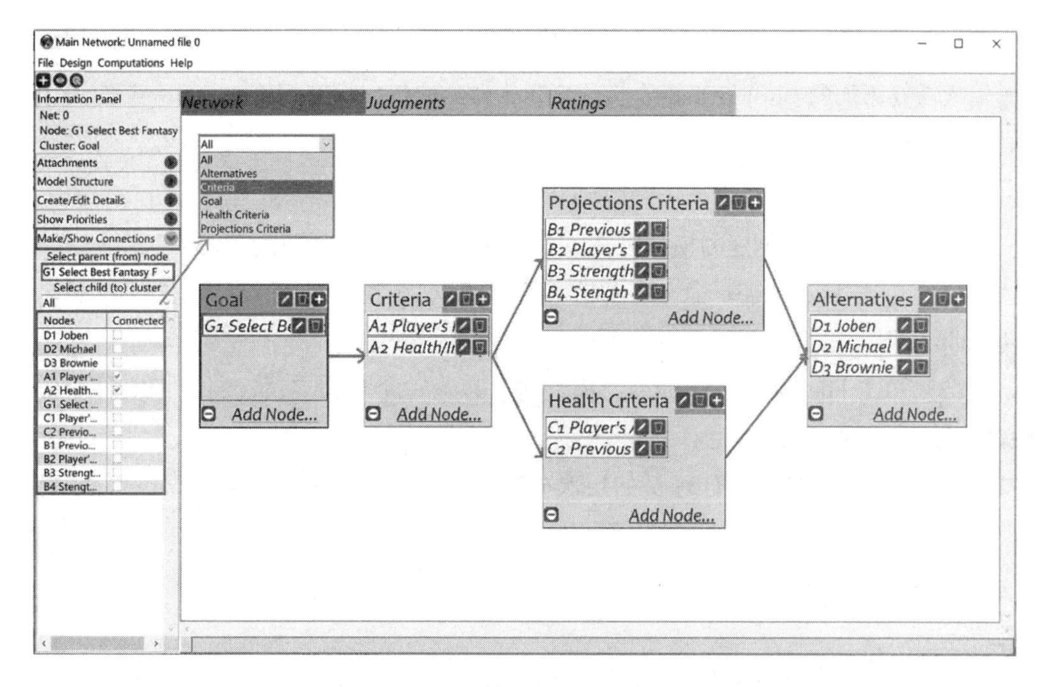

图 2－12　择优选择球员的层次结构图

（3）在 Description 中添加对于该节点的描述；

（4）单击 Add More 按钮增加下一个节点；

（5）如此反复，直至创建完成所有元素，单击 Save 按钮保存。

第三步：创建 Connections

在 AHP 中，层与层之间存在自上而下的关联，每一层任何元素都会与下一层所有元素相关联。由于当前的元素之间是相互独立的，需要添加线将它们连接起来。具体操作步骤为：

（1）单击 Make/Show Connections，导出节点选择菜单；

（2）单击 Select Parent（from）Node 下拉菜单，从节点中选择一个父节点 G1；

（3）单击 Select Child（to）Cluster 下拉菜单，从窗口中选择需要连接的子集合 Criteria；

（4）在子集合 Criteria 窗口中选择子节点 A1 和 A2，在其后面的方框内打“√”；

（5）依次完成所有节点的连接。

第四步：修改/删除

若在创建的过程中出现错误，可以修改或者删除。

（1）修改 Cluster/Node：单击窗口中的按钮，弹出左侧的编辑栏，在相应位置修改即可，单击 Save 按钮保存；

（2）删除 Cluster/Node：单击窗口中的按钮，可立即删除；

（3）添加 Cluster/Node：单击窗口中的➕按钮，弹出左侧的空白栏，在相应位置输入需要添加的 Cluster/Node，完成后单击 Save 按钮，保存后会在 Network 窗口中自动更新层次结构。

第五步：保存/另存为

当需要保存已经创建的模型时，单击工具栏中的 File，弹出菜单栏。

（1）单击 File→Save 命令，保存模型的副本在指定的目录中，文件扩展名为 . ahp；

（2）单击 File→Save As 命令，模型将另存为一个新命名的文件，旧文件会被关闭。

至此，有关于选择最佳球员的层次分析图已经完成，这意味着在 SD 软件中已经构建了一个包含支配关系的层次结构。下一步应将相关的数据导入。

（二）构建两两判断矩阵

当层次结构图中所有的集合和节点的连接都已经完成时，接下来需要评价在每个网络结构图上的集合和节点。在这点上，AHP 和 ANP 不同，ANP 存在元素组与元素组、节点与节点之间的比较判断。而 AHP 中，元素组之间是相互独立，不存在关联的，只有节点和节点之间存在相互关联。此外，评价和判断是在每个网络上对于节点来完成的。对于那些节点而言，子节点是与具有相同的父节点相关联的，并且是以关于它们如何影响哪个父节点或反过来父节点如何影响它们来评估的。父节点和子节点既可以在同一个元素组，也可以不在同一个元素组。再者，判断矩阵是由专家对两两指标之间进行比较，本案例中仍然是由教练完成此项工作，使用的评价标度法是 1 ~9 标度法。这个在理论部分已经详细说明了，在此重申一下。

1——表示某两个因素之间同等重要；

2——表示某两个因素的重要程度介于同等重要与略微重要之间；

3——表示其中一个因素比另一个因素略微重要；

4——表示某两个因素的重要程度介于略微重要与明显重要之间；

5——表示其中一个因素比另一个因素明显重要；

6——表示某两个因素的重要程度介于明显重要与非常重要之间；

7——表示其中一个因素比另一个因素非常重要；

8——表示某两个因素的重要程度介于非常重要与极端重要之间；

9——表示其中一个因素比另一个因素极端重要。

根据 1 ~9 标度法，针对本案例的所有节点，由教练给出了两两评分结果，总共得到 9 个评分表，整理后如表 2 -3 所示。

表 2－3　　选择球员及其准则的判断

G	A_1	A_2		A_2	C_1	C_2		A_1	B_1	B_2	B_3	B_4	
A_1	1	2		C_1	1	2		B_1	1	2	4	3	
A_2	1/2	1		C_2	1/2	1		B_2	1/2	1	3	3	
								B_3	1/4	1/3	1	1	
								B_4	1/3	1/3	1	1	
B_1	M_1	M_2	M_3		B_2	M_1	M_2	M_3		B_3	M_1	M_2	M_3
M_1	1	1	2		M_1	1	2	1		M_1	1	2	2
M_2	1	1	2		M_2	1/2	1	2		M_2	1/2	1	1
M_3	1/2	1/2	1		M_3	1	1/2	1		M_3	1/2	1	1
B_4	M_1	M_2	M_3		C_1	M_1	M_2	M_3		C_2	M_1	M_2	M_3
M_1	1	1	2		M_1	1	2	1		M_1	1	2	2
M_2	1	1	2		M_2	1/2	1	2		M_2	1/2	1	1
M_3	1/2	1/2	1		M_3	1	1/2	1		M_3	1/2	1	1

表 2－3 中，用代号表示对应指标的名称。另外，由于元素组与元素组之间相互独立，不存在关联，因此，表中所有的两两比较都是元素与元素之间进行的。其中，每个矩阵左上角的内容代表的是某个二级指标的视角，其右侧及下方的内容都为同一个二级指标下所属的三级指标。这些矩阵是根据上面的层次结构图来构建的，对于相连的上下层次，则需要做两两比较，不相关的元素则无须比较。

得到如表 2－3 所示的上述两两判断矩阵后，将所有数据输入 SD 软件中。此时，需要转换界面，左键单击 Judgement 实现切换。切换后如图 2－13 所示。

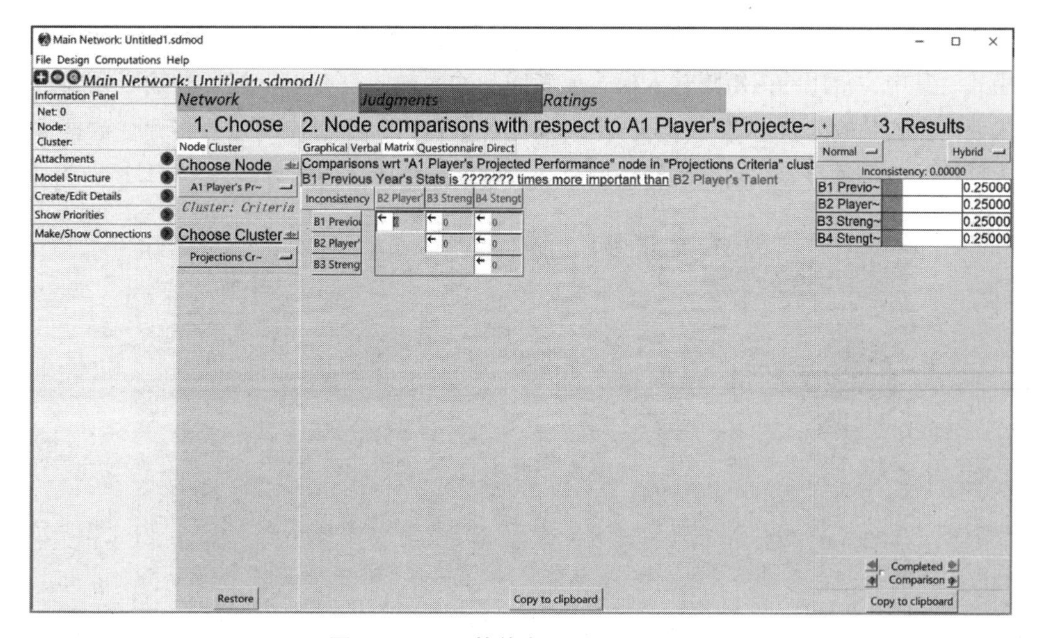

图 2－13　SD 软件中 Judgements 界面

在 Judgements 下方有三个标签栏，每个标签栏代表不同的内容。如图 2－14 所示，Choose 是用来选择评判的元素组或者元素。在 AHP 中，由于层级结构只存在自上而下的连接关系，且每一层的所有节点都跟下一层的所有节点相连，意味着元素组与元素组之间已经是直接关联，不用额外考虑。因此，左键单击 Node 时，下面对应着 Choose Node、Choose Cluster，要查看与目标相关标准的两两比较，左键单击目标集合中的目标节点。这里显示的是已经选择了 A1 这个指标。然而，单击 Cluster 时，将显示没有足够的连接来进行集合比较，这也就是上面所说的元素组之间相互独立，不存在关联。

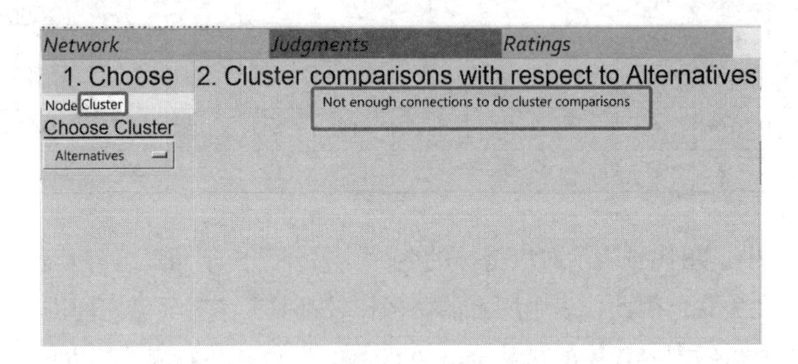

图 2－14　AHP 模型下元素组不存在相互关联

Node comparisons with respect to A1 Player's Projected Performance 指的是在选定 A1 作为父节点时，与其相关的子节点之间的两两评价结果将在这里显示。SD 软件提供了 5 种数据输入模型，分别为图形输入模式（见图 2－15）、文字输入模式（见图 2－16）、矩阵输入模式（见图 2－17）、问卷输入模式（见图 2－18）和直接键入模式。其中，常用的为矩阵输入模式或者问卷输入模式。在以上述各种输入模式进入两两比较的输入状态时，都会弹出下面的比较窗口，在对应的位置将评估数据输入即可。以下将简要介绍矩阵输入模式和问卷输入模式的使用方法。

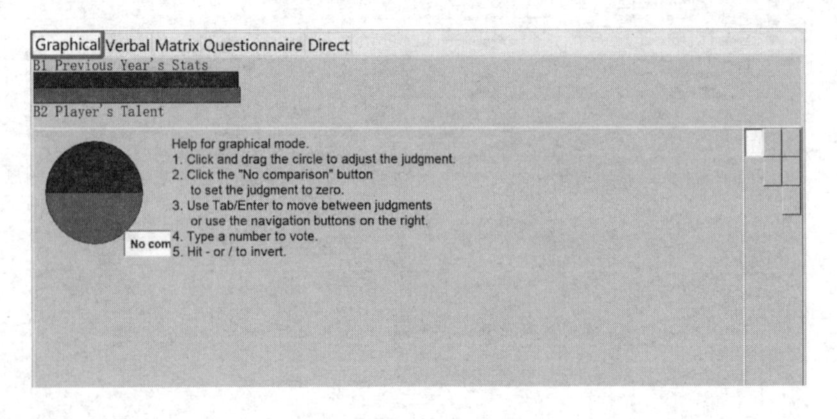

图 2－15　图形输入模式

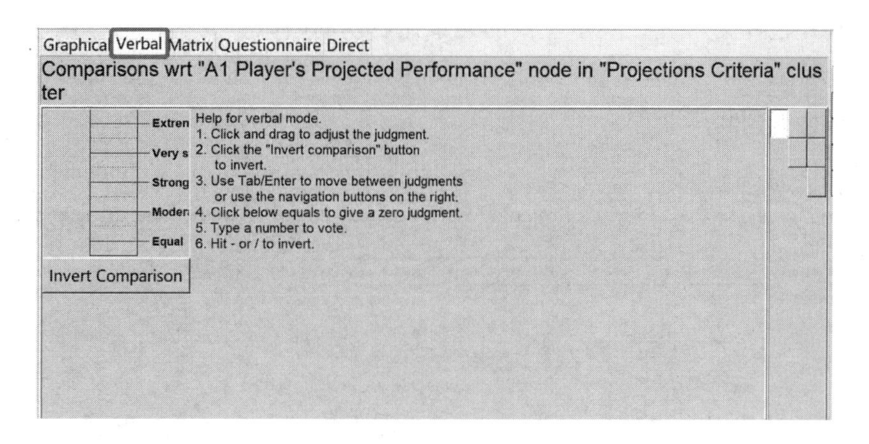

图 2 - 16　文字输入模式

1. 矩阵输入模式

在评价窗口中单击 Matrix，弹出输入界面（见图 2 - 17）。矩阵中的数字表示的是支配性判断。当一个评估值的颜色在界面显示为蓝色，同时箭头向左指，则表示侧边列出的元素与顶部列出的元素相比更重要，且重要的程度即为单元项上的数值。当评估值的颜色在界面显示为红色，同时箭头向上，则表示在顶部列出的元素更为重要。元素支配顺序可以转换，在对应单元上双击箭头即可实现。判断的基本标度在理论部分已经讲过，其具体含义可以参考上述的标度表。最好将输入的数值控制在 9.0 以下，会有一个更合理的结果。

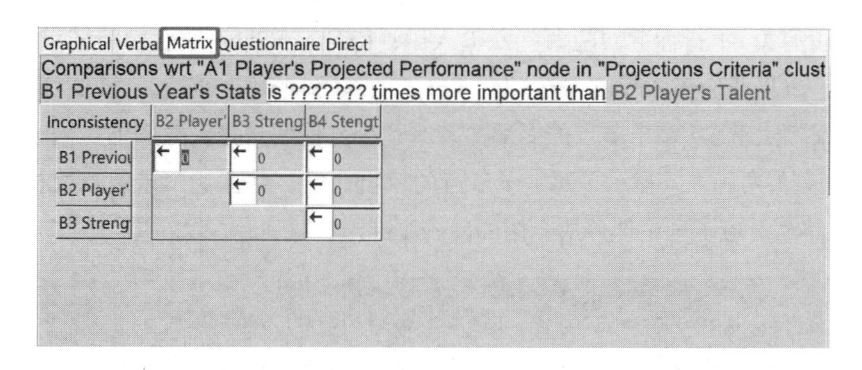

图 2 - 17　矩阵输入模式

2. 问卷输入模式

在评价窗口中单击 Questionnaire，弹出输入界面（见图 2 - 18）。在该种输入模式下，显示了需要进行两两比较的元素组或者节点（在 ANP 中涉及元素组之间的判断）。中间的标度“1”在界面显示为灰色，标度“1”左侧的内容在界面显示为蓝色，右侧的内容在界面显示为红色。用户可以单击两个元素中间的数字，根据之间建立的判断评价矩阵选择合适的标度。选择标度“1”，表示左右两侧的元素同样重要；选择蓝色标度“3”，表示左侧的元素比右侧的略微重要些；选择红色的标度“7”，表示右侧的元素与左侧元素相比非常重要。通过单击条形上的标度可完成所有元素的两两判断。

Graphical Verbal Matrix Questionnaire Direct
Comparisons wrt "A1 Player's Projected Performance" node in "Projections Criteria" cluster

1. B1 Previous ~	>=9.5	9	8	7	6	5	4	3	2		2	3	4	5	6	7	8	9	>=9.5	No comp.	B2 Player's ~
2. B1 Previous ~	>=9.5	9	8	7	6	5	4	3	2		2	3	4	5	6	7	8	9	>=9.5	No comp.	B3 Strength ~
3. B1 Previous ~	>=9.5	9	8	7	6	5	4	3	2		2	3	4	5	6	7	8	9	>=9.5	No comp.	B4 Stength o~
4. B2 Player's ~	>=9.5	9	8	7	6	5	4	3	2		2	3	4	5	6	7	8	9	>=9.5	No comp.	B3 Strength ~
5. B2 Player's ~	>=9.5	9	8	7	6	5	4	3	2		2	3	4	5	6	7	8	9	>=9.5	No comp.	B4 Stength o~
6. B3 Strength ~	>=9.5	9	8	7	6	5	4	3	2		2	3	4	5	6	7	8	9	>=9.5	No comp.	B4 Stength o~

图 2-18 问卷输入模式

Results 显示的是一致性检验的结果。Inconsistency 为一致性检验的值，下方 4 行表示在选定节点 A1 的条件下，B1、B2、B3 和 B4 进行单排序的权重比值。由于左侧的两两判断调查未输入数值，没有比较他们之间的重要程度。因此，图 2-19 显示一致性检验结果为 0.00000，且每个指标的权重相等均为 1/4。在图 2-20 中，将表 2-1 有关 A1 指标下的两两判断输入后，得到右侧的一致性检验结果为 CR = 0.01716。根据理论部分所述，当 CR < 0.1 时，一致性检验通过，也就意味着，在 A1 这一父节点下，4 个子节点的支配关系或者重要程度是符合逻辑的。同时，通过条形图和数值两种方式显示了每个子节点的权重比值，且这 4 个子节点的权重加和为 1。这也就对应了理论部分所介绍的单排序准则。

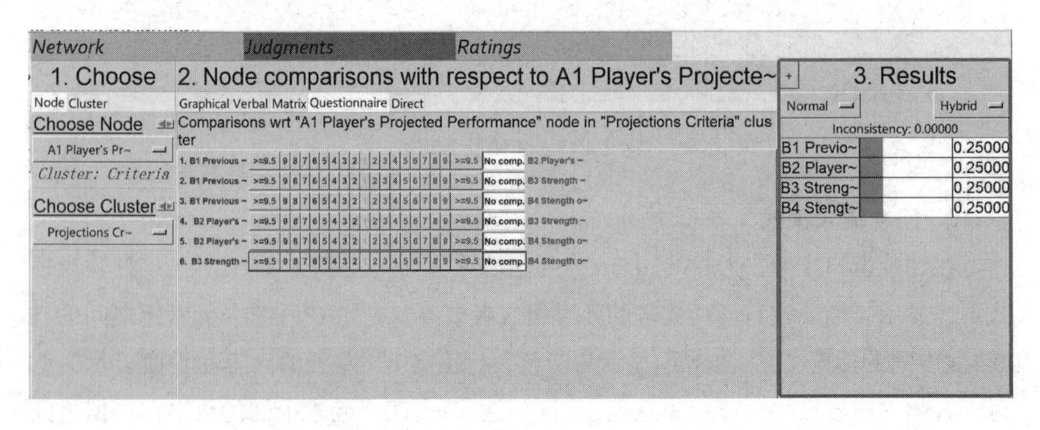

图 2-19 未输入评价数据的一致性检验

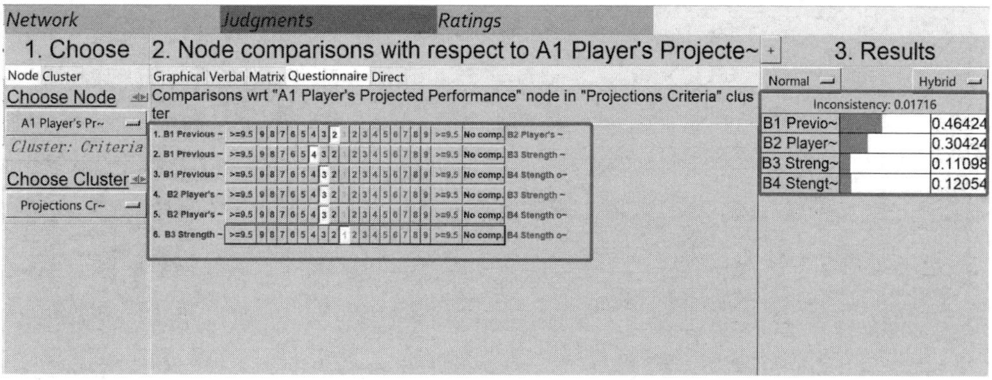

图 2-20 输入评价数据的一致性检验

将表 2-3 的另外 8 个两两判断矩阵数据输入 SD 软件中，并逐一检查一致性。如果一致性的数值 >0.10，找出影响最大的因素。通过修改判断评价矩阵，改善不一致性，直到所有元素一致性检验通过。不一致性衡量的是判断逻辑上的不一致性。

下面将本案例中的 9 个评价矩阵输入软件内，一致性检验的结果如图 2-21 所示。

（三）计算

在经过上述的各个步骤后，一个具体的 AHP 模型就建立好了。接下来，SD 软件提供了一系列的计算按钮，通过不同的按钮可以实现不同的运算结果，这些结果不仅包括最终的结果，还提供了一些中间结果。

单击 Computations→Unweighted Super Matrix→Text，可得关于局部优先等级的未加权的权重排序，它按照关联表进行计算。在每个元素交汇单元上填入相应的优先等级或权重，没有互相关联元素的交汇单上填 0。SD 软件给出两种图表形式，一般选择 Text 形式，如图 2-22 所示。

（1）单击 Computations→Weighted Super Matrix→Text，它是在未加权超矩阵的基础上，对每个元素乘以元素组的相应权重从而获得的结果，这也是一个局部有限等级排序表。在本案例中，未加权超矩阵中的每一列的权重加和为 1，且整个矩阵也达到了归一化，因此，在加权超级矩阵中，加权计算后的结果仍未改变，与图 2-22 的结果一致，具体见图 2-23。

（2）单击 Computations→Limit Matrix→Text，该矩阵是通过将加权矩阵反复自乘，直到结果趋于稳定，然后归一化而成。因此，矩阵上的每一列都是相同的，列上的数值就是其左侧因素的有限等级，可以依据此进行排序。结果如图 2-24 所示。

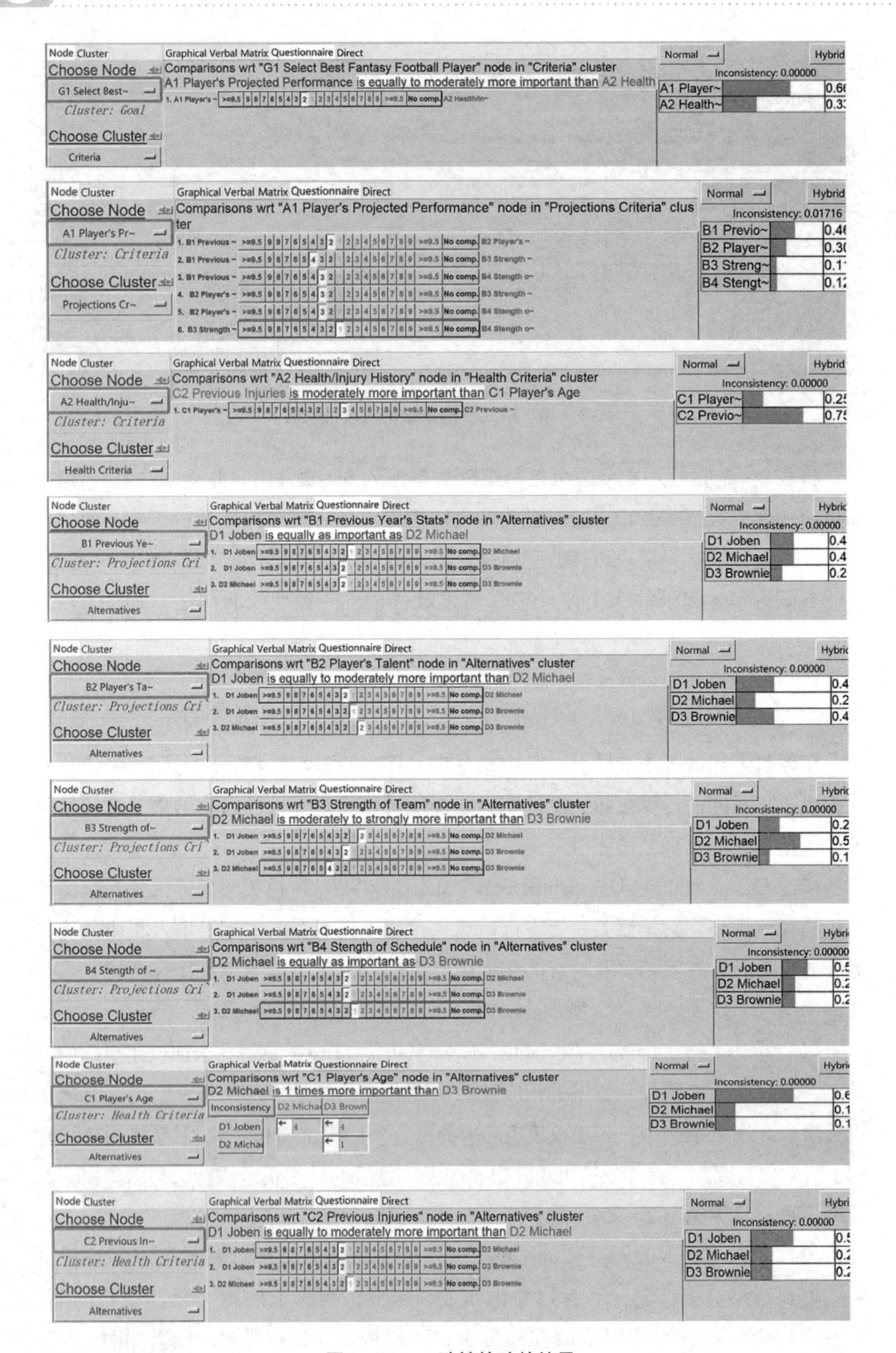

图 2－21 一致性检验的结果

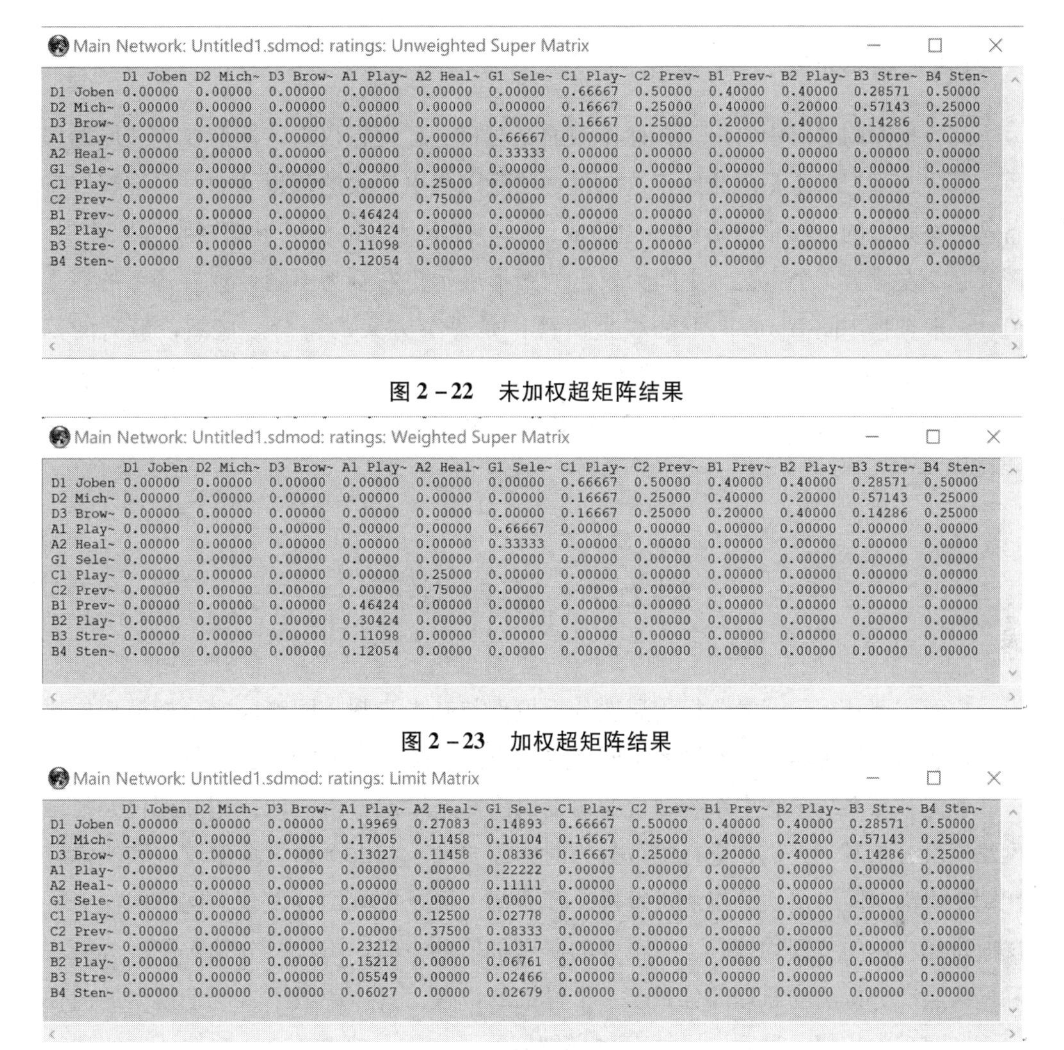

Main Network: Untitled1.sdmod: ratings: Unweighted Super Matrix

	D1 Joben	D2 Mich~	D3 Brow~	A1 Play~	A2 Heal~	G1 Sele~	C1 Play~	C2 Prev~	B1 Prev~	B2 Play~	B3 Stre~	B4 Sten~
D1 Joben	0.00000	0.00000	0.00000	0.00000	0.00000	0.00000	0.66667	0.50000	0.40000	0.40000	0.28571	0.50000
D2 Mich~	0.00000	0.00000	0.00000	0.00000	0.00000	0.00000	0.16667	0.25000	0.40000	0.20000	0.57143	0.25000
D3 Brow~	0.00000	0.00000	0.00000	0.00000	0.00000	0.00000	0.16667	0.25000	0.20000	0.40000	0.14286	0.25000
A1 Play~	0.00000	0.00000	0.00000	0.00000	0.00000	0.66667	0.00000	0.00000	0.00000	0.00000	0.00000	0.00000
A2 Heal~	0.00000	0.00000	0.00000	0.00000	0.00000	0.33333	0.00000	0.00000	0.00000	0.00000	0.00000	0.00000
G1 Sele~	0.00000	0.00000	0.00000	0.00000	0.00000	0.00000	0.00000	0.00000	0.00000	0.00000	0.00000	0.00000
C1 Play~	0.00000	0.00000	0.00000	0.00000	0.25000	0.00000	0.00000	0.00000	0.00000	0.00000	0.00000	0.00000
C2 Prev~	0.00000	0.00000	0.00000	0.00000	0.75000	0.00000	0.00000	0.00000	0.00000	0.00000	0.00000	0.00000
B1 Prev~	0.00000	0.00000	0.00000	0.46424	0.00000	0.00000	0.00000	0.00000	0.00000	0.00000	0.00000	0.00000
B2 Play~	0.00000	0.00000	0.00000	0.30424	0.00000	0.00000	0.00000	0.00000	0.00000	0.00000	0.00000	0.00000
B3 Stre~	0.00000	0.00000	0.00000	0.11098	0.00000	0.00000	0.00000	0.00000	0.00000	0.00000	0.00000	0.00000
B4 Sten~	0.00000	0.00000	0.00000	0.12054	0.00000	0.00000	0.00000	0.00000	0.00000	0.00000	0.00000	0.00000

图 2－22　未加权超矩阵结果

Main Network: Untitled1.sdmod: ratings: Weighted Super Matrix

	D1 Joben	D2 Mich~	D3 Brow~	A1 Play~	A2 Heal~	G1 Sele~	C1 Play~	C2 Prev~	B1 Prev~	B2 Play~	B3 Stre~	B4 Sten~
D1 Joben	0.00000	0.00000	0.00000	0.00000	0.00000	0.00000	0.66667	0.50000	0.40000	0.40000	0.28571	0.50000
D2 Mich~	0.00000	0.00000	0.00000	0.00000	0.00000	0.00000	0.16667	0.25000	0.40000	0.20000	0.57143	0.25000
D3 Brow~	0.00000	0.00000	0.00000	0.00000	0.00000	0.00000	0.16667	0.25000	0.20000	0.40000	0.14286	0.25000
A1 Play~	0.00000	0.00000	0.00000	0.00000	0.00000	0.66667	0.00000	0.00000	0.00000	0.00000	0.00000	0.00000
A2 Heal~	0.00000	0.00000	0.00000	0.00000	0.00000	0.33333	0.00000	0.00000	0.00000	0.00000	0.00000	0.00000
G1 Sele~	0.00000	0.00000	0.00000	0.00000	0.00000	0.00000	0.00000	0.00000	0.00000	0.00000	0.00000	0.00000
C1 Play~	0.00000	0.00000	0.00000	0.00000	0.25000	0.00000	0.00000	0.00000	0.00000	0.00000	0.00000	0.00000
C2 Prev~	0.00000	0.00000	0.00000	0.00000	0.75000	0.00000	0.00000	0.00000	0.00000	0.00000	0.00000	0.00000
B1 Prev~	0.00000	0.00000	0.00000	0.46424	0.00000	0.00000	0.00000	0.00000	0.00000	0.00000	0.00000	0.00000
B2 Play~	0.00000	0.00000	0.00000	0.30424	0.00000	0.00000	0.00000	0.00000	0.00000	0.00000	0.00000	0.00000
B3 Stre~	0.00000	0.00000	0.00000	0.11098	0.00000	0.00000	0.00000	0.00000	0.00000	0.00000	0.00000	0.00000
B4 Sten~	0.00000	0.00000	0.00000	0.12054	0.00000	0.00000	0.00000	0.00000	0.00000	0.00000	0.00000	0.00000

图 2－23　加权超矩阵结果

Main Network: Untitled1.sdmod: ratings: Limit Matrix

	D1 Joben	D2 Mich~	D3 Brow~	A1 Play~	A2 Heal~	G1 Sele~	C1 Play~	C2 Prev~	B1 Prev~	B2 Play~	B3 Stre~	B4 Sten~
D1 Joben	0.00000	0.00000	0.00000	0.19969	0.27083	0.14893	0.66667	0.50000	0.40000	0.40000	0.28571	0.50000
D2 Mich~	0.00000	0.00000	0.00000	0.17005	0.11458	0.10104	0.16667	0.25000	0.40000	0.20000	0.57143	0.25000
D3 Brow~	0.00000	0.00000	0.00000	0.13027	0.11458	0.08336	0.16667	0.25000	0.20000	0.40000	0.14286	0.25000
A1 Play~	0.00000	0.00000	0.00000	0.00000	0.00000	0.22222	0.00000	0.00000	0.00000	0.00000	0.00000	0.00000
A2 Heal~	0.00000	0.00000	0.00000	0.00000	0.00000	0.11111	0.00000	0.00000	0.00000	0.00000	0.00000	0.00000
G1 Sele~	0.00000	0.00000	0.00000	0.00000	0.00000	0.00000	0.00000	0.00000	0.00000	0.00000	0.00000	0.00000
C1 Play~	0.00000	0.00000	0.00000	0.00000	0.12500	0.02778	0.00000	0.00000	0.00000	0.00000	0.00000	0.00000
C2 Prev~	0.00000	0.00000	0.00000	0.00000	0.37500	0.08333	0.00000	0.00000	0.00000	0.00000	0.00000	0.00000
B1 Prev~	0.00000	0.00000	0.00000	0.23212	0.00000	0.10317	0.00000	0.00000	0.00000	0.00000	0.00000	0.00000
B2 Play~	0.00000	0.00000	0.00000	0.15212	0.00000	0.06761	0.00000	0.00000	0.00000	0.00000	0.00000	0.00000
B3 Stre~	0.00000	0.00000	0.00000	0.05549	0.00000	0.02466	0.00000	0.00000	0.00000	0.00000	0.00000	0.00000
B4 Sten~	0.00000	0.00000	0.00000	0.06027	0.00000	0.02679	0.00000	0.00000	0.00000	0.00000	0.00000	0.00000

图 2－24　极限超矩阵结果

（3）单击 Computations→Synthesis，得到综合排序结果。该案例显示出如图 2－25 所示的结果，这是一个关于备选方案的优先等级向量，其综合了该模型下所有子网络的备选方案的优先等级。

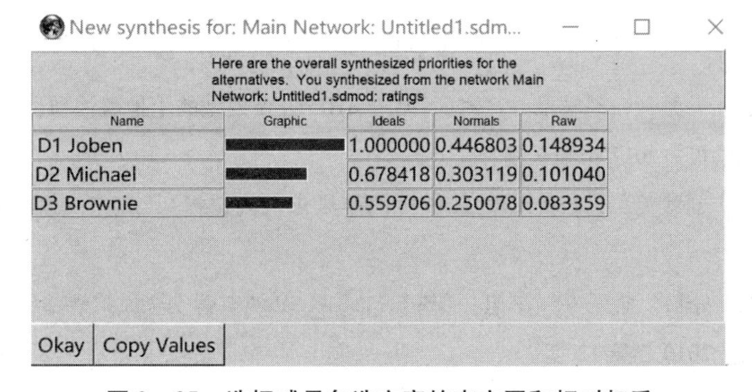

New synthesis for: Main Network: Untitled1.sdm...

Here are the overall synthesized priorities for the alternatives. You synthesized from the network Main Network: Untitled1.sdmod: ratings

Name	Graphic	Ideals	Normals	Raw
D1 Joben		1.000000	0.446803	0.148934
D2 Michael		0.678418	0.303119	0.101040
D3 Brownie		0.559706	0.250078	0.083359

Okay　Copy Values

图 2－25　选择球员备选方案的直方图和相对权重

（四）结果分析

综合排序的结果中给出了3种类型的相对权重：理想权重、标准权重和原始权重。其中，理想权重是由原始权重的每一项除以列中最大的值得到的；标准权重将备选方案元素的总权重进行归一化而成；原始权重是直接从极限超矩阵读取而得。图2－25左侧为3个方案，中间为权重的图形展示，右侧为不同计算方式下的权重值，一般选择中间Normals下的权重值视作是每个方案的得分。显然，最高的是Joben，其权重值为0.446803，其次是Michael，其权重值为0.303119，得分排名第三的则是Brownie，其权重值为0.250078。这些结果表明，Joben将是决策者的最佳选择。

第五节　本章小结

本章主要从相关背景分析、层次分析模型与基本步骤、网络层次分析模型构建与应用、软件实现四个方面对系统网络层次分析进行了详细的阐述。

首先，从系统工程中系统评价的角度引出网络层次分析法的作用和地位，强调网络层次分析对于人们在进行决策行为时的重要性。其次，通过模型改进和实际应用两个方面对网络层次分析法进行进一步介绍。通过文献综述发现，网络层次分析法改进和应用的范围均较广，有很好的研究价值和空间。再次，分别对层次分析法和网络层次分析法的原理部分做了一个详细的讲解，具体说明了这两个模型的内在原理和实现的步骤。最后，通过案例详细展示了层次分析法在SD软件下的实现过程和结果分析，这有利于读者理解和掌握该方法。人工计算可以实现网络层次分析法，但需要耗费大量的时间和精力，且计算结果的准确性不稳定，本章介绍的计算机运用可以极大地提高运算速度和效率。

参考文献

[1] 程文仕、乔蕻强、刘学录、黄鑫：《基于AHP-DEA模型的土地整治项目规划方案比选》，载于《自然资源学报》2017年第9期。

[2] 董福贵、刘慧美：《基于ANP/TOPSIS的燃煤供应商选择》，载于《现代电力》2012年第1期。

[3] 杜红兵、李晖、袁乐平、李旭：《基于Fuzzy-ANP的空管安全风险评估研究》，载于《中国安全科学学报》2010年第12期。

[4] 葛慧磊、余翔、李永垒：《基于AHP-SWOT的中国卫星导航专利技术产业化发展战略研

究》，载于《情报杂志》2019 年第 5 期。

［5］郭金维、蒲绪强、高祥、张永安：《一种改进的多目标决策指标权重计算方法》，载于《西安电子科技大学学报》2014 年第 6 期。

［6］郭伟、白丹、单飞、陈思佳、张谦、潘华平：《ANP/TOPSIS 应用于制造企业供应商选择研究》，载于《武汉理工大学学报（信息与管理工程版）》2011 年第 1 期。

［7］贺肖飞、张秀卿、张晓民：《基于 AHP－FCE 方法的内蒙古乡村旅游资源评价》，载于《干旱区资源与环境》2020 年第 10 期。

［8］胡新丽：《基于 SWOT－AHP 的新媒体背景下民族地区环境治理模式探析——以云南省大理白族自治州为例》，载于《西南民族大学学报（人文社科版）》2020 年第 4 期。

［9］霍明、周玉玺、柴婧、张复宏：《基于 AHP-TOPSIS 与障碍度模型的国家农业科技园区创新能力评价与制约因素研究——华东地区 42 家园区的调查数据》，载于《科技管理研究》2018 年第 17 期。

［10］姜建华：《敏捷制造的汽车产品研发的评价分析》，载于《汽车工程》2009 年第 8 期。

［11］金帅、张庆、卢波：《极大熵准则下的群决策 AHP-DEA 模型研究》，载于《科技管理研究》2017 年第 2 期。

［12］金占勇、邱宵慧、魏楚元：《基于 WSR 方法论和改进 AHP-FCE 模型的智慧校园可持续发展综合评价》，载于《现代教育技术》2020 年第 7 期。

［13］赖志向、叶家玮：《基于 ANP 模糊综合评判法的分段生产流程优化》，载于《科学技术与工程》2009 年第 9 期。

［14］李娟、李保安、方晗、余见山：《基于 AHP－熵权法的发明专利价值评估——以丰田开放专利为例》，载于《情报杂志》2020 年第 5 期。

［15］李俊松、仇文革：《基于网络层次模糊综合评价的铁路隧道岩溶风险分析》，载于《铁道建筑》2011 年第 10 期。

［16］李爽、潘秀：《基于 DEA/AHP 模型的物流配送中心选址研究》，载于《企业经济》2017 年第 6 期。

［17］刘奇：《VLBI 台站电磁兼容性评估》，载于《天文研究与技术》2011 年第 4 期。

［18］刘奇志：《网络决策分析的积因子方法》，载于《系统工程理论与实践》2004 年第 9期。

［19］刘同超、李振福：《区间互反判断矩阵的不一致性改进方法》，载于《模糊系统与数学》2017 年第 4 期。

［20］刘媛媛、王绍强、王小博、江东：《基于 AHP－熵权法的孟印缅地区洪水灾害风险评估》，载于《地理研究》2020 年第 8 期。

［21］罗一墩、周怡岑、陈政：《基于 AHP－TOPSIS－POE 组合模型的生态茶园景观质量评价》，载于《经济地理》2020 年第 12 期。

［22］申红田、马归民、衣峥、严建伟：《基于 AHP－SWOT 法的大城市中心区历史文化型轨道交通站域更新策略研究——以天津市和平路站点为例》，载于《地域研究与开发》2019 年第 6 期。

［23］舒洪水、刘左鑫惠、裴新迪：《“一带一路”倡议下中巴经济走廊建设的 AHP-SWOT 分析》，载于《情报杂志》2020 年第 3 期。

［24］宋姗姗、王金平、季婉婧：《基于 ANP-SWOT 模型的我国海洋科技情报领域发展战略研究》，载于《科技管理研究》2020 年第 22 期。

［25］田水承、李磊、王莉、景兴鹏：《基于 ANP 法的企业安全文化模糊综合评价》，载于《中国安全科学学报》2011 年第 7 期。

［26］王莲芬：《网络分析法（ANP）的理论与算法》，载于《系统工程理论与实践》2001 年第 3 期。

［27］王巧珍、杨凡德：《面向典型武器系统的作战能力评估研究》，载于《装备指挥技术学院学报》2011 年第 6 期。

［28］王一雷、朱庆华、夏西强：《基于模糊 AHP-GP 的低碳供应商选择模型》，载于《运筹与管理》2020 年第 11 期。

［29］谢忠秋：《Cov-AHP：层次分析法的一种改进》，载于《数量经济技术经济研究》2015 年第 8 期。

［30］严浩、裘杭萍、刁兴春、周星：《基于改进层次分析的数据质量综合评估》，载于《计算机应用》2014 年第 S1 期。

［31］颜赛燕：《基于 AHP-模糊数学综合评价的科技型中小企业融资效果研究》，载于《工业技术经济》2020 年第 3 期。

［32］余顺坤、石玉峰、宋伟光：《企业人工成本效益综合模糊评价研究》，载于《中国商贸》2012 年第 1 期。

［33］张传平、高伟、吴建光、李忠诚、熊德华、张平：《基于 ANP-SWOT 模型的中国煤层气产业发展战略研究》，载于《资源科学》2015 年第 6 期。

［34］张瑞鹏、何世伟、崔莉莉：《基于熵权和 ANP 的物流中心规划布局方案综合性能评价》，载于《物流技术》2008 年第 2 期。

［35］周黎莎、于新华：《基于网络层次分析法的电力客户满意度模糊综合评价》，载于《电网技术》2009 年第 17 期。

［36］朱琳：《基于 Fuzzy-ANP 的供电企业员工软实力研究》，载于《华东电力》2012 年第 4 期。

［37］祝志川、张君妍、张国超、段伟花：《基于熵值修正 AHP 赋权的综合评价模型与实证》，载于《统计与决策》2018 年第 13 期。

［38］Afzali A., Sabri S., Rashid M., et al., Inter-municipal Landfill Site Selection Using Analytic Network Process. *Water Resources Management*, Vol. 28, No. 8, 2014, pp. 2179 – 2194.

［39］Akyuz E., A Hybrid Accident Analysis Method to Assess Potential Navigational Contingencies: The Case of Ship Grounding. *Safety Science*, Vol. 79, 2015, pp. 268 – 276.

［40］Bahurmoz A. M. A., A Strategic Model for Safety During the Hajj Pilgrimage: An ANP Application. *Journal of Systems Science and Systems Engineering*, Vol. 15, No. 2, 2006, pp. 201 – 216.

［41］Basak I., Probabilistic Judgments Specified Partially in the Analytic Hierarchy Process. *European Journal of Operational Research*, Vol. 108, No. 1, 1998, pp. 153 – 164.

［42］Bobylev N., Comparative Analysis of Environmental Impacts of Selected Underground Construction Technologies Using the Analytic Network Process. *Automation in Construction*, Vol. 20, No. 8, 2011, pp. 1030 – 1040.

[43] Bottero M., Comino E., Riggio V., Application of the Analytic Hierarchy Process and the Analytic Network Process for the Assessment of Different Wastewater Treatment Systems. *Environmental Modelling & Software*, Vol. 26, No. 10, 2011, pp. 1211 – 1224.

[44] Büyüközkan G., Güleryüz S., An Integrated DEMATEL-ANP Approach for Renewable Energy Resources Selection in Turkey. *International Journal of Production Economics*, Vol. 182, 2016, pp. 435 – 448.

[45] Cao J., Song W., Risk Assessment of Co-creating Value with Customers: A Rough Group Analytic Network Process Approach. *Expert Systems with Applications*, Vol. 55, 2016, pp. 145 – 156.

[46] Chang S. C., Lin C. F., Wu W. M., The Features and Marketability of Certificates for Occupational Safety and Health Management in Taiwan. *Safety Science*, Vol. 85, 2016, pp. 77 – 87.

[47] Chen C. C., Shih H. S., Shyur H. J., et al., A Business Strategy Selection of Green Supply Chain Management Via an Analytic Network Process. *Computers & Mathematics with Applications*, Vol. 64, No. 8, 2012, pp. 2544 – 2557.

[48] Chen H. H., Pang C., Organizational Forms for Knowledge Management in Photovoltaic Solar Energy Industry. *Knowledge-Based Systems*, Vol. 23, No. 8, 2010, pp. 924 – 933.

[49] Chen J. K., Prioritization of Corrective Actions from Utility Viewpoint in FMEA Application. *Quality and Reliability Engineering International*, Vol. 33, No. 4, 2017, pp. 883 – 894.

[50] Chen L., Yan X., Gao C., Developing an Analytic Network Process Model for Identifying Critical Factors to Achieve Apparel Safety. *The Journal of the Textile Institute*, Vol. 107, No. 12, 2016, pp. 1519 – 1532.

[51] Chen P. T., Cheng J. Z., Unlocking the Promise of Mobile Value-Added Services by Applying New Collaborative Business Models. *Technological Forecasting and Social Change*, Vol. 77, No. 4, 2010, pp. 678 – 693.

[52] Dinçer H., Hacıoğlu Ü., Yüksel S., Balanced Scorecard based Performance Measurement of European Airlines Using a Hybrid Multicriteria Decision Making Approach under the Fuzzy Environment. *Journal of Air Transport Management*, Vol. 63, 2017, pp. 17 – 33.

[53] García-Melón M., Poveda-Bautista R., Using the Strategic Relative Alignment Index for the Selection of Portfolio Projects Application to a Public Venezuelan Power Corporation. *International Journal of Production Economics*, Vol. 170, 2015, pp. 54 – 66.

[54] Gopinath G., Nair A. G., Ambili G. K., et al., Watershed Prioritization based on Morphometric Analysis Coupled with Multi Criteria Decision Making. *Arabian Journal of Geosciences*, Vol. 9, No. 2, 2016, pp. 1 – 17.

[55] Govindan K., Kannan D., Shankar M., Evaluation of Green Manufacturing Practices Using a Hybrid MCDM Model Combining DANP with PROMETHEE. *International Journal of Production Research*, Vol. 53, No. 21, 2015, pp. 6344 – 6371.

[56] Govindan K., Sarkis J., Palaniappan M., An Analytic Network Process-Based Multicriteria Decision Making Model for a Reverse Supply Chain. *The International Journal of Advanced Manufacturing*

Technology, Vol. 68, No. 1, 2013, pp. 863 – 880.

[57] Hu S., Liu F., Tang C., et al., Assessing Chinese Campus Building Energy Performance Using Fuzzy Analytic Network Approach. *Journal of Intelligent & Fuzzy Systems*, Vol. 29, No. 6, 2015, pp. 2629 – 2638.

[58] Huang R. H., Yang C. L., Kao C. S., Assessment Model for Equipment Risk Management: Petrochemical Industry Cases. *Safety Science*, Vol. 50, No. 4, 2012, pp. 1056 – 1066.

[59] Hung Y. H., Huang T. L., Hsieh J. C., et al., Online Reputation Management for Improving Marketing by Using a Hybrid MCDM Model. *Knowledge-Based Systems*, Vol. 35, 2012, pp. 87 – 93.

[60] Isfahani S. N., Haddad A. A., Roghanian E., et al., Customer Relationship Management Performance Measurement Using Balanced Scorecard and Fuzzy Analytic Network Process: The Case of MAPNA Group. *Journal of Intelligent & Fuzzy Systems*, Vol. 27, No. 1, 2014, pp. 377 – 389.

[61] Kumar F. N. U. P., Claudio D., Implications of Estimating Confidence Intervals on Group Fuzzy Decision-Making Scores. *Expert Systems with Applications*, Vol. 65, 2016, pp. 152 – 163.

[62] Kuo M. S., Liang G. S., A Novel Hybrid Decision-Making Model for Selecting Locations in a Fuzzy Environment. *Mathematical and Computer Modelling*, Vol. 54, No. 1 – 2, 2011, pp. 88 – 104.

[63] Lam J. S. L., Lai K., Developing Environmental Sustainability by ANP-QFD Approach: The Case of Shipping Operations. *Journal of Cleaner Production*, Vol. 105, 2015, pp. 275 – 284.

[64] Lipovetsky S., The Synthetic Hierarchy Method: An Optimizing Approach to Obtaining Priorities in the AHP. *European Journal of Operational Research*, Vol. 93, No. 3, 1996, pp. 550 – 564.

[65] Liu J., Li Q., Wang Y., Risk Analysis in Ultra-Deep Scientific Drilling Project: A Fuzzy Synthetic Evaluation Approach. *International Journal of Project Management*, Vol. 31, No. 3, 2013, pp. 449 – 458.

[66] Motlagh Z. K., Sayadi M. H., Siting MSW Landfills Using MCE Methodology in GIS Environment (Case study: Birjand plain, Iran). *Waste Management*, Vol. 46, 2015, pp. 322 – 337.

[67] Ozdemir Y., Basligil H., Aircraft Selection Using Fuzzy ANP and the Generalized Choquet Integral Method: The Turkish Airlines Case. *Journal of Intelligent & Fuzzy Systems*, Vol. 31, No. 1, 2016, pp. 589 – 600.

[68] Piltan M., Sowlati T., Multi-criteria Assessment of Partnership Components. *Expert Systems with Applications*, Vol. 64, 2016, pp. 605 – 617.

[69] Promentilla M. A. B., Tapia J. F. D., Arcilla C. A., et al., Interdependent Ranking of Sources and Sinks in CCS Systems Using the Analytic Network Process. *Environmental Modelling & Software*, Vol. 50, 2013, pp. 21 – 24.

[70] Saaty T. L., Inner and Outer Dependence in the Analytic Hierarchy Process: The Supermatrix and Superhierarchy. *Proceeding of the 2nd ISAHP*, 1991, pp. 66 – 70.

[71] Shi L., Wu K. J., Tseng M. L., Improving Corporate Sustainable Development by Using an Interdependent Closed-Loop Hierarchical Structure. *Resources, Conservation and Recycling*, Vol. 119, 2017, pp. 24 – 35.

[72] Teng C. C., Horng J. S., Hu M. L. M., et al., Developing Energy Conservation and Carbon Reduction Indicators for the Hotel Industry in Taiwan. *International Journal of Hospitality Management*, Vol. 31, No. 1, 2012, pp. 199 - 208.

[73] Xu P., Chan E. H. W., Visscher H. J., et al., Sustainable Building Energy Efficiency Retrofit for Hotel Buildings Using EPC Mechanism in China: Analytic Network Process (ANP) Approach. *Journal of Cleaner Production*, Vol. 107, 2015, pp. 378 - 388.

[74] Zahir S., Geometry of Decision Making and the Vector Space Formulation of the Analytic Hierarchy Process. *European Journal of Operational Research*, Vol. 112, No. 2, 1999, pp. 373 - 396.

系统灰色技术分析与GTMS实现

第一节　系统灰色技术分析方法与相关背景

一、系统灰色技术分析方法

随着社会的发展，越来越多的问题在工作生活中显现了出来，如何对问题进行深层次的剖析以及解决一直是学者们致力研究的问题。系统科学的出现可以解决某些之前难以解决的复杂问题，如系统科学中的系统论、控制论、信息论、突变论、混沌理论等。

在系统研究中，由于人们受到对事物的主观认知不确定或对事物的客观认知不够具体等因素的影响，最后得到的信息往往会带有较大的不确定性或者概率性，这会为结果的分析带来困难。为了解决这个问题，不断有各领域学者对其进行攻克，特别是在20世纪后期，许多解决不确定性的方法模型在系统科学领域被提出。例如，1965年，美国学者扎德（Zadeh）在期刊《信息和控制》（*Information and Control*）上发表了一篇题为“Fuzzy Sets”的论文，创立了数学学科中的一个重要的分支——模糊数学；1982年，中国学者邓聚龙创立了灰色系统理论；同年，波兰学者帕夫拉克（Pawlak）创立了粗糙集理论；1990年，中国学者王光远提出了未确知信息，从而创立了未确知数学理论。这些学者创立的理论和方法都对处理不确定信息的问题提供了解决思路。

1982 年，我国研究灰色系统的专家邓聚龙教授在《系统和控制》（*Systems & Control Letters*）期刊上发表了第一篇灰色系统的文献 The Control Problems of Grey Systems，同年邓聚龙教授在《华中工学院学报》发表了《灰色控制系统》，这两篇论文的发表开创了灰色系统这一学科，灰色系统这一新兴理论就此问世。灰色系统理论一出现就引起了学术界的轰动，许多学者对这一理论都产生了极大的兴趣，至此许多学者加入研究灰色系统理论这个领域当中。灰色系统理论是一种应用于“部分信息已知、部分信息未知”的“贫信息”的研究，并且从中提取有价值信息的不确定系统理论。灰色系统理论对于数据没有过多的要求和限制，因此其应用范围很广，已在众多领域成功应用，如工业、农业、经济、气象、水利、交通等许多方面，并且灰色系统理论已广泛传播到世界各地，得到了大量学者的关注和肯定。自邓聚龙教授创建灰色系统理论以来，其已在多个领域得到了实质性的发展和应用。

为了更好地了解系统灰色技术分析方法，将对不确定信息的四种研究理论，即灰色系统、概率统计、模糊数学、粗糙集理论进行对比分析，具体见表 3－1。

表 3－1　　灰色系统、概率统计、模糊数学、粗糙集理论的比较

项目	灰色系统	概率统计	模糊数学	粗糙集理论
研究对象	贫信息不确定	随机不确定	认知不确定	边界不确定
基础集合	灰色朦胧集	康托尔集	模糊集	近似集
方法依据	信息覆盖	映射	映射	上、下近似
途径手段	灰序列生成	频率分布	截集	划分
数据要求	任意分布	典型分布	隶属度可知	等价关系
侧重	内涵	内涵	外延	内涵
目标	现实规律	历史统计规律	认知表达	概念逼近
特色	小样本	大样本	凭借经验	信息表

二、系统灰色技术分析的相关背景

（一）灰色系统研究人口问题

对某国家或者地区人口的研究一直都是学者们致力于探索的方向，人口问题会影响某地区和国家人民的生存和当地经济的发展，人口问题的研究包括老龄化、人口性别结构、流动人口与常住人口、劳动力人口、计划生育、人口可持续发展等方面。人口是一个地区经济和社会持续发展的一个重要载体，而人口预测对未来此地区的宏观经济、社会规划以及政策执行等具有重要的实际参考价值（仰园，

2017）。

当前已有许多模型和方法对人口问题进行了研究，灰色系统模型相比于其他的模型方法可以更有效地对人口发展等进行研究预测。人口预测的数据样本较小，发展趋势较为稳定，预测周期不长，且灰色预测模型利用累加生成算子对预测序列进行了平滑处理，经过处理后，原始序列的随机性被大大削弱（梁钦，2017）。

当前，许多学者基于灰色模型对人口数量进行了详细的研究，李国成等（2009）以及王勇等（2021）将灰色系统理论与人工神经网络理论结合建立模型，并对中国人口进行预测。胡琳（2010）运用GM(1,1）和PGM(1,N）对我国人口情况进行了预测，最后结果表明PGM(1, 1）模型预测的准确率比GM(1, 1）模型更好。郭雪峰等（2018）了解到传统的灰色预测模型对于流动人口影响因素的不确定性和特殊性的问题，这个问题导致流动人口的预测结果误差变大，因此他们在传统灰色模型的基础上加入了自适应滤波法残差修正来预测南京的流动人口数量，他们发现改进后的灰色模型可以提升短期预测的精准度，并且适应性更高。对于一个城市来说，人口的密度问题事关这个城市的可持续发展，因此预测城市人口密度具有重要的现实意义，吴华安等（2018）建立了经典GM(1, 1）灰色系统预测模型和多维灰色系统预测模型OGM(1, 1）对重庆市的人口密度进行了预测，发现OGM(1, 1）模型具有更好的预测效果。姚翠友和王泽恩（2019）收集了2010～2016年的数据，构建多因素灰色预测模型对北京市义务教育阶段学龄人口情况进行了分析预测，得出2017～2025年北京市小学阶段学龄人口数量出现先上升后下降的趋势，而对于初中阶段学龄人口数量在2017～2020年保持平稳，之后再下降的趋势。王少芬和蔡成斌（2020）以人口结构变动为基础用灰色模型将其对福建房地产市场需求的影响进行了分析，得出人口的性别、年龄、城乡以及产业四个方面的结构变动会对房地产市场需求有较大的影响。田梓辰等（2021）为了提高预测精度，在灰色GM(1, 1）模型的基础上加入了Lagrange插值理论对新疆人口的发展给出了分析以及预测。

进入21世纪以来，我国的人口、经济、社会、就业、政治等形势都发生了很大的变化，特别是人口问题。当前我国出生人口的性别严重失调，老龄化问题严重，劳动力人口比率严重下降，我国已从之前的人口红利期转变到了人口负债期。因此，人口问题已成为影响我国经济社会发展较为严重的一个问题。2016年国家启动“全面两孩”政策，以应对人口老龄化、均衡化等问题。面对这种外界政策性大环境变化的人口变化，灰色系统也能进行很好的分析预测。赵英辰（2018）利用GM(1, 1)灰色预测模型对我国出生人口性别比进行预测并修正，之后又建立了Leslie模型对计划生育政策下和全面两孩政策下我国未来人口数量与结构进行了预测。黄星积和乔国通（2021）基于两孩政策，选取2012～2018年安徽省的新生人口数据进行灰色系统预测，得出新生人口数量与恩格尔系数、城镇化率的关联最大。因此，他们提出为了优化人口结构可以着重关注城镇化发展、社会保障和人口素质三个方面。

（二）灰色系统研究股票问题

21 世纪以来，金融业得到了快速的发展，而股票作为金融投资中主要的一部分，对经济发展有着较大的影响。股票市场的研究一直以来都是众多专家学者研究的热门对象，在股票市场研究中，人们最关注的就是股票价格，因此股票价格的预测一直是监管部门和投资界普遍关注的一个课题。

在股票市场中，如何对股票收益进行准确预测是当前股票市场交易中最为关心的话题之一。但是，由于影响股票市场的因素多且复杂，其收益率曲线变化一般为非线性的并带有随机性，探索出一种有效的预测模型方法具有重要的理论和现实意义。在股票预测的研究中，国内外的许多专家学者都对其进行了深入的分析，并提出了许多的模型方法，虽然这些模型方法对实际应用有一些指导借鉴作用，但是仍有许多不足。例如，多元回归模型对线性时序预测时其准确率明显低于线性时序的预测（Ang, 1999）；又如以时间序列方法建立起来的 ARIMA 预测模型不能很好地表现出变量和要素之间的相关联系。

与其他系统分析理论不同，灰色系统是通过关联分析、灰色模型构建、灰色预测和灰色评价决策来有效解决信息不确定、不完全的问题。除此之外，灰色系统对数据没有过多的要求，不要求数据分布是基于常见的分布函数。在股票预测中，灰色预测对于短期股票的预测较合适，对于中长期股票的预测其精度效果会稍差。所以，对于短期投资者来说，为了规避风险，获取较高的回报，利用灰色预测进行股票买卖不失为一种较好的方法（吴菊珍等, 2007）。

对于股票市场波动的特殊性，很难判断股价的走势和发展方向，而灰色系统可以较好地反映出股票市场的情况，因此它将会给投资者提供一种新的方法（Dang & Liu, 2004）。丛春霞和李秀芳（2000）运用灰色系统模型对 6 个案例进行了分析，得出灰色系统模型可以有效地对股市进行预测。施久玉和胡程鹏（2004）运用 GM(1, 1) 模型对上证指数 65 日平均值运行轨道的最高点进行预测，最后发现预测结果与现实的吻合度很高。覃思乾（2006）分别用 GM(1, 1) 模型和 ARIMA 模型对股价进行短期预测，最后对比分析得出灰色模型的预测准确率高于 ARIMA 模型。徐维维和高风（2007）建立灰色系统模型对股票进行预测和修正，最后发现该模型具有较好的精度，所以灰色系统模型可以很好地指导投资者进行投资。何等（He et al., 2012）也用灰色模型对我国的上证指数进行了预测，最后发现预测结果与现实数据有较好的拟合度。段军山（2012）基于灰色关联分析模型研究股价的波动、通货膨胀的变动对我国固定资产投资的影响情况，并提出了一些建议以确保我国经济的健康发展。程隆昌（2015）基于股票历史价格数据，运用灰色系统的理论方法，建立了 GM(1,2) 模型对股价进行了预测分析，为投资者的定量分析提供了一种新的方法参考。

也有许多学者把灰色系统模型和马尔可夫模型结合进行股票研究，如陈海明和段进东（2002）建立灰色—马尔可夫预测模型对股票价格指数进行详细的预测。针对任何形式 GM(1, 1) 模型在长期预测中的效果都不佳的问题，李东等（2003）提出了一种把灰色模型与马尔可夫链理论相结合的新模型，其实验结果表明预测准确率有较高的提升。李金丹（2014）利用灰色马尔可夫模型对金融市场的波动情况进行预测，并使用聚类分析来对各种风险进行归类，从而帮助投资者全方位地了解当前的金融市场，规避风险，引导他们根据风险偏好进行有选择性的投资。卢嘉澍等（2017）认为灰度预测和马尔可夫预测都不能很好地对股价进行预测，从而提出了灰色—马尔可夫模型，并给出了相应算法的计算和检验步骤。

近年来，随着机器学习领域的发展，许多学者也尝试着把灰色系统与机器学习进行结合研究，其中股票市场是其研究的一个较为热门的方向。夏景明等（2004）和于志军等（2015）运用灰色系统和神经网络结合的方法对股票收益率进行预测，预测结果具有较高的准确率。冯冬青和李玮（2006）以灰色关联度为理论依据，创立了一种新的指标筛选体系，它可以从大量影响股票价格的指标中选取到影响最大的指标，从而降低输入的维度，减少了过多的计算，在最后结合 RBF 神经网络进行股价预测。童新安（2012）将灰色 GM(1, 1) 模型与 BP 神经网络结合创立出两种新的预测模型 GM-BP1 和 GM-BP2，之后又将灰色 Verhulst 模型与 BP 神经网络结合创立出 Verhulst-BP 预测模型，他对这三种方法进行了详尽的对比和分析，验证了它们的有效性和可行性。王玲（2012）将 ARIMA、GM、RBF 神经网络三种预测模型基于权重进行组合形成新的预测模型，通过实验表明，组合模型的股价预测结果的准确率更高，误差更小，克服了单一预测模型预测的缺陷，是一种预测非线性曲线波动较好的方法。张秋明和朱红莉（2013）利用灰色 GM(1, 1) 预测模型求出结果后，再运用 BP 神经网络对结果进行修正，最后得到的结果比单一运用灰色 GM(1, 1) 预测模型所得结果的精确度更高，并且通过 BP 神经网络，她们发现还可以挖掘出股票价格变化的规律。

第二节　系统灰色技术分析原理及其经典模型

灰色系统理论是研究数据量较少，并且贫信息不确定的样本的一种系统动力学方法。它主要是通过对部分已知的信息进行提取、分析、预测，从而对系统运行以及演化的规律有一个合理的认识。接下来，本书将对系统灰色技术分析原理及其经典模型进行详细的介绍。

一、系统灰色技术建模原理

在控制论中，用评价颜色的深或者浅来表示信息的明确程度，如控制论的创始人之一阿什比（Ashby）将内部信息模糊不清的事物称为黑箱。又如在选举中，经常会听到暗箱操作，即也是代表一种不透明。在现实中，一般认为颜色黑代表不透明，不能得到一点信息，颜色白代表透明，可得到所有的信息，而颜色灰一般认为其代表信息不完全、不明确，只有部分信息可知，或者可知的信息又带有概率性等。因此，把信息完全透明的系统称为白色系统，把没有得到一点信息、完全不透明的系统称为黑色系统，把部分信息可知的系统称为灰色系统。

对于颜色灰的概念，表 3－2 从多个角度与黑和白进行了对比分析。

表 3－2　“灰”概念引申

视角	黑	灰	白
从信息上看	未知	不完全	完全
从表象上看	暗	若明若暗	明朗
在过程上	新	新旧交替	旧
在性质上	混沌	多种成分	纯
在方法上	否定	扬弃	肯定
在态度上	放纵	宽容	严厉
从结果看	无解	非唯一解	唯一解

邓聚龙在《灰色系统（社会·经济）》一书中提出了 6 条公理。他认为灰色系统必须要满足这 6 条公理：

公理 1（差异信息原理）：“差异”式信息，凡信息必有差异。

公理 2（解的非唯一性原理）：信息不完全、不确定的解是非唯一的。

公理 3（最少信息原理）：灰色系统理论的特点是充分开发利用已占有的“最少信息”。

公理 4（认知根据原理）：信息是认知的根据。

公理 5（新信息优先原理）：新信息对认知的作用大于老信息。

公理 6（灰性不灭原理）：“信息不完全”（灰）是绝对的。

对于灰色系统来说，其最重要以及应用最广泛的模型是 G(1, 1) 模型。接下来将重点介绍各种灰色模型及其应用。

二、灰色关联分析

灰色关联分析是一种多因素统计分析的方法，可以帮助读者了解多个因素对指标影响的相对强弱，其采用数学量化、人工智能的方法来对数据进行处理分析，这样可以在很大程度上避免主观性的影响，因此，早期纯靠个人经验或者数据类别得到的结果说服力较弱。灰色关联分析可不考虑样本量大小，对于无明显规律的数据也适用，操作方便简洁，最后得到的量化结果准确率较高，与现实吻合度高，不会出现与定性分析不同的结果。所以，灰色关联分析法得到的结论更客观和全面，最后研究者作出的判断也会相对更加合理和精确。灰色相关度分析作为灰色模型中比较重要的一部分，现也已广泛应用于实际的各个方面。在预测方面，陈和太志（Chen & Taiji, 2002）应用灰色关联分析及灰色系统预测方法对日本的地震进行了建模和预测。赵和郭（Zhao & Guo, 2016）对电力年负荷进行了预测，为电力系统运营商和经济管理者提供有价值的参考。在评估方面，张满银（2019）采用灰色关联评价的方法对广西北部湾经济区十年来的实施成效进行了评估，并给出了相应的对策建议。刘灿等（2020）改进了灰色关联模型对公路隧道塌方进行了风险评估。杨平等（2020）运用灰色模型对 16 个参试谷子品种的农艺性状表现和生态适应性进行了评价，并筛选出了优良品种、一般品种和较差品种。

灰色关联分析是通过对比确定输入数据与比较数据的几何形状相似度从而判断它们之间联系是否紧密的一种定量分析方法，其可反映出数据间的关联程度以及系统发展的态势。

（一）灰色关联因素和关联算子集

在进行量化分析时，由于系统行为特征映射量及各个相关因素的意义和量纲可能会存在不同，则要对它们进行算子作用，把各种因素进行无量纲处理，并通过计算把负相关因素转变成正相关因素。

定义 3.1：X_a 为系统因素，其在序号 i 上的观测数据为 $X_a(i)$，$i=1,2,\cdots,m$，则称 $X_a=[x_a(1),x_a(2),\cdots,x_a(m)]$ 为因素 X_a 的行为序列。并且对于观测数据 $X_a(i)$ 中 i 的解释不同，$X_a=[x_a(1),x_a(2),\cdots,x_a(m)]$ 代表不同序列，具体如表 3－3 所示。

表 3-3　不同行为序列

序号	$X_a(i)$	$X_a=[x_a(1),x_a(2),\cdots,x_a(m)]$
1	i 为时间序号	行为时间序列
2	i 为指标序号	行为指标序列
3	i 为观测对象序号	行为横向序列

当然，对于表 3-3 这三种行为序列数据都可以用来做关联分析。

定义 3.2：若 $X_a=[x_a(1),x_a(2),\cdots,x_a(m)]$ 为因素 X_a 的行为序列，D_1 为序列算子，且

$$X_aD_1=[x_a(1)d_1,x_a(2)d_1,\cdots,x_a(m)d_1]$$

式中

$$x_a(i)d_1=\frac{x_a(i)}{x_a(1)} \tag{3-1}$$

其中，$x_a(1)$ 为不为 0 的数，$i=1,2,\cdots,m$，就称 D_1 为初值化算子，X_aD_1 为 X_a 初值化算子 D_1 下的象，称为初值象。

下面引入一个初值象序列的简单例子，假设有序列 $X=(2.6,3.8,5.4,6.7,9.8)$，求它的初值象序列。

根据之前的式子 $x_a(m)d_1=\frac{x_a(i)}{x_a(1)}$，可得

$$x(1)d_1=\frac{x(1)}{x(1)}=1,\ x(2)d_1=\frac{x(2)}{x(1)}=\frac{3.8}{2.6}=1.46$$

同理也可得 $x(3)d_1=2.07$；$x(4)d_1=2.58$；$x(5)d_1=3.77$。
最后可得 $XD_1=[x(1)d_1,x(2)d_1,x(3)d_1,x(4)d_1,x(5)d_1]=(1,1.46,2.07,2.58,3.77)$。

定义 3.3：若 $X_a=[x_a(1),x_a(2),\cdots,x_a(m)]$ 为因素 X_a 的行为序列，D_2 为序列算子，且

$$X_aD_2=[x_a(1)d_2,x_a(2)d_2,\cdots,x_a(m)d_2]$$

式中

$$x_a(i)d_2=\frac{x_a(i)}{\bar{X}_a} \tag{3-2}$$

其中，$\bar{X}_a=\frac{1}{m}\sum_{i=1}^{m}x_a(i)$，$i=1,2,\cdots,m$，就称 D_2 为均值化算子，X_aD_2 为 X_a 均值化

算子 D_2 下的象，称为均值象。

下面也引入一个均值象序列的算例，也以之前的数据序列 $X=(2.6,3.8,5.4,6.7,9.8)$ 为例，求它的均值象序列。

首先计算

$$\bar{X}=\frac{1}{5}\sum_{i=1}^{5}x(i)=5.66,\ x(1)d_2=\frac{x(1)}{\bar{X}}=0.46,\ x(2)d_2=\frac{x(2)}{\bar{X}}=0.67$$

同理也可得 $x(3)d_2=0.95$；$x(4)d_2=1.18$；$x(5)d_2=1.73$。

最后可得 $XD_2=[x(1)d_2,x(2)d_2,x(3)d_2,x(4)d_2,x(5)d_2]=(0.46,0.67,0.95,1.18,1.73)$。

定义 3.4：若 $X_a=[x_a(1),x_a(2),\cdots,x_a(m)]$ 为因素 X_a 的行为序列，D_3 为序列算子，且

$$X_aD_3=[x_a(1)d_3,x_a(2)d_3,\cdots,x_a(m)d_3]$$

式中

$$x_a(i)d_3=\frac{x_a(i)-\min x_a(i)}{\max x_a(i)-\min x_a(i)} \tag{3-3}$$

其中，$i=1,2,\cdots,m$，就称 D_3 为区间化算子，X_aD_3 为 X_a 区间化算子 D_3 下的象，称为区间值象。

下面也引入一个区间值象序列的算例，也以之前的数据序列 $X=(2.6,3.8,5.4,6.7,9.8)$ 为例，求它的区间值象序列。

首先计算

$$x(1)d_3=0,x(2)d_3=0.17,x(3)d_3=0.39,x(4)d_3=0.57,x(5)d_3=1$$

最后可得 $XD_3=[x(1)d_3,x(2)d_3,x(3)d_3,x(4)d_3,x(5)d_3]=(0,0.17,0.39,0.57,1)$。

定义 3.5：若 $X_a=[x_a(1),x_a(2),\cdots,x_a(m)]$，$x_a(i)\in[0,1]$ 为因素 X_a 的行为序列，D_4 为序列算子，且

$$X_aD_4=[x_a(1)d_4,x_a(2)d_4,\cdots,x_a(m)d_4]$$

其中，

$$x_a(i)d_4=1-x_a(i) \tag{3-4}$$

其中，$i=1,2,\cdots,m$，且 $x_a(i)\in[0,1]$ 就称 D_4 为逆化算子，X_aD_4 为 X_a 逆化算子 D_4 下的象，称为逆化象。

下面也引入一个逆化象序列的算例，以数据序列 $X=(0.15,0.26,0.44,0.69,$

0. 81)为例，求它的逆化象序列。

首先计算

$$x(1)d_4 = 1 - 0.15 = 0.85,\ x(2)d_4 = 1 - 0.26 = 0.74$$

同理可得 $x(3)d_4 = 0.56$，$x(4)d_4 = 0.31$，$x(5)d_4 = 0.19$。

最后可得 $XD_4 = [x(1)d_4, x(2)d_4, x(3)d_4, x(4)d_4, x(5)d_4] = (0.85, 0.74, 0.56, 0.31, 0.19)$。

定义 3.6：若 $X_a = [x_a(1), x_a(2), \cdots, x_a(m)]$，$x_a(i) \in [0,1]$ 为因素 X_a 的行为序列，D_4 为序列算子，且

$$X_a D_5 = [x_a(1)d_5, x_a(2)d_5, \cdots, x_a(m)d_5]$$

其中，

$$x_a(i)d_5 = \frac{1}{x_a(i)} \tag{3-5}$$

其中，$i = 1, 2, \cdots, m$；$x_a(i) \neq 0$ 就称 D_5 为倒数化算子，$X_a D_5$ 为 X_a 区间化算子 D_5 下的象，称为倒数化象。

下面也引入一个倒数化象序列的算例，也以之前的数据序列 $X = (2.6, 3.8, 5.4, 6.7, 9.8)$为例，求它的倒数化象序列。

首先计算

$$x(1)d_5 = 0.38,\ x(2)d_5 = 0.26,\ x(3)d_5 = 0.19,\ x(4)d_5 = 0.15,\ x(5)d_5 = 0.10$$

最后可得 $XD_5 = [x(1)d_5, x(2)d_5, x(3)d_5, x(4)d_5, x(5)d_5] = (0.38, 0.26, 0.19, 0.15, 0.10)$。

定义 3.7：称 $D = \{D_v | v = 1, 2, 3, \cdots\}$为灰色关联算子子集。

定义 3.8：若 X 为系统因素集合，D 为灰色关联算子集，称（X，D）为灰色关联子空间。

（二）灰色关联公理与灰色关联度

定义 3.9：设

$$X_0 = [x_0(1), x_0(2), \cdots, x_0(m)]$$

$$\cdots\cdots$$

$$X_k = [x_k(1), x_k(2), \cdots, x_k(m)]$$

$$\cdots\cdots$$

$$X_a = [x_a(1), x_a(2), \cdots, x_a(m)]$$

为相关因素序列。给定实数 $\alpha[x_0(i), x_k(i)]$，且有

$$\alpha(X_0, X_k) = \frac{1}{m}\sum_{i=1}^{m}\alpha[x_0(i), x_k(i)]$$

满足下面几个性质：

1. 规范性

$$0 < \alpha(X_0, X_k) \leqslant 1,\ \alpha(X_0, X_k) = 1 \Leftarrow X_0 = X_k$$

2. 整体性

对于 $X_k, X_l \in X = \{X_t | t = 0, 1, \cdots, n;\ n \geqslant 2\}$有

$$\alpha(X_k, X_l) \neq \alpha(X_l, X_k),\ k \neq l$$

3. 偶对对称性

对于 X_k，$X_l \in X$ 有

$$\alpha(X_k, X_l) = \alpha(X_l, X_k) \Leftrightarrow X = \{X_k, X_l\}$$

4. 接近性

$$|x_0(i), x_k(i)|\text{越小}, \alpha[x_0(i), x_k(i)]\text{越大}$$

则称 $\alpha(X_0, X_k)$为 X_0 和 X_k 的灰色关联度，当 $\alpha(X_0, X_k) \in (0,1]$表明系统中任意两个系统多多少少都有关联的；$\alpha[x_0(i), x_k(i)]$为 X_0 和 X_k 在 i 点的关联系数。

上面 4 个性质被称为灰色关联公理。

定义 3.10：设系统行为序列

$$X_0 = [x_0(1), x_0(2), \cdots, x_0(m)]$$

$$\cdots\cdots$$

$$X_k = [x_k(1), x_k(2), \cdots, x_k(m)]$$

$$\cdots\cdots$$

$$X_a = [x_a(1), x_a(2), \cdots, x_a(m)]$$

这里令

$$\alpha[x_0(i), x_k(i)] = \frac{\min\limits_{k}\min\limits_{i}|x_0(i) - x_k(i)| + \varepsilon \max\limits_{k}\max\limits_{i}|x_0(i) - x_k(i)|}{|x_0(i) - x_k(i)| + \varepsilon \max\limits_{k}\max\limits_{i}|x_0(i) - x_k(i)|}$$

$$\alpha(X_0, X_k) = \frac{1}{m}\sum_{i=1}^{m}\alpha[x_0(i), x_k(i)]$$

其中，$\varepsilon \in (0,1)$。则 $\alpha(X_0, X_k)$满足灰色关联公理，ε 为分辨系数；$\alpha(X_0, X_k)$称为 X_0 和 X_k 的灰色关联度。

（三）灰色绝对关联度

命题 3.1：设有系统行为序列 $X_a=[x_a(1),x_a(2),\cdots,x_a(m)]$，记折线

$$[x_a(1)-x_a(1),x_a(2)-x_a(1),\cdots,x_a(m)-x_a(1)]$$

为 $X_a-x_a(1)$，令

$$u_a=\int_1^m[X_a-x_a(1)]dt$$

（1）当 X_a 为增长序列时，$u_a\geqslant 0$；

（2）当 X_a 为衰减序列时，$u_a\leqslant 0$；

（3）当 X_a 为振荡序列时，u_a 符号不定。

定义 3.11：设有系统行为序列 $X_a=[x_a(1),x_a(2),\cdots,x_a(m)]$，$D$ 为序列算子，且有

$$X_aD=[x_a(1)d,x_a(2)d,\cdots,x_a(m)d]$$

其中，$x_a(i)d=x_a(i)-x_a(1)$，$i=1,2,\cdots,m$，就称 D 为初始零化算子，X_aD 为 X_a 的始点零化象，因此上式又可记为

$$X_aD=X_a^0=[x_a^0(1),x_a^0(2),\cdots,x_a^0(m)]$$

定义 3.12：序列 X_a 各个观测数据间时距之和为序列 X_a 的长度，并且两个长度相同的序列其观测数据数量可以是不同的。下面给出了一个例子：

$$X_1=[x_1(1),x_0(2),x_1(8)]$$

$$X_2=[x_2(2),x_2(5),x_2(7),x_2(9)]$$

$$X_3=[x_3(1),x_3(3),x_3(4),x_3(6),x_3(7),x_3(8)]$$

在序列 X_1，X_2 和 X_3 中的长度都为 7，但是这 3 个序列中观测数据个数是不同的。

定义 3.13：假设序列 X_0 和 X_a 长度相同，则引入

$$\delta_{0a}=\frac{1+|u_0|+|u_a|}{1+|u_0|+|u_a|+|u_a-u_0|}$$

为 X_0 和 X_a 的灰色绝对关联度。并且灰色绝对关联度具有以下性质：

（1）$0<\delta_{0a}\leqslant 1$；

（2）δ_{0a} 值只与 X_0 和 X_a 的几何形状有关，平移不会改变其值；

（3）$\delta_{0a}\neq 0$；

（4）X_0 和 X_a 在几何上越相似，δ_{0a} 值越大；

（5）X_0 和 X_a 平行，或 X_a^0 围绕 X_0^0 摆动，且 X_a^0 位于 X_0^0 之上部分的面积与 X_a^0 位于 X_0^0 之下部分的面积相等时，$\delta_{0a}=1$；

（6）当 X_0 或 X_a 中观测数据变化时，δ_{0a}值也会发生变化；

（7）δ_{0a}值与 X_0 和 X_a 的长度有关；

（8）$\delta_{00}=\delta_{aa}=1$；

（9）$\delta_{0a}=\delta_{a0}$。

三、灰色聚类评估

灰色聚类这一概念，是邓聚龙教授根据“灰箱”理论，扩展出来的一个概念。灰色聚类是一种基于灰色关联矩阵或灰数的白化权函数而对研究对象进行划分或者聚类的方法。一个聚类可以看作是属于同一类别对象的集合。在灰色聚类中其又可划分为灰色关联聚类和灰色白化权函数聚类。灰色关联聚类是通过各要素之间的关联度，把对象进行划分，而灰类白化权函数聚类则是通过白化权函数对各个对象指标进行处理，最后将对象划分到事先设定好的类别中。根据是否对聚类指标赋权，又可分为灰色定权聚类与灰色变权聚类（许秀莉，2001）。薛锋和罗桂蓉（2018）为了优化轨道交通产业链，运用灰色聚类法对轨道交通产业链中各主要产业环节进行了定量评价。黄刚和柳青（2020）在灰色聚类方法的基础上加上了模糊综合评价对特种设备安全服务进行了质量评价。吴和曲（Wu & Qu，2020）提出一种面向面板数据的聚类模型旨在解决多因素多属性分类问题。张兆宁和张英杰（2021）利用灰色聚类模型评估大面积的航班延误程度，并发现与现实相符。

在灰色聚类评估中，以下主要是对灰色关联聚类模型、灰色变权聚类模型和灰色定权聚类模型进行阐述。

（一）灰色关联聚类模型

设有 m 个对象，每个对象有 a 个不同的属性指标，具体序列如下所示：

$$X_1=[x_1(1),x_1(2),\cdots,x_1(m)]$$

$$\cdots\cdots$$

$$X_k=[x_k(1),x_k(2),\cdots,x_k(m)]$$

$$\cdots\cdots$$

$$X_a=[x_a(1),x_a(2),\cdots,x_a(m)]$$

对于所有的 $k\leqslant l$；$k,l=1,2,\cdots,a$，计算出 X_k 和 X_l 的灰色绝对关联度 η_{kl}，得到以下矩阵：

$$H=\begin{pmatrix}\eta_{11} & \eta_{12} & \cdots & \eta_{1a}\\ & \eta_{22} & \cdots & \eta_{2a}\\ & & \ddots & \vdots\\ & & & \eta_{aa}\end{pmatrix}$$

其中，$\eta_{kk}=1$，$k=1,2,\cdots,a$，则称矩阵 H 为属性指标关联矩阵。

定义 3.14：取定一个临界值 $w\in[0,1]$，一般要求 $w>0.5$，$\eta_{kl}\geqslant w(k\neq l)$ 时，则认定 X_l 和 X_k 为同类属性。

定义 3.15：属性指标在临界值 w 下的分类称为属性指标的 w 灰色关联聚类，且 w 根据实际需要进行确定，w 越趋于 1，则分类越详细，每组中属性指标对应也会越少；w 越趋于 0，则分类越粗糙，每组中属性指标对应也会越多。

下面给出一个具体的例子，某班级选定班长，假设 8 个人竞选班长，评判指标有 10 条：（1）专业课能力；（2）体育成绩；（3）班级投票分；（4）交际能力；（5）合作能力；（6）组织能力；（7）实践能力；（8）老师评价；（9）上课积极性；（10）作业完成情况。表 3－4 给出 8 名竞选对象各个评判指标的分数。

表 3－4　8 名竞选者 10 个指标得分情况

竞选者指标	1	2	3	4	5	6	7	8
X_1	5	7	10	4	6	8	5	7
X_2	7	3	8	7	8	10	4	6
X_3	9	4	5	7	4	6	7	4
X_4	4	6	8	10	8	9	9	8
X_5	6	7	7	8	7	6	10	9
X_6	10	8	5	9	6	8	9	4
X_7	7	2	6	9	7	8	8	10
X_8	8	10	7	5	6	7	8	3
X_9	4	9	10	6	5	4	7	7
X_{10}	9	3	8	8	10	7	9	6

对于所有的 $k\leqslant l$；$k,l=1,2,\cdots,8$，计算出所有 X_k 和 X_l 的灰色绝对关联度 η_{kl}（具体过程可见下一节的软件操作），由于下三角矩阵和上三角矩阵是对称一样的，所以下三角矩阵就省去不写了，得到的上三角矩阵如表 3－5 所示。

表 3－5　指标关联矩阵

	X_1	X_2	X_3	X_4	X_5	X_6	X_7	X_8	X_9	X_{10}
X_1	1	0.52	0.51	0.70	0.98	0.51	0.52	0.51	0.80	0.51
X_2		1	0.61	0.51	0.52	0.63	0.71	0.74	0.51	0.71

续表

	X_1	X_2	X_3	X_4	X_5	X_6	X_7	X_8	X_9	X_{10}
X_3			1	0.50	0.51	0.93	0.55	0.73	0.51	0.77
X_4				1	0.67	0.50	0.51	0.51	0.82	0.51
X_5					1	0.51	0.52	0.51	0.76	0.51
X_6						1	0.56	0.77	0.51	0.82
X_7							1	0.60	0.51	0.59
X_8								1	0.51	0.93
X_9									1	0.51
X_{10}										1

基于表3－5对属性指标进行聚类，临界值w可按需求取值，若$w=1$，则10个指标各自都为一类。这里令$w=0.7$，可从表3－5中挑出所有大于0.7的灰色绝对关联度η_{kl}，具体数据如下：

$$\eta_{14}=0.70,\ \eta_{15}=0.98,\ \eta_{19}=0.8$$
$$\eta_{27}=0.71,\ \eta_{28}=0.74,\ \eta_{210}=0.71$$
$$\eta_{36}=0.93,\ \eta_{38}=0.73,\ \eta_{310}=0.77$$
$$\eta_{49}=0.82,\ \eta_{59}=0.76,\ \eta_{68}=0.77$$
$$\eta_{610}=0.82,\ \eta_{810}=0.93$$

从结果可知X_4、X_5、X_9与X_1为同一类；X_7、X_8、X_{10}与X_2为同一类；X_6、X_8、X_{10}与X_3为同一类；X_9与X_4为同一类；X_9与X_5为同一类；X_8与X_6为同一类；X_{10}与X_6为同一类；X_{10}与X_8为同一类。

然后对以上类别取并集，最后10个属性指标可以得到总共2个聚类：

$$\{X_1, X_4, X_5, X_9\}, \{X_2, X_3, X_6, X_7, X_8, X_{10}\}$$

最后每个聚类根据相关的调查进行评价判断。

（二）灰色变权聚类模型

定义3.16：设有m个对象，每个对象有a个不同的属性指标，s个不同灰度，根据对象$i(i=1,2,\cdots,m)$关于指标$j(j=1,2,\cdots,a)$的观测值x_{ij}将对象i归入灰类b $(b\in\{1,2,\cdots,s\})$，称为灰色聚类。

定义3.17：把m个对象关于指标$j(j=1,2,\cdots,a)$的取值相应地分为s个灰度，称为j指标子类。并且记j指标b子类的可能度为$f_j^b(\cdot)$。

定义3.18：（1）若可能度函数如图3－1所示，则称$x_j^b(1)$、$x_j^b(2)$、$x_j^b(3)$、

$x_j^b(4)$为$f_j^b(\cdot)$的转折点，则可能度函数可记为$f_j^b[x_j^b(1),x_j^b(2),x_j^b(3),x_j^b(4)]$，被称为典型可能度函数。

（2）若可能度函数如图 3－2 所示，则 $x_j^b(3)$、$x_j^b(4)$为$f_j^b(\cdot)$的转折点，无第一和第二转折点，则可能度函数可记为$f_j^b[-,-,x_j^b(3),x_j^b(4)]$，被称为下限测度可能度函数。

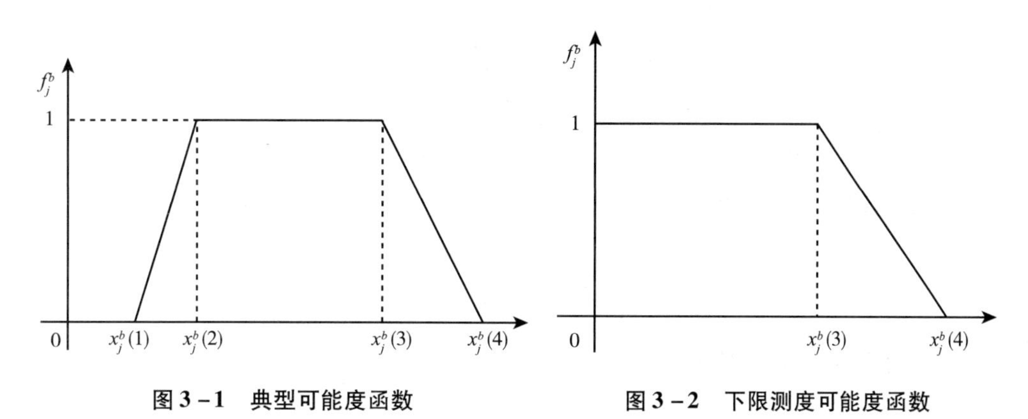

图 3－1　典型可能度函数　　**图 3－2　下限测度可能度函数**

（3）若可能度函数如图 3－3 所示，则 $x_j^b(1)$、$x_j^b(2)$为$f_j^b(\cdot)$的转折点，无第三和第四转折点，则可能度函数可记为$f_j^b[x_j^b(1),x_j^b(2),-,-]$，被称为上限测度可能度函数。

（4）若可能度函数如图 3－4 所示，则 $x_j^b(1)$、$x_j^b(2)$、$x_j^b(4)$为$f_j^b(\cdot)$的转折点，无第三转折点，则可能度函数可记为$f_j^b[x_j^b(1),x_j^b(2),-,x_j^b(4)]$，被称为适度测度可能度函数或三角可能度函数。

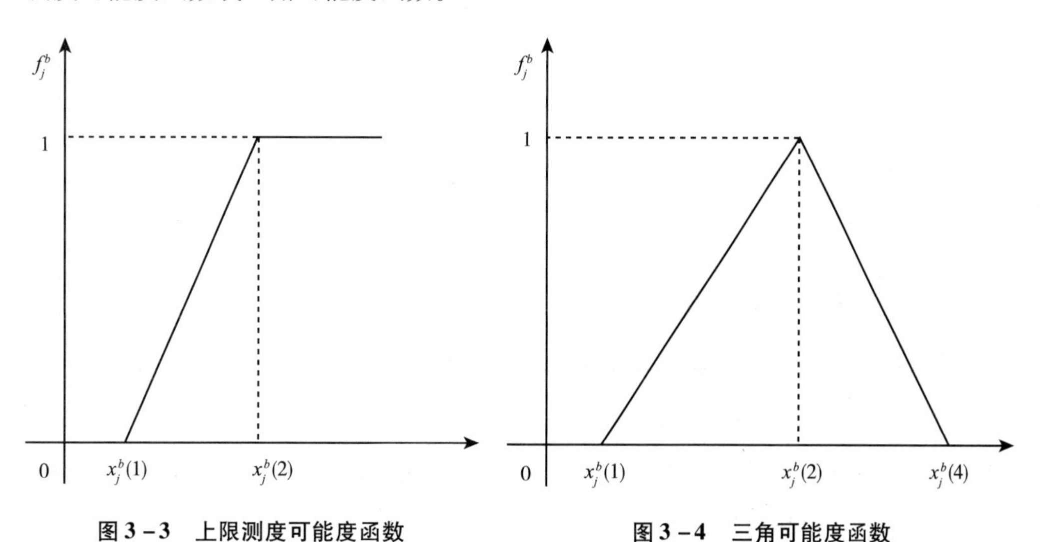

图 3－3　上限测度可能度函数　　**图 3－4　三角可能度函数**

定义 3.19：称 ζ_j^b 为 j 指标 b 子类的基本值，则，

(1) 图 3－1 的 j 指标 b 子类可能度函数可表示为 $\zeta_j^b = \frac{1}{2}[x_j^b(2) + x_j^b(3)]$。

(2) 图 3－2 的 j 指标 b 子类可能度函数可表示为 $\zeta_j^b = x_j^b(3)$。

(3) 图 3－3 和图 3－4 的 j 指标 b 子类可能度函数可表示为 $\zeta_j^b = x_j^b(2)$。

定义 3.20：设 ζ_j^b 为 j 指标 b 子类的基本值，则定义

$$\psi_j^b = \frac{\zeta_j^b}{\sum_{j=1}^{a} \zeta_j^b}$$

为 j 指标 b 子类的权。

定义 3.21：定义

$$\tau_i^a = \sum_{j=1}^{a} f_j^a(x_{ij})\psi_j^a$$

为对象 i 属于灰类 a 的灰色变权聚类系数。

定义 3.22：称

$$\tau_i = (\tau_i^1, \tau_i^2, \cdots, \tau_i^s) = \left[\sum_{j=1}^{a} f_j^a(x_{ij})\psi_j^1, \sum_{j=1}^{a} f_j^a(x_{ij})\psi_j^2, \cdots, \sum_{j=1}^{a} f_j^a(x_{ij})\psi_j^s\right]$$

为对象 i 的灰色聚类系数向量。

并且称

$$\tau_i^a = \begin{pmatrix} \tau_1^1 & \tau_1^2 & \cdots & \tau_1^s \\ \tau_2^1 & \tau_2^2 & \cdots & \tau_2^s \\ \vdots & \vdots & & \vdots \\ \tau_m^1 & \tau_m^2 & \cdots & \tau_m^s \end{pmatrix}$$

为灰色聚类系数矩阵。

定义 3.23：若 $\max_{1 \leqslant a \leqslant s}\{\tau_i^a\} = \tau_i^{a^*}$，则称对象 i 属于灰类 a^*。

（三）灰色定权聚类模型

基于灰色定权聚类的值对研究对象进行归类则称为灰色定权聚类。当聚类指标在含义、量纲、数量、权重上存在差异时，使用灰色变权聚类模型可能会导致最后某些聚类指标参与聚类的影响很小。为了解决这个问题，则需要对各个聚类指标进行赋权，即采用灰色定权聚类模型进行聚类。

定义 3.24：选定对象 $i(i=1,2,\cdots,m)$ 关于指标 $j(j=1,2,\cdots,a)$ 的观测值 x_{ij}，$f_j^b(\cdot)(b=1,2,\cdots,s)$ 为 j 指标 b 子类的可能度。若 j 指标 b 子类的权 ψ_j^b 与 b 无关，

即对任意的 $b_1, b_2 \in \{1,2,\cdots,s\}$ 有 $\psi_j^{b_1} = \psi_j^{b_2}$，因此 ψ_j^b 可略写为 ψ_j，称

$$\tau_i^a = \sum_{j=1}^{a} f_j^a(x_{ij})\psi_j$$

为对象 i 属于灰类 a 的灰色定权聚类系数。

定义 3.25：选定对象 $i(i=1,2,\cdots,m)$ 关于指标 $j(j=1,2,\cdots,a)$ 的观测值 x_{ij}，$f_j^b(\cdot)(b=1,2,\cdots,s)$ 为 j 指标 b 子类的可能度。若对任意的 $j=1,2,\cdots,a$，有 $\psi_j = \frac{1}{a}$，称

$$\tau_i^a = \sum_{j=1}^{a} f_j^a(x_{ij})\psi_j = \frac{1}{a}\sum_{j=1}^{a} f_j^a(x_{ij})$$

为对象 i 属于灰类 a 的灰色等权聚类系数。

四、灰色预测模型

在灰色预测模型中，本书着重介绍一下 GM(1, 1) 模型应用最广的模型，它通过对部分已知信息进行提取，然后分析、模拟、预测得到最后的结果。其具有样本需求量小、建模过程简单、高重复性、高可靠性的特点，并且结果不需要任何假设，在分析中，模型通常直接对原始数据进行处理，寻找数据的内在规律性（Mao & Chirwa, 2006）。因此，GM(1, 1) 模型已被广泛地应用于现实中的诸多领域，并逐渐成为当前主流的一种预测模型。

（一）GM(1,1) 基本模型

GM(1,1) 中的 G 代表 Grey（灰色），M 代表 Model（模型），括号里两个 1 中的第一个 1 代表 1 阶方程，第 2 个 1 代表 1 个变量。

定义 3.26：设 $X^{(0)} = [x^{(0)}(1), x^{(0)}(2), \cdots, x^{(0)}(n)]$；$X^{(1)} = [x^{(1)}(1), x^{(1)}(2), \cdots, x^{(1)}(n)]$

称

$$x^{(0)}(k) + ax^{(1)}(k) = b \tag{3-6}$$

为 GM(1,1) 模型的原始形式。

定义 3.27：设 $X^{(0)}$，$X^{(1)}$，$Y^{(1)}$ 如下所示：

$$X^{(0)} = [x^{(0)}(1), x^{(0)}(2), \cdots, x^{(0)}(n)]$$
$$X^{(1)} = [x^{(1)}(1), x^{(1)}(2), \cdots, x^{(1)}(n)]$$
$$Y^{(1)} = [y^{(1)}(2), y^{(1)}(3), \cdots, y^{(1)}(n)]$$

其中，

$$y^{(1)}(k)=\frac{1}{2}[x^{(1)}(k)+x^{(1)}(k-1)]$$

$$x^{(1)}(k) = \sum_{i=1}^{k} x^{(0)}(i),\ k = 1,2,\cdots,n$$

称

$$x^{(0)}(k)+ay^{(1)}(k)=b \tag{3-7}$$

为 GM(1,1) 模型的基本形式。

定义 3.28：设 $X^{(0)}$ 为非负序列：$X^{(0)} = [x^{(0)}(1),x^{(0)}(2),\cdots,x^{(0)}(n)]$，其中 $x^{(0)}(k)\geqslant 0$ 且 $k=1,2,\cdots n$；$X^{(1)}$ 为 $X^{(0)}$ 的 1 - AGO 序列：

$$X^{(1)}=[x^{(1)}(1),x^{(1)}(2),\cdots,x^{(1)}(n)]$$

其中，$x^{(1)}(k) = \sum_{i=1}^{k} x^{(0)}(i)$ 且 $k=1,2,\cdots n$；$Y^{(1)}$ 为 $X^{(1)}$ 的紧邻均值生成序列：

$$Y^{(1)}=[y^{(1)}(2),y^{(1)}(3),\cdots,y^{(1)}(n)]$$

其中，

$$y^{(1)}(k)=\frac{1}{2}[x^{(1)}(k),x^{(1)}(k-1)],k=2,3\cdots,n$$

若 $\hat{a}=[a,b]^{\mathrm{T}}$ 为参数列，且：

$$D=\begin{bmatrix} x^{(0)}(2) \\ x^{(0)}(3) \\ \vdots \\ x^{(0)}(n) \end{bmatrix},A=\begin{bmatrix} -y^{(1)}(2) & 1 \\ -y^{(1)}(3) & 1 \\ \vdots & \vdots \\ -y^{(1)}(n) & 1 \end{bmatrix} \tag{3-8}$$

则 GM(1,1) 模型 $x^{(0)}(k)+ay^{(1)}(k)=b$ 的最小二乘估计参数列满足

$$\bar{a} = (A^{\mathrm{T}}A)^{-1}A^{\mathrm{T}}D$$

定义 3.29：设 $X^{(0)}$ 为非负序列，$X^{(1)}$ 为 $X^{(0)}$ 的 1 - AGO 序列，$Y^{(1)}$ 为 $X^{(1)}$ 的紧邻均值生成序列，$[a,b]^{\mathrm{T}}=(A^{\mathrm{T}}A)^{-1}A^{\mathrm{T}}D$，则称：

$$\frac{\mathrm{d}x^{(1)}}{\mathrm{d}t}+ax^{(1)} = b$$

为 GM(1,1) 模型

$$x^{(0)}(k)+ay^{(1)}(k)=b$$

的白化方程，也叫影子方程。

定义 3.30：若 $\bar{a} = [a,b]^{\mathrm{T}}=(A^{\mathrm{T}}A)^{-1}A^{\mathrm{T}}D$，则可得：

白化方程$\frac{dx^{(1)}}{dt}+ax^{(1)}=b$的解也称时间响应函数为：

$$x^{(1)}(t)=\left[x^{(1)}(1)-\frac{b}{a}\right]e^{-at}+\frac{b}{a} \tag{3-9}$$

并且，GM(1,1) 模型$x^{(0)}(k)+ay^{(1)}(k)=b$的时间响应序列为：

$$\bar{x}^{(1)}(k+1)=\left[x^{(1)}(1)-\frac{b}{a}\right]e^{-at}+\frac{b}{a},\ k=1,2,\cdots,n \tag{3-10}$$

此公式被称为均值 GM(1,1) 模型响应式。

定义 3.31：在 GM(1,1) 模型中，$-a$为发展系数，b为灰色作用量。其中$-a$反映了$x^{(1)}$及$x^{(0)}$的发展态势。GM(1,1) 是单序列建模，只与系统的行为序列有关，而与外作用序列无关。GM(1,1) 模型中的灰色作用量是基于背景值得到的，可反映出数据变化中的内在关系，所以其内涵是灰的，是区分灰色建模和一般建模的重要标志。

定义 3.32：GM(1,1) 模型

$$x^{(0)}(k)+ay^{(1)}(k)=b$$

可以转化为

$$x^{(0)}(k)=v-ux^{(1)}(k-1) \tag{3-11}$$

其中，

$$v=\frac{b}{1+0.5a},\quad u=\frac{a}{1+0.5a}$$

定义 3.33：设$v=\frac{b}{1+0.5a}$，$u=\frac{a}{1+0.5a}$且

$$\bar{X}^{(1)}=[\bar{x}^{(1)}(1),\bar{x}^{(1)}(2),\cdots,\bar{x}^{(1)}(n)]$$

为 GM(1,1) 模型时间响应序列，其中，

$$\bar{x}^{(1)}(k)=\left[x^{(0)}(1)-\frac{b}{a}\right]e^{-a(k-1)}+\frac{b}{a};\ k=1,2,\cdots,n$$

则

$$x^{(0)}(k)=[v-ux^{(0)}(1)]e^{-a(k-2)} \tag{3-12}$$

定义 3.34：GM(1,1) 模型

$$x^{(0)}(k)+ay^{(1)}(k)=b$$

可以转化为

$$\bar{x}^{(0)}(k)=(1-a)x^{(0)}(k-1);\ k=3,4,\cdots,n \tag{3-13}$$

定义 3.35：GM(1,1) 模型

$$x^{(0)}(k)+ay^{(1)}(k)=b$$

可以转化为

$$\bar{x}^{(0)}(k)=\frac{1-0.5a}{1+0.5a}x^{(0)}(k-1);\ k=3,4,\cdots,n \tag{3-14}$$

定义 3.36：GM(1,1) 模型

$$x^{(0)}(k)+ay^{(1)}(k)=b$$

可以转化为

$$\bar{x}^{(0)}(k)=\frac{x^{(1)}(k)-0.5b}{x^{(1)}(k-1)+0.5b}x^{(0)}(k-1);\ k=2,3,\cdots,n \tag{3-15}$$

定义 3.37：GM(1,1) 模型

$$x^{(0)}(k)+ay^{(1)}(k)=b$$

可以转化为

$$\bar{x}^{(0)}(k)=\frac{b-ax^{(1)}(k-1)}{1+0.5a};\ k=1,2,\cdots,n \tag{3-16}$$

定义 3.38：GM(1,1) 模型

$$x^{(0)}(k)+ay^{(1)}(k)=b$$

可以转化为

$$\bar{x}^{(0)}(k)=\left(\frac{1-0.5a}{1+0.5a}\right)^{k-2}\left[\frac{b-ax^{(0)}(1)}{1+0.5a}\right];\ k=2,3,\cdots,n \tag{3-17}$$

定义 3.39：GM(1,1) 模型

$$x^{(0)}(k)+ay^{(1)}(k)=b$$

可以转化为

$$\bar{x}^{(0)}(3)=\bar{x}^{(0)}(3)e^{(k-3)\ln(1-u)};\ k=3,4,\cdots,n \tag{3-18}$$

定义 3.40：若 $X^{(0)}$ 为准光滑序列，则其 GM(1,1) 发展系数 $-a$ 可表示为

$$a=\frac{\dfrac{b}{x^{(1)}(k-1)}-\delta(k)}{1+0.5\delta(k)} \tag{3-19}$$

其中，

$$\delta(k)=\frac{x^{(0)}(k)}{x^{(1)}(k-1)}$$

定义 3.41：离散 GM(1,1) 模型如下

$$x^{(1)}(k+1)=\varpi_1 x^{(1)}(k)+\varpi_2 \tag{3-20}$$

并且离散 GM(1,1) 模型的时间响应式可表示为

$$\bar{x}^{(1)}(k)=[x^{(0)}(1)-\frac{\varpi_2}{1-\varpi_1}]\varpi_1^k+\frac{\varpi_2}{1-\varpi_1} \tag{3-21}$$

定义 3.42：原始差分 GM(1,1) 模型的时间响应式可表示为

$$\bar{x}^{(1)}(k)=\left[x^{(0)}(1)-\frac{b}{a}\right]\left(\frac{1}{1+a}\right)^k+\frac{a}{b} \tag{3-22}$$

定义 3.43：均值差分 GM(1,1) 模型的时间响应式可表示为

$$\bar{x}^{(1)}(k)=\left[x^{(0)}(1)-\frac{b}{a}\right]\left(\frac{1-0.5a}{1+0.5a}\right)^k+\frac{a}{b} \tag{3-23}$$

（二）残差 GM(1,1) 模型

若选用前面各式 GM(1,1) 模型，最后结果还是有差距达不到理想要求时，可以考虑采用残差 GM(1,1) 模型对之前的模型进行修正，以提高精度。

定义 3.44：设 $X^{(0)}$ 为原始序列，$X^{(1)}$ 为 $X^{(0)}$ 的 1 - AGO 序列，GM(1,1) 模型的时间响应式为

$$\bar{x}^{(1)}(q+1)=\left[x^{(0)}(1)-\frac{d}{c}\right]e^{-cq}+\frac{d}{c}$$

则称

$$d\bar{x}^{(1)}(q+1)=(-c)\left[x^{(0)}(1)-\frac{d}{c}\right]e^{-cq}$$

为导数还原值。

定义 3.45：设

$$\varepsilon^{(0)}=[\varepsilon^{(0)}(1),\varepsilon^{(0)}(2),\cdots,\varepsilon^{(0)}(m)]$$

其中，$\varepsilon^{(0)}=x^{(1)}(q)-\bar{x}^{(1)}(q)$ 为 $X^{(1)}$ 的残差序列。若存在 q_0，满足

（1）$\forall q\geqslant q_0$，$\varepsilon^{(0)}\ (q)$；

（2）$m-q_0\geqslant 4$，则称

$$[\,|\varepsilon^{(0)}(q_0)|,|\varepsilon^{(0)}(q_0+1)|,\cdots,|\varepsilon^{(0)}(m)|\,]$$

为可建模残差尾段，仍记为

$$\varepsilon^{(0)}=[\varepsilon^{(0)}(q_0),\varepsilon^{(0)}(q_0+1),\cdots,\varepsilon^{(0)}(m)]$$

定义 3.46：若用 $\bar{\varepsilon}^{(0)}$ 对 $\bar{X}^{(1)}$ 进行修正，则修正后的时间响应式为

$$\bar{x}^{(1)}(q+1)=\begin{cases}\left[x^{(0)}(1)-\dfrac{d}{c}\right]e^{-cq}+\dfrac{d}{c}, & q<q_0\\ \left[x^{(0)}(1)-\dfrac{d}{c}\right]e^{-cq}+\dfrac{d}{c}\pm c_\varepsilon\left[\varepsilon^{(0)}(q_0)-\dfrac{d_\varepsilon}{c_\varepsilon}\right]e^{-c_\varepsilon(q-q_0)}, & q\geqslant q_0\end{cases}$$

为残差修正 GM(1,1) 模型，其中残差修正值

$$\bar{\varepsilon}^{(0)}(q+1)=c_\varepsilon\left[\varepsilon^{(0)}(q_0)-\frac{d_\varepsilon}{c_\varepsilon}\right]e^{-c_\varepsilon(q-q_0)}$$

的符号应与残差尾段 $\varepsilon^{(0)}$ 的符号保持一致。

若用 $X^{(0)}$ 和 $\bar{X}^{(1)}$ 的残差尾段

$$\varepsilon^{(0)}=[\varepsilon^{(0)}(q_0),\varepsilon^{(0)}(q_0+1),\cdots,\varepsilon^{(0)}(m)]$$

建模修正 $X^{(0)}$ 的模拟值 $\bar{X}^{(0)}$，则根据由 $\bar{X}^{(1)}$ 到 $\bar{X}^{(0)}$ 的不同还原方式，可得到不同的残差修正时间响应式。

定义 3.47：若

$$\bar{x}^{(0)}(q)=\bar{x}^{(1)}(q)-\bar{x}^{(1)}(q-1)=(1-e^{c})\left[x^{(0)}(1)-\frac{d}{c}\right]e^{-c(q-1)}$$

则相应的残差修正时间响应式

$$\bar{x}^{(0)}(q+1)=\begin{cases}(1-e^{c})\left[x^{(0)}(1)-\dfrac{d}{c}\right]e^{-cq}, & q<q_0\\ (1-e^{c})\left[x^{(0)}(1)-\dfrac{d}{c}\right]e^{-cq}\pm c_\varepsilon\left[\varepsilon^{(0)}(q_0)-\dfrac{d_\varepsilon}{c_\varepsilon}\right]e^{-c_\varepsilon(q-q_0)}, & q\geqslant q_0\end{cases}$$

称为累计还原式的残差修正模型。

定义 3.48：若 $\bar{x}^{(0)}(q)=(-c)\left[x^{(0)}(1)-\dfrac{d}{c}\right]e^{-cq}$，则相应的残差修正时间响应式

$$\bar{x}^{(0)}(q+1)=\begin{cases}(-c)\left[x^{(0)}(1)-\dfrac{d}{c}\right]e^{-cq}, & q<q_0\\ (-c)\left[x^{(0)}(1)-\dfrac{d}{c}\right]e^{-cq}\pm c_\varepsilon\left[\varepsilon^{(0)}(q_0)-\dfrac{d_\varepsilon}{c_\varepsilon}\right]e^{-c_\varepsilon(q-q_0)}, & q\geqslant q_0\end{cases}$$

称为倒数还原式的残差修正模型。

以上就是对 GM(1, 1) 模型的基本形式、拓展形式以及它们的参数、定理、推演、结论等的基本介绍。GM(1, 1) 模型的变体很多，有很强的可塑性，可见学者们对其研究很深入。为了更好地了解整个灰色系统模型，下面介绍一下计算灰色系统的软件并且引入一些操作案例，从而可让读者从理论到运算最后到结果的整个流程中更好地理解灰色预测模型。

第三节　基于 GTMS 的灰色模型计算与案例分析

本节主要对灰色系统理论建模软件 GTMS 进行了一个大致介绍，并且还列举了一些与经典模型相关的案例进行了实际的操作分析，以便读者更直观地了解到灰色模型的相关应用。

一、GTMS 软件介绍与应用

打开软件，输入注册码，在工具栏中，有灰色序列算子、灰色关联分析模型、灰色聚类评估模型、灰色预测模型、灰色决策模型、关于软件、退出系统。

二、模型软件应用与案例分析

本部分针对上节软件中所看到的工具栏上的模型（除灰色决策模型外），逐一对它们进行介绍、操作以及案例的分析，以便让读者对软件更加熟悉，更快上手操作。

（一）灰序列算子软件操作

按照工具栏各图标的顺序，首先研究灰色序列算子。打开第一个灰色序列算子，可发现有 11 种算子类型，被分为弱化缓冲算子、强化缓冲算子和信息挖掘算子 3 类。

其中若原始序列 $X^{(0)}$ 为单调递增，$X^{(0)}B$ 为它的缓冲序列，若 $x(k) \leqslant x(k)b$，k 为正整数，则 B 被称为弱化算子；若 $x(k) \geqslant x(k)b$，k 为正整数，则 B 被称为强化算子。接下来先研究几种弱化缓冲算子。

单击平均弱化缓冲算子，可得到图 3 -5 的界面，在界面可看出该软件提供了两种数据的输入方式，第一种可以自己手动输入，每个数据之间用半角逗号隔开，较适合在小样本数据的分析中。而当数据量较大的时候，也可以先在 Excel 中输入，然后再导入软件中。在图 3 -5 中可以自己设置几阶弱化算子以及结果精度。以计算一阶缓冲序列且结果精度都为 2 位小数为例，接下来，采取原始序列为（1，5，6.5，7.5，13，15.5）进行研究。

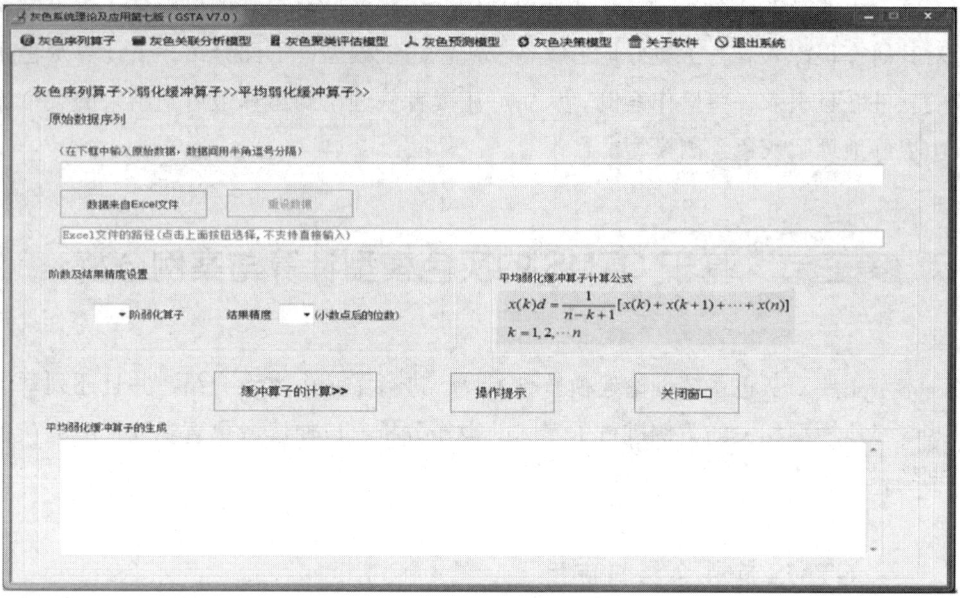

图 3-5　平均弱化缓冲算子输入界面

单击图 3-5 缓冲算子的计算，在最下面的框中可得到最后的一阶平均弱化缓冲算子为（8.08，9.50，10.63，12.00，14.25，15.50），具体如图 3-6 所示。

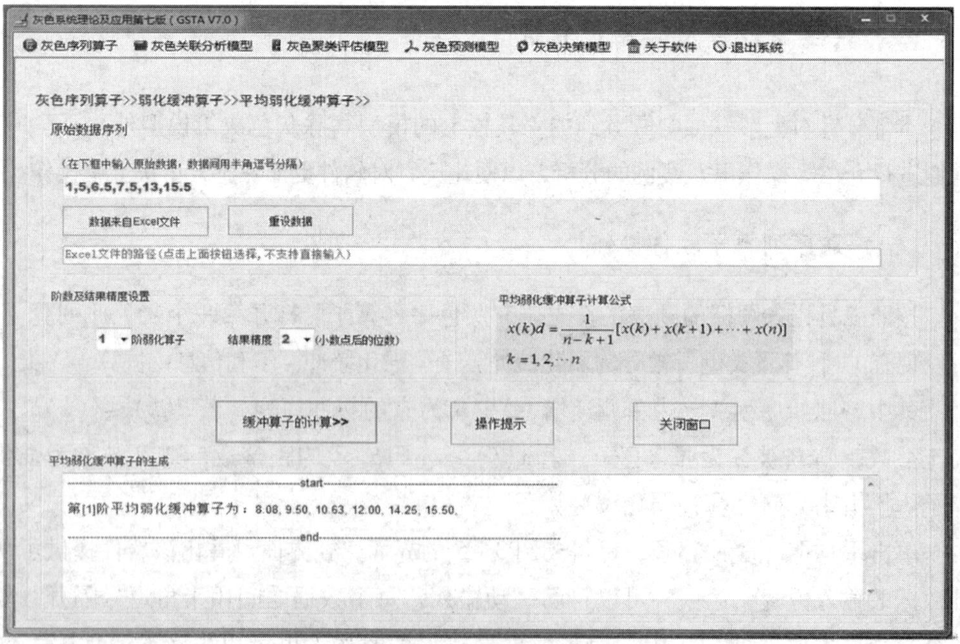

图 3-6　平均弱化缓冲算子输出结果

同理，一样的操作针对其他的弱化缓冲算子运算所得的结果如表3－6所示。由于加权几何平均弱化缓冲和之后的加权平均强化缓冲算子要输入每个数据的权重，这里不具体分析。为了更直观地表现最后的结果，把表3－6的内容置于图3－7中。

表3－6　弱化缓冲算子运算结果

时点	原始序列	平均弱化缓冲算子	加权平均弱化缓冲算子	几何平均弱化缓冲算子
1	1	8.08	10.4	6.05
2	5	9.5	10.88	8.67
3	6.5	10.63	11.53	9.96
4	7.5	12	12.53	11.48
5	13.5	14.25	14.36	14.2
6	15.5	15.5	15.5	15.5

图3－7表明原始序列增长幅度不定，规律性差，预测难度较大。然而经过弱化缓冲算子的运算，可得出3种弱化算子都可以减弱原始序列起伏的幅度，都已呈现明显的增长规律。

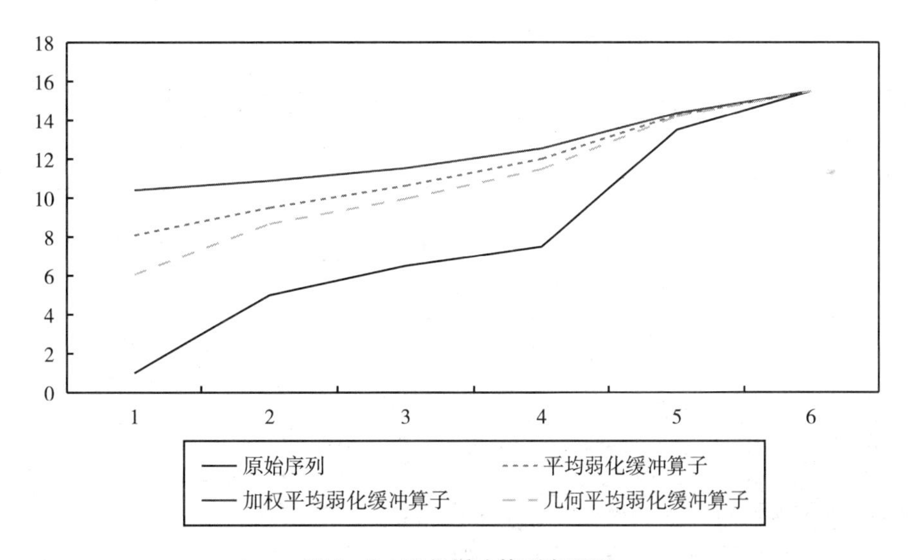

图3－7　弱化缓冲算子直观图

以上是对原始数据的弱化缓冲算子的结果处理。接下来展示强化缓冲算子对原始数据（2，3.7，4，7.5，8，13）的处理结果。先以均值强化缓冲算子为例。

在图3－8中，对比图3－5，可看出多了一个Alfa的输入值。在做一阶均值强化缓冲算子时，Alfa的取值通常为0.6、0.8或1。这里取0.8，得到最后结果如图3－9所示。

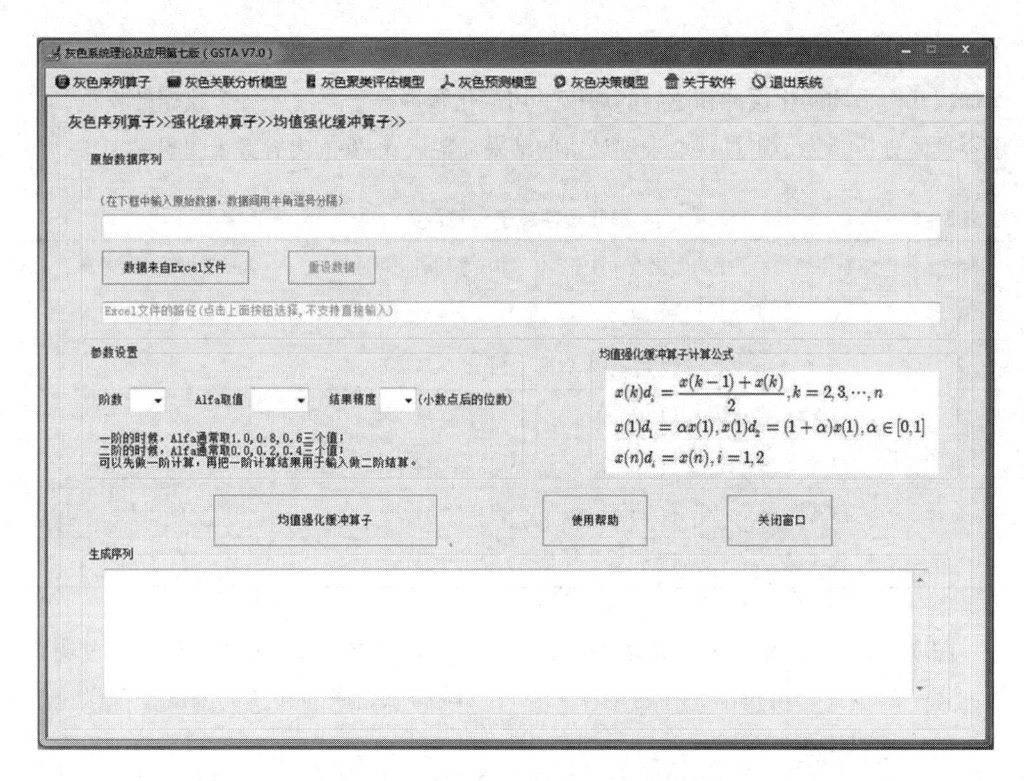

图 3-8　均值强化缓冲算子输入界面

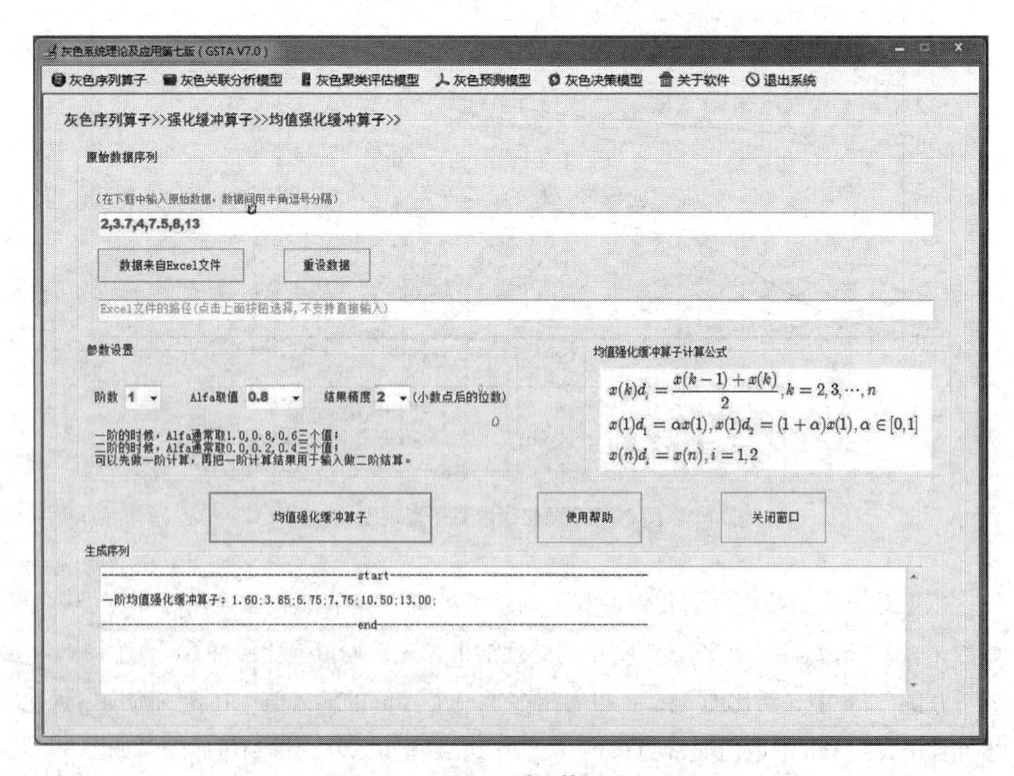

图 3-9　均值强化缓冲算子输出结果

同理，可得出平均强化缓冲算子的运算结果，最后汇总原始序列、均值强化缓冲算子运算结果和平均强化缓冲算子运算结果如表 3 -7 所示，再在图 3 -10 中进行直观表示。

表 3 -7 强化缓冲算子运算结果

时点	原始序列	均值强化缓冲算子	平均强化缓冲算子
1	2	1.6	0.63
2	3.7	3.85	1.89
3	4	5.75	1.97
4	7.5	7.75	5.92
5	8	10.5	10
6	13	13	13

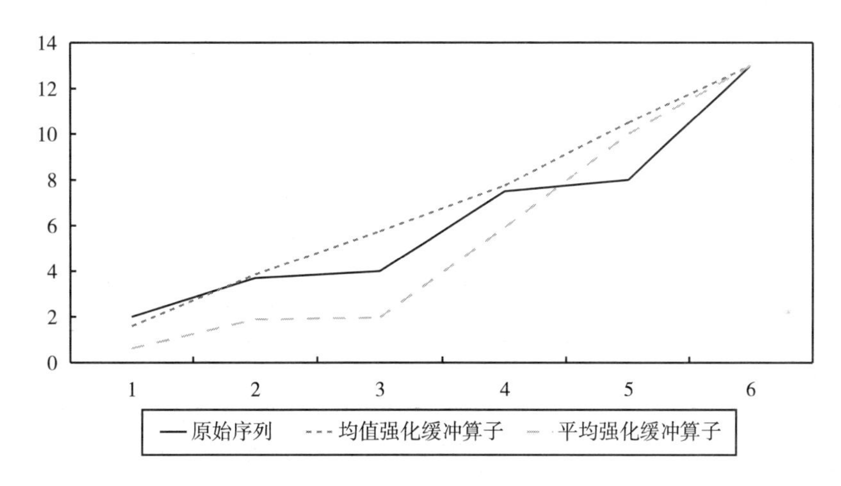

图 3 -10 强化缓冲算子直观图

由图 3 -10 可以看出，原数据增幅变化不定，经过平均强化缓冲算子的处理，也没看出什么规律性；而经过均值强化缓冲算子的处理，最后数据曲线可看出大致呈线性变化，具有明显的规律性。

接下来，再分析信息挖掘算子对原始数据的作用，该软件中的信息挖掘算子包括累加生成算子、累减生成算子、紧邻均值生成算子和级比生成算子。累加生成算子运算即对所有数据进行依次累加；累减生成算子运算即当前数据减去之前一个的数据；紧邻均值生成算子运算即当前值与前一数据的均值；级比生成算子运算即当前值与前一数据的比值。首先对累加生成算子、累减生成算子和级比生成算子引入原始数据进行研究。假设原始数据为（1，4，3，11，9，15），操作基本同之前一样，如表 3 -8 所示。

表 3-8　　3 类信息挖掘算子运算结果

时点	原始序列	累加生成算子	累减生成算子	级比生成算子
1	1	1	1	
2	4	5	3	4
3	3	8	-1	0.75
4	11	19	8	3.67
5	9	28	-2	0.82
6	15	43	6	1.67

由表 3-8 和图 3-11 可得，在 3 类信息挖掘算子的运算中，累加生成算子的效果较好，最后结果已出现了明显的增长规律性，如指数函数。

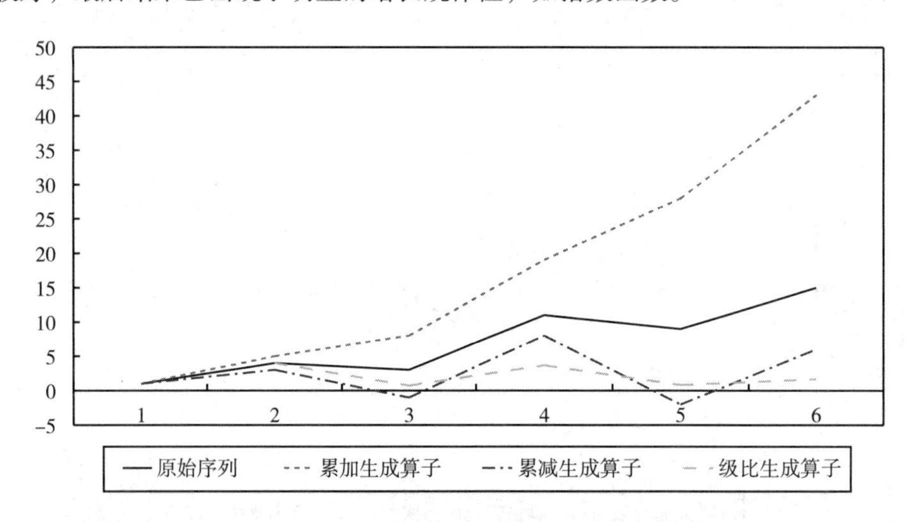

图 3-11　3 类信息挖掘算子直观图

接下来，对紧邻均值生成算子的运算进行研究，在软件操作中可发现输入框中多了一个生成系数权，见图 3-12。在这里进行一个简要解释，生成系数权的取值在 0~1，当生成系数权小于 0.5 时代表后面的新数据更加重要；当生成系数权大于 0.5 时代表前面的老数据更加重要；当生成系数权等于 0.5 时代表后面的数据和前面的数据一样重要。所以这里也对不同生成系数权进行了运算，得到表 3-9。

表 3-9　　不同生成系数权的紧邻均值生成算子运算结果

时点	原始序列	生成系数权 =0.1	生成系数权 =0.3	生成系数权 =0.5	生成系数权 =0.7	生成系数权 =0.9
1	1					
2	4	3.7	3.1	2.5	1.9	1.3

续表

时点	原始序列	生成系数权 =0.1	生成系数权 =0.3	生成系数权 =0.5	生成系数权 =0.7	生成系数权 =0.9
3	3	3.1	3.3	3.5	3.7	3.9
4	11	10.2	8.6	7	5.4	3.8
5	9	9.2	9.6	10	10.4	10.8
6	15	14.4	13.2	12	10.8	9.6

图 3-12　紧邻均值生成算子输入界面

从表 3-9 中可看出随着生成系数权值的变化，最后获得的曲线都会有一个上下的波动变化，在实际应用中大家可根据实际情况，自行进行调节求解。

以上是对灰色序列算子的各种方法介绍以及软件操作和案例展示，接下来，将对灰色关联分析进行软件操作讲解和案例展示。

（二）灰色关联分析软件操作

单击灰色关联分析会出现六种选择：邓氏关联度、绝对关联度、相对关联度、综合关联度、接近关联度和相似关联度。这里只简单对绝对关联度、相对关联度进行一个简单操作，其他关联度分析读者自行进行操作。

分析一下绝对关联度，如图 3－13 所示为灰色绝对关联度输入界面，如果只有两个序列的话可以直接输入，但是多于 2 个序列需要 Excel 导入（注意要为 xls 格式）。这里以表 3－4 为例，在 Excel 中输入数据如图 3－14 所示，再在图 3－13 页面中导入，单击“灰色绝对关联度（最终结果）”按钮即可得图 3－15。

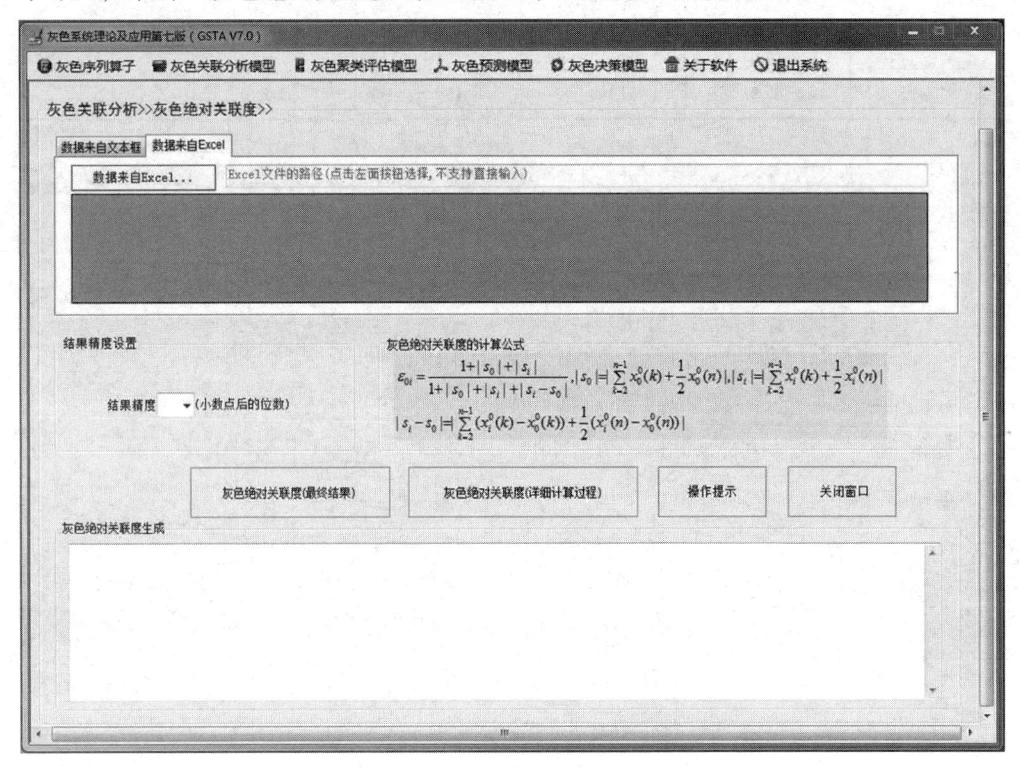

图 3－13　灰色绝对关联度输入界面

	A	B	C	D	E	F	G	H	I
1	指标\竞选者	竞选者1	竞选者2	竞选者3	竞选者4	竞选者5	竞选者6	竞选者7	竞选者8
2	指标1	5	7	10	4	6	8	5	7
3	指标2	7	3	8	7	8	10	4	6
4	指标3	9	4	5	7	4	6	7	4
5	指标4	4	6	8	10	8	9	9	8
6	指标5	6	7	7	8	7	6	10	9
7	指标6	10	8	5	9	6	8	9	4
8	指标7	7	2	6	9	7	8	8	10
9	指标8	8	10	7	5	6	7	8	3
10	指标9	4	9	10	6	5	4	7	7
11	指标10	9	3	8	8	10	7	9	6

图 3－14　灰色绝对关联度 Excel 数据格式

在图 3－15 最下方的框中会出现每个序列两两对应的绝对关联度，即得到表 3－5 上三角的灰色绝对关联度矩阵。接下来，对灰色相对关联度进行软件操作，相同的操作可得到图 3－16 最后的结果，整理可得表 3－10 的灰色相对关联矩阵。

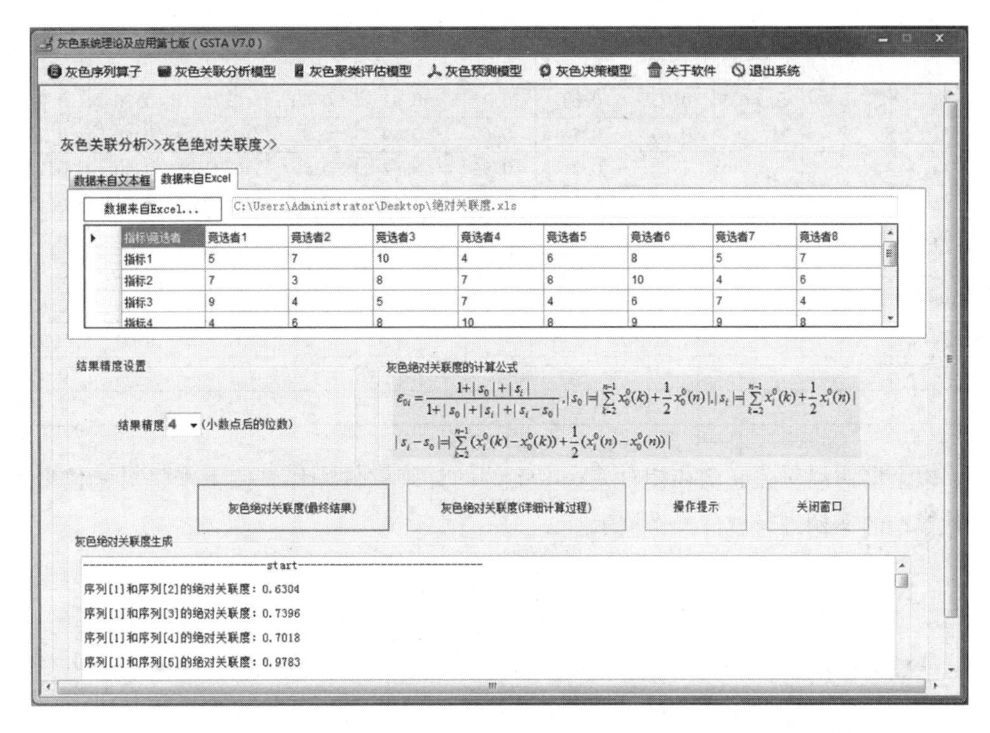

图 3-15 灰色绝对关联度求解值

图 3-16 灰色相对关联度求解值

表 3-10 灰色相对关联矩阵

	X_1	X_2	X_3	X_4	X_5	X_6	X_7	X_8	X_9	X_{10}
X_1	1	0.66	0.93	0.68	0.92	0.93	0.60	0.76	0.76	0.81
X_2		1	0.64	0.56	0.69	0.69	0.83	0.80	0.58	0.76
X_3			1	0.71	0.86	0.87	0.59	0.73	0.80	0.77
X_4				1	0.65	0.65	0.54	0.59	0.84	0.61
X_5					1	0.99	0.63	0.81	0.72	0.87
X_6						1	0.62	0.81	0.72	0.86
X_7							1	0.70	0.56	0.67
X_8								1	0.64	0.93
X_9									1	0.66
X_{10}										1

以上即对绝对关联度和相对关联度案例的详细软件操作，接下来将对灰色聚类评估模型的案例进行软件操作展示。

（三）灰色聚类评估模型软件操作

灰色聚类评估模型软件中灰色聚类评估模型有四种：灰色定权聚类、灰色变权聚类、中心点混合三角白化权函数聚类和端点混合三角白化权函数聚类。这里只分析灰色变权聚类模型，对于其他几种灰色聚类评估模型的软件操作，读者可以自行深入操作研究。

首先单击“灰色聚类评估模型”，然后选择“灰色定权聚类”，即可得到图 3-17 的

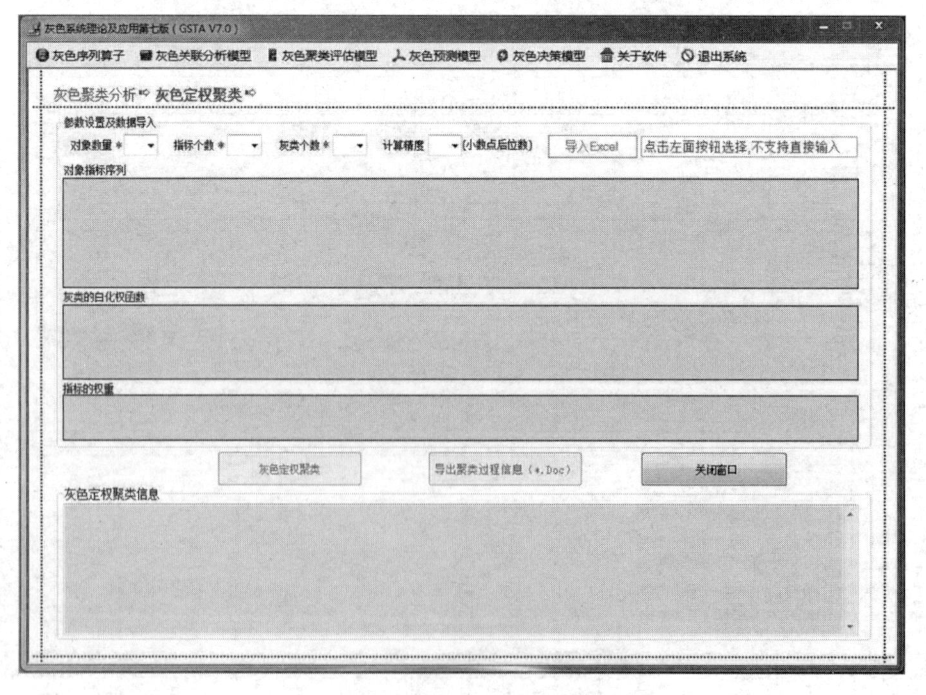

图 3-17 灰色定权聚类输入界面

输入界面，其中对象数量、指标个数、灰类个数以及计算精度需要根据自己实际情况进行输入。之后再导入 Excel 中的案例数据、白化权函数、权重数据，其中 Excel 数据要分成 3 个 Sheet，其格式见图 3 - 18 至图 3 - 20。

	A	B	C	D
1	对象\指标	指标1	指标2	指标3
2	对象1	25	4	0.16
3	对象2	98	9	0.9
4	对象3	400	1.8	3.26
5	对象4	68	16	1.27
6	对象5	260	2.6	2.48
7	对象6	45.3	11	0.45

图 3 - 18　灰色变权聚类模型数据输入格式

接下来进行一个案例的软件实现，假设有一组数据如下，要运用软件对其进行灰色定权聚类分析，如表 3 - 11 所示。

	A	B	C	D
1	子类\指标	指标1	指标2	指标3
2	子类1	80, 500, -, -	3, 10, -, -	2, 5, -, -
3	子类2	20, 200, -, 260	1, 8, -, 25	0.15, 3, -, 4
4	子类3	-, -, 20, 220	-, -, 1, 15	-, -, 0.15, 2.5

图 3 - 19　白化权函数数据输入格式

	A	B	C	D
1	权\指标	指标1	指标2	指标3
2	权	0.35	0.55	0.1

图 3 - 20　权重数据输入格式

表 3 - 11　　灰色定权聚类对象指标数据

	指标 1	指标 2	指标 3
对象 1	25	4	0.16
对象 2	98	9	0.9
对象 3	400	1.8	3.26
对象 4	68	16	1.27
对象 5	260	2.6	2.48
对象 6	45.3	11	0.45

假设有灰类个数为 2，即最后分成 2 组，并且取 3 个指标的权值分别为：

$$\psi_1 = 0.35, \psi_2 = 0.55, \psi_3 = 0.1$$

j 指标 b 子类可能度函数为 $f_j^b(\cdot)$，其中，$j = 1, 2, 3$，$b = 1$，2，接下来 $f_j^b(\cdot)$ 分别设定为：

$$f_1^1[80, 500, -, -],\ f_1^2[20, 200, -, 260],\ f_1^3[-, -, 20, 220]$$

$$f_2^1[3, 10, -, -],\ f_2^2[1, 8, -, 25],\ f_2^3[-, -, 1, 15]$$

$$f_3^1[2, 5, -, -],\ f_3^2[0.15, 3, -, 4],\ f_3^3[-, -, 0.15, 2.5]$$

基于以上数据，在软件中输入对象个数、指标个数、灰类个数以及计算精度分别为 6，3，3，2。然后，单击图 3 - 17 中的灰色定权聚类，即可得到最终的结果，见图 3 - 21。最后的结果显示于图 3 - 21 最下方的框中，其中有两两对象的白化权函数值、综合聚类系数、对象所属灰类。

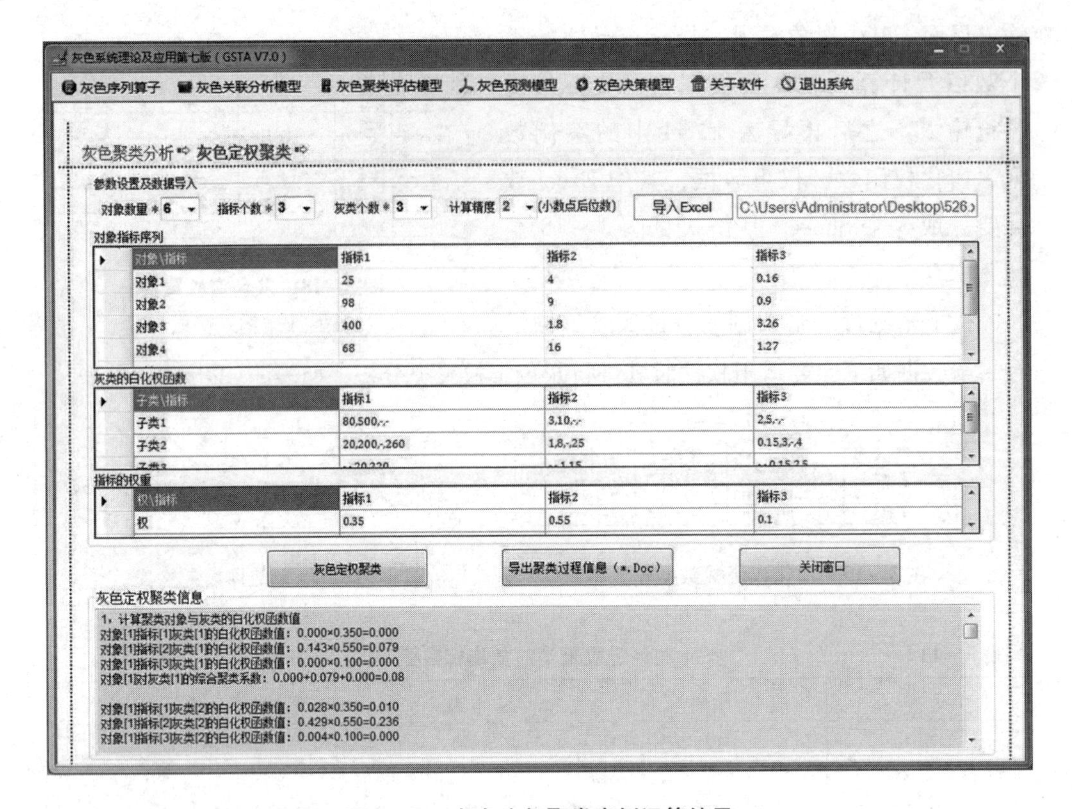

图 3-21　灰色定权聚类案例运算结果

最后可得 6 个对象被分为了 3 类，对象 4 为灰类 1；对象 2 为灰类 2；对象 1、对象 3、对象 5、对象 6 为灰类 3。以上就是灰色定权聚类案例的软件操作，接下来将对灰色预测模型进行软件的操作。

（四）灰色预测模型分析软件操作

在软件中，灰色预测模型被分为均值 GM(1,1) 模型（EGM）、原始差分 GM(1,1) 模型（ODGM）、均值差分 GM(1,1) 模型（EDGM）、离散 GM(1,1) 模型（DGM）、灰色 Verhulst 模型、灰色 GM（0，N）模型、灰色 GM(1,N) 模型 7 种。这里只分析前面最常用的 4 种 GM(1,1) 模型，对于灰色 Verhulst 模型、灰色 GM（0，N）模型和灰色 GM(1,N) 模型不再深入进行分析，读者可以自行进行探索。

假设选取的数据为 2.957、3.207、6.749、4.162、5.008、6.224、6.895。将其输入软件中，进行运算即可得到结果。图 3-23 即为 4 种 GM(1,1) 模型的软件运算结果。在运算中，可得到每种模型最后的发展系数值、灰色作用量值、平均相对误差值、模拟数据值，以及最后单击数据预测进行之后数据的预测，这里设置为 6 步，读者可以根据实际需要自行设置。

图 3-22 为均值 GM(1,1) 模型案例结果，可知发展系数值 a = 0.094、灰色作用

量值 b = 3.711、平均相对误差值 = 16.55%，模拟数据值为 4.185、4.600、5.055、5.556、6.107、6.712。最后 6 步预测值为 7.377、8.108、8.911、9.794、10.764、11.831。右侧也给出了模拟序列和原始序列的对比图，可看出模拟序列更加平滑了。

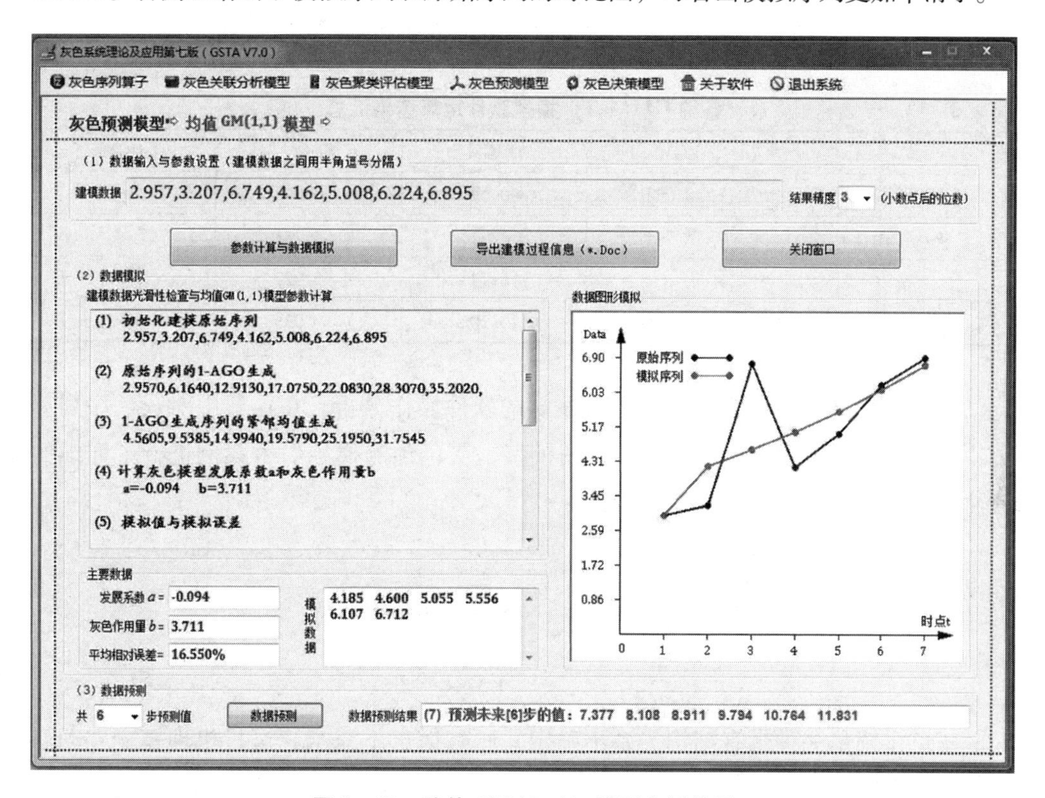

图 3－22　均值 GM(1，1) 模型案例结果

其他几种 GM(1，1) 模型也用软件跑出结果，各个模拟系列汇总于图 3－23 中，并且所有参数汇总于表 3－12 中。

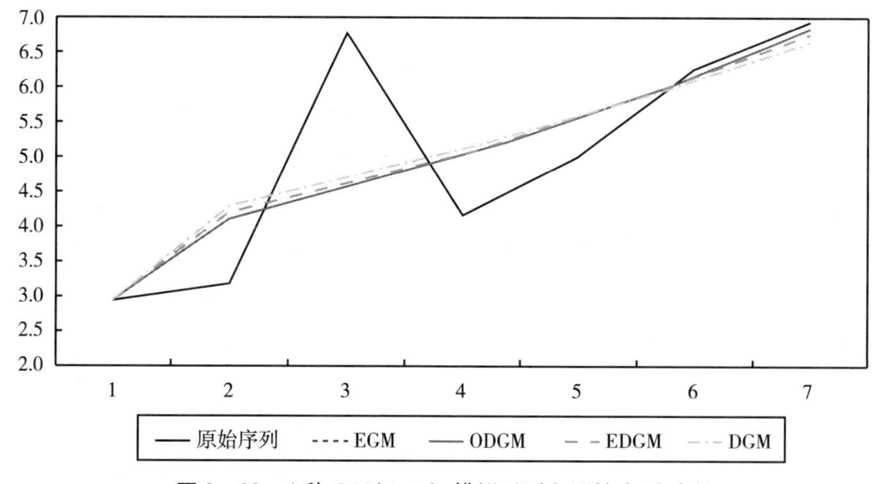

图 3－23　4 种 GM(1，1) 模拟系列和原始序列对比

在这个案例中可见4种GM(1，1)模型相对于原始序列的模拟序列差不多都很接近，并且都比原始序列平滑，更具有预测性。在表3-12中也可看出多种GM(1，1)模型最后的结果都大致相近，但是对于平均相对误差来说均值GM(1，1)模型最小。

表3-12　各种GM(1,1)模型软件运算结果汇总

	EGM	ODGM	EDGM	DGM
发展系数a	-0.094	-0.096	-0.094	—
灰色作用量b	3.711	3.426	3.711	—
残差	—	6.74	6.722	6.748
平均相对误差	16.55%	16.70%	17.03%	17.40%

以上就是对4种GM(1，1)模型案例的软件操作分析。在这节中对灰色序列算子、灰色关联分析模型、灰色聚类评估模型、灰色预测模型引入案例进行了详细的软件操作。希望可以给读者一些帮助。

第四节　本章小结

灰色系统是一种带有结构关系不确定、已有信息不完全、运行机理模糊、动态变化随机等特征的系统，是结合了控制论、运筹学、统计学等多个学科建立起来的新的领域。自邓聚龙教授1982年提出灰色系统以来，灰色系统模型的研究已在全球各地开枝散叶，得到了各国研究人员的关注和肯定。灰色模型的应用领域很是广泛，如工业、农业、经济、政治、生态、材料、交通等领域，它是当前处理许多模糊事件常用到的系统。所以，灰色系统的研究对于理论研究和现实应用都有重要的意义。

本章节主要对灰色系统的历史、发展、定义、原理、演变、应用等过程进行了梳理，详细地解释了灰色系统的方法和原理，并且对于灰色系统模型，着重挑选了经典的灰色关联分析、灰色聚类评估、灰色聚类模型3个方面进行了详细的介绍和模型推导。之后，又引入了南京航空航天大学灰色系统研究所研发的灰色系统软件GTMS，介绍了其使用的界面、操作引导，最后加入了灰色序列算子、灰色关联分析模型、灰色聚类评估模型、灰色预测模型的相关案例操作及最后的结果分析等，给予读者对灰色系统模型更直观的理解。

参考文献

[1] 蔡常丰：《股市的灰色预测》，载于《应用数学》2000年第4期。

[2] 陈海明、段进东：《灰色—马尔可夫模型在股票价格预测中的应用》，载于《经济问题》2002 年第 8 期。

[3] 陈志霞、徐杰：《基于 TOPSIS 与灰色关联分析的城市幸福指数评价》，载于《统计与决策》2021 年第 9 期。

[4] 仇伟杰、刘思峰：《中国电力消费弹性系数的灰色控制系统研究》，载于《经济经纬》2005 年第 5 期。

[5] 丛春霞、李秀芳：《灰色预测在股票价格指数预测中的应用》，载于《中国统计》2000 年第 5 期。

[6] 邓聚龙：《灰色控制系统》，载于《华中工学院学报》1982 年第 3 期。

[7] 邓聚龙：《灰色系统与农业》，载于《山西农业科学》1985 年第 5 期。

[8] 段军山：《通货膨胀、股票市场波动与我国固定资产投资——基于灰色关联度和 VAR 模型的经验证据》，载于《中央财经大学学报》2012 年第 2 期。

[9] 冯冬青、李玮：《基于灰关联理论和神经网络的价值预测方法》，载于《计算机工程与应用》2006 年第 28 期。

[10] 贡力、路瑞琴、靳春玲：《基于 G1 - VPRS - MIE 多层次灰色理论的引水明渠运行风险评价》，载于《安全与环境学报》2021 年第 1 期。

[11] 郭雪峰、黄健元、王欢：《改进的灰色模型在流动人口预测中的应用》，载于《统计与决策》2018 年第 8 期。

[12] 韩会明、刘喆玥、刘成林、陈齐强、谢国栋：《灰色模型的改进及其在气象干旱预测中的应用》，载于《南水北调与水利科技》2019 年第 6 期。

[13] 胡琳：《基于灰色 PGM(1,N) 模型的人口发展预测》，载于《统计与决策》2010 年第 6 期。

[14] 黄刚、柳青：《使用模糊灰色聚类的特种设备安全服务质量评价研究》，载于《科技通报》2020 年第 11 期。

[15] 黄星积、乔国通：《基于灰色理论的出生人口预测及影响因素研究——以安徽省为例》，载于《嘉兴学院学报》2021 年第 2 期。

[16] 李东、苏小红、马双玉：《基于新维灰色马尔科夫模型的股价预测算法》，载于《哈尔滨工业大学学报》2003 年第 2 期。

[17] 李国成、吴涛、徐沈：《灰色人工神经网络人口总量预测模型及应用》，载于《计算机工程与应用》2009 年第 16 期。

[18] 李淑贞：《广东省高等教育与经济发展之间的关系——基于灰色关联度分析》，载于《高教探索》2012 年第 3 期。

[19] 李永忠、冯俊文、高朋：《武器装备预研项目立项影响因素及灰色决策分析》，载于《科技管理研究》2013 年第 12 期。

[20] 刘灿、郑邦友、李政、李茂莉、张义平、张笑笑：《基于熵权—改进灰色关联模型的公路隧道塌方风险评估》，载于《科学技术与工程》2020 年第 15 期。

[21] 刘怡君、冉群超：《基于灰色关联度的天津市旅游经济影响因素研究》，载于《经营与

管理》2020 年第 11 期。

［22］卢嘉澍、孙坤、廉洁、李灿：《基于灰度预测与马尔柯夫过程的股票价格预测模型》，载于《现代商业》2017 年第 17 期。

［23］沈春光、陈万明、裴玲玲：《区域 R&D 经费投入结构的灰色优化预测方法》，载于《工业技术经济》2010 年第 8 期。

［24］施久玉、胡程鹏：《股票投资中一种新的技术分析方法》，载于《哈尔滨工程大学学报》2004 年第 5 期。

［25］覃思乾：《股价预测的 GM(1,1) 模型》，载于《统计与决策》2006 年第 6 期。

［26］田梓辰、吉刚、刘淼：《基于改进灰色 GM(1,1) 模型的新疆人口总量的分析与预测》，载于《数学的实践与认识》2021 年第 5 期。

［27］王玲：《最优组合模型在证券市场预测中的应用研究》，载于《计算机仿真》2012 年第 1 期。

［28］王美娜、杨孝斌：《基于 GM (1,1) 的贵州省 GDP 预测及产业结构的灰色关联分析》，载于《数学的实践与认识》2021 年第 4 期。

［29］王少芬、蔡成斌：《人口结构变动对房地产市场需求影响的灰色关联分析》，载于《数学的实践与认识》2020 年第 9 期。

［30］王勇、解延京、刘荣、张昊：《北上广深城市人口预测及其资源配置》，载于《地理学报》2021 年第 2 期。

［31］韦福巍、黄荣娟、时朋飞：《基于灰色关联度分析的广西区域旅游协调发展研究》，载于《数学的实践与认识》2020 年第 16 期。

［32］吴华安、曾波、彭友、周猛：《基于多维灰色系统模型的城市人口密度预测》，载于《统计与信息论坛》2018 年第 8 期。

［33］吴菊珍、徐晔、龚新桥：《灰色预测在股票价格预测中的应用》，载于《统计与决策》2007 年第 1 期。

［34］吴鹏、邱赛兵：《基于优化多维灰色模型的宏观经济发展预测》，载于《统计与决策》2020 年第 3 期。

［35］夏景明、肖冬荣、夏景虹、贾佳：《灰色神经网络模型应用于证券短期预测研究》，载于《工业技术经济》2004 年第 6 期。

［36］肖利哲、陈绍飞、武建龙：《企业人才战略灰色优化决策模型研究》，载于《科技管理研究》2016 年第 16 期。

［37］邢虎成、刘玲、陆魁东、揭雨成：《洞庭湖区农业气象灾情指数与作物模式产量的灰色关联分析》，载于《中国农学通报》2020 年第 3 期。

［38］徐维维、高风：《灰色算法在股票价格预测中的应用》，载于《计算机仿真》2007 年第 11 期。

［39］薛锋、罗桂蓉：《基于灰色聚类的轨道交通产业链环节评价》，载于《综合运输》2018 年第 11 期。

［40］杨昌杰、朱文波：《中国与世界主要军事大国国防支出灰色关联度分析》，载于《军事

经济研究》2012 年第 10 期。

［41］杨平、陈昱利、秦岭、陈二影、巩法江、毕海滨、高明慧：《基于灰色多维综合隶属度评估方法的谷子品种适应性评价》，载于《中国农学通报》2020 年第 33 期。

［42］姚翠友、王泽恩：《北京市义务教育学龄人口多因素灰色预测分析》，载于《数学的实践与认识》2019 年第 12 期。

［43］尤晨：《主客观组合赋权的灰色决策模型及其在消费者决策中的运用》，载于《数学的实践与认识》2014 年第 20 期。

［44］于志军、杨善林、章政、焦健：《基于误差校正的灰色神经网络股票收益率预测》，载于《中国管理科学》2015 年第 12 期。

［45］张诚、于兆宇、廖韵如：《江西区域物流能力与产业经济的灰色控制系统研究》，载于《华东经济管理》2011 年第 7 期。

［46］张福平、刘兴凯、王凯：《基于灰色模型的我国研究生教育规模预测》，载于《数学的实践与认识》2019 年第 15 期。

［47］张国政、申君歌：《基于多周期时间序列的灰色预测模型及其应用》，载于《统计与决策》2021 年第 9 期。

［48］张珺、张妍：《基于灰色系统理论的生态农业与生态旅游业耦合协调度测算分析——以湖南省为例》，载于《生态经济》2020 年第 2 期。

［49］张满银：《基于灰色关联评价的省级区域规划实施成效评估》，载于《统计与决策》2019 年第 22 期。

［50］张秋明、朱红莉：《灰色神经网络在股价预测中的应用研究》，载于《计算机工程与应用》2013 年第 12 期。

［51］张权、毕于慧、刘茂林：《多层次灰色评价法在军事数据质量评价中的应用》，载于《计算机系统应用》2017 年第 4 期。

［52］张兆宁、张英杰：《基于灰色聚类的大面积航班延误的延误程度评估》，载于《科学技术与工程》2021 年第 6 期。

［53］Ang J. S., Ma Y. L., Transparency in Chinese Stocks: A Study of Earnings Forecasts by Professional Analysts. *Pacific-Basin Finance Journal*, Vol. 7, No. 2, 1999, pp. 129 - 155.

［54］Chen K., Taiji M., Using Grey System Theory for Earthquake Forecast. *Earthquake Research in China*, No. 4, 2002, pp. 110 - 122.

［55］Dang Y. G., Liu S. F., Improvement on GM Models. *Journal of Systems Engineering and Electronice*, Vol. 15, No. 3, 2004, pp. 295 - 298.

［56］Deng J. L., Control Problems of Grey Systems. *Systems & Control Letters*, Vol. 1, No. 5, 1982, pp. 288 - 294.

［57］He Z., Shen Y., Wang Q., Boundary Extension for Hilbert-Huang Transform Inspired by Gray Prediction Model. *Signal Processing*, Vol. 92, No. 3, 2012, pp. 685 - 697.

［58］Hsieh M. Y., Grey-clustering Macroeconomic Assessment Model to Detect the Fluctuation in the Ten Economies. *The Journal of Grey System*, Vol. 24, No. 1, 2012, pp. 67 - 80.

[59] Jia T. B., Mi C. M., Zhang T., Zhang K., Organization Power Configuration Model based on Grey Clustering. *The Journal of Grey System*, Vol. 25, No. 2, 2013, pp. 69 – 80.

[60] Mao M. Z., Chirwa E. C., Application of Grey Model GM (1,1) to Vehicle Fatality Risk Estimation. *Technological Forecasting and Social Change*, Vol. 73, No. 5, 2006, pp. 588 – 605.

[61] Ou S. L., Forecasting Agricultural Output with an Improved Grey Forecasting Model based on the Genetic Algorithm. *Computers and Electronics in Agriculture*, Vol. 85, 2012, pp. 33 – 39.

[62] Wang J. J., Hipel K. W., Dang Y. G., An Improved Grey Dynamic Trend Incidence Model with Application to Factors Causing Smog Weather. *Expert Systems with Applications*, Vol. 87, 2017, pp. 240 – 251.

[63] Wu H. H., Qu Z. F., Gray Clustering Model based on the Degree of Dynamic Weighted Incidence for Panel Data and its Application. *Grey Systems: Theory and Application*, Vol. 10, No. 4, 2020, pp. 413 – 423.

[64] Xu J., Li Y. P., Grey Incidence Analysis Model of Classification Variables and its Application on Innovation & Entrepreneurship Education in Jiangsu. *The Journal of Grey System*, Vol. 30, No. 1, 2018, pp. 123 – 128.

[65] Zhao H. R., Guo S., An Optimized Grey Model for Annual Power Load Forecasting. *Energy*, Vol. 107, 2016, pp. 272 – 286.

第四章

Chapter 4

系统动力学分析与Vensim实现

第一节　系统动力学分析方法与相关背景

系统动力学又称系统动态学（system dynamics，SD）。系统动力学的出现给解决非线性、高阶次复杂时变、多变量、多反馈的整体行为问题提供了一个理论方案。因此，系统动力学是管理科学的一个重要分支，用来研究系统反馈，同时系统动力学又包含多个学科知识，如数学、计算机、管理学、控制论、信息论等，所以这是一门涉及多门学科知识的交叉学科。由于工业管理涉及领域较多，因此系统动力学在早期曾广泛运用于该领域，而目前不仅局限于此，它已广泛应用于经济、政治、教育、资源、农业、科技等多个领域，是解决社会、生态、管理等系统问题常用到的一种方法。

一、系统动力学发展的历史脉络

第一个阶段为系统动力学开始诞生的阶段。系统动力学最初是由美国麻省理工史隆管理学院福瑞斯特（Forrester）于20世纪50年代为了分析生产管理及库存管理等企业问题结合了系统理论、控制论、计算机等多个学科所提出的方法，1961年其出版了第一本关于系统动力学的著作《工业动力学》，在书中其重点研究了“生产—分配”系统的动力学问题。1968年，福瑞斯特又撰写了一本《系统原理》，在书中其重点阐述了产生动态行为的基本原理和概念。

第二个阶段为系统动力学成熟发展的阶段。系统动力学在 20 世纪 70 年代后逐渐趋于成熟。1971 年，福瑞斯特在《世界动力学》一书中提出了世界动力学模型 World Ⅱ，此后动态行为的研究开始在全世界范围内受到关注。《世界动力学》这本书主要侧重于社会系统结构的研究。1972 年梅多斯（Meadows）等出版了一本被称为“70 年代爆炸性杰作”的系统动力学著作《增长的极限》，该书从人口、房屋、粮食、资源等多个方面进行结合，建立模型对增长极限进行预测。20 世纪 70 年代末，王其藩教授是其中最早一批把系统动力学引进国内的学者，并且由他撰写的《系统动力学》一直是当前研究系统动力学的经典教材之一。书中不仅详细地介绍了系统动力学的原理方法、建模步骤等，而且对世界模型和中国全国模型两个实例进行了论证。

第三个阶段为系统动力学广泛应用的阶段。20 世纪 90 年代以来，系统动力学就基于社会的发展和科技的进步快速地应用于各行各业。1992 年梅多斯在《增长的极限》的基础上又出版了《超越极限》，这本书不仅引用了最新的环境学习资料，还通过计算机模型进行了科学的研究与分析。还从系统、结构甚至是思维的角度出发，为缓解人与自然的紧张关系，从根本上来寻找人类生存危机的突破口。在学习型组织领域，不得不提的就是彼得·圣吉（Peter M. Senge）在 1990 年出版的经典著作《第五项修炼》。此书运用了系统动力学的方法、工具对学习型组织理论进行了深入的研究，它提出要用全局思想、大局意识考虑系统的整个部分或者整个过程的方法，整合所有关键要素，使整个系统更加完善，运行更加顺利。2000 年约翰·D. 斯特曼（John David Sterman）为了让复杂系统的建模更具有科学性和逻辑性，其在《商务动态分析方法：对复杂世界的系统思考与建模》一书中将系统动态学中建模所需要的步骤、流程以及相关的检测和分析进行了详细的剖析。由于当今社会复杂多变，在科学管理决策中方法的重要性也随之突出。因此现代管理者迫切需要一套能够为大家所遵循的思维模式和工具，而商务动态学就满足了这一诉求，因而也成为众多商学院和管理学院争相开授的核心课程。

随着计算机的普及，系统动力学不仅只停留于理论上，为了应对越来越复杂的系统动力学模型的求解，许多系统动力学的软件随之产生，如 Stella、iThink、Vensim 等。其中美国公司开发的 Vensim 软件操作较简单方便，在全球范围内的应用较广。本章模型求解主要依靠 Vensim 软件来实现。

二、系统动力学相关研究发展

在创立初期，因系统动力学研究领域主要是企业管理，因此也被称为“工业动力学”。在这一时期的主要代表作有 1961 年出版的《工业动力学》。到了 20 世纪 60 年代，随着福雷斯特教授的《城市动力学》的出版，系统动力学开始从宏观的角度来研究城市发展问题，使系统动力学应用范围逐步扩大。在此之后，在麦斯、施罗德、阿费德（Mass，Schroeder，Alfeld）等的努力下，城市动力学不断扩展和完善。此外，在人、自然资源、生态环境、经济、社会相互关系的模型上，都能见到系统动力学的影子。显然，“工业动力学”的定义已经不能囊括系统动力学的应用范畴，从而将其更名为“系统动力学”。

1970 年，麦德斯（Meadows）教授带领他的研究小组在他的世界模型中引用系统动力学的方法，通过对人口、工业、污染、粮食生产和资源消耗等因素的研究，在 1972 年得出了《增长的极限》这一研究结果，该结论被称为“70 年代的爆炸性杰作”，在全世界范围内引起了极大的关注。

之后，系统动力学基于处理复杂系统的有效性，被越来越多的学者应用于处理不同领域的问题，宏观上涵盖了经济（佟贺丰等，2015）、文化（叶娇等，2012）、军事（Fan et al.，2010）等，微观上包括了工业（李健和孙康宁，2018）、农业（Nicholson et al.，2019）、医疗（周绿林等，2013）、生态和管理（黄莺等，2020）、城市（姚翠友等，2020）等，并且都得到了成功的应用。由于系统动力学在全世界范围内广泛地传播和应用，以及在各研究领域所展现的潜力，在 20 世纪 70 年代后期，系统动力学开始在国内进行传播。为了我国系统动力学的进一步发展，我国的系统动力学学会筹委会于 1986 年正式成立，随着系统动力学在国内的蓬勃发展，我国又先后成立了国际系统动力学学会中国分会和中国系统工程学会系统动力学专业委员会，这两大学会分别于 1990 年和 1993 年正式成立。

（一）水资源领域下的系统动力学发展背景

在整个地球上，有 71% 的水，但是淡水只占到 2% 左右，因此保护水资源十分重要。研究水资源领域的主题也很有现实意义，系统动力学是研究水资源问题的一种很好的工具，其在水资源问题的研究中应用甚广。在对水资源问题的系统动力学研究中，其是根据系统内部的各因素之间相互作用所形成的反馈环节来进行建模，并在此基础上通过对系统各要素的数据进行仿真建模来预测该系统在未来一段时期内所呈现出的状态。因此，相较于线性规划和回归分析等方法，系统动力学具有更为优异的特点，即能实现对系统进行动态分析的目的。除此之外，系统内部各因素之间的协调也能通过系统动力学来进行实现。基于此，系统动力学能够展现出水资源领域下的动态行为，并进行准确预测。在可持续发展上会涵盖许多方面，如江河湖海的水资源、能源、城市、农村等。

系统动力学在水资源的研究上主要分三个方面：第一个方面为水资源承载力；

第二个方面为供需水量预测；第三个方面为水质研究。水资源承载力是在 20 世纪 90 年代初的尔夫特学术研讨会上首次被提出。在此之后，对水资源承载力的研究热度，随着水资源系统复杂性认知的加深而不断上升，这也为 SD 方法在水资源系统中应用打下了深厚基础。徐毅和孙才志（2008）建立 SD 模型，来解决某地区水生态环境问题，将水资源承载力系统划分为 6 个子系统，并考虑了 4 种方案下水资源多年承载力的动态变化，最终预测出研究地区未来的工业总产值总量和城镇人口总数。王俭等（2009）和张等（Zhang et al.，2014）运用系统动力学模型模拟和评价了水资源承载力的发展趋势，同时将 SD 方法与层次分析法相结合，这一举措对评价中不确定性的减少和水生态承载力评价因子的选定具有重大意义，并且其研究结果可为地区社会经济与水生态环境协调发展提供科学依据。杨光明等（2019）基于系统动力学研究了重庆市水资源承载力的可持续发展，结果得出重庆市要想为水资源承载力的可持续发展提供保障就需要不断地进行产业升级并且还要加大对水资源处理的投入，从而提高固废处理水平，降低废水的排放率。这个模型的结果具有较强的现实指导意义，它可以为重庆市水资源承载力评价提供理论参考。

系统动力学在供需水量预测上的研究也尤为广泛。目前，在区域用水结构、工农业需水、流域需水以及市政需水等方面的研究主要是使用 SD 方法（Chen & Chang，2011）。这些研究通过在不同类型区域的实际应用获得了进一步的发展，从而建立了涉及社会经济、水资源以及生态环境三个方面的较为全面的 SD 模型（2007，王群等），这一较为全面的模型在实际研究中的应用使目标区域为规划水资源和长期供水提供了更为科学的依据，因此对供需水量领域的预测研究成了当时的研究主流。正是由于 SD 方法具有广泛的适用性以及在应用中具有多个指标验证的科学性，使该方法非常广泛地应用在各类区域的研究中。与此同时，因为 SD 方法具有科学预测短中期供需水情况的能力，这为制定合理的水资源利用策略提供了科学的依据。此外，SD 方法取得了进一步的拓展，使其能分析当前水资源的供需平衡问题，从再生水和节水的角度出发来建立动态模拟，并以此来探索水资源循环利用（Rehan et al.，2013）。许多水资源管理系统如水保系统和水价机制等系统对水资源的影响，随着国内水利工程的兴起也逐渐被引入 SD 模型中，这不仅能够更为科学地指导调水、供水政策的制定，还使更多学者投身于水资源供需预测领域的研究。

系统动力学还应用在水质污染方面。当前随着人口和经济的增加，污染也越来越严重。水污染影响范围较为广泛，为了提升研究结果的科学性，研究范围囊括了库区、城市等多个区域（荣绍辉等，2012）。三峡库区水污染状况的模拟就是系统动力学在这一领域早期应用的实例，这为三峡库区水资源污染控制方案提供了依据。在模型反馈机制建立之前，先要对代表性指标进行选取，这一机制的建立有效地揭示了库区水污染因子的动态行为与水污染之间的关系（秦翠红等，2012）。近些年来，由于人们对湿地的关注越来越多，人工湿地设计和管理等新兴领域的研究热度也随着众多科研人员对湿地的污染物浓度变化的研究而不断高涨（Wang et al.，2012）。

当前水生态系统领域的应用逐步得到拓展，系统动力学在解决生态系统领域这一复杂问题上的优势日益凸显（Zhao & Wen，2012）。在这些研究中，大部分研究是将内陆水域或海洋生态作为研究环境，将其中的藻类、浮游植物等生物群落作为研究对象，对其随时间变化情况进行动态模拟（Garnier et al.，2005）。这些研究将预测生态需水量、水生态承载力和生态系统服务价值核算等方面作为研究重点。此外，为了进一步探究水生态系统的影响因素，其还对水生态补偿、安全预警以及灌溉系统和水产养殖等领域进行了研究（Garrido et al.，2014；Wang et al.，2014）。

由此可见，系统动力学在水资源的承载力、供需水量预测、水质研究方面都有较深的研究，可为今后对水资源的控制、预测和清洁提供有效的实施方案，逐步提高水资源的利用率，减少水资源的污染。

（二）供应链领域下的系统动力学发展背景

系统动力学应用研究除了涉及水资源领域，在供应链领域下的研究也甚是广泛，其研究的大多是企业物流成本的优化控制。对企业物流成本的优化控制主要是从以下两个角度来进行考量：一是基于物流功能模块，将仓储、运输等功能模块作为研究重点，主要是用来探究库存和运输的成本，从而为企业物流总成本的研究奠定基础；二是将物流整体流程作为研究对象，对整体物流环节和实物运作流程进行全面的考量，再以此为基础从系统的角度来对整体物流流程及其总成本进行研究分析。

系统动力学最早在供应链中的研究是关于牛鞭效应，也被称为蝴蝶效应。牛鞭效应起源于 20 世纪 90 年代中期，宝洁公司的工作人员发现零售商店里尿布的订单波动不明显，而分销商给宝洁的订单却波动得很明显，在进一步检查宝洁给上一级供应商所下的订单时，发现其波动的幅度变得更加明显，这种需求信息在供应链中以订单的形式向上游传播时，它的波动变得越来越大的现象就被命名为牛鞭效应（bullwhip effect）。早在 1961 年福雷斯特（Forrester）教授在对牛鞭效应的研究中将系统动力学应用于其中，由于这一成功应用使系统动力学更为众多领域研究者所青睐，随之进展也更为迅速。之后麻省理工学院的斯特曼（Sterman，1989）教授将啤酒销售流通过程作为实验内容，流通过程中的厂家、经销商、零售商以及消费者等角色分别由四组同学来担任。在该实验中规定，各角色之间的商业资讯不能实现随意流通，消费者订单信息只能流向零售商，而其余角色之间的订单信息只能由下游企业流向上游企业。最终通过实验得出，消费者订单的微小变化会使处于其上游供应商的需求量和库存量发生巨大变化，这个实验一经提出，在各个行业试验了无数次，但最终都呈现出一样的结果。对于牛鞭效应产生的原因，很多学者都进行了研究。陈（Chen，2000）认为在供应链中产生牛鞭效应主要是源于市场需求的变化和订购提前期这两个不确定因素，一般来说市场需求变化越大，订购提前期越长，那么牛鞭效应就越强烈。另外，赵美等（2010）对牛鞭效应产生的原因以及怎样弱化牛鞭效应进行了探讨，并通过运用系统动力学的相关知识对牛鞭效应进行了仿真实验，得出其产生原因可归结于供应链体系本身的特点和结构，并且如果在供应链中加大信息共享度、缩短订货提前期、及时了解顾客需求等都可以有效减弱牛鞭效应。也有许多学者针对牛鞭效应，建立了系统动力学模型，再用仿真软件对其进行分析优化。

在仓储研究方面，仓储系统的优化目标是尽量减少库存量而与此同时又能保证供货充足，这也是当前企业管理者和研究人员都关注的问题。随着系统动力学的快速发展，学者们已把系统动力学原理运用到供应链库存管理领域中。于洋和杜文（2008）运用系统动力学相关知识建立的库存管理模型主要有三类，分别以生产商、分销商和供应商作为不同模型的研究主体，进行仿真分析，最后得出在供应链管理中定量和定性两者相结合的管理措施。高志远和窦园园（2013）基于 Vensim 软件构建系统动力学库存模型，根据客户满意度中零满意度的出现频率，研究库存控制的最小化，得出通过库存间的互助补货可减少零满意度的出现，提高利润。路世昌和许艳（2015）则是将共享局部信息作为模型建立的一个先决条件，结合系统动力学的知识建立一个连接多个用户的供应链模型，定量分析了目标库存变化和订单方式变化对贸易商供应链库存的影响。李旭和陆天（2019）以系统动力学中的啤酒游戏为例，从动态复杂性的角度讨论了提高供应链管理的一些影响因素和解决方法。对于供应链成本的问题，许多学者会在供应链中对总供应链成本进行系统动力学的建模，考虑成本变量之间的动态交互作用，最终给出建议减少成本的开支（Sachan等，2005；任永泰等，2014；王蓉等，2015）。

系统动力学由于其在分析供应链领域所展现出的优势和所具备的科学性，使许多学者在该领域内的研究取得了杰出成果，特别是牛鞭效应、成本优化、仓储设计等方面，这可以为企业的管理人员优化企业成本，提高流转效率等提供一个很好的解决方法。

（三）能源领域下的系统动力学发展背景

能源系统动力学是系统动力学中主要的部分，能源系统动力学的本质就是以系统动力学为基础再结合 SD 模型来对各类能源进行研究与分析。在分析研究能源的消耗、需求、政策和结构等问题的同时，还涌现了大量杰出学者对所建立的各种 SD

模型进行改进。能源问题牵动着全世界各国的神经，世界各国都在关注能源消耗与环境保护的问题。因此，国内外有大量学者通过系统动力学理论与模型来对实际能源问题进行研究分析，为进一步进行能源分析奠定了基础。

最早运用系统动力学方法分析能源问题的是纳伊（Nail），他通过建立美国能源供需系统动力学模型 FOSSIL2 来分析美国国家能源政策计划，并在之后的研究中对其不断完善。正是由于这一模型在政府能源规划和政策分析中的运用，使美国能源政策的成本效益分析更为科学，该理论与模型也为全球变暖等问题提供了一定的思路启发（Naill，1992；Naill e al.，1992）。布鲁克纳（Bruckner et al.，2005）在现有模型的基础上，基于生态经济学的知识，提出了一种具有高分辨率 SD 模型的建立方案，这一方法在动态能源排放和成本优化环境下形成了能源系统动力学模型，并且为德国国家能源政策的建模策略提出了一个指导性的路线图。在研究能源问题时，大多数学者都会把系统动力学模型分为多个子系统结合分析，如能源、经济、环境、人口等（唐德才等，2015；苑清敏等，2016）。何则等（2020）在当前世界能源发展以及转型的大背景下，基于重点行业部门的政策情景用系统动力学软件模拟了未来30 年中国能源消费的总量与结构变化情况，并基于此分析了中国能源的基本情况，这为中国能源的中长期战略与政策提供了科学依据。

加快生态文明建设是目前中国实现伟大复兴必须要走的道路。当前传统能源会产生较大的碳排放污染环境，使许多工厂和学者开始着重研究这个问题，如针对当前传统能源碳排放较高的情况，许多学者基于系统动力学对能源消费碳排放进行分析和预测，并提出了改进方案（Ansari & Seifi，2013；王格等，2017；宋杰鲲等，2019）。在如何减少污染的问题上，许多学者基于系统动力学对清洁能源、可再生能源进行了进一步的研究。德威萨斯等（Devezas et al.，2008）主要分析了德国能源的替代趋势，其研究结果表明用可再生能源来代替一次能源，能够提升替代模型的能源效率。此外，他还提出可再生能源与核能对能源系统的物流动态模式具有较大影响。康奈利和谢卡尔（Connelly & Sekhar，2012）首次尝试对十多种能源生产方法进行能源生命周期研究，他们主要对过程中的创新行为进行比较，并指出能源材料是各类生产活动中的主导因素；其中的绿色材料、清洁能源与可再生能源等因素对能源生产与资源利用的创新能力起着积极的推动作用。

本节选取水资源、供应链、能源三个领域进行了综述，从中可以看出系统动力学已经是一门具备系统性的学科。作为一种系统的科学分析方法，其应用非常广泛，已经成为当前学者和企业管理者分析问题的有效手段，该方法能在他们进行有效分析和制定相应政策时提供科学依据。

第二节　系统动力学分析模型介绍

一、系统动力学模型原理与基础

系统动力学中模型的建立都是用来解决某个或某些复杂的问题，而系统动力学模型的建立一般分为五个步骤：第一，明确问题，确定变量；第二，提出假设；第三，列出方程；第四，模型的求解、分析；第五，结论应用，给出建议。

由于大部分系统极为复杂，因此在面对复杂的系统问题时要做的第一步就是要将其简化，而简化系统的关键点在于对系统内部的正负反馈结构进行分析。这是因为系统内部各因素之间由于对外部环境变化做出反应时会不可避免地进行相互间的信息交流，而这一反馈过程就表现为系统内部的正负反馈系统。多个正负反馈系统之间相互交织和相互作用就共同形成了一个复杂系统。在复杂系统中，某一因素加强后，经过一个回路运动之后使该因素的趋势进一步加强，拥有这一特性的回路就称为正反馈回路。负反馈回路的特性表现为在回路中会为某一因素设立一个目标，而这个回路的运动就是使该因素越来越趋近这个目标。若在系统中负反馈回路起主导作用，那么就称其为负反馈系统，反之则称为正反馈系统。因此一个动态系统中的因果回路图、系统存量流量图等图示工具就是用来描述系统中的反馈回路的。

在因果回路图中，每条因果链都具有极性，即箭头标注以“＋”和“－”表示。假设A的发生促使B的发生，若A的增加（减少），会同样导致B的增加（减少），即标注为“＋”；若A的增加（减少），会同样导致B的减少（增加），即标注为“－”。并且重要回路用回路标识符特意标出，回路标识符一般以“＋”或“－”外加一个顺时针方向圈来表示，以显示这个回路是正反馈还是负反馈，如图4－1所示。

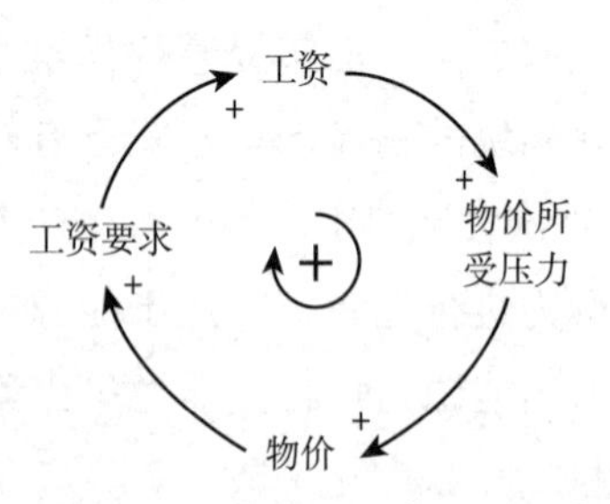

图4－1　物价—工资因果回路

从图4－1的物价—工资因果回路图可以看出，随着物价的上涨，员工们对工资的要求也随之提高，由于工资要求的提高，工资也会相应提高，而工资的提高又会进一步加大物价所受的压力，最后物价也相应提高，一直循环，从而是一种正反馈系统。

接下来引入负反馈系统的因果回路图。

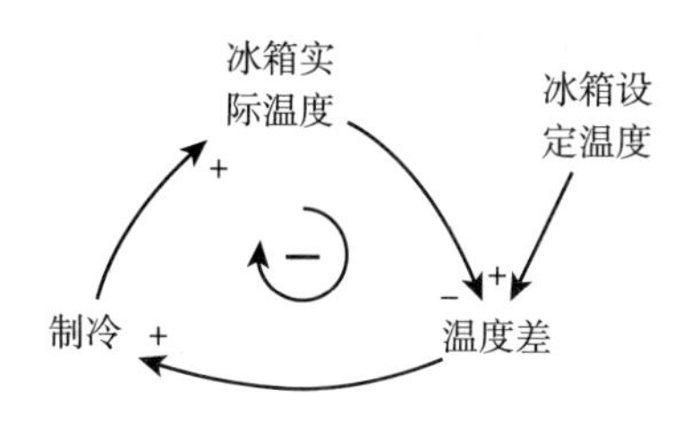

图 4-2　冰箱制冷因果回路

图 4-2 是一个冰箱制冷因果回路图，从图 4-2 中可以看出，当检测部件检测到冰箱实际温度高于设定温度时，压缩机就会投入工作进行制冷。当检测到冰箱实际温度低于设定温度时，压缩机就会停止工作，趋于温度平衡。

在建模量化模型时，只用因果分析图不能模拟反馈回路随时间而变化的过程，因此接下来引入存量流量图。图 4-3 是一个存量流量图，其中存量由一个矩形的方框表示，流入速率由一个指向存量的箭头表示，速率由箭头来表示。存量就是流入速率减去流出速率。就如最简单的人口存量流量图，其中存量为人口数量，则流入速率为出生率，流出速率为死亡率。

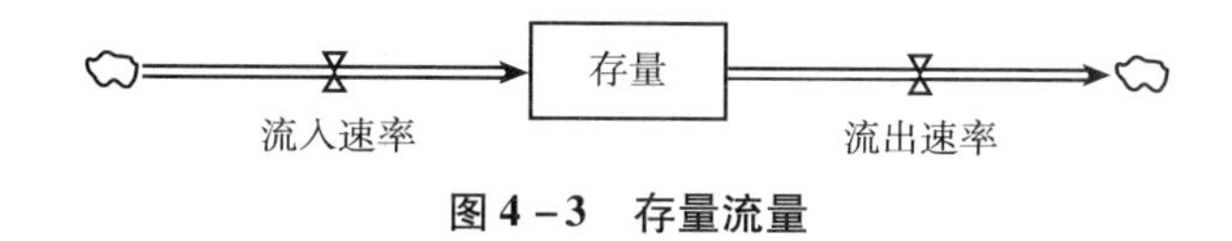

图 4-3　存量流量

由于存量表示流入与流出差值的累积量，又由于要反映出时间，因此存量流量图表示的过程可由以下积分表示：

$$S(T) = \int_t^T [I(s) - O(s)]\mathrm{d}s + S(t) \tag{4-1}$$

其中，$S(T)$代表时间 T 下的累积存量，$I(s)$代表流入的量，$O(s)$代表流出的量，$S(t)$代表初始 t 时间下的原始累积存量。

因为流量表示存量的净改变量，因此累积流量为存量对时间的微分，也可以理解为流入流量减去流出流量，初始存量是常数在这里不考虑。

$$\mathrm{d}S(T)/\mathrm{d}T = I(T) - O(T) \tag{4-2}$$

其中，$I(T)$代表时间 T 下的流入流量，$O(T)$代表时间 T 下的流出流量。

以上引入了基础的因果回路图和存量流量图，介绍了它们的概念以及如何绘制。接下来，要分析常见的几个模型来深入讨论系统动力学中系统结构和系统行为之间的关系，首先引入最基础也是最经典的一阶系统模型。一阶代表系统中状态变量的个数，即存量流量图中显示框图的个数。

二、一阶动力学系统模型

在系统动力学中讲的几阶模型，其中的阶指的是系统中状态变量的个数。首先来研究最基础的一阶系统模型。只有一个状态变量的系统模型称为一阶系统模型，因为在模型中至少要存有一个状态变量，因此一阶系统模型是系统动力学中最小最基础的模型。基于现实中的反应情况，系统的回路不同，一阶反馈的类型可分为一阶正反馈系统、一阶负反馈系统以及一阶多反馈系统三种。

（一）一阶正反馈系统

只有一个正反馈回路的系统，被称为一阶正反馈系统。为了更好地对一阶正反馈系统进行诠释，下面就采用人口系统案例来对此进行讲解分析。如图4－4所示就是一个简单的人口因果关系图，是一个正反馈的回路，纯增长数的增加会引起人口的增加，人口的增加又会推动纯增长数的增加。图4－5表示的是人口系统的存量流量图，通过该流量图可知，影响人口变化的主要因素是由纯增长数决定的，图4－5描述了人口 P 与纯增长数 I 之间的关系，其中人口纯增长数＝出生数－死亡数。所以，当出生数大于死亡数时，人口纯增长数为正，人口增加，当出生数小于死亡数时，人口纯增长数为负，人口减少。

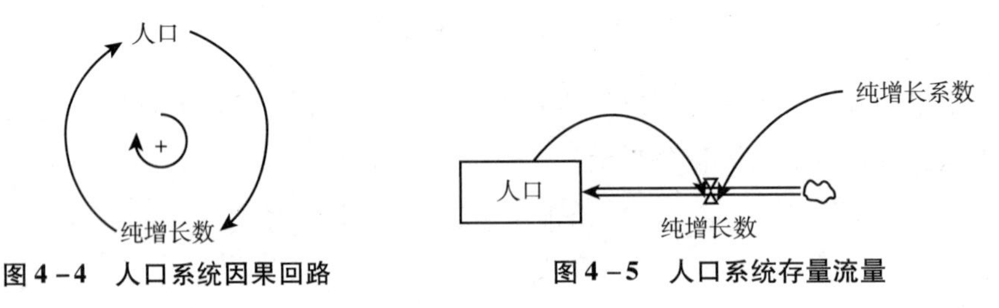

图4－4　人口系统因果回路　　图4－5　人口系统存量流量

图4－5中的流量情况可由下面的方程来表示，其中，P 是人口数，为状态变量，I 为速率，C 是纯增长系数为常数，DT 为计算时间间隔。

首先，建立差分方程：

$$P_{t+1} = P_t + I \times DT \tag{4-3}$$

此式还可改写成：

$$I = (P_{t+1} - P_t)/DT \tag{4-4}$$

令 DT 趋于0，则可得：

$$\mathrm{d}P(t)/\mathrm{d}t = I(t) \tag{4-5}$$

假设 $I(t) = C \times P(t)$，则上式可写成：

$$\mathrm{d}P(t)/\mathrm{d}t = C \times P(t) \tag{4-6}$$

再根据差分方程求解可得：

$$P(t) = P(0)e^{c \times t} \tag{4-7}$$

从式（4－7）中可看出，$P(t)$为指数函数，所以系统的行为就是指数增长或指数衰退的过程，如图4－6所示。

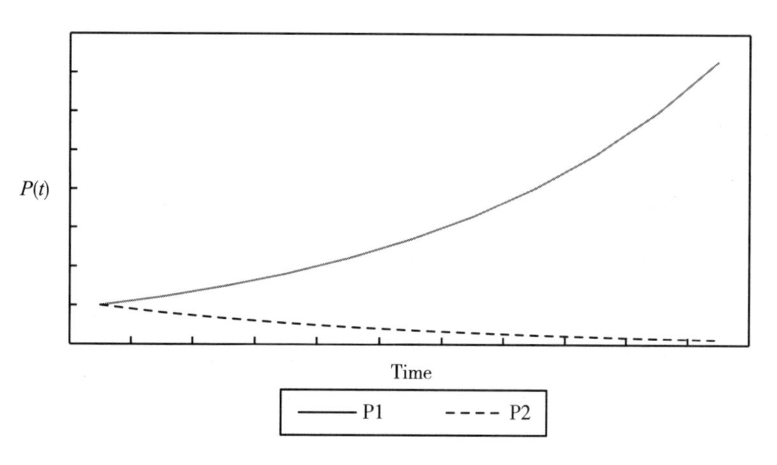

图4－6　一阶正反馈系统指数

图4－6中P1代表纯增长系数 C 为正数时的情况，P2代表纯增长系数 C 为负数时的情况。从图4－6中可以看出，虽然在指数增长的线P1中，其初期的结果与线性增长很相似，许多人会按线性进行估计，但是随着时间的加长，在后期会有较大的上升，因此，在现实中往往会有许多人低估指数函数在后期的影响。在指数衰减的线P2过程却和P1有所不同，其在初期衰减得会快一些，到了后期其衰减的速度就变得慢一些，如果时间无限延伸，其存量会逐渐衰减为零。

接下来研究下一阶正反馈系统的两个主要的参数：时间常数 T 和倍增时间/减半时间。

将时间常数定义为参数 C 的倒数，即 $T=1/C$，假设 C，$T>0$，则 $P(t)=P(0)e^{\frac{1}{T}\times t}$ 表示增长，$P(t)=P(0)e^{-\frac{1}{T}\times t}$表示衰减。

将 $t=T$ 代入 $P(t)=P(0)e^{\frac{1}{T}\times t}$，可得 $P(T)=P(0)e^{1}=2.73P(0)$；

将 $t=2T$ 代入 $P(t)=P(0)e^{\frac{1}{T}\times t}$，可得 $P(2T)=P(0)e^{2}=7.39P(0)$。

同理，

将 $t=T$ 代入 $P(t)=P(0)e^{-\frac{1}{T}\times t}$，可得 $P(T)=P(0)e^{-1}=0.37P(0)$；

将 $t=2T$ 代入 $P(t)=P(0)e^{-\frac{1}{T}\times t}$，可得 $P(2T)=P(0)e^{-2}=0.14P(0)$。

这个结果说明，当增长函数经历一个时间常数 T 后，$P(t)=2.73P(0)$，即结果相较于初始值约增长了2.73倍；对于衰减函数，当时间 t 经历一个时间常数后，$P(t)=0.37P(0)$，即结果约为初始值的2.73倍。同理，对于增长函数，当时间 t 经历两个时间常数后，$P(t)=7.39P(0)$，即结果较初始值约增长7.39倍；对于衰减函数，当时间 t 经历两个时间常数后，$P(t)=0.14P(0)$，即结果约是初始值的

0.14 倍。因为正反馈系统中增长或减少的速度是由时间 t 决定的，因此当时间常数大时（或 C 小），相应的 $P(t)$ 变化曲线就会比较平缓。反之，$P(t)$ 就会呈现较为陡峭的变化曲线。

接下来介绍倍增时间/减半时间。首先，倍增时间的定义为变量由初始值递增至初始值的两倍所需的时间。假设初始时间为 t_1，最后的时间为 t_2，则所需时间为 $\Delta t = t_2 - t_1$。令

$$\frac{P(t_2)}{P(t_1)} = \frac{P(0)e^{\frac{1}{T}\times t_2}}{P(0)e^{\frac{1}{T}\times t_1}} = e^{\frac{t_2 - t_1}{T}} = 2 \tag{4-8}$$

其中，$t_2 > t_1, t_1, t_2, T > 0$。

通过计算可得倍增的时间 $\Delta t = t_2 - t_1 = T\ln 2 = 0.69T$。也就是经过 0.69 倍的时间常数 T，最后结果值会增加为初始时间 t_1 结果值的两倍。

再者，减半时间定义为变量由初始值递减至初始值的一半所需的时间。令

$$\frac{P(t_2)}{P(t_1)} = \frac{P(0)e^{-\frac{1}{T}\times t_2}}{P(0)e^{-\frac{1}{T}\times t_1}} = e^{-\frac{t_2 - t_1}{T}} = \frac{1}{2} \tag{4-9}$$

可得 $\Delta t = t_2 - t_1 = T\ln 2 = 0.69T$。也就是经过 0.69 倍的时间常数 T，最后结果值会递减为初始时间 t_1 结果值的两倍。可以发现倍增时间和减半时间的结果都是一样的，与纯增长系数 C 为正或为负没有关系。

当然现实中也存在非典型性指数增长的情况，即当倍增时间 T（或系数 C）不为一个固定的常数，而是一个变化的数字时，这里选取倍增时间 T 变大和倍增时间 T 变小两种较为简单的情况进行分析，并与指数增长的情况进行比较，如图 4-7 所示。

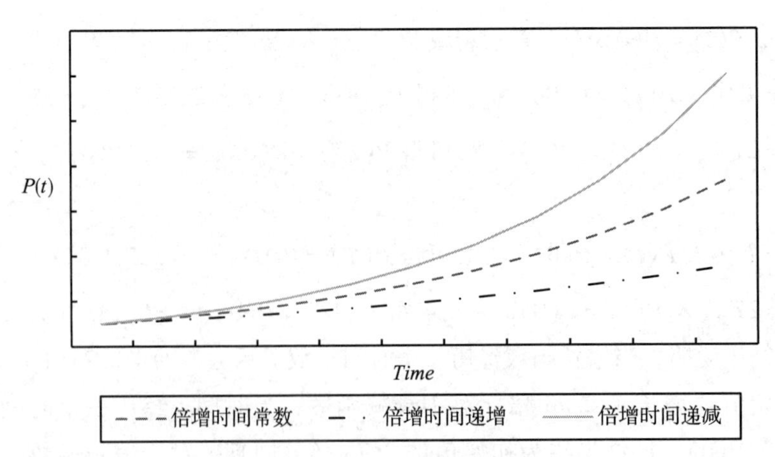

图 4-7 不同倍增时间图

由图 4-7 可以看出，对于倍增时间变小的情况，其结果增加快于指数增长；而对于倍增时间变大的情况，其结果增加慢于指数增长，因此这三种情况最后结果的排序为：倍增时间递减 > 倍增时间常数 > 倍增时间递增。

（二）一阶负反馈系统

与上述一阶正反馈系统的定义同理，只存在一个负反馈回路的系统就被称为一阶负反馈回路。负反馈系统具有跟随目标的特性。因为它具有自调节、自控制、自均衡、体内平衡或自适应等特点，从而使它具备能够自动寻找目标的能力。现以一阶负反馈系统中的库存系统为例来解释负反馈系统。

由图 4-8 可知，订货量的变化是使库存量发生变化的直接影响因素，但由于系统内部的反馈回路，当前库存量的变化也会引起订货量的变化。在该系统中，当前库存量低于期望库存值时，由于库存量太少，那么订货量就会增加，从而使得库存量趋于期望库存量；而当库存量大于期望库存量时，意味着当前库存量过多，由于这是一个负反馈回路，所以订单量就会减少，从而使得库存量恢复到期望库存量。

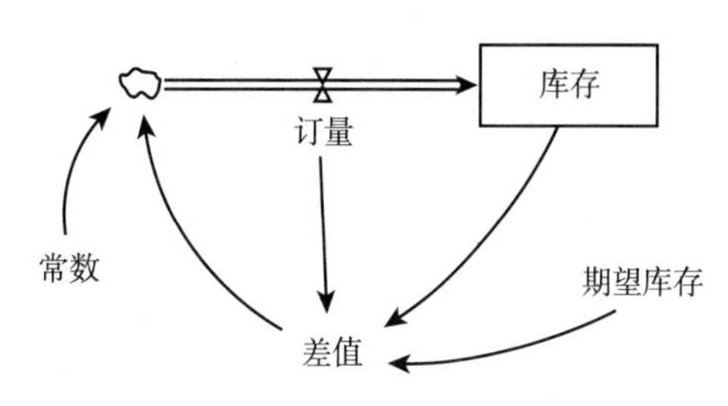

图 4-8　库存系统存量流量

根据上述的库存系统存量流量图建立方程，其中，P 为状态变量，I 为速率，C 为常数，A 为差值，G 为目标值，DT 为计算时间间隔。

差分方程如下：

$$P_{t+1} = P_t + I \times DT$$
$$I = C \times A$$
$$A = G - P_t \tag{4-10}$$

基于上述方程结合可得：

$$\frac{P_{t+1} - P_t}{DT} = C \times [G - P(t)] \tag{4-11}$$

令 DT 趋于 0，则可得：

$$\frac{\mathrm{d}P(t)}{\mathrm{d}t}\frac{\mathrm{d}P(t)}{G - P(t)} = C \times \mathrm{d}t$$
$$= C \times [G - P(t)] \tag{4-12}$$

可得：

$$P(t) = G - [G - P(0)]e^{-c\times t}O(T) = h_0 I(T) + h_1 I(T-1) + \cdots + h_i I(T-i) = \sum_{i=0}^{T} h_i I(T-i) \quad (4-13)$$

其中，$P(t)$为状态在t时的值；$P(0)$为状态初始值；G为目标值；c为比例常数；e为自然对数基，图4－9中展现了一阶负反馈库存系统的行为。

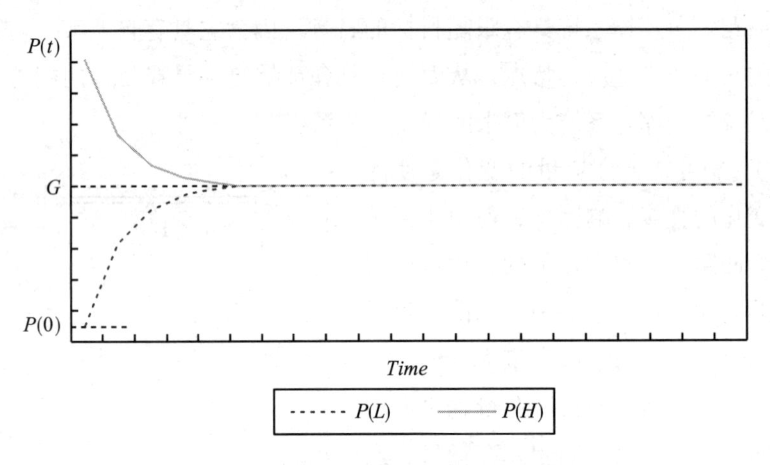

图4－9　一阶负反馈库存系统行为

图4－9中$P(L)$代表初始库存小于目标值G的情况曲线，$P(H)$代表初始库存大于目标值G的情况曲线。由图4－9可以看出，无论是初始库存大于目标值还是初始库存小于目标值，随着时间的流逝，库存$P(t)$会逐渐往目标值G靠近，对于$P(L)/P(H)$在短时间内会快速地上升/下降，有点类似线性函数。在开始到最后的时间内，$P(L)/P(H)$曲线上升/下降的速度会越来越慢，直到达到目标值G。

接下来研究下一阶负反馈系统的两个主要的参数：时间常数T和倍增时间。

下面以一阶负反馈系统为例，针对其两个主要参数，即时间常数和倍增时间之间的量化关系分析如下：

时间常数定义为参数C的倒数，即$T=\frac{1}{C}$。因此一阶负反馈系统的一般数学表达式可写作：

$$P(t) = G - [G - P(0)]e^{-\frac{1}{T}\times t} \quad (4-14)$$

将$t=T$代入$P(t) = G - [G - P(0)]e^{-\frac{1}{T}\times t}$可得：

$$P(T) = G - [G - P(0)]e^{-1} = P(0) + (1 - e^{-1})[G - P(0)] = P(0) + 0.632[G - P(0)] \quad (4-15)$$

时间常数 T 代表状态由在初始值 $P(0)$ 基础上增长约 0.632 倍的目标值与初始值之差所需的时间。同理可进一步求出：

$$\begin{aligned} P(2T) &= P(T) + 0.632[G - P(T)] \\ &= P(0) + (1 - e^{-2})[G - P(0)] \\ &= P(0) + 0.865[G - P(0)] \end{aligned} \tag{4-16}$$

$$\begin{aligned} P(3T) &= P(2T) + 0.632[G - P(2T)] \\ &= P(0) + (1 - e^{-3})[G - P(0)] \\ &= P(0) + 0.950[G - P(0)] \end{aligned} \tag{4-17}$$

由计算可得，假设 $P(0)=0$ 时，经过 3 倍的时间常数 T 之后状态值接近目标值 G 的程度已达约 95.0%，经过 4 倍的时间常数 T 之后状态值接近目标值 G 的程度已达约 98.2%，可以认为这个时候状态已经趋于稳定。

在这一小节，研究了一阶负反馈系统模型的整个原理、公式步骤，发现其行为图与一阶正反馈系统不同，在一阶负反馈系统中，最后的状态变量是逐渐趋于某个值，而不像一阶正反馈变量一样为指数分布。以上研究了一阶正反馈和一阶负反馈的情况，但是如果这两个情况并在一起会是怎样的呢？接下来对一阶多反馈系统进行研究。

（三）一阶多反馈系统

由于一些一阶反馈系统不止有一个反馈回路，其中包含了正反馈系统和负反馈系统在内的反馈系统。其状态变量随时间变化可成 S 形变化，具体如图 4－10 所示。

由图 4－10 可以看出，状态变量的曲线前段主要是受到正反馈的作用，而后段则是负反馈起主导作用，状态变量从 A 点开始增长速度先慢，再在 B 点逐渐变快，最后在 C 点速度又逐渐变慢，直到达到平衡值，形成一个 S 形的曲线。许多生物的繁殖曲线呈现出 S 形的形式。在初期由于出生率超过死亡率，其增长模式呈现出指数增长特性，但后期由于数量增长逐渐受到环境条件的限制，增殖的速度逐渐减弱，当纯增长率为 0 时，系统进入均衡状态。可以看出一阶多反馈系统相当于一阶正反馈系统和一阶负反馈系统的综合结合体，同时包含两种反馈的特性。

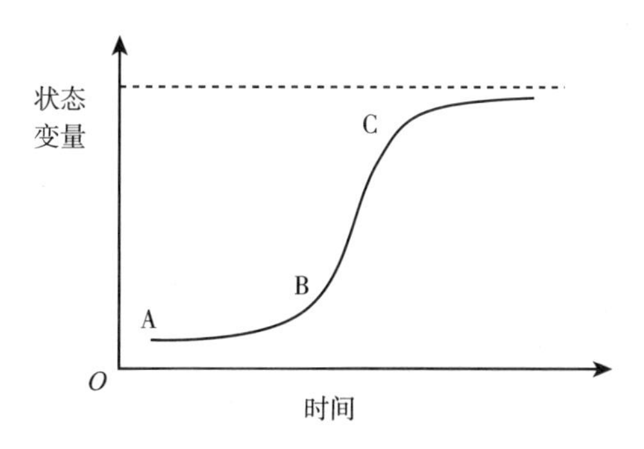

图 4－10　S 形增长曲线

S 形增长一般是由于受到环境条件制约造成的。在自然界中，当种群在一个有限的环境中增长时，随着种群密度的上升，由于资源的优先性导致食物等生存因素减少，从而加剧种群中个体间的竞争。并且，由于该物种数量的增加，相当于增加了以该物种为食的捕食者的食物来源，从而间接增加了捕食者的数量，进而使得被捕食种群的死亡率升高，使得被捕食种群数量降低。诸如此类原因，随着种群数量增多，环境条件对该种群数量的阻滞作用会不断增大，当达到环境的最大容量值时，种群数量就会停止增长，有时也会在最大值左右保持相对稳定。用S形曲线来表示种群数量变化规律，这对生物各方面的研究都具有重要的意义。

三、二阶动力学系统模型

二阶系统比一阶系统复杂，这是因为一般在一个二阶系统中会包含两个独立的且处于同一回路的状态变量，典型的二阶系统有生产企业的库存—劳动力系统、库存—订货积压系统、弹簧变形—动量系统，如图4－11所示。

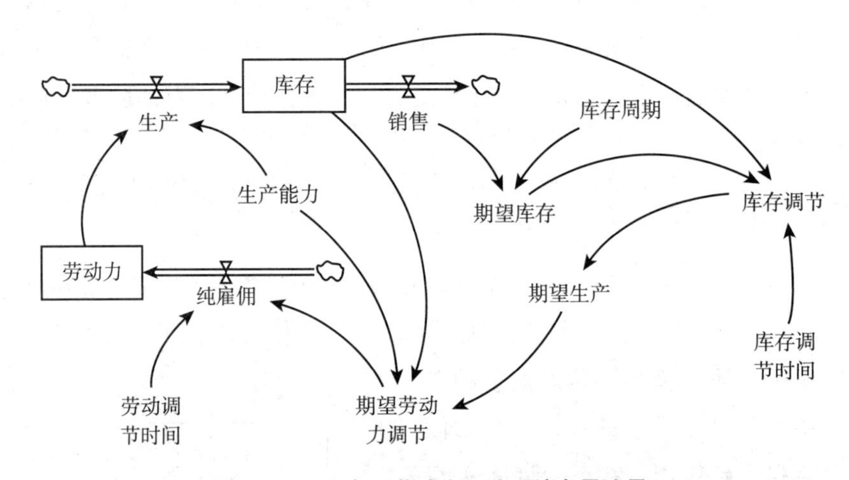

图4－11　库存—劳动力二阶系统存量流量

图4－11是一个库存—劳动力二阶库存系统的存量流量图，之所以称为二阶系统，是因为其库存和劳动力为状态变量。库存受到生产和销售两方面的控制，生产使库存增加，销售使库存减少。其中生产受劳动力和生产能力的影响，而生产能力一般固定为常数。劳动力由纯雇佣决定，其中纯雇佣由劳动力调节时间和期望劳动力决定，期望劳动力调节的情况会受到期望生产和期望库存的影响，期望生产也会受到库存调节的影响，期望库存受到销售、库存周期的要素影响。而期望库存和期望生产，企业都会有自己的规定，在系统运作中，企业再进行相应的调节。这些变量和要素最后形成了库存—劳动力二阶信息反馈系统。

图4－12中显示的是库存—订货积压二阶系统存量流量图，其中订货积压和库

存为两个状态变量。库存量由进货量和发货量决定。在订货积压中，订货使积压变多，进货使积压变少，而延迟订货和订货积压都会影响进货，外生的一些变量会影响发货。期望库存和库存调节时间都是影响订货的一个因素。如此可见，库存—订货积压也是一个二阶系统。

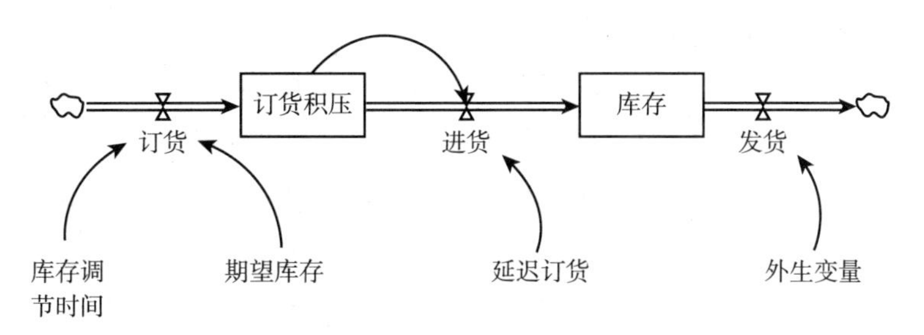

图 4－12　库存—订货积压二阶系统存量流量

其中弹簧的位置和动量为二阶系统的两个状态变量。状态变量弹簧的位置靠速度决定，因为弹簧的位置是速度在时间上的积分，速度又是动量除以质量。在状态变量动量中，其由弹簧的作用力决定，其中弹簧的弹力 = 弹性系数 × 形变量。图 4－13 中的圆形框的位移代表外生变量，其形变量的大小方向是由弹簧的位置和平衡位置决定的。由此可见，弹簧的形变也是一个二阶系统。

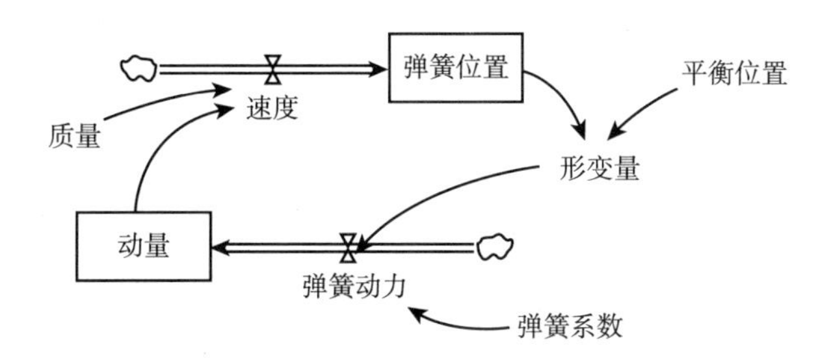

图 4－13　弹簧的变形与其动量的二阶系统

二阶系统的行为模式：

以上列举了一些二阶系统的例子，不同于一阶系统，在二阶系统的求解中会遇到阶跃、渐进增长、超调和振荡的情况。

在二阶阶跃输入的情况下可能会出现阶跃、渐进增长、超调三种情况。

阶跃：在二阶管道延迟中，输入一个阶跃，而输出仍旧是一个阶跃的情况，简单地说就是状态变量在某一时刻突然上升。

渐进增长：阶跃的输入导致一个渐进增长的输出，相关变量都随之增长，达到一个新的较高的平衡点。

超调：阶跃的输入使相关变量超过了原平衡点，接下来又会逐渐下降到达一个新的平衡点。

接下来，开始介绍振荡行为。由于在振荡中，相关变量在平衡点上会长时间地上下反复调整，因此振荡行为不同于以上几种，一般可分为三种情况：减幅振荡、等幅振荡和增幅振荡。

减幅振荡：状态变量随着时间变化，从刚开始的振荡幅度很大，逐渐到振荡幅度很小，最终达到一个新的平衡点。

等幅振荡：状态变量随着时间变化，其振荡的幅度随着时间的变化一直保持不变，即最后不管过了多久时间，最终状态变量不会达到平衡点。

增幅振荡：状态变量随着时间变化，其振荡的幅度随着时间的变化会一直变大，即时间越长，其幅度就越大，最终状态变量也不会达到平衡点。

对于这些提到的二阶系统行为模式的各种情况，如图 4－14 所示。可以帮助更加形象地理解。

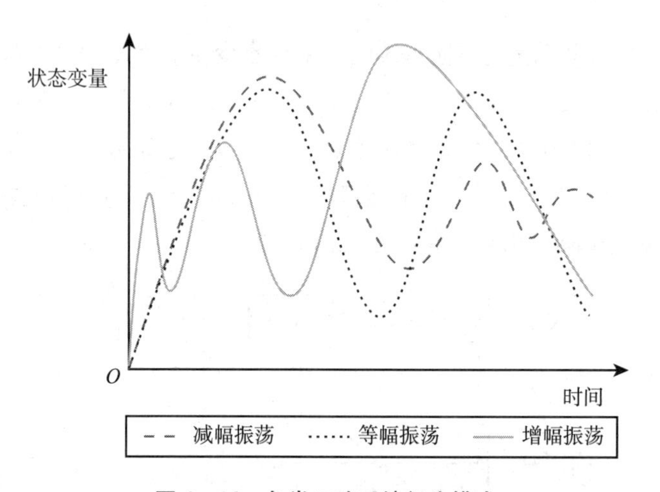

图 4－14　各类二阶系统行为模式

这一节主要讨论了一阶系统和二阶系统的经典模型以及一些相关理论。一阶系统是系统动力学中最小的系统，它的结构包含正反馈回路、负反馈回路，或者多个回路。其中正反馈系统又可分为指数增长行为和指数衰减行为。负反馈系统具有跟随目标的特征。多反馈系统会产生 S 形增长的行为，曲线前段是正反馈起主导作用，后段则是负反馈起主导作用。一阶系统不会产生超调，更不会产生振荡。一旦出现平衡，那么平衡将永远保持下去。

二阶系统比一阶系统更为复杂，在二阶系统中可能会出现各种行为。就算知道一阶系统的一个负反馈回路，也不能预见系统的行为会是如何的。系统可能发生振荡，也可能不发生振荡，这很大程度上取决于参数的设置。所以，通过人脑很难预测一个二阶系统的变化，基于此需要模型模拟来辅助。在二阶系统中可能会出现渐进行为或者振荡行为，该振荡可能是减幅的、等幅的也可能是增幅的。

四、延迟动力学系统模型

延迟的现象在现实生活中，无处不在。因为决策、实施、改变都需要时间。延迟可代表一个过程，即系统的输出在一定程度上落后于输入，所以在这个过程中一定会有一些存量的积累。以下举两个经典的例子：

这是一个快递公司寄件的例子，图 4－15 中延迟过程的输入是快递公司揽件或者客户去快递公司送物品的速率，输出是货物到达规定地点收件方收件的速率。信在寄送过程中被称为在途物品。

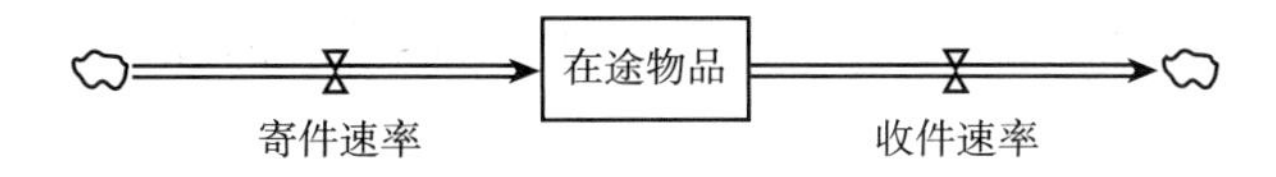

图 4－15　快递延迟例子

由于寄件在时间下是一个离散行为，因此，在时间 T 下的延迟可表示为：

$$O(T) = h_0 I(T) + h_1 I(T-1) + \cdots + h_i I(T-i) = \sum_{i=0}^{T} h_i I(T-i) \tag{4-18}$$

其中，$I(T-i)$ 代表 $T-i$ 时刻的输入，h 是一个滞后权重，表示一个输入在经过 i 时间后离开延迟的概率，$\sum_{i=0}^{T} h_i = 1$ 。

可知每件产品寄件收件所花的时间不同，导致其延迟时间不是固定的。接下来研究一个延迟时间固定的延迟案例。

图 4－16 是一个管道延迟的例子，在工业生产线的零件装配上很常见，而这种延迟的延迟时间不同于上一个例子是一个固定的常数，即物品在装配线的履带上的运行速度和进入速度是一样的。

图 4－16　管道延迟例子

在途货物的累计量可表示为：

$$S(T) = S[I(T) - O(T)] + S(0) \tag{4-19}$$

其中，$S(T)$ 代表 T 时刻的累计量；$S(T) = S[I(T) - O(T)]$ 代表 T 时刻的累积流入量减去累计流出量；$S(0)$ 代表原始累计量。

而管道延迟中，考虑上延迟时间常数 D，式（4－19）输出流 O 可改写为：

$$O(T) = I(T - D) \tag{4-20}$$

因为其是连续的，则式（4－20）又可改写为：

$$O(T) = \int_0^T h(i) I(T - i) \mathrm{d}i \tag{4-21}$$

其中，$\int_0^T h(i) \mathrm{d}i = 1$ 。

接下来再深入探究 h，若运输货物是混合搭配但空间利用充分，这表明货物在运输线上停留时间可能比平均延迟时间 D 长，也可能比平均延迟时间 D 短。上述例子是一个一阶延迟系统模型等价于一阶线性负反馈模型，因此一阶物质延迟的概率可用指数表示：

$$h(T) = \frac{1}{D} e^{\frac{-T}{D}} \tag{4-22}$$

则物料平均停留时间：

$$time = \int_0^{\infty} T \cdot h(T) \mathrm{d}T \tag{4-23}$$

再将 $h(T) = \frac{1}{D} e^{\frac{-T}{D}}$ 代入，可得：

$$time = -T \cdot e^{\frac{-T}{D}} \Big|_0^{\infty} + \int_0^{\infty} e^{\frac{-T}{D}} \mathrm{d}T = D \tag{4-24}$$

在离散的时间下，一阶延迟的滞后权重可看作随着时间以几何形式递减的：

$$h_i = (1 - C) C^i \tag{4-25}$$

其中，C 是一个大于 0 小于 1 的常数，$C = \frac{D}{D+1}$。

信息延迟是指得到信息时间有延迟，和感知有偏差，如 GDP、CPI、人口数量、通货膨胀率都不是一下子就可以得出的，都是按月按年得出的。

以上是一阶延迟系统的情况。如果是高阶延迟系统时：

$$h(T) = \frac{(n/D)^n}{(n-1)!} T^{n-1} e^{\frac{-nT}{D}} \tag{4-26}$$

其中，n 代表阶数。

若是离散时间下，知道平均延迟时间 D 下，高阶 h 为：

$$h_i = \frac{(i+n-1)!}{i!\ (n-i)!} (1 - C)^n C^i \tag{4-27}$$

以上就是延迟模型的原理与计算步骤，延迟现象无处不在，研究延迟模型对解决社会的许多复杂问题都有所帮助。

五、老化链动力学系统模型

在一个系统中，某些中间阶段也会有输入流和输出流，这里就要加入老化链。如果工厂里需要招聘员工，而招聘来的员工可以是老手，也可以是新手。新手通过训练又可以变成老手，新手老手都有自己的输入和输出，所以不能用二阶物料延迟来研究，这里是个老化链。

在一个老化链中，可以包含许多个存量，这些存量被称为群，每个群都有自己的输入和输出，如图 4－17 所示。

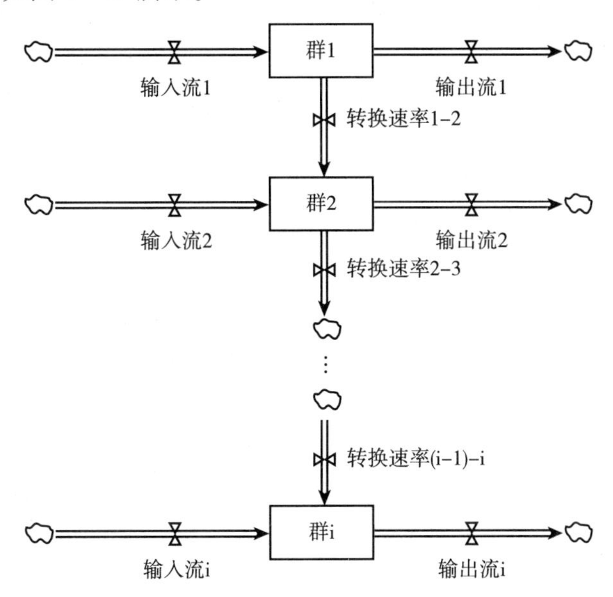

图 4－17　老化链的存量流量

图 4－17 中展示的是一个老化链的存量流量图，其中总的存量被分成了 i 个群，假设 $1 \leqslant k \leqslant i$，则 $S(k)$ 代表第 k 个群的存量，每个群都有自己的输入流 $I(k)$ 和输出流 $O(k)$，如果群 k 中的物品以转换速率 $V(k,k+1)$ 转移到群 $k+1$ 中，则第 k 个群的存量可表示为：

$$S(k)=S[I(k)+V(k-1,k)-O(k)-V(k,k+1)]+S(0) \qquad (4-28)$$

其中，转化速率 $V(k,k+1)$ 可以是正值也可以是负值，负值表示物品从群$k+1$ 流向群 k；$S(0)$ 为初始存量。在现实中 $V(k,k+1)$ 常用一个延迟来表示：

$$V(k,k+1)=\frac{S(k)}{E(k)} \qquad (4-29)$$

其中，$E(k)$表示群 k 中的物品移动到群 $k+1$ 的过程中，在群 k 中的平均停留时间，不同群下的 $E(k)$值不一定相同。

当前，老化链的现实例子有很多，如人口的老化。在之前的一阶人口模型中，一般定义人口数量＝出生数－死亡数＋原有数，而在这个模型中不太完善。因为这个模型假设了刚刚出生的孩子、青壮年、老年都可以马上生育下一代，并且他们几类人的死亡率也都是相同的，这不符合实际情况。所以必须要把所有人进行分组，如分成0～10岁、10～20岁、20～30岁、30～60岁、60岁后所有年龄段等，而这些组就是老化链中的群，这样才能较为准确地反映出人口数量的增减过程。年龄结构一般用人口金字塔来表示，世界上大多数国家的人口年龄结构都像是一个金字塔，即年龄小的人较多，随着年龄的增加，相应较高年龄的人就少。又如信用卡还款的例子，如果提前还款或者按时还款，银行将不会收取违约金，而随着逾期时间的长短，最后付给银行的违约金是不一样的，所以也可以作为一个老化链，不同的逾期日期可以作为不同的群。因此，老化链的模型在现实生活中的应用场景极其广泛。

第三节 基于 Vensim 的模型实现与案例分析

一、Vensim 软件介绍与动力学仿真

Vensim 仿真软件是由美国 Ventana Systems，Inc. 所开发，主要作为一款可观念化、文件化、模拟、分析，与最佳化的动态系统模型图形接口软件而存在的。除此之外，其还具有复合模拟、灵敏性测试、真实性检验等强大功能。Vensim 目前运用最广泛的主要有 Vensim PLE、Professional 和 PLE Plus 等版本，不同版本适用于不同需求的用户。本书选择 Vensim PLE 7.3.5 中文版来实现系统动力学模型的仿真模拟。

（一）Vensim 仿真软件的主要特性

1. 通过该软件可以实现可视化系统模型的建立

该软件在建模过程中需要进行一些编程操作，但是在模型建立过程中，并不是进行实际意义上的“编程”，其更为注重的是建模的概念，仅会在变量的公式定义过程中。由于变量之间的函数关系的不同，因而需要通过选择不同的编程语句来实现。打开 Vensim 软件后，新建项目就能通过菜单栏中的工具进行流图的绘画，继而定义方程与参数后就能进行模拟了。

2. 信息输出灵活且丰富

由于在该软件中采用了多种分析方法，所以仿真模拟之后得到的输出信息极为丰富，从而对模型的分析更为精确及有效；此外由于软件运行非常稳定，且输出兼容性强，模拟运行的结果不仅能够极为快速地显示与保存，其模型还能剪切到其他的编辑文件当中。

3. 采用多种分析方法对模型进行分析

在 Vensim 软件中主要有原因树分析法、结果树分析法（使用树分析法）以及反馈列表。运行后的结果既可以通过图形的形式输出，也可以以列表的形式来展现。此外，该软件还能通过复合模拟功能将不同参数的运行结果进行对比分析。

4. 真实性检验

在系统动力学模型中，有一些重要变量在事先可以通过常识和基本原则来对其正确性作出判定，并将这一判定作为真实性约束输入建立的模型中，然后对其进行仿真模拟。此时，用户就能根据模型在模拟运行过程中与这些约束之间的情况来判断所建模型的真实性与合理性。

（二）模型创建步骤

可以通过对 Vensim 软件进行编程，将所需的系统流量图模型在软件中进行可视化建模。在对每个变量进行赋值之后，进行模型的仿真模拟，从而得出所需结果。具体操作步骤如下。

1. 新建模型

（1）打开 Vensim 软件，单击左上角按钮创建新模型，弹出 Model Settings 对话框。

（2）设置好 Model Settings 中的相关参数后，单击“确定”按钮，再单击左上角按钮，对新建模型进行保存。

（3）若要打开已有模型，可以通过单击左上角按钮来实现。

（4）以上几项操作也可以通过单击左上角“文件 F”选项来实现，如图 4－18 所示。

2. 模型绘制

（1）在新建模型后会出现绘图界面，单击按钮，再单击空白页面，对常量和辅助变量进行编辑；单击按钮，对状态变量进行编辑；单击按钮，对影子变量进行编辑。

（2）变量编辑完成后，运用工具调整各变量在绘图区域的位置，当变量位置调试恰当后，单击按钮连接各变量，用于表达各变量之间的因果关系，按钮用于流入、流出速率箭头的绘制。

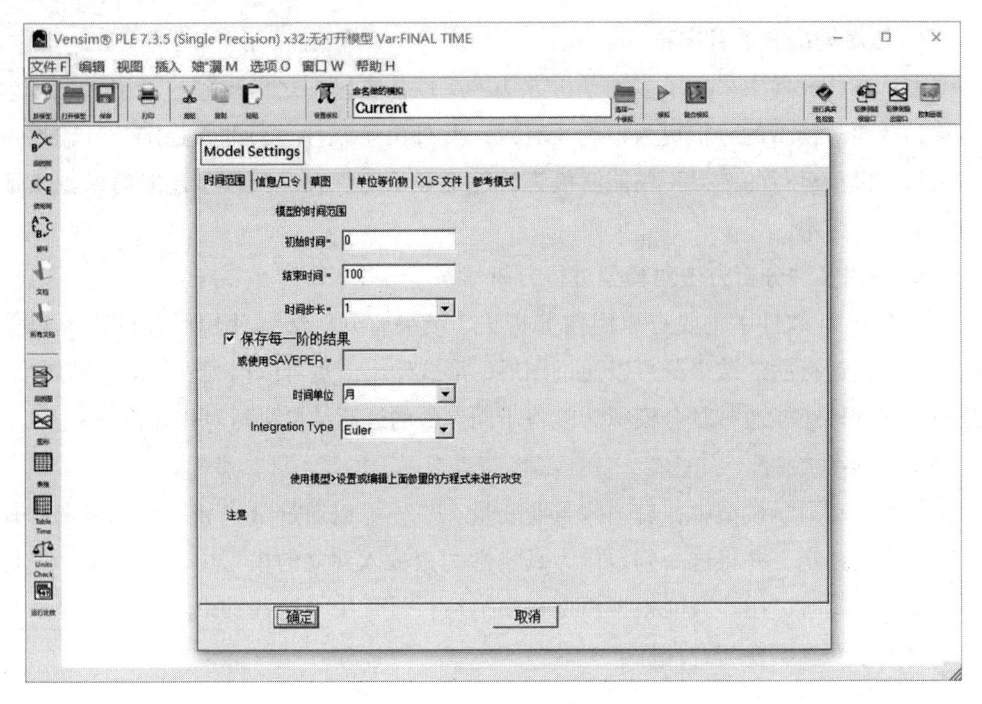

图 4-18　Vensim 软件模型创建

（3）按钮是选定工具，单击之后可以对变量的位置进行改变，也可以改变箭头的长度和连接路线；是锁定工具，单击后将会锁定流量图，以防止操作失误而使系统流量图发生变动，如图 4-19 所示。

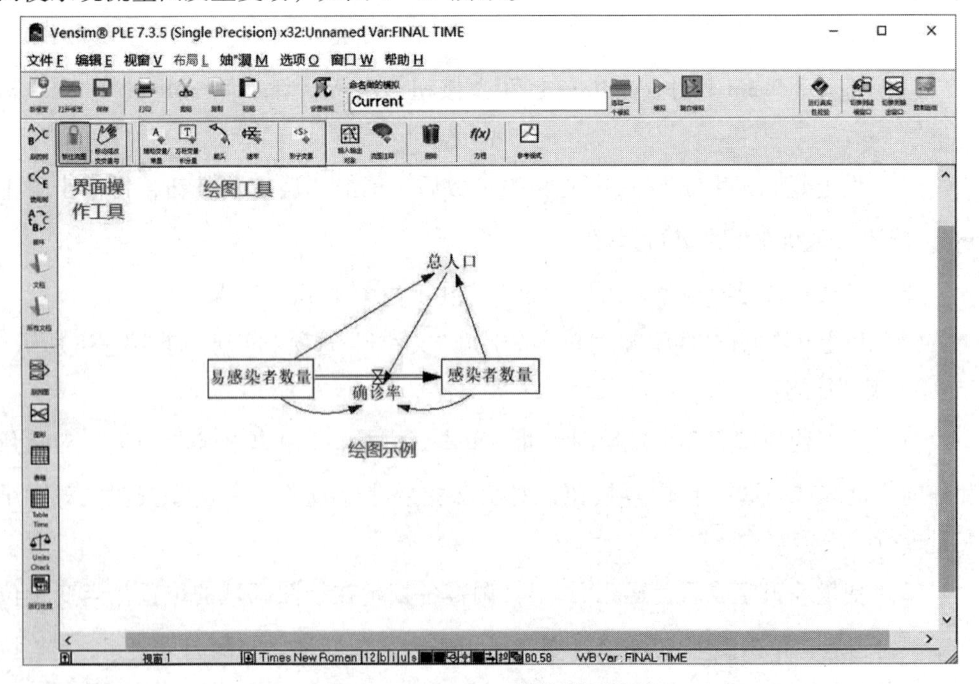

图 4-19　Vensim 软件模型绘制

3. 变量赋值

（1）流量图绘制完毕之后，要对各变量进行赋值，单击 f(x) 按钮之后，没有赋值的变量会填充为黑色，再单击所要赋值的变量就会弹出变量赋值界面。

（2）变量赋值后黑色填充会恢复为白色，赋值界面主要部分有变量类型、单位、数学公式编辑区域、编程语句选择区域、相关变量区域以及软键盘，具体赋值界面及介绍如图 4－20 所示。

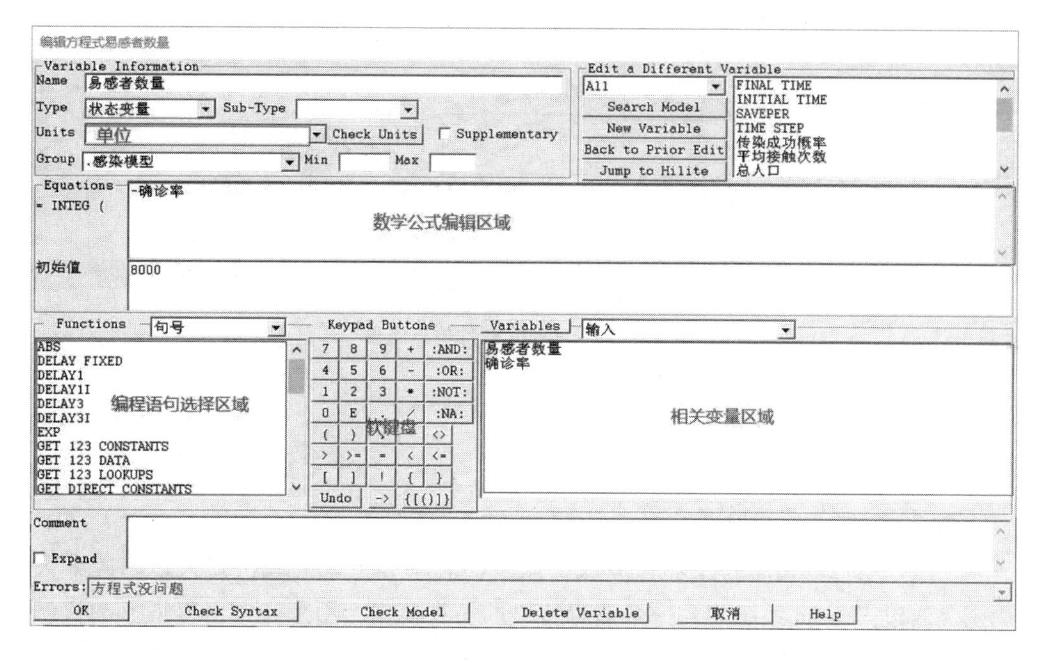

图 4－20　Vensim 软件变量赋值

（3）当所有变量赋值完毕后，单击左下角按钮对变量单位进行检测，当变量左右单位不相符时，系统会报错，并会显示出现错误变量名称及错误单位。

4. 仿真模拟

（1）当所有变量赋值结束并进行单位检测后，就可以进行仿真模拟，单击进行模拟，表示的是复合模拟，它能实时显示随变量改变而变化的图形。

（2）仿真模拟后，选中所要查看的变量，可以通过左侧的菜单栏查看运行结果，前三项用于查看变量的因果关系，其中包括变量的原因树、使用树以及循环回路；接下来两个选项用于查看变量的公式以及单位等相关信息；最后四项分别通过图形以及表格的形式来反映变量随时间变化的关系。

（3）当要对不同仿真结果进行对比时，通过单击右上角按钮，新建另一个图层，改变量后进行仿真运行，就能得到不同仿真结果的对比图，如图 4－21 所示。

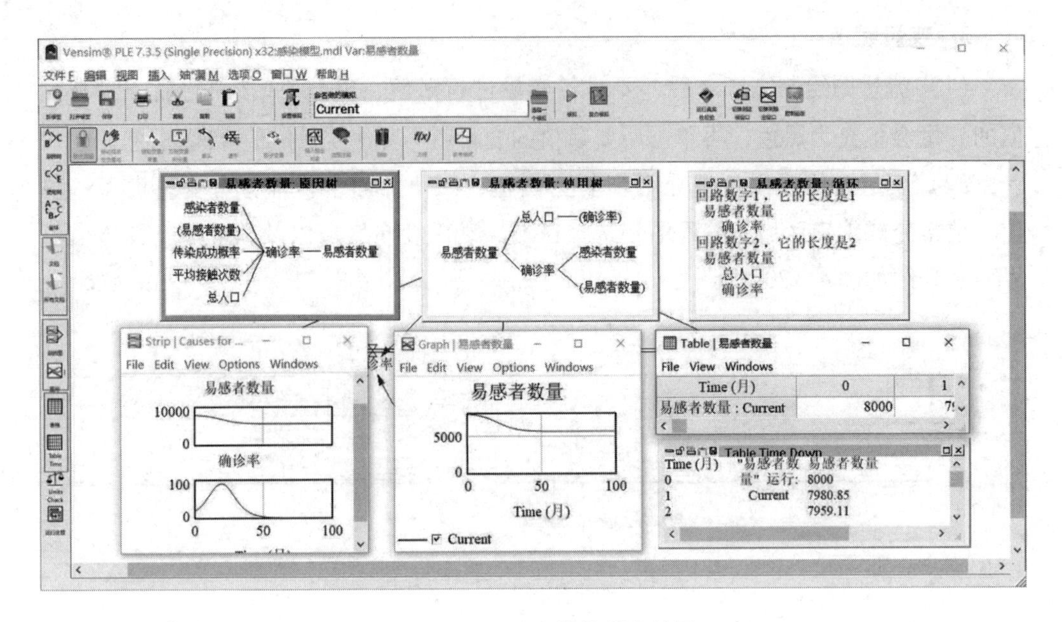

图 4-21 Vensim 软件仿真结果

二、模型软件应用与案例分析

案例一：病毒传染模型

近两年新冠疫情席卷全球，造成了太多的悲剧和重大的经济损失，因此本案例主要通过 Vensim 系统建立一个病毒传染的仿真模型，用来观察由感染率和接触次数的变动对确诊人数的影响。并对仿真结果进行分析来验证采用隔离措施是否能对疫情防控起到积极的作用。运用 Vensim 软件建立的病毒传染系统流图如图 4-22 所示。

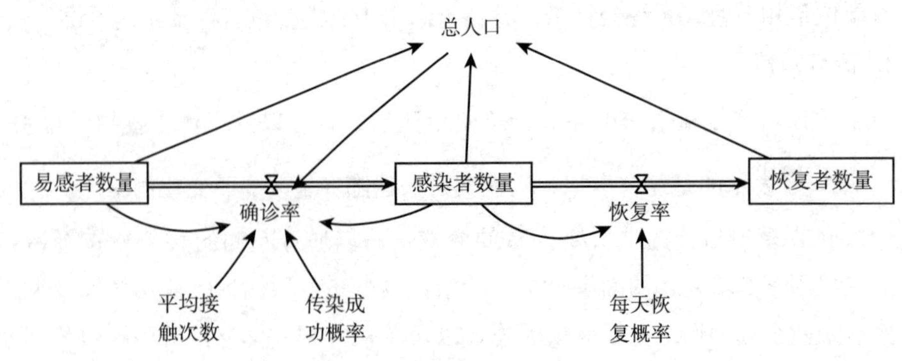

图 4-22 病毒传染模型

（一）变量及函数设定

根据图 4-22 所示，模型中的感染者数量、恢复者数量和易感染者数量是模型中的三个状态变量；辅助变量分别是总人口数、恢复率以及确诊率；此外三个常量分别对应平均接触次数、每天恢复概率和传染成功率。其总结如表 4－1 所示。

表 4－1　病毒感染模型变量

变量类型	变量名称	英文名称	简称
状态变量	易感者数量	Number of susceptible persons	S
	感染者数量	Number of infected persons	I
	恢复者数量	Number of recoveries	R
辅助变量	总人口	Population	P
	确诊率	Diagnosis rate	D
	恢复率	Recovery rate	RR
常量	平均接触次数	Average contact times	AT
	每天恢复概率	Recovery probability	RP
	传染成功概率	Infection success probability	IP

病毒感染模型中所涉及的变量已经总结如前文，要想更好地分析系统中各变量之间的动态关系，还需要对变量之间的相互关系进行定义。因此，通过 Vensim 软件结合相关资料对模型中各变量的动态方程式的定义如下。

易感染者数量（S）由初始易感染者数量（IS）和感染人数（I）所决定，易感染者数量等于初始易感染者数量（IS）减去确诊率（D）的积分，其数学方程在软件中表示如下：

$$S = IS - INTEG(D)$$
$$IS = 8000 \tag{4-30}$$

感染者数量（I）等于确诊率（D）与恢复率（RR）之差的积分，再加上初始感染者数量（II），其数学方程在软件中表示如下：

$$I = INTEG(D - RR) + II$$
$$II = 20 \tag{4-31}$$

恢复者数量（R）是回复率（RR）的积分加上初始恢复者数量（IR），其数学方程在软件中表示如下：

$$R = INTEG(RR) + IR$$
$$IR = 0 \tag{4-32}$$

确诊率（D）的定义为平均接触次数（AT）、传染成功概率（IP）、感染者数量（I）、易感者数量（S）的乘积再除以总人口（P），其数学方程在软件中表示如下：

$$D = AT \times IP \times I \times S/P \tag{4-33}$$

恢复率（RR）表现为感染者数量（I）和每天恢复概率（RP）的乘积，其数学方程在软件中表示如下：

$$RR = I \times RP \tag{4-34}$$

总人口（P）为恢复者数量（R）、感染者数量（I）、易感者数量（S）的总和，其数学方程在软件中表示如下：

$$P = R + I + S \tag{4-35}$$

以上是病毒感染系统的系统仿真流图以及模型中所用到的主要方程，其相关参数赋值如表4-2所示。

表4-2　　　　病毒感染模型变量赋值表

变量名称	英文简称	赋值
平均接触次数	*AT*	4
每天恢复概率	*RP*	0.82
传染成功概率	*IP*	0.24
初始恢复者数量	*IR*	0
初始感染者数量	*II*	20
初始易感染者数量	*IS*	8000

其中，根据2020年4月18日国家公布的相关传染病数据得出传染成功率（IP）约为0.24，由于采取了隔离措施，可能的传染范围主要在家庭内部，所以平均次数定为4次，而为了使仿真结果更为简便明了，将每天恢复概率（RP）、初始恢复者数量（IR）、初始感染者数量（II）、初始易感染者数量（IS）分别定为0.82、0、20、8000。

为了使仿真结果便于观察和研究，所以将该病毒感染模型的模拟运行时间参数设置如下：初始时间为0，结束时间为100，时间步长为1，以“月”作为模型仿真的时间单位，如图4-23所示。

（二）因果链及反馈回路分析

1. 易感染者因果链及反馈回路分析

易感染者原因树分析：通过软件因果链可知，易感染者数量直接受到确诊率的影响，当确诊率上升时会导致易感染者数量下降，反之确诊率也会随着易感染者数量的变化而变化；除此之外，确诊率还会受到感染者数量、传染成功率、平均接触数量以及总人口这些因素的影响，如图4-24所示。

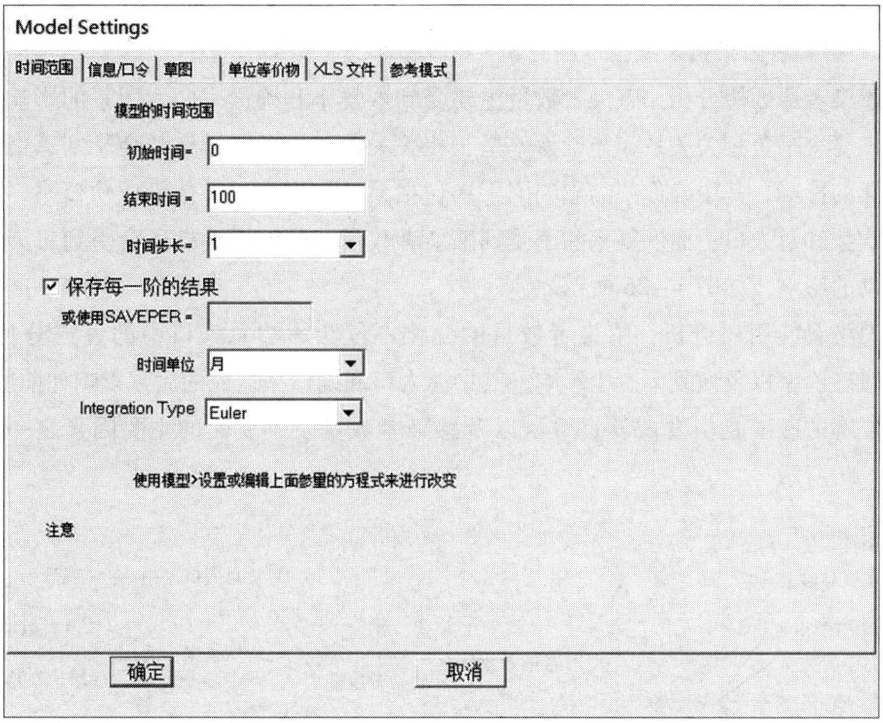

Model Settings
时间范围
信息/口令
草图
单位等价物
XLS 文件
参考模式
模型的时间范围
初始时间=
0
结束时间 =
100
时间步长=
1
保存每一阶的结果
或使用SAVEPER =
时间单位
月
Integration Type
Euler
使用模型>设置或编辑上面参量的方程式来进行改变
注意
确定
取消

图 4 – 23　病毒感染模型时间参数

易感染者使用树分析：易感染者数量的变化能直接影响易感染者在总人口中所占的比例，此外易感染者数量不仅是确诊率的影响因素，同时也会随确诊率的变化而变化，二者相互影响，而总人口的变化也同样会造成确诊率发生变化；在该使用树中，确诊率在影响感染者数量的同时，还会使得易感染者数量发生变化，如图 4 – 25 所示。

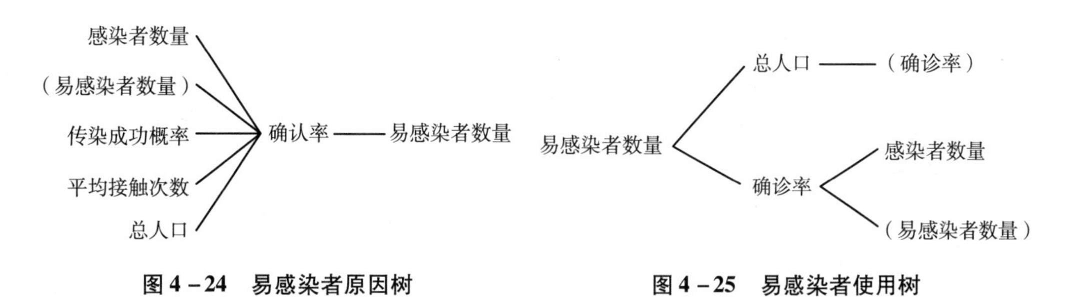

感染者数量
（易感染者数量）
传染成功概率
平均接触次数
总人口
确认率
易感染者数量

图 4 – 24　易感染者原因树

易感染者数量
总人口
（确诊率）
确诊率
感染者数量
（易感染者数量）

图 4 – 25　易感染者使用树

易感染者回路分析：

回路数字 1 ，它的长度是 1

易感染者数量——确诊率

回路数字 2 ，它的长度是 2

易感染者数量——总人口——确诊率

2. 感染者因果链及反馈回路分析

感染者原因树分析：感染者数量主要受到恢复率和确诊率两大因素的影响，其中与恢复率呈负相关关系，与确诊率呈正相关关系；二者同样也都会受到感染者数量变化的影响，其中确诊率的影响因素还包括易感染者数量、传染成功概率、平均接触次数和总人口；而恢复率除了受到感染者数量变化的影响外还会受到每天恢复率变动的影响，如图 4－26 所示。

感染者使用树分析：感染者数量的变化不仅会影响总人口中的各成分比例，还会对确诊率以及恢复率产生影响；其中总人口和确诊率造成的后续影响如前所述，而恢复率的改变是引发恢复者数量以及感染者数量发生变化的主要因素之一，如图 4－27 所示。

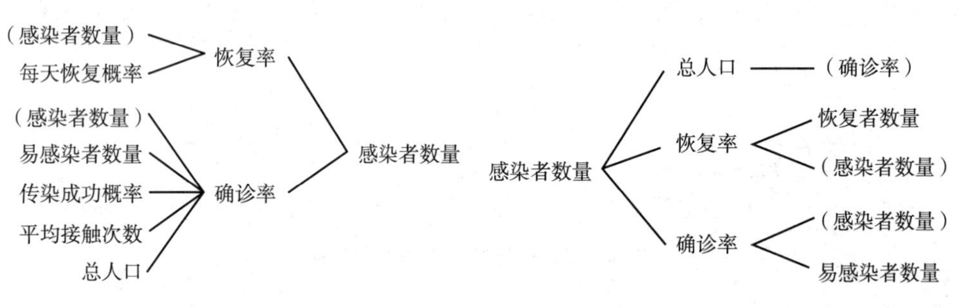

图 4－26　感染者原因树　　**图 4－27　感染者使用树**

感染者回路分析：

回路数字 1 ，它的长度是 1

感染者数量——确诊率

回路数字 2 ，它的长度是 1

感染者数量——恢复率

回路数字 3 ，它的长度是 2

感染者数量——总人口——确诊率

回路数字 4 ，它的长度是 4

感染者数量——恢复率——恢复者数量——总人口——确诊率

3. 恢复者数量因果链及反馈回路分析

恢复者原因树分析：恢复者数量直接受到恢复率变化的影响，而由于恢复率的缘故，其数量变化还会受到感染者数量以及每天恢复概率变化的间接影响，如图 4－28 所示。

恢复者使用树分析：恢复者数量的变化同样也会对总人口产生影响，并通过对总人口的影响使确诊率发生改变，如图 4－29 所示。

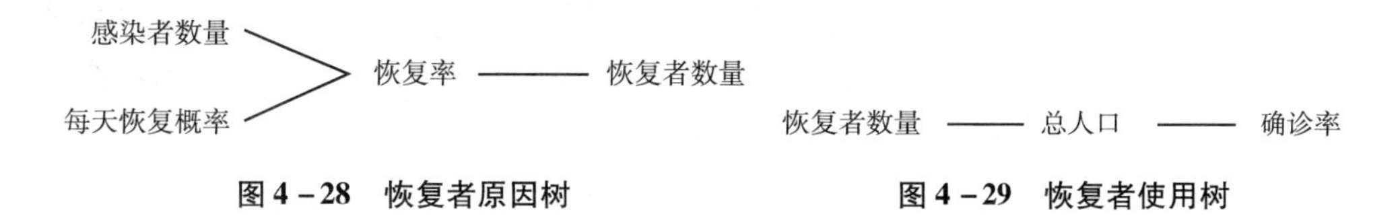

图 4－28　恢复者原因树　　　图 4－29　恢复者使用树

恢复者回路分析：

回路数字 1，它的长度是 4

恢复者数量——总人口——确诊率——感染者数量——恢复率

4. 总人口因果链及反馈回路分析

总人口原因树分析：由总人口数学表达式可知，总人口数量是恢复者数量、感染者数量和易感染者数量的总和，所以总人口的变化直接受到这三个因素的影响，又因为恢复者数量、感染者数量、易感染者数量的变化又各自会受到恢复率和确诊率的影响，因此总人口的变化又会间接地受到恢复率和确诊率的影响，如图 4－30 所示。

总人口使用树分析：总人口数量变化只会对确诊率起到直接影响的作用，又因为确诊率的桥梁作用，所以总人口数量变化会间接地导致感染者数量和易感染者数量发生变动，如图 4－31 所示。

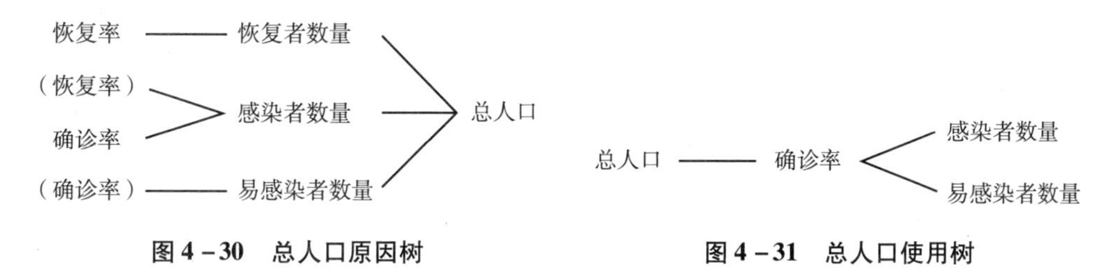

图 4－30　总人口原因树　　　图 4－31　总人口使用树

总人口回路分析：

回路数字 1，它的长度是 2

总人口——确诊率——易感染者数量

回路数字 2，它的长度是 2

总人口——确诊率——感染者数量

回路数字 3，它的长度是 4

总人口——确诊率——感染者数量——恢复率——恢复者数量

5. 确诊率因果链及反馈回路分析

确诊率原因树分析：能直接影响确诊率的因素有很多，其中包括感染者数量、易感染者数量、传染成功概率、平均接触次数和总人口；其中感染者数量和易感染者数量又会直接受到确诊率的影响，从而形成两条回路，此外感染者数量还会受到恢复率的直接影响；而总人口直接受到恢复者数量、感染者数量和易感染者数量变化的影响，如图 4－32 所示。

确诊率使用树分析：由图4－32确诊率原因树可知，确诊率与感染者数量和易感染者数量形成长度为1的因果回路，因此确诊率能直接影响感染者数量和易感染者数量，从而间接地对总人口、恢复率产生影响，如图4－33所示。

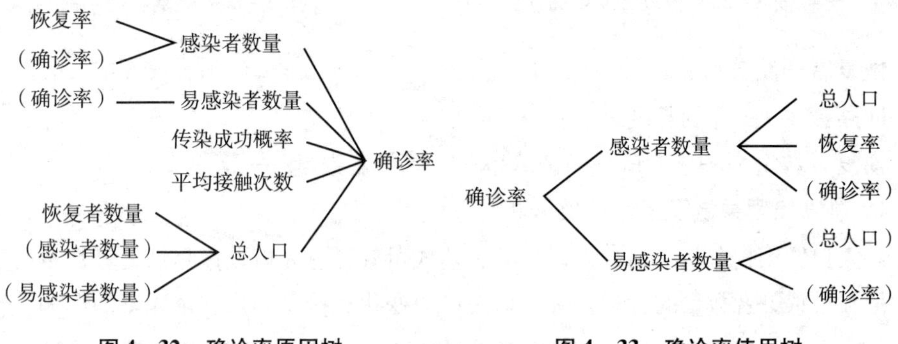

图4－32　确诊率原因树　　图4－33　确诊率使用树

确诊率回路分析：

回路数字1，它的长度是1

确诊率——易感染者数量

回路数字2，它的长度是1

确诊率——感染者数量

回路数字3，它的长度是2

确诊率——易感染者数量——总人口

回路数字4，它的长度是2

确诊率——感染者数量——总人口

回路数字5，它的长度是4

确诊率——感染者数量——恢复率——恢复者数量——总人口

6. 恢复率因果链及反馈回路分析

恢复率原因树分析：在该条原因树中感染者数量和每天恢复概率是恢复率的直接影响因素，而确诊率在其中起到间接影响的作用，如图4－34所示。

恢复率使用树分析：恢复率除了受其他因素影响外也会对恢复者数量、感染者数量、总人口和确诊率这些因素产生影响，其中对恢复者数量、感染者数量产生直接影响，对总人口和确诊率产生间接影响，如图4－35所示。

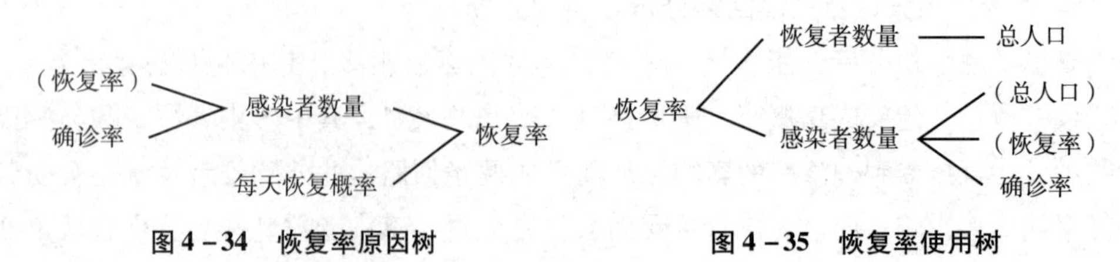

图4－34　恢复率原因树　　图4－35　恢复率使用树

恢复率回路分析：

回路数字 1 ，它的长度是 1

恢复率——感染者数量

回路数字 2 ，它的长度是 4

恢复率——恢复者数量——总人口——确诊率——感染者数量

（三）仿真结果分析

1. 仿真数据分析

（1）易感染者数量。

其时间变化图如图 4－36 所示。

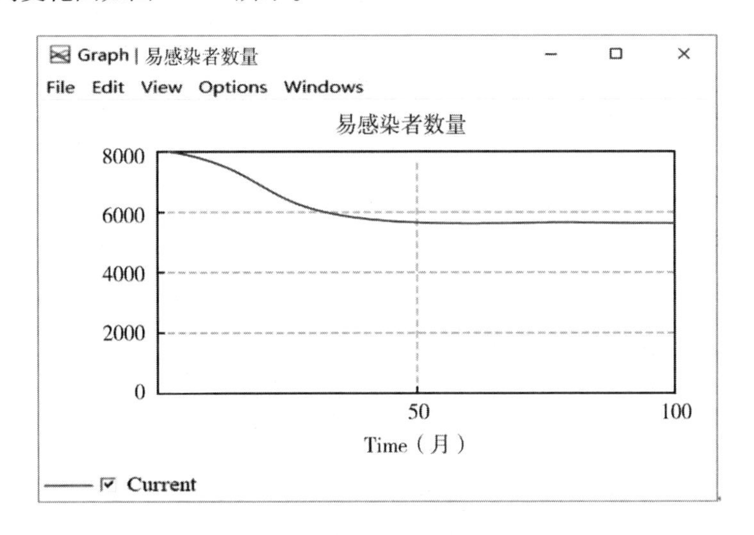

图 4－36　易感染者数量变化

随着时间的推移易感染者数量从初始的 8000 人下降至 6000 人以下，前 10 个月左右下降速度略缓，随后速度加快，在第 40 个月左右趋于稳定，并在之后的月份内几乎保持相同的易感染者数量不变。其原因分析如图 4－37 所示。

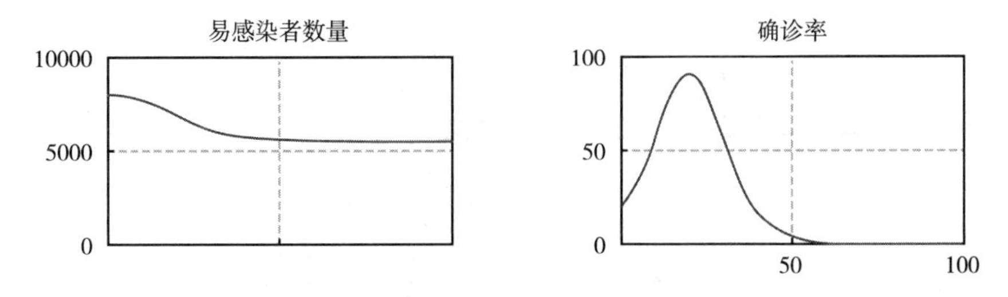

图 4－37　易感染者数量变化原因

原因主要是通过图形的方式，更为直观地揭示两个因果因素之间的影响关系。

由图 4－37 可知，易感染者数量的变化主要是由于确诊率的变化所导致的，确诊率先由初始值增加至 90 左右，在第 20 个月达到峰值，此时也是易感染者数量下降最快时期，随后急剧下降，在第 50 个月之后确诊率基本保持稳定，并逐渐趋近于 0。

（2）感染者数量。

其时间变化图如图 4－38 所示。

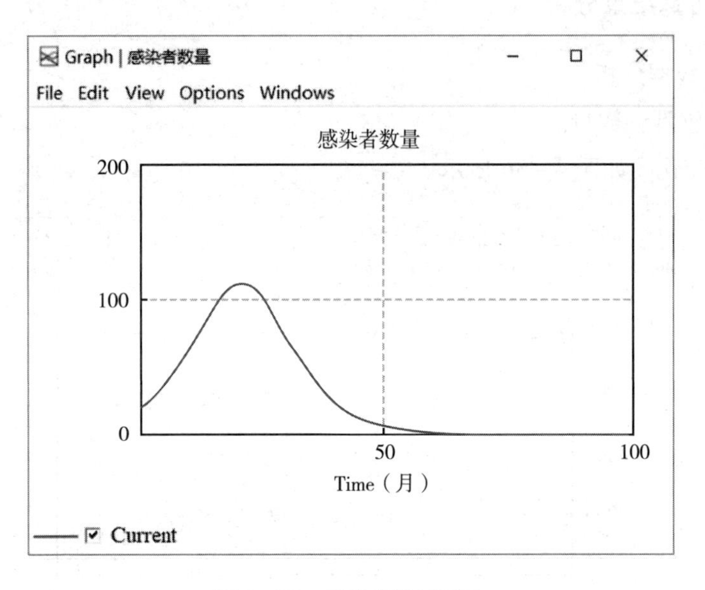

图 4－38　感染者数量变化

感染者数量变化趋势，几乎与确诊率保持一致，在第 21 个月达到峰值，此时的确诊人数达到 110 人左右，相较于初始感染者数量增加了约 90 人。随后，感染者数量开始下降，在第 45 个月下降至 10 人左右，增速放缓，感染者数量逐渐趋近于 0 人。其原因分析如图 4－39 所示。

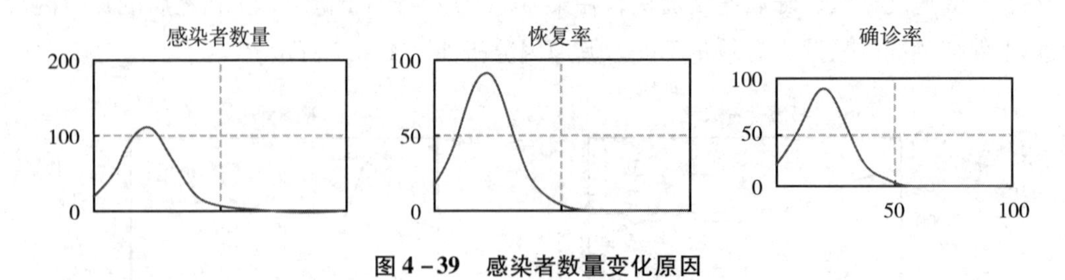

图 4－39　感染者数量变化原因

由图 4－39 可知，感染者数量的变化主要受到恢复率和确诊率两大因素的影响，它们的上升趋势与下降趋势基本保持一致，其中确诊率的上升是导致感染者数量上升的主要因素，由于恢复率的作用使感染者数量下降，并最终趋近于 0 人。

（3）恢复者数量。

其时间变化图如图 4－40 所示。

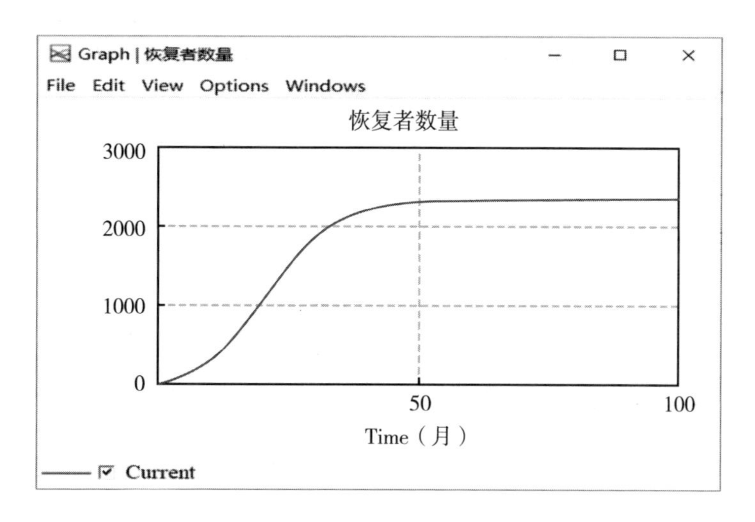

图 4－40　恢复者数量变化

恢复者数量变化的总趋势是随着时间的增长而增长，并最终趋于稳定。恢复者数量初始从 0 人，保持较高增速在第 45 个月左右增加至 2300 人左右，之后增速放缓，在第 65 个月之后，恢复者数量大约达到 2360 人左右，而在此之后时间的人数增长量则非常微小。其原因分析如图 4－41 所示。

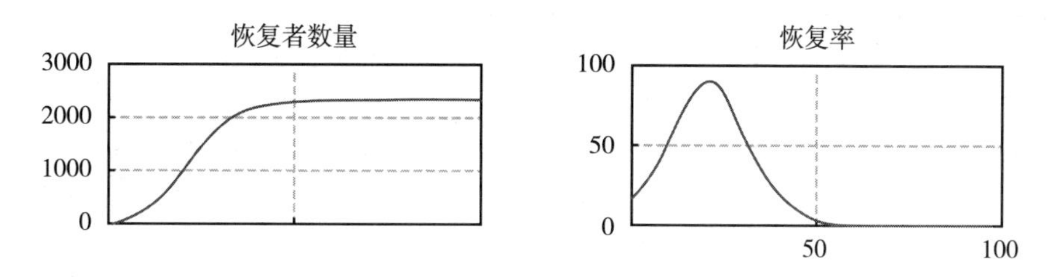

图 4－41　恢复者数量变化原因

导致恢复者数量变化的主要原因是恢复率的变动，在恢复率呈增长趋势并达到峰值的时间段里，正是恢复者数量快速增长的时期，随后由于恢复率逐步下降，并最终趋于 0，导致恢复者数量增速急剧下降，使得恢复者数量的增长量在最后的几个月中几乎可以忽略不计。

（4）确诊率。

确诊率随时间变化的趋势与易感染者数量的关系在图 4－42 中已经得到大致说明，确诊率的变化主要会导致易感染者人数与感染者人数发生变化，其中确诊率变化主要会影响易感染者人数减少的速率，而与感染者数量几乎呈一致的变化。其原因分析如图 4－43 所示。

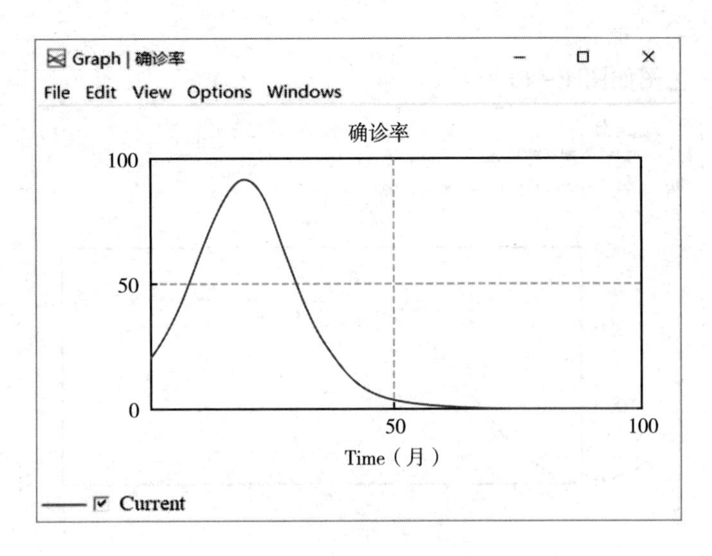

图 4－42 确诊率时间变化

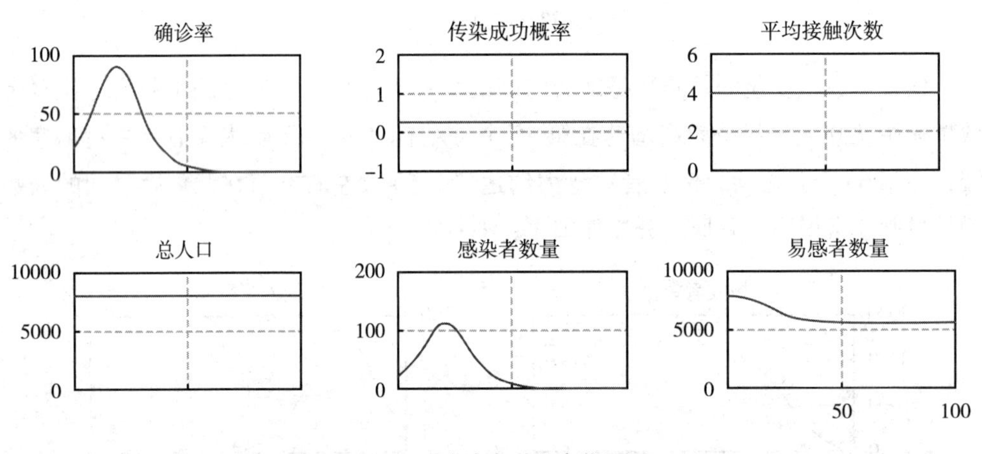

图 4－43 确诊率时间变化原因

由图 4－43 可知，确诊率变化是由传染成功概率、平均接触次数、总人口、感染者数量、易感染者数量共同作用的结果。其中传染成功概率和平均接触次数是常量，并不会随时间变化而产生波动，总人口数量虽然维持不变，但其中的成分比例会随着易感染者人数、感染者人数以及恢复者人数的变化而发生改变。在上文因果回路分析中可知确诊率与易感染者人数和感染者人数分别形成长度为 1 的回路，因此确诊率不仅受到易感染者数量和感染者数量变化的影响，同时其自身发生变化也会对二者的变化产生影响，其相互间的影响关系如上文所述，此处便不再赘述。

（5）恢复率。

其时间变化图如图 4－44 所示。

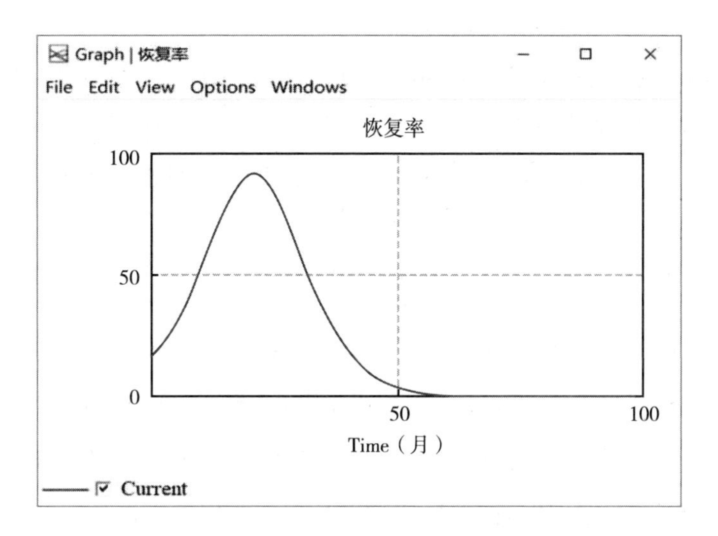

图 4-44　恢复率时间变化

恢复率随时间变化趋势的图形与感染者数量变化的图形基本保持一致，即随着时间的增长先是增长，当达到峰值后再下降。恢复率在第 20 个月左右达到峰值，其值约为 90，随后开始下降，并逐步趋近于 0，如图 4-45 所示。

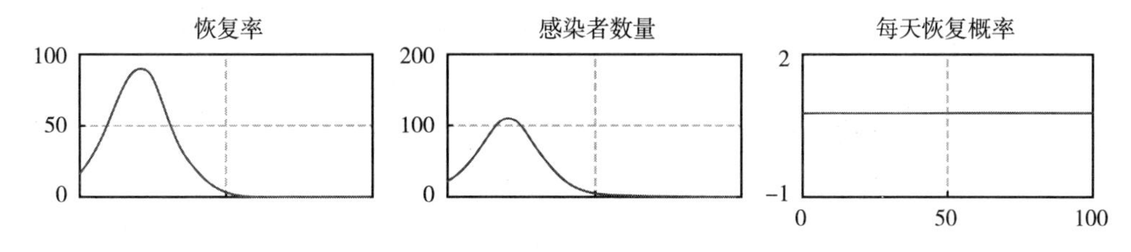

图 4-45　恢复率时间变化原因

因为恢复率表现为感染者数量和每天恢复概率的乘积，所以恢复率变化主要是由感染者数量、每天恢复概率共同作用的结果。由于每天恢复概率是一个常数且大于 0，因此恢复率的函数是感染者数量函数的单调变换，恢复率的变化与感染者数量的变化保持一致。

2. 对比分析

本模型的构建主要是用来确定确诊率、康复率以及确诊人数等因素随着传染率和接触次数变化是如何发生改变的，继而从中总结规律，用来验证现实的防疫措施是否合理。其具体操作如下。

（1）新建输入/输出变化窗口的主要步骤。

① 单击上方菜单栏中的 按钮，再在空白页面单击，就会弹出 Input Output Object settings 界面；

② 在 Input Output Object settings 界面中主要包含输入/输出目标类型、变量选择

以及目标类型范围、增量等设置内容；

③ 要想新建输入变化窗口，在 Input Output Object settings 界面选中“输入滑动器”再单击“常量”就会弹出“含有下标的变量”界面，再在该界面中选择所需变量；

④ 要想新建输出变化窗口，在 Input Output Object settings 界面选中“输出工作台工具”再单击“积分量”或“辅助量”按钮，就会弹出“含有下标的变量”界面，再在该界面中选择所需变量，值得注意的是输出变化窗口还需要自定义输出形式，该操作通过在“自定义的输出图表或分析工具”中进行选择来实现；

⑤ 根据需要设置好输入/输出变量参数后，单击“确定”按钮就会在界面中出现变量的输入/输出界面，如此反复直至所有输入/输出变化窗口新建完毕；

⑥ 最后通过单击菜单栏的复合模拟按钮来实现仿真模拟，当处于复合模拟状态时，操作界面的系统流量图会处于锁定状态，要想结束该状态则需要单击菜单栏左侧按钮来结束复合模拟，如图 4-46 所示。

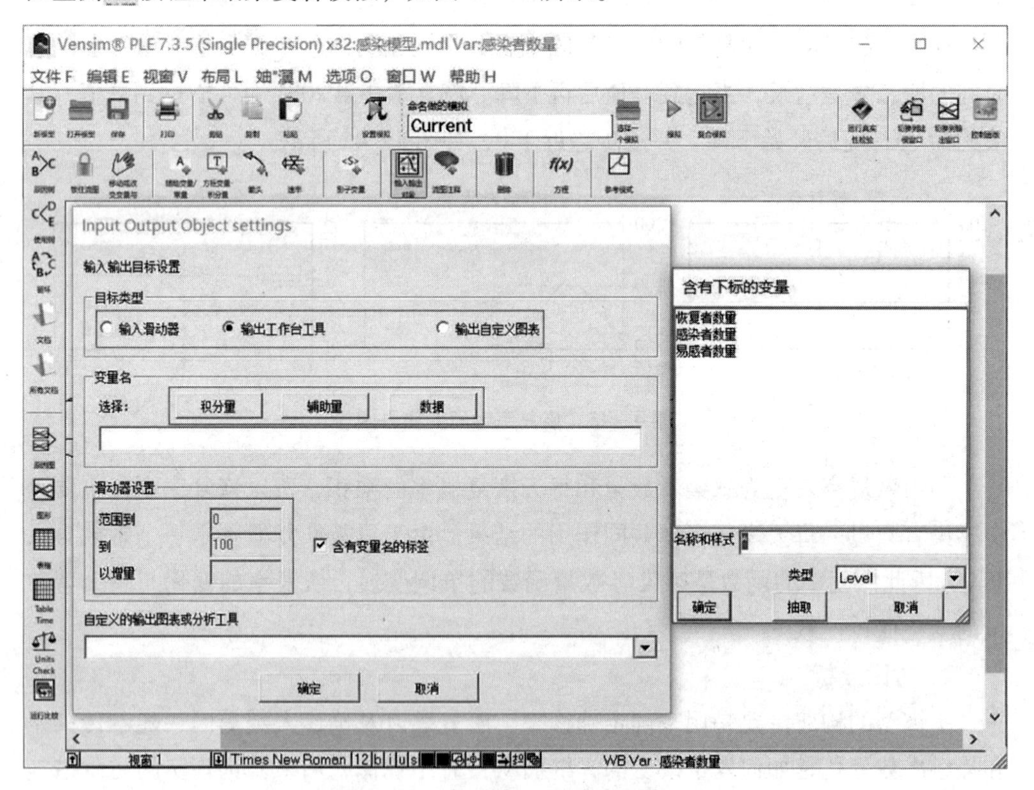

图 4-46 新建输入/输出变化窗口

（2）复合模拟。

根据（1）中的操作步骤新建三个输入变化窗口为平均接触次数输入界面、传染成功率输入界面以及每天恢复概率输入界面，其中平均接触次数的变化范围为（1，100），增量为 1；传染成功率的变化范围为（0，10），增量为 0.1；每天恢复概率变化范围为（0，10），增量为 0.1；新建的输出变化窗口为感染者人口数量，选择以图 4－47 的形式来展现。

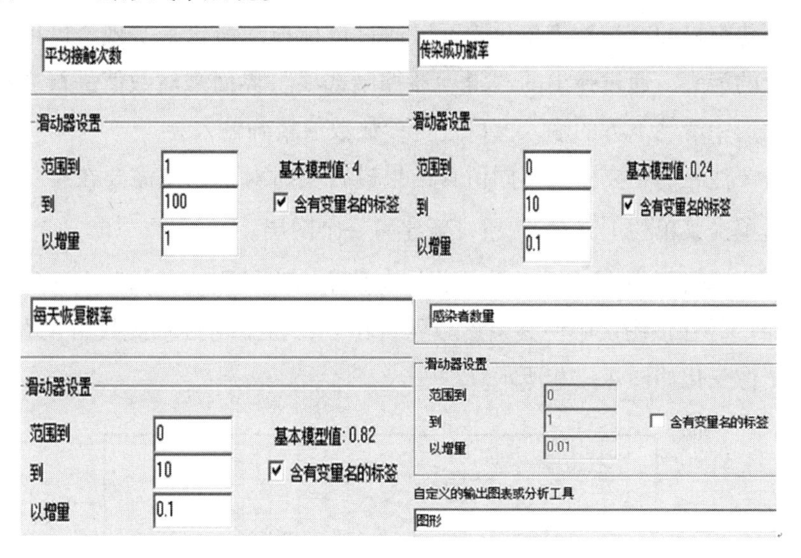

图 4－47　输入/输出变化窗口参数设置

在输入/输出变化窗口新建完毕之后，单击左上角按钮对变化窗口进行拖动，使输入/输出变化窗口处于适当位置，避免与系统流量图重叠，以免影响后续操作。最后根据（1）中第⑥项操作进行复合模拟，此时病毒感染模型复合模拟如图 4－48 所示。

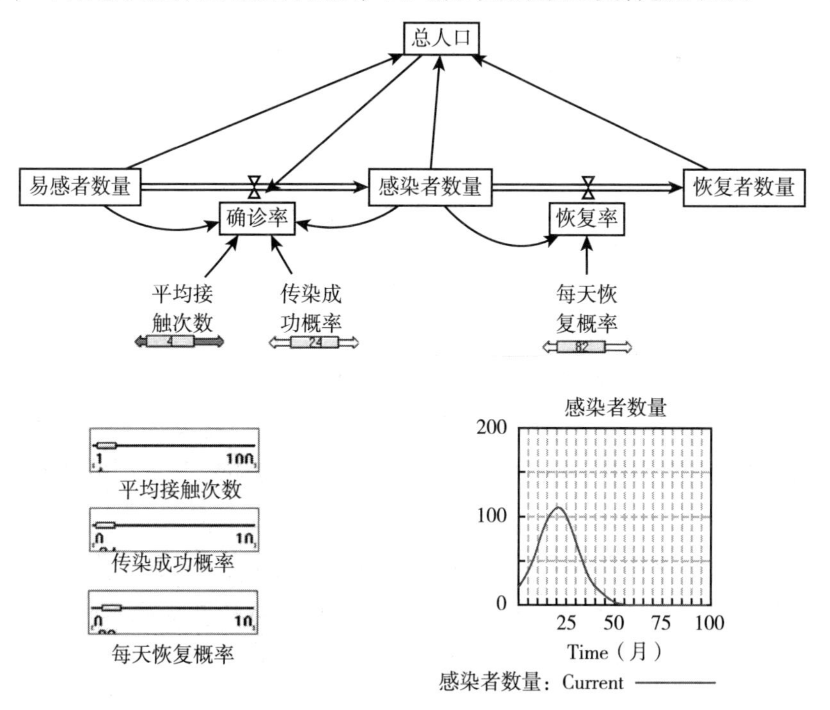

图 4－48　病毒感染模型复合模拟

进行复合模拟后，每个参数的变化图形都会在界面中进行显示，并且会随着参数的改变进行实时的变动，每个常量下方显示的是当前常量的数值。

输入变化窗口的变量数值变化既可以通过鼠标拖动滑轮来实现，也可以单击常量下方显示的箭头，通过弹出的“滑动器控制选项”界面来对数值进行变动，此外也可以通过选中滑轮下方的输入窗口进行参数数值精确输入。

最后需要注意的是要想对不同仿真结果进行实时对比，则需要在第二次仿真模拟之前通过单击菜单栏上方按钮，新建另一个图层。

① 为了探究平均接触次数变动对感染者数量产生的影响，依照上面所述新建图层“Current1”，在该图层中使其余参数保持不变，将平均接触次数由 4 次增加为 6 次时，其图像变化如图 4 - 49 所示。

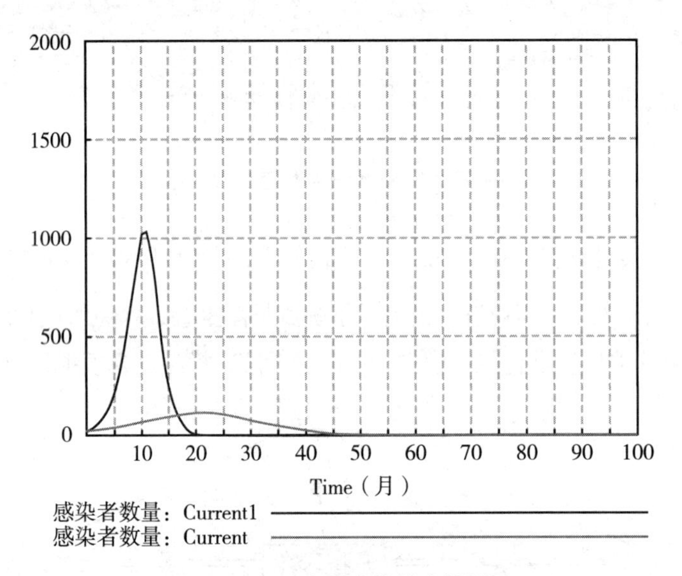

图 4 - 49　改变平均接触次数结果

在图 4 - 49 中，Current 代表的是平均接触次数为 4 次的图形变化，Current1 代表的是平均接触次数为 6 次的图形变化。由图 4 - 49 可知，当平均接触次数增多时，感染者数量会在短期内急剧增加，并且高接触次数曲线峰值在第 11 个月左右超过 1000 人次，而低接触次数的峰值则需要在第 20 个月左右才能达到，而且最高值仅约为 100 人次，二者导致的感染者数量将近有 10 倍的差距，因此降低感染者与他人的接触次数是减少新增感染者的重要措施。

② 为了探究传染成功率对感染者人数的影响，重复上述操作，新建“Current2”图层，在该图层中，保持其余参数不变（平均接触次数依然为原始值 4 次），只改变传染成功概率，将其数值由 0.24 改为 0.4，其对比如图 4 - 50 所示。

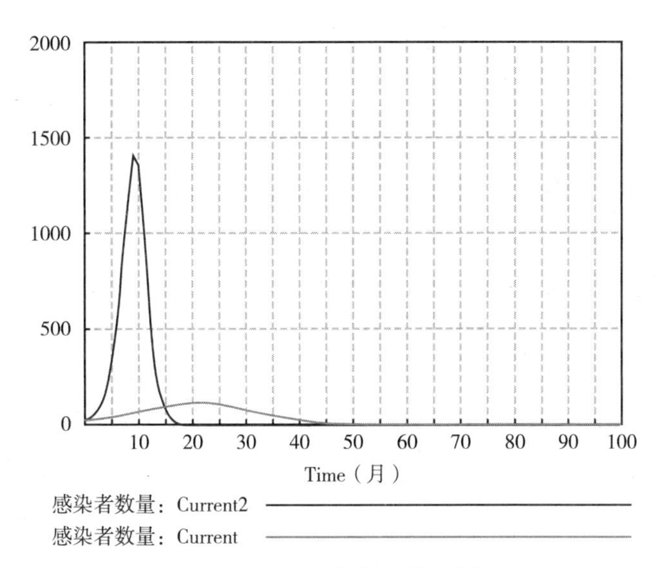

图 4-50 改变传染成功率结果

在图 4-50 中，Current 代表的是传染成功概率为 0.24 的图形变化，Current2 是传染成功概率为 0.4 的变化曲线。当传染成功概率上升时也会导致感染者数量在短期内急剧增多，从而对社会的恢复工作造成极大的压力。高成功感染率的峰值到达时间相较于低成功感染率提前了将近 10 个月，并且高成功感染率的峰值约为 1400 人，低成功感染率的峰值约为 100 人，二者的峰值相差了将近 14 倍，因此降低成功感染率是疫情防控中的重要关口。

③ 为了探究每天恢复概率对感染者数量的影响，新建图层“Current3”，在该图层中控制其余参数不变，只将每天恢复概率的数值由原本的 0.82 改变为 0.9，得其对比如图 4-51 所示。

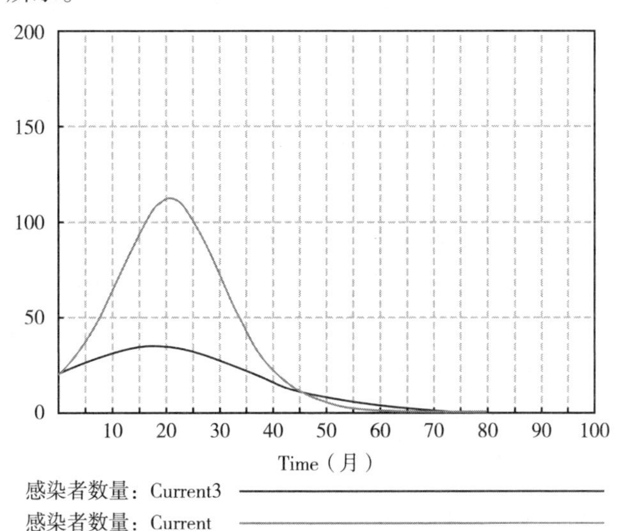

图 4-51 改变每天恢复率结果

在图4-51中，Current曲线代表的是每天恢复概率数值为0.82的变化图形，Current3曲线代表的是每天恢复概率为0.9的变化图形。由图4-51可知，提高每天的恢复概率可以使疫情在短时间内得到有效的控制，提高每天恢复概率可以减少感染者数量峰值的到达时间，且其最大值会明显少于原峰值，因此提高每天恢复概率是使疫情得到有效控制的重要手段之一。

因此，在新冠疫情暴发时期，为了减少感染者数量，通过佩戴口罩从而减少病毒携带者对易感染人群的接触次数和传染成功率是疫情防控的最主要手段之一，因此倡导全民佩戴口罩这一举措是合理且有效的；此外，根据第③点的结论分析，在武汉新冠疫情全面暴发阶段，国家举全国之力新建方舱医院并且从外省调派优秀医疗团队的主要目的就是为了提高感染者的每天恢复概率，从而使疫情在短期内得到有效的控制。

综上所述，仿真结果与现实基本相符，因此该模型是具有一定的有效性与现实意义的。当然，该模型只是一个简化模型，在现实生活中影响病毒传播的还有许多其他因素，并且各因素之间还存在着更为复杂的联系。本书模型只是选择其中主要因素，并且简化因素间的相互关系，其主旨是演示如何通过Vensim软件构建模型，以及如何对仿真结果进行简要分析。

第四节　本章小结

系统动力学在不同领域内的应用以及取得的杰出成果，引起了国内外学者的广泛关注。本章主要梳理了系统动力学模型的发展脉络以及介绍了系统动力学的应用原理，并通过对病毒感染模型和捕食者与被捕食者模型的案例分析，详细展示了系统动力学模型如何通过Vensim软件来实现。此外，本书还引用了大量学者在系统动力学上取得的研究成果和主要思想，多角度地对系统动力学及其应用模型进行了深度剖析。本书除了注重对系统动力学原理的介绍外，还侧重于如何运用系统动力学原理来构建模型，从而分析现实问题。因此，本书不仅详细地讲解了系统动力学的模型基础，还运用这些模型基础构建了病毒感染模型和捕食者与被捕食者模型，并详细展示了这些模型在Vensim软件中的实现步骤。本书撰写的目的一是期望能让更多人能够了解系统动力学，二是在此基础上以期给读者带来启发，从而能为系统动力学的发展作出更多贡献。

参考文献

[1] 陈文佳、穆东：《基于系统动力学的配送中心仓储系统研究》，载于《北京交通大学学报（社会科学版）》2008年第1期。

［2］高志远、窦园园：《基于 SD 的库存控制仿真研究》，载于《中国农机化学报》2013 年第 3期。

［3］何则、周彦楠、刘毅：《2050 年中国能源消费结构的系统动力学模拟——基于重点行业的转型情景》，载于《自然资源学报》2020 年第 11 期。

［4］黄莺、瑚珊、姚思梦：《施工塔吊安全管理的系统动力学分析》，载于《安全与环境学报》2020 年第 6 期。

［5］李柏勋、周永务、黎继子：《多供应链间库存互补系统动力学仿真模型》，载于《工业工程与管理》2011 年第 2 期。

［6］李健、孙康宁：《基于系统动力学的京津冀工业绿色发展路径研究》，载于《软科学》2018 年第 11 期。

［7］李旭、陆天：《改善供应链库存管理绩效的系统思考——以啤酒游戏为例》，载于《系统管理学报》2019 年第 2 期。

［8］路世昌、许艳：《基于系统动力学的多客户供应链库存控制研究》，载于《数学的实践与认识》2015 年第 12 期。

［9］秦翠红、郭秀锐、程水源、王征、陈媛、陆瑾、高继军：《基于系统动力学的三峡库区流域水污染控制模拟》，载于《安全与环境学报》2012 年第 5 期。

［10］任永泰、李慧珺、徐晓晨、宫名：《二级供应链成本的系统动力学仿真研究》，载于《物流技术》2014 年第 9 期。

［11］荣绍辉、王莉、刘春晓：《系统动力学在水污染控制系统中的应用研究》，载于《生态经济》2012 年第 4 期。

［12］宋杰鲲、康忠燕、韩文杰、江娌娜、吕高天：《基于系统动力学的山东省能源消费碳排放预测》，载于《中外能源》2019 年第 11 期。

［13］唐德才、刘昊、汤杰新：《长三角地区能源消耗与碳排放的实证研究——基于系统动力学模型》，载于《华东经济管理》2015 年第 9 期。

［14］佟贺丰、杨阳、王静宜、封颖：《中国绿色经济发展展望——基于系统动力学模型的情景分析》，载于《中国软科学》2015 年第 6 期。

［15］王格、董会忠、张慧：《基于 ArcGIS 和 SD 的山东省碳排放演化格局及低碳经济发展战略仿真》，载于《科技管理研究》2017 年第 1 期。

［16］王俭、李雪亮、李法云、包红旭：《基于系统动力学的辽宁省水环境承载力模拟与预测》，载于《应用生态学报》2009 年第 9 期。

［17］王群、章锦河、杨兴柱：《黄山风景区旅游水供需系统安全及动态调控研究》，载于《自然资源学报》2007 年第 6 期。

［18］王蓉、陈良华、吴大勤：《基于系统动力学的供应链成本分配动力研究》，载于《华东经济管理》2015 年第 10 期。

［19］徐毅、孙才志：《基于系统动力学模型的大连市水资源承载力研究》，载于《安全与环境学报》2008 年第 6 期。

［20］杨光明、时岩钧、杨航、张帆：《基于系统动力学的水资源承载力可持续发展评估——

以重庆市为例》，载于《人民长江》2019 年第 8 期。

[21] 姚翠友、陈国娇、张阳：《基于系统动力学的城市生态系统建设路径研究——以天津市为例》，载于《环境科学学报》2020 年第 5 期。

[22] 叶娇、原毅军、张荣佳：《文化差异视角的跨国技术联盟知识转移研究——基于系统动力学的建模与仿真》，载于《科学学研究》2012 年第 4 期。

[23] 于洋、杜文：《基于系统动力学的供应链库存管理研究》，载于《商业研究》2008 年第7期。

[24] 苑清敏、刘琪、刘俊：《基于系统动力学的城市碳排放及减排潜力分析——以天津市为例》，载于《安全与环境学报》2016 年第 6 期。

[25] 张力菠、韩玉启、陈杰、余哲：《基于时间的供应商管理库存整合补货模式下的牛鞭效应研究》，载于《计算机集成制造系统》2006 年第 9 期。

[26] 赵美、王立欣、刘海涛：《基于 SD 的牛鞭效应建模与仿真分析》，载于《河北工业科技》2010 年第 1 期。

[27] 周绿林、金枫、詹长春：《基本药物制度实施对基层医疗机构补偿机制的影响研究：基于系统动力学分析》，载于《中国卫生经济》2013 年第 10 期。

[28] Ansari N., Seifi A., A System Dynamics Model for Analyzing Energy Consumption and CO_2 Emission in Iranian Cement Industry under Various Production and Export Scenarios. *Energy Policy*, Vol. 58, 2013, pp. 75 – 89.

[29] Bruckner T., Morrison R., Wittmann T., Public Policy Modeling of Distributed Energy Technologies: Strategies, Attributes, and Challenges. *Ecological Economics*, Vol. 54, No. 6, 2005, pp. 328 – 345.

[30] Chen F., Ryan J. K., Simchi L. D., The Impact of Exponential Smoothing Forecasts on the Bullwhip Effect. *Naval Research Logistics*, Vol. 47, No. 4, 2000, pp. 269 – 286.

[31] Cheng Q., Chang N. B., System Dynamics Modeling for Municipal Water Demand Estimation in an Urban Region under Uncertain Economic Impacts. *Journal of Environmental Management*, Vol. 92, No. 6, 2011, pp. 1628 – 1641.

[32] Connelly M. C., Sekhar J. A., US Energy Production Activity and Innovation. *Technological Forecasting and Social Change*, Vol. 79, No. 1, 2012, pp. 30 – 46.

[33] Devezas T., LePoire D., Matias J. C. O., Silva A. M. P., Energy Scenarios: Toward a New Energy Paradigm. *Futures*, Vol. 40, No. 1, 2008, pp. 1 – 16.

[34] Fan C. Y., Fan P. S., Chang P. C., A System Dynamics Modeling Approach for a Military Weapon Maintenance Supply System. *International Journal of Production Economics*, Vol. 128, No. 1, 2010, pp. 457 – 469.

[35] Forrester J. W., *Industrial Dynamics*. New York: MIT Press and John Wily& Sons, 1961.

[36] Garnier J., Nemery J., Billen G., Théry S., Nutrient Dynamics and Control of Eutrophication in the Marne River System: Modelling the Role of Exchangeable Phosphorus. *Journal of Hydrology*, Vol. 304, No. 1, 2005, pp. 397 – 412.

[37] Garrido L., Sánchez O., Ferrera I., Tomàs N., Mas J., Dynamics of Microbial Diversity Pro-

files in Waters of Different Qualities. Approximation to an Ecological Quality Indicator. *Science of the Total Environment*, Vol. 468, 2014, pp. 1154 – 1161.

[38] Mahdi Z., Akbariyeh S., System Dynamics Modeling for Complex Urban Water Systems: Application to the City of Tabriz, Iran. *Resources, Conservation & Recycling*, Vol. 60, 2012, pp. 99 – 106.

[39] Naill R. F., Belanger S., Klinger A., Petersen E., An Analysis of the Cost Effectiveness of US Energy Policies to Mitigate Global Warming. *System Dynamics Review*, Vol. 8, No. 2, 1992, pp. 111 – 128.

[40] Naill R. F., A System Dynamics Model for National Energy Policy Planning. *System Dynamics Review*, Vol. 8, No. 1, 1992, pp. 1 – 19.

[41] Nicholson C. F., Simões A. R. P., La Pierre P. A., Van Amburgh M. E., ASN-ASAS Symposium: Future of Data Analytics in Nutrition: Modeling Complex Problems with System Dynamics: Applications in Animal Agriculture. *Journal of Animal Science*, Vol. 97, No. 5, 2019, pp. 1903 – 1920.

[42] Rehan R., Knight M. A., UngerA. J. A., HaasC. T., Development of a System Dynamics Model for Financially Sustainable Management of Municipal Watermain Networks. *Water Research*, Vol. 47, No. 20, 2013, pp. 7184 – 7205.

[43] Sachan A., Sahay B. S., Sharma D., Developing Indian Grain Supply Chain Cost Model: A System Dynamics Approach. *International Journal of Productivity and Performance Management*, Vol. 54, No. 3, 2005, pp. 187 – 205.

[44] Wang S., Xu L., Yang F. L., Wang H., Assessment of Water Ecological Carrying Capacity under the Two Policies in Tieling City on the Basis of the Integrated System Dynamics Model. *Science of the Total Environment*, Vol. 427, 2014, pp. 1070 – 1081.

[45] Wang Y. C., Lin, Y. P., Huang C. W., Chiang L. C., Chu H. J., Ou W. S., A System Dynamic Model and Sensitivity Analysis for Simulating Domestic Pollution Removal in a Free-Water Surface Constructed Wetland. *Water Air & Soil Pollution*, Vol. 223, No. 5, 2012, pp. 2719 – 2742.

[46] Zhang Z., Lu W. X., Zhao Y., Song W. B., Development Tendency Analysis and Evaluation of the Water Ecological Carrying Capacity in the Siping Area of Jilin Province in China based on System Dynamics and Analytic Hierarchy Process. *Ecological Modelling*, Vol. 275, 2014, pp. 9 – 21.

[47] Zhao Q. J., Wen Z. M., Integrative Networks of the Complex Social-Ecological Systems. *Procedia Environmental Sciences*, Vol. 13, 2012, pp. 1383 – 1394.

第五章

Chapter 5

系统网络分析与Ucinet实现

第一节　系统网络分析方法与相关背景

系统网络分析方法是研究现代复杂系统科学的一种重要的分析方法，它将现实生活中的事物拓扑化，将现实生活中复杂的关系简化为点和线段，为人们认识复杂系统与网络提供了新的视角。本章将以系统网络分析方法为楔子，分别从研究背景、重要模型、相关软件、具体案例四个方面展开讲解。

随着社会的进步，科学家们不再拘泥于研究事物的表面现象，而是深入探究事物个体与个体之间的联系以及事物自身的内在联系，由此系统网络分析方法应运而生。系统网络的定义源于钱学森教授，是指具有吸引子、自相似性、小世界性、自组织性、无标度中部分或全部性质的网络。尽管系统网络的定义较为简略，但是它的诞生却经历了一个漫长的过程。

人们认为现实世界是可以用规则的网络结构来表示的，现实世界中事物与事物的联系也可以用其来进行抽象的描述。因此，在接下来较长时间的研究中，人们认为现实世界中各个体以及个体之间的关系应该用一些规则的网络结构模型表示，这些规则网络具有规则的拓扑结构，如完全耦合网络、最近邻环网、星状网络等。但是，随着对研究的深入，人们发现用规则网络探讨现实世界中的系统网络的结构是不合理的。科技的进步带来研究设备的不断更新，原来现实世界中不仅存在规则的系统网络结构也存在不规则的系统网络结构。20 世纪以后，随着计算机技术的运用，系统网络的研究进入崭新阶段。1959 年匈牙利数学家埃尔德和瑞利（Erdös & Rényi）提出 Erdös-Rényi 随机网络模型。虽然 Erdös-Rényi 随机网络模型不是完美地模拟现实世界的系统网络模型，但是它的提出意义重大。这意味着人们开始深入探讨事物的内部结构与外部联系，冲破了以往的思想固化，标志着对系统网络的研究进入一个新的阶段。1998 年，美国科学家瓦茨和斯特罗加茨（Watts & Strogatz）将高集聚系数和低平均路径长度作为特征，提出了一种更接近于现实网络机制的新的网络模型，也就是 Watts-Strogatz 小世界网络模型。这标志着系统网络的研究进入一个跨学科发展的新时代——系统网络的动力学问题研究。系统网络从数学界进入物理学界，人们开始探讨这些系统网络的动力学问题。但是，该模型也存在着连通性被破坏的缺点。为了解决这个问题，纽曼和瓦茨（Newman & Watts，1999）构建了随机化加边的 NW 小世界网络模型，但是上述两个模型本质上没有区别。进一步的，巴瑞巴斯和艾伯特（Barabás & Albert，1999）构建了 Barabási-Albert 无标度网络模型，它将节点度的分布考虑在内，这被认为是最符合现实世界的模型。随着 21 世纪的到来，互联网技术的普及，霍尔姆和金（Holme & Kim，2002）发现 Barabási-Albert 无标度网络模型还存在集聚系数过低的缺陷，因此集聚系数可变的网络模型被提出。一部分学者注意到 Barabási-Albert 无标度网络模型应用的优先连接机制的缺陷，这种机制不存在于全局网络中。因此，李等（Li et al.，2003）构建了基于 Barabási-Albert 无标度网络模型的 Li-Chen 局部与全球网络模型，这个模型定义了优先连接机制的网络应用范围。但是，该模型存在着节点信息量少的缺陷。为了解决这个问题，秦等（Qin et al.，2009）对其进行了进一步的改进。此外，Barabási-Albert 无标度网络模型节点度的异配性的问题也被人所诟病，为了解决这个问题，布吕内和索科洛夫（Brunet & Sokolov，2004）建立了同配性可变的无标度网络模型。进一步的，社区团体结构问题也被解决（Li & Maini，2005）。但是，上述模型大多忽略了边的权重，因此约克（Yook，2001）与巴勒特（Barrat，2004）构建了简单与复杂加权无标度网络模型。此后，加权无标度网络模型被进一步完善（周健，2011；顾鹏尧，2013）。目前，系统网络模型的发展呈现出多元化发展，如故障仿真系统网络模型（孙成雨，2017；朱家明，2018），BGLL 社团检测系统网络模型（贾郑磊，2019），动力学系统网络模型（钱亚飞，2019）。

此外，研究系统网络分析方法的重要意义不仅是拟合出更加符合现实世界的网络模型，而且将其应用到现实世界的分析中去获得应用价值。下面将从最常见的四个应用领域依次展开介绍。首先就是国际贸易领域，因为国际贸易领域本身具备贸易联系对象众多、贸易联系强度较大等特点，因此系统网络技术十分适合于该领域的研究（Greif，1995；Rauch，2001）。另外，单纯的双边贸易数据不能全面刻画实际全球各国贸易往来之间的错综复杂的贸易关系，也无法客观对比各国贸易中的相对表现（Abeysinghe & Forbes，2005）。艾伯特和巴拉巴西（Albert & Barabási，2002）指出系统网络分析方法可以通过全球贸易网络的拓扑化，从整体的视角分析各国的贸易情况。进一步的，无向贸易网络的小世界与无标度的特性也被人探讨（Serrano & Boguñá，2003）。随后，学者结合这些贸易网络的特征来深入挖掘国际贸易往来的内部信息。李等（Li et al.，2003）进一步验证了未加权贸易网络的无标度与经济周期的内在联系。随着时间的推移，人们应用系统网络技术分析有向加权的贸易网络（Garlaschelli & Loffre，2005；Squartini et al.，2011）。利用有向加权网络，可以进行贸易网络的网络特征分析、核心社区的检测、空间结构的模拟（Fa，2010）。此外，系统网络分析技术还能够分析全球贸易格局的演化（段文奇等，2008）。基于此，胡平等（2012）对其进行解析并推导出贸易网络的演化机制。进一步的，这一演化机制揭示了各国的贸易格局改变是一个循序渐进的过程（Nicholas，2013）。近年来，很多学者从贸易关联网络的视角分析节点国家的竞争互补关系的动态演化（马述忠等，2016；曲如晓和李婧，2020）。不难发现，系统网络分析方法在贸易领域的应用越来越广泛和多样化，人们通过构建贸易网络能够更好地反映错综复杂的贸易关系。其次是系统网络技术在金融领域的应用。系统网络分析技术的兴起对金融市场的研究有着重大意义，不仅可以分析整体特征，还可以认识金融市场内在结构和功能，本节将以股票市场为例介绍相关应用的发展历程。蒙塔纳（Mantegna，1999）提出了第一个金融股票网络模型，为系统网络技术应用于金融界奠定了坚实的基础。金（Kim，2002）、博戈纳思琪（Boginaski，2005）、阿罗拉（Arora，2006）基于标准普尔500股票建立起了相关性加权网络和阈值加权网络，探讨了网络拓扑结构，拓扑结构的无标度性，无标度性对上市公司的影响。随着云计算的普及，学者们还探讨了股票市场的小世界性质（庄新田等，2007）、平均路径分布（Lee，2007）、幂律性（黄玮强等，2010）。后来这部分研究者们利用股票网络的这些特征性质来进一步探讨市场的内部关系。张来军（2014）和曾志坚等（2016）研究了受到外部事件冲击的股票网络内部节点间的变化。肖琴（2016）研究了股票投资与股票网络社团结构的关系。另外，部分学者从股票网络的非线性结构的视角进行深入研究（李红权等，2008）。庚辰（Gheol，2009）、禅洲（Satoshi，2009）、陈花（2011）分别利用最小生成树方法、循环神经网络方法、阈值分析法探讨了网络的一致性与特征值、“三角”模式与股票价格波动、股票的波动与区域的联系。进一步的，陈等（Chen et al.，2014）、梁洪振等（2018）、王等（Wang et al.，2018）和许忠好（2019）分别深入挖掘了股票网络的聚集效应与拓扑结构变化的相关问题。另外，系统网络在交通领域的应用也很重要。卢托纳（Lotora，2002）、森（Sen，2003）和显克维齐（Sienkiewicz，2005）对波士顿、印度以及波兰的铁路交通网络进行了研究，探讨了交通网络的小世界特征和无标度特征。进一步的，系统网络不仅可以从交通网络度的角度分析探讨关键节点城市，还可以研究整个交通网络的空间结构。李海峰（2006）和沈景炎（2008）将不同的城市交通网络划分为放射型、环放射型、方格型、棋盘形线网、环线型等整体形态，并总结了特点和适用性。随着科技的进步，学者们还开始进行交通网络的仿真性研究。王志强（2009）、刘志谦（2010）、马嘉琪（2017）仿真分析了换乘次数、路网吸引区覆盖强度以及换乘站的负荷强度等交通网络的现实意义。进一步的，交通网络在故障情况下的鲁棒性问题被研究（Zhang et al.，2019）。最后，系统网络技术在生物领域中的应用也很普遍。生物网络和其他类型的网络一样具有共同的属性，如节点度的无标度分布，小世界特性以及模块性。不过，由于生物网络的特殊性（Ji，2014），研究者们大都基于层次聚类的方法和密度的方法来探讨生物网络。层次聚类的方法首先根据一定的节点相似性逐步按照某种衡量机制停止合并，实现网络的划分（Ravasz，2002）。阿诺（Arnau，2005），阿尔达科（Aldeco，2010）等分别基于 UVCluster 算法与 Jerarca 算法来进行蛋白质网络的层次聚类的划分。但是，以上方法无法很好地分析大规模的生物网络。基于此，秋等（Cho et al.，2015）改进了上述算法使其可以分析大规模的生物网络。另一部分学者基于密度的方法探讨生物网络。基于密度的方法是通过搜索高密度的连接子图来挖掘生物网络中的功能模块（Spirin，2003），分别有完全连接子图方法，Super Paramagnetic Clustering（SPC）方法和 Monte Carlo（MC）方法。但这些方法无法处理网络重叠性问题，直到巴德等（Bader et al.，2010）提出了 MCODE 方法，上述问题才得以解决。后来，瑞拉克雷和右萨卢斯（Rhrissorrakrai，2015）提出了与 MCODC 很相似的 MINE 方法，该方法在性能方面有较高的召回率和正确率。叶菲莫夫等（Efimov et al.，2018）提出了针对生物网络的噪声问题的新方法 PE-WCC 来更好地定义生物网络。

第二节　系统网络分析的相关模型介绍

尽管现实世界中的网络各有差异，但是人们通过网络实证研究发现这些网络往往展现出许多相似的网络结构特征。本节主要介绍现实世界中几种常见的系统网络模型，对其网络特征进行介绍，并详细展开说明几种重要网络模型的产生机制。

一、规则网络模型

规则网络代表这样一类由相似结构组成的网络，网络中任何节点的度都基本相同，且其规模与平均路径正相关。大部分规则网络主要呈现全局耦合、最近邻耦合、星型耦合的形态。

（一）全局耦合网络

全局耦合网络是指任意两个节点之间都有边相连的网络，也称完全图。它是一个全连接网络，它的平均路径长度 $i=1$ 和集群系数 $c=1$，如图 5－1（a）所示。

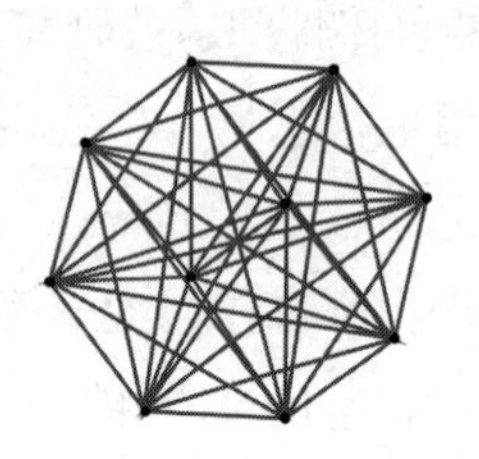
（a）全局耦合网络

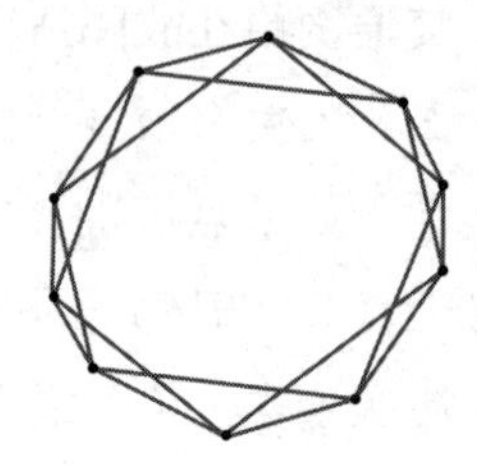
（b）最近邻耦合网络

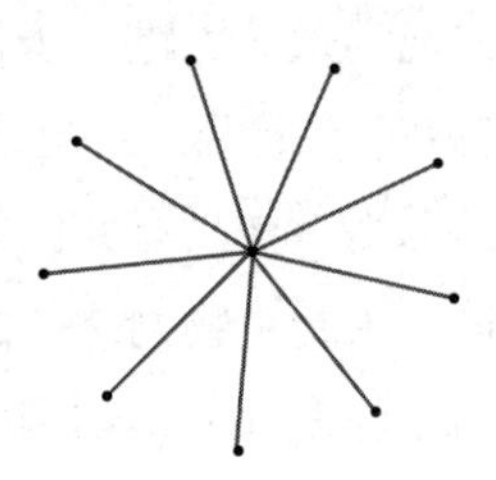
（c）星型耦合网络

图 5－1　规则网络

（二）最近邻耦合网络

最近邻耦合网络是指一种邻点相连的网络。假设它有 N 个节点，那么每一个节点都与它左右各 $\frac{k}{2}$ 个邻居节点相连，k 为一偶数，如图 5－1（b）所示。最近邻耦合网络的主要统计性质如下。

1. 度分布

$$p(k)=\begin{cases}1 & k=m\\0 & k\neq m\end{cases} \tag{5-1}$$

2. 平均度：*m*

3. 平均集群系数

$$C=\frac{1/2\times3\times(k-2)}{1/2\times4\times(k-1)} \tag{5-2}$$

对于图 5－1（b），平均集群系数为 $k/2$，与 N 无关。当 k 趋于无穷大时，平均集群系数趋向于 3/4。

4. 最大路径长度

$$l_{\max}=\frac{N/2'}{k/2}=\frac{N}{k} \tag{5-3}$$

5. 平均路径长度

$$\underset{N\to\infty}{\bar{l}}\cong\frac{l_{\max}}{2}=\frac{N}{2k}\to\infty \tag{5-4}$$

（三）星型耦合网络

星型耦合网络是指一种只与中心点相连的网络，如图 5－1（c）所示。星型耦合网络的主要统计性质如下。

1. 平均集群系数

$$\underset{N\to\infty}{C} \cong \frac{N-1}{N} \to 1 \tag{5-5}$$

2. 平均路径长度

$$\underset{N\to\infty}{\bar{l}} \cong 2 - \frac{2\times(N-1)}{N\times(N-1)} \to 2 \tag{5-6}$$

二、随机网络模型

完全随机网络模型是指一种与规则网络相反的网络。下面将介绍 1959 年匈牙利数学家厄尔多斯和雷尼伊（Erdös & Rényi）提出的 Erdös-Rényi 随机网络模型的两种生成方法。

第一种，假设连边的概率为 p，那么有 N 个节点的网络会生成 $\frac{p(N-1)}{2}$ 条边，此时节点的平均度为 $p(N-1)$。

第二种，假设在网络中有节点 N 个，连边的期望是 $E(N) = m = \frac{pN(N-1)}{2}$。然后任选其中两个点进行连接，直到网络中存在 m 条边，此时节点的平均度是 $\frac{2m}{N}$。

ER 随机网络诞生后，一个新的研究问题随即产生：随机网络节点数 N 与概率 P 之间是否会有一些规律可以推广？

首先，他们研究了 N 趋向于无穷大的情况，发现了 Erdös-Rényi 随机网络具有如下的规律：Erdös-Rényi 随机网络的许多重要性质都是突然涌现的，对于任意给定的概率，Erdös-Rényi 随机网络要么都具有某个特定的性质要么都不具有某个特定的性质。

其次，对于图 5－2 的 Erdös-Rényi 随机网络而言，如果概率 p 大于某个临界值 $pc \propto (\ln N)/N$ 时，那么几乎每一个随机网络都是连通的。以第一种 Erdös-Rényi 随机网络为例，它的网络平均度 k 为 $p(N-1)$ 约等于 pN。假设 $\bar{l}_{er}$ 为平均路径，那么每个点的 $\bar{l}_{er}$ 路径内都约有 $k^{\bar{l}_{er}}$ 个其他点。所以，$N \propto k^{\bar{l}_{er}}$。由此可发现即便是规模很大的随机网络也可以拥有较小的平均路径长度。进一步的，对于该 Erdös-Rényi 随机网

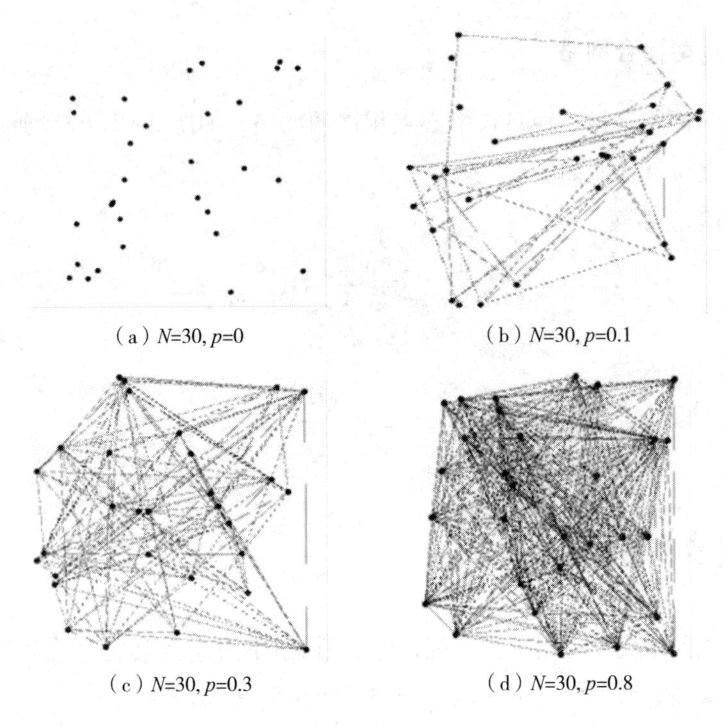
（a）N=30, p=0　（b）N=30, p=0.1

（c）N=30, p=0.3　（d）N=30, p=0.8

图 5－2　Erdös-Rényi 随机网络（方法一）

络，任意两个节点的连接概率为 p，因此平均集群系数是 $C=p=\frac{k}{N}$，这表明大的 Erdös-Rényi 随机网络不存在聚类，换言之，相同规模的 Erdös-Rényi 随机网络比现实中的系统网络的集群系数低得多。另外，对于 Erdös-Rényi 随机网络，某一节点的度为 k 的概率分布服从伯努利二项式分布，即：

$$P(k)=C_{N-1}^{k}P^{k}(1-P)^{N-1-k} \tag{5-7}$$

当 N 足够大时，随机网络的度分布可以用泊松分布来描述，即 $P(k)=e^{-k}\frac{k^{k}}{k!}$。

此外，Erdös-Rényi 随机网络的邻接矩阵谱密度也具有其鲜明的特点，具体如下：

$$\rho(\lambda)=\frac{1}{n}\sum_{j=1}^{n}\delta(\lambda-\lambda_{i}) \tag{5-8}$$

其中，N 是网络的节点数，λ_j 为网络邻接矩阵的 N 个实本征值中的第 j 个，δ 为 δ 函数，若 $\lambda=\lambda_j$，则 $\delta(\lambda-\lambda_j)=1$，否则 $\delta(\lambda-\lambda_j)=0$。

满足 $P(N)=cN^{-z}$ 的 Erdös-Rényi 随机网络会出现涌现的现象。当 $Z>1$ 时，图是不连通的集团。当 $Z=1$ 时，网络的全连通集团突然出现，且在 $N\to\infty$ 时包含所有节点。当 $Z<1$ 时，且 $N\to\infty$ 时，收缩到被称为“维格纳分布”的著名函数：

$$\rho(\lambda)=\begin{cases}\dfrac{\sqrt{4NP(1-P)-\lambda^2}}{2\pi NP(1-P)} & \text{if}\,|\lambda|<2\sqrt{NP(1-P)}\\ 0 & otherwise\end{cases} \tag{5-9}$$

这个分布在 $\lambda\sqrt{NP(1-P)}$，$\rho\sqrt{NP(1-P)}$ 坐标平面上是一个半圆。尽管随机网络作为模拟现实中的系统网络模型具有较大的缺陷，但是它仍然是系统网络研究领域中重要的组成部分。另外，通过对 Erdös-Rényi 随机网络的进一步推广可以使其更接近于真实的自然网络。

三、小世界网络模型

规则网络和随机网络都曾作为描述现实网络的模型，但是，两者存在很大的差异。规则网络的度分布是 δ 函数，平均度与 N 无关，平均集群系数与 N 无关，最大距离和平均距离与 N 成正比，邻接矩阵谱密度呈现跳跃状（许多 δ 函数）；而随机网络分布与其不同，呈现泊松分布。平均度、平均集群系数、平均距离均与 N 有关，邻接矩阵谱密度是 Wigner 分布。但是事实上，规则网络和随机网络均与现实生活中存在的系统网络系统有着较大的差异，如万维网、因特网、电影演员合作网、科研合作网、性接触网、大肠埃希菌的新陈代谢网、蛋白质相互作用网、某些局部地区的食物链网、论文引用网、电话呼叫网、英语词汇网的平均距离与 N 有关系：网络的大部分数据落在 $Lnk \propto LnN$ 的直线附近。说明现实复杂系统的平均距离与 N 关系大致符合 Erdös-Rényi 随机网络模型的结论。显示了上述系统平均集群系数与 N 的关系的实证调研结果，发现现实的数据倾向于显示平均集群系数与 N 无关。这表明现实复杂系统既具有 Erdös-Rényi 网络特征，又具有规则网络特征。

现实网络位于上述两者之间。1998 年，美国科学家瓦茨和斯特罗加茨（Watts & Strogatz）将高集聚系数和低平均路径长度作为特征，提出了一种更接近于现实网络机制的新的网络模型，也就是瓦茨－斯特罗加茨网络模型（Watts-Strogatz 网络模型），这也是最典型的小世界网络的模型。

另外 Watts-Strogatz 小世界网络的生成方式如下：

基于 N 个节点的最近邻耦合网络，此时每个节点的度为$\frac{K}{2}$，然后进行第二次随机连边，连边的概率为 p，注意两个节点间不能重复连边（包括自身）。不难发现，p 值不同，生成的网络就不同。规则网络的 $p=0$；Erdös-Rényi 网络的 $p=1$；$0<p<1$ 时，则产生介于两者中间的网络。通过调节 p 的值就可以控制从规则网络到 Erdös-Rényi 随机网络的过渡。

事实上，在日常社交生活中，有时你会发现，某些你觉得与你隔得很“遥远”的人，其实与你“很近”。这就涉及小世界网络理论的一个有趣的性质：六度分离。心理学家斯坦利－米尔格拉姆（Stanley Milgram）在进行信件转递实验，发现送达的信件基本上只需要5次转递。这也代表每两个人的社交距离是6，也就是六度分离。后来为了进一步验证六度分离理论的真实性，人们又进行了一系列的实验，比较著名的是如下两个实验。一个实验是“凯文·贝肯游戏”（game of Kevin Bacon）。这个实验通过不停地寻找与凯文·贝肯共同出演同一电影的演员，最终“找到”另一个“目标”演员。游戏里每一个演员都有一个“贝肯数”：如果一个演员与贝肯合作过电影，那么他（她）的“贝肯数”就是1。如果一个演员没有与贝肯合作过，但与某个“贝肯数”为1的演员合作过，那么他（她）的“贝肯数”就是2，以此类推。实验对超过133万名世界各地的演员进行统计，发现平均的“贝肯数”是2.981，最大的也仅是8。另一个比较著名的实验是数学领域的“埃尔德什数”。通过是否与保罗·埃尔德什合作发表论文，或者和他的合作者们有过合作，以此类推来研究学术网络距离。这些实验都说明现实世界的网络具有小世界的特性。

Watts-Strogatz 小世界网络提出后，纽曼和瓦茨（Newman & Watts）在此基础上，通过“随机加边”的机制，提出改进后的 Newman-Watts 小世界网络模型。该网络模型的生成方法如下：

（1）基于 N 个点的最近邻耦合网络，每个节点的度为$\frac{k}{2}$。

（2）随机取一对节点连边，概率为 p，规则与 Watts-Strogatz 网络一致。

不同于 Watts-Strogatz 小世界网络模型，在上述网络生成里，最近邻耦合网络 $p=0$，全局耦合网络 $p=1$。因为，这种小世界的生成方式更为简单，不过在 N 足够大和 p 足够小时，两种小世界模型是一样的。

下面简单介绍小世界网络的统计性质。

1. 平均集群系数

（1）Watts-Strogatz 小世界网络模型：

$$C(p)=\frac{3\times(k-2)}{4\times(k-1)}\times(1-p)^3 \tag{5-10}$$

当 $p=0$ 时，平均集群系数：$C(p)=\frac{3\times(k-2)}{4\times(k-1)}$，此处 k 为度的值。

（2）Newman-Watts 小世界网络模型：

$$C(p)=\frac{3(k-2)}{4(k-1)+4kp(p+2)} \tag{5-11}$$

2. 平均路径长度

利用重正化群的方法得到公式如下：

$$l(p)=\frac{2N}{k}f\left(\frac{Nkp}{2}\right) \tag{5-12}$$

其中，$f(u)$为一普适标度函数，满足

$$f(u)=\begin{cases} constant, u \ll 1 \\ \ln(u)/u, u \gg 1 \end{cases} \tag{5-13}$$

不过后来纽曼（Newman）等通过平均场的方法得到了近似的表达公式：

$$l(N,p)\approx\frac{N^{1/d}}{k}f(pkN) \tag{5-14}$$

其中，

$$f(u)=\begin{cases} \text{常数} & u \ll 1 \\ \frac{4}{\sqrt{u^2+4u}}\tanh^{-1}\frac{u}{\sqrt{u^2+4u}} & u \approx 1 \\ \ln(u)/u & u \gg 1 \end{cases} \tag{5-15}$$

通过这个公式不难发现平均路径长度与 N 的依赖关系。当 p 从 0 开始逐渐增加到 1 的过程中，平均集群系数的差异不大，但是平均路径长度被大大降低。所以，小世界网络具有较大的平均集群系数和较小的平均路径长度，这也与现实世界里的网络结构相符合。

3. 度分布

当 $p=0$ 时，小世界模型的度分布为 δ 函数且节点的度都为 k。当 $p>0$ 时，此处将分别探讨 Watts-Strogatz 小世界网络模型和 Newman-Watts 小世界网络模型的性质，此处仍以 Watts-Strogatz 小世界网络模型为例进行详细展开。

对于 Watts-Strogatz 小世界网络模型，每点连有$\frac{K}{2}$条边及以上，节点 i 的度为 $k_i=\frac{K}{2+c_i}$，$c_i=c_i^1+c_i^2$，其中由于“随机重连”的机制，所以 c_i^1 以概率（$1-p$）留在原地，c_i^2 从其他节点以概率 p 重新连接到节点 i。当 N 足够大时：

$$P_1(c_i^1)=C_{\frac{K}{2}}^{ci^1}(1-P)^{ci^1}P^{\frac{K}{2-ci^1}} \tag{5-16}$$

$$P_2(c_i^2)=C_{pN\frac{K}{2}}^{ci^2}\left(\frac{1}{N}\right)^{ci^2}\left(1-\frac{1}{N}\right)^{\frac{pNK}{2-c_i^2}} \tag{5-17}$$

所以，当 $k\geqslant\frac{K}{2}$ 时有：

$$P(k)=\sum_{n=0}^{f(k,K)}C_{\frac{K}{2}}^{n}(1-p)^{n}p^{\frac{K}{2-n}}\frac{\left(\frac{pK}{2}\right)^{\frac{k-K}{2-n}}}{\left(\frac{k-K}{2-n}\right)!}e^{\frac{-pK}{2}} \tag{5-18}$$

$$f(k,K)=\min\left(\frac{k-K}{2},\frac{K}{2}\right) \tag{5-19}$$

容易看出，Watts-Strogatz 小世界网络模型的度分布函数近似于泊松分布。

对于 Newman-Watts 小世界网络模型，因为它基于“随机加边”机制，并且每一个节点的度至少为 K，所以一个随机选取的节点的度的概率为：

$$P(k)=\binom{N}{k-K}\left(\frac{Kp}{N}\right)^{k-K}\left(1-\frac{Kp}{N}\right)^{N-k+K} \tag{5-20}$$

当 $k<\frac{K}{2}$ 时，$P(k)=0$。

4. 谱密度

小世界网络模型的谱密度特征：随着 p 的增大，谱密度从跳跃状变化到半圆状。小世界网络模型的主要局限性是会产生不符合实际的度分布。相较而言，现实中的网络通常是非齐次的无标度网络，有中心节点的存在和无标度的度分布。

四、无标度网络模型

小世界网络模型代表着系统网络领域研究的一个高度，它的复杂程度居于规则与随机之间。但是，当规则网络和随机网络都是简单的初级网络，无法准确地刻画现实中的系统网络，那么现实中的系统网络不应该是简单地介于规则与随机之间，而应该具有各种各样的规则网络和随机网络不具有的更为高级的性质。

巴拉巴西和艾伯特（Barabási & Albert，1999）发现现实世界的网络的度大都服从幂律分布，具有无标度性。度的分布显示出异质性的特点，如在食物链中像狮子、老虎那样的“顶端生物”是极少数，而大部分生物往往处于“底端”，但是它们尽管处于“底端”却仍是支撑“顶端生物”的基础。图 5－3 展示了一些现实世界的系统网络结构的度分布，它们都精确或近似地遵循“幂律分布”的特征（幂律是指节点具有的连线数和这样的节点的乘积是一个定值，也就是几何平均值是一个定值）。

由此新的研究问题也随之而来：为什么会有幂律度分布？是什么机制产生的？

这是学者们最感兴趣的话题。

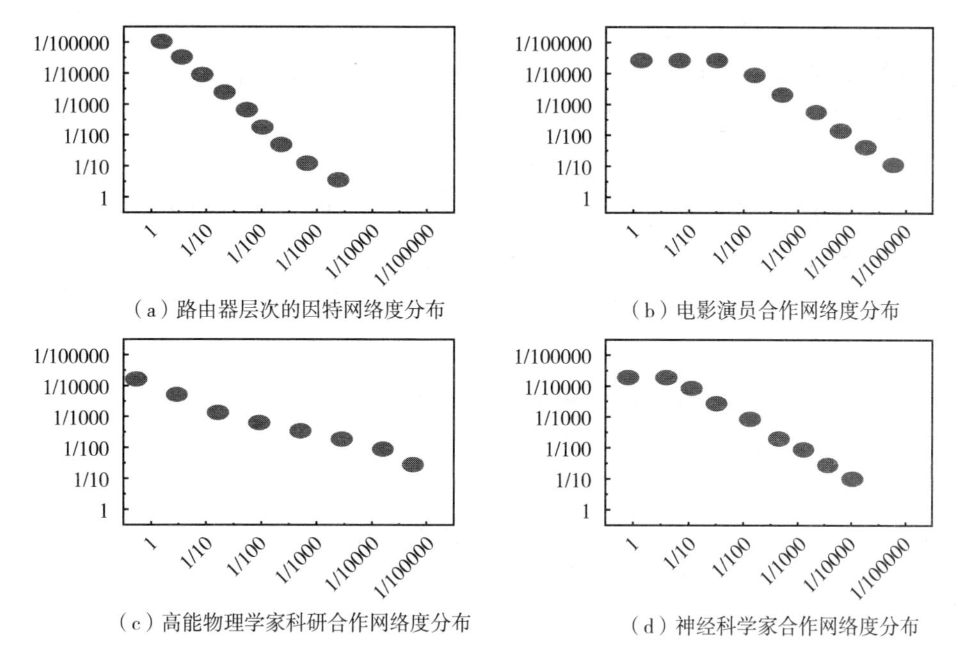

（a）路由器层次的因特网络度分布

（b）电影演员合作网络度分布

（c）高能物理学家科研合作网络度分布

（d）神经科学家合作网络度分布

图 5－3 现实世界的网络度分布

Barabási-Albert 无标度网络模型包含了增长和优先连接两个机制。增长机制与字面的意思类似，就是随着时间的流逝，网络规模不断变大。而优先连接则是指新的节点遵循“富者更富”的准则进行连接。在这两条原则基础上提出的 Barabási-Albert 无标度网络模型算法的具体步骤如图 5－4 所示。

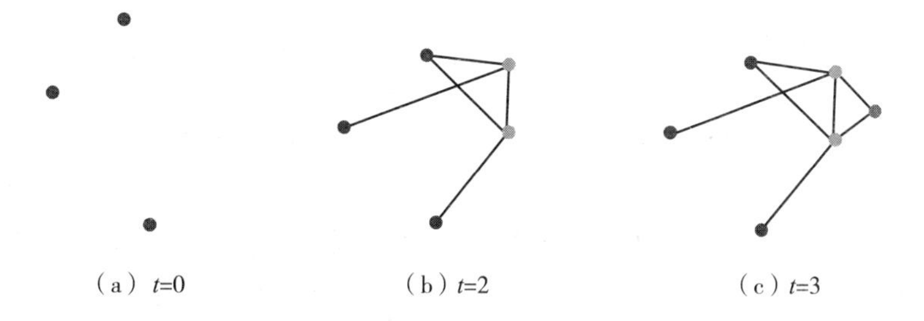

（a）t=0　　（b）t=2　　（c）t=3

图 5－4 Barabási-Albert 无标度网络模型的演化图示

（1）$t=0$ 时刻，网络只有 m_0 个点。

（2）增长：每隔时间 t，加入一个新节点，与 m 个旧节点相连。

（3）优先连接：新节点与旧节点 i 连接的概率为 $\prod = \frac{k_i}{\sum_{j=1}^{N_0} k_j}$。$N_0$ 为目前网络中的总节点数，k_i 表示旧节点的度。

（4）t 时间后，网络有 $N=m_0+mt$ 个节点、mt 条边，达到稳定演化状态。此时度分布遵循幂律分布。

如图 5－4 所示，$m_0=3$，$m=2$。$t=0$ 时，网络中有 3 个节点；$t=2$ 时，加入两个灰色节点，进行优先连接；$t=3$ 时，加入第三个灰色节点，再次优先连接。

Barabási-Albert 无标度网络模型的度分布特征一般使用解析方法进行分析，本书将依次用平均场方法和主方程方法进行探讨。

（一）平均场方法

Barabási-Albert 无标度网络演化模型的平均场方程为：

$$\frac{\partial k_i}{\partial t} = m\frac{k}{\sum_{j=1}^{N-1} k_j} \tag{5-21}$$

当 t 时刻有：

$$\sum_j k_j = 2mt - m \tag{5-22}$$

在 t 足够大的时候有：

$$\frac{\partial k_i}{\partial t} = \frac{k_i}{2t} \tag{5-23}$$

结合初始条件得到：

$$k_i = m\left(\frac{t}{t_i}\right)^{\beta}, \beta = \frac{1}{2} \tag{5-24}$$

可以看出节点度的幂律分布特征。那么，对于任意节点 i，其度小于度 k 的概率为：

$$p[k_i(t) < k] = p\left(t_i > \frac{m^2 t}{k^2}\right) \tag{5-25}$$

由于在相同的时间间隔加入点 i，则第 i 点在时刻 t 加入的概率为：

$$p(t_i) = \frac{1}{m_0 + t} \tag{5-26}$$

结合前式，得到：

$$p\left(t_i > \frac{m^2 t}{k^2}\right) = 1 - \frac{m^2 t}{k^2(m_0 + t)} \tag{5-27}$$

所以有：

$$p(k)=\frac{\partial p[k_i(t)<k]}{\partial k}=\frac{2m^2t}{m_0+t}\times\frac{1}{k^3} \tag{5-28}$$

当 $t\to\infty$ 时，$p(k)\sim\frac{2m^2}{k^3}$。

由上面的分析可知，Barabási-Albert 无标度网络模型的度分布遵循负指数幂律分布，并且与网络规模 N 和初始节点数 m_0 无关。

（二）主方程方法

因为只有马尔可夫过程或者马尔可夫链才能使用主方程方法，所以首先要证明待研究问题是一个马尔可夫过程或者马尔可夫链。对 Barabási-Albert 无标度网络而言，由于每一时刻加入的新节点以概率 $\prod=\frac{k_i}{\sum_{j=1}k_j}$ 与旧的节点连接，所以旧节点 i 在 t 时刻的度 $k_i(t)$ 是一个随机变量，其大小与 $t-1$ 时刻之前的历史无关，因此该问题是一个马尔可夫过程。

令节点 i 在 t 时刻具有度 k 的概率为 $P(k,i,t)$，考虑 t 时刻到 $t+1$ 时刻的演化，所以马尔可夫链主方程为：

$$P(k,i,t+1)-P(k,i,t)=W(k,k-1)P(k-1,i,t)-W(k+1,k)P(k,i,t) \tag{5-29}$$

其中，$W(k,k-1)$ 代表节点 i 在 t 时刻与一个新节点连接的概率。结合以上部分，m 个旧节点中每个被新节点连接的概率为：

$$W(k+1,k)=\frac{k}{(2t)} \tag{5-30}$$

所以主路径的方程写为：

$$P(k,i,t+1)-P(k,i,t)=\frac{k-1}{(2t)}P(k-1,i,t)-\frac{k}{(2t)}P(k,i,t) \tag{5-31}$$

$$P(k,t,t)=\delta_{km}=\begin{cases}1,k=m\\0,k\neq m\end{cases} \tag{5-32}$$

将主路径方程进一步改写为：

$$2tP(k,t_i,t+1)-2tP(k,t_i,t)=(k-1)P(k-1,t_i,t)-kP(k,t_i,t) \tag{5-33}$$

准连续近似得：

$$2t\frac{\partial P(k,t_i,t)}{\partial t}+\frac{\partial[kP(k,t_i,t)]}{\partial k}=0 \tag{5-34}$$

所以一个特定节点 s 的平均度为：

$$\bar{k}(s,t) = \sum_{k=1}^{\infty} kP(k,s,t) \approx \int_0^{\infty} kP(k,s,t)\mathrm{d}k \tag{5-35}$$

进一步地将式（5－35）两边乘以 k，对 k 积分可得：

$$\int_0^{\infty} k\mathrm{d}k \frac{\partial[kP(k,s,t)]}{\partial k} = \int_0^{\infty} k\mathrm{d}P(k,s,t)k = -\int_0^{\infty} kP(k,s,t)\mathrm{d}k = -\bar{k}(s,t) \tag{5-36}$$

即：

$$\frac{\partial \bar{k}(s,t)}{\partial t} = \frac{\bar{k}(s,t)}{\partial t}, \bar{k}(t,t) = m \tag{5-37}$$

所以通解为：

$$\ln\bar{k}(s,t) = \int_0^t \frac{\mathrm{d}u}{2u} = \ln C\sqrt{\frac{t}{s}}, \bar{k}(s,t) = m\sqrt{\frac{t}{s}} \tag{5-38}$$

离散的分布律可以表述为 δ 函数形式，类似地，可以把节点在 t 时刻度为 k 的概率分布写为：

$$P(k,t) = \frac{1}{t}\int_0^t P(k,s,t)\mathrm{d}s = \frac{1}{t}\int_0^t \delta[k - \bar{k}(s,t)]\mathrm{d}s \tag{5-39}$$

由 δ 函数积分得：

$$\frac{1}{t}\int_0^t \delta[k - \bar{k}(s,t)]\mathrm{d}s = -\frac{1}{t}\left(\frac{1}{\frac{\partial \bar{k}(s,t)}{\partial s}}\right)_{|s=m^2tk^{-2}} \tag{5-40}$$

稳态分布为：

$$P(k) = \lim_{t\to\infty} P(k,t) = \lim_{t\to\infty} P\left(\frac{1}{t}\frac{2s^{\frac{3}{2}}}{m\sqrt{t}}\right)\Bigg|_{s=m2tk-2} = \frac{2m^2}{k^3} \tag{5-41}$$

进一步的，Erdös-Rényi 随机网络和 Barabási-Albert 无标度网络的鲁棒性被检验。本书主要采取下面两种策略：一种是随机故障策略：随机去除节点；另一种是蓄意攻击策略：有意识地去除网络中一部分度最高的节点。

如图 5－5 所示，结果表明 Erdös-Rényi 随机网络和 Barabási-Albert 无标度网络很不相同。Barabási-Albert 无标度网络对随机故障策略有着高度的鲁棒性但是对于蓄意攻击没有。这是由于它的度分布具有幂律特性，这就导致：将随机的故障均匀分布在每个节点上，由于大多数节点是不重要的节点，因此，对整体网络的破坏很小；选择性攻击则恰恰会选择度高的节点，造成网络的崩溃。

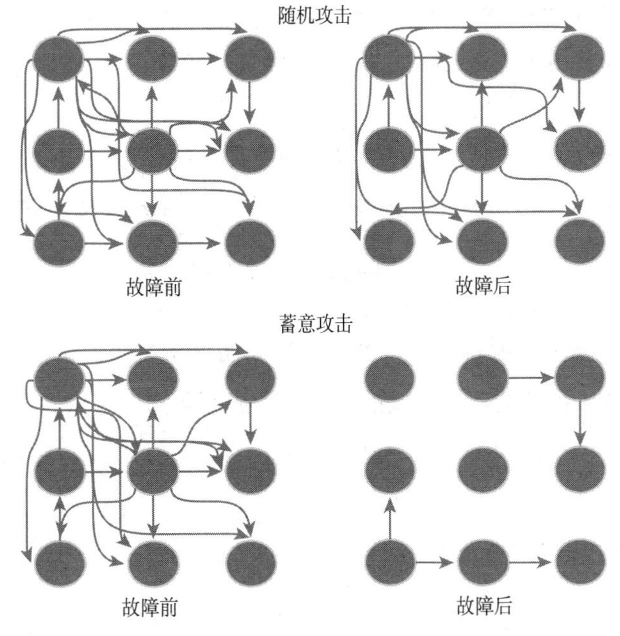

图 5－5　Barabási-Albert 无标度网络的鲁棒性

五、其他系统网络模型

（一）无标度集聚网络模型

Barabási-Albert 无标度网络模型并不完全与现实世界里的系统网络相一致，如该模型生成的网络集聚系数明显低于现实世界的系统网络。基于此，霍尔姆和金（Holme & Kim，2002）改进了 Barabási-Albert 无标度网络模型，提出了集聚系数可变的无标度网络模型。该网络的生成方法如下：

网络中有 m_0 个节点，每一段时间一个新节点 i 被加入，这个节点有 m 条边，与现有节点相连，m 条边中的第一条边连接到度最高的节点 j 上，其余的边的连接方式有如下两种：

方式一是进行概率 q 的随机连接。新节点的其他 $m-1$ 条边与节点 j 的 $m-1$ 个附近节点相连接。若附近节点数目 $k_j < m-1$，那其余的 $m-1-k_j$ 条边连接以 Barabási-Albert 无标度网络模型中的优先连接机制与别的节点相连。

方式二是以概率 $1-q$ 按照 Barabási-Albert 无标度网络模型中的优先连接机制连接到其他 $m-1$ 个节点上，从而生成可变聚集性的无标度网络，其度分布为 $p(k) \sim \frac{1}{k^3}$。

（二）无标度同配网络模型

Barabási-Albert 无标度网络模型与现实世界的系统网络有所差异，比如它节点度的异配性，与现实世界里节点度的同配性差异巨大。为了解决这个问题，布鲁内和索科洛夫（Brunet & Sokolov，2004）建立了同配性可变的无标度网络模型。其网络的生成方法如下：

网络开始只有 m_0 个节点。每过一段时间，加入一个新节点 i，这个节点有一个带有 m 条边。以 Barabási-Albert 无标度网络模型中的优先连接机制连接到现有节点上，概率为 $p(k_i)=\frac{k_i}{\sum_j k_j}$。在上述网络的基础上进行重连边。每次随机选择两条边，并对其的四个端点的度排序。将随机选择的两条边删除，重新将四个节点连线，度高的连接度高的，度低的连接度低的，重新生成两条边。多次重连既可以产生同配性的无标度网络，且度分布为 $p(k)\sim\frac{1}{k^3}$。另外网络同配性水平与重连的次数成正比。

（三）无标度社区网络模型

Barabási-Albert 无标度网络模型与现实世界的系统网络有所差异，现实世界系统网络存在社区结构，但该模型却不存在明显的社区分类。因此，无标度社区网络模型被提出（Li & Maini，2005），网络的生成方式如下：

网络存在完全连接的社区，共有 M 个。每个社区中有 m_0 个节点。然后在 M 个社区中随机选择 M 个节点，进行完全连接，注意每个社区有一个节点。每隔一定的时间，加入一个新节点，使其随机加入社区 j。接着对该节点进行社区内外的连接处理，先与社区内部其他节点连接，共 $m(m\leqslant m_0)$ 个。再与社区外部 $n(n\leqslant m)$ 个节点连接，连接概率为 $a(1>a>0)$。连接机制如下：

1. 内部连接方式

新节点与社区 j 内部其他节点 i 连接，概率为 $p(s_{ij})=\frac{s_{ij}}{\sum_k s_{kj}}$（$k$ 是社区 j 内部节点数；s_{ij} 代表 i 的社区 j 内部连接度）。

2. 外部连接方式

新节点与社区 h 的节点 i 连接，概率为 $p(l_{ih})=\frac{l_{ih}}{\sum_{m,n,n\neq j} l_{m,n}}$（外部社区用 n 表示，其中有外部连线的节点用 m 表示；l_{ih} 代表 i 的社区 h 外部连接度）。

时间 t 后，这个网络共有 $\frac{Mm_0(m_0+1)+M(M-1)}{2}+mt+nt$ 条边与 Mn_0+t 个节点。时间足够长时，该网络平均度为 $2(m+n)$。另外，$\frac{m}{n}$ 和 a 与社区结构的显著程度分别呈正相关与负相关。

第三节　系统网络计算的 Ucinet 软件介绍

本书主要使用 Ucinet（University of California at Irvine Network）软件进行系统网络的相关操作，Ucinet 软件是由加州大学尔湾分校编写，之后由波士顿大学和威斯敏斯特大学负责该软件的维护与更新。下面将结合 Ucinet 6.560 版本进行基本的软件操作介绍。

Ucinet 里包含的主菜单有 File、Data、Transform、Tools、Network、Visualize、Options、Help，下面将逐一介绍。可以看到，主菜单下有一行快捷图标，它们分别是（1）Exit，快速退出程序；（2）Excel（Matrix editor），快速打开 Excel 文件；（3）Matrix spreadsheet editor，快速打开 Ucinet、Excel、CSV、gml 文件并进行编辑；（4）DL Editor（import text data for spreadsheet），输入文本或 Excel 文件并保存为 Ucinet 格式的文件；（5）Editor Text File，编辑 Ucinet 文本文件；（6）Display Ucinet Dataset，打开并展示 Ucinet 软件；（7）Command line interface（aka Matrix Algebra），使用命令行界面；（8）Visualize network with NetDraw，对网络数据进行可视化分析。

一、Ucinet 主菜单功能简介

如图 5-6 所示，Ucinet 软件有 8 个主菜单，每个主菜单下都有诸多功能，有一些功能较为复杂，即使在 Ucinet 软件中自带的 Help 里面也没有讲解，因此本书将结合自身的理解进行讲解。

（一）File 主菜单

File 主菜单的下拉界面如图 5-6 所示，将依次介绍子菜单的主要功能。Change Default Folder，改变默认的文件夹，可以通过键入全部路径（full pathname），将经常使用的文件夹作为 Ucinet 的默认文件夹。Create New Folder，创建新的默认文件夹。Copy Ucinet Dataset、Rename Ucinet Dataset、Delete Ucinet Dataset 分别指拷贝、重命名、删除已有的 Ucinet 数据。Print Setup，对打印机进行设置。Text Editor，文本编辑器。View Preview Output，查看分析中产生的日志文件。Exit，退出程序。

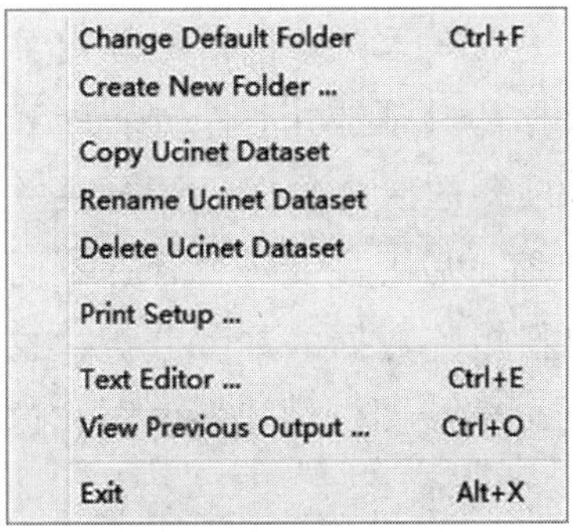

Change Default Folder　Ctrl+F
Create New Folder ...
Copy Ucinet Dataset
Rename Ucinet Dataset
Delete Ucinet Dataset
Print Setup ...
Text Editor ...　Ctrl+E
View Previous Output ...　Ctrl+O
Exit　Alt+X

图 5-6　Ucinet 6.560 软件 File 主菜单

（二）Data 主菜单

Data 主菜单的下拉页面如图 5－7 所示，它主要涉及对数据文件进行编辑、分析，主要包括以下五类。第一类是数据输入与输出：Data editors、Import Excel、Import text file、CSS 可以输入 Excel、text 等多种格式数据；Export，可以按照自己的需要生成所需的数据格式。第二类是数据生成：Make star graph，生成星型规则数据；Random，生成多种不规则数据。第三类是数据的展示和描述：Browse，浏览生成的数据矩阵；Display，展示数据库；Describe，描述生成的数据。第四类是数据的处理：Filter/Extract，从矩阵中抽取部分数据或者抽取出主成分（Extract main component）或者从整体网络中抽取个体网络（Extract egonet）；Remove，移除孤立点（isolates）或者孤伶点（pendants）；Unpack，将多个关系的矩阵拆成多个单一关系的矩阵；Join，合并多元关系矩阵；Match datasets，矩阵匹配；Sort Alphabetically 与 Sort by Attribute，按照字母或者属性进行排序；Permute，行列的置换；Transpose，矩阵的转置处理。第五类是其他矩阵操作：Attribute to matrix，根据属性创建矩阵数据；Affiliations，2 模数据转换为 1 模数据；Subgraphs from partitions，群体转换；Create node sets，点集创建；Reshape matrix，重新组织数据。

（三）Transform 主菜单

Transform 主菜单的下拉页面如图 5－8 所示，它包含图和网络转换为其他类型路径的文件，主要包含下列几种命令，第一种命令主要针对矩阵的数值分析，其中主要包括 Dichotomize（二值化处理）、Normalize（按照一定的标准进行标准化处理）、Symmetrize（对矩阵进行对称化处理）、Match Marginals（对数据矩阵进行边缘化处理，即按照边缘值标准化）、Recode（重新编码矩阵）、Reverse（利用线性转换进行相反数处理）、Diagonal（对角线处理，可改变矩阵数据的对角线的值）、Rewire（优化处理）、Matrix Operations（矩阵运算，包括矩阵内算法和矩阵间算法）。第二种命令主要包含对矩阵数据的其他应用，Aggregate 和 Time Stack，其中前者主要包括 Block 和 Collapse。Block 是指对数据进行分块并计算块密度，Collapse 是指将矩阵的各行和列进行压缩。后者主要进行合并不同时间段的同一对象的关系矩阵。第三种命令主要包括矩阵数据的数型分析，主要包括 Graph Theoretic，它包括了对图形进行合并、创建线图、创建多值图、构造半群图。

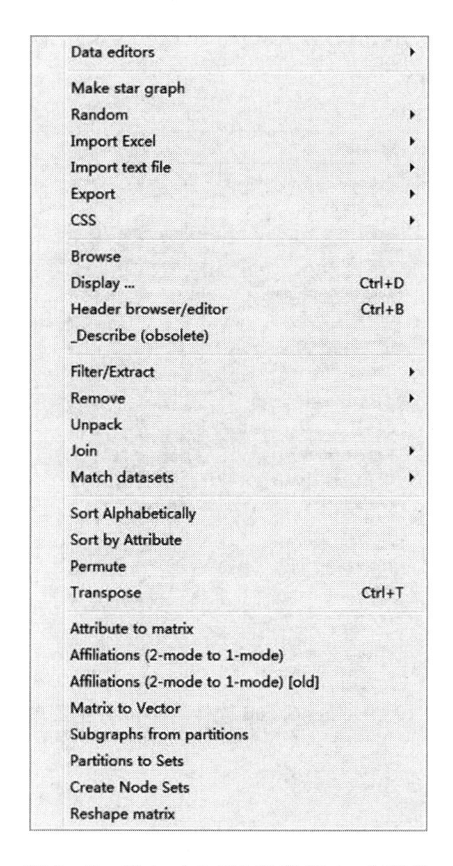

图 5 - 7　Ucinet 6. 560 软件 Data 主菜单

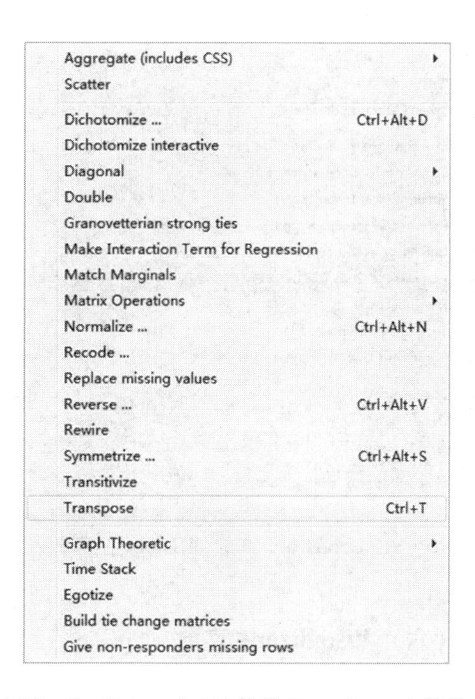

图 5 - 8　Ucinet 6. 560 软件 Transform 主菜单

（四）Tool 主菜单

Tool 分析栏包括网络分析的主要工具，主要分为以下三大类：第一类包括 Consensus（数据的一致性分析）、Cluster Analysis（数据的矩阵聚类分析）、Scaling/Decomposition（量表及分解）；第二类数据分析与相关检验，主要包括 Similarity（相似性分析）、Dissimilarity（相异性分析）、Univariate stats（单变量统计分析）、Frequencies（频次分析）、Testing Hypotheses（假设检验分析）；第三类主要指画图指令，包括 Scatterplot（散点图）、Dendrogram（树状图）、Tree Dendrogram（树形图），如图 5 - 9 所示。

（五）Network 主菜单

该主菜单下面包括一些基本的网络分析技术，这是系统网络应用的核心部分，如图 5 - 10 所示。这一主菜单主要包括 Cohension（凝聚性分析）、Regions（成分分析）、Subgroups（子图分析）、Path（路径分析）、Ego Networks（个体网分析）、Cenrality and Power（中心性分析）、Group Centrality（群体中心性）、Core/Periphery

（核心边缘分析）、Roles and Positions（角色位置分析）、2 - Mode networks（二模网络分析）、Trajectories（二模轨迹矩阵的基本度量）。

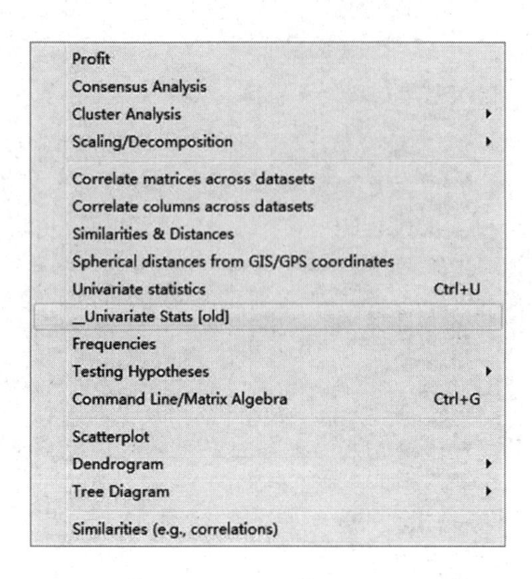

图 5 - 9　Ucinet 6.560 软件 Tools 主菜单

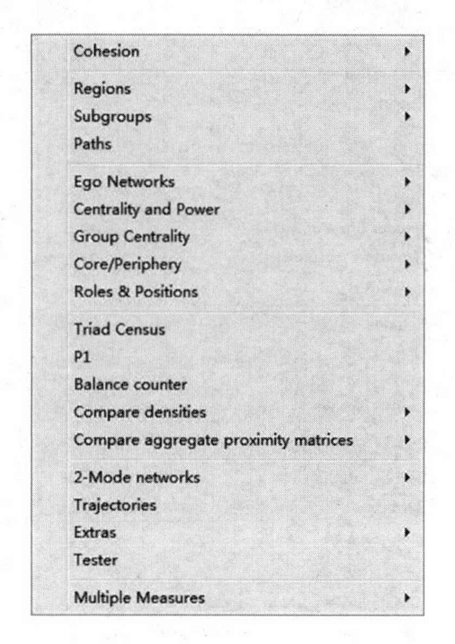

图 5 - 10　Ucinet 6.560 软件 Network 主菜单

（六）Visualize 主菜单

Visualize 主菜单是指对网络数据进行可视化分析，包括三种对应的画图程序 NetDraw、Pajek、Draw，如图 5 - 11 所示。但是由于上述画图程序美观性太差，因此本章引入了 Gephi 软件进行美化。

NetDraw
Pajek
Draw

图 5 - 11　Ucinet 6.560 软件 Visualize 主菜单

（七）Option 主菜单

Option 主菜单主要用于改变 Ucinet 6 软件默认的参数值。主要包括 Display Graphical Dendrograms（图形展示）、Display Full Pathnames（路径名展示）、Smart Default Names（优化缺省名）、Decimal places（小数点位数设定，默认小数点后三位）、Page Size（页码大小改变）、Scratch Folder（文件夹撤销）、Output Folder（数据输出文件夹，可修改为特定路径）、Helper Application（应用帮助命令）、Repeat command（重复命令），如图 5 - 12 所示。

（八）Help 主菜单

Help 主菜单最重要的就是 Help Topics（帮助主题），虽然可以从中找到很多需要的专业术语的解释，但是由于 Ucinet 软件是不断更新的，而该解释并未随之更新，所以相关程序的解释有待商榷，如图 5 - 13 所示。

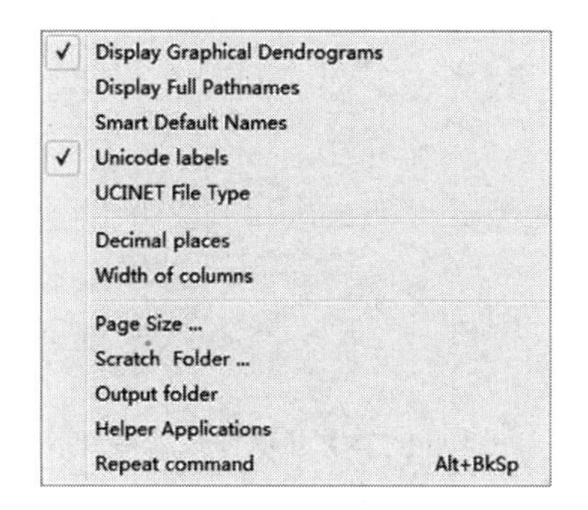

图 5－12　Ucinet 6.560 软件 Option 主菜单

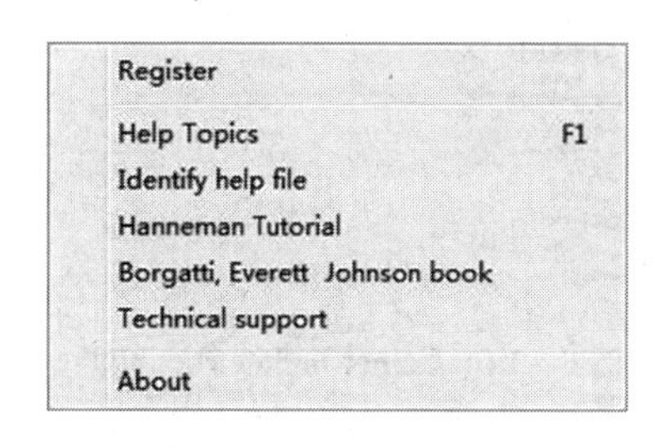

图 5－13　Ucinet 6.560 软件 Help 主菜单

二、Ucinet 数据的形式简介

Ucinet 软件可以分析处理多种多样的系统网络关系，因此 Ucinet 软件的数据输入显得尤为重要。通常情况下，现实生活中的系统网络数据需要进行一系列的处理，处理成为 Ucinet 软件可以识别的数据形式，接下来本章将依次介绍 Ucinet 可以识别的数据形式。

（一）初始数据

初始数据文件是指数据本身不包含标签、行列数、标题等信息，仅包含数字信息的文件，所以该类型的数据只能以矩阵的形式键入。在 Ucinet 软件中，单击 File 主菜单里面的 Text Editor 即可打开文本编辑器，可以直接输入初始数据。如图 5－14 所示，其中包含了五个点之间的关系数据。

（二）Excel 文件数据

Ucinet 软件支持 Excel 格式的数据，可以通过图标直接打开 Excel 文件，但是需要关注的一点是，虽然 Excel 文件可以输入成千上万的数据，但是它的列数却最多只有 255 列，因此，无法利用 Excel 文件来存储超过 255 列的大型网络数据，也就是说用 Ucinet 打开的 Excel 文件不能超过 255 列。

（三）数据语言数据

典型的数据语言文件包含了数据和描述数据关键词的语句，并且一定要用 dl 来表明文件类型是数据语言文件。如图 5－15 所示，这是一个 4×4 的关系矩阵。

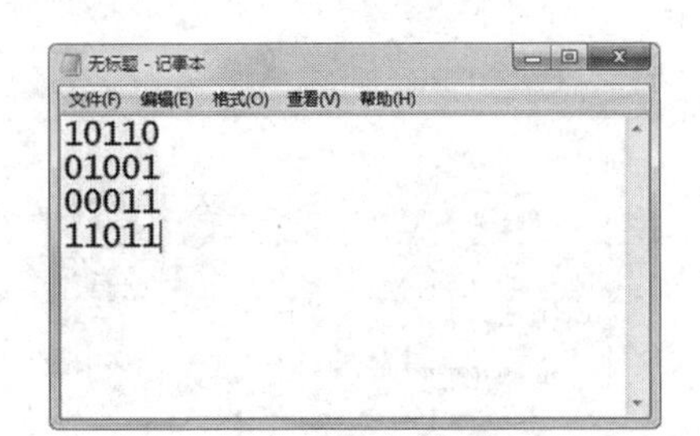

图 5 - 14 Ucinet 6.560 软件初始数据

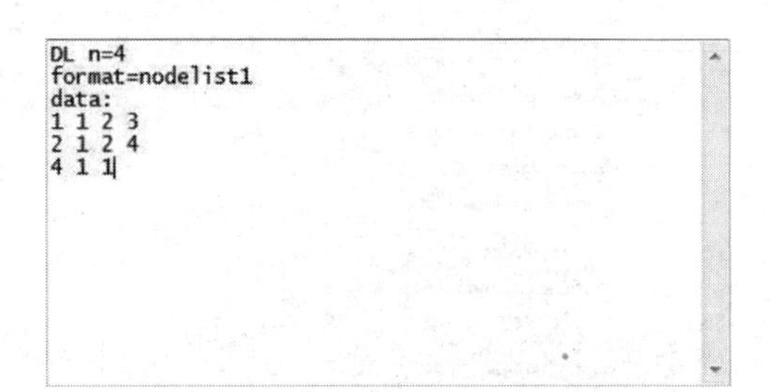

图 5 - 15 Ucinet 6.560 软件数据语言数据

第四节 基于 Ucinet 的模型实现与案例分析

本书将以能源市场间的相关性网络为例进行相关的案例分析。21 世纪后，随着科学技术的进步和能源市场的革命，全球能源市场迅速发展。但是新冠疫情的突然暴发引发了国际能源市场间的剧烈波动，为了更好地分析国际能源市场间各个能源市场的相对地位以及内部关系，系统网络技术被应用。

一、网络数据与网络结构

如表 5 - 1 所示，本书首先用 Excel 文件依据能源市场间的相关性构建了一个能源市场矩阵，能源市场与能源市场之间的系数代表两种能源市场之间的相关性。因为 Ucinet 软件可以识别 Excel 的文件格式，所以可以打开 Ucinet 6.560 软件，单击图标，然后打开 Open 主菜单单击 Open Excel file 子菜单，找到 Excel 文件所在文件夹，即可打开该 Excel 文件。打开后的界面如图 5 - 16 所示，然后打开 Save 主菜单单击 Save workbook Ucinet dataset，即可将 Excel 格式的文件转化为 Ucinet 文件。注意，Ucinet 文件是很特殊的双文件形式储存的“##h”与“##d”文件。如果使用非 Ucinet 程序，要分别用两个文档处理这两个数据集。

表 5 - 1 能源市场矩阵

类别	风能	太阳能	地热能	生物能源	清洁能源	燃料电池	水能	石油能源	煤炭能源
风能	1	0.3551	0.2497	0.1927	0.2269	0.4840	0.1446	0.0045	0.1513
太阳能	0.3551	1	0.3370	0.3678	0.3549	0.5972	0.1704	0.0263	0.0567
地热能	0.2497	0.3370	1	0.2554	0.1944	0.4196	0.1687	0.0162	0.0953
生物能源	0.1927	0.3678	0.2554	1	0.2353	0.3985	0.3027	0.0913	0.0940
清洁能源	0.2269	0.3549	0.1944	0.2353	1	0.3830	0.2537	0.0365	0.1473
燃料电池	0.4840	0.5972	0.4196	0.3985	0.3830	1	0.2677	0.0136	0.1241

续表

类别	风能	太阳能	地热能	生物能源	清洁能源	燃料电池	水能	石油能源	煤炭能源
水能	0.1446	0.1704	0.1687	0.3027	0.2537	0.2677	1	0.0555	0.1558
石油能源	0.0045	0.0263	0.0162	0.0913	0.0365	0.0136	0.0555	1	0.0413
煤炭能源	0.1513	0.0567	0.0953	0.0940	0.1473	0.1241	0.1558	0.0413	1

Excel Matrix Editor

D2 0.249785231488396

	风能	太阳能	地热能	生物能源	清洁能源	燃料电池	水能	石油能源	煤炭能源
风能	1	0.355195	0.249785	0.192784	0.226926	0.484068	0.144668	0.004569	0.15133
太阳能	0.355195	1	0.337061	0.367854	0.3549	0.597264	0.17045	0.026323	0.056746
地热能	0.249785	0.337061	1	0.255411	0.194483	0.419621	0.168716	0.016213	0.095323
生物能源	0.192784	0.367854	0.255411	1	0.235397	0.398559	0.302748	0.091311	0.094003
清洁能源	0.226926	0.3549	0.194483	0.235397	1	0.383002	0.253737	0.03656	0.147366
燃料电池	0.484068	0.597264	0.419621	0.398559	0.383002	1	0.267769	0.013669	0.124154
水能	0.144668	0.17045	0.168716	0.302748	0.253737	0.267769	1	0.055505	0.155817
石油能源	0.004569	0.026323	0.016213	0.091311	0.03656	0.013669	0.055505	1	0.041314
煤炭能源	0.15133	0.056746	0.095323	0.094003	0.147366	0.124154	0.155817	0.041314	1

图 5－16 能源市场文件的格式转换

此时，能源市场间的网络就通过 Ucinet 软件被构建，该网络可以通过 Ucinet 软件的附加程序进行可视化分析。单击图标，打开 NetDraw 程序。该程序的基本操作页面如图 5－17 所示，单击 File→Open→Ucinet dataset→Network，打开之前生成的##h 格式的文件，即可以对能源市场之间的网络进行可视化分析。

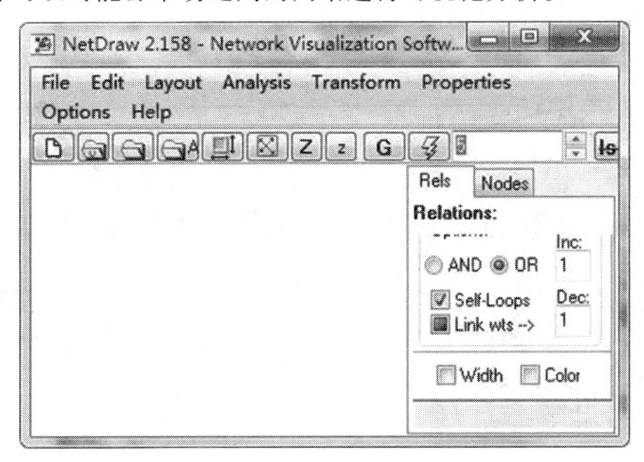

图 5－17 能源市场文件的格式转换

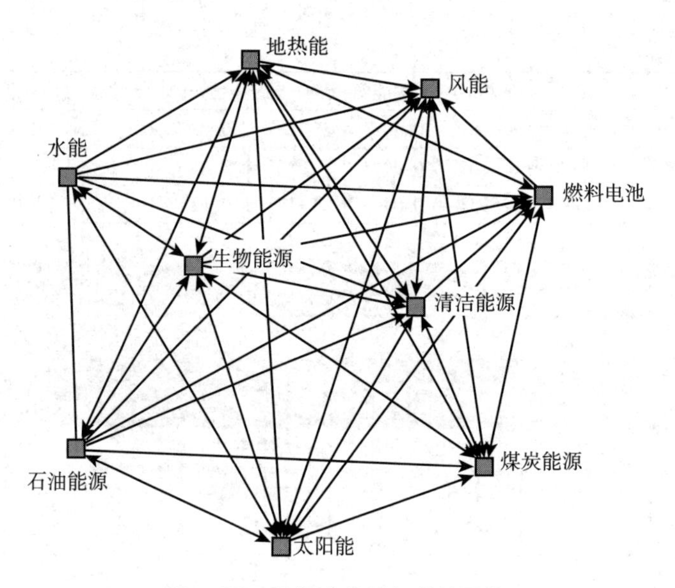

图 5－18 能源市场的相关性网络

如图 5－18 所示，能源市场的系统网络结构被清楚地呈现。其中，每个节点代表一种能源市场，节点之间的连线代表他们之间的相互关系。可以通过图标，对节点的颜色进行调整；通过图标，对节点的形状进行调整；通过图标，对节点的名称进行更改；通过图标，显示各个节点之间的相关性；通过 Lines ，使节点之间连线粗细与节点的相关性成正比。

图 5－19 展示了调整后的能源市场之间的网络。不难发现，能源市场之间的网络相对于现实世界中大多数的系统网络结构较为稀疏，并且一个能源市场与另一个能源市场之间的联系较弱，大多数能源市场之间的相关性系数低于 0.5。此外发现燃料电池能源市场与太阳能能源市场、风能能源市场、生物能源市场之间有着较强的联系。进一步的，石油能源市场与其他能源市场的联系都比较弱。

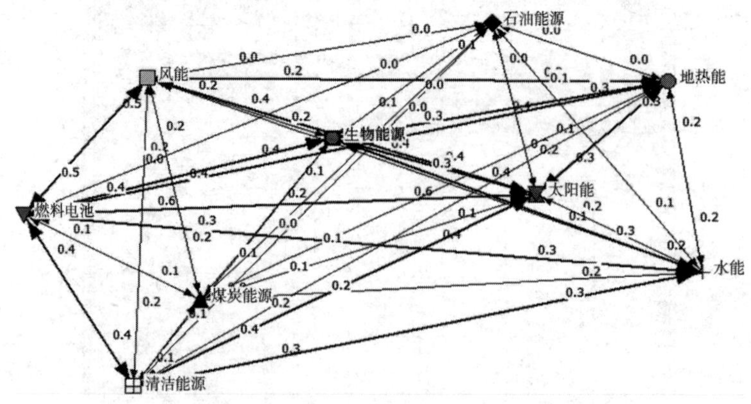

图 5－19 能源市场的相关性网络

二、系统网络中心度计算

上一节，本书对能源市场间的网络结构进行了简单的探讨。本节将从“关系”和“权利”的角度展开对能源市场的进一步探讨，“权利”是系统网络中“关系”的基本特性，网络中单独的个体不会具有权利，具有支配、控制、垄断，其他节点才会具有权利。换句话而言，自我的权利来源于相邻者的依赖。中心性这一指标可以较好地反映网络结构中节点与节点之间的相互关系。因此，本节将从中心性的角度来探讨能源市场之间的“关系”与“权利”。

（一）度数中心性

如图 5－20 所示，单击 Network→Centrality and Power→Degree，打开界面如图 5－21所示（此处默认使用 Linton Freeman 发展出来的基于度数中心性与整体网络中心势的测度方法）。在 Input Network 里打开能源网络的##h 格式的文件（用 Ucinet 软件进行操作时，只需要打开##h 格式的网络文件，但是##d 格式的文件仍要保留，如果遗失将会出现错误界面）。当打开该文件后，Output Degree score 和 Output Centalization score 下面将分别显示 Degree score 和 Centalization score 的默认保存路径，可以单击图标对其进行修改，将其保存在需要的文件夹中。另外，根据构建的网络类型选择有向（Directed）网络，无向（Undirected）网络和自动（Auto-detect）探测网络。

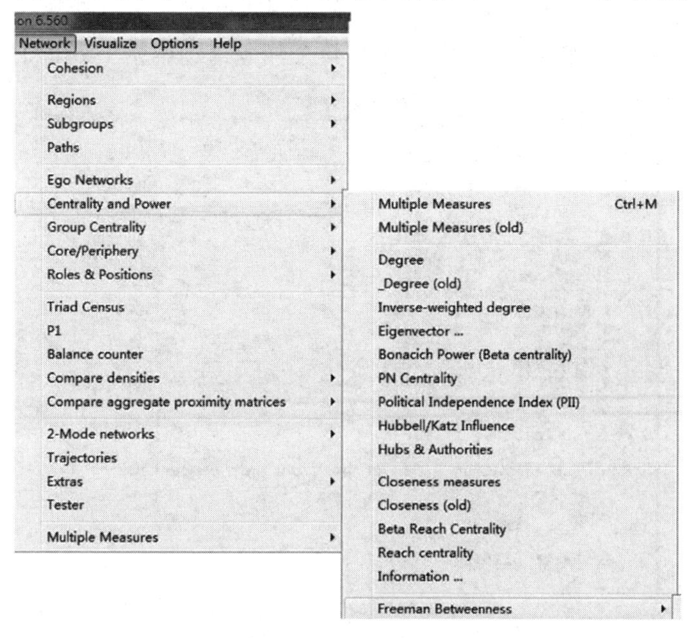

图 5－20　网络的中心性的程序操作

Degree Centrality

Files

Input Network:

Output Degree scores:

Output Centralization scores:

OK

Cancel

Help

Network is ...

Directed

Undirected

Auto-detect

Output ...

Raw scores

Normalized scores

Options

Allow edge weights

Exclude ties to self

图 5 - 21　度中心性操作页面

图 5 - 22 显示了度中心性分析的结果，因为能源市场间的相关性矩阵是对称的矩阵，所以构建的网络是无向网络。首先要明确的是度数中心性的衡量标准是——在系统网络中，一个节点较其他节点拥有更多的连接那就占有更为有利的地位。因为它有很多的其他连接，那它对单一节点的依赖性就很弱，并且会有很多可以利用的网络资源。所以具有高度中心性的节点往往被认为在网络中具有高的“影响力”。如图 5 - 22 所示，第一个列表里的 Degree 这一列的每个数值代表了每个能源市场的度中心大小（如果是有向网络，此处将会分为 IN-Degree 入中心性和 OUT-Degree 出中心性的差别，其中衡量重要性的时候大都以入中心性来衡量）。不难发现，燃料电池能源市场的度中心性最大为 2.688，说明燃料电池能源市场与其他能源市场之间有着很强的联系，燃料电池能源市场在整个能源市场网络中处于中心地位，拥有

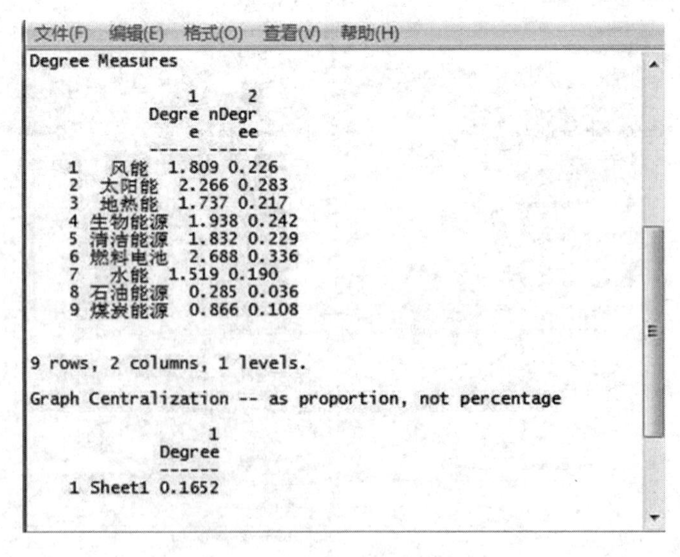

		1 Degree	2 nDegree
1	风能	1.809	0.226
2	太阳能	2.266	0.283
3	地热能	1.737	0.217
4	生物能源	1.938	0.242
5	清洁能源	1.832	0.229
6	燃料电池	2.688	0.336
7	水能	1.519	0.190
8	石油能源	0.285	0.036
9	煤炭能源	0.866	0.108

9 rows, 2 columns, 1 levels.

Graph Centralization -- as proportion, not percentage

		1 Degree
1	Sheet1	0.1652

图 5 - 22　度中心性分析结果

较大的影响力和辐射范围。其次是太阳能能源市场、生物能源市场、清洁能源市场、风能能源市场、地热能能源市场、水能能源市场、煤炭能源市场、石油能源市场，其度中心性分别为 2.266、1.938、1.832、1.809、1.737、1.519、0.866、0.285。另外，石油能源市场的度中心性最小，这说明与其他能源市场之间的联系较弱，这一点也与上节中直观地分析能源市场间的网络结构中的结论相一致。进一步的，Ucinet 软件输出的最后一部分信息报告了 Freeman 图形中心势数值，为 0.1652，这说明能源市场间的网络的中心势比较弱，个体间的权利差距不算很大。

（二）中介中心性

如图 5－20 所示，单击 Network→Centrality and Power→Freeman Betweenness→Node Betweenness，打开如下界面如图 5－23 所示，在 Input Network 里打开能源网络的##h 格式的文件。另外，可以通过 Output databaset 来更改输出结果的默认保存路径。

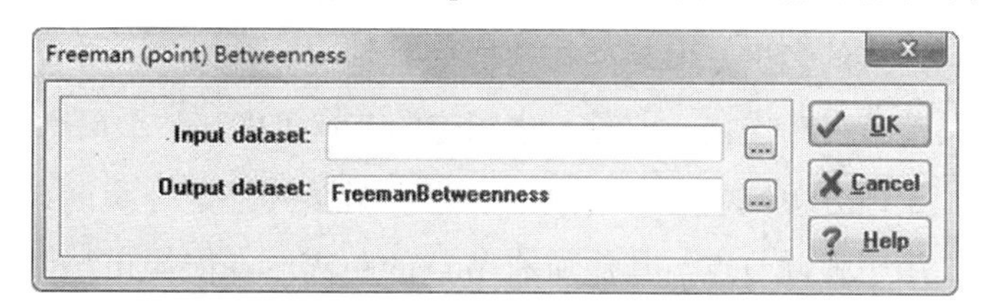

图 5－23　中介中心性操作界面

图 5－24 显示了中介中心性分析的结果。要注意的是因为中介中心性不能处理加权的网络，所以它自动将网络处理为二值化的网络。还有一点就是这个路径可以处理有向网络，所以不需要对有向网络进行对称化处理。要明确的是中介中心性衡量的是在系统网络中节点处于其他对偶节点之间的程度，也就是一种位置优势。如果有很多其他节点依赖该节点与别的节点形成连接，那么这个节点就越有“权力”；如果其中有两个节点可以不依赖这个节点之间形成连接，那么这个节点的“权力”就会降低。如图 5－24 所示，从结果中不难看出在这个能源市场间的网络中，没有任何一个单独的能源市场处于一个位于其他能源市场中点的位置，也就是说他们的中介作用非常小几乎为零。这说明从信息的控制与传递的角度来讲，任何一个单一能源市场都不处于能源市场网络的中心位置。

（三）接近中心性

单击 Network→Centrality and Power→Closeness measure，在 Input Network 里打开能源网络的##h 格式的文件。另外可以通过 Output databaset 来更改输出结果的默认保存路径。该页面还包含了很多可以选择的选项（Option），一般而言，保持默认选择即可。

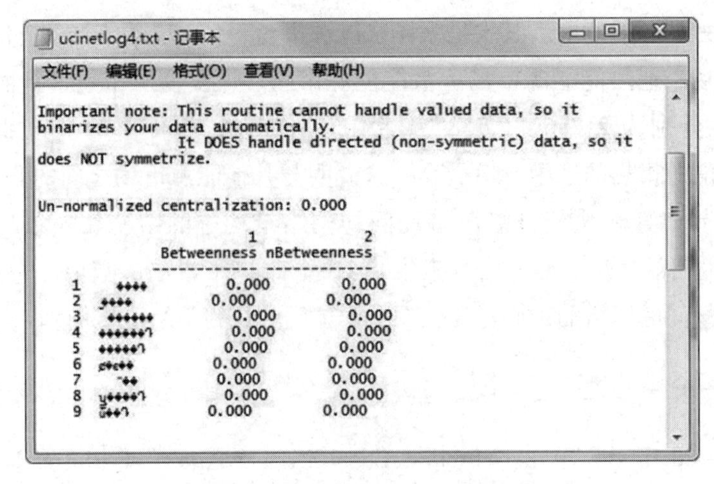

图 5 - 24　中介中心性分析结果

图 5 - 25 显示了接近中心性分析的结果。首先要知道的是虽然度中心性衡量了系统网络中节点连接的多少，但是存在这样一种情况，那就是一个节点可能与系统网络中的很多其他节点相连接，但是与之相连的节点可能与整个网络没有很多连接，那么就出现了位于地方领域中心的节点的现象。为了弥补这一漏洞，接近中心性的概念被提出来，用于强调节点与其他所有节点的距离。在能源市场间的网络中，接近中心性衡量了每一个能源市场与其他能源市场的捷径距离之和，从结果中很容易发现每一个能源市场与其他能源市场的距离都是一样的，均为 1（同样，如果这个网络是有向的网络那也分 outFarness 出接近中心性和 inFarness 入接近中心性，读者要根据实际数据的情况进行具体的分析）。这说明每一个能源市场与其他能源市场之间的相对距离都比较近，说明对于整个能源市场网络而言，其中的每一个能源市场都具有较高的整体中心度。

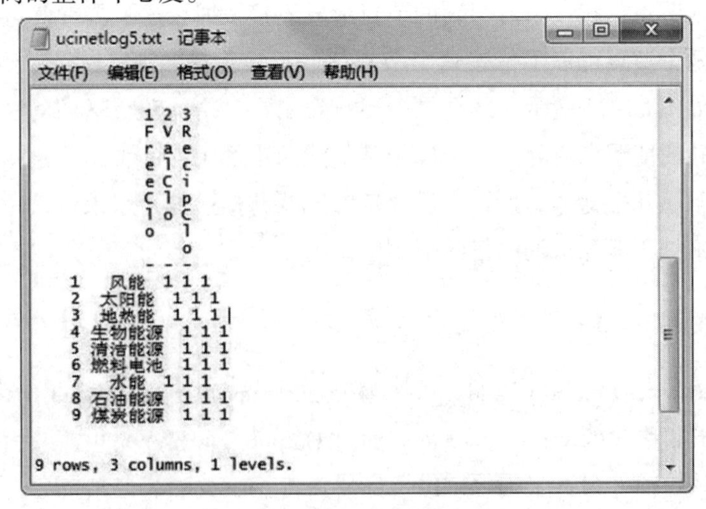

图 5 - 25　接近中心性分析结果

（四）特征向量中心性

如图 5－20 所示，单击 Network→Centrality and Power→Eigenvector，打开如图 5－26 所示的界面。在 Input Network 里打开能源网络的##h 格式的文件，另外可以通过 Output databaset 来更改输出结果的默认保存路径。另外，还包含了两种计算方法的选择，一种是 Slow & super accurate；另一种是 Fast-for large matrices，读者可以根据自身的需要进行选择。

Bonacich Eigenvector Centrality

Input dataset:

Method: Slow & super accurate

Output dataset: 1-eig

Force majority of scores to be positive

OK

Cancel

Help

图 5－26　特征向量中心性操作界面

图 5－27 显示了特征向量中心性分析的结果。由于用中文输入导致有一些操作的结果出现乱码，但是仍然可以根据序号进行识别（下面不再详述原因）。如图 5－28 所示，特征向量中心性最高的是 6 市场（燃料电池能源市场），为 0.483。然后是 2 市场（太阳能能源市场）、4 市场（生物能源市场）、1 市场（风能能源市场）、5 市场（清洁能源市场）、3 市场（地热能能源市场）、7 市场（水能能源市场）、9 市场（煤炭能源市场）、8 市场（石油能源市场）。这说明燃料电池能源市场与其他很重要的能源市场联系密切。一般而言，度中心性高的节点的特征向量中心性不一定高，

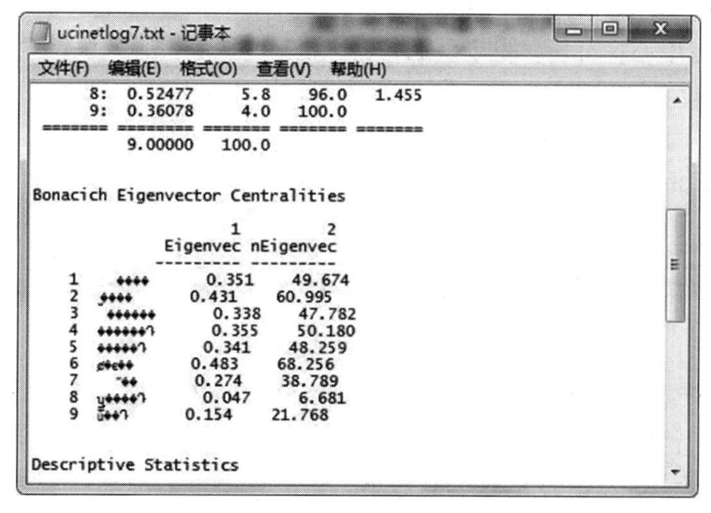

```
ucinetlog7.txt - 记事本
文件(F) 编辑(E) 格式(O) 查看(V) 帮助(H)
     8:  0.52477      5.8    96.0   1.455
     9:  0.36078      4.0   100.0
======= ======== ======= ======= =======
         9.00000    100.0

Bonacich Eigenvector Centralities

                    1          2
             Eigenvec nEigenvec
            --------- ---------
   1              0.351     49.674
   2            0.431     60.995
   3                0.338     47.782
   4               0.355     50.180
   5              0.341     48.259
   6            0.483     68.256
   7             0.274     38.789
   8              0.047      6.681
   9            0.154     21.768

Descriptive Statistics
```

图 5－27　特征向量中心性分析结果

因为与之联系密切的节点的度中心性不一定很高。但是从本书的案例来看，从度中心性和特征向量中心性分析中得到了相似的结论，即具有较高的度中心性的能源市场也具有较高的特征向量中心性，说明处于能源市场间网络的中心位置，如燃料电池能源市场。而具有较低的度中心性的能源市场也具有较低的特征向量中心性，说明处于能源市场间网络的边缘位置，如石油能源市场。

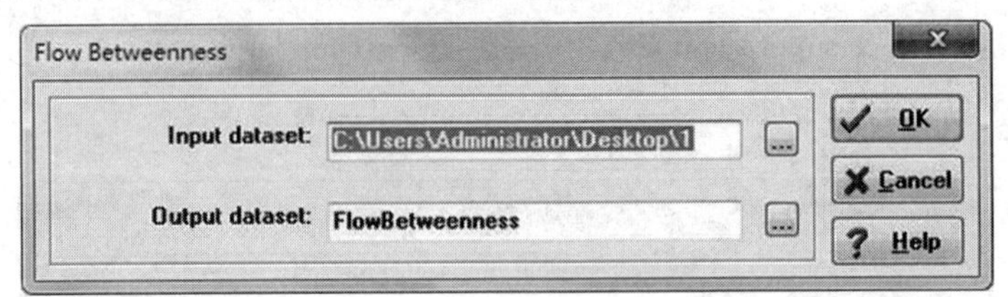

图 5－28 流中心性操作界面

（五）流中心性

如图 5－19 所示，单击 Network→Centrality and Power→Flow Betweenness，打开如图 5－28 所示的界面。在 Input Network 里打开能源网络的##h 格式的文件，另外可以通过 Output database 来更改输出结果的默认保存路径。

图 5－29 显示了流中心性分析的结果。流中心性是类似于中介中心性的测度原理并将其扩大，它假设网络中的节点会使用所有与之相连的路径，不过它的使用频率与路径长度相关。通过对能源市场间的流中心性分析，发现所有市场的流中心性的数值均为 7。

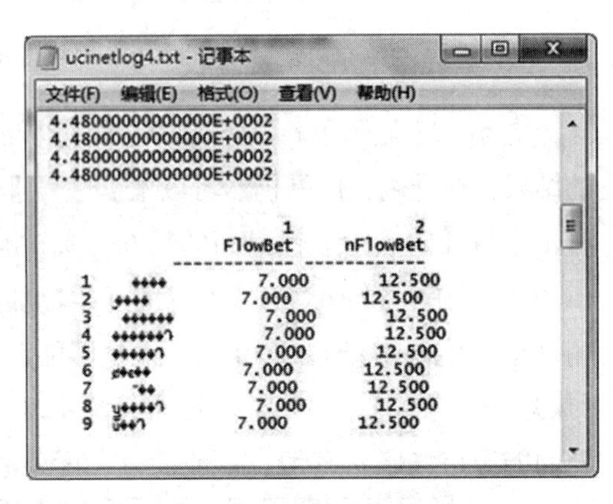

图 5－29 流中心性分析结果

三、网络凝聚子群分析

为了更好地探究能源市场间网络各个能源市场之间的相互关系，本书进行了凝聚子群的分析。凝聚子群的分析是典型的一种系统网络的结构分析方法，可以快速找到网络的子结构以及相互的关系。网络凝聚子群分析的步骤如下。

第一步：二值化处理。

为了对网络数据进行凝聚子群分析，首先要进行数据的二值化处理。单击 Transform | Dichotomize。如图 5－30 所示，此处需要格外注意二值化的规则，可以自

行设定。如果此时的数据为“相似性”时，那要确保属于大于特定值时为 1 否则为 0；如果数据为“相异性”数据时，那要确保属于大于特定值时为 0 否则为 1。因为本书的能源市场间的网络数据是相关性，所以采取前一种规则，此时设定这个特定值为 0.1，读者应该根据自身数据的性质设置合理的特定值。

图 5－30　数据的二值化

图 5－31 展示了二值化处理的结果，可以看到能源市场间的相关系数的变化。只有大于 0.1 时，两者的新的相关性系数为 1 否则为 0。

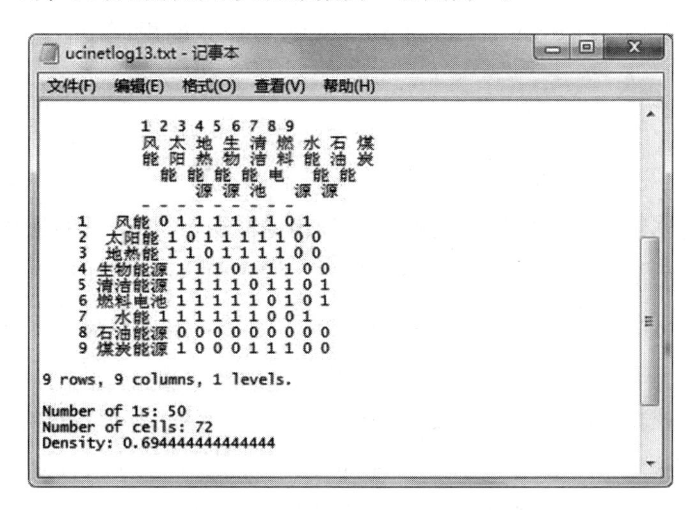

ucinetlog13.txt - 记事本

文件(F) 编辑(E) 格式(O) 查看(V) 帮助(H)

		1 风能	2 太阳能	3 地热能	4 生物能源	5 清洁能源	6 燃料电池	7 水能	8 石油能源	9 煤炭能源
1	风能	0	1	1	1	1	1	1	0	1
2	太阳能	1	0	1	1	1	1	1	0	0
3	地热能	1	1	0	1	1	1	1	0	0
4	生物能源	1	1	1	0	1	1	1	0	0
5	清洁能源	1	1	1	1	0	1	1	0	1
6	燃料电池	1	1	1	1	1	0	1	0	1
7	水能	1	1	1	1	1	1	0	0	1
8	石油能源	0	0	0	0	0	0	0	0	0
9	煤炭能源	1	0	0	0	1	1	1	0	0

9 rows, 9 columns, 1 levels.

Number of 1s: 50
Number of cells: 72
Density: 0.694444444444444

图 5－31　二值化处理的结果

第二步：成分分析。

对于网络数据而言，既要找出网络中的强成分，也要找出网络中的弱成分。单击 Network→Region→Components。结果如图 5－32 所示，Level 代表强弱成分的等级，可以发现在能源市场间网络中不存在等级数值 1 的强成分。2 市场（太阳能能源市场）和 6 市场（燃料电池能源市场）存在较强成分，数值为 0.6。另外，8 市场（石油能源市场）与其他能源市场只存在弱成分。这说明太阳能能源市场与燃料电池能源市场联系的紧密性，石油能源市场处于整个能源市场网络的边缘位置。

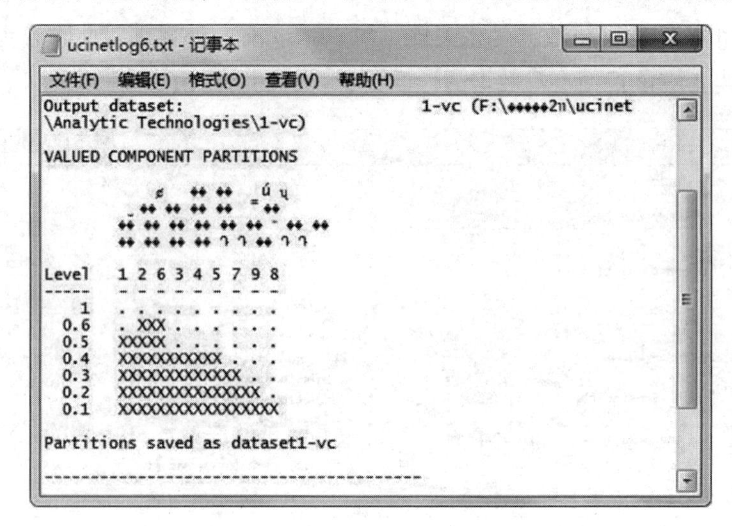

图 5－32　成分分析的结果

第三步：派系分析。

接下来对第一步生成的二值化网络数据进行派系分析，单击 Network→Subgroups→Cliques，可以通过 Analyze pattern of overlaps 设置派系的规模，但是要注意的是不能小于 3。

本书按照最小派系规模为 3 进行派系分析，结果如图 5－33 所示。在 2－level 水平下形成的互惠性的凝聚子群为市场 1（风能能源市场）、市场 5（清洁能源市场）、市场 7（水能能源市场）、市场 6（燃料电池能源市场），说明上述几个能源市场在整个能源市场网络中联系最为紧密，它们之间的关系是互利互惠的。另外，在整个能源市场间网络来看，上述市场形成了一个小核心市场；在 1－level 形成的凝聚子群为市场 1（风能能源市场）、市场 5（清洁能源市场）、市场 7（水能能源市场）、市场 6（燃料电池能源市场）、市场 2（太阳能能源市场）、市场 3（地热能能源市场）、市场 4（生物能能源市场）。不难发现，随着派系紧密程度的下降，包含的能源市场越来越多；在 0.7－level 形成的凝聚子群为市场 1（风能能源市场）、市场 5（清洁能源市场）、市场 7（水能能源市场）、市场 6（燃料电池能源市场）、市场 2（太阳能能源市场）、市场 3（地热能能源市场）、市场 4（生物能能源市场）、市场 9（煤炭能源市场）。另外，可以发现市场 8（石油能源市场）只有在 0－level 水平下才属于派系的一部分，换句话说，石油能源市场不属于能源市场间的任何一个派系，因为它不满足派系任两个部分之间都是相关并且完备的，这也与上面的弱成分分析结果一致。

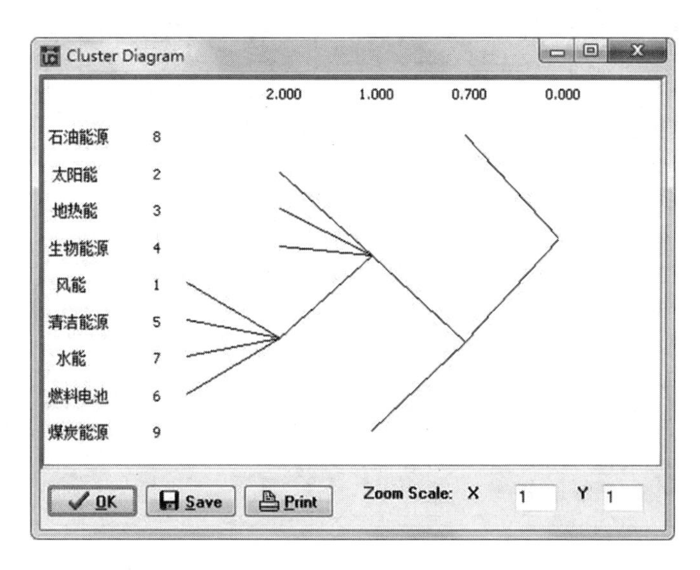

图 5－33　派系分析结果

第四步：K－丛分析。

这一步骤多是在第三步失败后进行的，对第一步生成的二值化网络数据进行 k 丛分析，单击 Network→Subgroups→K－Plex，因为K－丛是指满足这样子的一个子群，每个点都至少与除了 K 个点之外的其他点相连。所以可以通过增加 K 的值使结果更加明显，但是 K 的值不能太大。

本书按照 K 为 2 进行 K－丛分析，也就是能源市场的子群中每个能源市场都至少与 7 个其他能源市场具有相关联系。结果如图 5－34 所示，在 4－level 水平下形成的互惠性的凝聚子群为市场 1（风能能源市场）、市场 5（清洁能源市场）、市场 7（水能能源市场）、市场 6（燃料电池能源市场），说明上述几个能源市场在整个能源市场网络中联系最为紧密，它们之间的关系是互利互惠的，也是能源市场间网络的核心；在 3－level 形成的凝聚子群为市场 1（风能能源市场）、市场 5（清洁能源市场）、市场 7（水能能源市场）、市场 6（燃料电池能源市场）、市场 9（煤炭市场）；在 1.444－level 形成的凝聚子群为市场 1（风能能源市场）、市场 5（清洁能源市场）、市场 7（水能能源市场）、市场 6（燃料电池能源市场）、市场 9（煤炭能源市场）、市场 2（太阳能能源市场）；在 1.381－level 形成的凝聚子群为市场 1（风能能源市场）、市场 5（清洁能源市场）、市场 7（水能能源市场）、市场 6（燃料电池能源市场）、市场 9（煤炭能源市场）、市场 2（太阳能能源市场）、市场 3（地热能能源市场）；在 1.333－level 形成的凝聚子群为市场 1（风能能源市场）、市场 5（清洁能源市场）、市场 7（水能能源市场）、市场 6（燃料电池能源市场）、市场 9（煤炭能源市场）、市场 2（太阳能能源市场）、市场 3（地热能能源市场）、市场 4（生物能源市场）。另外，市场 8（石油能源市场）不属于任一子群的一部分。

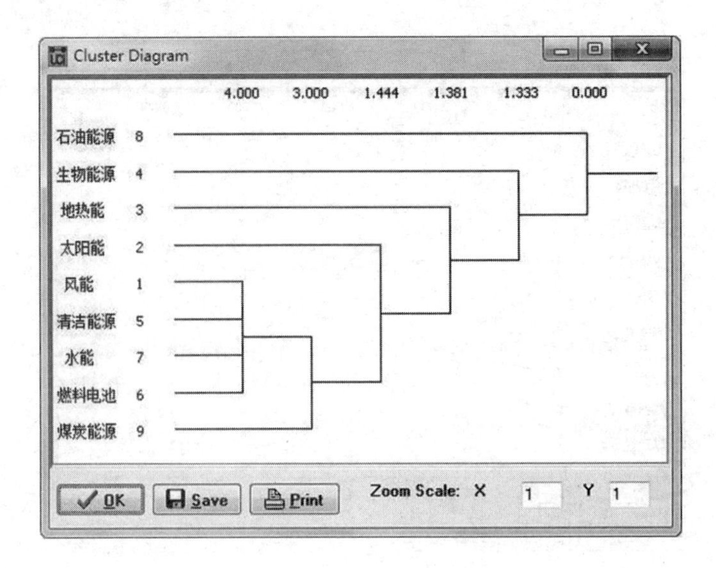

图 5－34　K－丛分析结果

第五步：K 核分析。

这一步骤多是补充第四步进行的，不同于 K－丛分析的概念，K 核是指一个网络中的全部点都至少与该网络中的 K 个其他点相连。因为相较于 K－丛分析，K 核分析更具有包容性，当 K 较小时，群组的规模会扩大。K 核分析的路径如下：单击 Network→Region→K－Core。可以通过改变 K 值的大小来调整群组的大小。

结果如图 5－35 所示，按照结果划分了两个子群。第一个子群为 6 核子群，包括市场 1（风能能源市场）、市场 2（太阳能能源市场）、市场 3（地热能能源市场）、市场 4（生物能源市场）、市场 5（清洁能源市场）、市场 6（燃料电池能源市场）、市场 7（水能能源市场）；第二个子群为 4 核子群，包括市场 1（风能能源市场）、市场 2（太阳能能源市场）、市场 3（地热能能源市场）、市场 4（生物能源市场）、市场 5

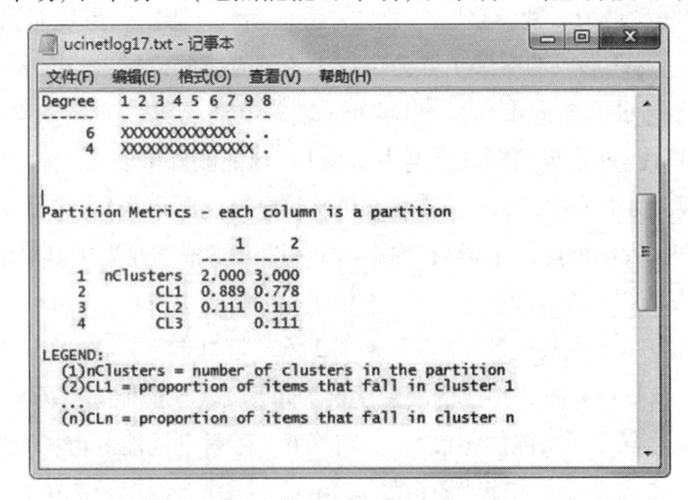

图 5－35　K 核分析的结果

(清洁能源市场)、市场 6（燃料电池能源市场)、市场 7（水能能源市场)、市场 9（煤炭能源市场)；另外，市场 8（石油能源市场）不属于任何一个子群。

四、网络可视化展示

由于 Ucinet 软件的画图程序美观性有待提高，本书引入了一个新的系统网络画图软件——Gephi。可以使用该软件直接打开最初建立起来的 Excel 软件，即会出现下面的对话框，依次选择“下一步”按钮，最后单击“完成”按钮即可出现最初的网络图形，如图 5 – 36 所示。

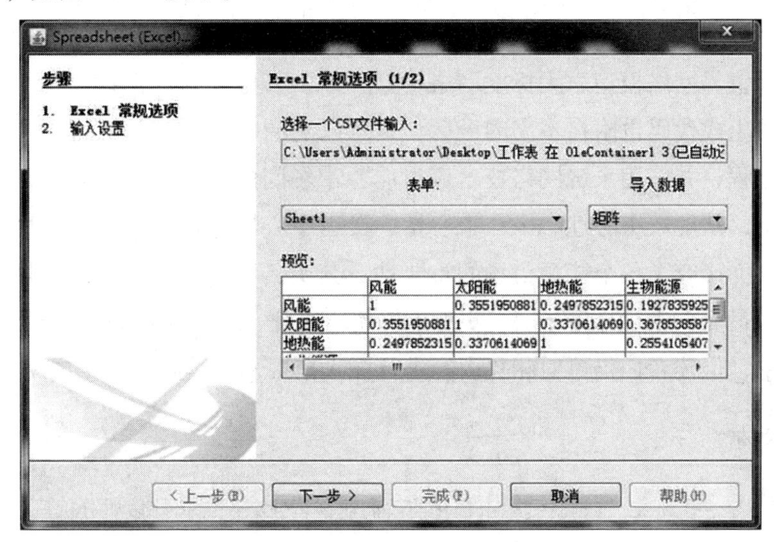

图 5 – 36　Gephi 输入界面

最初的网络图形出现后，可以首先为网络选择合适的布局，此处最常应用的是 Fruchterman Reingold，然后根据 [图标] 图标分别调节节点、线条、标签的颜色、大小，经过一系列颜色的选择和大小的选择（本书节点大小为 45），即可出现图 5 – 37（b）需要的网络。

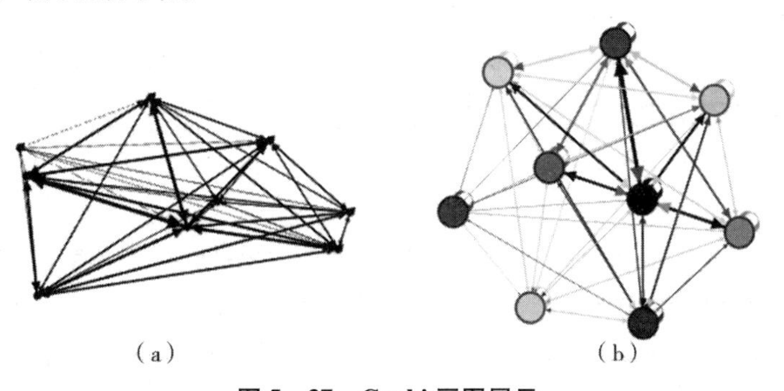

(a)　　　　(b)

图 5 – 37　Gephi 画图展示

第五节　本章小结

随着计算机技术的飞速发展，网络科学渗透到越来越多的学科中，系统网络的研究表现出很强的跨学科特性。首先，本章分析了系统网络结构和功能的意义与价值，给读者介绍了系统网络的研究发展经历的主要阶段。其次，本章探讨了系统网络的相关应用研究。虽然在相关研究中存在着大量的共同的特点，但在不同领域，网络与网络之间还是具有本质区别的。由此本章分别从贸易、金融、交通、生物领域进行文献综述。本章介绍了系统网络研究中的经典模型：规则网络模型、随机网络模型、小世界网络模型、无标度网络模型、以及其他最新的网络模型。其中上述网络模型的生成代码也附在本书的最后。本章以能源市场的相关性网络为例展示了相关操作流程，并采用系统网络技术探讨能源市场间的相对关系。首先，从中心性的角度入手，从度数中心性、中介中心性、接近中心性、特征向量中心性和流中心性这五个方面研究了各个能源市场的重要性；其次，本章探讨了能源市场的凝聚子群的关系；最后，本章介绍了一种更好的网络可视化工具——Gephi。虽然本案例分析相对简单，但读者们仍可对相关内容进行深入挖掘发现其内在的深层规律。

参考文献

[1] 曾志坚、岳凯文：《贷款利率市场化前后商业银行股票网络拓扑性质分析》，载于《财经理论与实践》2016 年第 6 期。

[2] 段文奇、刘宝全、季建华：《国际贸易网络拓扑结构的演化》，载于《系统工程理论与实践》2008 年第 10 期。

[3] 顾鹏尧、陈俊华、龚德伟、周明华：《广义加权网络演化模型》，载于《数学的实践与认识》2013 年第 22 期。

[4] 胡超、张捷：《国际经济失衡的成因：新形态国际分工的视角》，载于《南京社会科学》2011 年第 3 期。

[5] 胡平、刘志华、王炳清：《贸易网络综合演化模型的研究》，载于《复杂系统与复杂性科学》2012 年第 2 期。

[6] 胡昭玲、宋佳：《基于出口价格的中国国际分工地位研究》，载于《国际贸易问题》2013 年第 3 期。

[7] 黄玮强、姚爽、庄新田：《上证指数和交易量波动的网络动力学模型》，载于《东北大学学报（自然科学版）》2010 年第 10 期。

[8] 霍建国：《新形势下对外贸易地位与作用的再思考》，载于《国际贸易》2013 年第 4 期。

[9] 贾郑磊、谷林、高智勇、谢军太：《基于节点相似性的加权复杂网络 BGLL 社团检测方

法》，载于《计算机系统应用》2019 年第 2 期。

[10] 金朝辉：《贸易开放是否降低人民币实际有效汇率波动——基于省级贸易及价格水平数据的实证研究》，载于《国际金融研究》2020 年第 12 期。

[11] 雷达、赵勇：《中美经济失衡的性质及调整：基于金融发展的视角》，载于《世界经济》2009 年第 1 期。

[12] 李海峰、王炜：《轨道交通网络形态研究》，载于《规划师》2006 年第 5 期。

[13] 李红权、汪寿阳、马超群：《股价波动的本质特征是什么？——基于非线性动力学分析视角的研究》，载于《中国管理科学》2008 年第 5 期。

[14] 李晓、冯永琦：《中日两国在东亚区域内贸易中地位的变化及其影响》，载于《当代亚太》2014 年第 6 期。

[15] 李昕、徐滇庆：《中国外贸依存度和失衡度的重新估算——全球生产链中的增加值贸易》，载于《中国社会科学》2013 年第 1 期。

[16] 李瑶：《非国际货币、货币国际化与资本项目可兑换》，载于《金融研究》2003 年第 8 期。

[17] 梁洪振、姚洪兴、姚晶晶：《基于双重度量的负相关股票复杂网络特性》，载于《系统工程》2017 年第 3 期。

[18] 廖泽芳、毛伟：《中国的全球价值链地位与外部失衡：附加值贸易关系网络的视角》，载于《国际贸易问题》2015 年第 12 期。

[19] 刘志谦、宋瑞：《基于复杂网络理论的广州轨道交通网络可靠性研究》，载于《交通运输系统工程与信息》2010 年第 5 期。

[20] 马嘉琪、白雁、韩宝明：《城市轨道交通线网基本单元与复杂网络性能分析》，载于《交通运输工程学报》2010 年第 4 期。

[21] 马述忠、任婉婉、吴国杰：《一国农产品贸易网络特征及其对全球价值链分工的影响——基于社会网络分析视角》，载于《管理世界》2016 年第 3 期。

[22] 钱亚飞：《复杂网络上的舆情演化模型研究现状与展望》，载于《现代计算机》2019 年第 22 期。

[23] 曲如晓、李婧：《世界高技术产品贸易格局及中国的贸易地位分析》，载于《经济地理》2020 年第 3 期。

[24] 沈景炎：《城市轨道交通线网规划的结构形态基本线形和交点计算》，载于《城市轨道交通研究》2008 年第 6 期。

[25] 孙成雨、申卯兴、史向峰：《网络抗毁性的点韧性度指标计算方法研究》，载于《计算机应用研究》2017 年第 7 期。

[26] 王志强、徐瑞华：《基于复杂网络的轨道交通路网可靠性仿真分析》，载于《系统仿真学报》2009 年第 20 期。

[27] 肖琴：《复杂网络在股票市场相关分析中的应用》，载于《中国管理科学》2016 年第 S1 期。

[28] 许忠好、李天奇：《基于复杂网络的中国股票市场统计特征分析》，载于《山东大学学报（理学版）》2019 年第 5 期。

［29］张来军、杨治辉、路飞飞：《基于复杂网络理论的股票指标关联性实证分析》，载于《中国管理科学》2014 年第 12 期。

［30］周健、李世伟、程克勤：《基于局域世界演化的 BBV 模型研究》，载于《计算机工程与应用》2011 年第 14 期。

［31］朱家明、蒋沅、赵平：《复杂网络提高的抗毁性优化设计仿真》，载于《计算机仿真》2018 年第 4 期。

［32］庄新田、闵志锋、陈师阳：《上海证券市场的复杂网络特性分析》，载于《东北大学学报（自然科学版）》2007 年第 7 期。

［33］Albert R., Barabási A. L., Statistical Mechanics of Complex Networks. *Reviews of Modern Physics*, Vol. 74, No. 1, 2002, pp. 47 – 97.

［34］Aldecoa R., Marín I. Jerarca, Efficient Analysis of Complex Networks Using Hierarchical Clustering. *PloS One*, Vol. 5, No. 7, 2010, P. e11585.

［35］Arnau V., Mars S., Marín I., Iterative Cluster Analysis of Protein Interaction Data. *Bioinformatics*, Vol. 21, No. 3, 2005, pp. 364 – 378.

［36］Arora N., Narayanan B., Paul S., *Financial Influences and Scale-free Networks.* Berlin and Heidelberg: International Conference on Computational Science. Springer, 2006, pp. 16 – 23.

［37］Bader G. D., Betel D., Hogue C. W. V., BIND: The Biomolecular Interaction Network Database. *Nucleic Acids Research*, Vol. 31, No. 1, pp. 248 – 250.

［38］Barrat A., Barthélemy M., Vespignani A., Weighted Evolving Networks: Coupling Topology and Weight Dynamics. *Physical Review Letters*, Vol. 92, No. 22, 2004, P. 228701.

［39］Chen H., Mai Y., Li S. P., Analysis of Network Clustering Behavior of the Chinese Stock Market. *Physica A: Statistical Mechanics and its Applications*, Vol. 414, 2014, pp. 360 – 367.

［40］Cho Y. R., Hwang W., Ramanathan M., et al., Semantic Integration to Identify Overlapping Functional Modules in Protein Interaction Networks. *BMC Bioinformatics*, Vol. 8, No. 1, 2015, pp. 1 – 13.

［41］Fagiolo G., Reyes J., Schiavo S., The Evolution of the World Trade Web: A Weighted-network Analysis. *Journal of Evolutionary Economics*, Vol. 20, No. 4, 2010, pp. 479 – 514.

［42］Fracassi C., Corporate Finance Policies and Social Networks. *Management Science*, Vol. 63, No. 8, 2008, pp. 2420 – 2438.

［43］Garlaschelli D., Loffredo M. I., Structure and Evolution of the World Trade Network. *Physica A: Statistical Mechanics and its Applications*, Vol. 355, No. 1, 2005, pp. 138 – 144.

［44］Greif A., Reputation and Coalitions in Medieval Trade: Evidence on the Maghribi Traders. *The Journal of Economic History*, Vol. 49, No. 4, 1995, pp. 857 – 882.

［45］Ji J., Zhang A., Liu C., et al., Survey: Functional Module Detection from Protein-protein Interaction Networks. *IEEE Transactions on Knowledge and Data Engineering*, Vol. 26, No. 2, 2012, pp. 261 – 277.

［46］Kim H. J., Kim I. M., Lee Y., et al., Scale-free Network in Stock Markets. *Journal-Korean Physical Society*, Vol. 40, 2002, pp. 1105 – 1108.

［47］Lee K. E., Lee J. W., Hong B. H., Complex Networks in a Stock Market. *Computer Physics*

Communications, Vol. 177, No. 1 – 2, 2007, P. 186.

[48] Li X., Jin Y. Y., Chen G., Complexity and Synchronization of the World Trade Web. *Physica A: Statistical Mechanics and its Applications*, Vol. 328, No. 1 – 2, 2003, pp. 287 – 296.

[49] Li, X., Chen, G., A Local-world Evolving Network Model. *Physica A: Statistical Mechanics and its Applications*, Vol. 328, No. 1 – 2, 2003, pp. 274 – 286.

[50] Mantegna R. N., Hierarchical Structure in Financial Markets. *The European Physical Journal B-Condensed Matter and Complex Systems*, Vol. 11, No. 1, 1999, pp. 193 – 197.

[51] Pham M. C., Anderson H. M., Duong H. N., et al., The Effects of Trade Size and Market Depth on Immediate Price Impact in a Limit Order Book Market. *Journal of Economic Dynamics and Control*, Vol. 120, 2020, P. 103992.

[52] Quah C. H., Crowley P. M., Which Country Should be the Monetary Anchor for East Asia: the US, Japan or China? *Journal of the Asia Pacific Economy*, Vol. 17, No. 1, 2012, pp. 94 – 112.

[53] Rauch J. E., Business and Social Networks in International Trade. *Journal of Economic Literature*, Vol. 39, No. 4, 2001, pp. 1177 – 1203.

[54] Ravasz E., Somera A. L., Mongru D. A., et al., Hierarchical Organization of Modularity in Metabolic Networks. *Science*, Vol. 297, No. 5586, 2002, pp. 1551 – 1555.

[55] Rhrissorrakrai K., Gunsalus K. C., MINE. *BMC Bioinformatics*, Vol. 12, No. 1, 2018, pp. 1 – 10.

[56] Rhrissorrakrai K., Gunsalus K. C., Module Identification in Networks. *BMC Bioinformatics*, Vol. 12, No. 1, 2015, pp. 1 – 10.

[57] Satoshi K., Hiroaki M., Kenichi Y., et al., Mutations in a Thiaminetransporter Gene and Wernicke's-like Encephalopathy. *N Engl J Med*, 2009, pp. 1792 – 1794.

[58] Sen P., Dasgupta S., Chatterjee A., Sreeram P. A., Mukherjee G., Manna, S. S., Small-world Properties of the Indian Railway Network. *Physical Review E*, Vol. 67, No. 3, 2003, P. 036106.

[59] Sen Q., Guan-Zhong D., A New Local-world Evolving Network Model. *Chinese Physics B*, Vol. 18, No. 2, 2009, pp. 383 – 390.

[60] Serrano M. A., Boguná M., Topology of the World Trade Web. *Physical Review E*, Vol. 68, No. 1, 2003, P. 015101.

[61] Sienkiewicz J., Holyst J. A., Public Transport Systems in Poland: From Bialystok to Zielona Gora by Bus and Tram Using Universal Statistics of Complex Networks. *arXiv Preprint Physics*, 2005, P. 0503099.

[62] Spirin V., Mirny L. A., Protein Complexes and Functional Modules in Molecular Networks. *Proceedings of the National Academy of Sciences*, Vol. 100, No. 21, 2003, pp. 12123 – 12128.

[63] Squartini T., Fagiolo G., Garlaschelli D., Randomizing World Trade. Ⅱ. A Weighted Network Analysis. *Physical Review E*, Vol. 84, No. 4, 2011, P. 046118.

[64] Tumminello M., Aste T., Di-Matteo T., et al., A Tool for Filtering Information in Complex Systems. *Proceedings of the National Academy of Sciences*, Vol. 102, No. 30, 2005, pp. 10421 – 10426.

[65] Wang G. J., Xie C., Chen S., Multiscale Correlation Networks Analysis of the US Stock Market:

A Wavelet Analysis. *Journal of Economic Interaction and Coordination*, Vol. 12, No. 3, 2018, pp. 561 – 594.

[66] Wang G. J., Xie C., Han F., et al., Similarity Measure and Topology Evolution of Foreign Exchange Markets Using Dynamic Time Warping Method: Evidence from Minimal Spanning Tree. *Physica A: Statistical Mechanics and Its Applications*, Vol. 391, No. 16, 2012, pp. 4136 – 4146.

[67] Wang W., Li Z., The Evolution of China's Interregional Coal Trade Network, 1997-2016. *Physica A: Statistical Mechanics and its Applications*, Vol. 536, 2019, P. 120974.

[68] Yook S. H., Jeong H., Barabási A. L., et al., Weighted Evolving Networks. *Physical Review Letters*, Vol. 86, No. 25, 2001, pp. 5835 – 5838.

[69] Zhang P. P., Chen K., He Y., et al., Model and Empirical Study on Some Collaboration Networks. *Physica A: Statistical Mechanics and Its Applications*, Vol. 360, No. 2, 2019, pp. 599 – 616.

第六章

Chapter 6

系统尾部分析与R程序实现

第一节　系统尾部分析方法与相关背景

金融全球化与金融创新的步伐不断加快，金融机构之间的联系愈加紧密。在金融体系中，不同市场与不同资产之间往往存在着一定程度的相关性。过去的相关性研究主要是分析随机变量间的相关程度，忽略了相关模式的研究。目前的相关方法和模型虽然有很多，但均存在着一定的局限性。

还有一个难题是构造高维随机变量的联合分布，仅有每个随机变量的边缘分布以及相关系数尚不能解决问题。多元联合分布需要大量的数学计算和理论推导来完成其构造过程，但是当随机变量的个数较多时，多元联合分布的概率分布很难准确估计出。为了较好地解决这个问题，常常假设多个资产收益率序列的联合分布服从多元正态分布，但是在后续的研究中发现该假设往往是不成立的，尤其是在极端事件发生时，实际结果与计算的结果存在较大的偏差。

而 Copula 的出现有助于解决上述问题。Copula 理论由斯克拉（Sklar）于 1959 年首次提出，他指出一个 k 维的联合分布函数可以分解为 k 个边缘分布函数和一个 Copula 函数，其中 Copula 函数可以用来描述变量间的相关结构，但是受到当时技术条件及理论基础的限制，Copula 并没有很好地发展起来。直到 20 世纪 90 年代，计算机技术与相关理论的进步极大地推动了 Copula 理论的发展，并广泛应用于金融市场的相关性分析、系统尾部分析、金融风险管理、资产定价等方面。

一、系统尾部分析方法

Copula 具有的灵活性和稳健性，在分析变量间的相关结构时体现出一定优势。相比于传统的模型，Copula 体现了以下优势：一是边缘分布反映单变量的个体信息，而相关结构反映变量间的相关关系，Copula 模型可以将边缘分布和相关结构分离，提高了模型的实用性；二是通过选择与构建不同形式的 Copula 函数，可以准确地捕捉到金融时间序列间存在的非线性以及非对称性。除此之外，因为函数自身的优良性质和特殊结构，Copula 还能在极值理论研究中扮演重要角色。无论是对极端现象的预测，还是对分布的尾部性质的研究以及选择 Copula 描述变量的相关结构等，Copula 的作用都不可小觑，用 Copula 函数来处理金融市场或金融资产间的尾部相关性非常方便。

二、模型发展背景

Copula 理论不是一个新概念，它提出至今已有 60 余年，但由于受相关条件和技术的限制，在 20 世纪 90 年代以前，Copula 理论一直没有得到较好的应用。在 20 世纪 90 年代后期，随着边缘分布建模理论的不断完善和计算机技术的突起，Copula 理论得到了极大的重视并迅速发展起来。近年来，随着金融全球化与金融创新步伐的加快，对金融市场的分析发展需求不断提高。原有的一些统计方法，尤其是基于线性相关假设的分析方法已经不能满足市场的需要，而 Copula 函数可以有效捕捉市场间的非线性关系，而逐渐被应用于金融市场的相关分析。在发展过程中，Copula 模型经历了一系列的演化，Copula 的应用范围也逐渐扩大，主要包括模型的发展和应用两个方面，因此本章对 Copula 的发展背景作以下详细的介绍。

（一）Copula 模型的发展

Copula 理论由斯克拉在 1959 年首次提出，Copula 理论将联合分布函数分解为边缘分布函数和 Copula 函数，其中 Copula 函数可以用来描述变量间的相关结构，该理论的提出为相关性的研究奠定了基础。之后，斯克拉（1973）、施魏策尔（Schweizer，1981）、爱萨娜等（Alsina et al.，1993）对其做了进一步完善和总结，Copula 理论的发展也逐渐成熟。乔（Joe，1997）总结了 Copula 理论发展的过程与一些常用的 Copula 函数及其特性，为 Copula 的发展奠定了基础。随后，布耶和杜尔勒曼（Bouyé & Durrleman，2000）用 Copula 函数研究了不同金融市场间的相关关系，并取得了良好的测度结果，之后 Copula 函数开始应用于金融领域。内尔森（Nelsen，

2007）在前人的基础上对 Copula 函数进行了完善，丰富了其定义和构建方法，并且提出了不同类型的 Copula 函数，对 Copula 函数的发展和相关结构的研究作了重要的贡献。

1999 年以后，作为一种新兴的金融分析工具，Copula 理论被广泛应用于金融、统计等领域，其相关模型也不仅仅局限于基础的 Copula 理论，而是在此基础上扩展了更丰富的统计模型。传统的 Copula 模型是基于二元变量建立的，但是随着金融市场的快速发展与技术进步，传统 Copula 模型往往不能满足市场的需要。众所周知，在描述时间序列波动性方面，ARCH 类和 SV 类模型具有很好的性质，但是参数估计问题限制了它们的发展和应用。因此，罗金格和琼多（Rockinger & Jondeau，2001）、胡（Hu，2003）等提出了基于 Copula 理论的多变量金融时间序列模型以弥补向量 GARCH 模型的不足，包括 Copula-ARMA 类、Copula-ARCH 类、Copula-SV 类等，并在后续的发展中逐渐衍生出更多的模型。该模型提出以后，大量学者就开始将其应用于实际研究中。张晓庭（2002）首次将其引入我国学术领域，之后韦艳华和张世英（2002）引入 Copula-GARCH 模型对上海股市各板块指数收益率序列间的条件相关性进行分析，为促进 Copula 理论在我国的应用与发展作出重要贡献。随后，谢福座（2010）、李从文和闫世军（2015）等学者运用 Copula-GARCH 类模型实证研究了银行、证券等金融市场的相关性，Copula 在我国的发展也越来越成熟。但是，随着技术的进步与科学的发展，也有学者对上述模型提出了质疑，认为其在刻画多变量联合分布时缺乏精确性和灵活性，并且在实际应用中会受到边缘分布的限制而不能很好地估计相依结构。在此情况下，乔（1996）提出了 Pair-Copula 理论，由此引出了藤（Vine）Copula，藤 Copula 可以根据变量间的影响关系来自由排列变量，并广泛地应用于解释高维数据之间复杂的相依关系。之后，贝德福德和库克（Bedford & Cooke，2002）、奥斯等（Aas et al.，2009）对藤 Copula 的构建及其参数估计和模型构建做了详细的介绍和分析。在藤 Copula 函数中，应用最广泛的是 C 藤和 D 藤，其中 C 藤适合用来分析存在一个中心市场的数据集，而 D 藤适合分析若干市场的传导关系（李磊等，2013；龚金国和邓入侨，2015）。藤 Copula 相比于传统 Copula 函数具有更高的灵活性，尤其是在处理高维变量的问题上，更能反映出真实情况且操作直观简单。这种方法在构建多变量联合分布函数时可以反映出两两变量之间的相关结构不一致和非对称等特性（高江，2013）。该模型提出以后，国内外大量学者将其应用于实际当中，结合金融数据构建了相关藤 Copula 模型，表明该类模型对金融数据的拟合效果较好（Min & Czado，2010；韩超和周兵，2019）。

事物的发展是多样化且动态的，对于金融市场来说，它们之间的相关关系可能是非线性的，还可能随着外部环境的变化而产生波动。因此，以前常用的常相关系数和线性相关系数已经不能满足需要，它们不能捕捉到动态环境下相关结构的变化。

因此需要建立一种动态的非线性模型来描述事物之间的非线性动态相关关系。基于此，巴顿（Patton，2001）将普通Copula函数推广到了条件Copula函数，并提出了时变Copula模型，允许Copula函数的参数随时间的变化而变化，该模型的提出对Copula的发展起到至关重要的作用，使Copula理论可以刻画数据的时变性。时变Copula模型主要包括时变二元正态Copula模型和时变Joe-Clayton Copula模型，其中前者主要用于描述一般情况下序列之间的动态相关特征，后者主要用于描述序列之间动态的尾部相关特性。

时变相关Copula模型的相关参数是时变的，但模型的基本形式一般不会随时间发生变化。但在现实情况中，事物的发展是动态的、处于不断地调整之中的，经济规律是不断变化的。Copula模型可能随经济波动呈现其结构的变化，仅相关参数随时间变化是远远不够的。因此，需要建立一种形式和相关参数都会随时间的变化发生改变的模型，也就是丁等（Ding et al.，1993）、波勒斯勒夫和米克尔森（Bollerslev & Mikkelsen，1996）等提出的变结构Copula模型。变结构Copula模型是时变相关Copula模型之外的另一类动态Copula模型，在某一时间点前后模型的形式、模型中的参数或模型中的变量有显著差别。在逐渐地发展与应用中，变结构Copula模型已经有了庞大的体系，包括分段Copula模型、具有尾部变结构特性的二元Copula模型、具有变结构边缘分布的变结构Copula模型、具有Markov转换体制的Copula-GARCH和Copula-SV模型、变截距Copula-GARCH和Copula-SV模型等（Hamiton & Susmel，1994；Dueker，1997；So et al.，1998；Smith，2002；Rodrihuez，2003）。韦艳华和张世英（2006）首先将该模型应用于国内金融市场的研究，并且证明在刻画金融收益序列之间相关结构的能力上，变结构二元正态Copula模型优于时变相关二元正态Copula模型。

（二）Copula模型的应用

金融全球化与金融创新的步伐不断加快，金融机构之间的联系愈加紧密。在金融体系中，不同市场与不同资产之间往往存在着一定程度的相关性。另外，为了分散、消除金融市场风险，往往需要配置资产组合，进行风险的对冲和规避，这些都是以对多个市场之间的相关性分析为基础。多元GARCH、SV模型常用来分析多个市场之间的相关关系，但是参数估计、多元分布假设等问题限制了它们的发展和应用（韦艳华和张世英，2007）。因此，在原有模型的基础上引入了Copula技术。Copula的引入使多变量金融时间序列建模问题更加灵活，GARCH类和SV类模型能很好地描述金融时间序列的分布和波动特性，因此其可以用来刻画边缘分布，Copula函数可以拟合序列间的相关结构（田光和张瑞锋，2011）。此外，GARCH类模型和SV类模型都是基于线性相关关系的角度探讨各市场之间的相互作用，但线性相关关系无法充分描述各市场间收益率的关系（曹红辉和王琛，2008；张自然和丁日佳，2012）。而 Copula 可以研究非线性、非对称相关的时间序列，很好地弥补了原有模型的缺陷。

全球金融市场受经济全球化和金融一体化、金融创新、竞争和信息技术等因素的影响，正在发生着根本性的变化，金融市场间的联系越来越频繁，影响越来越紧密，因此对金融市场间相关性的研究如相关程度、波动溢出效应和协同运动等的研究成为当下的热点。常用的相关性分析方法有线性相关系数、Granger 因果检验、协整分析法（张秀艳等，2009；Baur & Lucey，2009；Baur，2010）等，但它们都存在一定的局限性。因此，用上述方法分析金融市场间的相关关系会存在一定误差。此外，VAR、GARCH 族、MSV、CoVAR 等模型是分析相关性常用的模型，但无法进行动态相关性测度是 VAR 的不足（张志波和齐中英，2005；Yang & Zhou，2013）；GARCH 族模型基于线性相关测度，无法反映变量间的非线性相关关系；MSV 和 CoVAR 也各自存在一定的缺陷（熊正德和韩丽君，2013；陈九生和周孝华，2017）。Copula 函数因能研究变量间的非线性、静态和动态环境下的相关关系，近年来被广泛应用于金融市场相关性分析。除此之外，Copula 还能捕捉到变量间的尾部相关关系，用 Copula 函数来处理金融市场或金融资产间的尾部相关性非常方便（杨坤等，2017；何敏园和李红权，2020）。

作为一国经济运行的核心，金融市场在维护市场稳定、进行金融风险管理防范发挥了重要的作用。但是，金融市场的复杂性和投机性决定了金融市场经常处于非均衡的波动状态。特别是 2007 年美国次贷危机以来，一系列重大的金融风险事件甚至金融危机提示了风险的复杂性与风险管理的重要性。马科维茨提出的投资组合理论表明多样化投资会在取得一定收益的条件下降低风险，因此多样化投资成为投资者一种主要的风险管理与规避手段。一般地，投资者会选择相关性小的资产进行组合，以降低投资风险。可见，相关性分析对投资组合的风险分析至关重要（韦艳华等，2003）。如前所述，Copula 在相关性分析中有诸多优点，如非线性、静态与动态相结合、尾部相关性测度等，因此 Copula 被广泛应用于金融市场风险管理（翟永会，2019；侯县平等，2020）。

此外，大多数风险管理模型常常假设多个资产收益率序列的联合分布服从多元正态分布，但是在后续的研究中发现该假设往往是不成立的，尤其是在发生极端事件时，实际结果与计算的结果存在较大的偏差。而 Copula 理论可以将一个联合分布分解为任意形式的边缘分布与一个 Copula 函数，其中边缘分布可以描述单个变量的分布，Copula 函数可以描述变量之间的相关结构，使建模问题大大简化，同时也有助于对金融风险问题的分析和理解。韦艳华等（2003）指出，如果投资组合中的金融资产已经确定，那么市场风险就相当于投资组合中资产结构的风险，可以完全由一个相应的 Copula 函数来描述。Copula 因其独特的优势，在金融风险管理中发展迅速，越来越多的学者利用其对金融市场的风险进行研究，并提出了诸多宝贵的意见（苗文龙，2013；王琳，2020）。

第二节 系统尾部分析的相关模型

随着相关理论的不断完善和计算机技术的发展，Copula 理论得到了迅速的发展，相关模型与方法越来越成熟。因此，本节着重介绍相关 Copula 模型与方法，包括普通二元 Copula 模型、动态 Copula 模型、变结构 Copula 模型、藤 Copula 模型等。

一、基础 Copula 函数的定义及性质

Copula 的理论基础是 Sklar 定理，Sklar 定理指出，边缘分布为 $F_1(x_1),\cdots,F_n(x_n)$的联合分布函数 $F_X(x_1,\cdots,x_n)$，可以表示为：$F(x_1,\cdots,x_n)=C_X[F_1(x_1),\cdots,F_n(x_n)]$，其中，$C_X$ 代表 Copula 函数。Sklar 定理表明 F_X 可以分解为含有变量$(x_1,x_2,\cdots,x_n)$之间相依性的 Copula C_X 和包含所有一元边缘分布信息的边缘分布函数 $F_1(x_1),F_2(x_2),\cdots,F_n(x_n)$。其中，Copula 函数可以描述变量间的相关结构，边缘分布函数可以描述变量间的分布情况。在所有边缘分布都是连续的情况下，Copula 函数是唯一确定的，且 Copula 函数可以通过以下公式求出：$C_X(u_1,\cdots,u_n)=F[F_1^{-1}(u_1),\cdots,F_n^{-1}(u_n)]$，其中，$F_i^{-1}(u_i)$为边缘分布的反函数。

（一）Copula 函数的定义及性质

1. 二元 Copula 函数是指满足以下性质的函数 $C(u,v)$

（1）$C(u,v)$的定义域为$[0,1]\times[0,1]$；

（2）$C(u,v)$是严格单调递增的；

（3）对任意 $u,v\in[0,1]$，满足 $C(u,1)=u$，$C(1,v)=v$。

其中二元 Copula 函数具有以下性质：

（1）对任意变量，$C(u,v)$都是严格单调不减的，即 $C(u,v)$会随着变量的增大而增大（或不变）；

（2）对任意 $u,v\in[0,1]$，$C(u,0)=C(0,v)=0$，$C(u,1)=u$，$C(1,v)=v$；

（3）对任意的 $0\leqslant u_1\leqslant u_2\leqslant 1$ 和 $0\leqslant v_1\leqslant v_2\leqslant 1$，有：$C(u_2,v_2)-C(u_2,v_1)-C(u_1,v_2)+C(u_1,v_1)\geqslant 0$；

（4）对任意的 $u_1,u_2,v_1,v_2\in[0,1]$，有 $|C(u_2,v_2)-C(u_1,v_1)|\leqslant|u_2-u_1|+$

$|v_2-v_1|$；

（5）对任意的 $u,v\in[0,1]$，$\max(u+v-1)\leqslant C(u,v)\leqslant\min(u,v)$；

（6）若 U，V 独立同分布于$[0,1]$上的均匀分布，则 $C(u,v)=uv$。

2. 与二元 Copula 函数类似，n 元 Copula 函数是指满足以下性质的函数 $C(u_1,u_2,\cdots,u_n)$

（1）定义域为$[0,1]^n$；

（2）$C(u_1,u_2,\cdots,u_n)$是 n 维严格单调递增的；

（3）$C(u_1,u_2,\cdots,u_n)$有边缘分布函数 $C_i(u_i)(i=1,2,\cdots,n)$，且满足 $C_i(u_i)=C(1,\cdots,1,u_i,1,\cdots,1)=u_i$，其中 $u_i\in[0,1](i=1,2,\cdots,n)$。

多元 Copula 函数满足以下性质：

（1）对任意变量 $u_i\in[0,1]$，$i=1,2,\cdots,n$，$C(u_1,u_2,\cdots,u_n)$都是单调非减的；

（2）$C(u_1,u_2,\cdots,0,\cdots,u_n)=0$，$C(1,\cdots,1,u_i,1,\cdots,1)=1$；

（3）对任意的变量 $u_i,v_i\in[0,1](i=1,2,\cdots,n)$，有：

$$|C(u_1,u_2,\cdots,u_n)-C(v_1,v_2,\cdots,v_n)|\leqslant\sum_{i=1}^{n}|u_i-v_i|;$$

（4）$\max\left(\sum_{i=1}^{n}u_i-n+1\right)\leqslant C(u_1,u_2,\cdots,u_n)\leqslant\min(u_1,u_2,\cdots,u_n)$；

（5）若变量 $u_i\in[0,1]$，$i=1,2,\cdots,n$ 相互独立，则 $C(u_1,u_2,\cdots,u_n)=\prod_{i=1}^{n}u_i$。

（二）基于 Copula 函数的相关性测度

从前面可知，Copula 函数对于相关性的测度具有很大的优势，因此本部分将对基于 Copula 函数的相关性测度做一个详细的介绍。根据 Copula 函数的定义，相应的 Copula 函数不会随着随机变量$(x_1,x_2,\cdots,x_n)$的单调递增变换发生变化，因此，基于 Copula 函数的相关性测度比普通的线性相关系数更实用，它反映的是严格单调递增变换下的相关性。

判断两个变量的变化趋势是否一致是度量相关性最直接的方法，若变化趋势一致，则说明变量是正向变化的，反之则是负向变化的。基于此，引入秩相关的概念。对于每一个变量，变量的秩通过观测值从小到大的顺序排列得到，最小的数值定义秩为 1，次小的数值定义秩为 2，依次类推。用数学表达式表达有：

$$rank(Y_i)=\sum_{j=1}^{n}I(Y_j\leqslant Y_i) \tag{6-1}$$

它表示小于等于 Y_i 的值的个数（包括 Y_i 本身）。秩统计量只通过秩来依赖于数据，秩的一个关键特点是单调变换下秩不变。特别地，秩在它的累积分布函数

（CDF）变换下不变。因此任何秩统计量的分布仅仅依赖于 Copula 函数，而不依赖于一元边缘分布。考虑能够衡量一对变量的统计相关性的秩统计量，这些秩统计量称为秩相关。有两个广泛运用的秩相关系数，Kendall 秩相关系数和 Spearman 秩相关系数。

1. Kendall 秩相关系数 τ

(x_1,y_1)和(x_2,y_2)为独立同分布的随机向量。如果 x_1 的秩相对于 x_2 和 y_1 的秩相对于 y_2 是一样的，那么(x_1,y_1)和(x_2,y_2)称为一致对，即任何情况下都有$(x_1-x_2)(y_1-y_2)>0$。反之，若$(x_1-x_2)(y_1-y_2)<0$，则称(x_1,y_1)和(x_2,y_2)为不一致对。Kendall 秩相关系数就是一致对的概率减去与（x_1，y_2）是不一致对的概率，所以，Kendall 秩相关系数为：

$$\begin{aligned}\tau &= P[(x_1-x_2)(y_2-y_2)>0]-P[(x_1-x_2)(y_1-y_2)<0]\\ &=2P[(x_1-x_2)(y_1-y_2)>0]-1\end{aligned} \tag{6-2}$$

如果 g 和 h 是递增函数，则：

$$\tau[g(X),h(Y)]=\tau(X,Y) \tag{6-3}$$

即 Kendall 秩相关系数在单调递增变换下是不变的。如果 g 和 h 分别是 X 和 Y 的边缘累计分布函数，那么 $\tau(X,Y)$是(X,Y)的 Copula 的 Kendall 秩相关系数。说明 Kendall 秩相关系数仅仅依赖于一个二元随机向量的 Copula。

若 $G(x)$，$H(y)$分别为随机变量 X，Y 的边缘分布函数，$C(u,v)$为对应的 Copula 函数，其中，$u=G(x)$，$v=H(y)$，$u,v\in[0,1]$，则 Kendall 秩相关系数 τ 可由下式计算出：

$$\tau = 4\int_0^1\int_0^1 C(u,v)\,\mathrm{d}C(u,v) - 1 \tag{6-4}$$

2. Spearman 秩相关系数 ρ

对于一个样本，Spearman 秩相关系数就是从数据的秩来计算 Pearson 相关系数。对于一个分布而言，两个变量都应用它们的累积分布函数进行变换，然后用变换后的变量计算 Pearson 相关系数。

对于三个独立同分布的随机向量(x_1,y_1)，(x_2,y_2)，(x_2,y_3)，它们之间的 Spearman 秩相关系数为：

$$\rho=3[P(x_1-x_2)(y_1-y_3)>0]-P[(x_1-x_2)(y_1-y_3)<0] \tag{6-5}$$

从式（6-5）可以看出，ρ 与随机变量(x_1,y_1)和(x_2,y_3)一致与不一致的概率成反比。其中，(x_2,y_3)表示由两个独立的变量构成的向量，也可以用(x_3,y_2)表示。

与 Kendall 秩相关系数一样，Spearman 秩相关系数 ρ 也可由相应的 Copula 函数计算出：

$$\rho = 12\int_0^1\int_0^1 uv\mathrm{d}C(u,v) - 3$$
$$= 12\int_0^1\int_0^1 C(u,v)\mathrm{d}uv - 3 \qquad (6-6)$$

3. Gini 关联系数 γ

Gini 关联系数 γ 与 Kendall 秩相关系数 τ 和 Spearman 秩相关系数 ρ 不一样，τ 和 ρ 只考虑随机变量变化方向的一致与不一致性，而 τ 更细致地考虑了随机变量变化顺序的一致与不一致性，它不仅可以衡量随机变量的变化方向，还可以衡量随机变量的变化程度。

记随机变量 X,Y 的 n 个样本为 $(x_1,y_1),(x_2,y_2),\cdots,(x_n,y_n)$。$r_i$ 和 s_i 分别为 x_i、y_i 在 $x_1,x_2,\cdots,x_n$ 和 $y_1,y_2,\cdots,y_n$ 中的秩。其中，$|r_i-s_i|$ 可以反映随机变量同向变化的不一致程度，$|r_i+s_i-n-1|$ 可以反映随机变量反向变化的不一致程度，因此 $\sum_{i=1}^{n}|r_i+s_i-n-1|$ 则反映随机变量反向变化的总体不一致程度，而 $\sum_{i=1}^{n}|r_i+s_i-n-1| - \sum_{i=1}^{n}|r_i-s_i|$ 则反映了两种不一致的差距。

定义随机变量 X,Y 的样本 $(x_i,y_i),i=1,2,\cdots,n$ 的秩为 (r_i,s_i)，则 Gini 相关系数 γ 可由式（6－7）给出：

$$\gamma = \frac{1}{\mathrm{int}(n^2/2)}\left(\sum_{i=1}^{n}|r_i+s_i-n-1| - \sum_{i=1}^{n}|r_i-s_i|\right) \qquad (6-7)$$

其中，int(・)为取整函数。

由于单调变换不会改变 x_i 与 y_i 的秩，因此单调变换不会影响 Gini 相关系数 γ 的值。与 Kendall 秩相关系数和 Spearman 秩相关系数一样，Gini 相关系数 γ 也可由相应的 Copula 函数计算出：

$$\gamma = 2\int_0^1\int_0^1 (|u+v-1| - |u-v|)\mathrm{d}C(u,v) \qquad (6-8)$$

（三）基于 Copula 函数的尾部风险测度

在金融风险分析中，投资者不仅关注整体上的联动性，更关心极端情况下的跨市场关联关系即尾部相依性，这一特性用 Copula 函数来处理十分方便。尾部相关系数分为上尾相关系数和下尾相关系数，上尾是指行情走好、市场极度乐观时市场间的相关关系；反之，下尾是指行情走弱、市场极度悲观时市场间的相关关系。当市场剧烈上涨或下跌时，金融资产间的相关关系会表现出与平时不同的特征。

令 $F(x)$ 和 $G(y)$ 为随机变量 X 和 Y 的分布函数，对应的 Copula 函数为 $C(u,v)$，其中，$u=F(x)$，$v=G(y)$，$u,v\in[0,1]$，容易证明：

$$P[X>x \mid Y>y]=P[U>u \mid V>v] \tag{6-9}$$

其中，$P[X>x \mid Y>y]$ 反映了当 $Y>y$ 时，$X>x$ 的概率，可以反映出当金融市场中发生极端事件后，其他市场是否会发生剧烈波动。当 $x,y\rightarrow\infty$ 即 $u,v\rightarrow 1$ 时，$P[X>x \mid Y>y]$ 即反映了随机变量 X 与 Y 的尾部相关性。尾部相关系数广泛地应用于极值的测度中，用条件概率解释尾部相关系数即为当一个观测变量的实现值为极值时，另一个变量也出现极值的概率。

令 X、Y 为两个连续随机变量，$F(\cdot)$、$G(\cdot)$ 为边缘分布函数，$C(\cdot,\cdot)$ 为对应的 Copula 函数，则尾部相关系数定义如下：

$$\lambda_u=\lim_{u\rightarrow 1^-}P[Y>G^{-1}(u) \mid X>F^{-1}(u)]=\lim_{u\rightarrow 1^-}\frac{1-2u+C(u,u)}{1-u} \tag{6-10}$$

$$\lambda_L=\lim_{u\rightarrow 0^+}P[Y<G^{-1}(u) \mid X<F^{-1}(u)]=\lim_{u\rightarrow 0^+}\frac{C(u,u)}{u} \tag{6-11}$$

其中，λ_u 为上尾相关系数，λ_L 为下尾相关系数，λ_u（或 λ_L）属于区间 $[0,1]$。

由于尾部相关系数计算简单方便，且可以计算上尾相关系数和下尾相关系数，因此用尾部相关系数来分析金融市场或金融资产间的尾部相关性非常方便，这对于金融市场的波动溢出分析是极为有用的，尤其是极端风险的波动溢出。不仅如此，尾部相关性也可以用于风险管理中。如果一个投资组合的资产收益中没有尾部相关性，那么大的负收益聚集的风险就较小，组合具有极端负收益的风险将很低。相反，如果具有尾部相关性，那么组合中几个资产同时具有极端负收益的可能性将会很高。

二、常用 Copula 函数介绍

上一部分对 Copula 函数的定义及相关性质做了相关介绍，此外对于相关性测度的方法与尾部相关性系数的计算也进行了介绍。接下来，本部分将对常用的 Copula 函数进行简要介绍，包括正态 Copula 函数、t-Copula 函数、阿基米德 Copula 函数与混合 Copula 函数。

（一）正态 Copula 函数

正态 Copula 函数作为最常见的 Copula 函数，可以很好地拟合样本数据和描述变量间的相关关系，但是 Copula 函数具有对称性，如果要捕捉金融市场间的非对称相关关系，则不适合用正态 Copula 函数。

对于 n 元正态 Copula 函数，其分布函数的表达式为：

$$C(u_1,u_2,\cdots,u_n;\rho)=\Phi_\rho[\Phi^{-1}(u_1),\Phi^{-1}(u_2),\cdots,\Phi^{-1}(u_n)] \quad (6-12)$$

密度函数的表达式为：

$$c(u_1,u_2,\cdots,u_n;\boldsymbol{\rho})=\frac{\partial^n C(u_1,u_2,\cdots,u_n;\boldsymbol{\rho})}{\partial u_1,\partial u_2,\cdots,\partial u_n}=|\boldsymbol{\rho}|^{-\frac{1}{2}}\exp\left(-\frac{1}{2}\zeta'(\boldsymbol{\rho}^{-1}-\mathbf{I})\zeta\right) \quad (6-13)$$

其中，$\boldsymbol{\rho}$ 表示一个 n 元对称正定矩阵，对角线元素为 1，$|\boldsymbol{\rho}|$是相对应的行列式的值；$\Phi_\rho(\cdot,\cdots,\cdot)$为标准多元正态分布的分布函数，其相关系数矩阵为 $\boldsymbol{\rho}$，$\Phi^{-1}(\cdot)$是其逆函数。$\zeta=(\zeta_1,\zeta_2,\cdots,\zeta_n)'$，$\zeta_n=\Phi^{-1}(u_i)$，$i=1,2,\cdots,n$；$\mathbf{I}$ 为单位矩阵。

（二）t-Copula 函数

t-Copula 函数基于二元学生分布，它和正态 Copula 函数一样，也是关于原点对称的，因此不能捕捉金融市场间的非对称相关关系，但是二元 t-Copula 函数具有更厚的尾部，因此对变量间尾部相关的变化更为敏感，能够更好地捕捉金融市场之间的尾部相关。

n 元 t-Copula 分布函数表达式为：

$$\begin{aligned}C(u_1,u_2,\cdots,u_n;\rho,\nu) &= t_\rho,\nu[t_\nu^{-1}(u_1),t_\nu^{-1}(u_2),\cdots,t_\nu^{-1}(u_n)]\\ &=\int_{-\infty}^{t_\nu^{-1}(u_1)}\int_{-\infty}^{t_\nu^{-1}(u_2)}\cdots\int_{-\infty}^{t_\nu^{-1}(u_n)}\frac{\Gamma\left(\frac{\nu+N}{2}\right)|\rho|^{-\frac{1}{2}}}{\Gamma\left(\frac{\nu}{2}\right)(\nu\pi)^{\frac{N}{2}}}\\ &\quad(1+\frac{1}{v}x'\rho x)^{-\frac{\nu+N}{2}}\mathrm{d}x_1\mathrm{d}x_2\cdots\mathrm{d}x_n\end{aligned} \quad (6-14)$$

密度函数表达式为：

$$c(u_1,u_2,\cdots,u_n;\rho,\nu)=|\rho|^{-\frac{1}{2}}\frac{\Gamma\left(\frac{\nu+N}{2}\right)\left[\Gamma\left(\frac{\nu}{2}\right)\right]^{N-1}}{\left[\Gamma\left(\frac{\nu+1}{2}\right)\right]^N}\frac{\left(1+\frac{1}{\nu}\zeta'\rho^{-1}\zeta\right)^{-\frac{\nu+N}{2}}}{\prod_{n=1}^{N}\left(1+\frac{\zeta_n^2}{v}\right)^{-\frac{\nu+1}{2}}} \quad (6-15)$$

与正态 Copula 函数一样，$\boldsymbol{\rho}$ 表示一个 n 元对称正定矩阵，对角线元素为 1，$|\rho|$是相对应的行列式的值；$t_{\rho,v}(\cdot,\cdots,\cdot)$为标准多元 t 分布的分布函数，其中相关系数矩阵为 $\boldsymbol{\rho}$、自由度为 v，$t_\nu^{-1}(\cdot)$为其逆函数；$X=(x_1,x_2,\cdots,x_n)'$，$\zeta=(\zeta_1,\zeta_2,\cdots,\zeta_n)'$，$\zeta_n=t_\nu^{-1}(u_i),i=1,2,\cdots,n$。

（三）阿基米德 Copula 函数

阿基米德 Copula 函数是 Copula 函数族中最重要的一类。它具有许多特点：可以由生成元来构造；大多数 Copula 函数族都属于阿基米德 Copula 函数；具有联合非对称性和厚尾等优点。由于阿基米德 Copula 函数具有建模需要的良好性质，其应用越来越广泛。

阿基米德 Copula 函数的分布函数表达式为：

$$C(u_1,u_2,\cdots,u_n)=\begin{cases}\varphi^{-1}[\varphi(u_1),\varphi(u_2),\cdots,\varphi(u_n)],\ \sum_{i=1}^{n}\varphi(u_i)\leqslant\varphi(0)\\0,\text{其他}\end{cases}\tag{6-16}$$

式（6－20）由基尼斯特和马凯（Genest & Mackay，1986）给出，其中 $\varphi(u)$ 为该阿基米德 Copula 函数的生成元，且有 $\varphi(1)=0$，对任意 $u\in[0,1]$，有 $\varphi'(u)<0$，$\varphi''(u)>0$。$\varphi^{-1}(u)$ 是 $\varphi(u)$ 的逆函数，在区间 $[0,+\infty)$ 上连续单调非增。可以发现，阿基米德 Copula 函数由其生成元唯一确定。表 6－1 列出了一些常用的单参数二元阿基米德 Copula 函数及其生成元。

表 6－1　　单参数的二元阿基米德 Copula 函数族

序号	单参数的二元阿基米德 Copula 函数族 $C(u,v;\theta)$	生成元 $\varphi_1(t;\theta)$	参数取值范围 θ
1	$\exp-[(-\ln u)^{1/\theta}+(-\ln v)^{1/\theta}]^{\theta}$	$(-\ln t)^{1/\theta}$	$(0,1]$
2	$(u^{-\theta}+v^{-\theta}-1)^{1/\theta}$	$t^{-\theta}-1$	$(0,\infty)$
3	$-\frac{1}{\theta}\ln\left[1+\frac{(e^{-\theta u}-1)(e^{-\theta v}-1)}{e^{-\theta}-1}\right]$	$-\ln\frac{e^{-\theta t}-1}{e^{-\theta}-1}$	$(-\infty,\infty)\backslash\{0\}$
4	$\max 1-[(1-u)^{\theta}+(1-v)^{\theta}]^{1/\theta},0$	$(1-t)^{\theta}$	$[1,\infty)$
5	$\frac{uv}{1-\theta(1-u)(1-v)}$	$\ln\frac{1-\theta(1-t)}{t}$	$[-1,1)$
6	$1-[(1-u)^{\theta}+(1-v)^{\theta}-(1-u)^{\theta}(1-v)^{\theta}]^{1/\theta}$	$-\ln[1-(1-t)^{\theta}]$	$[1,\infty)$
7	$\max[\theta uv+(1-\theta)(u+v-1),0]$	$-\ln[\theta t+(1-\theta)]$	$(0,1]$
8	$\max\left[\frac{\theta^2 uv-(1-u)(1-v)}{\theta^2-(\theta-1)^2(1-u)(1-v)},0\right]$	$\frac{1-t}{1+(\theta-1)t}$	$[1,\infty)$
9	$uv\exp(-\theta\ln u\ln v)$	$\ln(1-\theta\ln t)$	$(0,1]$
10	$\frac{uv}{[1+(1-u^{\theta})(1-v^{\theta})]^{1/\theta}}$	$\ln(2t^{-\theta}-1)$	$(0,1]$
11	$\max\{[u^{\theta}v^{\theta}-2(1-u^{\theta})(1-v^{\theta})]^{1/\theta},0\}$	$\ln(2-t^{\theta})$	$\left(0,\frac{1}{2}\right]$

续表

序号	单参数的二元阿基米德 Copula 函数族 $C(u,v;\theta)$	生成元 $\varphi_1(t;\theta)$	参数取值范围 θ
12	$\{1+[(u^{-1}-1)^{\theta}+(v^{-1}-1)^{\theta}]^{1/\theta}\}^{-1}$	$\left(\frac{1}{t}-1\right)^{\theta}$	$[1,\infty)$
13	$\exp\{1-[(1-\ln u)^{\theta}+(1-\ln v)^{\theta}-1]^{1/\theta}\}$	$(1-\ln t)^{\theta}-1$	$(0,\infty)$
14	$\{1+[(u^{-1/\theta}-1)^{\theta}+(v^{-1/\theta}-1)^{\theta}]^{1/\theta}\}^{-\theta}$	$(t^{-1/\theta}-1)^{\theta}$	$[1,\infty)$
15	$\max(\{1-[(1-u^{1/\theta})^{\theta}+(1-v^{1/\theta})^{\theta}]^{1/\theta}\}^{\theta},0)$	$(1-t^{1/\theta})^{\theta}$	$[1,\infty)$
16	$\frac{1}{2}(S+\sqrt{S^2+4\theta}),S=u+v-1-\theta\left(\frac{1}{u}+\frac{1}{v}-1\right)$	$\left(\frac{\theta}{t}+1\right)(1-t)$	$[0,\infty)$
17	$\left\{1+\frac{[(1+u)^{-\theta}-1][(1+v)^{-\theta}-1]}{2^{-\theta}-1}\right\}^{1/\theta}-1$	$-\ln\frac{(1+t)^{-\theta}-1}{2^{-\theta}-1}$	$(-\infty,\infty)\setminus\{0\}$
18	$\max[1+\theta/\ln(e^{\theta/u-1}+e^{\theta/v-1}),0]$	$e^{\theta/t-1}$	$[2,\infty)$
19	$\theta/\ln(e^{\theta/u}+e^{\theta/v}-e^{\theta})$	$e^{\theta/t}-e^{\theta}$	$(0,\infty)$
20	$\{\ln[\exp(u^{-\theta})+\exp(v^{-\theta})-e]\}^{-1/\theta}$	$\exp(t^{-\theta})-e$	$(0,\infty)$
21	$1-\left(1-\left[\max\{[1-(1-u)^{\theta}]^{1/\theta}+[1-(1-v)^{\theta}]^{1/\theta}-1,0\}\right)^{\theta}\right]^{1/\theta}$	$1-[1-(1-t)^{\theta}]^{1/\theta}$	$[1,\infty)$
22	$\max\{[1-(1-u^{\theta})\sqrt{1-(1-v^{\theta})}-(1-v^{\theta})\sqrt{1-(1-u^{\theta})}]^{1/\theta},0\}$	$\arcsin(1-t^{\theta})$	$(0,1]$

前三个对应的 Copula 函数分别为 Gumbel Copula 函数、Clayton Copula 函数和 Frank Copula 函数，是二元阿基米德 Copula 函数中最常用的几个函数，下面对这三类函数做一个简要的介绍。

1. Gumbel Copula 函数

与前面介绍的正态 Copula 函数和 t-Copula 函数不一样，Gumbel Copula 函数具有非对称性，可以捕捉到金融市场间的非对称相关关系。该密度函数呈“J”字形分布，上尾高下尾低，意味着 Gumbel Copula 函数对上尾部的变化更为敏感，因此该函数通常用来描述随机变量间的非对称分布，尤其是上尾高下尾低的情形。

Gumbel Copula 函数的分布函数为：

$$C_G(u,v;\alpha)=\exp\{-[(-\ln u)^{\frac{1}{\alpha}}+(-\ln v)^{\frac{1}{\alpha}}]^{\alpha}\} \tag{6-17}$$

密度函数为：

$$c_G=\frac{C_G(u,v;\alpha)(\ln u\cdot\ln v)^{\frac{1}{\alpha}-1}}{uv[(-\ln u)^{\frac{1}{\alpha}}+(-\ln v)^{\frac{1}{\alpha}}]^{2-\alpha}}\left\{[(-\ln u)^{\frac{1}{\alpha}}+(-\ln v)^{\frac{1}{\alpha}}]^{\alpha}+\frac{1}{\alpha}-1\right\} \tag{6-18}$$

α 表示两变量间的相关参数，$\alpha\in(0,1]$，$\alpha=1$ 时，随机变量 u,v 独立，即 $C_G(u,v;1)=uv$；当 $\alpha\to 0$ 时，随机变量 u,v 趋向于完全相关。

此外，Kendall 秩相关系数和尾部相关系数与 Gumbel Copula 函数的相关参数 α

一一对应，Kendall 秩相关系数 τ 可以通过相关参数 α 计算得到：

$$\tau_G = 1 - \alpha \tag{6-19}$$

同理，尾部相关系数也可通过下式计算得到：

$$\begin{aligned}\lambda_u^{C_G} &= \lim_{u\to 1^-}\frac{1-2u+C_G(u,u)}{1-u} = \lim_{u\to 1^-}\frac{1-2u+u^{2\alpha}}{1-u}\\ &= \lim_{u\to 1^-}(2-2^{\alpha}\cdot u^{2\alpha-1}) = 2-2^{\alpha}\\ \lambda_L^{C_G} &= 0\end{aligned} \tag{6-20}$$

Gumbel Copula 函数对上尾部变化较为敏感，因此可以用于描述具有上尾相关特性的金融市场之间的相关关系，如牛市期间股票市场之间的相关性、经济上行时期金融市场之间的相关性等。

2. Clayton Copula 函数

Clayton Copula 函数与 Gumbel Copula 函数一样，具有非对称性，可以捕捉金融市场间的非对称相关关系，但是与 Gumbel Copula 函数刚好相反，Clayton Copula 函数的密度分布呈“L”字形，即上尾低下尾高，因此 Clayton Copula 函数对下尾部的变化更为敏感，难以捕捉到上尾部的变化。

Clayton Copula 函数的分布函数为：

$$C_{CL}(u,v;\theta) = (u^{-\theta}+v^{-\theta}-1)^{-1/\theta} \tag{6-21}$$

密度函数为：

$$C_{CL}(u,v;\theta) = (1+\theta)(uv)^{-\theta-1}(u^{-\theta}+v^{-\theta}-1)^{-2-1/\theta} \tag{6-22}$$

θ 为相关参数，$\theta\in(0,\infty)$，当 $\theta\to 0$ 时，随机变量 u,v 趋向于独立，即 $\lim\limits_{\theta\to 0}C_{CL}(u,v;\theta)=u,v$；当 $\theta\to\infty$ 时，随机变量 u,v 趋向于完全相关。

同理，Kendall 秩相关系数和尾部相关系数与 Clayton Copula 函数的相关参数 θ 一一对应，Kendall 秩相关系数 τ 可以通过相关参数 θ 计算得到：

$$\tau_C = \theta/(\theta+2) \tag{6-23}$$

尾部相关系数也可通过下式计算得出：

$$\begin{aligned}\lambda_u^{CL} &= 0\\ \lambda_L^{CL} &= \lim_{u\to 0^+}\frac{C\ (u,\ u)}{u} = \lim_{u\to 0^+}\frac{(u^{-\theta}+u^{-\theta}-1)^{-1/\theta}}{u}\\ &= \lim_{u\to 0^+}\frac{1}{u\ (2u^{-\theta}-1)^{1/\theta}} = \lim_{u\to 0^+}\frac{1}{(2-u^{\theta})^{1/\theta}}\\ &= 2^{-1/\theta}\end{aligned} \tag{6-24}$$

与 Gumbel Copula 函数相反，Clayton Copula 函数对下尾部变化较为敏感，因此可以用于描述具有下尾相关特性的金融市场之间的相关关系，如熊市期间股票市场之间的相关性、经济下行时期金融市场之间的相关性等。

3. Frank Copula 函数

前面介绍的几类 Copula 函数都是基于变量间的相关关系是非负相关的基础上的，但是金融市场之间也会出现负相关的情形，这样前面介绍的 Copula 函数就不能用了。因此，本部分引入 Frank Copula 函数，该函数可以描述变量间的负相关关系。Frank Copula 的密度分布呈“U”字形，具有对称性，因此无法捕捉到随机变量间非对称的相关关系。

Frank Copula 函数的分布函数为：

$$C_F(u,v;\lambda) = -\frac{1}{\lambda}\ln\left[1+\frac{(e^{-\lambda u}-1)(e^{-\lambda v}-1)}{e^{-\lambda}-1}\right] \tag{6-25}$$

密度函数为：

$$C_F(u,v;\lambda) = \frac{-\lambda(e^{\lambda}-1)e^{-\lambda(u+v)}}{[(e^{-\lambda}-1)+(e^{-\lambda u}-1)(e^{-\lambda v}-1)]^2} \tag{6-26}$$

λ 为相关参数，$\lambda \neq 0$。$\lambda > 0$ 表示随机变量 u,v 正相关，$\lambda \to 0$ 表示随机变量 u,v 趋向于独立，$\lambda < 0$ 表示随机变量 u,v 负相关。

同理，Kendall 秩相关系数和尾部相关系数与 Frank Copula 函数的相关参数 λ 一一对应，Kendall 秩相关系数 τ 可以通过相关参数 λ 计算得到：

$$\tau_F = 1+\frac{4}{\lambda}[D_k(\lambda)-1] \tag{6-27}$$

其中，$D_k(\lambda) = \frac{k}{\lambda^k}\int_0^{\lambda}\frac{t^k}{e^t-1}\mathrm{d}t$，$k=1$。此外，与 Gumbel Copula 函数和 Clayton Copula 函数不同，Frank Copula 函数的上尾和下尾相关系数均等于 0，说明变量在 Frank Copula 函数分布的尾部都是渐近独立的，无法捕捉金融市场间的尾部变化情况。

以上介绍的三种阿基米德 Copula 函数，对变量间相关结构的描述各有所长，Gumbel Copula 函数可以描述上尾相关性，Clayton Copula 函数可以描述下尾相关性。而 Frank Copula 函数描述的上尾、下尾对称相关性，它们涵盖了相关结构变化的各种情形，并且它们的相关参数与秩相关系数和尾部相关系数一一对应，很容易计算得到人们所关注的相关性测度的值，特别是尾部相关性测度的值。因为它们计算简单方便，且易于分析，使它们在金融和保险分析中得到了广泛的应用。

（四）混合 Copula 函数

在前面的分析中都是假定变量之间服从某一特定结构，如上尾相关、下尾相关或对称相关。但是金融市场是复杂多变的，它的存在不会拘泥于某一特定的模式，如当市场处于经济上行或下行时期时，金融市场间的协同运动会明显增强，从而金融市场间的相关关系也会增强，但在经济上行时期和下行时期金融市场间的变化一般是非对称的，这时很难用一个简单的 Copula 函数来全面描述金融市场的相关关系。因此，有必要构造出一种更为灵活的 Copula 函数，以便更好地描述具有复杂相关结构的金融市场或变量之间的相关关系。

为了可以同时描述多种相关结构，有必要将具有不同特点的 Copula 函数通过一定的方式组合在一起，构成混合 Copula 函数。以尾部相关结构为例，这里选用 Gumbel、Clayton 和 Frank 三个 Copula 函数的线性组合来构造混合 Copula 函数，记为 M-Copula 函数。它们不仅同属于二元阿基米德 Copula 函数族，还都有可以反映随机变量之间相关程度的参数。不仅如此，它们在描述尾部相关结构方面存在一定的差异，Gumbel Copula 函数适合描述变量间的上尾部相关，Clayton Copula 函数适合描述变量间的下尾部相关，而 Frank Copula 则适合描述变量间的尾部对称相关。容易得到，由 Gumbel、Clayton 和 Frank 三个 Copula 函数线性组合得到的 M-Copula 函数也是一个 Copula 函数，表达式如下：

$$MC_3 = \omega_G C_G + \omega_{CL} C_{CL} + \omega_F C_F \tag{6-28}$$

因为是线性组合，容易有 $\omega_G, \omega_{CL}, \omega_F \geqslant 0$，$\omega_G + \omega_{CL} + \omega_F = 1$。式（6－28）中，$MC_3$ 为组合而成的 M-Copula 函数，C_G, C_{CL}, C_F 分别表示 Gumbel、Clayton 和 Frank Copula 函数，$\omega_G, \omega_{CL}, \omega_F$ 为相应的 Copula 函数的权重系数。不难发现，MC_3 共包含六个参数，三个权重系数和三个相关参数。其中，相关参数$(\alpha, \theta, \lambda)$可以度量变量之间的相关程度，而线性组合的系数即权重参数向量$(\omega_G, \omega_{CL}, \omega_F)$则反映了变量之间的相关模式。

上述 M-Copula 函数是以尾部相关结构为例构造的混合 Copula 函数，还可以根据自己的需要构造其他不同形式的混合 Copula 函数。混合 Copula 函数不仅涵盖了它所包含的各个 Copula 函数的特性，还涵盖了这些 Copula 函数的各种混合特性。因此，用混合 Copula 函数描述变量之间的相关关系比单个 Copula 函数更灵活，因此混合 Copula 函数的应用也更为广泛，实用性也更强。

三、常用 Copula 模型介绍

随着 Copula 理论的快速发展与应用，与 Copula 相关的模型也在不断地更新与完善。从最基本的二元 Copula 模型到后来的可以处理多维时间序列的藤 Copula 模型，从静态的 Copula 模型到动态 Copula 模型等。因此，本部分主要介绍几种常用的 Copula 模型，包括动态 Copula 模型、变结构 Copula 模型和藤 Copula 模型。

（一）动态 Copula 模型

前面提到的函数都是基于静态环境下描述变量间相关关系的，但是事物是处在不断变化中的，如金融市场。随着金融全球化与经济国家化的发展，金融市场之间的联系不再局限于静态环境下，而是随着外部环境的变化而变化的，因此建立一种动态的模型来描述变量间的动态相关结构是很有必要的。Copula 模型可以描述变量间的动态相关关系，以下介绍两种动态 Copula 模型，即时变相关 Copula 模型和变结构 Copula 模型。

1. 时变相关的二元正态 Copula 模型

时变相关 Copula 模型指的是模型的形式不变，但是模型中的参数是时变的，因此在运用时变 Copula 模型的时候，模型中的时变相关参数是研究的重点。

因为时变相关参数是运用时变 Copula 模型时关注的重点，所以模型中变量的边缘分布可以任意选择，用一个二元正态 Copula 函数来描述它们之间的相关结构，该二元正态 Copula 函数的相关参数是时变的。

如前所述，二元正态 Copula 函数的分布函数为：

$$C(u,v;\rho)=\int_{-\infty}^{\Phi^{-1}(u)}\int_{-\infty}^{\Phi^{-1}(v)}\frac{1}{2\pi\sqrt{1-\rho^2}}\exp\left[\frac{-(r^2+s^2-2\rho rs)}{2(1-\rho^2)}\right]\mathrm{d}r\mathrm{d}s \quad (6-29)$$

其中，$\rho\in(-1,1)$是相关参数，有两种形式，常相关参数和时变相关参数。常相关参数实际上是 $\Phi^{-1}(u)$和 $\Phi^{-1}(v)$的线性相关系数，在前面已经做了相关介绍，此处不再赘述。本部分主要是介绍变量间的动态相关系数，因此主要介绍时变相关参数。时变相关参数是随着外部环境的变化而变化的，巴顿（2001）提出了一种近似非线性自回归的方程用于刻画时变相关参数演进的过程。其一般形式为：

$$\rho_t=\tilde{\Lambda}\left[\omega_\rho+\beta_\rho\rho_{t-1}+\alpha_\rho\times\frac{1}{q}\sum_{i=1}^{q}\Phi^{-1}(u_{t-i})\Phi^{-1}(v_{t-i})\right] \quad (6-30)$$

其中，修正后的 Logistic 变换 $\tilde{\Lambda}(x)\equiv\frac{1-e^{-x}}{1+e^{-x}}$是为了确保 ρ_t 的变化始终处于$(-1,1)$的区间内。$\{u_t\}_{t=1}^{T}$和$\{v_t\}_{t=1}^{T}$是通过概率积分转化后得到的观测序列。公式（6-30）可以用来描述金融市场时间序列间的时变相关关系，因为公式中利用 ρ_{t-1} 刻画相关参数的持续性，并且滞后 h 阶的 $\Phi^{-1}(u_{t-j})$与 $\Phi^{-1}(v_{t-j})$乘积之和的均值变化可表示市场相关性的变化。当 $\Phi^{-1}(u_{t-j})$和 $\Phi^{-1}(v_{t-j})$相乘结果为正时，说明 $\Phi^{-1}(u_{t-j})$和 $\Phi^{-1}(v_{t-j})$是正相关的。反之，则是负相关。此外，滞后阶数 q 可以根据相关参数持续性的特点进行调整，一般情况下可默认为 $q\leqslant10$。

时变二元正态 Copula 模型可以描述变量间的动态相关性，但是由前面有正态 Copula 函数是对称的，因此无法捕捉到变量间的非对称相关和尾部相关，因此本文将介绍另一种时变 Copula 模型——Joe-Clayton Copula 模型，它可以很好地描述变量间的非对称相关和尾部相关。

2. 时变相关的二元 Joe-Clayton Copula 模型

Joe-Clayton Copula 模型中参数的时变性是由条件尾部相关系数定义的，因此在介绍 Joe-Clayton Copula 模型时，先介绍条件尾部相关系数的概念。与条件概率一样，条件尾部相关系数指的是当一个观测值变量的实现值为极值时，另一个观测值变量也出现极值的概率。具体计算如下所示：

$$\begin{aligned}
\tau_L &\equiv \lim_{\varepsilon\to 0} P[U\leqslant\varepsilon \mid V\leqslant\varepsilon,\Theta] \\
&= \lim_{\varepsilon\to 0} P[V\leqslant\varepsilon \mid U\leqslant\varepsilon,\Theta] \\
&= \lim_{\varepsilon\to 0} C(\varepsilon,\varepsilon \mid \Theta)/\varepsilon \\
\tau_U &\equiv \lim_{\delta\to 1} P[U>\delta \mid V>\delta,\Theta] \\
&= \lim_{\delta\to 1} P[V>\delta \mid U>\delta,\Theta] \\
&= \lim_{\delta\to 1} [1-2\delta+C(\delta,\delta \mid \Theta)]/(1-\delta)
\end{aligned} \tag{6-31}$$

其中，τ_L 代表条件下尾相关系数，τ_U 代表条件上尾相关系数，$\tau_L/\tau_U\in(0,1]$，Θ 为条件集。

条件尾部相关系数可以很好地描述变量间尾部的条件相关特性。对于不同的 Copula 函数，条件尾部相关系数有不同的解释。例如，二元正态 Copula 函数，当 $\rho\neq 1$ 时，$\tau_L=\tau_U=0$，而对于二元 t-Copula 函数，当 $\rho\neq 1$ 时，$\tau_L\neq 0$，$\tau_U\neq 0$。可以解释为对于二元正态 Copula 函数，在分布的极端尾部，变量是独立的，而对于二元 t-Copula 函数，在分布的极端尾部，变量是条件相关的。

Joe-Clayton Copula 函数的分布函数可以表示为：

$$C(u,v;k,\gamma)\equiv 1-(\{[1-(1-u)^k]^{-\gamma}+[1-(1-v)^k]^{-\gamma}-1\}^{-1/\gamma})^{1/k},k\geqslant 1,\gamma\geqslant 0 \tag{6-32}$$

Joe-Clayton Copula 函数的参数与条件尾部相关系数有一一对应的关系：

$$\tau_L=2^{-1/\gamma},\tau_U=2-2^{1/k} \tag{6-33}$$

由式（6-33）可以发现，条件下尾相关系数与相关参数 γ 一一对应，条件上尾相关系数与参数 k 一一对应。但是在实际应用中不知道参数的具体含义，也不知道影响参数变化的因素，因此很难确定参数的时变过程。式（6-34）为这个问题提供了解决方法，用 Joe-Clayton Copula 函数的相关参数与条件尾部相关系数一一对应的关系来定义Joe-Clayton Copula函数中相关参数的动态演化过程。

介绍完条件尾部相关系数后，下面介绍与给定的条件上尾（或下尾）相关系数相对应的Copula函数的相关参数的值，具体表达式为：

$$\tau_{tU} = \Lambda\left(\omega_U + \beta_U \tau_{t-1U} + \alpha_U \cdot \frac{1}{q}\sum_{j=1}^{q} |u_{t-j} - v_{t-j}|\right)$$

$$\tau_{tL} = \Lambda\left(\omega_L + \beta_L \tau_{t-1L} + \alpha_L \cdot \frac{1}{q}\sum_{j=1}^{q} |u_{t-j} + v_{t-j}|\right) \quad (6-34)$$

其中，Logistic转换函数$\Lambda(x) \equiv \frac{1}{1+e^{-x}}$是为了确保条件上尾和下尾相关系数的变化始终处于(0,1)区间内。式（6－34）均类似于一个ARMA(1,q)模型，$\beta_U \tau_{t-1U}$和$\beta_L \tau_{t-1L}$为自回归项，另外还有一个外生变量。外生变量的确定一般比较困难，这里选用滞后q期的u_t与v_t的差的绝对值的均值作为外生变量。

由于条件上尾和条件下尾相关系数与Joe-Clayton Copula函数的两个相关参数有一一对应的关系，因此可通过τ_{tU}、τ_{tL}计算出γ_t和k_t的值：

$$\gamma_t = \gamma(\tau_{tL}) = -[\log_2(\tau_{tL})]^{-1}$$
$$k_t = k(\tau_{tU}) = [\log_2(2-\tau_{tU})]^{-1} \quad (6-35)$$

由此可见，Copula函数相关参数的演化过程与条件尾部相关系数的演化过程是一一对应的。

（二）变结构Copula模型

前面对时变Copula模型做了简要的介绍，作为动态Copula模型的一种，时变Copula模型的基本形式一般不会随时间发生变化，只是模型中的相关参数是时变的。与时变Copula模型不同，变结构Copula模型的基本形式或者相关参数都会随着时间发生变化，模型的函数形式和模型中的各个参数在某一时间点前后都有显著区别。从前面的分析可知，多变量金融时间序列的Copula模型主要由两部分组成：边缘分布模型部分和Copula函数部分，它们之中任一部分的结构变化都会对整个模型的结构产生重大影响。因此，本部分从变结构边缘分布模型和Copula变结构模型两个方面来叙述变结构Copula模型。

1. 变结构边缘分布模型

（1）分阶段建模的波动模型。分阶段建模的波动模型指的是将金融时间序列按照一定的准则划分为不同的波动时段，然后对划分的波动时段分别建立波动模型，不同的波动时段对应着不同的模型与参数。常用的划分波动时段的方法主要有两种：一是根据发生的历史事件划分，但这种方法带有很大的主观性与不确定性；二是使用较为客观的数学推断方法，如模拟法、Bayes 诊断法等。

（2）变截距波动模型。第二个是变截距波动模型，变截距指的是在不同波动状态下波动方程的常数项对应不同的取值。一个时间序列模型的参数会随着波动状态的增加而增加，ARCH 类模型和 SV 模型是描述金融时间序列波动常用的模型，它们都可以通过变截距的形式表现出来。

变截距 GARCH(p,q)模型波动部分的表达式如下：

$$h_t = \omega + \sum_{i=1}^{q} \alpha_i \varepsilon_{t-i}^2 + \sum_{j=1}^{p} \beta_j h_{t-j}$$
$$\omega = \omega_0 + \gamma D_t, \gamma > 0 \tag{6-36}$$

其中，D_t 为虚拟变量，当时间序列为高波状态时取值 1，否则取值为 0。

变截距 SV 模型的表达式如下：

$$y_t = \exp(h_t/2) u_t, u_t \sim i.i.N(0,1)$$
$$h_t = \omega + \beta h_{t-1} + \sqrt{h_\eta \eta_t}, \eta_t \sim i.i.N(0,1)$$
$$\omega = \omega_0 + \gamma D_t, \gamma > 0 \tag{6-37}$$

其中，D_t 的含义与前面一样。

2. Copula 变结构模型

（1）分阶段构建 Copula 模型。

与分阶段建模的波动模型一样，分阶段构建的 Copula 模型也是按照一定的准则，包括比较主观的事件划分法和比较客观的数学推断法，将时间序列划分为几个不同的时段，然后对划分的各个时段分别选取合适的 Copula 函数来描述它们的相关结构，这里会用到变结构 Copula 模型，在不同的时间段 Copula 函数的参数和模型形式都会不同。

考虑时间序列$\{x_t\},\{y_t\}$的变结构 Copula 模型的 Copula 函数部分：

$$(x_t, y_t) \sim C_1[F_t(x_t), G_t(y_t); k_1], t = 1, 2, \cdots, \tau_1$$
$$(x_t, y_t) \sim C_2[F_t(x_t), G_t(y_t); k_2], t = \tau_1 + 1, \tau_1 + 2, \cdots, \tau_2$$
$$\vdots$$
$$(x_t, y_t) \sim C_k[F_t(x_t), G_t(y_t); k_k], t = \tau_{k-1} + 1, \tau_{k-1} + 2, \cdots, T \tag{6-38}$$

其中，$F_t(\cdot)$，$G_t(\cdot)$代表变量 X, Y 的边缘分布函数，$C_k(\cdot, \cdot; \cdot), k = 1, 2, \cdots, K$ 为连接两个变量的 Copula 函数，k_k 为 Copula 函数的参数向量；$\tau_1, \tau_2, \cdots, \tau_{k-1}$ 为 Copula 模型中 Copula 函数部分的 $K-1$ 个变结构点；T 为样本变量。

（2）二元正态 Copula 模型。

① 单一变结构点诊断。若只有一个变结构点，因为二元正态 Copula 函数只有一

个相关参数，因此变结构点的诊断可以通过检验两个变量的样本参数是否发生显著变化得出。

设时间序列$\{x_t\}$，$\{y_t\}$的相关结构可由一个二元正态 Copula 函数来描述：

$$(x_t, y_t) \sim C_N[F_t(x_t), G_t(y_t); \rho_t], t = 1, 2, \cdots, T$$

要检验 Copula 函数的变结构点是否是 $t = k$，可以提出以下原假设：

$$H_0: \rho_1 = \rho_2 = \cdots = \rho_k = \rho_{k+1} = \cdots = \rho_T$$

备择假设：

$$H_1: (\rho_1 = \rho_2 = \cdots = \rho_k) \neq (\rho_{k+1} = \rho_{k+2} = \cdots = \rho_T)$$

若拒绝原假设 H_0，说明 Copula 函数的变结构点是 k 点。原假设和备择假设里的 ρ_t 表示 $\Phi^{-1}(u_t)$和 $\Phi^{-1}(v_t)$的线性相关系数，其中 $\Phi^{-1}(\cdot)$为标准正态分布的逆函数，因此若要检验二元正态 Copula 函数的相关参数 ρ_t 在时刻 k 是否发生显著变化，可以借用上述显著性检验方法。

② 多个变结构点诊断。前面对单一变结构点的诊断做了简要介绍，接下来介绍多个变结构点的诊断方法，与单一变结构的诊断一样，也是通过显著性检验方法进行诊断。具体步骤如下：

首先，根据变量 X, Y 的边缘分布函数 $F_t(\cdot)$和 $G_t(\cdot)$，将时间序列$\{x_t\}_{t=1}^T$，$\{y_t\}_{t=1}^T$转化为序列$\{\Phi^{-1}(u_t)\}_{t=1}^T$和$\{\Phi^{-1}(v_t)\}_{t=1}^T$，其中，$u_t = F_t(x_t)$，$v_t = G_t(y_t)$。检验过程需要在将每一数据点添加到检验样本中时重复进行，直到检验统计量的值大于给定显著性水平下的临界值为止。给定初始子样本数 n_0，令 $i = 1$，$j = 2n_0$，选定初始检验样本$\{\Phi^{-1}(u_t)\}_{t=i}^j$和$\{\Phi^{-1}(v_t)\}_{t=i}^j$，其中，$j \leqslant T$。

其次，对序列$\{\Phi^{-1}(u_t)\}_{t=i}^j$和$\{\Phi^{-1}(v_t)\}_{t=i}^j$计算每一可能的变结构点 k 之前和之后序列之间的线性相关系数 ρ_F 和 ρ_B，其中，$k = i + n_0 - 1$，$i + n_0$，$\cdots$，$j - n_0$。然后对 ρ_F，ρ_B 进行 Fisher 转换得到 $\bar{\rho}_F$ 和 $\bar{\rho}_B$，最后计算得到 Z 统计量，相应地记 k 时刻点的检验统计量为 Z。

最后，令 $Z^* = \max(|Z_k|), k = i + n_0 - 1, i + n_0, \cdots, j - n_0$，与 Z^* 相对应的点记为 k^*；

原假设 $H_0: \rho_i = \rho_{i+1} = \cdots = \rho_k^* = \rho_{k+1}^*$

备择假设 $H_1: (\rho_i = \rho_{i+1} = \cdots = \rho_k^*) \neq (\rho_{k+1}^* = \rho_{k+2}^* = \cdots = \rho_j)$

统计量 Z^* 近似地服从（0,1）正态分布，给定置信度 $1-\alpha$，临界值 $z_{\alpha/2}^* = \Phi^{-1}(1-\alpha/2)$，其中 $\Phi^{-1}(\cdot)$为标准正态分布函数的逆函数。

若 $Z^* \geqslant z_{\alpha/2}^*$，则拒绝原假设，认为在该样本区域不存在变结构点，令 $j = j + 1$，重复步骤Ⅱ～Ⅲ直至 $j = T$ 为止。

用上述方法可以保证所有数据都被检测一次，因此所有的变结构点都可以被检测出来。但是上述方法会受样本数据量的影响，由于计算得到 Z 检验统计量渐近地服从正态分布，样本标准差很大程度上会受到样本容量的影响。因此，样本容量越小，该方法的精确度就越差。此外，如果分段时间序列里的子样本容量相差较大，也会影响该诊断方法的精确度。

（3）具有尾部变结构特性的二元 Copula 模型。

如前所述，Copula 函数可以分析金融市场间的尾部相关结构，它可以反映市场间尾部相关的全部信息，包括尾部对称相关、上尾高下尾低、上尾低下尾高，因此这里考虑构建一个具有变结构特性的 Copula 模型，这个 Copula 模型可以描述样本处于不同样本区域时，变量之间不同的相关结构。

在前面的介绍中提过，Gumbel Copula 函数对上尾部变化较为敏感，可以用于描述具有上尾相关特性的金融市场间的相关关系。而 Clayton Copula 函数对下尾部变化较为敏感，可以用于描述具有下尾相关特性的金融市场之间的相关关系。将 Clayton Copula 函数和 Gumbel Copula 函数结合起来，可以构建以下具有尾部变结构特性的二元 Copula 模型：

$$RSC_t = D_L C_{CL}(u_t, v_t) + D_U C_{GU}(u_t, v_t) + (1 - D_L - D_U) C(u_t, v_t) \quad (6-39)$$

序列 $\{u\}_{t=1}^{T}$ 和 $\{v\}_{t=1}^{T}$ 服从（0，1）上的均匀分布；RSC_t 表示二元 Copula 函数，描述 t 时刻变量间的相关结构；$C_{CL}(\cdot,\cdot)$ 和 $C_{GU}(\cdot,\cdot)$ 分别代表 Clayton Copula 函数和 Gumbel Copula 函数，$C(\cdot,\cdot)$ 是任意一个二元 Copula 函数。

变量 D_L, D_u 定义如下：

$$\begin{aligned} D_L &\equiv 1\{u_t < \varepsilon, v_t < \varepsilon\} \\ D_U &\equiv 1\{u_t > 1-\varepsilon, v_t > 1-\varepsilon\} \end{aligned} \quad (6-40)$$

其中，$1\{A\} = \begin{cases} 1, 若\text{ A }为真 \\ 0, 若\text{ A }为假 \end{cases}$，$\varepsilon$ 为给定阈值，$0 < \varepsilon < 0.5$。

当 $u_t < \varepsilon, v_t < \varepsilon$ 时，$D_L = 1$，$D_U = 0$，此时 $RSC_t = C_{CL}(\cdot,\cdot)$，说明变量处于样本区域的下尾区域；当 $u_t > 1-\varepsilon, v_t > 1-\varepsilon$ 时，$D_L = 1$，$D_U = 1$，此时 $RSC_t = C_G(\cdot,\cdot)$，说明变量处于样本区域的上尾区域。当变量处于其他样本区域时，$RSC_t = C(\cdot,\cdot)$。可以发现，$RSC_t \in [0,1]$，此外在任意时刻，变量之间的相关结构都可以用一个 Copula 函数来描述，因此 RSC_t 始终都是 Copula 函数，只是 Copula 函数的结构不是始终保持为同一个 Copula 函数，即变量之间的相关结构是时变以及变结构的。

估计尾部变结构二元 Copula 模型可以采用多阶段极大似然估计，具有尾部变结构二元 Copula 模型可以比普通的 Copula 函数更好地捕捉到变量处于不同区域时变量间相关结构和相关模式的变化，尤其是尾部间的相关结构和相关模式。

（三）藤 Copula 模型

前面介绍的 Copula 模型基本都是基于二元 Copula 函数，但是在现实生活中，随着金融经济的创新与发展，跨市场跨部门研究已经成为一个趋势，大多数的经济问题往往不能用传统的二维模型来解决，而是需要更高维的模型。Copula 函数在相关性的研究中具有一定的优势，但是在多变量相依关系的描述上，传统二元 Copula 方法面临着“维度灾难”问题，多元 Copula 又缺乏准确性与灵活性，藤 Copula 的提出为刻画多变量间的相依结构与相关性问题的研究提供了思路。

藤 Copula 模型是在 Copula 函数的基础上引入了图形工具“藤”，对高维数据进行降维处理，从而对高维变量进行分析的一种方法。用数学方法来说就是利用条件分布和联合分布之间的转化公式对联合分布进行分解。与传统 Copula 函数相比，藤 Copula 使得高维问题更加直观，并能解决高维 Copula 在实践中遇到的各类困难。从形式上来说，藤 Copula 主要分为 R 藤以及 C 藤和 D 藤，R 藤指的是树形图有 n 个结点时，最多有 $n-1$ 条边，C 藤和 D 藤 Copula 是 R 藤的两种特殊情况。R 藤不用事先假定树的组成形式，因此分解也不唯一。当有一个关键变量引导其他变量的时候，适合用 C 藤来构建多变量联合分布结构；如果不存在主导变量，该类结构则适合用 D 藤来刻画。藤 Copula 形式并没有优劣之分，不同形式的 Copula 函数为研究数据提供了不同的思路。下面对这三类藤 Copula 逐一进行介绍。

1. R-Vine Copula

作为藤的一个特殊形式，R 藤结构数量形式比 C 藤和 D 藤要多，因此当维数确定及不考虑节点排序时，C 藤和 D 藤的结构形式是确定的，而 R 藤具有更强的灵活性，可以更直观地用图形表示。所以研究者更倾向于使用该类藤作为研究工具，以期获得更加直观的结果。

作为一个图形工具，一个藤 v 代表一个树的集合 $v=\{T_1,\cdots,T_{n-1}\}$，在这个集合里，第 j 个树的边是第 $j+1$ 个树的结点，$j=1,\cdots,n-2$。而 R 藤作为一种特殊结构，其特点在于第 j 个树中的两条边在第 $j+1$ 个树中会被当作两个相邻节点连接起来，当且仅当第 j 个树中的这两条边有一个共同节点。下面给出 R 藤的严格定义：

（1）$v=\{T_1,\cdots,T_{n-1}\}$。

（2）T是藤结构里的一棵树，树上的节点$N=(1,2,\cdots,n)$，连接两个节点的线称为边，所以边的集合记为E。

（3）$T_i(i=2,\cdots,m)$表示藤上的第i棵树，但是不包括T，T_i上所有边的集合记为E_i，且有：$N_i \cup N_1 \cup E_1 \cup E_2 \cup \cdots \cup E_{i-1}$。

假设随机向量$x=(x_1,x_2,\cdots,x_d)$的密度函数为$f(x_1,x_2,\cdots,x_d)$，用R藤来拟合他们的相依结构，则其密度函数可以表示为：

$$f(x_1,x_2,\cdots,x_d) = \left[\prod_{k=1}^{d} f_k(x_k)\right]\left\{\prod_{i=1}^{d-1}\prod_{e\in E_i} c_{j(e),k(e)\mid D(e)}\left[F(x_{j(e)}\mid x_{D(e)}),F(x_{k(e)}\mid x_{D(e)})\right]\right\} \tag{6-41}$$

其中，$x_{D(e)}$表示由$D(e)$决定的子向量$x=(x_1,x_2,\cdots,x_d)$，这里包含$d(d-1)/2$个二元Copula函数。为了更直观地了解R藤的分布结构，本书以五维市场为例，绘制了R藤的树状图，如图6－1所示。该图给出了5维R藤所有的树结构，但是该树结构并不是唯一的，本书只是举了其中一个例子。随着维度的上升，R藤的结构数量会大大增加，因此如何在所有R藤结构里选择出最佳的藤结构也成为近几年学者开始关注的问题，但是在大量的R藤结构里选择出最优的藤结构不但计算上比较困难而且计算负担也比较重，因此这还是一个值得研究的问题。

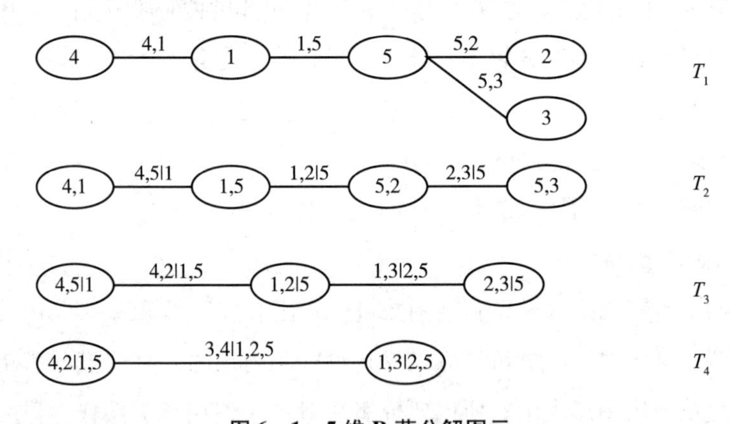

图6－1　5维R藤分解图示

2. C-Vine和D-Vine

C藤和D藤作为两种特殊的藤结构，近年来也开始被广泛应用。作为处理高维变量的藤结构，随着维数的上升，对高维变量的分解种类也越来越多，而C藤和D藤就是其中最常用的两种分解方法。

在C藤结构中，每一个情况下都是一个节点与其他所有节点两两相连，其他节点之间没有连接，因此C藤的树状图是一个星状结构，适合分析存在一个中心市场角色的数据集。在D藤结构中，每一个情况下都是除了两个端点之外，其他的节点都是两两呈直线型前后相连，因此 D 藤的树状图是一个路径结构，适合研究若干市场的传导关系。从构建的元素的性质来看，C 藤模型和 D 藤模型的主要区别是 C 藤模型中各个树中位于根结点的变量对于其他的 $n-i$ 个节点的变量有着较为明显的引导关系，而 D 藤模型的各个变量在模型中的地位大体上是相等的，其中不存在较为明显的变量的引导关系。

下面给出 C 藤的建模步骤：

第一步：排序变量并记为$(u_1, u_2, \cdots, u_n)$；

第二步：根据定义，C 藤中，每一个情况下都是一个节点与其他所有节点两两相连，其他节点之间没有连接，由此建立第一层的 pair-Copula$(C_{12}, C_{13}, \cdots, C_{1n})$，其中市场 1 为第一层中心市场；

第三步：同理将第二步中得到的 $n-1$ 维变量$(C_{12}, C_{13}, \cdots, C_{1n})$继续利用第二步中的步骤计算，就得到第二次 pair-Copula$(C_{2,3|1}, C_{2,4|1}, \cdots, C_{2,n|1})$，其中市场 2 为第二层中心市场；

第四步：反复进行第二步的运算直到最后只剩下一个二维变量。

与 C 藤类似，下面给出 D 藤的建模步骤：

第一步：排序变量并记为$(u_1, u_2, \cdots, u_n)$；

第二步：根据定义，D 藤中，每一个情况下都是除了两个端点外，其他的节点都是两两呈直线型前后相连，由此建立第一层的 pair-Copula$(C_{12}, C_{23}, \cdots, C_{(n-1)n})$，这种情况下不存在中心市场；

第三步：将第二步得到的 $n-1$ 维变量$(C_{12}, C_{23}, \cdots, C_{(n-1)n})$进一步降维，把两两之间的共同市场提取出来作为条件市场，得到第二次 pair-Copula$(C_{1,3|2}, C_{2,4|3}, \cdots, C_{(n-2),n|n-1})$；

第四步：重复上述操作直到最后只剩下一个二维变量。

下面给出多元密度函数在 D 藤和 C 藤下的分解。具体分解模式如图 6－2 和图 6－3所示。

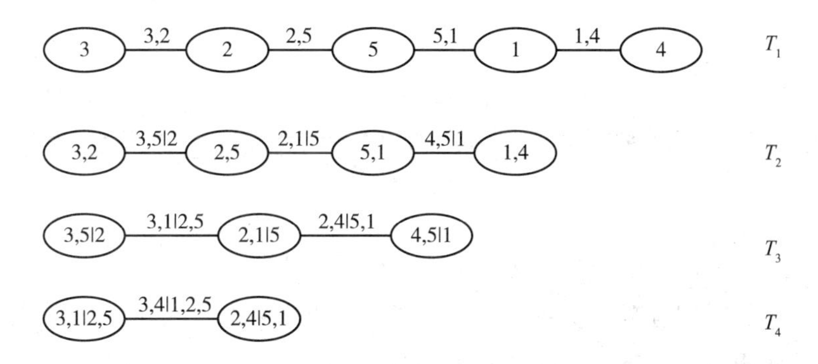

图 6－2　5 维 D 藤分解

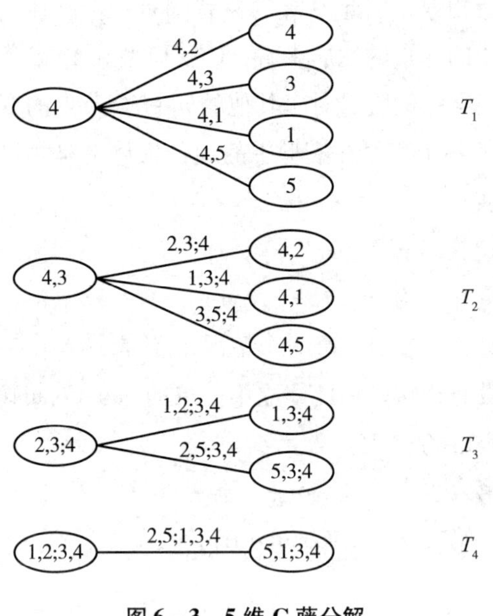

图 6-3　5 维 C 藤分解

假设随机向量 $x=(x_1,x_2,\cdots,x_d)$ 的密度函数为 $f(x_1,x_2,\cdots,x_d)$，用 D 藤来拟合他们的相依结构，则其密度函数可以表示为：

$$f(x_1,x_2,\cdots,x_d)=$$
$$\left[\prod_{k=1}^{d}f_k(x_k)\right]\left\{\prod_{j=1}^{d-1}\prod_{i=1}^{d-j}c_{i,i+j,\cdots,i+j-1}\left[F(x_i\mid x_{i+1,\cdots,i+j-1}),F(x_i+_j\mid x_{i+1,\cdots,i+j-1})\right]\right\} \tag{6-42}$$

用 C 藤来拟合他们的相依结构，则其密度函数可以表示为：

$$f(x_1,x_2,\cdots,x_d)=$$
$$\left[\prod_{k=1}^{d}f_k(x_k)\right]\left\{\prod_{j=1}^{d-1}\prod_{i=1}^{d-j}c_{j,j+i\mid 1,\cdots,j-1}\left[F(x_j\mid x_{1,\cdots,j-1}),F(x_{j+i}\mid x_{1,\cdots,j-1})\right]\right\} \tag{6-43}$$

第三节　系统尾部分析的 R 程序实现与模型应用

能源是现代经济发展的重要支柱，是人类社会赖以生存和发展的重要基础，对经济、社会的发展起着至关重要的作用。进入工业化以来，以煤、石油和天然气为主的传统能源更成为人类社会赖以生存的物质基础，占据了全球 80% 以上的能源份额。但是，随着经济的快速发展与人口的迅速增长，全球能源格局变化趋势加快，具体表现为能源供需关系的变革，对能源的需求越来越大，但是传统能源作为不可再生资源日益减少，不能满足国民经济发展的需要，因此各国开始着眼于研发和推广可再生能源与清洁能源。可再生能源和清洁能源在不同程度上替代了高污染的传统能源，众多国家倡导对新能源技术的开发和利用，进一步推动能源效率的提升，实现节能减排、减缓温室效应的目标。清洁能源包括太阳能、风能、水能、生物质能、地热能、海洋能、潮汐能等。近年来，由于清洁能源具有可再生性、环保性等诸多优点，产品需求不断增加，对传统能源市场形成了有效替代。为了更加深入地了解清洁能源的发展现状，本书以水能、风能、太阳能、地热能、生物能和燃料电池六个清洁能源市场为例，基于 Copula 模型，分别从整体趋势、极端趋势和动态趋势下研究清洁能源市场的关系，所涉及的软件为 R Studio 和 Matlab。

本书所用数据来源于 NASDAQ OMX 绿色经济指数家族，样本时间跨度为 2019 年 1 月 1 日至 2020 年 12 月 24 日。本书将以各指标的对数收益率反映价格的变化，计算方法为：

$$R_t = \ln(p_t) - \ln(p_{t-1})$$

其中，R_t 表示指数的对数收益率，p_t 表示 t 时刻的市场指数。

在进行实证分析之前，首先需要安装需要的相关 R 语言包，相关代码如下：

```
>install. packages("urca")
>install. packages("tseries")
>install. packages("FinTS")
>install. packages("fGarch")
>install. packages("rugarch")
>install. packages("Vinecopula")
```

接下来需要调用之前安装好的 R 语言包，代码如下：

```
>library(urca)
>library(tseries)
>library(FinTs)
>library(fGarch)
>library(rugarch)
>library(Vinecopula)
```

调用完相关语言包之后，接下来就导入数据（对数收益率数据），并将数据转化为时间序列数据，代码如下：

```
>data<-read_excel("C:/users/Lenovo/Desktop/data. xlsx")
>view(data)
```

```
> da = data.frame(data)
> dla = ts(da,start = c(2019,1),frequency = 240)
```

对能源市场进行相关实证研究时，首先要保证能源市场的收益率序列是平稳的，在此需要对收益率序列做平稳性检验，常用的平稳性检验方法有 ADF 检验、PP 检验、DF 检验等。本书采用 ADF 检验对能源市场收益率序列进行平稳性检验，代码如下：

```
> ur.df(dla[ ,1])
> ur.df(dla[ ,2])
> ur.df(dla[ ,3])
> ur.df(dla[ ,4])
> ur.df(dla[ ,5])
> ur.df(dla[ ,6])
```

将六个市场的 ADF 检验结果汇总，如表 6-2 所示。

表 6-2　收益率序列平稳性检验

项目	WI	S	GE	B	F	WA
ADF 检验值	-14.384	-15.001	-16.065	-14.607	-14.551	-13.721

T 检验的临界值在 1% 显著性水平下为 -3.4387，在 5% 显著性水平下为 -2.8651，在 10% 显著性水平下为 -2.5687，由表 6-2 可知，六个市场的 ADF 检验值均小于 1%、5% 和 10% 显著性水平下的各自临界值，因此六个市场的收益率序列都是平稳的。

接着对六个市场做描述性统计分析，代码如下：

```
> jarque.bera.test(dla[ ,1])
> jarque.bera.test(dla[ ,2])
> jarque.bera.test(dla[ ,3])
> jarque.bera.test(dla[ ,4])
> jarque.bera.test(dla[ ,5])
> jarque.bera.test(dla[ ,6])
> ArchTest(dla[ ,1])
> ArchTest(dla[ ,2])
> ArchTest(dla[ ,3])
> ArchTest(dla[ ,4])
> ArchTest(dla[ ,5])
> ArchTest(dla[ ,6])
```

最后将结果汇总，如表 6 -3 所示。

表 6 -3　　描述性统计分析

市场	Min	Max	Mean	Std	Skewness	Kurtosis	JB 检验的x^2	ARCH 效应
WI	-4. 7702	3. 3522	0. 0789	0. 6833	-0. 5719	7. 5035	1254. 4 ***	168. 83 ***
S	-8. 3960	5. 2338	0. 1056	1. 1568	-1. 2025	10. 0139	2307. 3 ***	189. 97 ***
GE	-4. 2832	6. 2577	0. 0387	0. 9884	0. 5418	7. 0481	1107. 4 ***	104. 04 ***
B	-7. 9023	5. 8165	0. 0437	1. 1399	-1. 7355	13. 2698	4090. 5 ***	263. 31 ***
F	-7. 8308	7. 0480	0. 2287	1. 7198	-0. 1853	3. 1726	223. 09 ***	72. 308 ***
WA	-4. 4885	3. 8041	0. 0390	0. 6036	-1. 0706	14. 7330	4818. 9 ***	228. 72 ***

注：*** 表示在 1% 置信度下显著。

由表 6 -3 可以看出，燃料电池相对于其他五个变量来说，具有最大的标准差 1. 719803，是六个变量中波动最强的。同时，从偏度值和峰度值可以看出，六个变量都表现出有偏、尖峰的分布。从 JB 统计量可以看出，六个变量都拒绝了原假设，说明六个变量都不服从正态分布，该结论从峰度与偏度的数据结果也可以得出。同时，ARCH 效应也表明六个收益率序列均存在 ARCH 效应。

接下来，对收益率序列进行边缘分布建模。从前面分析可知，所有对数收益率序列都表现出尖峰、厚尾、有偏、波动聚集和非正态分布等典型的金融时间序列特征。考虑到以上特征，在对边缘分布建模时，选用 AR(1) - GARCH(1,1) - t 模型对各个指数收益率进行拟合。其中 AR 模型可以刻画自相关特性，GARCH 模型可以描述收益率序列的波动聚集特征，Student t 可以刻画收益率序列的厚尾特征。所用代码如下：

```
>m1 <-ugarchspec(variance.model = list(model ='sGARCH',garchOrder = c(1,1)),
mean.model = list(armaOrder = c(1,0), include.mean = TRUE), distribution.model =
'std')
>eq1 <-ugarchfit(spec = m1,dla[ ,1],solver = 'solnp')
>eq2 <-ugarchfit(spec = m1,dla[ ,2],solver = 'solnp')
>eq3 <-ugarchfit(spec = m1,dla[ ,3],solver = 'solnp')
>eq4 <-ugarchfit(spec = m1,dla[ ,4],solver = 'solnp')
>eq5 <-ugarchfit(spec = m1,dla[ ,5],solver = 'solnp')
>eq6 <-ugarchfit(spec = m1,dla[ ,6],solver = 'solnp')
```

边缘分布参数结果如表 6 -4 所示。

表 6 -4　　边缘分布建模参数估计结果

市场	c_0	c_1	α_0	α_1	β_1	v	LL	K-S 统计量	K-S 概率值
WI	0.0877***	-0.0423	0.0168*	0.1350**	0.8381***	4.4285***	435.3083	0.0253	0.8941
S	0.1226***	-0.0835**	0.0317**	0.1080**	0.8713***	3.9286***	673.8189	0.0294	0.7625
GE	0.0502**	-0.0775*	0.0142*	0.1383***	0.8607***	3.7351***	562.415	0.0228	0.9506
B	0.0901***	-0.0438	0.0432*	0.1485**	0.8023***	7.1932***	638.6356	0.0278	0.8200
F	0.1503***	-0.0248	0.0399	0.1190***	0.8800***	4.9647***	924.3505	0.0443	0.2633
WA	0.0599***	0.0212	0.0067**	0.1911***	0.7839***	5.2535***	222.3939	0.0299	0.7452

注：***、**、*分别表示在1%、5%和10%的置信水平下显著。

接下来，对拟合的边缘分布序列提取标准残差并做概率积分转换，代码如下：

```
>r1 = as.numeric(residuals(eq1,standardize = T))
>r2 = as.numeric(residuals(eq2,standardize = T))
>r3 = as.numeric(residuals(eq3,standardize = T))
>r4 = as.numeric(residuals(eq4,standardize = T))
>r5 = as.numeric(residuals(eq5,standardize = T))
>r6 = as.numeric(residuals(eq6,standardize = T))
>u1 = pstd(r1,0,1,(coef(eq1))[[6]])
>u2 = pstd(r2,0,1,(coef(eq2))[[6]])
>u3 = pstd(r3,0,1,(coef(eq3))[[6]])
>u4 = pstd(r4,0,1,(coef(eq4))[[6]])
>u5 = pstd(r5,0,1,(coef(eq5))[[6]])
>u6 = pstd(r6,0,1,(coef(eq6))[[6]])
```

最后，用 K-S 检验变换后的序列是否服从（0，1）的均匀分布，代码如下：

```
>u1 = pstd(r1,0,1,(coef(eq1))[[6]])
>u2 = pstd(r2,0,1,(coef(eq2))[[6]])
>u3 = pstd(r3,0,1,(coef(eq3))[[6]])
>u4 = pstd(r4,0,1,(coef(eq4))[[6]])
>u5 = pstd(r5,0,1,(coef(eq5))[[6]])
>u6 = pstd(r6,0,1,(coef(eq6))[[6]])
```

检验结果如表 6 -4 所示。通过 AR(1) - GARCH(1,1) - t 模型对六个变量进行边缘分布建模后，所得到的参数估计结果如表 6 -4 所示，其中大部分的参数都通过了显著性检验，说明该模型的拟合效果较好。另外，根据 K - S 检验结果，表明转换后的新序列均接受零假设（服从 0 - 1 的均匀分布），所以可以对转换后的残差序列进行 Copula 建模分析。

第四节　不同趋势下的系统案例分析

本节将在前面数据处理的基础上，对六个变量进行一个系统的分析，包括整体趋势下的分析、极端趋势下的分析和动态趋势下的分析三个方面。

一、整体趋势下的系统分析

首先是整体趋势下的分析，对六个变量进行藤 Copula 建模，研究清洁能源市场之间的整体相关关系。由于 C 藤和 D 藤 Copula 是 R 藤的两种特殊情况，因此本书以 R 藤 Copula 为模型进行分析，另外两种情况读者可参照该部分自行分析。

对于一个六维变量，R 藤 Copula 一共有 15 组相关关系需要估计，为了方便记录，将用阿拉伯数字 1 ~6 分别给六个变量进行编号，具体对应是 1 为风能，2 为太阳能，3 为地热能，4 为生物能，5 为燃料电池，6 为水能。表 6 –5 显示的是 2019 ~2020 年清洁能源市场 R 藤 Copula 的拟合结果。代码如下（type 为 0 代表 R 藤，1 ~5 分别代表正态、t、Clayton、Gumbel 和 Frank 五种常见 Copula)：

```
>uda = data.frame(u1,u2,u3,u4,u5,u6,u7,u8,u9)
>RVT = RVineStructureSelect(uda,familyset = c(1:5),type =0,selectioncrit ='AIC')
>RVT
```

将结果整理汇总如表 6 –5 所示。

表 6 –5　　R 藤 Copula 拟合结果

Tree	Edge	Copula	Par	Par2	Tau
1	6，3	t	0. 49	7. 75	0. 33
	2，4	t	0. 51	11. 24	0. 34
	2，5	Survival Gumbel	1. 37	—	0. 27
	6，1	t	0. 46	8. 38	0. 30
	6，2	t	0. 60	6. 77	0. 41
2	2，3 | 6	t	0. 18	12. 55	0. 12
	6，4 | 2	t	0. 28	5. 79	0. 18
	6，5 | 2	t	0. 14	9. 3	0. 09
	1，2 | 6	t	0. 02	8. 19	0. 01
…	…	…	…	…	…
5	5，3 | 1，4，2，6	t	0	13. 13	0

由表6-5可知，在第一层树结构中，所有清洁能源市场间的无条件秩相关系数均为正，说明各个市场间存在正相依性，各个市场之间更倾向于出现同涨同跌的趋势。这个结果与现实情况相符，尤其是当某一市场价格出现大幅度上升或下降时，其他市场也会受到联动影响，其价格也将呈现相应的协同震荡。另外，市场间秩相关系数值均在0.5以下，说明市场间的相依程度总体来说不算太高。这在很大程度上归因于受开发技术和条件、产能、供需结构等的影响，各个能源之间的可替代性并不是很强。就目前来说，替代成本比较大，替代动力不强，替代需要的投资较大，市场间的相依程度总体来说比较低，因而替代可能是不经济的。再对比第二层树结构表明，加入新的条件变量后，秩相关系数明显降低，相关性逐渐减弱，到第五层，逐渐趋近独立。

另外，还可以给出更为直观的树形结构图，代码如下，结果如图6-4所示。

```
>RVineTreePlot(RVT,type = 2)
```

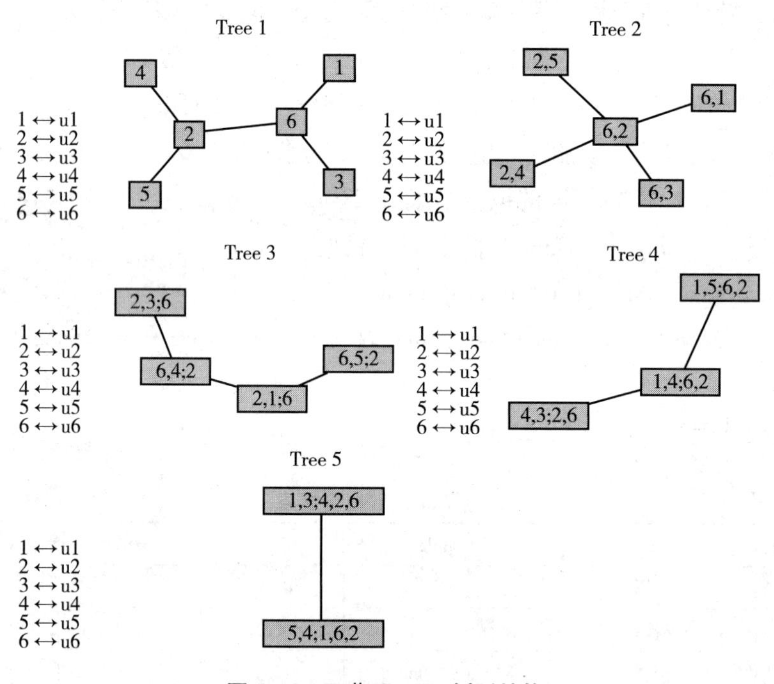

图6-4 R藤Copula树形结构

从图6-4中可以直观地看出清洁能源市场间相依结构的各个结点，以及风险扩散的路径。可以发现，太阳能和水能作为风险传染路径的中间节点，处于市场的中心地位，与其余市场的相依程度整体上较大。

二、极端趋势下的系统分析

在上一节主要分析了清洁能源市场间的整体相关关系，但是在现实的金融世界中，投资者不仅关注整体上的联动性，更关心极端情况下的跨市场关联关系即尾部相依性。因此本部分将利用 Copula 的尾部特性对六个市场进行尾部相关性分析，来研究极端情况下市场之间的风险溢出。相关代码如下：

>BiCopEstList（u1，u2)#二元 Copula 参数估计，输出 Copula 的参数、Kendall 秩相关系数、拟合优度 AIC、BIC、LL。根据 AIC（最小）、BIC（最小）和 LL（最大）确定最优二元 Copula。

>BiCopPar2TailDep（n，par1，par2)# n 为 Copula 的序号，par1 和 par2 为 Copula 参数，若只有 1 个参数就输入 1 个参数即可，输出结果为上尾和下尾相关系数。

计算结果如表 6－6 所示。

表 6－6　各市场间的尾部相依性

市场	WI	S	GE	B	F	WA
WI		0. 2267	0. 1824	0. 2665	0. 2267	0. 3593
S	0. 1614		0. 3290	0. 4126	0. 3160	0. 4817
GE	0. 0625	0. 2569		0. 2740	0. 1729	0. 3976
B	0. 1380	0. 3554	0. 1536		0. 2431	0. 4174
F	0. 1920	0. 3328	0. 1069	0. 1995		0. 2814
WA	0. 3210	0. 4549	0. 3269	0. 3442	0. 2500	

由表 6－6 可以看出，上尾相关系数普遍大于下尾相关系数，反映在极端情况下市场间风险波动溢出效应的非对称性特征，这说明在能源市场中利好信息带来的影响大于利空信息（说明在市场上涨期风险溢出关系更明显)。由表 6－6 还可以发现，能源市场中的尾部相关系数与整体的秩相关系数是对应的，在整体的秩相关系数中水能与其他市场的相关性是最强的，尾部相关系数里也是水能与其他市场的尾部相关性最强，说明其他能源市场与水能同时暴涨暴跌的概率是最大的。

三、动态趋势下的系统分析

前面所做的整体趋势和极端趋势下的分析都是基于静态环境，但是事物的发展是多样化且动态的，如金融市场之间的相关关系可能是非线性的，还可能是随着外部环境的变化而变化的，因此为了更全面和深入地了解金融市场的发展，需要建立相关动态模型来探究市场发展的动态特征。本书利用时变 Copula 来研究能源市场间的动态发展趋势，由于 Matlab 有动态 Copula 的工具箱，为动态 Copula 的分析带来极大方便，因此本部分分析所采用的软件为 Matlab。该工具箱支持四种时变 Copula 函数，包括 Gaussian Copula、t-Copula、Clayton Copula 和 Symmetrized Joe-Clayton (SJC) Copula。后两种 Copula 函数只适用于分析二维数据，而前两者没有维度的限制。前两种函数得到的是时变相关系数，第三种得到的是 Kendall's tau 相关系数，而最后一种得到的是尾部相关系数。由于本书的数据是 6 维的，因此本书选用 t-Copula来分析市场间的整体动态相关关系，选用 SJC Copula 来分析市场两两之间尾部动态相关关系。

（一）整体动态趋势

首先从文件中提取数据，代码如下：

```
data = xlsread('data. xls');
```

把动态 Copula 的工具箱 dynamic copula toolbox 3.0 文件夹复制粘贴到当前文件夹并双击进入，找到 modelspec 和 fitModel。然后在命令窗口输入代码：

```
spec = modelspec(data);
```

会出现一个窗口如图 6-5 所示。

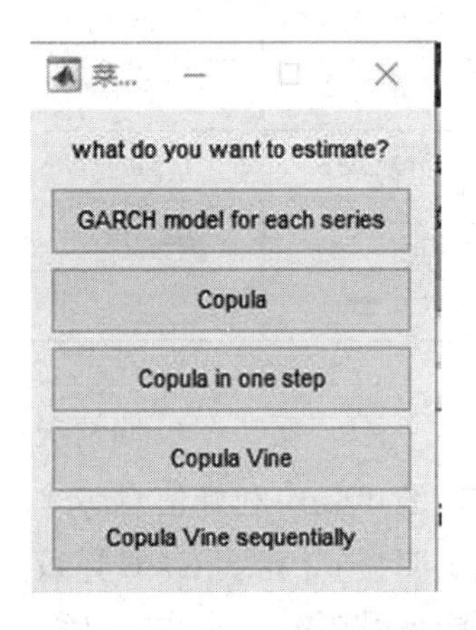

图 6-5　步骤 1 窗口

选择 GARCH model for each series，此时命令窗口会出现以下代码：

```
>>spec = modelspec(data)
input the lag-length of the AR terms in the mean equation and press enter:
```

若收益率序列存在自相关，则输入 1，不存在自相关输入 0。在前面我们做描述性统计分析的时候证明了该收益率序列存在自相关，因此输入 1，这时会出现的窗口如图 6-6 所示。

根据需要选择 GARCH(1,1) 或 GJR(1,1)，这里以 GARCH(1,1) 为例，这时会出现一个窗口选择残差分布，如图 6-7 所示。

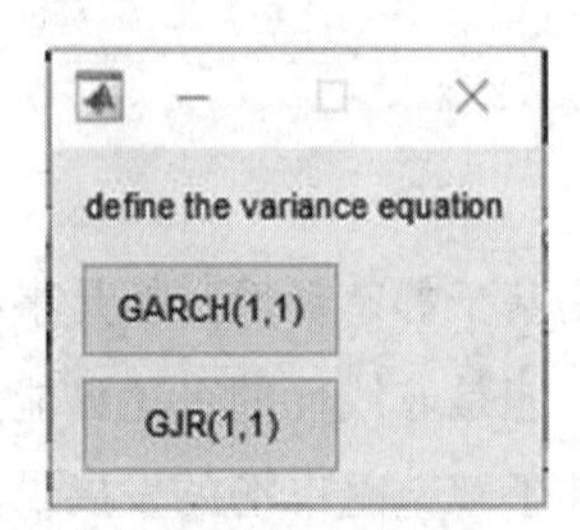

图 6-6　步骤 2 窗口

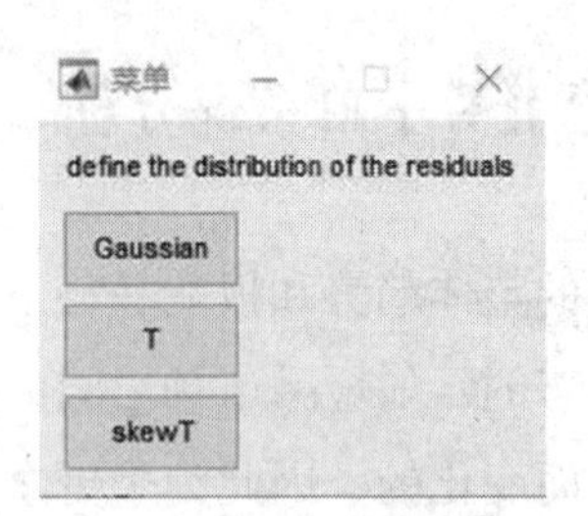

图 6-7　选择残差分布窗口

根据需要选择残差的分布，一般选择 T 或 skewT 分布，这里以 T 分布为例，如图 6－8 所示。

这里选择 IFM，代表两阶段极大似然估计。

接着在命令窗口输入以下命令：

[parameters，LogL，evalmodel，GradHess，varargout] = fitModel(spec，data，'fmincon')；

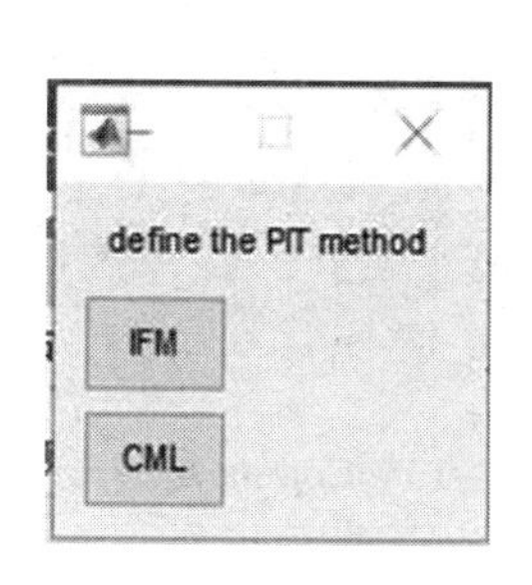

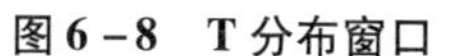
图 6－8　T 分布窗口

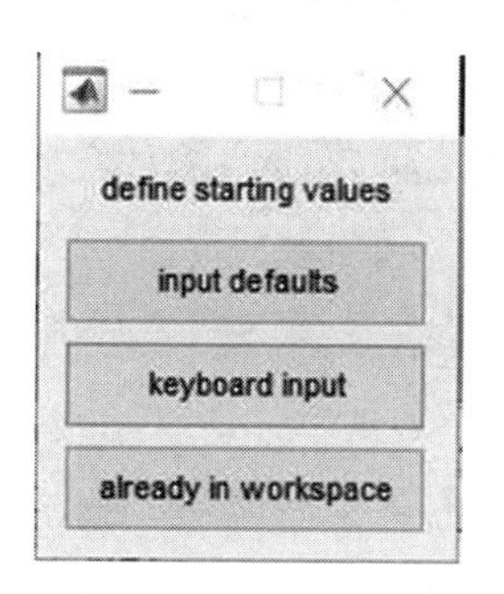

图 6－9　input defaults 窗口

选择 input defaults，如图 6－9 所示。

选择 yes，即计算参数估计的标准误。然后自动开始极大似然迭代估计第一列收益率的 GARCH 模型，参数估计结果在命令窗口显示，估计完之后回车，如图 6－10 所示。

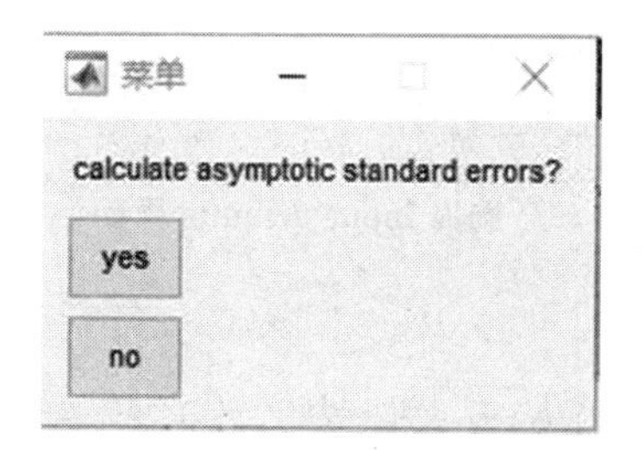

图 6－10　选择 yes，计算参数估计的标准误

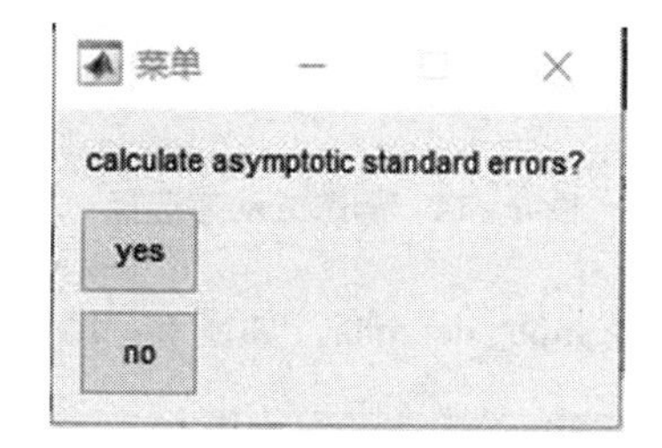

图 6－11　选择 yes，自动开始极大似然迭代估计

还是选择 yes，然后自动开始极大似然迭代估计第二列收益率序列的 GARCH 模型，参数估计结果在命令窗口显示。此时工作区的 varargout 为 GARCH 模型标准参数概率积分变换后的序列，如图 6－11 所示。

接着在命令窗口输入以下命令：

spec = modelspec(varargout)；

选择 Copula，如图 6－12 所示。

根据需要选择 Copula 的类型，这里以 t-Copula 为例，如图 6－13 所示。

根据需要选择静态（static）或动态（DCC），因为本部分研究的是动态趋势下的相关关系，因此选择 DCC，如图 6－14 所示。

接下来在命令窗口输入以下命令：

[parameters, LogL, evalmodel, GradHess, varargout] = fitModel(spec, varargout, 'fmincon');

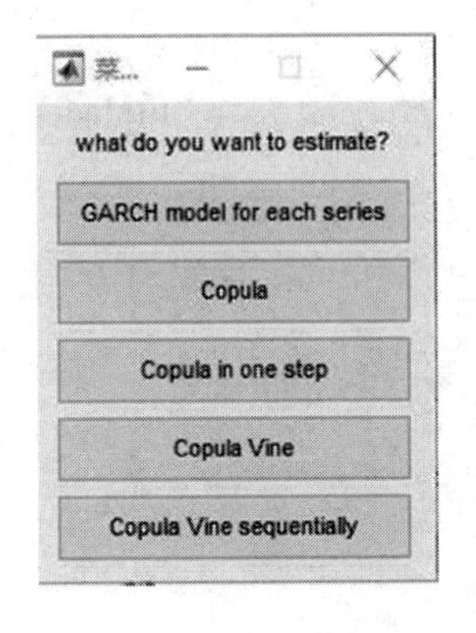

图 6-12　Copula 选择界面

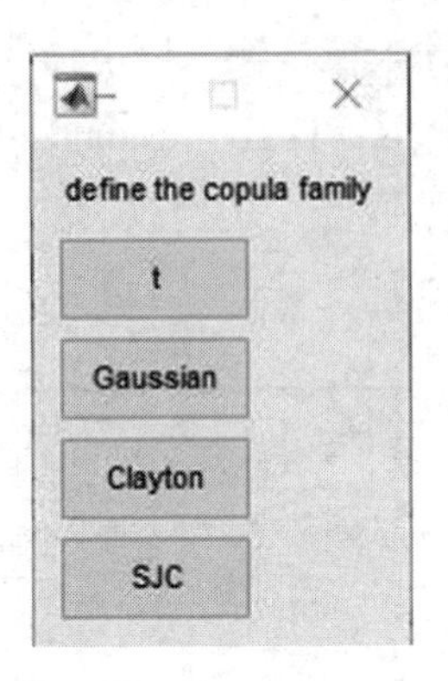

图 6-13　Copula 类型选择界面

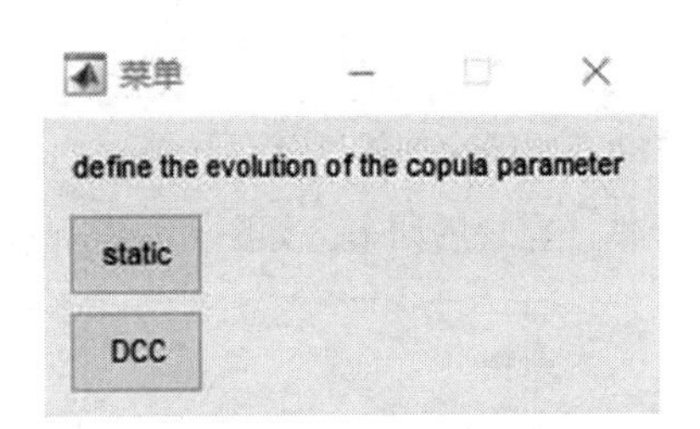

图 6-14　静态或动态选择

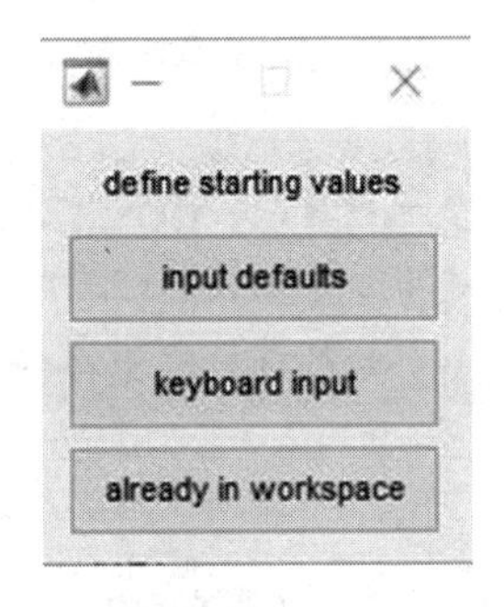

图 6-15　选择 input defaults 界面

选择 input defaults，如图 6-15 所示。

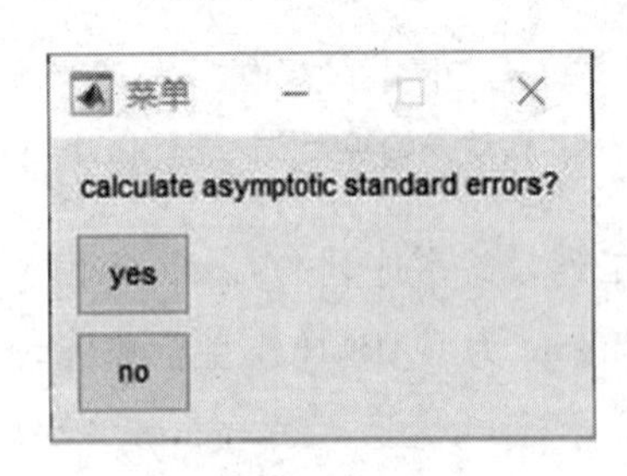

图 6-16　选择 yes，自动开始极大似然估计

选择 yes，自动开始极大似然估计时变 t-Copula 模型的参数和相关系数，参数估计结果在命令窗口显示，时变相关系数在工作区 evalmodel 里的 Rt 里面，如图 6-16 所示。

把最后的结果用图形表示出来，如图 6-17 所示。

从图 6-17 中可以清楚地看到各个市场之间的动态相关关系，从总体上来说，大多数市场之间的相关趋势较为平稳，只有少数几个市场之间存在一定波动。另外，水能与其他市场的相关关系总体来说比较高，与前面得出的结论一致。为了进一步分析，对每一个相关系数序列做一个平均，得到以下相关系数矩阵。

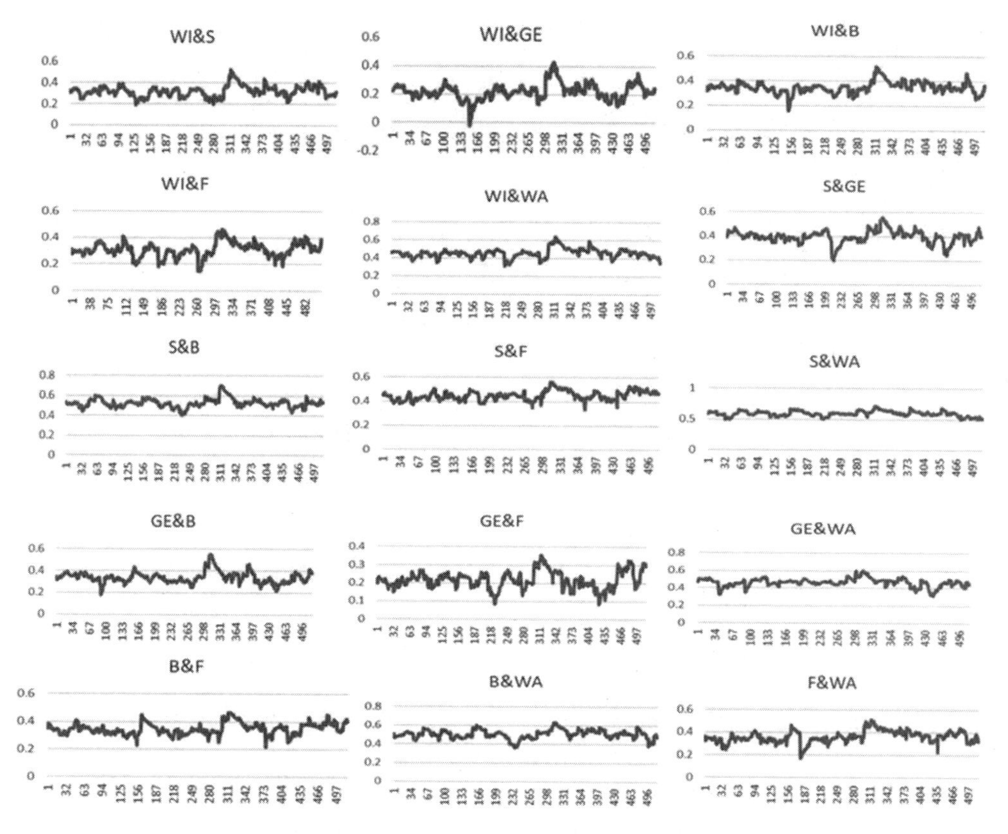

图 6－17　各市场间动态相关趋势

由表 6－7 可以发现，从平均值来看，水能与其余市场的相关性较高，与前面得出的结论一致，另外，太阳能市场与其余市场的相关程度仅次于水能，说明在发展过程中，太阳能市场也正在逐渐成为中心市场。不难理解，太阳能因其普遍、无害、巨大、长久等优点最近几年发展迅速，占据了很大的市场，在清洁能源中的作用日益凸显。

表 6－7　动态相关系数矩阵

市场	WI	S	GE	B	F	WA
WI	1					
S	0. 3215	1				
GE	0. 2216	0. 3978	1			
B	0. 3494	0. 5265	0. 3415	1		
F	0. 3106	0. 4504	0. 2188	0. 3475	1	
WA	0. 4553	0. 5982	0. 4645	0. 5056	0. 3614	1

（二）极端动态趋势

因为 SJC Copula 只适用于分析维度为 2 维的情况，以风能和水能为例分析极端情况下市场间的动态相关关系。基本操作步骤和上一部分分析整体动态趋势一样，首先对收益率序列进行边缘分布建模，其次进行标准残差概率积分转换，因此该部分对这两方面的操作步骤不再赘述，从概率积分转换后的序列开始演示动态尾部相关系数的计算。

进行标准残差概率积分转换后在命令窗口输入：

spec = modelspec(varargout) ;

选择 Copula，如图 6 – 18 所示。

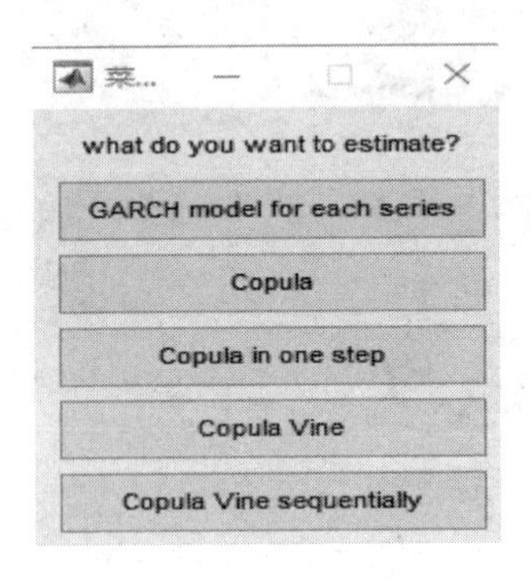

图 6 – 18　选择 Copula 窗口

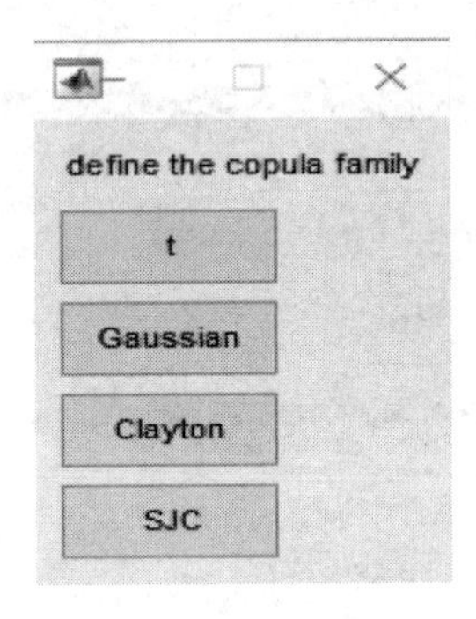

图 6 – 19　选择 SJC 窗口

选择 SJC，如图 6 – 19 所示。

因为分析的动态趋势，因此这里选择 time varying，如图 6 – 20 所示。

接着在命令窗口输入：

[parameters, LogL, evalmodel, GradHess, varargout] = fitModel(spec, varargout, ‘fmincon’) ;

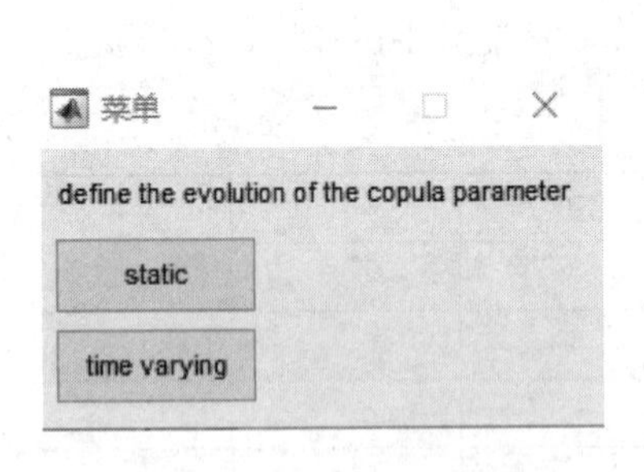

图 6 – 20　选择 time varying 窗口

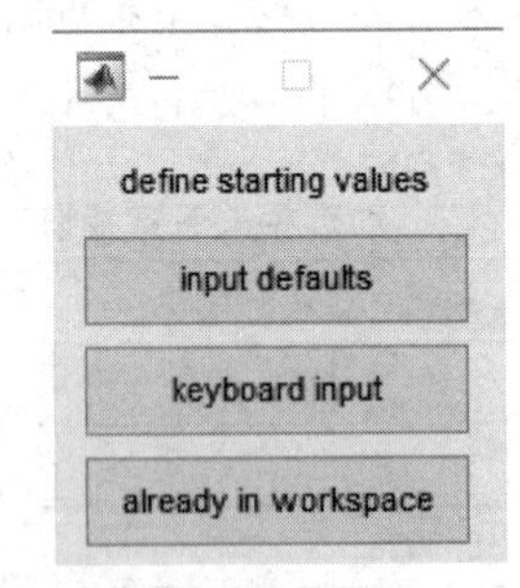

图 6 – 21　选择 input defaults 窗口

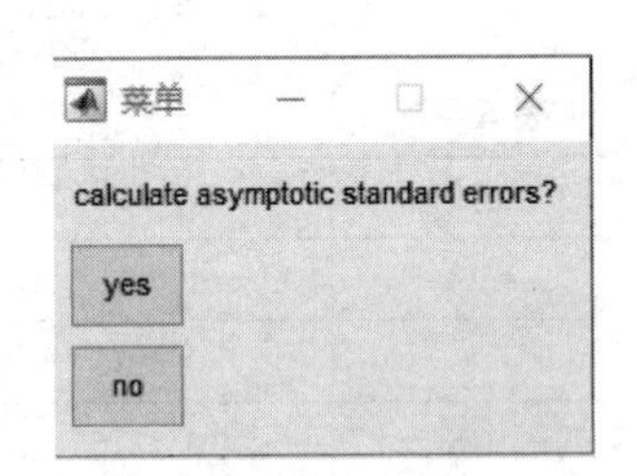

图 6 – 22　选择 yes，自动开始极大似然估计

选择 input defaults，如图 6 – 21 所示。

选择 yes，如图 6 – 22 所示，自动开始极大似然估计 SJC Copula 模型的参数和尾部相关系数，参数估计结果在命令窗口显示，尾部相关系数在工作区 evalmodel 里的 Rt 里面。

整理结果，用图形表示，如图 6 – 23 所示。

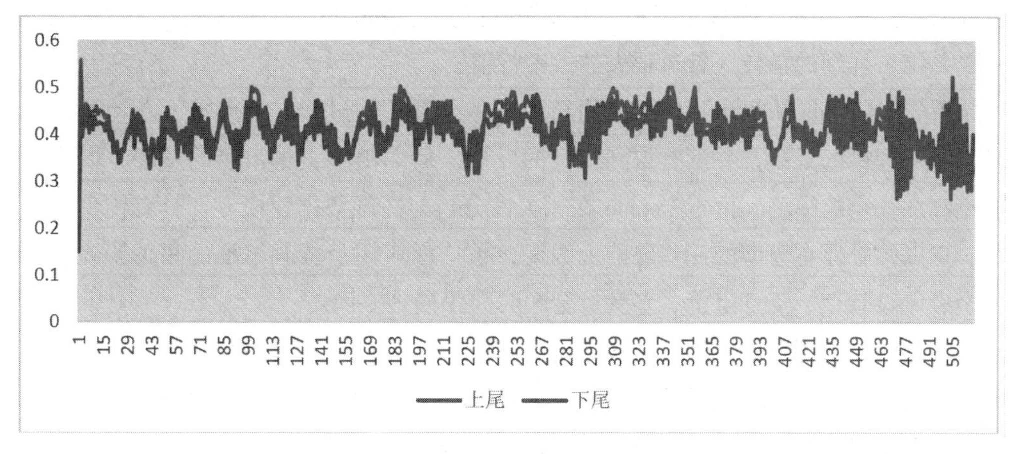

图 6－23　风能与水能尾部动态变化趋势

由图 6－23 可以看出，风能与水能的尾部变化趋势在整体上是一致的，而且从整体上来说上尾相关系数普遍大于下尾相关系数。说明在极端情况下风能与水能间风险波动溢出效应存在非对称性特征，反映出在能源市场中利好信息带来的影响大于利空信息（说明在市场上涨期风险溢出关系更明显）。与前面静态趋势下得出的结论是一致的。

借助于藤 Copula 技术和 R、Matlab 软件，本部分从静态和动态两个方面分析了清洁能源市场间整体和极端情况下的风险扩散和溢出关系，对于能源市场的发展和监管有重要的意义。具体而言，本书首先在静态环境下用 R 藤 Copula 模型刻画了清洁能源市场间的整体相依结构特征与风险扩散路径；其次用尾部相依性测度考察了市场间的极端风险溢出关系；最后考察了动态环境下清洁能源市场间的整体相依关系和尾部相关趋势。主要得出以下结论：

第一，在静态环境下，太阳能和水能作为风险传染路径的中间节点，处于市场的中心地位，与其余市场的相依程度整体上较大。

第二，不管是静态还是动态环境下，清洁能源市场间存在显著的非对称极端风险溢出效应，即上尾相依性普遍高于下尾相依性。这说明在市场上涨时期，乐观情绪更容易在市场内蔓延，溢出效应更显著，这与股市等金融市场刚好相反，主要是因为能源作为与生活息息相关的物品，即使价格出现暴跌，也不会太大影响人们对其的持有。

第五节　本章小结

本章对 Copula 做了详细的介绍，包括 Copula 提出的历史背景、模型综述与应用综述、主要的 Copula 模型介绍和相关案例分析，给想要学习 Copula 的初学者提供了一个系统、详细的指导，具有很大的参考价值。

首先，Copula 从提出到广泛应用经历了一个漫长的过程。前期由于受计算机技术与相关理论的限制，并没有得到很好的发展。后期随着金融市场的发展，以往的模型存在一定的缺陷，由于 Copula 在相关性分析与高维数据建模方面具有优良的特征，可以弥补原有模型的一些缺陷。因此，被广泛应用于金融市场的相关研究，包括金融风险管理、资产定价、多变量金融时间序列等方面。

其次，在模型发展方面，从最开始简单的二元 Copula 到可以描述多变量金融时间序列的 Copula 模型，再到藤 Copula，Copula 不再拘泥于传统的二元模型，在描述多市场多变量上实现了重大突破。随后，为了刻画市场间的动态相关关系与非线性相关关系，相关学者又提出了动态 Copula 模型，包括时变相关 Copula 模型与变结构 Copula 模型。在应用方面，Copula 理论自提出以来历经多年发展，被广泛应用于金融、保险等领域的多变量金融时间序列分析、相关性分析和风险管理等多个方面。在金融时间序列分析上，Copula 的诸多优点使多变量金融时间序列的建模问题更加灵活，不再拘泥于传统模型；在相关性分析上，Copula 可以研究变量间的非线性、非对称、静态与动态以及尾部环境下的相关关系，突破了原有模型的限制，使其更贴合实际情况；在风险管理问题上，Copula 可以很好地应用于多样化投资，为投资者降低风险，同时也可以分析金融市场间的风险传染与溢出，有助于分析和解决金融风险管理问题。

最后，详细介绍了 Copula 函数的定义与性质、常见的 Copula 函数以及常见的 Copula 模型，包括 Copula 的尾部相关性测度、混合 Copula 函数、时变 Copula、变结构 Copula 和藤 Copula 等。为了更进一步理解 Copula，了解其在实际生活中的应用，本书利用清洁能源市场的数据，借助 Matlab 和 R 计量分析软件，从静态和动态两个方面分析了清洁能源市场间整体和极端情况下的风险扩散和溢出关系，详细展示了利用 Copula 处理实际问题的建模步骤和过程。

参考文献

[1] 曹红辉、王琛：《人民币汇率预期：基于 ARCH 族模型的实证分析》，载于《国际金融研究》2008 年第 4 期。

[2] 陈九生、周孝华：《基于单因子 MSV - CoVaR 模型的金融市场风险溢出度量研究》，载于《中国管理科学》2017 年第 1 期。

[3] 翟永会：《系统性风险管理视角下实体行业与银行业间风险溢出效应研究》，载于《国际金融研究》2019 年第 12 期。

[4] 高江：《藤 Copula 模型与多资产投资组合 VaR 预测》，载于《数理统计与管理》2013 年

第 2 期。

［5］龚金国、邓入侨：《时变 C-Vine Copula 模型的统计推断》，载于《统计研究》2015 年第 4 期。

［6］韩超、周兵：《高维动态藤 Copula 函数建模、仿真及在金融风险研究中的应用》，载于《数学的实践与认识》2019 年第 12 期。

［7］何敏园、李红权：《全球股市间的相依结构与极值风险溢出：基于藤 Copula 的金融复杂性分析》，载于《管理评论》2020 年第 7 期。

［8］侯县平、傅春燕、林子枭、林宇：《极端风险溢出效应的定量测度及非对称性——来自中国股市与债市的经验证据》，载于《管理评论》2020 年第 9 期。

［9］李丛文、闫世军：《我国影子银行对商业银行的风险溢出效应——基于 GARCH－时变 Copula-CoVaR 模型的分析》，载于《国际金融研究》2015 年第 10 期。

［10］李磊、叶五一、缪柏其：《基于 C 藤 Copula 的收益率自相依结构估计以及条件 VaR 计算》，载于《中国科学技术大学学报》2013 年第 9 期。

［11］苗文龙：《金融危机与金融市场间风险传染效应——以中、美、德三国为例》，载于《中国经济问题》2013 年第 3 期。

［12］田光、张瑞锋：《基于 Copula 的股票市场波动溢出分析》，载于《财经理论与实践》2011 年第 6 期。

［13］王琳：《基于 Joe-Clayton Copula 模型的金融市场风险传染效应的统计考察》，载于《统计与决策》2020 年第 11 期。

［14］韦艳华、张世英：《多元 Copula-GARCH 模型及其在金融风险分析上的应用》，载于《数理统计与管理》2007 年第 3 期。

［15］韦艳华、张世英：《金融市场的相关性分析——Copula-GARCH 模型及其应用》，载于《系统工程》2004 年第 4 期。

［16］谢福座：《基于 GARCH-Copula-CoVaR 模型的风险溢出测度研究》，载于《金融发展研究》2010 年第 12 期。

［17］熊正德、韩丽君：《金融市场间波动溢出效应研究——GC-MSV 模型及其应用》，载于《中国管理科学》2013 年第 2 期。

［18］杨坤、于文华、魏宇：《基于 R-vine Copula 的原油市场极端风险动态测度研究》，载于《中国管理科学》2017 年第 8 期。

［19］张秀艳、张敏、闵丹：《我国可转换债券市场与股票市场动态传导关系实证研究》，载于《当代经济研究》2009 年第 8 期。

［20］张志波、齐中英：《基于 VAR 模型的金融危机传染效应检验方法与实证分析》，载于《管理工程学报》2005 年第 3 期。

［21］张自然、丁日佳：《人民币外汇市场间不对称汇率变动的实证研究》，载于《国际金融研究》2012 年第 2 期。

［22］Aas K. , Czado C. , Frigessi A. , et al. , Pair-copula Cionstructions of Multiple Dependence. *Insurance*: *Mathematics and Economics*, Vol. 44, No. 2, 2009, pp. 182 – 198.

[23] Alsina C., Schweizer B., Sklar A., On the Definition of a Probabilistic Normed Space. *Aequationes Mathematicae*, Vol. 46, No. 1, 1993, pp. 91 –98.

[24] Baur D. G., Lucey B. M., Flights and Contagion – an Empirical Analysis of Stock-Bond Correlations. *Journal of Financial Stability*, Vol. 5, No. 4, 2009, pp. 339 –352.

[25] Baur D. G., Stock-bond Co-movements and Cross-country Linkages. *International Journal of Banking, Accounting and Finance*, Vol. 2, No. 2, 2010, pp. 111 –129.

[26] Bedford T., Cooke R. M., Vines: A New Graphical Model for Dependent Random Variables. *Annals of Statistics*, 2002, pp. 1031 –1068.

[27] Bollerslev T., Mikkelsen H. O., Modeling and Pricing Long Memory in Stock Market Volatility. *Journal of Econometrics*, Vol. 73, No. 1, 1996, pp. 151 –184.

[28] Bollerslev T., Modelling the Coherence in Short-run Nominal Exchange Rates: A Multivariate Generalized ARCH Model. *The Review of Economics and Statistics*, 1990, pp. 498 –505.

[29] Clayton D. G., A Model for Association in Bivariate Life Tables and its Application in Epidemiological Studies of Familial Tendency in Chronic Disease Incidence. *Biometrika*, Vol. 65, No. 1, 1978, pp. 141 –151.

[30] Ding Z., Granger C. W. J., Engle R. F., A Long Memory Property of Stock Market Returns and a New Model. *Journal of Empirical Finance*, Vol. 1, No. 1, 1993, pp. 83 –106.

[31] Dueker M. J., Markov Switching in GARCH Processes and Mean-reverting Stock-market Volatility. *Journal of Business & Economic Statistics*, Vol. 15, No. 1, 1997, pp. 26 –34.

[32] Frank M. J., On the Simultaneous Associativity of F (x, y) and x + y – F(x, y). *Aequationes Mathematicae*, Vol. 19, No. 1, 1979, pp. 194 –226.

[33] Genest C., MacKay J., The Joy of Copulas: Bivariate distributions with uniform marginals. *The American Statistician*, Vol. 40, No. 4, 1986, pp. 280 –283.

[34] Gumbel E. J., Bivariate Exponential Distributions. *Journal of the American Statistical Association*, Vol. 55, No. 292, 1960, pp. 698 –707.

[35] Joe H., Xu J. J., The Estimation Method of Inference Functions for Margins for Multivariate Models. 1996.

[36] Joe H., *Multivariate Models and Multivariate Dependence Concepts.* CRC Press, 1997.

[37] Min A., Czado C., Bayesian Inference for Multivariate Copulas Using Pair-Copula Constructions. *Journal of Financial Econometrics*, Vol. 8, No. 4, 2010, pp. 511 –546.

[38] Nelsen R. B., An Introduction to Copulas. *Springer Science & Business Media*, 2007.

[39] Rockinger M., Jondeau E., Conditional Dependency of Financial Series: An Application of Copulas. 2001.

[40] Rodriguez J. C., Measuring Financial Contagion: A Copula Approach. *Journal of Empirical Finance*, Vol. 14, No. 3, 2003, pp. 401 –423.

[41] Schweizer B., Wolff E. F., On Nonparametric Measures of Dependence for Random Variables. *Annals of Statistics*, Vol. 9, No. 4, 1981, pp. 879 –885.

[42] Sklar A., Random Variables, Joint Distribution Functions, and Copulas. *Kybernetika*, Vol. 9, No. 6, 1973, pp. 449 – 460.

[43] Sklar M., *Fonctions de Repartition an Dimensions et Leurs Marges.* Publication of the Institute of Statistics of the University of Paris, 1959, pp. 229 – 231.

[44] So M. E. C. P., Lam K, Li W. K., A Stochastic Volatility Model with Markov Switching. *Journal of Business & Economic Statistics*, Vol. 16, No. 2, 1998, pp. 244 – 253.

[45] Yang J., Zhou Y. G., Credit Risk Spillovers Among Financial Institutions around the Global Credit Crisis: Firm-level Evidence. *Management Science*, Vol. 59, No. 10, 2013, pp. 234 – 235.

系统包络分析与DEAP实现

第一节　系统包络分析方法与相关背景

系统包络分析作为一门解决实际决策问题的关键技术，主要基于系统的立场和思想对研究对象进行系统评价。系统包络分析的实现过程需要以数据作为客观基础，这使数据包络分析模型（data envelopment analysis，DEA）成为本章主要介绍的系统包络分析方法。DEA 模型起源于法雷尔提出的效率评价理论（Farrell，1957），该理论主要用于系统工程中的生产效率评价。而 DEA 模型中的系统包络思想作为单输入与单输出比值的效率核心，与运筹学的联系颇为紧密。此外，DEA 模型作为系统包络分析方法还能够应用于各种有关生产与生活的研究，如社会、经济、金融、农业、交通、能源、环境、医药卫生以及信息等系统工程领域。为了提高对 DEA 模型这个系统包络分析方法的计算效率，寇里（Coelli）教授于 1996 年开发了 DEAP 软件。因此，基于系统工程的相关背景，系统包络分析的 DEA 模型及其应用成为近年来的热点研究领域。

由于一般效率评价理论主要是关于单输入与单输出的比较，而系统生产活动中往往涉及多输入与多输出的研究。为了解决这一问题，查恩斯、库珀和罗兹（Charnes，Cooper & Rhodes）在 1978 年提出了首个系统包络分析方法，即 DEA 模型（Charnes et al.，1978）。在此后的 DEA 模型相关文献中，该模型以三位创始人的姓氏首字母命名，称为 CCR 模型。值得注意的是，CCR 模型主要用于解决系统效率评价问题中的效率测量对象，即决策单元（decision making units，DMU）是基于规模收益不变的条件下提出的。其中，被评价DMU是具有可测度系统输入或输出的部门或企业。同时，由于在现实的系统生产活动中多输入与多输出问题研究具有现实意义，系统包络分析的DEA模型作为一种数学规划方法得到了进一步改进与发展。1984年，班克、查恩斯和库珀（Banker，Charnes & Cooper）提出了同样以三位创始人姓氏首字母命名的BCC模型（Banker et al.，1984）。CCR模型和BCC模型的提出实现了DEA模型主要框架的构建，并成了交叉研究运筹学、管理学、经济学、数学以及系统科学等学科的新兴模型，并有效推进了系统包络分析方法的发展。

基于上述系统包络分析方法所表现出的可行性和有效性，DEA模型在系统效率评价相关研究领域具备一些优势，例如，（1）DEA模型能够处理现实系统生产活动中涉及的多输入与多输出问题，这是对以往单输入和单输出问题处理上的扩展研究；（2）采用DEA模型进行系统效率评价的结果具备一定客观性，这是由于其评价依据是现实系统生产活动中的客观数据；（3）DEA模型不仅可以测量各种被评价DMU的效率，而且还可以根据相应计算结果使各DMU认识到自身在系统分析中的不足，从而明确改进方向以及可调整量。由于具备这些优势，作为系统包络分析的DEA模型能够被广泛应用到不同研究领域的系统效率评价中。然而，已有DEA模型虽然已经具备诸多优势，但其在实际应用中往往不能同时满足不同的系统效率评价需求。因此，这些系统包络分析方法依然存在一些缺陷，例如，（1）DEA模型能够依据效率值将所有DMU区分为有效或无效，但不能对其进行系统的完全排序；（2）DEA模型主要基于自评值计算使自身效率最大化的相关权重，而忽略了各种被评价DMU之间的系统互评关系；（3）DEA模型未对输入到输出的内部生产过程进行考虑，即忽略了各种被评价DMU系统生产过程中的内部结构与隐含的逻辑关系。上述内容不仅指出了已提出系统包络分析方法所存在的缺陷，也为其进一步发展指明了方向。因此，为了解决这些问题，研究者们根据不同研究对象与系统效率评价需求提出了具有不同功能的系统包络分析方法。基于此，系统包络分析的DEA模型发展方向主要可以归纳为两个方面，即传统DEA模型和网络DEA模型。

首先，对于系统包络分析的DEA模型发展，其中一个重要方向是传统DEA模型。该模型将系统的效率评价过程视为一个黑箱，为被评价DMU的整体效率测量提供了研究依据。基于此，为适应不同的系统效率评价需求，系统包络分析的传统DEA模型根据实际情况发展成多种类型的结构。其中，较为常见的传统DEA模型主要包括CCR模型、BCC模型、交叉效率模型以及博弈交叉效率模型。1978年，CCR模型（Charnes et al.，1978）的提出拉开了DEA模型的发展序幕。由于CCR模型在多输入和多输出的系统效率评价过程中具备可行性与有效性，该模型可在不同研究环境下或与不同方法结合得到进一步扩展，如得到在随机数据存在情况下选择供应商的最坏实践前沿 CCR 模型（Azadi & Saen，2011）。基于这些系统包络分析的 CCR 模型扩展研究可以发现，CCR 模型能够发展为满足不同决策需求的相关模型，从而使 CCR 模型得到进一步改进与完善。根据上述规模收益不变的 CCR 模型，班克、查恩斯和库珀在 1984 年进一步提出了 BCC 模型，该模型是在 CCR 模型的基础上考虑了系统中规模收益可变的情况。基于此，通过计算 BCC 模型能够得到被评价 DMU 的纯技术效率。为了利用这一优势，系统包络分析的 BCC 模型依据不同实际决策需求被扩展成各种类型的 BCC 模型，如利用 n 维光滑边界建立 BCC 模型（Nacif et al.，2009），基于 X 效率构建 BCC 模型（Rödder & Reucher，2012），在模糊环境下研究 BCC 区间规划模型（Hatami-Marbini et al.，2013），在灰色环境下建立多目标 BCC 模型（Alinezhad et al.，2015），提出广义加法模糊 BCC 效率评价模型（廖青虎等，2016），结合核函数映射思想的 BCC 模型（冯学兵，2017），以及引入 Malmquist 指数模型从静态和动态两方面构建 BCC 模型（Wang et al.，2019）等。上述 BCC 扩展模型主要根据已有 BCC 模型存在的一些缺陷进行相应改进，完善了 BCC 系列模型。为了在系统效率评价中引入他评值，塞克斯顿等（Sexton et al.，1986）在 1986 年提出了交叉效率模型，开创了 DEA 交叉效率模型的研究领域。作为 DEA 模型分支中进行排序和评价的有效方法，系统包络分析的交叉效率模型可以通过不同方式进行扩展与实现。可以通过引入二次目标函数来解决系统交叉效率的不唯一性，如分别得到进取型和仁慈型交叉效率模型（Doyle & Green，1994）。

其次，对于系统包络分析的 DEA 模型发展，另一个重要方向是网络 DEA 模型。该模型的提出为深入了解被评价 DMU 的系统内部结构以及隐含的逻辑关系提供了研究依据。此外，在系统生产活动中，系统包络分析的网络 DEA 模型的结构形式并不单一，而是根据实际情况发展成了多种类型的结构。其中，较为常见的网络 DEA 模型是由若干阶段形成的 DEA 模型，其主要包括两阶段 DEA 模型、三阶段 DEA 模型以及多阶段 DEA 模型等。1996 年，费尔和高斯科夫（Färe & Grosskopf，1996）认为在网络 DEA 模型中存在两个阶段，即被评价 DMU 的内部结构可分为由两个阶段构成的形式。在系统生产活动中，第一阶段通过输入能够得到相应的输出，并且第一阶段的输出可作为中间产出成为第二阶段的输入，随后得到第二阶段的输出。基于此，能够清楚地了解系统包络分析的两阶段 DEA 模型中第一阶段和第二阶段之间的关联，从而得到关于被评价 DMU 内部逻辑关系的系统效率评价信息。在已有研究成果中，具有两阶段内部结构的生产活动数量较多，说明对两阶段 DEA 模型的提出与进一步研究具有必要性。因此，为了更加详细地分析被评价 DMU 内部结构之间的关系，对两阶段内容进行区分是两阶段 DEA 模型的有效研究方式，两阶段 DEA 模型理论的提出满足了具有两阶段内部结构的系统决策需要。然而，系统生产活动中，具有三阶段内部结构的被评价 DMU 也可能存在。基于此，系统包络分析的三阶段 DEA 模型（Fried et al. ，2002）在两阶段 DEA 模型的基础上得到了进一步发展。在该模型中，被评价 DMU 可分为三个阶段的内部结构，第一阶段可通过一般输入得到相应的输出，该输出与第二阶段的一般输入可同时作为第二阶段的输入，随后得到第二阶段的输出。类似地，第二阶段的输出与第三阶段的一般输入可同时作为第三阶段的输入，从而得到第三阶段的输出。为了更加适应不同的系统效率评价需求，三阶段 DEA 模型还可以从不同研究视角或者结合不同的方法得到改进，如结合蒙特卡罗分析的三阶段 DEA 模型（Estelle et al. ，2010）。显然，系统包络分析的三阶段 DEA 模型可以与不同研究方法或模型相结合以进一步得到改进，从而应用到合适的系统研究领域当中。因此，三阶段 DEA 模型能够突破两阶段 DEA 模型的局限范围，从而为具有三阶段内部结构决策需求的被评价 DMU 提供系统效率评价方法。然而，在更加复杂的系统效率评价中，可能需要更多阶段的 DEA 模型对效率进行计算。对于具有更多阶段内部结构的被评价 DMU，系统包络分析的多阶段 DEA 模型（Chilingerian & Sherman，1996）的发展则具备了研究价值。假设该模型被评价 DMU 可分为 n 个阶段的内部结构，第一阶段可通过一般输入得到相应的输出，该输出与第二阶段的一般输入可同时作为第二阶段的输入，随后得到第二阶段的输出。以此类推，第 $n-1$ 阶段的输出与第 n 阶段的一般输入可同时作为第 n 阶段的输入，从而得到第 n 阶段的输出。此外，多阶段 DEA 模型也能够得到相应扩展和改进，为了对上述具有多阶段内部结构的被评价 DMU 效率进行测量，多阶段 DEA 模型可得到如下扩展研究，结合径向线性规划构建的多阶段 DEA 模型能够识别出更有代表性的有效点（Coelli，1998），在协调多个个人计算机的同时提高算法效率（Sueyoshi & Honma，2003），分解各阶段权值不增加情况下的效率评价（Ang & Chen，2016），以及将多阶段 DEA 模型一般化为两阶段和三阶段结构对效率进行评价等（王科，2018）。当然，除上述两阶段 DEA 模型、三阶段 DEA 模型以及多阶段 DEA 模型之外，网络 DEA 模型还包括一些其他类型的 DEA 模型，如四阶段 DEA 模型（Sav，2013；Medina-Borja & Triantis，2014）、六阶段 DEA 模型（叶世绮和王辉，2012），甚至是更多其他阶段的 DEA 模型。一般来说，这些模型通常可归纳为网络 DEA 模型中的多阶段串行 DEA 模型。此外，网络 DEA 模型还包括多层次嵌套 DEA 模型（Cook et al. ，1998）以及多成分并行 DEA 模型等（Cook et al. ，2000）。然而，虽然网络 DEA 模型的种类较多，但由于某些模型结构较为复杂，计算较为烦琐，导致系统效率评估结果的准确性难以保证。基于此，在系统决策过程中，结构简单与应用性强的串行 DEA 模型是较为常见的。根据上述研究成果可知，系统包络分析的两阶段串行 DEA 模型、三阶段串行 DEA 模型以及多阶段串行 DEA 模型是系统效率评价中应用较多的网络 DEA 模型。

首先，系统包络分析的传统 DEA 模型可应用于如下研究领域。CCR 模型能应用于不同的系统生产活动当中，如对工业园区企业环境进行绩效管理（赵胜豪等，2009）。显然，系统包络分析的 CCR 模型及其扩展研究能够广泛应用于企业环境、基础设施投资、社区信用合作社、学校以及道路安全等各个研究领域，体现了该模型在系统效率评价过程中的合理性与实用性。然而，CCR 模型主要适用于在规模收益不变的前提下对各种被评价 DMU 的效率值进行计算，其尚未考虑规模收益可变的情况。因此，这也是促使基于规模收益可变的 BCC 模型发展的一个重要原因。可见，系统包络分析的 BCC 模型及其基于规模收益可变前提的扩展模型在股票、食品、设施建设、科技、绿色经济以及公路运输等方面都显现出了实际应用价值。然而，无论是系统包络分析的 CCR 模型还是 BCC 模型均只对各种被评价 DMU 的自身效率值进行评价，即仅基于自评获得使自身效率最大化的权重，而没有与其他被评价 DMU 进行相互评价。基于此，为了考虑各被评价 DMU 的他评值，研究者们进一步提出了交叉效率模型。不同类型交叉效率模型的提出主要是为了解决实际应用中各种各样的系统效率评价问题。

其次，系统包络分析的网络 DEA 模型可应用于如下研究领域。其中，系统包络分析的两阶段 DEA 模型能够有效应用到具有两阶段内部表现形式的不同研究领域，根据系统包络分析的三阶段 DEA 模型的内部结构特点，其应用领域较为广泛，同时也表明实际决策对该模型的需求较大，进一步说明了提出该模型的合理性与必要性。由此可见，系统包络分析的两阶段 DEA 模型、三阶段 DEA 模型以及多阶段 DEA 模型能够应用于不同研究领域，体现了网络 DEA 模型的可行性和应用性。因此，系统包络分析的网络 DEA 模型在实际应用方面也得到了进一步扩展。

综上所述，系统包络分析的 DEA 模型根据效率评价方式主要分为传统 DEA 模型与网络 DEA 模型两个发展方向，并且自第一个 DEA 模型提出以来均在系统工程领域得到了进一步发展与应用。根据上述已有研究成果，对系统包络分析的传统 DEA 模型和网络 DEA 模型中的常用模型、文献、方法描述以及应用领域进行总结，相应内容如表 7－1 所示。

表 7－1　　系统包络分析的传统 DEA 模型与网络 DEA 模型中的常用模型

系统包络分析的 DEA 模型		文献	方法描述	应用领域
传统 DEA 模型	CCR 模型	查恩斯等（Charnes et al.，1978）	基于规模收益不变来测度技术效率	企业环境、基础设施投资、社区信用合作社、学校以及道路安全等
	BCC 模型	班克等（Banker et al.，1984）	基于规模收益可变来测度纯技术效率	股票、食品、设施建设、科技、绿色经济以及公路运输等

续表

系统包络分析的 DEA 模型		文献	方法描述	应用领域
传统 DEA 模型	交叉效率模型	塞克斯顿等（Sexton et al.，1986）	结合各被评价 DMU 的自评与他评值计算 n 个效率值，并计算其平均值	资源配置、公共采购招标、投资组合选择、逆向物流以及火电厂能效等
	博弈交叉效率模型	梁等（Liang et al.，2008）	在所有被评价 DMU 效率值不降低的前提下最大化某被评价 DMU 的效率值	奥运会、投票、旅游、供应商选择、体育、交通、银行以及医疗等
网络 DEA 模型	两阶段 DEA 模型	法尔和格罗斯克普夫（Färe & Grosskopf，1996）	被评价 DMU 可被视为具有两个阶段的内部结构	保险、环保、高技术产业、司法服务、环境以及电力等
	三阶段 DEA 模型	弗赖依等（Fried et al.，2002）	被评价 DMU 可被视为具有三个阶段的内部结构	电子商务、文化产业、生态、制造业、教育、媒体、城市化以及高技术产业等
	多阶段 DEA 模型	奇林格尔和谢尔曼（Chilingerian & Sherman，1996）	被评价 DMU 可被视为具有多个阶段的内部结构	计算机、钢铁、银行、电网以及经营等

第二节　系统包络分析的传统 DEA 模型

在系统包络分析的传统 DEA 模型中，为了测度某一部门或企业相对于其他部门或企业的整体生产效率，将这些部门或企业称为 DMU（Charnes et al.，1978）。DMU 可以是某种类型的部门或企业，也可以是某一部门或企业在不同时点的状态。而系统生产效率的评价依据是 DMU 相关输入指标和输出指标的一组数据。输入指标是指 DMU 在系统的经济生产活动中需要消耗的经济量，而输出指标是指 DMU 在某种输入指标组合下，系统的经济生产活动中生成的经济量。因此，系统包络分析的传统 DEA 模型就是从整体角度评价多指标输入和多指标输出 DMU 相对有效性的多目标决策方法，其常用模型主要为 CCR 模型、BCC 模型、DEA 交叉效率模型以及 DEA 博弈交叉效率模型。

一、CCR 模型

1978 年，查恩斯、库珀和罗兹提出了首个系统包络分析的 DEA 模型，即规模收益不变的 CCR 模型（Charnes et al.，1978）。CCR 模型基于规模收益不变的条件来测度系统技术效率，其测量对象为各种被评价 DMU。假设有 l 个决策单元的系统技术效率需要测度，记为 $DMU_r(r=1,2,\cdots,l)$；其中每个被评价 DMU 有 m 种输入与 n 种输出，分别记为 $x_i(i=1,2,\cdots,m)$ 和 $y_j(j=1,2,\cdots,n)$；输入和输出的权重分别为 $p_i(i=1,2,\cdots,m)$ 和 $q_j(j=1,2,\cdots,n)$。每一个目前需要测量的 $DMU_t(t=1,2,\cdots,l)$，其表示输出和输入比值的技术效率为：

$$e_t = \frac{q_1 y_{1t} + q_2 y_{2t} + \cdots + q_n y_{nt}}{p_1 x_{1t} + p_2 x_{2t} + \cdots + p_m x_{mt}} = \frac{\sum_{j=1}^{n} q_j y_{jt}}{\sum_{i=1}^{m} p_i x_{it}} \tag{7-1}$$

为了计算决策单元 DMU_t 的技术效率，需要引入一个约束条件，即限制所有 $DMU_r(r=1,2,\cdots,l)$ 的系统技术效率值在 $[0,1]$ 内，该约束条件数学表达式如下：

$$\frac{\sum_{j=1}^{n} q_j y_{jr}}{\sum_{i=1}^{m} p_i x_{ir}} \leqslant 1 \tag{7-2}$$

基于上述技术效率和约束条件，可以得到两种系统包络分析的 CCR 模型，即输入导向 CCR 模型和输出导向 CCR 模型。下面分别对两种类型的 CCR 模型进行介绍。

（一）输入导向 CCR 模型

基于公式（7-1）和公式（7-2），规模收益不变的输入导向 CCR 非线性规划模型可表示为：

$$\text{Max } \frac{\sum_{j=1}^{n} q_j y_{jt}}{\sum_{i=1}^{m} p_i x_{it}}$$
$$\text{s. t.} \begin{cases} \dfrac{\sum_{j=1}^{n} q_j y_{jr}}{\sum_{i=1}^{m} p_i x_{ir}} \leqslant 1 \\ p_i \geqslant 0, q_j \geqslant 0 \\ i=1,2,\cdots,m,\ j=1,2,\cdots,n,\ t,\ r=1,2,\cdots,l \end{cases} \tag{7-3}$$

其中，x_{it}，y_{jt}，x_{ir} 和 y_{jr} 分别为 DMU_t 和 DMU_r 的 m 种输入与 n 种输出，p_i 和 q_j 分别为输入和输出的权重，t，$r=1$，2，…，l，$i=1$，2，…，m 和 $j=1$，2，…，n。

根据模型（7－3）可知规模收益不变的 CCR 非线性规划模型是在所有被评价 DMU 的系统技术效率值均小于等于 1 的约束条件下，计算 DMU_t 的最大效率值，同时得到相应权重 p_i 和 q_j。反之，通过任何其他权重组合得到 DMU_t 的效率值均小于等于这个最大效率值。

此外，系统包络分析的 CCR 模型规模收益不变意味着：（1）若 DMU_t 的系统技术效率不变，其输入数量变为原来的 τ（$\tau>0$）倍，则相应的输出数量也变为原来的 τ 倍；（2）若 DMU_t 的输入和输出数量都变为原来的 τ（$\tau>0$）倍，则其系统技术效率应当不变。基于此，当 DMU_t 的输入和输出数量都变为原来的 τ（$\tau>0$）倍后，系统包络分析的 CCR 模型的目标函数和约束条件将分别变为如下形式：

$$\text{Max}\frac{\sum_{j=1}^{n} q_j\tau y_{jt}}{\sum_{i=1}^{m} p_i\tau x_{it}} = \text{Max}\frac{\tau\sum_{j=1}^{n} q_j y_{jt}}{\tau\sum_{i=1}^{m} p_i x_{it}} = \text{Max}\frac{\sum_{j=1}^{n} q_j y_{jt}}{\sum_{i=1}^{m} p_i x_{it}} \tag{7-4}$$

$$\frac{\sum_{j=1}^{n} q_j\tau y_{jr}}{\sum_{i=1}^{m} p_i\tau x_{ir}} = \frac{\sum_{j=1}^{n} q_j y_{jr}}{\sum_{i=1}^{m} p_i x_{ir}} \leqslant 1 \tag{7-5}$$

基于公式（7－4）和公式（7－5）可以得到输入和输出数量的变化倍数 τ 均可以在目标函数和约束条件中通过约分进行处理。因此，当 DMU_t 的输入和输出数量都变为原来的 τ（$\tau>0$）倍后，其 CCR 模型与原模型保持一致，从而其效率值也保持不变，这符合规模收益不变的前提。

由于模型（7－3）是一个非线性规划模型，为了便于计算各种被评价 DMU_t 的最大效率值，需要将其转换成线性规划形式。假设权重 p_i^* 和 q_j^* 是模型（7－3）的最优解，那么权重 τp_i^* 和 τq_j^* 也应该是模型（7－3）的最优解，其中 $\tau>0$。

在模型（7－3）中，令 $\tau = 1/\sum_{i=1}^{m} p_i x_{it}$，$\tau p_i = \alpha_i$ 和 $\tau q_j = \beta_j$，则 CCR 模型的非线性规划形式可转换成如下线性规划形式：

$$e^* = \text{Max}\sum_{j=1}^{n}\beta_j y_{jt}$$

$$\text{s. t.}\begin{cases}\sum_{j=1}^{n}\beta_j y_{jr} - \sum_{i=1}^{m}\alpha_i x_{ir} \leqslant 0\\ \sum_{i=1}^{m}\alpha_i x_{it} = 1\\ \alpha_i \geqslant 0,\ \beta_j \geqslant 0\\ i = 1,2,\cdots,m,\ j = 1,2,\cdots,n,\ t,r = 1,2,\cdots,l\end{cases} \tag{7-6}$$

其中，e^* 为每个 DMU_t 的最优效率值，x_{it}，y_{jt}，x_{ir} 和 y_{jr} 分别为 DMU_t 和 DMU_r 的 m 种输入与 n 种输出，α_i 和 β_j 分别为相应输入和输出的权重，t，$r=1$，2，…，l，$i=1$，2，…，m 和 $j=1$，2，…，n。

模型（7-6）为CCR模型的线性规划形式。基于此，可以分别建立 t 个模型以获得各种被评价DMU的最优效率值，其中 $t=1,2,\cdots,l$。

通过计算模型（7-6）可以得到其相关最优解 e^*，α_i^* 和 β_j^*，并获得以下结论：

（1）若 $e^*=1$，$\alpha_i^*>0$ 和 $\beta_j^*>0$，则被评价DMU为DEA有效，其经济意义为被评价DMU同时具有技术有效和规模有效。

（2）若 $e^*=1$，则被评价DMU为弱DEA有效，其经济意义为被评价DMU不是同时具有技术有效和规模有效。

（3）若 $e^*<1$，则被评价DMU为DEA无效，其经济意义为被评价DMU既不是技术有效，也不是规模有效。

为了对CCR模型的线性规划模型进行进一步的经济分析，其对偶模型的推导具有一定研究价值。基于此，系统包络分析的CCR模型的对偶模型为：

$$\rho^* = \text{Min}\,\rho$$
$$\text{s. t.}\begin{cases}\sum_{r=1}^{l}\sigma_r x_{ir} \leqslant \rho x_{it} \\ \sum_{r=1}^{l}\sigma_r y_{jr} \geqslant y_{jt} \\ \sigma_r \geqslant 0 \\ i=1,2,\cdots,m,\ j=1,2,\cdots,n,\ t,r=1,2,\cdots,l\end{cases} \tag{7-7}$$

其中，ρ^* 为 DMU_t 的最优效率值并且 $\rho\in[0,1]$，x_{it}，y_{jt}，x_{ir} 和 y_{jr} 分别为 DMU_t 和 DMU_r 的 m 种输入与 n 种输出，σ_r 为 DMU_r 的线性组合系数，$t,r=1,2,\cdots,l,i=1,2,\cdots,m$ 和 $j=1,2,\cdots,n$。

模型（7-7）的最优解可表示为 ρ^*，而 $1-\rho^*$ 则意味着基于目前的技术水平，被评价DMU在不降低输出水平的前提下，其相应输入可以减少的最大数量。其中，ρ^* 越小，则输入可以减少的数量越大，该DMU的效率越低；反之，ρ^* 越大，则输入可以减少的数量越小，该DMU的效率越高。因此，当 $\rho^*=1$ 时，该DMU是有效的；当 $\rho^*<1$ 时，该DMU是无效的。

在模型（7-7）中引入松弛变量，能便于深入了解CCR模型的经济含义，并对其有效性做出进一步解释。因此，将上述约束条件转换为等式约束形式，可具体表示为：

$$\rho^* = \text{Min}\,\rho$$

$$\text{s. t.}\begin{cases}\sum_{r=1}^{l}\sigma_r x_{ir} + s^+ = \rho x_{it}\\ \sum_{r=1}^{l}\sigma_r y_{jr} - s^- = y_{jt}\\ \sigma_r \geqslant 0,\ s^+ \geqslant 0,\ s^- \geqslant 0\\ i = 1,2,\cdots,m,\ j = 1,2,\cdots,n,\ t,r = 1,2,\cdots,l\end{cases} \tag{7-8}$$

其中，ρ^* 为每个 DMU_t 的最优效率值并且 $\rho \in [0,1]$，x_{it}，y_{jt}，x_{ir} 和 y_{jr} 分别为 DMU_t 和 DMU_r 的 m 种输入与 n 种输出，σ_r 为每个 DMU_r 的线性组合系数，s^+ 和 s^- 为相应的松弛变量，t，$r=1$，2，…，l，$i=1$，2，…，m 和 $j=1$，2，…，n。

通过计算模型（7-8）可以得到其相关最优解 ρ^*，σ_r^*，s^{+*} 和 s^{-*}，并获得以下结论：

（1）若 $\rho^*=1$，$s^{+*}=0$ 和 $s^{-*}=0$，则被评价 DMU 为 DEA 有效；反之亦成立。其经济意义为被评价 DMU 同时具有技术有效和规模有效。

（2）若 $\rho^*=1$，则被评价 DMU 为弱 DEA 有效；反之亦成立。其经济意义为被评价 DMU 不是同时具有技术有效和规模有效。

（3）若 $\rho^*<1$，则被评价 DMU 为 DEA 无效；反之亦成立。其经济意义为被评价 DMU 既不是技术有效，也不是规模有效。

上述模型均为系统包络分析的输入导向 CCR 模型，为了便于理解，下列用一个案例对该模型的基本原理进行描述。为此，相关数据如表 7-2 所示。

表 7-2　　系统包络分析的输入导向 CCR 模型案例数据

DMU	x_1	x_2	y	x_1/y	x_2/y
DMU1	2	8	2	1	4
DMU2	3	5	2	3/2	5/2
DMU3	3	1	1	3	1
DMU4	10	12	4	5/2	3

表 7-2 中有 4 个被评价 DMU，每个被评价 DMU 均有两种输入和一种输出，分别表示为 x_1，x_2 和 y。其中，一单位输出 y 消耗输入 x_1 的数量为 x_1/y，一单位输出 y 消耗输入 x_2 的数量为 x_2/y。基于此，分别计算每个被评价 DMU 的 x_1/y 和 x_2/y，并将其作为横坐标和纵坐标以获得如下输入导向 CCR 模型案例，如图 7-1 所示。

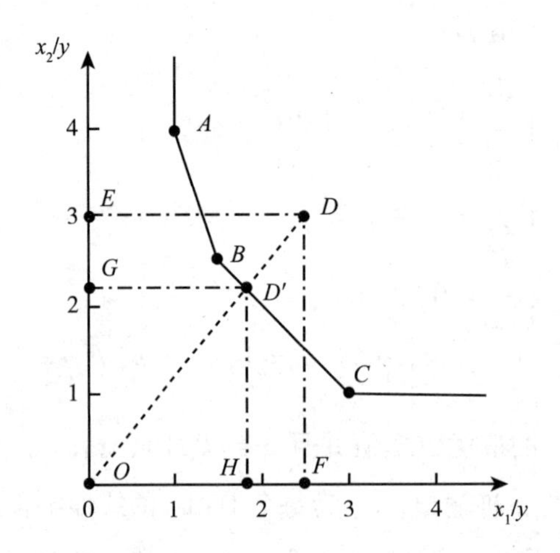

图 7-1 系统包络分析的输入导向 CCR 模型案例

由图 7-1 可以看出，关于 4 个被评价 DMU 的数据可分别用 A、B、C 和 D 这 4 个点表示。以某被评价 DMU 的坐标点出发分别作其与 x_1/y 和 x_2/y 这两个坐标轴的垂线，形成的矩形区域内所有坐标值均小于等于这个被评价 DMU 的坐标值（边界上的点可取等于）。如 $D(d_1, d_2)$点所示，其与两个坐标轴作垂线的交点分别为 E 和 F，将矩形区域 $OEDF$ 内所有点的坐标表示为 K（k_1，k_2），可知任意 K 点的坐标值分别小于等于 D 点的坐标值，即 $k_1 \leqslant 5/2$ 和 $k_2 \leqslant 3$。这意味着与 D 点相比，任意 K 点获得一个单位输出所需要的两种输入的数量均小于等于 D 点所需输入的数量（当 K 点与 D 点重合时可取等于），这也表示 K 点的技术效率均大于等于 D 点，如矩形区域 $OEDF$ 内 B 点的技术效率则大于 D 点。此外，A，B 和 C 点均位于技术效率的前沿线上，这意味着其对应被评价 DMU 是有效的，即这些被评价 DMU 的效率为 1。

此外，如 D 点所示，假设其与原点 O 的连线与前沿线的交点为 $D'(d'_1, d'_2)$，此点为 D 点在前沿线上的投影点。其中，$d_1 - d'_1$ 和 $d_2 - d'_2$ 分别为 D 点相对于 D'点获得一个单位输出所需要的两种输入的数量，所需要的输入数量的比例为$(d_1 - d'_1)/d_1$ 和$(d_2 - d'_2)/d_2$，则有效输入的比例为 $1-(d_1 - d'_1)/d_1$ 和 $1-(d_2 - d'_2)/d_2$。基于此，其几何表示为 $GD'/ED = HD'/FD = OD'/OD$，其中，OD'为有效率部分，而 $D'D$ 为无效率部分。

因此，对上述系统包络分析的输入导向 CCR 模型的推导过程及其相关经济含义进行了阐述，该模型是以输出数量一定的前提下，各类输入可以等比例减少程度的视角对 CCR 模型进行探讨。反之，研究在输入数量一定的前提下，各类输出可以等比例增加的程度也是具备可行性的。类似地，这种模型称为系统包络分析的输出导向 CCR 模型。

（二）输出导向 CCR 模型

基于上述系统包络分析的输入导向 CCR 模型，可以得到规模收益不变的输出导向 CCR 非线性规划模型，其公式可表示为：

$$\text{Min} \sum_{j=1}^{n} q_j y_{jt} \Big/ \sum_{i=1}^{m} p_i x_{it}$$

$$\text{s. t.} \begin{cases} \sum_{j=1}^{n} q_j y_{jr} \Big/ \sum_{i=1}^{m} p_i x_{ir} \leqslant 1 \\ p_i \geqslant 0,\ q_j \geqslant 0 \\ i = 1,2,\cdots,m,\ j = 1,2,\cdots,n,\ t,r = 1,2,\cdots,l \end{cases} \tag{7-9}$$

其中，x_{it}、y_{jt}和 x_{ir}、y_{jr}分别为 DMU_t 和 DMU_r 的 m 种输入与 n 种输出，p_i 和 q_j 分别为对应输入和输出的权重，$t,r=1,2,\cdots,l$，$i=1,2,\cdots,m$ 和 $j=1,2,\cdots,n$。

同理，由于模型（7－9）是一个非线性规划模型，为了便于计算各 DMU_t 的最大效率值，需要将其转换成线性规划形式。基于模型（7－9），令 $\tau = 1/\sum_{i=1}^{m} p_i x_{it}$，$\tau p_i = \alpha_i$ 和 $\tau q_j = \beta_j$，则系统包络分析的输出导向 CCR 模型的非线性规划形式可转换成以下线性规划形式：

$$e^* = \text{Min} \sum_{i=1}^{m} \alpha_i x_{it}$$

$$\text{s. t.} \begin{cases} \sum_{j=1}^{n} \beta_j y_{jr} - \sum_{i=1}^{m} \alpha_i x_{ir} \leqslant 0 \\ \sum_{j=1}^{n} \beta_j y_{jr} = 1 \\ \alpha_i \geqslant 0, \beta_j \geqslant 0 \\ i = 1,2,\cdots,\ m,\ j = 1,2,\cdots,\ n,\ t,\ r = 1,2,\cdots,l \end{cases} \tag{7-10}$$

其中，e^* 为每个 DMU_t 的最优效率值，x_{it}、y_{jt}和 x_{ir}、y_{jr}分别为 DMU_t 和 DMU_r 的 m 种输入与 n 种输出，α_i 和 β_j 分别为输入和输出的权重，t，$r=1$，2，…，l，$i=1$，2，…，m 和 $j=1$，2，…，n。

基于此，模型（7－10）的对偶模型为：

$$\eta^* = \text{Max}\ \eta$$

$$\text{s. t.} \begin{cases} \sum_{r=1}^{l} \sigma_r x_{ir} \leqslant x_{it} \\ \sum_{r=1}^{l} \sigma_r y_{jr} \geqslant \eta y_{jt} \\ \sigma_r \geqslant 0 \\ i = 1,2,\cdots,\ m,\ j = 1,2,\cdots,\ n,\ t,\ r = 1,2,\cdots,l \end{cases} \tag{7-11}$$

其中，η^* 为每个 DMU_t 的最优效率值并且 $\eta \in [1, +\infty)$，x_{it}、y_{jt} 和 x_{ir}、y_{jr} 分别为 DMU_t 和 DMU_r 的 m 种输入与 n 种输出，σ_r 为每个 DMU_r 的线性组合系数，t，$r=1$，2，…，l，$i=1$，2，…，m 和 $j=1$，2，…，n。

模型（7-11）的最优解可表示为 η^*，而 η^*-1 则意味着基于目前的技术水平，被评价 DMU 在不增长输入数量的前提下，其相应输出可以增加的最大数量。η^* 越大，则输出可以增加的数量越大，该被评价 DMU 的效率越低；η^* 越小，则输出可以增加的数量越小，该被评价 DMU 的效率越高。因此，当 $\eta^*=1$ 时，说明该被评价 DMU 是有效的；当 $\eta^*>1$ 时，说明该被评价 DMU 是无效的。为了便于表达和理解，通常将 $1/\eta^*$ 用来表示效率值。

上述为系统包络分析的输出导向 CCR 模型，为了便于理解，下面用一个案例对该模型的基本原理进行描述。为此，相关数据如表 7-3 所示。

表 7-3　　系统包络分析的输出导向 CCR 模型案例数据

DMU	y_1	y_2	x	y_1/x	y_2/x
DMU1	1	4	1	1	4
DMU2	12	10	4	3	5/2
DMU3	4	1	1	4	1
DMU4	5	8	5	1	8/5

表 7-2、表 7-3 中也有 4 个被评价 DMU，每个被评价 DMU 均有两种输出和一种输入，分别表示为 y_1，y_2 和 x。其中，一单位输入 x 生成输出 y_1 的数量为 y_1/x，一单位输入 x 生成输出 y_2 的数量为 y_2/x。基于此，分别计算每个被评价 DMU 的 y_1/x 和 y_2/x，并将其作为横坐标和纵坐标以获得系统包络分析的输出导向 CCR 模型案例图，如图 7-2 所示。

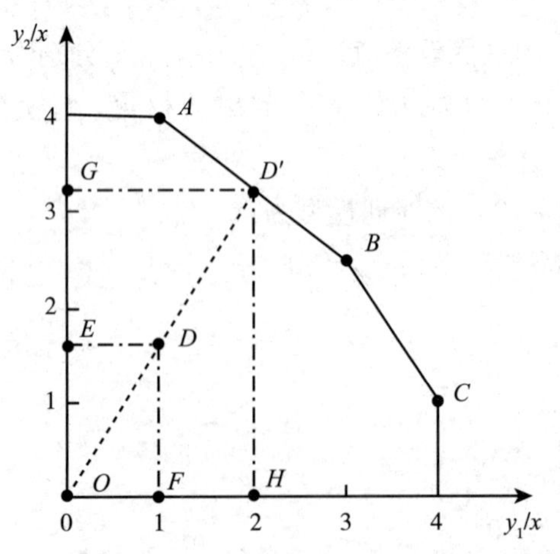

图 7-2　系统包络分析的输出导向 CCR 模型案例

同理，由图 7－2 可以看出，如 $D(d_1, d_2)$点所示，其与原点 O 连线的延长线与前沿线的交点为 $D'(d'_1, d'_2)$，此点为 D 点在前沿线上的投影点。其中，D'点输出与 D 点输出的比值分别为 d'_1/d_1 和 d'_2/d_2，几何表示为 GD'/ED 和 HD'/FD。同时 $GD'/ED = OD'/OD$ 和 $HD'/FD = OD'/OD$，于是 $GD'/ED = HD'/FD = OD'/OD = \eta$。由于 $OD' \geqslant OD$，则 $\eta \in [1, +\infty)$，如上所述，为了便于理解，通常将 $1/\eta = \rho$ 用来表示某被评价 DMU 的效率值，因此 $\rho \in (0,1]$。

如上所述，本节对规模收益不变的 CCR 模型进行了阐述，该模型包括系统包络分析的输入导向 CCR 模型和输出导向 CCR 模型。这类模型适用于规模收益不变的前提下对各种被评价 DMU 的效率值进行计算，若考虑规模收益可变的情况，则需要进一步提出系统包络分析的 BCC 模型。

二、BCC 模型

上述系统包络分析的 CCR 模型是基于规模收益不变计算各种被评价 DMU 的效率值。但是在系统生产活动中，某些被评价 DMU 并没有达到最优的生产规模，这就导致通过 CCR 模型计算得到的技术效率并非纯技术效率，即该计算得到的效率中可能包含了规模效率。基于此，班克、查恩斯和库珀在 1984 年进一步提出了基于规模收益可变的 BCC 模型（Banker et al.，1984），其排除了规模效率可能对技术效率产生的影响，从而得到了纯技术效率。

（一）输入导向 BCC 模型

基于规模收益不变输入导向 CCR 模型的对偶模型，系统包络分析的输入导向 BCC 模型增加了一个约束条件 $\sum_{r=1}^{l} \sigma_r = 1$，并最终表示为：

$$\rho^* = \text{Min}\, \rho$$

$$\text{s.t.} \begin{cases} \sum_{r=1}^{l} \sigma_r x_{ir} \leqslant \rho x_{it} \\ \sum_{r=1}^{l} \sigma_r y_{jr} \geqslant y_{jt} \\ \sum_{r=1}^{l} \sigma_r = 1 \\ \sigma_r \geqslant 0 \\ i = 1,2,\cdots,m,\ j = 1,2,\cdots,n,\ t,\ r = 1,2,\cdots,l \end{cases} \tag{7-12}$$

其中，ρ^* 为 DMU_t 的最优效率值并且 $\rho \in [0,1]$，x_{it}，y_{jt}，x_{ir} 和 y_{jr} 分别为 DMU_t 和 DMU_r 的 m 种输入与 n 种输出，σ_r 为 DMU_r 的线性组合系数，t，$r=1$，2，…，l，$i=1$，2，…，m 和 $j=1$，2，…，n。

上述为系统包络分析的输入导向 BCC 模型，为了便于理解，下列用一个案例对该模型的基本原理进行描述。为此，相关数据如表 7-4 所示。

表 7-4　　系统包络分析的输入导向 BCC 模型案例数据

DMU	x	y
DMU1	3	3
DMU2	3	4
DMU3	7	5
DMU4	8	6

表 7-4 中有 4 个被评价 DMU，每个被评价 DMU 均有一种输入和一种输出，分别表示为 x 和 y。基于此，分别以每个被评价 DMU 的输入 x 和输出 y 作为横坐标和纵坐标以输入导向 BCC 模型案例图，如图 7-3 所示。

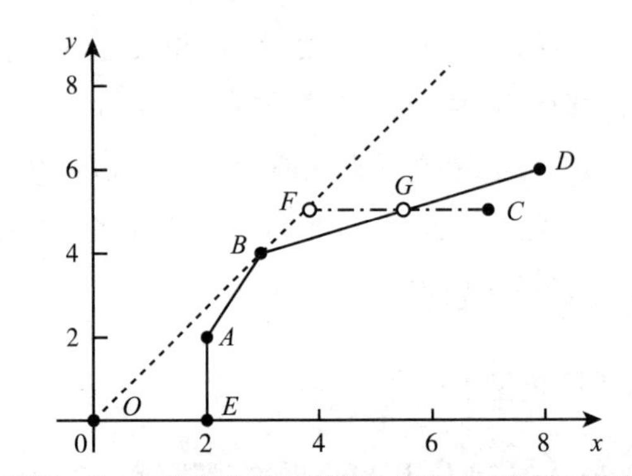

图 7-3　系统包络分析的输入导向 BCC 模型案例

由图 7-3 可以看出，被评价的 DMU 可分别用 A、B、C 和 D 这 4 个点表示。射线 OB 为规模收益不变的生产前沿线，此时只有与 B 点对应的被评价 DMU 是有效的，而分别与 A、C 和 D 点对应的被评价 DMU 是无效的，并且 C 点的输入无效率为 CF。其中，A 点投影于 OB 上，此时 $\sigma_r<1$，而 C 点和 D 点则投影于 OB 延长线上，此时 $\sigma_r>1$。曲线 $EABD$ 为规模收益可变的生产前沿线，由于 $\sum_{r=1}^{l}\sigma_r=1$ 为其新增约束条件，若使 A、C 和 D 这 3 个点投影于 OB 射线，需满足 $\sum_{r=1}^{l}\sigma_r \neq 1$ 的条件，这与其新增约束条件矛盾。因此，A、C 和 D 这 3 个点无法投影于 OB 射线。此时，与 A、B 和 D 点对应的被评价 DMU 是有效的，而与 C 点对应的被评价 DMU 是无效的，并且 C 点的输入无效率为 CG。

因此，上述对系统包络分析的输入导向 BCC 模型的推导过程及其相关研究进行了阐述。类似地，对输出导向 BCC 模型的研究也是具备可行性的。

（二）输出导向 BCC 模型

基于规模收益不变输出导向 CCR 模型的对偶模型，系统包络分析的输入导向 BCC 模型增加了一个约束条件 $\sum_{r=1}^{l}\sigma_r = 1$ ，并最终表示为：

$$\eta^* = \text{Max}\ \eta$$

$$\text{s.t.}\begin{cases}\sum_{r=1}^{l}\sigma_r x_{ir} \leqslant x_{it} \\ \sum_{r=1}^{l}\sigma_r y_{jr} \geqslant \eta y_{jt} \\ \sum_{r=1}^{l}\sigma_r = 1 \\ \sigma_r \geqslant 0 \\ i = 1,2,\cdots,m,\ j = 1,2,\cdots,n,\ t,\ r = 1,2,\cdots,l\end{cases} \tag{7-13}$$

其中，η^* 为 DMU_t 的最优效率值并且 $\eta \in [1, +\infty)$，x_{it}、y_{jt} 和 x_{ir}、y_{jr} 分别为 DMU_t 和 DMU_r 的 m 种输入与 n 种输出，σ_r 为 DMU_r 的线性组合系数，t，$r=1$，2，…，l，$i=1$，2，…，m 和 $j=1$，2，…，n。

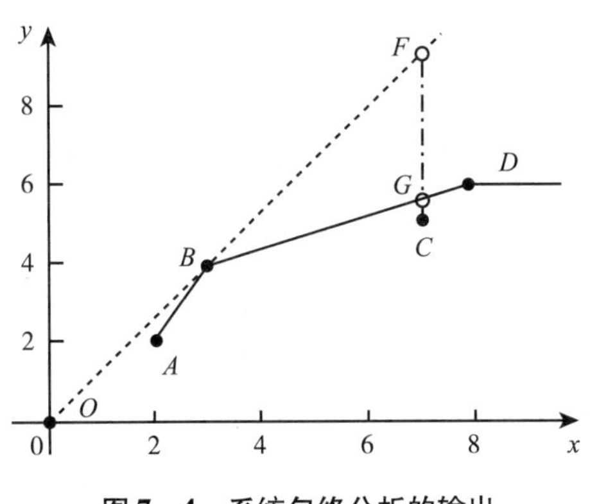

图 7－4　系统包络分析的输出导向 BCC 模型案例

同理，基于表 7－4 的数据，可以得到系统包络分析的输出导向 BCC 模型案例图，如图 7－4 所示。由图 7－4 可以看出，被评价的 DMU 可分别用 A、B、C 和 D 这 4 个点表示。类似于输入导向 BCC 模型，射线 OB 为规模收益不变的输出导向 BCC 模型生产前沿线，此时只有与 B 点对应的 DMU 是有效的，而分别与 A、C 和 D 点对应的 DMU 是无效的，并且 C 点的输出无效率为 CF。曲线 ABD 及 D 点沿 x 轴方向的延长线为规模收益可变的生产前沿线。此时，与 A、B 和 D 点对应的被评价 DMU 是有效的，而与 C 点对应的被评价 DMU 是无效的，并且 C 点的输出无效率为 CG。

如上所述，本节对规模收益可变的 BCC 模型进行了阐述，该模型包括输入导向 BCC 模型和输出导向 BCC 模型。这类模型适用于规模收益可变前提下对各种被评价 DMU 的效率值进行计算。但系统包络分析的 CCR 模型和 BCC 模型均只适用于对自身效率值进行评价的 DMU，而没有对其他 DMU 进行相互评价。基于此，若考虑各种被评价 DMU 之间的相互评价，则需要进一步提出如下系统包络分析的交叉效率模型。

三、交叉效率模型

上述系统包络分析的 CCR 模型和 BCC 模型是被评价 DMU 基于自身效率最大化计算相应权重，这样虽然能得到各种被评价 DMU 的效率值，但是可能导致难以对各种被评价 DMU 进行优劣之分的问题。为了解决这个问题，塞克斯登等（Sexton et al.，1986）提出了交叉效率模型，以对已有系统包络分析的 DEA 模型进行扩展研究。系统包络分析的交叉效率模型中不仅包含各种被评价 DMU 的自评值，而且还引入了各种被评价 DMU 之间的相互评价，可称为他评值，然后计算自评值与他评值的平均值，即可得到被评价 DMU 的系统交叉效率值。

首先，基于 CCR 模型的线性规划形式得到 $DMU_t(t=1,2,\cdots,l)$ 的效率值 e_{tt}：

$$e_{tt} = \text{Max} \sum_{j=1}^{n} \beta_j y_{jt}$$

$$\text{s.t.} \begin{cases} \sum_{j=1}^{n} \beta_j y_{jr} - \sum_{i=1}^{m} \alpha_i x_{ir} \leqslant 0 \\ \sum_{i=1}^{m} \alpha_i x_{it} = 1 \\ \alpha_i \geqslant 0,\ \beta_j \geqslant 0 \\ i = 1,2,\cdots,m,\ j = 1,2,\cdots,n,\ t,\ r = 1,2,\cdots,l \end{cases} \tag{7-14}$$

其中，e_{tt} 为 $DMU_t(t=1,2,\cdots,l)$ 的效率值，x_{it}、y_{jt} 和 x_{ir}、y_{jr} 分别为 DMU_t 和 DMU_r 的 m 种输入与 n 种输出，α_i 和 β_j 分别为输入和输出的权重，t，$r=1$，2，…，l，$i=1$，2，…，m 和 $j=1$，2，…，n。

通过计算模型（7-14），可以得到被评价 $DMU_t(t=1,2,\cdots,l)$ 的最优效率值及其相应最优权重 α_{it}^* 和 β_{jt}^*，其中，$i=1,2,\cdots,m$ 和 $j=1,2,\cdots,n$。根据 DMU_t 的最优权重，可以得到 $DMU_r(r=1,2,\cdots,l)$ 的 t-交叉效率 e_{tr}：

$$e_{tr} = \sum_{j=1}^{n} \beta_{jt}^* y_{jr} \Big/ \sum_{i=1}^{m} \beta_{it}^* x_{ir},\ t,r = 1,2,\cdots,l \tag{7-15}$$

为了计算 $DMU_r(r=1,2,\cdots,l)$ 的交叉效率值，对所有 $e_{tr}(t=1,2,\cdots,l)$ 计算平均值，即：

$$\bar{e}_r = \frac{1}{l}\sum_{t=1}^{l} e_{tr} = \frac{1}{l}\sum_{t=1}^{l}\left(\sum_{j=1}^{n} \beta_{jt}^* y_{jr} \Big/ \sum_{i=1}^{m} \beta_{it}^* x_{ir}\right) \tag{7-16}$$

因此，公式（7-16）可以用来计算 $DMU_r(r=1,2,\cdots,l)$ 的系统交叉效率值，但由此得到的交叉效率值可能不具备唯一性。虽然由模型（7-14）计算出的最优目标函数值是唯一的，但其可由多种最优权重组合计算获得，这就导致了模型（7-15）计算出的 t-交叉效率 e_{tr} 不具备唯一性，这也是 $DMU_r(r=1,2,\cdots,l)$ 的交叉效率值 $\bar{e}_r$ 不具备唯一性的原因。基于此，道尔和格林（Doyle & Green，1994）引入二次目标对交叉效率模型进行改进，提出了进取型和仁慈型交叉效率模型，以便在多组最优解中选取一组最优解得到各种被评价 DMU 唯一的交叉效率。

首先，进取型交叉效率模型如下所示：

$$\text{Min} \sum_{j=1}^{n} \beta_{jt} \left(\sum_{r=1, r \neq t}^{l} y_{jr} \right)$$

$$\text{s. t.} \begin{cases} \sum_{j=1}^{n} \beta_{jt} y_{jr} - \sum_{i=1}^{m} \alpha_{it} x_{ir} \leqslant 0 \\ \sum_{i=1}^{m} \alpha_{it} \left(\sum_{r=1, r \neq t}^{l} x_{ir} \right) = 1 \\ \sum_{j=1}^{n} \beta_{jt} y_{jt} - e_{tt} \sum_{i=1}^{m} \alpha_{it} x_{it} = 0 \\ \alpha_{it} \geqslant 0, \beta_{jt} \geqslant 0 \\ i = 1,2,\cdots, m, j = 1,2,\cdots, n, t, r = 1,2,\cdots, l \end{cases} \tag{7-17}$$

其中，x_{it}、y_{jt} 和 x_{ir}、y_{jr} 分别为 DMU_t 和 DMU_r 的 m 种输入与 n 种输出，α_{it} 和 β_{jt} 分别为对应输入和输出的权重，e_{tt} 为 DMU_t 的效率值，t，$r=1$，2，…，l，$i=1$，2，…，m 和 $j=1$，2，…，n。

类似地，仁慈型交叉效率模型如下所示：

$$\text{Max} \sum_{j=1}^{n} \beta_{jt} \left(\sum_{r=1, r \neq t}^{l} y_{jr} \right)$$

$$\text{s. t.} \begin{cases} \sum_{j=1}^{n} \beta_{jt} y_{jr} - \sum_{i=1}^{m} \alpha_{it} x_{ir} \leqslant 0 \\ \sum_{i=1}^{m} \alpha_{it} \left(\sum_{r=1, r \neq t}^{l} x_{ir} \right) = 1 \\ \sum_{j=1}^{n} \beta_{jt} y_{jt} - e_{tt} \sum_{i=1}^{m} \alpha_{it} x_{it} = 0 \\ \alpha_{it} \geqslant 0, \beta_{jt} \geqslant 0 \\ i = 1,2,\cdots, m, j = 1,2,\cdots, n, t, r = 1,2,\cdots, l \end{cases} \tag{7-18}$$

其中，x_{it}、y_{jt} 和 x_{ir}、y_{jr} 分别为 DMU_t 和 DMU_r 的 m 种输入与 n 种输出，α_{it} 和 β_{jt} 分别为对应输入和输出的权重，e_{tt} 为 DMU_t 的效率值，t，$r=1$，2，…，l，$i=1$，2，…，m 和 $j=1$，2，…，n。

由模型（7－17）和模型（7－18）可知，两个模型在不同评价策略下基于相同约束条件计算不同的目标函数。两者的主要区别在于在保证 $DMU_t(t=1,2,\cdots,l)$ 的自评效率值 e_{tt} 不变的情况下，是选择最小化其他 $l-1$ 个被评价 DMU 的效率值，还是选择最大化其他 $l-1$ 个被评价 DMU 的效率值。这样，可分别得到进取型和仁慈型交叉效率模型。这两种模型可在一定程度上解决系统中交叉效率值不具备唯一性的问题。

如上所述，本节对系统包络分析的交叉效率模型进行了阐述，该模型考虑了各种被评价 DMU 之间的相互评价关系。此外，为了解决交叉效率值存在的不唯一性问题，该模型被进一步扩展为进取型和仁慈型交叉效率模型。这类模型适用于规模收益可变前提下对各种被评价 DMU 的效率值进行计算。但上述交叉效率模型均只适用于不考虑各种被评价 DMU 之间的竞争关系。若探讨各种被评价 DMU 之间的竞争关系，则需要进一步提出如下系统包络分析的博弈交叉效率模型。

四、博弈交叉效率模型

如上所述，系统包络分析的 CCR 模型和 BCC 模型均只在自身效率值小于等于 1 的条件下计算最优权重；而交叉效率模型在考虑自身最优权重的前提下还考虑了其他被评价 DMU 的最优权重来计算其效率值。虽然这些传统 DEA 模型及其扩展模型为不同的决策需求提供了便利，但是在许多系统生产活动当中，各种被评价 DMU 之间往往不是相互独立的，而是存在一定程度的相互竞争关系。因此，梁等（Liang et al.，2008）提出博弈交叉效率模型，即每个被评价 DMU 之间均存在博弈，经过一个博弈过程才能得到各种被评价 DMU 具备收敛性的效率值。

若在一个系统的博弈过程中，$DMU_t(t=1,2,\cdots,l)$ 的效率值为 λ_t，其他 $l-1$ 个被评价 DMU 效率值会在 DMU_t 的效率值 λ_t 不减小的前提下进行最大化。因此，$DMU_r(r=1,2,\cdots,l)$ 的博弈 t－交叉效率 λ_{tr} 可表示为：

$$\lambda_{tr}=\frac{\sum_{j=1}^{n}\beta_{jr}^{t}y_{jr}}{\sum_{i=1}^{m}\alpha_{ir}^{t}x_{ir}},\ t,\ r=1,2,\cdots,\ l \tag{7-19}$$

其中，x_{ir} 和 y_{jr} 为 DMU_r 的 m 种输入与 n 种输出，β_{jr}^{t} 和 α_{ir}^{t} 是模型（7－14）的可行权重，λ_{tr} 表示 DMU_r 在 DMU_t 的效率值不减小的前提下计算权重，t，$r=1$，2，…，l，$i=1$，2，…，m 和 $j=1$，2，…，n。

e_{tr} 与 λ_{tr} 的主要区别在于前者的权重需是 DMU_t 在模型（7－14）中的最优权重，而后者只需是 DMU_t 在模型（7－14）中的可行权重。基于此，可得到一组对于所有被评价 DMU 来说都是最优的权重。为了计算模型（7－19）中 $DMU_r(r=1,2,\cdots,l)$ 的博弈 t－交叉效率，相应的博弈交叉效率模型如下所示：

$$\text{Max} \sum_{j=1}^{n} \beta_{jr}^{t} y_{jr}$$

$$\text{s. t.} \begin{cases} \sum_{j=1}^{n} \beta_{jr}^{t} y_{jh} - \sum_{i=1}^{m} \alpha_{ir}^{t} x_{ih} \leqslant 0 \\ \sum_{i=1}^{m} \alpha_{ir}^{t} x_{ir} = 1 \\ \sum_{j=1}^{n} \beta_{jr}^{t} y_{jt} - \lambda_{t} \times \sum_{i=1}^{m} \alpha_{ir}^{t} x_{it} \leqslant 0 \\ \alpha_{ir}^{t} \geqslant 0, \beta_{jr}^{t} \geqslant 0 \\ i = 1,2,\cdots, m, j = 1,2,\cdots, n, t, r = 1,2,\cdots, l \end{cases} \tag{7-20}$$

其中，x_{it}、y_{jt}，x_{ir}、y_{jr}和x_{ih}、y_{jh}分别为每个 DMU_t、DMU_r 和 DMU_h 的 m 种输入与 n 种输出，α_{ir}^{t}和β_{jr}^{t}分别为对应输入和输出的权重，λ_t 是一个参数且 $\lambda_t \leqslant 1$，其初始值由模型（7－16）计算获得，为 $DMU_t(t=1,2,\cdots,l)$的交叉效率值，t，r，$h=1$，2，…，l，$i=1$，2，…，m 和$j=1$，2，…，n。

因此，通过计算模型（7－20）可以得到 $DMU_r(r=1,2,\cdots,l)$的博弈 t－交叉效率。该模型在 $DMU_t(t=1,2,\cdots,l)$的交叉效率值不减少的前提下最大化其他被评价 DMU 的效率值，此为博弈 t－交叉效率模型的创新之处。基于此，$DMU_t(t=1,2,\cdots,l)$的平均博弈交叉效率定义为：

定义 7.1：设$\beta_{jr}^{t*}(\lambda_t)$是模型（7－20）的最优权重，则 $\lambda_r = \frac{1}{l}\sum_{t=1}^{l}\sum_{j=1}^{n}\beta_{jr}^{t*}(\lambda_t) y_{jr}$ 称为每个 $DMU_r(r=1,2,\cdots,l)$的平均博弈交叉效率。

此时的平均博弈交叉效率为最终收敛的效率值，与传统的交叉效率值是不同的。为了计算出 DMU_r 的平均博弈交叉效率，其算法步骤如下所示：

步骤 1：求解模型（7－14）至模型（7－16），得到 $DMU_t(t=1,2,\cdots,l)$的传统交叉效率值 λ_t，并且令 $\lambda_t = \lambda_t^1$。

步骤 2：计算模型（7－20），得到 $DMU_r(r=1,2,\cdots,l)$的博弈交叉效率值 $\lambda_r^{b+1}(b=2,3,4,\cdots)$，其中 $\lambda_r^{b+1} = \frac{1}{l}\sum_{t=1}^{l}\sum_{j=1}^{n}\beta_{jr}^{t*}(\lambda_t^b) y_{jr}$，并且$\beta_{jr}^{t*}(\lambda_t^b)$为 $\lambda_t = \lambda_t^b$ 时，β_{jr}^{t}在模型（7－20）中的最优值。

步骤 3：若$|\lambda_r^{b+1} - \lambda_r^b| \geqslant \varepsilon$，则令 $\lambda_r = \lambda_r^{b+1}$ 并返回步骤 2；若$|\lambda_r^{b+1} - \lambda_r^b| < \varepsilon$，则停止计算，并且令 λ_r^{b+1} 为 $DMU_r(r=1,2,\cdots,l)$的平均博弈交叉效率值。

基于上述步骤，可以计算得到 $DMU_r(r=1,2,\cdots,l)$的平均博弈交叉效率值，但需要注意的是步骤 1 中 λ_t 为传统交叉效率值，虽然其值并不唯一，但通过任意传统交叉效率值或者初始值计算得到的平均博弈交叉效率值却是唯一的。这是由于

$\sum_{j=1}^{n}\beta_{jr}^{t*}(\lambda_t^b)y_{jr}$ 是模型（7－20）的最优解，因此 $\lambda_r^{b+1}=\frac{1}{l}\sum_{t=1}^{l}\sum_{j=1}^{n}\beta_{jr}^{t*}(\lambda_t^b)y_{jr}$ 是唯一确定的值。步骤3为平均博弈交叉效率算法的停止计算条件，若效率值满足停止计算条件，则算法终止；若效率值不满足停止计算条件，则算法继续，直到效率值满足停止计算条件时，再终止算法。

根据平均博弈交叉效率算法中的步骤3可知，平均博弈交叉效率为最终收敛的效率值。基于此，定理7.1能够得到该算法的收敛性，具体如下所示：

定理7.1：令 λ_r^1 为传统交叉效率值，$\lambda_t^b(b=2,3,4,\cdots)$ 为平均博弈交叉效率值，则：

（1）$\lambda_r^1\leqslant\lambda_r^b$；

（2）$\lambda_r^2\geqslant\lambda_r^4\geqslant\cdots\geqslant\lambda_r^{2b-2}\geqslant\lambda_r^{2b}\geqslant\lambda_r^{2b-1}\geqslant\lambda_r^{2b-3}\geqslant\cdots\geqslant\lambda_r^2\geqslant\lambda_r^1$。

由定理7.1可得到以下三个结论：（1）系统中 $DMU_r(r=1,2,\cdots,l)$ 的所有平均博弈交叉效率值 $\lambda_t^b(b=2,3,4,\cdots)$ 均处于 λ_r^1 和 λ_r^2 之间；（2）系统中 $DMU_r(r=1,2,\cdots,l)$ 的所有平均博弈交叉效率值 λ_r 的偶数点是非增的；（3）系统中 $DMU_r(r=1,2,\cdots,l)$ 的所有平均博弈交叉效率值 λ_r 的奇数点是非减的。这三个结论可以保证平均博弈交叉效率算法具备收敛性。

上述主要介绍了系统包络分析的传统DEA模型，主要包括CCR模型、BCC模型、交叉效率模型以及博弈交叉效率模型。传统DEA模型将决策过程看作一个整体，依靠输入得到相应的输出。这类模型适用于不考虑各种被评价DMU内部结构的系统决策需求，若需要对各种被评价DMU内部各阶段之间的关系进行研究，则需要应用另一类DEA模型，即系统包络分析的网络DEA模型。

第三节　系统包络分析的网络DEA模型

系统包络分析的传统DEA模型将决策过程视为一个黑箱，只关注输入与输出之间的联系，而忽视了各种被评价DMU内部过程以及各阶段之间隐含的逻辑关系，从而难以对无效的被评价DMU进行深入剖析，找出其效率低下的原因。由于传统DEA模型存在上述劣势，可能导致评价过程的模糊性与评价结果的不合理性。因此，对各种被评价DMU内部过程和各阶段进行进一步研究，从而分析其对整体效率所产生的影响成了DEA模型扩展研究的必然趋势。由于各种被评价DMU内部被认为存在某种网络结构，因此这类模型可称为网络DEA模型。本节主要探讨系统包络分析的网络DEA模型中的两阶段串行DEA模型，三阶段串行DEA模型以及多阶段串行DEA模型。

一、两阶段串行 DEA 模型

不同于传统的 DEA 模型，费尔和格罗斯科夫（Färe & Grosskopf, 1996）认为某些被评价 DMU 可被视为具有两阶段的内部结构。对于第一阶段来说，被评价 DMU 的输入可作为其初始输入，从而得到第一阶段的输出。对于第二阶段来说，第一阶段的输出可作为其输入，并得到第二阶段的输出，即得到该被评价 DMU 的最终输出。此外，第一阶段的输出，即第二阶段的输入亦可被称为中间产出（Yang et al.，2011）。基于此，陈等（Chen et al.，2009）采用加法的数学形式将上述两个阶段的效率结合起来，从而提出了加性两阶段 DEA 模型。该模型的结构如图 7 – 5 所示。

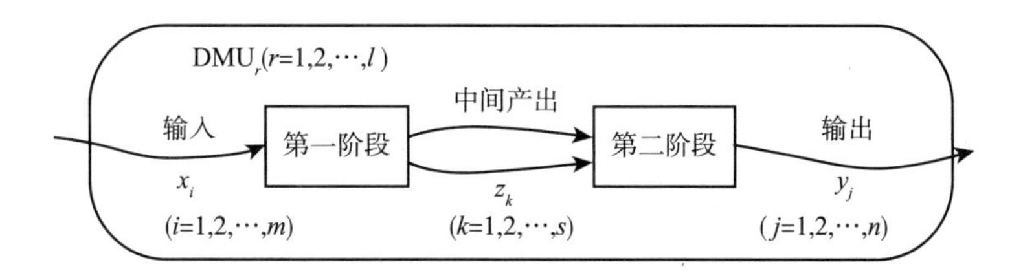

图 7 – 5 系统包络分析的两阶段串行 DEA 模型结构

由图 7 – 5 可知，假设有 l 个决策单元的系统技术效率需要测度，记为 $DMU_r(r=1,2,\cdots,l)$；其中，每个决策单元有 m 种输入、s 种中间产出与 n 种输出，分别记为 $x_i(i=1,2,\cdots,m)$、$z_k(k=1,2,\cdots,s)$ 和 $y_j(j=1,2,\cdots,n)$；输入、中间产出和输出的权重分别为 $p_i(i=1,2,\cdots,m)$、$w_k(k=1,2,\cdots,s)$ 和 $q_j(j=1,2,\cdots,n)$。基于此，系统包络分析的加性两阶段 DEA 模型可对两个阶段的效率进行加权平均得到被评价 DMU 的总效率，其模型可表示为：

$$e_0 = \mathrm{Max}\left(u_1 \times \frac{\sum_{k=1}^{s} w_k z_{kr_0} + v^a}{\sum_{i=1}^{m} p_i x_{ir_0}} + u_2 \times \frac{\sum_{j=1}^{n} q_j y_{jr_0} + v^b}{\sum_{k=1}^{s} w_k z_{kr_0}}\right)$$

$$\text{s.t.}\begin{cases}\left(\sum_{k=1}^{s} w_k z_{kr} + v^a\right)\Big/\sum_{i=1}^{m} p_i x_{ir} \leqslant 1,\ r=1,2,\cdots,l \\ \left(\sum_{j=1}^{n} q_j y_{jr} + v^b\right)\Big/\sum_{k=1}^{s} w_k z_{kr} \leqslant 1,\ r=1,2,\cdots,l \\ p_i \geqslant 0,\ w_k \geqslant 0,\ q_j \geqslant 0 \\ i=1,2,\cdots,m,\ j=1,2,\cdots,n,\ k=1,2,\cdots,s\end{cases} \tag{7-21}$$

其中，e_0 为 DMU_r 的总体效率值，x_{ir}、z_{kr} 和 y_{jr} 分别为 DMU_r 的 m 种输入、s 种中间产出和 n 种输出，p_i、w_k 和 q_j 分别为输入、中间产出和输出的权重，u_1 和 u_2 分别为

第一阶段和第二阶段的相应权重，v^a 和 v^b 均为自由变量，$r=1, 2, \cdots, l$，$i=1, 2, \cdots, m$，$k=1, 2, \cdots, s$ 和 $j=1, 2, \cdots, n$。

在模型（7－21）中，u_1 和 u_2 需要根据决策者的偏好进行确定，且 $u_1+u_2=1$。此外，模型（7－21）为非线性规划模型，该模型形式不利于计算。为了便于计算，陈等（Chen et al.，2006）通过对权重 u_1 和 u_2 进行变换从而将非线性规划模型转换成线性规划模型。因此，权重 u_1 和 u_2 变换如下：

$$u_1 = \frac{\sum_{i=1}^{m} p_i x_{ir_0}}{\sum_{i=1}^{m} p_i x_{ir_0} + \sum_{k=1}^{s} w_k z_{kr_0}} \tag{7-22}$$

$$u_2 = \frac{\sum_{k=1}^{s} w_k z_{kr_0}}{\sum_{i=1}^{m} p_i x_{ir_0} + \sum_{k=1}^{s} w_k z_{kr_0}} \tag{7-23}$$

公式（7－22）与公式（7－23）之和为1，这符合 $u_1+u_2=1$ 的前提条件。不仅如此，权重 u_1 和 u_2 的取值还具有一定的现实意义，即两者的分母 $\sum_{i=1}^{m} p_i x_{ir_0} + \sum_{k=1}^{s} w_k z_{kr_0}$ 表示两个阶段的总体输入量，其中，$\sum_{i=1}^{m} p_i x_{ir_0}$ 表示第一阶段的输入量，$\sum_{k=1}^{s} w_k z_{kr_0}$ 则表示第二阶段的输入量。基于此，模型（7－21）的目标函数可以变换为：

$$e_0 = \frac{\sum_{k=1}^{s} w_k z_{kr_0} + v^a + \sum_{j=1}^{n} q_j y_{jr_0} + v^b}{\sum_{i=1}^{m} p_i x_{ir_0} + \sum_{k=1}^{s} w_k z_{kr_0}} \tag{7-24}$$

基于上述变换，加性两阶段 DEA 非线性规划模型可以转换为如下线性规划模型：

$$e_0 = \mathrm{Max}\left(\sum_{j=1}^{n} q_j y_{jr_0} + v^2 + \sum_{k=1}^{s} \xi_k z_{kr_0} + v^1\right)$$

$$\text{s.t.}\begin{cases} \sum_{k=1}^{s} \xi_k z_{kr} + v^1 - \sum_{i=1}^{m} \psi_i x_{ir} \leqslant 0,\ r=1,2,\cdots,l \\ \sum_{j=1}^{n} q_j y_{jr_0} + v^2 - \sum_{k=1}^{s} \xi_k z_{kr} \leqslant 0,\ r=1,2,\cdots,l \\ \sum_{i=1}^{m} \psi_i x_{ir_0} + \sum_{k=1}^{s} \xi_k z_{kr_0} = 1 \\ \psi_i \geqslant 0,\ \xi_k \geqslant 0,\ q_j \geqslant 0 \\ i=1,2,\cdots,m,\ j=1,2,\cdots,n,\ k=1,2,\cdots,s \end{cases} \tag{7-25}$$

其中，e_0 为 DMU_r 的总体效率值，x_{ir}、z_{kr}和 y_{jr}分别为 DMU_r 的 m 种输入、s 种中间产出和 n 种输出，ψ_i，ξ_k 和 q_j 分别为输入、中间产出和输出的权重，v^1 和 v^2 均为自由变量，$r=1, 2, \cdots, l$，$i=1, 2, \cdots, m$，$k=1, 2, \cdots, s$ 和 $j=1, 2, \cdots, n$。

通过计算模型（7-25）可以得到被评价 DMU 的系统总体效率以及两阶段效率，但是该模型的最优解可能不具备唯一性。为了得到唯一一组权重，可在总体效率值固定的条件下计算第一阶段或第二阶段的最大效率值，即基于被评价 DMU 的总体效率值 e_0，可先计算第一阶段的效率值 e_0^1，再计算第二阶段的效率值 e_0^2；或者先计算第二阶段的效率值 e_0^2，再计算第一阶段的效率值 e_0^1（Chen et al., 2006）。效率值 e_0^1 和 e_0^2 的非线性计算模型分别如下所示：

$$
e_0^1 = \mathrm{Max}\left[\left(\sum_{k=1}^{s} w_k z_{kr_0} + v^a\right) \Big/ \sum_{i=1}^{m} p_i x_{ir_0}\right]
$$

$$
\text{s.t.}\begin{cases}
\left(\sum_{k=1}^{s} w_k z_{kr} + v^a\right) \Big/ \sum_{i=1}^{m} p_i x_{ir} \leqslant 1,\ r=1,2,\cdots,l \\
\left(\sum_{j=1}^{n} q_j y_{jr} + v^b\right) \Big/ \sum_{k=1}^{s} w_k z_{kr} \leqslant 1,\ r=1,2,\cdots,l \\
\left[\left(\sum_{k=1}^{s} w_k z_{kr_0} + v^a + \sum_{j=1}^{n} q_j y_{jr_0} + v^b\right) \Big/ \left(\sum_{i=1}^{m} p_i x_{ir_0} + \sum_{k=1}^{s} w_k z_{kr_0}\right)\right] = e_0 \\
p_i \geqslant 0,\ w_k \geqslant 0,\ q_j \geqslant 0 \\
i=1,2,\cdots,m,\ j=1,2,\cdots,n,\ k=1,2,\cdots,s
\end{cases} \tag{7-26}
$$

$$
e_0^2 = \mathrm{Max}\left[\left(\sum_{j=1}^{n} q_j y_{jr_0} + v^b\right) \Big/ \sum_{k=1}^{s} w_k z_{kr_0}\right]
$$

$$
\text{s.t.}\begin{cases}
\left(\sum_{k=1}^{s} w_k z_{kr} + v^a\right) \Big/ \sum_{i=1}^{m} p_i x_{ir} \leqslant 1,\ r=1,2,\cdots,l \\
\left(\sum_{j=1}^{n} q_j y_{jr} + v^b\right) \Big/ \sum_{k=1}^{s} w_k z_{kr} \leqslant 1,\ r=1,2,\cdots,l \\
\left[\left(\sum_{k=1}^{s} w_k z_{kr_0} + v^a + \sum_{j=1}^{n} q_j y_{jr_0} + v^b\right) \Big/ \left(\sum_{i=1}^{m} p_i x_{ir_0} + \sum_{k=1}^{s} w_k z_{kr_0}\right)\right] = e_0 \\
p_i \geqslant 0,\ w_k \geqslant 0,\ q_j \geqslant 0 \\
i=1,2,\cdots,m,\ j=1,2,\cdots,n,\ k=1,2,\cdots,s
\end{cases} \tag{7-27}
$$

其中，e_0^1 和 e_0^2 分别为第一阶段和第二阶段的效率值，x_{ir}，z_{kr}和 y_{jr}分别为 DMU_r 的 m 种输入、s 种中间产出与 n 种输出，p_i，w_k 和 q_j 分别为输入、中间产出和输出的权重，u_1 和 u_2 分别为第一阶段和第二阶段的相应权重，v^a 和 v^b 均为自由变量，$r=1, 2, \cdots, l$，$i=1, 2, \cdots, m$，$k=1, 2, \cdots, s$ 和 $j=1, 2, \cdots, n$。

模型（7－26）和模型（7－27）均为非线性规划模型，为了便于计算，可将其转换成线性规划模型。基于此，效率值 e_0^1 和 e_0^2 的线性计算模型分别如下所示：

$$e_0^1 = \mathrm{Max}\left(\sum_{k=1}^{s}\xi_k z_{kr_0} + v^1\right)$$

$$\text{s. t.}\begin{cases}\sum_{k=1}^{s}\xi_k z_{kr} + v^1 - \sum_{i=1}^{m}\psi_i x_{ir} \leqslant 0,\ r = 1,2,\cdots,l \\ \sum_{j=1}^{n}q_j y_{jr} + v^2 - \sum_{k=1}^{s}\xi_k z_{kr} \leqslant 0,\ r = 1,2,\cdots,l \\ \sum_{i=1}^{m}\psi_i x_{ir_0} = 1 \\ \sum_{j=1}^{n}q_j y_{jr_0} + v^2 + v^1 + (1 - e_0) \times \sum_{k=1}^{s}\xi_k z_{kr_0} = e_0 \\ \psi_i \geqslant 0,\ \xi_k \geqslant 0,\ q_j \geqslant 0 \\ i = 1,2,\cdots,m,\ j = 1,2,\cdots,n,\ k = 1,2,\cdots,s\end{cases} \tag{7-28}$$

$$e_0^2 = \mathrm{Max}\left(\sum_{j=1}^{n}q_j y_{jr_0} + v^2\right)$$

$$\text{s. t.}\begin{cases}\sum_{k=1}^{s}\xi_k z_{kr} + v^1 - \sum_{i=1}^{m}\psi_i x_{ir} \leqslant 0,\ r = 1,2,\cdots,l \\ \sum_{j=1}^{n}q_j y_{jr} + v^2 - \sum_{k=1}^{s}\xi_k z_{kr} \leqslant 0,\ r = 1,2,\cdots,l \\ \sum_{k=1}^{s}\xi_k z_{kr_0} = 1 \\ \sum_{j=1}^{n}q_j y_{jr_0} + v^2 + v^1 - e_0 \times \sum_{i=1}^{m}\psi_i x_{ir_0} = e_0 - 1 \\ \psi_i \geqslant 0,\ \xi_k \geqslant 0,\ q_j \geqslant 0 \\ i = 1,2,\cdots,m,\ j = 1,2,\cdots,n,\ k = 1,2,\cdots,s\end{cases} \tag{7-29}$$

其中，e_0^1 和 e_0^2 分别为第一阶段和第二阶段的效率值，x_{ir}、z_{kr} 和 y_{jr} 分别为 DMU_r 的 m 种输入、s 种中间产出和 n 种输出，ψ_i，ξ_k 和 q_j 分别为输入、中间产出和输出的权重，v^1 和 v^2 均为自由变量，$r=1$，2，…，l，$i=1$，2，…，m，$k=1$，2，…，s 和 $j=1$，2，…，n。

通过模型（7－28）和模型（7－29）预先得到第一阶段的效率值 e_0^1 或者第二阶段的效率值 e_0^2 后，可根据 $e_0^2 = \frac{e_0 - u_1 \times e_0^1}{u_2}$ 和 $e_0^1 = \frac{e_0 - u_2 \times e_0^2}{u_1}$ 分别计算第二阶段的效

率值 e_0^2 或者第一阶段的效率值 e_0^1。

如上所述，本节对系统包络分析的两阶段串行 DEA 模型进行了阐述，上述模型既可以同时计算被评价 DMU 的系统总体效率以及两阶段效率，也可以在获得被评价 DMU 的总体效率之后，先后计算两个阶段的效率值。这类模型适用于被评价 DMU 具有两阶段内部结构的情况，若考虑三阶段内部结构，则需要进一步提出系统包络分析的三阶段串行 DEA 模型。

二、三阶段串行 DEA 模型

基于系统包络分析的两阶段串行 DEA 模型，弗莱德等（Fried et al.，2002）认为各种被评价 DMU 可被视为具有三个阶段的内部结构。对于第一阶段来说，各种被评价 DMU 的输入可作为其初始输入，从而得到第一阶段的一般输出和中间输出。对于第二阶段来说，第一阶段的中间输出可作为其中间输入，加上第二阶段的一般输入，可得到第二阶段的一般输出和中间输出。对于第三阶段来说，第二阶段的中间输出可作为其中间输入，加上第三阶段的一般输入，可得到第三阶段的一般输出。基于此，王科（2018）根据各种被评价 DMU 内部三个阶段是否具有合作关系以及具有何种合作关系将上述三个阶段的效率结合起来，从而提出了系统包络分析的三阶段串行 DEA 模型。首先，该模型的结构如图 7－6 所示。

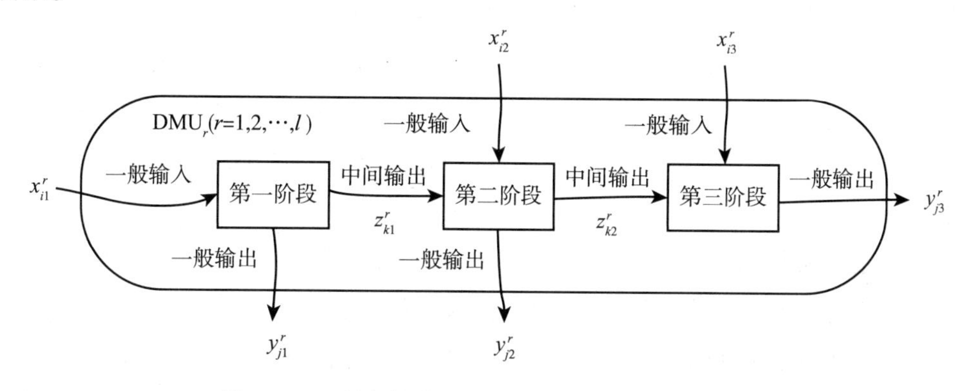

图 7－6　系统包络分析的三阶段串行 DEA 模型结构

由图 7－6 可知，假设有 l 个决策单元的系统技术效率需要测度，记为 DMU$_r$($r=1,2,\cdots,l$)。其中，每个被评价 DMU 在三个阶段分别有 $m1$、$m2$ 和 $m3$ 种一般输入，分别记为 x_{i1}^r($i1=1,2,\cdots,m1$)、x_{i2}^r($i2=1,2,\cdots,m2$) 和 x_{i3}^r($i3=1,2,\cdots,m3$)，其对应权重分别为 p_{i1}($i1=1,2,\cdots,m1$)、p_{i2}($i2=1,2,\cdots,m2$) 和 p_{i3}($i3=1,2,\cdots,m3$)；有 $s1$ 和 $s2$ 种中间输出，分别记为 z_{k1}^r($k1=1,2,\cdots,s1$) 和 z_{k2}^r($k2=1,2,\cdots,$

s2)，其对应权重分别为 $w_{k1}(k1=1,2,\cdots,s1)$ 和 $w_{k2}(k2=1,2,\cdots,s2)$；有 $n1$、$n2$ 和 $n3$ 种一般输出，分别记为 $y_{j1}^{r}(j1=1,2,\cdots,n1)$、$y_{j2}^{r}(j2=1,2,\cdots,n2)$ 和 $y_{j3}^{r}(j3=1,2,\cdots,n3)$，其对应权重分别为 $q_{j1}(j1=1,2,\cdots,n1)$、$q_{j2}(j2=1,2,\cdots,n2)$ 和 $q_{j3}(j3=1,2,\cdots,n3)$。此外，第一阶段和第二阶段的中间输出能起到将三个阶段连接在一起的作用。

若不考虑各种被评价 DMU 的内部结构，可采用系统包络分析的传统 CCR 模型计算其相关效率值，如：

$$e=\text{Max}\left(\frac{\sum_{j1=1}^{n1}q_{j1}y_{j1}^{r_0}+\sum_{j2=1}^{n2}q_{j2}y_{j2}^{r_0}+\sum_{j3=1}^{n3}q_{j3}y_{j3}^{r_0}}{\sum_{i1=1}^{m1}p_{i1}x_{i1}^{r_0}+\sum_{i2=1}^{m2}p_{i2}x_{i2}^{r_0}+\sum_{i3=1}^{m3}p_{i3}x_{i3}^{r_0}}\right)$$

$$\text{s. t.}\begin{cases}\dfrac{\sum_{j1=1}^{n1}q_{j1}y_{j1}^{r}+\sum_{j2=1}^{n2}q_{j2}y_{j2}^{r}+\sum_{j3=1}^{n3}q_{j3}y_{j3}^{r}}{\sum_{i1=1}^{m1}p_{i1}x_{i1}^{r}+\sum_{i2=1}^{m2}p_{i2}x_{i2}^{r}+\sum_{i3=1}^{m3}p_{i3}x_{i3}^{r}}\leqslant 1\\ p_{i1}\geqslant 0,\ p_{i2}\geqslant 0,\ p_{i3}\geqslant 0\\ q_{j1}\geqslant 0,\ q_{j2}\geqslant 0,\ q_{j3}\geqslant 0\\ r=1,2,\cdots,l\end{cases}\tag{7-30}$$

其中，e 为 DMU_r 的三阶段串行整体效率值，x_{i1}^{r}、x_{i2}^{r} 和 x_{i3}^{r} 分别为 DMU_r 在三个阶段的 $m1$、$m2$ 和 $m3$ 种一般输入，p_{i1}、p_{i2} 和 p_{i3} 分别为对应权重，y_{j1}^{r}、y_{j2}^{r} 和 y_{j3}^{r} 分别为 DMU_r 在三个阶段的 $n1$、$n2$ 和 $n3$ 种一般输出，q_{j1}、q_{j2} 和 q_{j3} 分别为其对应权重，$r=1,2,\cdots,l$，$i1=1,2,\cdots,m1$，$i2=1,2,\cdots,m2$，$i3=1,2,\cdots,m3$，$j1=1,2,\cdots,n1$，$j2=1,2,\cdots,n2$ 和 $j3=1,2,\cdots,n3$。

虽然通过模型（7－30）可以计算得到各种被评价 DMU 关于三阶段串行的整体效率值，但是该模型并没有考虑相应内部结构，而只是将其视为一个黑箱。为了分别考虑这三个阶段之间的内部关系，王科（2018）根据不同的合作关系将三阶段串行 DEA 分为三种不同结构的模型，即系统包络分析的非合作结构三阶段串行 DEA 模型，部分合作结构三阶段串行 DEA 模型以及合作结构三阶段串行 DEA 模型，具体模型分别如下所示。

（一）非合作结构三阶段串行 DEA 模型

在非合作结构三阶段串行 DEA 模型中，各种被评价 DMU 的三个阶段之间没有合作关系，可分别独自计算效率值。基于此，计算第一阶段效率值的模型为：

$$
\vartheta_1 = \text{Max}\left(\frac{\sum_{j1=1}^{n1} q_{j1} y_{j1}^{r_0} + \sum_{k1=1}^{s1} w_{k1} z_{k1}^{r_0}}{\sum_{i1=1}^{m1} p_{i1} x_{i1}^{r_0}}\right)
$$

$$
\text{s. t.}\begin{cases}\left(\sum_{j1=1}^{n1} q_{j1} y_{j1}^{r} + \sum_{k1=1}^{s1} w_{k1} z_{k1}^{r}\right)\Big/ \sum_{i1=1}^{m1} p_{i1} x_{i1}^{r} \leqslant 1 \\ p_{i1} \geqslant 0,\ w_{k1} \geqslant 0,\ q_{j1} \geqslant 0 \\ r = 1,2,\cdots,l \end{cases} \tag{7-31}
$$

其中，ϑ_1 为第一阶段的效率值，x_{i1}^r、z_{k1}^r 和 y_{j1}^r 分别为 DMU_r 在第一阶段的 $m1$ 种一般输入、$s1$ 种中间产出和 $n1$ 种一般输出，p_{i1}、w_{k1} 和 q_{j1} 分别为其对应一般输入、中间产出和一般输出的权重，$r=1, 2, \cdots, l$，$i1=1, 2, \cdots, m1$，$k1=1, 2, \cdots, s1$ 和 $j1=1, 2, \cdots, n1$。

通过模型（7-31）可以计算得到各种被评价 DMU 关于第一阶段的效率值 ϑ_1。基于此，可以计算出各种被评价 DMU 关于第二阶段的效率值 ϑ_{12}，但需保证第一阶段的效率值 ϑ_1 不变。因此，计算第二阶段效率值的模型为：

$$
\vartheta_{12} = \text{Max}\left[\left(\sum_{j2=1}^{n2} q_{j2} y_{j2}^{r_0} + \sum_{k2=1}^{s2} w_{k2} z_{k2}^{r_0}\right)\Big/\left(\sum_{i2=1}^{m2} p_{i2} x_{i2}^{r_0} + \sum_{k1=1}^{s1} w_{k1} z_{k1}^{r_0}\right)\right]
$$

$$
\text{s. t.}\begin{cases}\left(\sum_{j2=1}^{n2} q_{j2} y_{j2}^{r} + \sum_{k2=1}^{s2} w_{k2} z_{k2}^{r}\right)\Big/\left(\sum_{i2=1}^{m2} p_{i2} x_{i2}^{r} + \sum_{k1=1}^{s1} w_{k1} z_{k1}^{r}\right) \leqslant 1 \\ \left(\sum_{j1=1}^{n1} q_{j1} y_{j1}^{r_0} + \sum_{k1=1}^{s1} w_{k1} z_{k1}^{r_0}\right)\Big/ \sum_{i1=1}^{m1} p_{i1} x_{i1}^{r_0} = \vartheta_1^* \\ \left(\sum_{j1=1}^{n1} q_{j1} y_{j1}^{r} + \sum_{k1=1}^{s1} w_{k1} z_{k1}^{r}\right)\Big/\left(\sum_{i1=1}^{m1} p_{i1} x_{i1}^{r}\right) \leqslant 1 \\ p_{i1} \geqslant 0,\ p_{i2} \geqslant 0,\ q_{j1} \geqslant 0,\ q_{j2} \geqslant 0,\ w_{k1} \geqslant 0,\ w_{k2} \geqslant 0 \\ r = 1,2,\cdots,l \end{cases} \tag{7-32}
$$

其中，ϑ_{12} 为第二阶段的效率值，ϑ_1^* 为第一阶段的最优效率值，x_{i1}^r 和 x_{i2}^r 分别为 DMU_r 在第一阶段和第二阶段的 $m1$ 种和 $m2$ 种一般输入，p_{i1} 和 p_{i2} 为其对应权重，z_{k1}^r 和 z_{k2}^r 分别为 DMU_r 在第一阶段和第二阶段的 $s1$ 种和 $s2$ 种中间输出，w_{k1} 和 w_{k2} 为其对应权重，y_{j1}^r 和 y_{j2}^r 分别为每个 DMU_r 在第一阶段和第二阶段的 $n1$ 种和 $n2$ 种一般输出，q_{j1} 和 q_{j2} 为其对应权重，$r=1, 2, \cdots, l$，$i1=1, 2, \cdots, m1$，$i2=1, 2, \cdots, m2$，$k1=1, 2, \cdots, s1$，$k2=1, 2, \cdots, s2$，$j1=1, 2, \cdots, n1$ 和 $j2=1, 2, \cdots, n2$。

通过模型（7-32）可以计算得到各种被评价 DMU 关于第二阶段的效率值 ϑ_{12}，即当第一阶段的效率值 ϑ_1 达到最优时第二阶段的效率值。基于此，可以计算出各种被评价 DMU 关于第三阶段的效率值 ϑ_{123}，但需保证第一阶段的效率值 ϑ_i 和第二阶

段的效率值 ϑ_{12} 不变。因此，计算第三阶段效率值的模型为：

$$\vartheta_{123} = \text{Max}\left[\sum_{j3=1}^{n3} q_{j3} y_{j3}^{r_0} \Big/ \left(\sum_{i3=1}^{m3} p_{i3} x_{i3}^{r_0} + \sum_{k2=1}^{s2} w_{k2} z_{k2}^{r_0}\right)\right]$$

$$\text{s. t.} \begin{cases} \sum_{j3=1}^{n3} q_{j3} y_{j3}^{r} \Big/ \left(\sum_{i3=1}^{m3} p_{i3} x_{i3}^{r} + \sum_{k2=1}^{s2} w_{k2} z_{k2}^{r}\right) \leqslant 1 \\ \left(\sum_{j2=1}^{n2} q_{j2} y_{j2}^{r_0} + \sum_{k2=1}^{s2} w_{k2} z_{k2}^{r_0}\right) \Big/ \left(\sum_{i2=1}^{m2} p_{i2} x_{i2}^{r_0} + \sum_{k1=1}^{s1} w_{k1} z_{k1}^{r_0}\right) = \vartheta_{12}^{*} \\ \left(\sum_{j2=1}^{n2} q_{j2} y_{j2}^{r} + \sum_{k2=1}^{s2} w_{k2} z_{k2}^{r}\right) \Big/ \left(\sum_{i2=1}^{m2} p_{i2} x_{i2}^{r} + \sum_{k1=1}^{s1} w_{k1} z_{k1}^{r}\right) \leqslant 1 \\ \left(\sum_{j1=1}^{n1} q_{j1} y_{j1}^{r_0} + \sum_{k1=1}^{s1} w_{k1} z_{k1}^{r_0}\right) \Big/ \sum_{i1=1}^{m1} p_{i1} x_{i1}^{r_0} = \vartheta_{1}^{*} \\ \left(\sum_{j1=1}^{n1} q_{j1} y_{j1}^{r} + \sum_{k1=1}^{s1} w_{k1} z_{k1}^{r}\right) \Big/ \left(\sum_{i1=1}^{m1} p_{i1} x_{i1}^{r}\right) \leqslant 1 \\ p_{i1} \geqslant 0,\ p_{i2} \geqslant 0,\ p_{i3} \geqslant 0,\ q_{j1} \geqslant 0,\ q_{j2} \geqslant 0,\ q_{j3} \geqslant 0,\ w_{k1} \geqslant 0,\ w_{k2} \geqslant 0 \\ r = 1, 2, \cdots, l \end{cases} \tag{7-33}$$

其中，ϑ_{123} 为第三阶段的效率值，ϑ_1^* 和 ϑ_{12}^* 分别为第一阶段和第二阶段的最优效率值，x_{i1}^r、x_{i2}^r 和 x_{i3}^r 分别为 DMU_r 在三个阶段的 $m1$、$m2$ 和 $m3$ 种一般输入，p_{i1}、p_{i2} 和 p_{i3} 为其对应权重，z_{k1}^r 和 z_{k2}^r 分别为 DMU_r 在第一阶段和第二阶段的 $s1$ 种和 $s2$ 种中间输出，w_{k1} 和 w_{k2} 为其对应权重，y_{j1}^r、y_{j2}^r 和 y_{j3}^r 分别为 DMU_r 在三个阶段的 $n1$、$n2$ 和 $n3$ 种一般输出，q_{j1}、q_{j2} 和 q_{j3} 为其对应权重，$r=1, 2, \cdots, l$，$i1=1, 2, \cdots, m1$，$i2=1, 2, \cdots, m2$，$i3=1, 2, \cdots, m3$，$k1=1, 2, \cdots, s1$，$k2=1, 2, \cdots, s2$，$j1=1, 2, \cdots, n1$，$j2=1, 2, \cdots, n2$ 和 $j3=1, 2, \cdots, n3$。

通过计算模型（7－33）可以得到各种被评价 DMU 关于第三阶段的效率值 ϑ_{123}，即当第一阶段的效率值 ϑ_1 和第二阶段的效率值 ϑ_{12} 达到最优时第三阶段的效率值。

基于模型（7－31）至模型（7－33），得到了各种被评价 DMU 三个阶段的效率值。为了得到其整体效率值，可以计算上述三个阶段效率值的加权和，即 $e_{123} = u_1\vartheta_1^* + u_2\vartheta_{12}^* + u_3\vartheta_{123}^*$，其中 u_1、u_2 和 u_3 分别为第一阶段、第二阶段和第三阶段的相应权重，需要根据决策者的偏好或者根据三个阶段各自需要的输入量与该被评价 DMU 需要的总输入量的比值进行确定，且 $u_1 + u_2 + u_3 = 1$。上述三个模型是依据第一阶段、第二阶段以及第三阶段的计算顺序确定的各阶段效率。类似地，可以根据实际需求变换上述计算顺序，如第三阶段、第二阶段以及第一阶段等。不管计算顺序如何，均可类似地得到上述三个模型，此处不再赘述。

上述系统包络分析的非合作结构三阶段串行 DEA 模型体现了各种被评价 DMU 三个阶段之间没有合作关系的情况。但在系统生产活动中，各种被评价 DMU 三个阶段之间可能存在一定程度的部分合作关系，为此，系统包络分析的部分合作结构三阶段串行 DEA 模型被提出。

（二）部分合作结构三阶段串行 DEA 模型

在系统包络分析的部分合作结构三阶段串行 DEA 模型中，各种被评价 DMU 三个阶段之间存在部分合作关系，如第一阶段和第二阶段或者第二阶段和第三阶段可联合计算效率值。需要注意的是，联合效率需要优先计算，并在保持联合效率值不变的情况下，计算另一个阶段的效率值。基于此，假设第一阶段和第二阶段进行联合，则计算该联合阶段效率值的模型为：

$$\vartheta_{(12)} = \mathrm{Max}\left(u_1 \times \frac{\sum_{j1=1}^{n1} q_{j1} y_{j1}^{r_0} + \sum_{k1=1}^{s1} w_{k1} z_{k1}^{r_0}}{\sum_{i1=1}^{m1} p_{i1} x_{i1}^{r_0}} + u_2 \times \frac{\sum_{j2=1}^{n2} q_{j2} y_{j2}^{r_0} + \sum_{k2=1}^{s2} w_{k2} z_{k2}^{r_0}}{\sum_{i2=1}^{m2} p_{i2} x_{i2}^{r_0} + \sum_{k1=1}^{s1} w_{k1} z_{k1}^{r_0}}\right)$$

$$\text{s. t.} \begin{cases} \left(\sum_{j1=1}^{n1} q_{j1} y_{j1}^{r} + \sum_{k1=1}^{s1} w_{k1} z_{k1}^{r}\right) \Big/ \sum_{i1=1}^{m1} p_{i1} x_{i1}^{r} \leqslant 1 \\ \left(\sum_{j2=1}^{n2} q_{j2} y_{j2}^{r} + \sum_{k2=1}^{s2} w_{k2} z_{k2}^{r}\right) \Big/ \left(\sum_{i2=1}^{m2} p_{i2} x_{i2}^{r} + \sum_{k1=1}^{s1} w_{k1} z_{k1}^{r}\right) \leqslant 1 \\ u_1 + u_2 = 1 \\ p_{i1} \geqslant 0, p_{i2} \geqslant 0, w_{k1} \geqslant 0, w_{k2} \geqslant 0, q_{j1} \geqslant 0, q_{j2} \geqslant 0 \\ r = 1,2,\cdots,l \end{cases} \tag{7-34}$$

其中，$\vartheta_{(12)}$ 为第一阶段和第二阶段的联合效率值，u_1 和 u_2 分别为第一阶段和第二阶段在联合中的相应权重，x_{i1}^r 和 x_{i2}^r 分别为 DMU_r 在第一阶段和第二阶段的 $m1$ 种和 $m2$ 种一般输入，p_{i1} 和 p_{i2} 为其对应权重，z_{k1}^r 和 z_{k2}^r 分别为 DMU_r 在第一阶段和第二阶段的 $s1$ 种和 $s2$ 种中间输出，w_{k1} 和 w_{k2} 为其对应权重，y_{j1}^r 和 y_{j2}^r 分别为 DMU_r 在第一阶段和第二阶段的 $n1$ 种和 $n2$ 种一般输出，q_{j1} 和 q_{j2} 为其对应权重，$r=1$，2，…，l，$i1=1$，2，…，$m1$，$i2=1$，2，…，$m2$，$k1=1$，2，…，$s1$，$k2=1$，2，…，$s2$，$j1=1$，2，…，$n1$ 和 $j2=1$，2，…，$n2$。

通过计算模型（7－34）可以得到各种被评价 DMU 关于第一阶段和第二阶段的联合效率值 $\vartheta_{(12)}$。在该模型中，u_1 和 u_2 需要根据决策者的偏好进行确定，且 $u_1 + u_2 = 1$。不仅如此，权重 u_1 和 u_2 的取值还具有一定的现实意义，即两者的分母 $\sum_{i1=1}^{m1} p_{i1} x_{i1}^{r_0} + \sum_{i2=1}^{m2} p_{i2} x_{i2}^{r_0} + \sum_{k1=1}^{s1} w_{k1} z_{k1}^{r_0}$ 表示两个阶段的总体输入量，其中 $\sum_{i1=1}^{m1} p_{i1} x_{i1}^{r_0}$ 表示第一

阶段的输入量，$\sum_{i2=1}^{m2} p_{i2} x_{i2}^{r_0} + \sum_{k1=1}^{s1} w_{k1} z_{k1}^{r_0}$ 则表示第二阶段的输入量。因此，权重 u_1 和 u_2 可变换如下：

$$u_1 = \frac{\sum_{i1=1}^{m1} p_{i1} x_{i1}^{r_0}}{\sum_{i1=1}^{m1} p_{i1} x_{i1}^{r_0} + \sum_{i2=1}^{m2} p_{i2} x_{i2}^{r_0} + \sum_{k1=1}^{s1} w_{k1} z_{k1}^{r_0}} \tag{7-35}$$

$$u_2 = \frac{\sum_{i2=1}^{m2} p_{i2} x_{i2}^{r_0} + \sum_{k1=1}^{s1} w_{k1} z_{k1}^{r_0}}{\sum_{i1=1}^{m1} p_{i1} x_{i1}^{r_0} + \sum_{i2=1}^{m2} p_{i2} x_{i2}^{r_0} + \sum_{k1=1}^{s1} w_{k1} z_{k1}^{r_0}} \tag{7-36}$$

基于此，模型（7－34）的目标函数可以变换为：

$$\frac{\sum_{j1=1}^{n1} q_{j1} y_{j1}^{r_0} + \sum_{k1=1}^{s1} w_{k1} z_{k1}^{r_0} + \sum_{j2=1}^{n2} q_{j2} y_{j2}^{r_0} + \sum_{k2=1}^{s2} w_{k2} z_{k2}^{r_0}}{\sum_{i1=1}^{m1} p_{i1} x_{i1}^{r_0} + \sum_{i2=1}^{m2} p_{i2} x_{i2}^{r_0} + \sum_{k1=1}^{s1} w_{k1} z_{k1}^{r_0}} \tag{7-37}$$

此外，在保证第一阶段和第二阶段的联合效率值 $\vartheta_{(12)}$ 不变的条件下，计算第三阶段效率值的模型为：

$$\vartheta_{(12)3} = \text{Max}\left(\frac{\sum_{j3=1}^{n3} q_{j3} y_{j3}^{r_0}}{\sum_{i3=1}^{m3} p_{i3} x_{i3}^{r_0} + \sum_{k2=1}^{s2} w_{k2} z_{k2}^{r_0}}\right)$$

$$\text{s. t.}\begin{cases} \sum_{j3=1}^{n3} q_{j3} y_{j3}^{r} \Big/ \left(\sum_{i3=1}^{m3} p_{i3} x_{i3}^{r} + \sum_{k2=1}^{s2} w_{k2} z_{k2}^{r}\right) \leqslant 1 \\ u_1 \times \frac{\sum_{j1=1}^{n1} q_{j1} y_{j1}^{r_0} + \sum_{k1=1}^{s1} w_{k1} z_{k1}^{r_0}}{\sum_{i1=1}^{m1} p_{i1} x_{i1}^{r_0}} + u_2 \times \frac{\sum_{j2=1}^{n2} q_{j2} y_{j2}^{r_0} + \sum_{k2=1}^{s2} w_{k2} z_{k2}^{r_0}}{\sum_{i2=1}^{m2} p_{i2} x_{i2}^{r_0} + \sum_{k1=1}^{s1} w_{k1} z_{k1}^{r_0}} = \vartheta_{(12)}^{*} \\ \left(\sum_{j1=1}^{n1} q_{j1} y_{j1}^{r} + \sum_{k1=1}^{s1} w_{k1} z_{k1}^{r}\right) \Big/ \sum_{i1=1}^{m1} p_{i1} x_{i1}^{r} \leqslant 1 \\ \left(\sum_{j2=1}^{n2} q_{j2} y_{j2}^{r} + \sum_{k2=1}^{s2} w_{k2} z_{k2}^{r}\right) \Big/ \left(\sum_{i2=1}^{m2} p_{i2} x_{i2}^{r} + \sum_{k1=1}^{s1} w_{k1} z_{k1}^{r}\right) \leqslant 1 \\ u_1 + u_2 = 1 \\ p_{i1} \geqslant 0,\ p_{i2} \geqslant 0,\ p_{i3} \geqslant 0,\ w_{k1} \geqslant 0,\ w_{k2} \geqslant 0,\ q_{j1} \geqslant 0,\ q_{j2} \geqslant 0,\ q_{j3} \geqslant 0 \\ r = 1, 2, \cdots, l \end{cases} \tag{7-38}$$

其中，$\vartheta_{(12)3}$为第三阶段的效率值，$\vartheta_{(12)}^{*}$为第一阶段和第二阶段的最优联合效率值，x_{i1}^{r}、x_{i2}^{r}和x_{i3}^{r}分别为 DMU_r 在三个阶段的 $m1$、$m2$ 和 $m3$ 种一般输入，p_{i1}、p_{i2}和p_{i3}为其对应权重，z_{k1}^{r}和z_{k2}^{r}分别为 DMU_r 在第一阶段和第二阶段的 $s1$ 种和 $s2$ 种中间输出，w_{k1}和w_{k2}为其对应权重，y_{j1}^{r}、y_{j2}^{r}和y_{j3}^{r}分别为 DMU_r 在三个阶段的 $n1$、$n2$ 和 $n3$ 种一般输出，q_{j1}、q_{j2}和q_{j3}为其对应权重，$r=1, 2, \cdots, l$，$i1=1, 2, \cdots, m1$，$i2=1, 2, \cdots, m2$，$i3=1, 2, \cdots, m3$，$k1=1, 2, \cdots, s1$，$k2=1, 2, \cdots, s2$，$j1=1, 2, \cdots, n1$，$j2=1, 2, \cdots, n2$ 和$j3=1, 2, \cdots, n3$。

通过模型（7－38）可以计算得到各种被评价 DMU 关于第三阶段的效率值$\vartheta_{(12)3}$，即当第一阶段和第二阶段的联合效率值$\vartheta_{(12)}$达到最优时第三阶段的效率值。联合中第一阶段和第二阶段的效率值分别如下：

$$\vartheta_{1/(12)}^{*} = \left(\sum_{j1=1}^{n1} q_{j1}^{*} y_{j1}^{r} + \sum_{k1=1}^{s1} w_{k1}^{*} z_{k1}^{r}\right) \Big/ \sum_{i1=1}^{m1} p_{i1}^{*} x_{i1}^{r} \tag{7-39}$$

$$\vartheta_{2/(12)}^{*} = \left(\sum_{j2=1}^{n2} q_{j2}^{*} y_{j2}^{r} + \sum_{k2=1}^{s2} w_{k2}^{*} z_{k2}^{r}\right) \Big/ \left(\sum_{i2=1}^{m2} p_{i2}^{*} x_{i2}^{r} + \sum_{k1=1}^{s1} w_{k1}^{*} z_{k1}^{r}\right) \tag{7-40}$$

其中，p_{i1}^{*}、p_{i2}^{*}、w_{k1}^{*}、w_{k2}^{*}、q_{j1}^{*}和q_{j2}^{*}分别为通过模型（7－38）计算得到的相应权重。

基于上述模型，得到了系统中各种被评价 DMU 第一阶段和第二阶段的联合效率值以及第三阶段的效率值。为了计算其系统的整体效率值，可以计算上述两个效率值的加权和，即$e_{(12)3}=u_{12}\vartheta_{(12)}^{*}+u_{3}\vartheta_{(12)3}^{*}$，其中，$u_{12}$和$u_3$分别为第一阶段与第二阶段的联合权重和第三阶段的相应权重，需要根据决策者的偏好或者根据联合阶段以及第三阶段各自需要的输入量与该被评价 DMU 需要的总输入量的比值进行确定，且$u_{12}+u_{3}=1$。上述三个模型是先计算第一阶段和第二阶段的联合效率，再计算第三阶段的效率。类似地，可以根据实际需求变换上述联合阶段，如先计算第二阶段和第三阶段的联合效率，再计算第一阶段的效率等。不管联合阶段以及计算模式如何，均可类似地得到上述模型，此处不再赘述。

系统包络分析的部分合作结构三阶段串行 DEA 模型体现了各种被评价 DMU 三个阶段之间部分合作关系的情况。但在系统生产活动中，各种被评价 DMU 三个阶段之间可能存在完全合作关系，为此，系统包络分析的合作结构三阶段串行 DEA 模型被相应地提出。

（三）合作结构三阶段串行 DEA 模型

在系统包络分析的合作结构三阶段串行 DEA 模型中，各种被评价 DMU 三个阶段之间存在合作关系，如第一阶段、第二阶段和第三阶段可联合计算效率值，即同时计算三个阶段的最大效率值。因此，三个阶段联合效率值的模型为：

$$\vartheta_{(123)}=\mathrm{Max}\left(\begin{array}{l}u_1\times\dfrac{\sum\limits_{j1=1}^{n1}q_{j1}y_{j1}^{r_0}+\sum\limits_{k1=1}^{s1}w_{k1}z_{k1}^{r_0}}{\sum\limits_{i1=1}^{m1}p_{i1}x_{i1}^{r_0}}+u_2\times\dfrac{\sum\limits_{j2=1}^{n2}q_{j2}y_{j2}^{r_0}+\sum\limits_{k2=1}^{s2}w_{k2}z_{k2}^{r_0}}{\sum\limits_{i2=1}^{m2}p_{i2}x_{i2}^{r_0}+\sum\limits_{k1=1}^{s1}w_{k1}z_{k1}^{r_0}}+\\ u_3\times\dfrac{\sum\limits_{j3=1}^{n3}q_{j3}y_{j3}^{r_0}}{\sum\limits_{i3=1}^{m3}p_{i3}x_{i3}^{r_0}+\sum\limits_{k2=1}^{s2}w_{k2}z_{k2}^{r_0}}\end{array}\right)$$

$$\text{s. t.}\begin{cases}\left(\sum\limits_{j1=1}^{n1}q_{j1}y_{j1}^{r}+\sum\limits_{k1=1}^{s1}w_{k1}z_{k1}^{r}\right)\Big/\sum\limits_{i1=1}^{m1}p_{i1}x_{i1}^{r}\leqslant 1\\ \left(\sum\limits_{j2=1}^{n2}q_{j2}y_{j2}^{r}+\sum\limits_{k2=1}^{s2}w_{k2}z_{k2}^{r}\right)\Big/\left(\sum\limits_{i2=1}^{m2}p_{i2}x_{i2}^{r}+\sum\limits_{k1=1}^{s1}w_{k1}z_{k1}^{r}\right)\leqslant 1\\ \sum\limits_{j3=1}^{n3}q_{j3}y_{j3}^{r}\Big/\left(\sum\limits_{i3=1}^{m3}p_{i3}x_{i3}^{r}+\sum\limits_{k2=1}^{s2}w_{k2}z_{k2}^{r}\right)\leqslant 1\\ u_1+u_2+u_3=1\\ p_{i1}\geqslant 0,\ p_{i2}\geqslant 0,\ p_{i3}\geqslant 0,\ w_{k1}\geqslant 0,\ w_{k2}\geqslant 0,\ q_{j1}\geqslant 0,\ q_{j2}\geqslant 0,\ q_{j3}\geqslant 0\\ r=1,2,\cdots,l\end{cases}\tag{7-41}$$

其中，$\vartheta_{(123)}$为三个阶段的联合效率值，u_1、u_2 和 u_3 分别为三个阶段在联合中的相应权重，x_{i1}^r、x_{i2}^r和 x_{i3}^r分别为 DMU_r 在三个阶段的 $m1$、$m2$ 和 $m3$ 种一般输入，p_{i1}、p_{i2}和 p_{i3}为其对应权重，z_{k1}^r和 z_{k2}^r分别为 DMU_r 在第一阶段和第二阶段的 $s1$ 种和 $s2$ 种中间输出，w_{k1}和 w_{k2}为其对应权重，y_{j1}^r、y_{j2}^r和 y_{j3}^r分别为 DMU_r 在三个阶段的 $n1$、$n2$ 和 $n3$ 种一般输出，q_{j1}、q_{j2} 和 q_{j3} 为其对应权重，$r=1, 2, \cdots, l$，$i1=1, 2, \cdots, m1$，$i2=1, 2, \cdots, m2$，$i3=1, 2, \cdots, m3$，$k1=1, 2, \cdots, s1$，$k2=1, 2, \cdots, s2$，$j1=1, 2, \cdots, n1$，$j2=1, 2, \cdots, n2$ 和 $j3=1, 2, \cdots, n3$。

通过计算模型（7－41）可以得到各种被评价 DMU 关于三个阶段的联合效率值 $\vartheta_{(123)}$。在该模型中，u_1、u_2 和 u_3 需要根据决策者的偏好进行确定，且 $u_1+u_2+u_3=1$。不仅如此，权重 u_1、u_2 和 u_3 的取值还具有一定的现实意义，即三者的分母 $\sum\limits_{i1=1}^{m1}p_{i1}x_{i1}^{r_0}+\sum\limits_{i2=1}^{m2}p_{i2}x_{i2}^{r_0}+\sum\limits_{k1=1}^{s1}w_{k1}z_{k1}^{r_0}+\sum\limits_{i3=1}^{m3}p_{i3}x_{i3}^{r_0}+\sum\limits_{k2=1}^{s2}w_{k2}z_{k2}^{r_0}$ 表示三个阶段的总体输入量，其中 $\sum\limits_{i1=1}^{m1}p_{i1}x_{i1}^{r_0}$ 表示第一阶段的输入量，$\sum\limits_{i2=1}^{m2}p_{i2}x_{i2}^{r_0}+\sum\limits_{k1=1}^{s1}w_{k1}z_{k1}^{r_0}$ 表示第二阶段的输入量，$\sum\limits_{i3=1}^{m3}p_{i3}x_{i3}^{r_0}+\sum\limits_{k2=1}^{s2}w_{k2}z_{k2}^{r_0}$ 则表示第三阶段的输入量。因此，权重 u_1、u_2 和 u_3 可变换如下：

$$u_1 = \frac{\sum_{i1=1}^{m1} p_{i1} x_{i1}^{r_0}}{\sum_{i1=1}^{m1} p_{i1} x_{i1}^{r_0} + \sum_{i2=1}^{m2} p_{i2} x_{i2}^{r_0} + \sum_{k1=1}^{s1} w_{k1} z_{k1}^{r_0} + \sum_{i3=1}^{m3} p_{i3} x_{i3}^{r_0} + \sum_{k2=1}^{s2} w_{k2} z_{k2}^{r_0}} \quad (7-42)$$

$$u_2 = \frac{\sum_{i2=1}^{m2} p_{i2} x_{i2}^{r_0} + \sum_{k1=1}^{s1} w_{k1} z_{k1}^{r_0}}{\sum_{i1=1}^{m1} p_{i1} x_{i1}^{r_0} + \sum_{i2=1}^{m2} p_{i2} x_{i2}^{r_0} + \sum_{k1=1}^{s1} w_{k1} z_{k1}^{r_0} + \sum_{i3=1}^{m3} p_{i3} x_{i3}^{r_0} + \sum_{k2=1}^{s2} w_{k2} z_{k2}^{r_0}} \quad (7-43)$$

$$u_3 = \frac{\sum_{i3=1}^{m3} p_{i3} x_{i3}^{r_0} + \sum_{k2=1}^{s2} w_{k2} z_{k2}^{r_0}}{\sum_{i1=1}^{m1} p_{i1} x_{i1}^{r_0} + \sum_{i2=1}^{m2} p_{i2} x_{i2}^{r_0} + \sum_{k1=1}^{s1} w_{k1} z_{k1}^{r_0} + \sum_{i3=1}^{m3} p_{i3} x_{i3}^{r_0} + \sum_{k2=1}^{s2} w_{k2} z_{k2}^{r_0}} \quad (7-44)$$

基于此，模型（7－41）的目标函数可以变换为：

$$\frac{\sum_{j1=1}^{n1} q_{j1} y_{j1}^{r_0} + \sum_{k1=1}^{s1} w_{k1} z_{k1}^{r_0} + \sum_{j2=1}^{n2} q_{j2} y_{j2}^{r_0} + \sum_{k2=1}^{s2} w_{k2} z_{k2}^{r_0} + \sum_{j3=1}^{n3} q_{j3} y_{j3}^{r_0}}{\sum_{i1=1}^{m1} p_{i1} x_{i1}^{r_0} + \sum_{i2=1}^{m2} p_{i2} x_{i2}^{r_0} + \sum_{k1=1}^{s1} w_{k1} z_{k1}^{r_0} + \sum_{i3=1}^{m3} p_{i3} x_{i3}^{r_0} + \sum_{k2=1}^{s2} w_{k2} z_{k2}^{r_0}} \quad (7-45)$$

通过上述变换，模型（7－41）可以转换为如下形式：

$$\vartheta_{(123)} = \mathrm{Max}\left(\frac{\sum_{j1=1}^{n1} q_{j1} y_{j1}^{r_0} + \sum_{k1=1}^{s1} w_{k1} z_{k1}^{r_0} + \sum_{j2=1}^{n2} q_{j2} y_{j2}^{r_0} + \sum_{k2=1}^{s2} w_{k2} z_{k2}^{r_0} + \sum_{j3=1}^{n3} q_{j3} y_{j3}^{r_0}}{\sum_{i1=1}^{m1} p_{i1} x_{i1}^{r_0} + \sum_{i2=1}^{m2} p_{i2} x_{i2}^{r_0} + \sum_{k1=1}^{s1} w_{k1} z_{k1}^{r_0} + \sum_{i3=1}^{m3} p_{i3} x_{i3}^{r_0} + \sum_{k2=1}^{s2} w_{k2} z_{k2}^{r_0}}\right)$$

$$\text{s. t.}\begin{cases} \left(\sum_{j1=1}^{n1} q_{j1} y_{j1}^{r} + \sum_{k1=1}^{s1} w_{k1} z_{k1}^{r}\right) \Big/ \sum_{i1=1}^{m1} p_{i1} x_{i1}^{r} \leqslant 1 \\ \left(\sum_{j2=1}^{n2} q_{j2} y_{j2}^{r} + \sum_{k2=1}^{s2} w_{k2} z_{k2}^{r}\right) \Big/ \left(\sum_{i2=1}^{m2} p_{i2} x_{i2}^{r} + \sum_{k1=1}^{s1} w_{k1} z_{k1}^{r}\right) \leqslant 1 \\ \sum_{j3=1}^{n3} q_{j3} y_{j3}^{r} \Big/ \left(\sum_{i3=1}^{m3} p_{i3} x_{i3}^{r} + \sum_{k2=1}^{s2} w_{k2} z_{k2}^{r}\right) \leqslant 1 \\ u_1 + u_2 + u_3 = 1 \\ p_{i1} \geqslant 0,\ p_{i2} \geqslant 0,\ p_{i3} \geqslant 0,\ w_{k1} \geqslant 0,\ w_{k2} \geqslant 0,\ q_{j1} \geqslant 0,\ q_{j2} \geqslant 0,\ q_{j3} \geqslant 0 \\ r = 1, 2, \cdots, l \end{cases}$$

（7－46）

其中，$\vartheta_{(123)}$为三个阶段的联合效率值，u_1、u_2 和 u_3 分别为三个阶段在联合中的相应权重，x_{i1}^r、x_{i2}^r和 x_{i3}^r分别为 DMU_r 在三个阶段的 $m1$、$m2$ 和 $m3$ 种一般输入，p_{i1}、p_{i2}和 p_{i3}为其对应权重，z_{k1}^r和 z_{k2}^r分别为每个 DMU_r 在第一阶段和第二阶段的 $s1$ 种和 $s2$ 种中间输出，w_{k1}和 w_{k2}为其对应权重，y_{j1}^r、y_{j2}^r和 y_{j3}^r分别为 DMU_r 在三个阶段的 $n1$、

$n2$ 和 $n3$ 种一般输出，q_{j1}、q_{j2} 和 q_{j3} 为其对应权重，$r=1$，2，…，l，$i1=1$，2，…，$m1$，$i2=1$，2，…，$m2$，$i3=1$，2，…，$m3$，$k1=1$，2，…，$s1$，$k2=1$，2，…，$s2$，$j1=1$，2，…，$n1$，$j2=1$，2，…，$n2$ 和 $j3=1$，2，…，$n3$。

通过计算模型（7-46）可以得到各种被评价 DMU 三个阶段的联合效率值 $\vartheta_{(123)}$。此外，联合中第一阶段、第二阶段和第三阶段的效率值分别如下：

$$\vartheta^*_{1/(123)} = \left(\sum_{j1=1}^{n1} q^*_{j1} y^r_{j1} + \sum_{k1=1}^{s1} w^*_{k1} z^r_{k1}\right) \Big/ \sum_{i1=1}^{m1} p^*_{i1} x^r_{i1} \tag{7-47}$$

$$\vartheta^*_{2/(123)} = \left(\sum_{j2=1}^{n2} q^*_{j2} y^r_{j2} + \sum_{k2=1}^{s2} w^*_{k2} z^r_{k2}\right) \Big/ \left(\sum_{i2=1}^{m2} p^*_{i2} x^r_{i2} + \sum_{k1=1}^{s1} w^*_{k1} z^r_{k1}\right) \tag{7-48}$$

$$\vartheta^*_{3/(123)} = \sum_{j3=1}^{n3} q^*_{j3} y^r_{j3} \Big/ \left(\sum_{i3=1}^{m3} p^*_{i3} x^r_{i3} + \sum_{k2=1}^{s2} w^*_{k2} z^r_{k2}\right) \tag{7-49}$$

其中，p^*_{i1}、p^*_{i2}、p^*_{i3}、w^*_{k1}、w^*_{k2}、q^*_{j1}、q^*_{j2} 和 q^*_{j3} 分别为通过模型（7-46）计算得到的相应权重。

基于上述模型，得到了系统中各种被评价 DMU 三个阶段的联合效率值。

如上所述，本节对系统包络分析的三阶段串行 DEA 模型进行了阐述，上述模型既可以计算被评价 DMU 关于三阶段串行的整体效率值，也可以考虑各种被评价 DMU 三个阶段之间的内部关系，从而研究三种不同结构的三阶段串行 DEA 模型。上述模型适用于被评价 DMU 具有三阶段内部结构的情况，若考虑多个阶段内部结构的情况，则需要进一步提出系统包络分析的多阶段串行 DEA 模型。

三、多阶段串行 DEA 模型

基于系统包络分析的三阶段串行 DEA 模型，奇林格尔和谢尔曼（Chilingerian & Sherman，1996）认为各种被评价 DMU 可被视为具有多阶段的内部结构。对于第一阶段来说，各种被评价 DMU 的输入可作为其初始输入，从而得到第一阶段的一般输出和中间输出。对于第二阶段来说，第一阶段的中间输出可作为其中间输入，加上第二阶段的一般输入，可得到第二阶段的一般输出和中间输出。以此类推，对于第 D 阶段来说，第 $D-1$ 阶段的中间输出可作为其中间输入，加上第 D 阶段的一般输入，可得到第 D 阶段的一般输出。基于此，王科（2018）认为可以得到多阶段串行 DEA 模型。首先，该模型的结构如图 7-7 所示。

由图 7-7 可知，假设有 l 个决策单元的技术效率需要测度，记为 $DMU_r(r=1,2,\cdots,l)$。其中用 $d\ (d=1,2,\cdots,D)$ 来表示多阶段中的某个阶段。每个决策单元在第 $d\ (d=1,2,\cdots,D)$ 阶段分别有 $md\ (d=1,2,\cdots,D)$ 种一般输入，记为 $x^r_{id}(id=1,2,\cdots,md)$，其对应权重为 $p_{id}(id=1,2,\cdots,md)$；有 $sd(d=1,2,\cdots,D-1)$ 种中间输出，记

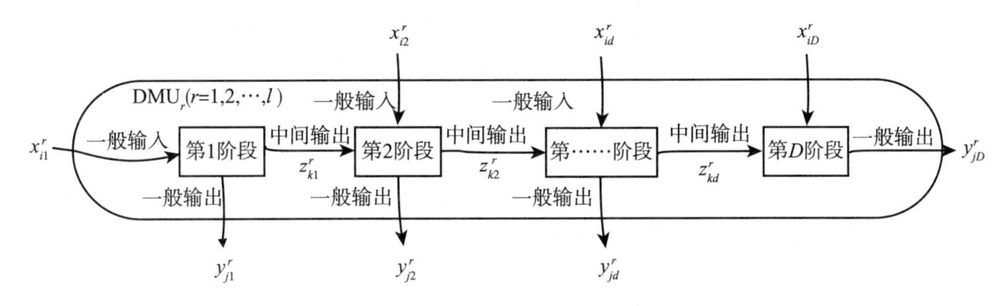

图 7-7 系统包络分析的多阶段串行 DEA 模型结构

为 $z_{kd}^r(kd=1,2,\cdots,sd)$，其对应权重为 $w_{kd}(kd=1,2,\cdots,sd)$；有 nd（$d=1,2,\cdots,D$）种一般输出，记为 $y_{jd}^r(jd=1,2,\cdots,nd)$，其对应权重为 $q_{jd}(jd=1,2,\cdots,nd)$。此外，各中间输出能起到将各阶段连接在一起的作用。因此，各阶段的效率值计算如下式所示：

$$\vartheta_1=\frac{\sum_{j1=1}^{n1}q_{j1}y_{j1}^{r_0}+\sum_{k1=1}^{s1}w_{k1}z_{k1}^{r_0}}{\sum_{i1=1}^{m1}p_{i1}x_{i1}^{r_0}} \tag{7-50}$$

$$\vartheta_d=\frac{\sum_{jd=1}^{nd}q_{jd}y_{jd}^{r_0}+\sum_{kd=1}^{sd}w_{kd}z_{kd}^{r_0}}{\sum_{id=1}^{md}p_{id}x_{id}^{r_0}+\sum_{kd-1=1}^{sd-1}w_{kd-1}z_{kd-1}^{r_0}},(d=2,3,\cdots,D-1) \tag{7-51}$$

$$\vartheta_D=\frac{\sum_{jD=1}^{nD}q_{jD}y_{jD}^{r_0}}{\sum_{iD=1}^{mD}p_{iD}x_{iD}^{r_0}+\sum_{kD-1=1}^{sD-1}w_{kD-1}z_{kD-1}^{r_0}} \tag{7-52}$$

其中，ϑ_1、ϑ_d 和 ϑ_D 分别为第一阶段、中间阶段以及最后阶段的效率值，x_{i1}^r、x_{id}^r 和 x_{iD}^r 分别为 DMU$_r$ 在第一阶段、中间阶段以及最后阶段的 $m1$、md 和 mD 种一般输入，p_{i1}、p_{id} 和 p_{iD} 为其对应权重，z_{k1}^r、z_{kd-1}^r、z_{kd}^r 和 z_{kD-1}^r 分别为 DMU$_r$ 在第一阶段、中间阶段以及最后阶段的 $s1$、$sd-1$、sd 和 $sD-1$ 种中间输出，w_{k1}、w_{kd-1}、w_{kd} 和 w_{kD-1} 为其对应权重，y_{j1}^r、y_{jd}^r 和 y_{jD}^r 分别为 DMU$_r$ 在第一阶段、中间阶段以及最后阶段的 $n1$，nd 和 nD 种一般输出，q_{j1}、q_{jd} 和 q_{jD} 为其对应权重，$r=1,2,\cdots,l$，$i1=1,2,\cdots,m1$，$id=1,2,\cdots,md$，$iD=1,2,\cdots,mD$，$k1=1,2,\cdots,s1$，$kd-1=1,2,\cdots,sd-1$，$kd=1,2,\cdots,sd$，$kD-1=1,2,\cdots,sD-1$，$j1=1,2,\cdots,n1$，$jd=1,2,\cdots,nd$ 和 $jD=1,2,\cdots,nD$。

为了计算多阶段的整体效率值，其计算方法可类似于上述两阶段和三阶段整体效率计算模型，即对被评价 DMU 各阶段的效率值采用加权平均的方式计算整体效率。因此，系统包络分析的多阶段整体效率值的计算模型为：

$$e = \text{Max}\left[u_1 \times \frac{\sum_{j1=1}^{n1} q_{j1} y_{j1}^{r_0} + \sum_{k1=1}^{s1} w_{k1} z_{k1}^{r_0}}{\sum_{i1=1}^{m1} p_{i1} x_{i1}^{r_0}} + \sum_{d=2}^{D-1} \left(u_d \times \frac{\sum_{jd=1}^{nd} q_{jd} y_{jd}^{r_0} + \sum_{kd=1}^{sd} w_{kd} z_{kd}^{r_0}}{\sum_{id=1}^{md} p_{id} x_{id}^{r_0} + \sum_{kd-1=1}^{sd-1} w_{kd-1} z_{kd-1}^{r_0}} \right) + u_D \times \frac{\sum_{jD=1}^{nD} q_{jD} y_{jD}^{r_0}}{\sum_{iD=1}^{mD} p_{iD} x_{iD}^{r_0} + \sum_{kD-1=1}^{sD-1} w_{kD-1} z_{kD-1}^{r_0}} \right]$$

$$\text{s. t.} \begin{cases} \left(\sum_{j1=1}^{n1} q_{j1} y_{j1}^{r} + \sum_{k1=1}^{s1} w_{k1} z_{k1}^{r} \right) \Big/ \sum_{i1=1}^{m1} p_{i1} x_{i1}^{r} \leqslant 1 \\ \left(\sum_{jd=1}^{nd} q_{jd} y_{jd}^{r} + \sum_{kd=1}^{sd} w_{kd} z_{kd}^{r} \right) \Big/ \left(\sum_{id=1}^{md} p_{id} x_{id}^{r} + \sum_{kd-1=1}^{sd-1} w_{kd-1} z_{kd-1}^{r} \right) \leqslant 1 \\ \sum_{jD=1}^{nD} q_{jD} y_{jD}^{r} \Big/ \left(\sum_{iD=1}^{mD} p_{iD} x_{iD}^{r} + \sum_{kD-1=1}^{sD-1} w_{kD-1} z_{kD-1}^{r} \right) \leqslant 1 \\ u_1 + \sum_{d=2}^{D-1} u_d + u_D = 1 \\ p_{i1} \geqslant 0,\ p_{id} \geqslant 0,\ p_{iD} \geqslant 0,\ q_{j1} \geqslant 0,\ q_{jd} \geqslant 0,\ q_{jD} \geqslant 0 \\ w_{k1} \geqslant 0,\ w_{kd-1} \geqslant 0,\ w_{kd} \geqslant 0,\ w_{kD-1} \geqslant 0 \\ r = 1,2,\cdots,l \end{cases} \quad (7-53)$$

其中，e 为各种被评价 DMU 的多阶段效率值，u_1、$u_d(d=2,3,\cdots,D-1)$ 和 u_D 分别为第一阶段、中间阶段和最后阶段的相应权重，x_{i1}^r、x_{id}^r 和 x_{iD}^r 分别为 DMU_r 在第一阶段、中间阶段和最后阶段的 $m1$、md 和 mD 种一般输入，p_{i1}、p_{id} 和 p_{iD} 为其对应权重，z_{k1}^r、z_{kd-1}^r、z_{kd}^r 和 z_{kD-1}^r 分别为 DMU_r 在第一阶段、中间阶段和最后阶段的 $s1$、$sd-1$、sd 和 $sD-1$ 种中间输出，w_{k1}、w_{kd-1}、w_{kd} 和 w_{kD-1} 为其对应权重，y_{j1}^r、y_{jd}^r 和 y_{jD}^r 分别为 DMU_r 在第一阶段、中间阶段和最后阶段的 $n1$、nd 和 nD 种一般输出，q_{j1}、q_{jd} 和 q_{jD} 为其对应权重，$r=1,2,\cdots,l$，$i1=1,2,\cdots,m1$，$id=1,2,\cdots,md$，$iD=1,2,\cdots,mD$，$k1=1,2,\cdots,s1$，$kd-1=1,2,\cdots,sd-1$，$kd=1,2,\cdots,sd$，$kD-1=1,2,\cdots,sD-1$，$j1=1,2,\cdots,n1$，$jd=1,2,\cdots,nd$ 和 $jD=1,2,\cdots,nD$。

在模型（7-53）中，u_1、$u_d(d=2,3,\cdots,D-1)$ 和 u_D 需要根据决策者的偏好进行确定，且 $u_1 + \sum_{d=2}^{D-1} u_d + u_D = 1$。不仅如此，权重 u_1、$u_d(d=2,3,\cdots,D-1)$ 和 u_D 的取值还具有一定的现实意义，即这 D 个权重的分母为 $\sum_{i1=1}^{m1} p_{i1} x_{i1}^{r_0} + \sum_{d=2}^{D-1} \left(\sum_{id=1}^{md} p_{id} x_{id}^{r_0} + \sum_{kd-1=1}^{sd-1} w_{kd-1} z_{kd-1}^{r_0} \right) + \sum_{iD=1}^{mD} p_{iD} x_{iD}^{r_0} + \sum_{kD-1=1}^{sD-1} w_{kD-1} z_{kD-1}^{r_0}$，其表示 D 个阶段的总体输入量，其中 $\sum_{i1=1}^{m1} p_{i1} x_{i1}^{r_0}$ 表示第一阶段的输入量，$\sum_{d=2}^{D-1} \left(\sum_{id=1}^{md} p_{id} x_{id}^{r_0} + \sum_{kd-1=1}^{sd-1} w_{kd-1} z_{kd-1}^{r_0} \right)$ 表示第二至第 $D-1$ 阶段的输入量，$\sum_{iD=1}^{mD} p_{iD} x_{iD}^{r_0} + \sum_{kD-1=1}^{sD-1} w_{kD-1} z_{kD-1}^{r_0}$ 则表示第 D 阶段的输入量。因

此，权重 u_1、$u_d(d=2,3,\cdots,D-1)$ 和 u_D 变换如下：

$$u_1=\frac{\sum_{i1=1}^{m1}p_{i1}x_{i1}^{r_0}}{\sum_{i1=1}^{m1}p_{i1}x_{i1}^{r_0}+\sum_{d=2}^{D-1}\left(\sum_{id=1}^{md}p_{id}x_{id}^{r_0}+\sum_{kd-1=1}^{sd-1}w_{kd-1}z_{kd-1}^{r_0}\right)+\sum_{iD=1}^{mD}p_{iD}x_{iD}^{r_0}+\sum_{kD-1=1}^{sD-1}w_{kD-1}z_{kD-1}^{r_0}} \tag{7-54}$$

$$u_d=\frac{\sum_{jd=1}^{nd}q_{jd}y_{jd}^{r_0}+\sum_{kd=1}^{sd}w_{kd}z_{kd}^{r_0}}{\sum_{i1=1}^{m1}p_{i1}x_{i1}^{r_0}+\sum_{d=2}^{D-1}\left(\sum_{id=1}^{md}p_{id}x_{id}^{r_0}+\sum_{kd-1=1}^{sd-1}w_{kd-1}z_{kd-1}^{r_0}\right)+\sum_{iD=1}^{mD}p_{iD}x_{iD}^{r_0}+\sum_{kD-1=1}^{sD-1}w_{kD-1}z_{kD-1}^{r_0}} \tag{7-55}$$

$$u_D=\frac{\sum_{iD=1}^{mD}p_{iD}x_{iD}^{r_0}+\sum_{kD-1=1}^{sD-1}w_{kD-1}z_{kD-1}^{r_0}}{\sum_{i1=1}^{m1}p_{i1}x_{i1}^{r_0}+\sum_{d=2}^{D-1}\left(\sum_{id=1}^{md}p_{id}x_{id}^{r_0}+\sum_{kd-1=1}^{sd-1}w_{kd-1}z_{kd-1}^{r_0}\right)+\sum_{iD=1}^{mD}p_{iD}x_{iD}^{r_0}+\sum_{kD-1=1}^{sD-1}w_{kD-1}z_{kD-1}^{r_0}} \tag{7-56}$$

基于此，模型（7-53）的目标函数可以变换为：

$$\frac{\sum_{j1=1}^{n1}q_{j1}y_{j1}^{r_0}+\sum_{k1=1}^{s1}w_{k1}z_{k1}^{r_0}+\sum_{d=2}^{D-1}\left(\sum_{jd=1}^{nd}q_{jd}y_{jd}^{r_0}+\sum_{kd=1}^{sd}w_{kd}z_{kd}^{r_0}\right)+\sum_{jD=1}^{nD}q_{jD}y_{jD}^{r_0}}{\sum_{i1=1}^{m1}p_{i1}x_{i1}^{r_0}+\sum_{d=2}^{D-1}\left(\sum_{id=1}^{md}p_{id}x_{id}^{r_0}+\sum_{kd-1=1}^{sd-1}w_{kd-1}z_{kd-1}^{r_0}\right)+\sum_{iD=1}^{mD}p_{iD}x_{iD}^{r_0}+\sum_{kD-1=1}^{sD-1}w_{kD-1}z_{kD-1}^{r_0}} \tag{7-57}$$

通过上述变换，模型（7-53）可以转换为如下形式：

$$e=\mathrm{Max}\left(\frac{\sum_{j1=1}^{n1}q_{j1}y_{j1}^{r_0}+\sum_{k1=1}^{s1}w_{k1}z_{k1}^{r_0}+\sum_{d=2}^{D-1}\left(\sum_{jd=1}^{nd}q_{jd}y_{jd}^{r_0}+\sum_{kd=1}^{sd}w_{kd}z_{kd}^{r_0}\right)+\sum_{jD=1}^{nD}q_{jD}y_{jD}^{r_0}}{\sum_{i1=1}^{m1}p_{i1}x_{i1}^{r_0}+\sum_{d=2}^{D-1}\left(\sum_{id=1}^{md}p_{id}x_{id}^{r_0}+\sum_{kd-1=1}^{sd-1}w_{kd-1}z_{kd-1}^{r_0}\right)+\sum_{iD=1}^{mD}p_{iD}x_{iD}^{r_0}+\sum_{kD-1=1}^{sD-1}w_{kD-1}z_{kD-1}^{r_0}}\right)$$

$$\text{s.t.}\begin{cases}\left(\sum_{j1=1}^{n1}q_{j1}y_{j1}^{r}+\sum_{k1=1}^{s1}w_{k1}z_{k1}^{r}\right)\Big/\sum_{i1=1}^{m1}p_{i1}x_{i1}^{r}\leqslant 1\\ \left(\sum_{jd=1}^{nd}q_{jd}y_{jd}^{r}+\sum_{kd=1}^{sd}w_{kd}z_{kd}^{r}\right)\Big/\left(\sum_{id=1}^{md}p_{id}x_{id}^{r}+\sum_{kd-1=1}^{sd-1}w_{kd-1}z_{kd-1}^{r}\right)\leqslant 1\\ \sum_{jD=1}^{nD}q_{jD}y_{jD}^{r}\Big/\left(\sum_{iD=1}^{mD}p_{iD}x_{iD}^{r}+\sum_{kD-1=1}^{sD-1}w_{kD-1}z_{kD-1}^{r}\right)\leqslant 1\\ u_1+\sum_{d=2}^{D-1}u_d+u_D=1\\ p_{i1}\geqslant 0,\ p_{id}\geqslant 0,\ p_{iD}\geqslant 0,\ q_{j1}\geqslant 0,\ q_{jd}\geqslant 0,\ q_{jD}\geqslant 0\\ w_{k1}\geqslant 0,\ w_{kd-1}\geqslant 0,\ w_{kd}\geqslant 0,\ w_{kD-1}\geqslant 0\\ r=1,2,\cdots,l\end{cases} \tag{7-58}$$

其中，e 为系统中各种被评价 DMU 的多阶段效率值，x_{i1}^{r}、x_{id}^{r} 和 x_{iD}^{r} 分别为 DMU_r 在第一阶段、中间阶段以及最后阶段的 $m1$、md 和 mD 种一般输入，p_{i1}、p_{id} 和 p_{iD} 为其对应权重，z_{k1}^{r}、z_{kd-1}^{r}、z_{kd}^{r} 和 z_{kD-1}^{r} 分别为 DMU_r 在第一阶段、中间阶段和最后阶段的 $s1$、$sd-1$、sd 和 $sD-1$ 种中间输出，w_{k1}、w_{kd-1}、w_{kd} 和 w_{kD-1} 为其对应权重，y_{j1}^{r}、y_{jd}^{r} 和 y_{jD}^{r} 分别为 DMU_r 在第一阶段、中间阶段和最后阶段的 $n1$、nd 和 nD 种一般输出，q_{j1}、q_{jd} 和 q_{jD} 为其对应权重，$r=1, 2, \cdots, l$，$i1=1, 2, \cdots, m1$，$id=1, 2, \cdots, md$，$iD=1, 2, \cdots, mD$，$k1=1, 2, \cdots, s1$，$kd-1=1, 2, \cdots, sd-1$，$kd=1, 2, \cdots, sd$，$kD-1=1, 2, \cdots, sD-1$，$j1=1, 2, \cdots, n1$，$jd=1, 2, \cdots, nd$ 和 $jD=1, 2, \cdots, nD$。

基于模型（7－58），同样可以得到各种被评价 DMU 多阶段串行的效率值。需要注意的是公式（7－50）至公式（7－58）对系统包络分析的多阶段串行 DEA 模型进行了较为完整的阐述，并给出了多阶段模型的一般化形式，即不仅可以表示为二阶段串行 DEA 模型和三阶段串行 DEA 模型，还可以表示为更多阶段串行 DEA 模型，这也表明了多阶段串行 DEA 模型具备一般性。

如上所述，本节对系统包络分析的多阶段串行 DEA 模型进行了阐述，上述模型考虑了多个阶段内部结构的情况，促进了网络 DEA 模型的进一步发展。

本节主要介绍了系统包络分析的网络 DEA 模型，主要包括两阶段串行 DEA 模型，三阶段串行 DEA 模型以及多阶段串行 DEA 模型。网络 DEA 模型将系统的决策过程内部结构分为若干个阶段，深入研究了各阶段之间隐含的逻辑关系，并依靠输入得到相应的输出。这类模型与传统 DEA 模型之间存在一定区别，其主要适用于需要考虑各种被评价 DMU 内部结构的决策需求。因此，在系统生产活动过程中，人们可根据模型的不同特点与各自优势进行适当选择。

第四节　案例分析与 DEAP 软件实现

为了采用系统包络分析的 DEA 模型进行相应的效率评价，国内外学者开发了不同类型的 DEA 软件，这些软件具备不同功能以适应不同的系统效率评价需求。考虑到软件的实用性以及可得性，本章主要介绍 DEAP 软件，该软件能满足基本的系统效率评价需求，因此是常用的 DEA 软件。本节主要探讨 DEAP 软件简介、DEAP 软件操作过程以及案例分析。基于此，通过国家统计局获得 2019 年我国 31 个省份（香港、澳门以及台湾地区由于数据缺失而没有包含在案例计算中）医疗卫生机构的部分输入和输出的实际数据，并对其采用 DEAP 2.1 软件进行计算和分析。

一、DEAP 介绍

DEAP 软件是一个 DOS 程序，能够在 Windows 界面下运行，该软件具有建立数据文件的批处理程序。DEAP 2.1 软件主要包含以下 5 个文件：（1）执行文件 deap.exe；（2）开始文件 DEAP.000；（3）数据文件，如 123.dta；（4）向导文件，如 123.ins；（5）输出文件，如 123.out。为了更好地应用 DEAP 软件，其主要文件介绍如下。

（一）数据文件

数据文件 123.dta 用于存储数据。首先，将数据输入至 Excel 文件中，可包括数据名称，如决策单元名称、输入指标名称以及输出指标名称等。其次，将数据保存为文本（text）文件，注意其从左至右的排列方式，即输出指标数据列在前，输入指标数据列在后。

（二）向导文件

向导文件 123.ins 用于输入相关信息。首先，将下载的 DEAP Version 2.1 提供的 Dblank 文件进行编辑，依据实际效率评价对象的相关需求与数据输入被评价 DMU 的相关信息等。其次，将编辑后的文件保存为 123.ins。

（三）输出文件

输出文件 123.out 用于存储输出结果。首先，通过执行文件 deap.exe 运行 123.ins。其次，单击回车得到输出文件 123.out。

通过上述描述，可以对 DEAP 软件的主要文件及其功能进行较为初步的了解，为后面将其进一步应用于系统效率评价过程中奠定了基础。

二、DEAP 应用与模型实现

上述 DEAP 软件的简介内容为了解该软件提供了简单且全面的介绍，为初学者奠定了学习基础。基于此，本节将对 DEAP 软件的操作过程进行进一步阐述，具体过程如下所示。

（一）建立 DEAP 文件夹

新建一个文件夹，其中必须包含四个文件，即 deap.exe、deap.000、Dblank.ins

和123. dta。其中，deap. exe、deap. 000 和 Dblank. ins 这三个文件均包括在下载的 DEAP Version 2. 1 中，无须进一步处理，可直接应用。但 Dblank. ins 和 123. dta 的文件名需要根据实际应用过程和数据进行相应修改，注意文件名不应超过 8 个字符。

（二）建立数据文件

将需要计算的包括数据名称的数据输入至 Excel 文件中，包括决策单元名称、输入指标名称以及输出指标名称等。然后，将数据保存为按从左至右的方式排列的文本（text）文件，即排列顺序为：输出指标数据列和输入指标数据列。

（三）建立向导文件

将 Dblank. ins 文件中的相关参数根据实际计算需求和数据进行修改，并另存为 123. ins。具体参数设置如图 7－8 所示。

```
123.dta    DATA FILE NAME
123.out    OUTPUT FILE NAME
xxx        NUMBER OF FIRMS
xxx        NUMBER OF TIME PERIODS
xxx        NUMBER OF OUTPUTS
xxx        NUMBER OF INPUTS
xxx        0=INPUT AND 1=OUTPUT ORIENTATED
xxx        0=CRS AND 1=VRS
xxx        0=DEA(MULTI-STAGE), 1=COST-DEA, 2=MALMQUIST-DEA, 3=DEA(1-STAGE), 4=DEA(2-STAGE)
```

图 7－8 DEAP 软件向导文件建立的参数设置

第一行：“DATA FILE NAME”表示数据文件名，而在“123. dta”中，“123”表示具体数据文件名称，“. dta”则表示文件类型；

第二行：“OUTPUT FILE NAME”表示输出文件名，而在“123. out”中，“123”表示具体输出文件名称，“. out”则表示文件类型；

第三行：“NUMBER OF FIRMS”表示被评价 DMU 个数，即根据不同效率评价过程中实际被评价 DMU 的个数来确定；

第四行：“NUMBER OF TIME PERIODS”表示面板数据中的具体年限。相反，若选择的相关模型为截面数据，则一般填“1”。

第五行：“NUMBER OF OUTPUTS”表示实际效率评价过程中的输出指标个数，需根据不同实际效率评价过程输出指标个数进行确定。

第六行：“NUMBER OF INPUTS”表示实际效率评价过程中的输入指标个数，需根据不同实际效率评价过程输入指标个数进行确定。

第七行：“0 = INPUT AND 1 = OUTPUT ORIENTATED”表示实际效率评价过程中选择的模型类型，其中，“0”表示输入导向模型，“1”表示输出导向模型。

第八行：“0 = CRS AND 1 = VRS”表示实际效率评价过程中是否选择考虑规模

收益的模型类型，其中，“0”表示不考虑规模收益的模型类型，即 CRS 模型；“1”表示考虑规模收益的模型类型，即 VRS 模型。

第九行：“0 = DEA（MULTI - STAGE），1 = COST - DEA，2 = MALMQUIST - DEA，3 = DEA（1 - STAGE），4 = DEA（2 - STAGE）”表示实际效率评价过程中的模型选项，其中，“0”表示标准 DEA 模型，“1”表示成本效率 DEA 模型，“2”表示 MALMQUIST - DEA 模型，“3”表示一阶段 DEA 模型，“4”表示两阶段 DEA 模型。

（四）运行执行文件

打开执行文件“deap. exe”，得到如图 7 - 9 所示的程序界面，并在“Enter instruction file name：”后面输入向导文件名，如“123. ins”，并按 Enter 键。然后，可在生成的“123. out”文件中查看所有相关运算结果。

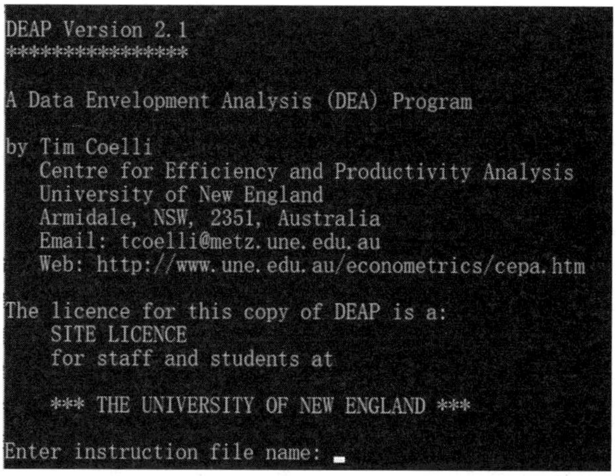

```
DEAP Version 2.1
****************

A Data Envelopment Analysis (DEA) Program

by Tim Coelli
   Centre for Efficiency and Productivity Analysis
   University of New England
   Armidale, NSW, 2351, Australia
   Email: tcoelli@metz.une.edu.au
   Web: http://www.une.edu.au/econometrics/cepa.htm

The licence for this copy of DEAP is a:
    SITE LICENCE
    for staff and students at

    *** THE UNIVERSITY OF NEW ENGLAND ***

Enter instruction file name:
```

图 7 - 9　DEAP 软件执行文件程序界面

基于上述内容，可以对 DEAP 软件的操作过程进行较为全面的了解。此外，本节对数据文件的建立、相关参数的设置，以及执行文件的运行等过程都进行了详细阐述，为进一步应用 DEAP 软件提供了具体操作步骤和应用基础。

三、案例分析

为了对系统包络分析的 DEA 模型及其相关计算进行进一步了解和学习，本节将以系统包络分析的 CCR 模型为模型示例，并将其应用于我国各省份的医疗卫生机构的系统效率评价过程中。基于此，本节通过国家统计局获得了 2019 年我国 31 个省份（香港、澳门以及台湾地区由于数据缺失而没有包含在案例计算中）医疗卫生机构的部分输入指标和输出指标的实际数据。其中，以医疗卫生机构床位数（万张）和卫生技术人员数（万人）为输入指标，以医疗卫生机构诊疗人次（万次）和入院人数（万人）为输出指标，并对其采用 DEAP 2.1 软件进行相应数据计算和结果分析。与该案例相关的具体操作过程如表 7－5 所示。

表 7－5　2019 年我国医疗卫生机构部分输入和输出数据

地区	医疗卫生机构诊疗人次	入院人数	医疗卫生机构床位数	卫生技术人员数
北京市	24900	384.86	12.78	27.12
天津市	12300	169.88	6.83	10.98
河北省	43200	1192.33	43.01	49.01
山西省	13100	501.54	21.84	25.79
内蒙古自治区	10700	362.53	16.11	19.64
辽宁省	20000	708.29	31.38	30.92
吉林省	11000	402.28	17.03	18.85
黑龙江省	11300	604.74	26.26	23.77
上海市	27600	454.94	14.65	20.45
江苏省	61700	1528.21	51.6	63.33
浙江省	68100	1104.33	35.02	52.02
安徽省	33300	1035.89	34.74	36.12
福建省	24900	609.22	20.22	26.32
江西省	23600	884.37	26.71	26.78
山东省	67500	1859.68	62.97	78.23
河南省	61000	2021.72	64.01	65.39
湖北省	35400	1368.76	40.33	41.62
湖南省	28100	1616.18	50.63	50.23
广东省	89200	1815.95	54.52	79.26
广西壮族自治区	26100	1046.44	27.74	34.14
海南省	5300	128.94	4.98	6.77
重庆市	17500	752.87	23.18	22.46
四川省	56000	1981.59	63.18	60.24
贵州省	17600	860.1	26.5	26.76
云南省	28200	1011.53	31.19	33.97
西藏自治区	1600	30.56	1.71	2.09
陕西省	20900	819.28	26.58	35.38
甘肃省	12700	520.12	18.12	17.88
青海省	2700	105.98	4.14	4.74
宁夏回族自治区	4400	123.32	4.1	5.54
新疆维吾尔自治区	12000	589.69	18.64	18.59

（一）建立数据文件

将医疗卫生机构的部分输入和输出的实际数据输入 Excel 文件中，如表 7－5 所示。实际数据包括 31 个被评价 DMU，即我国 31 个省份；输入指标名称以及输出指标名称，即医疗卫生机构床位数（万张）、卫生技术人员数（万人）、医疗卫生机构诊疗人次（万次）和入院人数（万人）。然后，将上述数据保存为按从左至右的方式排列的文本（text）文件，文件名为 123. dta，排列顺序为输出指标数据列和输入指标数据列，即从左至右的顺序为医疗卫生机构诊疗人次（万次）、入院人数（万人）、医疗卫生机构床位数（万张）和卫生技术人员数（万人），具体如图 7－10 所示。

```
文件(F) 编辑(E) 格式(O) 查看(V) 帮助(H)
24900	384.86	12.78	27.12
12300	169.88	6.83	10.98
43200	1192.33	43.01	49.01
13100	501.54	21.84	25.79
10700	362.53	16.11	19.64
20000	708.29	31.38	30.92
11000	402.28	17.03	18.85
11300	604.74	26.26	23.77
27600	454.94	14.65	20.45
61700	1528.21	51.6	63.33
68100	1104.33	35.02	52.02
33300	1035.89	34.74	36.12
24900	609.22	20.22	26.32
23600	884.37	26.71	26.78
67500	1859.68	62.97	78.23
61000	2021.72	64.01	65.39
35400	1368.76	40.33	41.62
28100	1616.18	50.63	50.23
89200	1815.95	54.52	79.26
26100	1046.44	27.74	34.14
5300	128.94	4.98	6.77
17500	752.87	23.18	22.46
56000	1981.59	63.18	60.24
17600	860.1	26.5	26.76
28200	1011.53	31.19	33.97
1600	30.56	1.71	2.09
20900	819.28	26.58	35.38
12700	520.12	18.12	17.88
2700	105.98	4.14	4.74
4400	123.32	4.1	5.54
12000	589.69	18.64	18.59
```

图 7－10　医疗卫生机构数据文件程序界面

（二）建立向导文件

将 Dblank. ins 文件中的相关参数根据医疗卫生机构具体数据进行修改，并另存为 123. ins。具体参数设置如图 7－11 所示。

第一行：数据文件名“DATA FILE NAME”应为“123. dta”；

```
文件(F) 编辑(E) 格式(O) 查看(V) 帮助(H)
123.dta		DATA FILE NAME
123.out		OUTPUT FILE NAME
31		NUMBER OF FIRMS
1		NUMBER OF TIME PERIODS
2		NUMBER OF OUTPUTS
2		NUMBER OF INPUTS
0		0=INPUT AND 1=OUTPUT ORIENTATED
0		0=CRS AND 1=VRS
0		0=DEA(MULTI-STAGE), 1=COST-DEA, 2=MALMQUIST-DEA, 3=DEA(1-STAGE), 4=DEA(2-STAGE)
```

图 7－11　医疗卫生机构数据向导文件建立的参数设置

第二行：输出文件名“OUTPUT FILE NAME”应为“123. out”；

第三行：被评价 DMU 个数“NUMBER OF FIRMS”应为 31，因为除去缺失数据，总共有 31 个省（市、自治区）的数据；

第四行：“NUMBER OF TIME PERIODS”应为 1，因为本案例主要以 DEA 模型中的 CCR 模型作为模型示例；

第五行：输出指标个数“NUMBER OF OUTPUTS”应为2，因为本案例主要包括2个输出指标，即医疗卫生机构诊疗人次和入院人数；

第六行：输入指标个数“NUMBER OF INPUTS”应为2，因为本案例主要包括2个输入指标，即医疗卫生机构床位数和卫生技术人员数；

第七行：模型类型“0 = INPUT AND 1 = OUTPUT ORIENTATED”应为0，因为本案例选择输入导向模型为计算示例；

第八行：考虑规模收益的模型类型“0 = CRS AND 1 = VRS”应为0，因为本案例选择不考虑规模收益的模型类型为计算示例；

第九行：模型选项“0 = DEA（MULTI - STAGE），1 = COST - DEA，2 = MALMQUIST - DEA，3 = DEA（1 - STAGE），4 = DEA（2 - STAGE）”应为0，因为本案例选择标准DEA模型为计算示例。

（三）运行执行文件

打开执行文件“deap. exe”，并在“Enter instruction file name:”后面输入向导文件名，即“123. ins”，得到如图7 - 12所示的程序界面。单击回车，可在生成的“123. out”文件中查看所有相关运算结果，即综合效率值、松弛变量值、基准决策单元、目标值和详细结果。

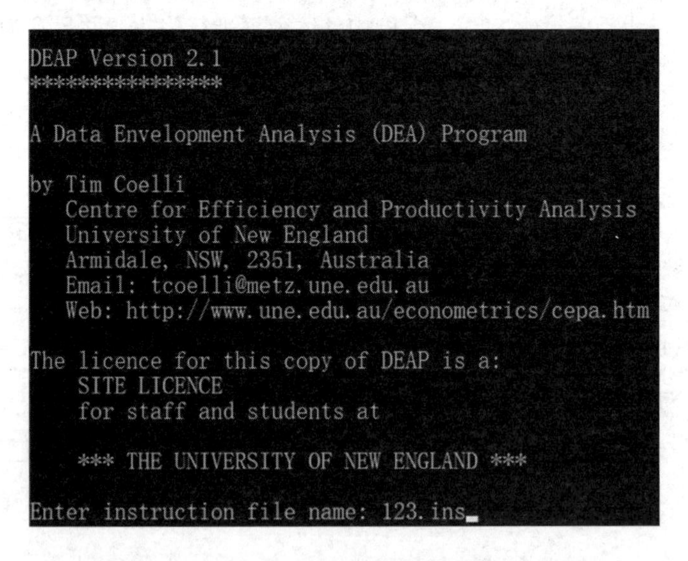

图7 - 12 医疗卫生机构数据执行文件程序界面

基于此，将所有相关运算结果及其分析分别阐述如下。

1. 综合效率值

经过DEAP软件的计算，可以得到我国31个省份的医疗卫生机构综合效率值，如图7 - 13所示。其中，“firm”表示31个被评价DMU，即我国31个省份，

“te”则表示这 31 个省份的综合效率值。从图 7-13 中可以看出，被评价 DMU 1、DMU 9、DMU 11、DMU 14、DMU 17、DMU 20、DMU 22 和 DMU 23 的综合效率值为 1，即北京市、上海市、浙江省、江西省、湖北省、广西壮族自治区、重庆市以及四川省这 8 个省份的医疗卫生机构为 DEA 有效单元。而其他 23 个省份的医疗卫生机构综合效率值分别为天津市：0.926；河北省：0.843；山西省：0.630；内蒙古自治区：0.624；辽宁省：0.702；吉林省：0.679；黑龙江省：0.759；江苏省：0.891；安徽省：0.929；福建省：0.879；山东省：0.855；河南省：0.977；湖南省：0.967；广东省：0.997；海南省：0.746；贵州省：0.971；云南省：0.944；西藏自治区：0.603；陕西省：0.820；甘肃省：0.873；青海省：0.710；宁夏回族自治区：0.843；新疆维吾尔自治区：0.955。以上省（市、自治区）的医疗卫生机构综合效率值均小于 1，因此均为 DEA 无效单元，需要采取相应措施对医疗卫生机构的效率进行改进。此外，31 个被评价 DMU，即我国 31 个省份综合效率平均值为 0.875。

```
EFFICIENCY SUMMARY:

firm   te
  1 1.000
  2 0.926
  3 0.843
  4 0.630
  5 0.624
  6 0.702
  7 0.679
  8 0.759
  9 1.000
 10 0.891
 11 1.000
 12 0.929
 13 0.879
 14 1.000
 15 0.855
 16 0.977
 17 1.000
 18 0.967
 19 0.997
 20 1.000
 21 0.746
 22 1.000
 23 1.000
 24 0.971
 25 0.944
 26 0.603
 27 0.820
 28 0.873
 29 0.710
 30 0.843
 31 0.955

mean 0.875
```

图 7-13　医疗卫生机构综合效率值

2. 松弛变量值

经过 DEAP 软件的计算，可以得到我国 31 个省份的医疗卫生机构输入和输出指标的松弛变量值，如图 7-14 所示。其中，“firm”表示 31 个被评价 DMU，即我国 31 个省份，“output”和“input”则表示这 31 个省份的输出指标和输入指标，即医疗卫生机构诊疗人次、入院人数、医疗卫生机构床位数和卫生技术人员数。从图 7-14 中可以看出，对于输出指标的松弛变量取值而言，被评价 DMU 2，即天津市入院人数的松弛变量为 27.784；其他省份的分析与天津市类似，考虑到篇幅限制，此处不再赘述。

3. 基准决策单元

经过 DEAP 软件的计算，可以得到我国 31 个省份的医疗卫生机构从非 DEA 有效根据相应的 DEA 有效单元进行投影从而实现相对有效的基准决策单元及其相应权数，如图 7-15 所示。其中，“firm”、“peers”和“peer weights”分别表示被评价 DMU、基准决策单元和基准决策单元权重。从图 7-15 中可以看出，由于被评价 DMU 1、DMU 9、DMU 11、DMU 14、DMU 17、DMU 20、DMU 22 和 DMU 23，即北京市、上海市、浙江省、江西省、湖北省、广西壮族自治区、重庆市以及四川省这 8 个省份为 DEA 有效单元，因此其基准决策单元均为自身，相应权数也为 1。而其他 23 个省份的医疗卫生机构为 DEA 无效 DMU，需要采取相应措施对医疗卫生机构的效率进行改进。具体改进方式为根据上述 8 个 DEA 有效单元进行投影，如 DMU 2，即天津市需要根据北京市和浙江省进行投影从而实现 DEA 有效，相应权数分别为 0. 095 和 0. 146，其他省份分析与天津市类似，考虑到篇幅限制，此处不再赘述。基于此，可以得到我国 23 个省份的医疗卫生机构及非 DEA 有效根据相应的 DEA 有效单元进行投影从而实现相对有效的具体依据。

SUMMARY OF OUTPUT SLACKS:

firm	output: 1	2
1	0.000	0.000
2	0.000	27.784
3	0.000	0.000
4	0.000	0.000
5	0.000	0.000
6	0.000	0.000
7	0.000	0.000
8	2756.809	0.000
9	0.000	0.000
10	0.000	0.000
11	0.000	0.000
12	0.000	0.000
13	0.000	0.000
14	0.000	0.000
15	0.000	0.000
16	0.000	0.000
17	0.000	0.000
18	11065.195	0.000
19	0.000	0.000
20	0.000	0.000
21	0.000	0.000
22	0.000	0.000
23	0.000	0.000
24	3874.933	0.000
25	0.000	0.000
26	0.000	0.000
27	0.000	0.000
28	0.000	0.000
29	0.000	0.000
30	0.000	0.000
31	2418.832	0.000
mean	648.896	0.896

SUMMARY OF INPUT SLACKS:

firm	input: 1	2
1	0.000	0.000
2	0.000	0.000
3	0.000	0.000
4	0.000	0.000
5	0.000	0.000
6	0.000	0.000
7	0.000	0.000
8	1.312	0.000
9	0.000	0.000
10	0.000	0.000
11	0.000	0.000
12	0.000	0.000
13	0.000	0.000
14	0.000	0.000
15	0.000	0.000
16	0.000	0.000
17	0.000	0.000
18	0.000	0.000
19	0.000	2.468
20	0.000	0.000
21	0.000	0.020
22	0.000	0.000
23	0.000	0.000
24	0.000	0.000
25	0.000	0.000
26	0.049	0.000
27	0.000	2.084
28	0.000	0.000
29	0.000	0.000
30	0.000	0.125
31	0.000	0.000
mean	0.044	0.152

图 7 – 14　医疗卫生机构输入和输出指标的松弛变量值

4. 目标值

经过 DEAP 软件的计算，可以得到我国 31 个省份的医疗卫生机构达到 DEA 有效的目标值，如图 7 – 16 所示。其中，“firm”、“output” 和 “input” 分别表示被评价 DMU、输出指标和输入指标。从图 7 – 16 中可以看出，由于被评价 DMU 1、DMU 9、DMU 11、DMU 14、DMU 17、DMU 20、DMU 22 和 DMU 23，即北京市、上海市、浙江省、江西省、湖北省、广西壮族自治区、重庆市以及四川省 8 个省份为 DEA 有效单元，因此其目标值均为原始值。而其他 23 个省份的医疗卫生机构为 DEA 无效 DMU，需要依据相应输出指标和输入指标的目标值从而达到 DEA 有效。基于上述目标值，可以使我国 31 个省份的医疗卫生机构相关效率值达到 DEA 有效。

SUMMARY OF PEERS:

firm	peers:		
1	1		
2	1	11	
3	17	14	9
4	9	17	20
5	9	17	20
6	9	23	14
7	9	17	20
8	22		
9	9		
10	17	20	9
11	11		
12	14	9	23
13	9	17	20
14	14		
15	9	17	20
16	9	23	14
17	17		
18	22	17	
19	11	20	
20	20		
21	11	20	
22	22		
23	23		
24	22	17	
25	9	17	20
26	9	23	
27	11	20	
28	17	14	22
29	20	9	17
30	11	20	
31	22	17	

SUMMARY OF PEER WEIGHTS:
(in same order as above)

firm	peer weights:		
1	1.000		
2	0.095	0.146	
3	0.449	0.257	0.769
4	0.029	0.094	0.343
5	0.099	0.044	0.246
6	0.034	0.185	0.369
7	0.045	0.192	0.114
8	0.803		
9	1.000		
10	0.447	0.260	1.416
11	1.000		
12	0.527	0.323	0.213
13	0.595	0.022	0.294
14	1.000		
15	1.275	0.307	0.821
16	0.388	0.338	1.329
17	1.000		
18	1.336	0.446	
19	1.083	0.593	
20	1.000		
21	0.051	0.069	
22	1.000		
23	1.000		
24	0.390	0.414	
25	0.139	0.562	0.171
26	0.050	0.004	
27	0.011	0.771	
28	0.069	0.120	0.426
29	0.059	0.001	0.032
30	0.033	0.083	
31	0.422	0.199	

图7-15　医疗卫生机构基准决策单元及其相应权数

SUMMARY OF OUTPUT TARGETS:

firm	output: 1	2
1	24900.000	384.860
2	12300.000	197.664
3	43200.000	1192.330
4	13100.000	501.540
5	10700.000	362.530
6	20000.000	708.290
7	11000.000	402.280
8	14056.809	604.740
9	27600.000	454.940
10	61700.000	1528.210
11	68100.000	1104.330
12	33300.000	1035.890
13	24900.000	609.220
14	23600.000	884.370
15	67500.000	1859.680
16	61000.000	2021.720
17	35400.000	1368.760
18	39165.195	1616.180
19	89200.000	1815.950
20	26100.000	1046.440
21	5300.000	128.940
22	17500.000	752.870
23	56000.000	1981.590
24	21474.933	860.100
25	28200.000	1011.530
26	1600.000	30.560
27	20900.000	819.280
28	12700.000	520.120
29	2700.000	105.980
30	4400.000	123.320
31	14418.832	589.690

SUMMARY OF INPUT TARGETS:

firm	input: 1	2
1	12.780	27.120
2	6.323	10.165
3	36.257	41.315
4	13.752	16.239
5	10.045	12.246
6	22.040	21.716
7	11.556	12.791
8	18.619	18.041
9	14.650	20.450
10	45.988	56.443
11	35.020	52.020
12	32.290	33.573
13	17.782	23.147
14	26.710	26.780
15	53.844	66.892
16	62.539	63.888
17	40.330	41.620
18	48.952	48.565
19	54.359	76.558
20	27.740	34.140
21	3.713	5.028
22	23.180	22.460
23	63.180	60.240
24	25.732	25.984
25	29.450	32.075
26	0.982	1.260
27	21.784	26.913
28	15.828	15.618
29	2.941	3.367
30	3.457	4.545
31	17.796	17.748

图7-16　医疗卫生机构达到DEA有效的目标值

5. 详细结果

经过 DEAP 软件的计算，可以得到我国 31 个省份的医疗卫生机构相关计算结果，其中，“Results for firm”表示被评价 DMU，即 31 个省份的医疗卫生机构；“Technical efficiency”表示综合效率；“variable”表示输出指标和输入指标；“original value”表示输出指标和输入指标的原始值；“radial movement”表示输入冗余值；“slack movement”表示输出不足值；“projected value”表示输出指标和输入指标的目标值。基于此，我国 31 个省份的医疗卫生机构相关计算结果及其分析可如下文所示，值得注意的是，该分析重点阐述上述并未描述的结果，对前文已描述的相关结果则不再赘述。

如图 7 – 17 所示，北京市的综合效率值为 1，说明北京市为 DEA 有效单元。此外，北京市输出指标和输入指标的原始值等于其对应目标值，因此其输入冗余值和输出不足值均为 0，无须改变其输入值和输出值，进一步体现出北京市医疗卫生机构为 DEA 有效单元。其他省份的分析与北京市类似，考虑到篇幅限制，此处不再赘述。

```
Results for firm:   1
Technical efficiency = 1.000
 PROJECTION SUMMARY:
  variable      original     radial      slack    projected
                 value     movement    movement     value
 output   1   24900.000      0.000       0.000    24900.000
 output   2     384.860      0.000       0.000      384.860
 input    1      12.780      0.000       0.000       12.780
 input    2      27.120      0.000       0.000       27.120
 LISTING OF PEERS:
  peer  lambda weight
    1    1.000
```

图 7 – 17　北京市医疗卫生机构相关详细结果

因此，上述得到了我国 31 个省份的医疗卫生机构相关计算结果及其分析，不仅能够区分出 DEA 有效单元和 DEA 无效单元，还能通过改变输出值和输入值将各 DEA 无效单元改进为 DEA 有效单元，为效率改进提供了依据。

如上所述，为了采用 DEA 模型进行相应的效率评价，本章主要介绍和使用 DEAP 软件进行相应案例分析，主要对 DEAP 软件简介，DEAP 软件操作过程以及案例分析进行了描述。基于此，本节通过国家统计局获得 2019 年我国 31 个省份（香港、澳门以及台湾地区由于数据缺失而没有包含在案例计算中）医疗卫生机构的部分输入和输出的实际数据，并对其采用 DEAP 2. 1 软件进行计算和分析。上述结果不仅能够区分出我国 31 个省份的医疗卫生机构的 DEA 有效单元和 DEA 无效单元，还能够根据结果分析将 DEA 无效单元改进为 DEA 有效单元。体现了 DEA 模型采用 DEAP 软件进行被评价 DMU 效率评价的合理性和可行性，对今后的相关研究具备一定参考价值。

第五节　本章小结

系统包络分析作为一门解决实际决策问题的关键技术，主要基于系统的立场和思想对研究对象进行系统评价。基于现实生产与生活对系统效率评价的实际需求，本章对系统包络分析方法与相关背景、系统包络分析的传统 DEA 模型、系统包络分析的网络 DEA 模型，以及案例分析与 DEAP 软件实现进行了描述。

第一部分，对系统包络分析方法与相关背景进行描述，发现对系统包络分析的 DEA 模型研究始于系统效率评价理论，为该模型对各种被评价 DMU 进行系统效率评价提供了研究依据。随后，根据已有 DEA 模型在实际应用过程中存在的一些缺陷，得到了适应不同系统决策需求的扩展模型。同时，基于各个模型具备的不同研究特征及其发展方向，这些 DEA 模型可将其归纳为系统包络分析的传统 DEA 模型和网络 DEA 模型两个方面，其发展与应用分别在系统中对各种被评价 DMU 整体效率和内部结构效率的计算中提供了参考价值。此外，DEAP 2.1 软件的开发为相关 DEA 模型最优解的计算提供了便利。

第二部分，对系统包络分析的传统 DEA 模型进行了阐述，该模型能够测度某一部门或企业相对于其他部门或企业的整体生产效率，即从整体角度系统评价多指标输入和多指标输出 DMU 相对有效性的多目标决策方法，其常用模型主要为系统包络分析的 CCR 模型、BCC 模型、DEA 交叉效率模型以及 DEA 博弈交叉效率模型。同时，分别对上述模型及其相关研究成果的主要内容进行了描述，为进一步全面了解传统 DEA 模型提供了参考依据。

第三部分，对系统包络分析的网络 DEA 模型进行了阐述，该模型能够对各种被评价 DMU 内部过程和各阶段进行进一步研究，即将系统的决策过程内部结构分为若干个阶段，深入研究了各阶段之间隐含的逻辑关系，并依靠输入得到相应的输出。其常用模型主要为系统包络分析的两阶段串行 DEA 模型，三阶段串行 DEA 模型以及多阶段串行 DEA 模型。同时，分别对上述模型及其相关研究成果的主要内容进行了描述，为进一步全面了解网络 DEA 模型提供了参考价值。

第四部分，对案例分析与 DEAP 软件实现进行了描述，主要探讨了 DEAP 软件简介，DEAP 软件操作过程以及案例分析。同时，案例分析主要是通过国家统计局获得 2019 年我国 31 个省份医疗卫生机构的部分输入和输出的实际数据，并对其采用 DEAP 2.1 软件进行计算和分析。基于案例分析，发现上述结果不仅能够区分出我国 31 个省份医疗卫生机构的 DEA 有效单元和 DEA 无效单元，还能够根据结果分析将 DEA 无效单元改进为 DEA 有效单元。体现了系统包络分析的 DEA 模型采用 DEAP 软件进行被评价 DMU 系统效率评价的合理性和可行性，为今后的相关研究奠定了研究基础。综上所述，本章主要阐述了系统包络分析与 DEAP 实现，为进一步了解其理论和应用提供了参考价值。

参考文献

[1] 陈伟、赵富洋、林艳：《基于两阶段 DEA 的高技术产业 R&D 绩效评价研究》，载于《软科学》2010 年第 4 期。

[2] 邓波、张学军、郭军华：《基于三阶段 DEA 模型的区域生态效率研究》，载于《中国软科学》2011 年第 1 期。

[3] 黄薇：《中国保险机构资金运用效率研究：基于资源型两阶段 DEA 模型》，载于《经济研究》2009 年第 8 期。

[4] 赖志花、王必锋、刘月娜：《我国高技术产业技术创新效率行业差异性研究——基于三阶段 DEA 模型》，载于《统计与管理》2020 年第 1 期。

[5] 李娟、王应明：《基于中立性 DEA 交叉效率评价模型的逆向物流供应商评价与选择》，载于《物流工程与管理》2015 年第 1 期。

[6] 李双杰、梅丽：《基于多阶段网络化 DEA 模型视角的农行经营支行效率分析》，载于《经济论坛》2008 年第 3 期。

[7] 李伟、李光辉、李月娟、贾培云：《基于 DEA 模型的我国各省区建筑业生产效率评价实证研究》，载于《科技进步与对策》2009 年第 21 期。

[8] 李学文、徐丽群：《城市轨道交通运营效率评价——基于改进的博弈交叉效率方法》，载于《系统工程理论与实践》2016 年第 4 期。

[9] 汪旭辉、徐健：《基于超效率 CCR - DEA 模型的我国物流上市公司效率评价》，载于《财贸研究》2009 年第 6 期。

[10] 王家庭、张容：《基于三阶段 DEA 模型的中国 31 省市文化产业效率研究》，载于《中国软科学》2009 年第 9 期。

[11] 王科：《系统综合评价与数据包络分析方法：建模与应用》，北京科学出版社 2018 年版。

[12] 王立岩：《基于两阶段 DEA 模型的城市环保治理效率评价》，载于《统计与决策》2010 年第 12 期。

[13] 王美强、李勇军：《输入输出具有模糊数的供应商评价——基于 DEA 博弈交叉效率方法》，载于《工业工程与管理》2015 年第 1 期。

[14] 夏绍模、张宗益、杨俊：《基于导向 DEA 模型多阶段求解方法对我国钢铁主营上市公司效率测定的实证分析》，载于《软科学》2007 年第 3 期。

［15］叶世绮、王辉：《多阶段 DEA 模型中决策单元的同质性探讨》，载于《统计与信息论坛》2012 年第 2 期。

［16］张博榕、李春成：《基于两阶段动态 DEA 模型的区域创新绩效实证分析》，载于《科技管理研究》2016 年第 12 期。

［17］张朝：《我国区域经济发展差异的全要素生产率分析——基于 DEA 模型的 Malmquist 指数视角》，载于《技术经济与管理研究》2020 年第 9 期。

［18］张运华、郭海娜：《基于 DEA 的高校科研绩效交叉评价研究》，载于《科技管理研究》2012 年第 13 期。

［19］赵胜豪、盛学良、钱瑜、张玉超、张静：《基于 CCR 模型的工业园区企业环境绩效管理系统》，载于《中国环境科学》2009 年第 11 期。

［20］赵旭、吴冲锋：《证券投资基金业绩与持续性评价的实证研究——基于 DEA 模型与 R/S 模型的评价》，载于《管理科学》2004 年第 4 期。

［21］朱震锋、曹玉昆：《多阶段 DEA - Malmquist 指数模型下多种经营产业效率测算——基于 2007 - 2015 年的经验数据》，载于《经济问题》2017 年第 3 期。

［22］Ang S., Chen C. M., Pitfalls of Decomposition Weights in the Additive Multi-stage DEA Model. *Omega*, Vol. 58, 2016, pp. 139 - 153.

［23］Azadi M., Saen R. F., Developing a WPF-CCR Model for Selecting Suppliers in the Presence of Stochastic Data. *OR Insight*, Vol. 24, No. 1, 2011, pp. 31 - 48.

［24］Banker R. D., Charnes A. W., Cooper W. W., Some Models for Estimating Technical and Scale Inefficiencies in Data Envelopment Analysis. *Management Science*, Vol. 30, No. 9, 1984, pp. 1078 - 1092.

［25］Charnes A., Cooper W. W., Rhodes E., Measuring the Efficiency of Decision-Making Units. *European Journal of Operational Research*, Vol. 2, No. 6, 1978, pp. 429 - 444.

［26］Chen Y., Cook W. D., Li N., Zhu J., Additive Efficiency Decomposition in Two-stage DEA. *European Journal of Operational Research*, Vol. 196, No. 3, 2009, pp. 1170 - 1176.

［27］Chen Y., Liang L., Yang F., A DEA Game Model Approach to Supply Chain Efficiency. *Annals of Operations Research*, Vol. 145, 2006, pp. 5 - 13.

［28］Chilingerian J. A., Sherman H. D., Benchmarking Physician Practice Patterns with DEA: A Multi-stage Approach for Cost Containment. *Annals of Operations Research*, Vol. 67, No. 1, 1996, pp. 83 - 116.

［29］Coelli T., A Multi-stage Methodology for the Solution of Orientated DEA Models. *Operations Research Letters*, Vol. 23, No. 3 - 5, 1998, pp. 143 - 149.

［30］Cook W. D., Chai D., Doyle J., Green R., Hierarchies and Groups in DEA. *Journal of Productivity Analysis*, Vol. 10, No. 2, 1998, pp. 177 - 198.

［31］Cook W. D., Hababou M., Tuenter H. J. H., Multicomponent Efficiency Measurement and Shared Inputs in Data Envelopment Analysis: An Application to Sales and Service Performance in Bank Branches. *Journal of Productivity Analysis*, Vol. 14, No. 3, 2000, pp. 209 - 224.

［32］Deng G. Y., Li L., Song Y. N., Provincial Water use Efficiency Measurement and Factor Analysis in China: based on SBM-DEA Model. *Ecological Indicators*, Vol. 69, 2016, pp. 12 - 18.

[33] Despotis D. K., Sotiros D., Koronakos G., A Network DEA Approach for Series Multi-stage Processes. *Omega*, Vol. 61, 2016, pp. 35 – 48.

[34] Deyneli F., Analysis of Relationship between Efficiency of Justice Services and Salaries of Judges with Two-stage DEA Method. *European Journal of Law & Economics*, Vol. 34, No. 3, 2012, pp. 477 – 493.

[35] Doyle J., Green R., Efficiency and Cross-efficiency in DEA: Derivations, Meanings and Uses. *Journal of the Operational Research Society*, Vol. 45, No. 5, 1994, pp. 567 – 578.

[36] Du J., Cook W. D., Liang L., Zhu J., Fixed Cost and Resource Allocation based on DEA Cross-efficiency. *European Journal of Operational Research*, Vol. 235, No. 1, 2008, pp. 206 – 214.

[37] Estelle S. M., Johnson A. L., Ruggiero J., Three-stage DEA Models for Incorporating Exogenous Inputs. *Computers & Operations Research*, Vol. 37, No. 6, 2010, pp. 1087 – 1090.

[38] Falagario M., Sciancalepore F., Costantino N., Pietroforte R., Using a DEA-cross Efficiency Approach in Public Procurement Tenders. *European Journal of Operational Research*, Vol. 218, No. 2, 2012, pp. 523 – 529.

[39] Fang K. N., Hong X. X., Li S. X., Song M. L., Zhang J., Choosing Competitive Industries in Manufacturing of China under Low-carbon Economy: A Three-stage DEA Analysis. *International Journal of Climate Change Strategies & Management*, Vol. 5, No. 4, 2013, pp. 431 – 444.

[40] Färe R., Grosskopf S., Productivity and Intermediate Products: A Frontier Approach. *Economics Letters*, Vol. 50, No. 1, 1996, pp. 65 – 70.

[41] Farrell M. J., The Measurement of Productive Efficiency. *Journal of the Royal Statistical Society*, Vol. 120, No. 3, 1957, pp. 253 – 290.

[42] Fried H. O., Lovell C. A. K., Schmidt S. S., Yaisawarng S., Accounting for Environmental Effects and Statistical Noise in Data Envelopment Analysis. *Journal of Productivity Analysis*, Vol. 17, No. 1, 2002, pp. 157 – 174.

[43] Fuentes R., Fuster B., Lillo-Bañuls A., A Three-stage DEA Model to Evaluate Learning-teaching Technical Efficiency: Key Performance Indicators and Contextual Variables. *Expert Systems with Applications*, Vol. 48, 2016, pp. 89 – 99.

[44] Jia S. Q., Wang C. X., Li Y. F., Zhang F., Liu W., The Urbanization Efficiency in Chengdu City: An Estimation based on a Three-stage DEA Model. *Physics and Chemistry of the Earth, Parts A/B/C*, Vol. 101, 2017, pp. 59 – 69.

[45] Khodadadipour M., Hadi-Vencheh A., Behzadi M. H., Rostamy-malkhalifeh M., Undesirable Factors in Stochastic DEA Cross-efficiency Evaluation: An Application to Thermal Power Plant Energy Efficiency. *Economic Analysis and Policy*, Vol. 69, 2021, pp. 613 – 628.

[46] Li F., Zhu Q. Y., Liang L., Allocating a Fixed Cost based on a DEA-game Cross Efficiency Approach. *Expert Systems with Application*, Vol. 96, 2018, pp. 196 – 207.

[47] Li X. G., Yang J., Liu X. J., Analysis of Beijing's Environmental Efficiency and Related Factors Using a DEA Model That Considers Undesirable Outputs. *Mathematical & Computer Modelling*, Vol. 58, No. 5 – 6, 2013, pp. 956 – 960.

[48] Liang L., Wu J., Cook W. D., Zhu J., The DEA Game Cross-efficiency Model and its Nash Equilibrium. *Operations Research*, Vol. 56, No. 5, 2008, pp. 1278 – 1288.

[49] Lim S., Oh K. W., Zhu J., Use of DEA Cross-efficiency Evaluation in Portfolio Selection: An Application to Korean Stock Market. *Operations Research*, Vol. 236, No. 1, 2014, pp. 361 – 368.

[50] Ma R., Yao L. F., Jin M. Z., Ren P. Y., The DEA Game Cross-efficiency Model for Supplier Selection Problem under Competition. *Applied Mathematics & Information Sciences*, Vol. 8, No. 2, 2014, pp. 811 – 818.

[51] Medina-Borja A., Triantis, K., Modeling Social Services Performance: A Four-stage DEA Approach to Evaluate Fundraising Efficiency, Capacity Building, Service Quality, and Effectiveness in the Nonprofit Sector. *Annals of Operations Research*, Vol. 221, 2014, pp. 285 – 307.

[52] Mousavizadeh R., Navabakhsh M., Hafezalkotob A., Cost-efficiency Measurement for Two-stage DEA Network Using Game Approach: An Application to Electrical Network in Iran. *Sādhanā*, Vol. 45, 2020, P. 267.

[53] Oskuee M. R. J., Babazadeh E., Najafi-Ravadanegh S., Pourmahmoud J., Multi-stage Planning of Distribution Networks with Application of Multi-objective Algorithm Accompanied by DEA Considering Economical, Environmental and Technical Improvements. *Journal of Circuits Systems & Computers*, Vol. 25, No. 4, 2016, P. 1650025.

[54] Roboredo M. C., Aizemberg L., Meza L. A., The DEA Game Cross Efficiency Model Applied to the Brazilian Football Championship. *Procedia Computer Science*, Vol. 55, 2015, pp. 758 – 763.

[55] Sarkis J., Cordeiro J. J., Ecological Modernization in the Electrical Utility Industry: An Application of a Bads-goods DEA Model of Ecological and Technical Efficiency. *European Journal of Operational Research*, Vol. 219, No. 2, 2012, pp. 386 – 395.

[56] Sav G. T., Four-stage DEA Efficiency Evaluations: Financial Reforms in Public University Funding. *International Journal of Economics & Finance*, Vol. 5, No. 1, 2013, pp. 24 – 33.

[57] Sexton T. R., Silkman R. H., Hogan A. J., *Data Envelopment Analysis: Critique and Extensions*. Jossey-Bass, San Francisco: Silkman, R. H. (Ed.), Measuring Efficiency: An Assessment of Data Envelopment Analysis, 1986, pp. 73 – 105.

[58] Shang J. K., Hung W. T., Lo C. F., Wang F. C., Ecommerce and Hotel Performance: Three-stage DEA Analysis. *Service Industries Journal*, Vol. 28, No. 4, 2008, pp. 529 – 540.

[59] Song H. Y., Yang S., Wu J., Measuring Hotel Performance Using the Game Cross-efficiency Approach. *Journal of China Tourism Research*, Vol. 7, No. 1, 2011, pp. 85 – 103.

[60] Song M. L., Wang S. H., Liu W., A Two-stage DEA Approach for Environmental Efficiency Measurement. *Environmental Monitoring Assessment*, Vol. 186, No. 5, 2014, pp. 3041 – 3051.

[61] Sueyoshi T., Honma T., DEA Network Computing in Multi-stage Parallel Processes. *International Transactions in Operational Research*, Vol. 10, No. 3, 2003, pp. 217 – 244.

[62] Toloo M., The Most Efficient Unit without Explicit Inputs: An Extended MILP-DEA Model. *Measurement*, Vol. 46, No. 9, 2013, pp. 3628 – 3634.

[63] Wu J., Liang L., Chen Y., DEA Game Cross-efficiency Approach to Olympic Rankings. *Omega*, Vol. 37, No. 4, 2009a, pp. 909 - 918.

[64] Wu J., Liang L., Zha Y. C., Preference Voting and Ranking Using DEA Game Cross Efficiency Model. *Journal of the Operations Research Society of Japan*, Vol. 2, No. 2, 2009b, pp. 105 - 111.

[65] Wu P. C., Huang T. H., Pan S. C., Country Performance Evaluation: The DEA Model Approach. *Social Indicators Research*, Vol. 118, No. 2, 2014, pp. 835 - 849.

[66] Xu J., Wei J. C., Zhao D. T., Influence of Social-Media on Operational Efficiency of National Scenic Spots in China based on Three-stage DEA Model. *International Journal of Information Management*, Vol. 36, No. 3, 2016, pp. 374 - 388.

[67] Yang C. C., An Enhanced DEA Model for Decomposition of Technical Efficiency in Banking. *Annals of Operations Research*, Vol. 214, 2014, pp. 167 - 185.

[68] Yang F., Wu D. X., Liang L., Bi G. B., Wu D. D., Supply Chain DEA: Production Possibility Set and Performance Evaluation Model. *Annals of Operations Research*, Vol. 185, No. 1, 2011, pp. 195 - 211.

[69] Yang Z. J., A Two-stage DEA Model to Evaluate the Overall Performance of Canadian Life and Health Insurance Companies. *Mathematical & Computer Modelling*, Vol. 43, No. 7 - 8, 2006, pp. 910 - 919.

[70] Yu J. N., Zhang T. T., Ning Y. L., Lu L., Analysis of Medical Health System based on Game Cross-efficiency Data Envelopment Analysis (DEA) Model and Global Malmquist Index. *Journal of Medical Imaging and Health Informatics*, Vol. 10, No. 9, 2020, pp. 2053 - 2061.

系统降维分析与SPSS实现

第一节　系统降维分析方法与相关背景

系统降维分析主要用于在实际问题研究中对各类指标进行特征提取，是通过对数据或指标的降维处理，解决由于指标间存在明显相关性和信息重叠性而导致的信息处理难度等问题，提高问题分析的全面性和系统性，实现总体最优运行的一类方法。系统降维分析方法主要包括主成分降维模型及因子分析降维模型。

一、主成分降维模型背景与应用

主成分降维模型又称为主分量降维模型，其概念首先由皮尔森（Pearson）于1901年提出，随后由霍特林（Hotelling）于1933年推广开。主成分降维是基于原始指标之间的相关性，在最大限度内保留原始指标信息的基础上，基于多维正交分析的优越性，实现原始指标的降维，使进一步的探究变得简单。主成分降维模型以其自身的优势成为多元统计相关领域数据降维中一种利用率较高的方法，运用主成分降维进行特征提取时，由于高维的原始指标被低维的综合指标所代替，有效地降低了数据处理的难度，简化了实际问题分析的复杂度，同时原始指标的信噪比得到提升，数据抗干扰能力增强。

主成分降维中得到的综合指标，包括了原始指标尽可能多的信息。主成分的选取原则是：对相关性较强的 N 个原始指标进行线性组合，构建新的互相独立的综合指标，涵盖了原始指标中尽可能多的信息，同时应用于后续的相关分析。综合指标的选取原则是：线性组合构成的综合指标方差越大，其能包含的原始指标的信息量越大。根据上述原理，第一主成分即为方差最大的线性组合指标，第二主成分即为除第一主成分之外具备最大方差的线性组合指标，但寻求第二主成分的前提是第一主成分中包含的原始指标信息量不充分。同样的，可以依次构造第三主成分，第四主成分，…，第 M 主成分。最后，主成分之间没有相关性，方差依次减小。上述做法能够有效地减少数据的冗余，进而充分反映原始 N 个指标的信息，即满足 $Cov(P_1, P_2)=0$。基于以上分析，主成分降维基于最大方差准则，通过基变换对指标进一步优化，既能优化原有指标，又防止了指标选择步骤中主观性对后续探究的危害。

主成分降维利用线性变换的降维思想，旨在损失最少信息的前提下求解综合指标，运用综合指标实现对原始变量方差—协方差结构的解释，最大化保留原始变量信息，进而简化系统结构，抓住问题分析的实质。其中，通过原始指标组合得到的综合指标称为主成分，各主成分之间不相关。传统主成分降维模型（PCA）作为最常用的数据降维方法和特征提取工具，国内外学者对其进行了深入的探究，在经典PCA 的基础上产生了许多改进计算，广泛运用于各领域。在主成分降维被提出之后，军和韩（Jun & Han, 1997）分析主成分降维模型的收敛性，发现主成分降维模型收敛于随机样本期望矩阵的特征向量和特征值。目前主成分降维模型最主要的应用是图像降维和去噪，例如，在图像处理中引入 PCA，能够良好地抑制相干斑噪声效果同时具备较强的边缘保持能力（王瑞霞, 2008）；通过将像素及其最近的邻居建模为向量变量，有效保持了图像精细结构，提高去噪性能（Lei et al. , 2010）；高光谱遥感图像去噪办法能有效地保留细节，抑制斑块效应（Mohammed et al. , 2011；霍雷刚和冯象初, 2014）；在散斑计算成像的研究中，通过低维空间上的投影方差最大化，提高图像成像的质量（周栋等, 2020）；对统计过程控制图的统计和形状特征的降维，有效地提高分类准确率（王海燕和卓奕君, 2020）；利用改进的层次主成分降维模型对最优图像进行显著性检测（Chen et al. , 2020）。有较多学者将主成分降维模型与支持向量机算法相结合形成新的 PCA-SVM 算法，并运用于各类领域的研究中。例如，利用样本数据对模型预测结果进行检测，进而对采空区的危险性进行评价（李岩和赵建文, 2014）；赋予不同特征对情绪识别效果影响相应的权重，基于权重较高的特征产生新的特征子集，进而提高算法的执行效率（李发权等, 2014）；构建 AD 诊断框架，并将其运用在医疗保健领域中疾病的诊断（Zeng et al. , 2018）；提出有机化合物太赫兹吸收光谱识别方法，对 15 种有机化合物的太赫兹光谱数据进行了识别（刘俊秀等, 2019）；将结合后的新算法应用于对热泵系统制冷剂泄漏进行识别研究中（于仙毅等，2020）。另外，将主成分降维模型与神经网络算法相结合进而形成的新算法也得到了学术界的认可，如将其运用于电子鼻系统的设计（明勇和王华军，2014）、建设用地的需求预测（谢汀等，2014）、光伏输出功率的短期预测（许童羽等，2016）、围岩可掘性等级识别（段志伟等，2020）及微铣刀磨损在线监测（王二化和刘颉，2021）。与此同时，主成分降维模型常与聚类分析相结合。例如，三叶氯仿部位 HPLC 指纹图谱分析（靳贝贝等，2018）；野生食用植物的营养成分、多酚含量、抗糖尿病和抗氧化性能比较评价（Alam et al.，2020）；如对蓝莓果实质地、水稻品种的品质综合评价与产品分类（刘丙花等，2019；荆瑞勇等，2020）。在不同领域的应用中，针对稀疏向量的主成分降维模型，有学者提出稀疏主成分降维模型，旨在分别提取数据矩阵的单个稀疏主成分或同时提取多个主成分（Journee et al.，2010；Ma，2013）。具体将其应用于大规模矩阵分解问题（Mairal et al.，2010）、在线目标对象跟踪系统（Dong et al.，2013）及人脸识别技术中（Lai et al.，2014；李东博和黄铝文，2020）。除了上述领域，也有学者将主成分降维模型应用于绩效评估领域中，评估上市航空公司财务绩效（Tung et al.，2009）、评估生态工业园区的生态绩效（宋叙言和沈江，2015）、评估保险公司可持续发展绩效（Beiragh et al.，2020）以及评估农牧板块上市公司财务绩效（冯雪彬和张建英，2020）；或将主成分降维模型与机器学习算法相结合，并运用于无监督机器学习技术中（Wetzel，2017；Reddy et al.，2020）；或将主成分降维模型应用于转子系统故障诊断与工业系统故障系统监测中（Zhao et al.，2019；朱振杰等，2021）；或将主成分降维模型应用于工程实际金属矿采空区危险性辨别（刘志祥等，2014）与划定地质灾害危险性分区（洪增林等，2020）。或将主成分降维模型用于土壤养分的综合评价（黄安等，2014）；或将主成分降维模型应用于化学计量领域对金花茶花指纹图谱的研究及质量评价（Bro & Smilde，2014；Kumar，2017；黄颖桢等，2020）。

二、因子分析降维模型背景与应用

因子分析降维模型（FA）是主成分降维模型（PCA）的扩展，是一种基于矩阵间的相关性，从原始变量中提取多个综合变量的多元统计分析方法。因子分析降维模型的概念源于卡尔·皮尔逊和查尔斯·斯皮尔曼（Kael Pearson & Charles Spearman，1904）对智商测试的统计分析，由瑟斯通（Thurstone，1931）正式提出。因子分析降维模型的基本原理是计算存在相关性原始指标的协方差矩阵或相关矩阵，提取公共因子，尽可能多地包含原始指标的信息。在因子分析降维模型中，通过因子旋转提取得到的因子变量解释性较高，因子变量的命名清晰度较高，完善了主成分降维的不足。与主成分降维模型相比，因子分析更倾向于反映原始变量间存在的相关关系，有效地解决了由于评价指标的单一性造成的一系列问题。综上所述，因子分析降维模型自提出以来，在学术界各个领域得到了广泛的应用。

国内最早由门桂珍在1979年将因子分析降维模型应用于沉积学的研究中，运用提取的公共因子代表物质来源、水动力条件、生物组合、元素共生组合、矿化强度及沉积环境等。因子分析降维模型中，探索性与验证性因子分析研究较为广泛，如探究性因子分析降维模型和验证性因子分析降维模型在咨询心理学研究中的应用分析（Kahn，2006），探究探索性和验证性因子分析在具体运用中涉及的假设和数据筛选、差异性与拟合模型优度问题（Flora et al.，2012；Orcan，2018；Beauducel & Hilger，2019），对比两类因子分析在小样本研究、人格障碍研究、规模建设过程中的具体表现（Jung，2013；Wright，2017；Peterson，2019）。具体而言，在多元数据结构检测中稳健探索性因子相比较经典因子分析降维模型具备稳定性的特征（Horst & Peter，2010），基于此，将其应用于小样本分析及定量心理学研究中（Sunho & Soonmook，2010），总结探索性因子的分析标准误差（Zhang et al.，2014；Peterson，2017；Luo et al.，2019）。在绩效评估领域，运用因子分析法对投资项目财务效果进行综合评论，既保留了项目各财务评价标准的主要信息，又避免了评价的片面性（徐尚友和郑垂勇，2003），因此因子分析降维模型被应用于沪深电力电子行业上市公司绩效评估（刘秀芹，2004；冯丽霞和范奇芳，2006）、证券公司经营绩效分析（贺强和赵照，2014）、农产品供应链的绩效水平（王勇和邓旭东，2015）、能源公司的财务业绩（Flach et al.，2017）、科技企业并购绩效比较研究（胡文伟和李湛，2019）、长三角大湾区城市群生态文明绩效评估（王珂等，2020）、饲料上市公司财务绩效评价（杨磊，2020）以及农村地区扶贫绩效评估中（郭兴华，2020）。在风险评估领域，因子分析降维模型分别与支持向量机、聚类分析和神经网络相结合，应用于电网故障风险评估（汤昶烽等，2013）、房地产企业财务风险预警（欧国良等，2018）、林业及农业上市企业财务风险评价及预警（陈茜和田治威，2017；芦笛和王冠华，2019）以及信息系统风险评估中（张明慧和程红霞，2019）。在其余领域，因子分析降维模型被应用于竞争力、发展水平及能源效率的研究中。例如，运用因子分析降维模型法构建城游竞争力评价指标模型，对城游竞争力进行定量评价，并针对区别层次城游竞争力提出对策（闫翠丽等，2014）；以面板数据为例，对中国地区经济发展水平进行了综合评论和分析（李福祥和刘琪琦，2016）；结合因子分析降维模型和数据包络分析，对我国五大发电集团的能源效率进行综合评估及对比分析（仇磊等，2019）；运用因子分析降维模型法对福建省生态农发质量进行综合评价（陈培彬等，2020）。在故障诊断与异常点识别中，将因子分析降维模型与马氏距离或支持向量机相结合，对网络异常点进行识别与特征聚类（Wu & Zhang，2006），提出高压断路器机械故障诊断方法（程序等，2014）。因子分析降维模型还被应用于污染检测与评估分析中，如分析导频污染下的信道估计问题（Wei et al.，2018）以及对石油类污染物的检测分析（孔德明等，2020）。

主成分降维模型与因子分析降维模型的相似之处在于：一是通过消除原变量间的相关性、构建综合指标、简化原变量结构等方法，对原变量进行降维或排序；二是基于相关系数矩阵或协方差矩阵特征值与特征向量间的不相关性，将具有相关性的原始变量线性组合成不相关的综合标准；三是采用综合指标方差来表示信息量。区别在于：一是主成分系数 u_{ij} 仅代表变量 X_i 在第 j 个主成分 Y_j 中所包含的信息量，而不是主成分 Y_j 与变量 X_i 的相关系数，因子系数 a_{ij} 是变量 X_i 与公共因子 F_j 的相关系数；二是主成分降维和因子分析降维模型中的系数矩阵是通过相关系数矩阵的特征向量得到的，并且存在 $\sum_{i=1}^{p} u_{ij}^2 = 1$ 的限制，因此主成分降维模型中的系数矩阵是唯一的。由于因子分析降维模型中存在任意正交矩阵 Γ，且 $X = (A\Gamma)(\Gamma^T F) + \varepsilon$，因此 $\Gamma^T F$ 也是公共因子，$A\Gamma$ 也是因子载荷矩阵，即因子分析降维模型中的因子载荷矩阵不是唯一的。

第二节　系统降维的主成分与因子模型

一、传统主成分降维模型分析

假设 N 个样本所处的空间是二维的，每一个样本有两个观测变量，分别是 x_1 和 x_2。在由观测变量组成的二维空间，样本的散射分布如图 8-1（a）所示。每一个样本的 x_1 方向或 x_2 方向有很大的离散度，通过计算 x_1 和 x_2 的方差可得到特定的离散程度。在具体问题的分析中，若只考虑 x_1 和 x_2 中的任意一个变量，则会导致原始数据中的某一部分信息出现较多缺失。为了增加分析问题的全面性和系统性，可分别将 x_1 轴和 x_2 轴同时逆时针转动 θ 度，得到新的坐标轴 y_1 和 y_2，如图 8-1（b）所示。由旋转变换公式：

$$\left\{\begin{aligned} y_1 &= x_1\cos\theta + x_2\sin\theta \\ y_2 &= -x_1\sin\theta + x_2\cos\theta \end{aligned}\right\} \tag{8-1}$$

其中，新的变量 y_1 和 y_2 是由 x_1 和 x_2 通过一系列的线性组合得到的，新变量的矩阵形式可表示为：

$$\begin{bmatrix} y_1 \\ y_2 \end{bmatrix} = \begin{pmatrix} \cos\theta & \sin\theta \\ -\sin\theta & \cos\theta \end{pmatrix} \begin{bmatrix} x_1 \\ x_2 \end{bmatrix} = \boldsymbol{U}'x \tag{8-2}$$

其中，$\boldsymbol{U}'$为旋转变换正交矩阵，满足 $\boldsymbol{U}'=\boldsymbol{U}^{-1}$且 $\boldsymbol{U}'\boldsymbol{U}=1$。

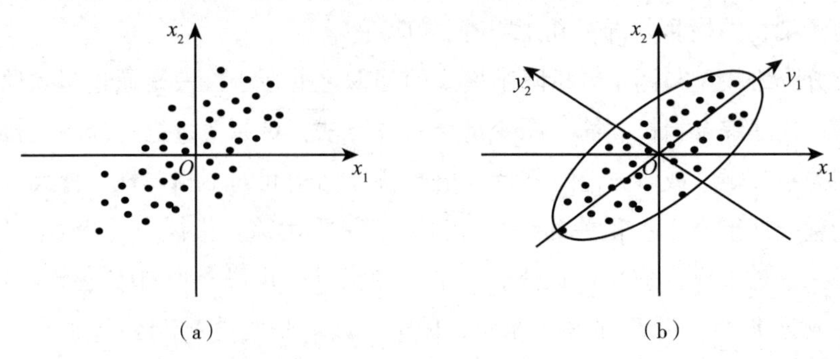

图 8-1　主成分降维原理

为了实现 N 个样本在 y_1 轴方向上的离散程度达到最大值，即 y_1 的方差最大，通过旋转变换使得新变量 y_1 最大化保留了原始数据的信息，具体问题的分析中由于变量 y_2 所包含的信息对整体的影响较小可忽略。一方面，新的变量通过将原始数据集中到 y_1 变量轴上，较好地浓缩了原始数据中包含的信息；另一方面，新变量 y_1 和 y_2 间不存在相关性，有效地避免了原始信息重叠等问题对数据分析造成的复杂性。由于 N 个样本在 y_1 轴上方差最大，将二维空间上的样本描述用 y_1 这一变量来代替，能够包含最多信息，因此将 y_1 定义为第一主成分，将 y_2 定义为第二主成分。通过上述的旋转变化，在损失最少信息的前提下，由于新观测变量是原始观测变量的线性组合，因此将二维空间中的两个观测变量最终转换为一维空间中的观测变量，最大程度上简化了数据结构，增加了问题分析的有效性和系统性。

传统主成分降维模型的构建步骤如下：假设原始数据集中有 N 个训练样本，每个样本观测 P 个变量，则有：

$$X=\begin{bmatrix} x_{11} & x_{12} & \cdots & x_{1p} \\ x_{21} & x_{22} & \cdots & x_{2p} \\ & & \cdots & \\ x_{n1} & x_{n2} & \cdots & x_{np} \end{bmatrix}=[x_1,x_2,\cdots,x_p] \tag{8-3}$$

其中，$x_i=(x_{1i},x_{2i},\cdots,x_{ni})^T$，$i=1,2,\cdots,p$。主成分 PCA 是初始变量 $x_1,x_2,\cdots,x_p$ 的线性搭配：

$$\begin{cases} F_1=u_{11}x_1+u_{21}x_2+\cdots+u_{p1}x_p \\ F_2=u_{12}x_1+u_{22}x_2+\cdots+u_{p2}x_p \\ \qquad\cdots \\ F_p=u_{1p}x_1+u_{2p}x_2+\cdots+u_{pp}x_p \end{cases} \tag{8-4}$$

式（8-4）可简化为：$F_i=u_{1i}x_1+u_{2i}x_2+\cdots+u_{pi}x_p$，$i=1，2，\cdots，p$，其中，$x_i$

与 F_i 均是 n 维向量，u_{ij}满足下述三个条件时，线性组合得到的新变量间不相关且方差顺次递减：

（1）F_i 与 F_j 不相关（$i \neq j$；i，$j=1$，2，…，p）；

（2）记 F_i 的方差为 σ_i（$i=1$，2，…，p），则需满足 $\sigma_1 > \sigma_2 > \cdots > \sigma_i$；

（3）$u_{k1}^2 + u_{k2}^2 + \cdots + u_{kp}^2 = 1$（$k=1$，2，…，$p$）。

综上所述，可构建 $p \times p$ 阶变换矩阵 U，使得 $F = [F_1, F_2, \cdots, F_p] = U^T X$：

$$U = \begin{bmatrix} u_{11} & u_{12} & \cdots & u_{1p} \\ u_{21} & u_{22} & \cdots & u_{2p} \\ & & \cdots & \\ u_{p1} & u_{p2} & \cdots & u_{pp} \end{bmatrix} \tag{8-5}$$

综合上述模型，主成分降维模型是基于原始数据，计算主成分系数进而得出主成分模型的求解过程，具体的主成分求解如下。将样本 X 的均值矩阵记为 $V = E(X)$，协方差矩阵记为 $S = D(X)$，将变换矩阵 U 记为 $U = [u_1, u_2, \cdots u_p]$，其中 $u_i = (u_{1i}, u_{2i}, \cdots, u_{pi})^T$，$i = 1, 2, \cdots$，$p$，则可将新变量表示为：

$$F_i = u_{1i}x_1 + u_{2i}x_2 + \cdots + u_{pi}x_p = u_i^T X,\ i = 1, 2, \cdots, p \tag{8-6}$$

即：

$$F = [F_1, F_2, \cdots, F_p] = U^T X = [u_1^T X, u_2^T X, \cdots, u_p^T X] \tag{8-7}$$

通过原始数据的线性组合，可得到一组互不相关的新变量 $F_1, F_2, \cdots, F_p$，由于其可以充分反映原始变量 $x_1, x_2, \cdots, x_p$ 的绝大部分信息，因此可用其替代原始变量。新变量满足：

$$D(F_i) = D(u_i^T X) = u_i^T D(X) u_i = u_i^T S u_i$$
$$\mathrm{cov}(F_i, F_j) = \mathrm{cov}(u_i^T X, u_j^T X) = u_i^T \mathrm{cov}(X, X) u_j = u_i^T S u_j;\ i, j = 1, 2, \cdots, p \tag{8-8}$$

基于新变量 $F_1, F_2, \cdots, F_p$ 互不相关的条件下，还需寻找最优 u_i，使得新变量满足方差最大条件，即 $D(F_i) = u_i^T S u_i, i = 1, 2, \cdots, p$ 达到最大值。

基于以上分析，在单位向量 u_i 满足 $u_i^T u_i = 1$ 的要求下，第一主成分可表示为 $F_1 = u_1^T X$，即 $D(F_1) = u_1^T S u_1$ 最大。第二主成分为 $F_2 = u_2^T X$，$\mathrm{cov}(F_2, F_1) = \mathrm{cov}(u_2^T X, u_1^T X) = u_2^T S u_1 = 0$，使 $D(F_2) = u_2^T S u_2$ 达到第二个最大值。通常情况下，第 k 个主成分为 $F_k = u_k^T X$，且 $\mathrm{cov}(F_k, F_l) = \mathrm{cov}(u_k^T X, u_l^T X) = u_k^T S u_l = 0, (l < k)$，使 $D(F_k) = u_k^T S u_k$ 达到第 k 个最大值。主成分的求解方式如下：

首先构造目标函数：

$$\phi_1(u_1,\lambda)=u_1^T Su_1-\lambda(u_1^T u_1-1) \tag{8-9}$$

对式（8－9）的 u_1 进行微分得：

$$\frac{\partial\phi_1}{\partial u_1}=2Su_1-2\lambda u_1=0 \tag{8-10}$$

则可得：

$$Su_1=\lambda u_1 \tag{8-11}$$

两边分别左乘 u_1^T，可得：

$$u_1^T Su_1=\lambda \tag{8-12}$$

公式（8－12）是协方差矩阵 S 的特征方差，由于其是正定矩阵，特征根大于或等于零，即设 S 的特征根为 $\lambda_i(0\leqslant\lambda\leqslant p)$，则 $\lambda_1\geqslant\lambda_2\geqslant\cdots\geqslant\lambda_p\geqslant 0$。其中，$\lambda$ 为 F_1 的最大方差，u_1 为 F_1 的单位特征向量。

继续求解第二主成分，由于 $cov(F_1,F_2)=0$，且 $u_2^T u_1=u_1^T u_2$，构造目标函数：

$$\phi_2(u_2,\lambda,\delta)=u_2^T Su_2-\lambda(u_2^T u_2-1)-2\delta u_1^T u_2 \tag{8-13}$$

对 u_2 微分，得：

$$\frac{\partial\phi_2}{\partial u_2}=2Su_2-2\lambda u_2-2\delta u_1=0 \tag{8-14}$$

两边分别左乘 u_1^T，可得：

$$u_1^T Su_2-\lambda u_1^T u_2-\delta u_1^T u_1=0 \tag{8-15}$$

其中，由于 $u_1^T Su_2=cov(F_2,F_1)=0$、$u_1^T u_2=0$ 且 $u_1^T u_1=1$，可求得 $\delta=0$，将 $\delta=0$ 带入积分式中，可得：

$$Su_2=\lambda u_2 \tag{8-16}$$

两边分别左乘 u_2^T，可得：

$$u_2^T Su_2=\lambda \tag{8-17}$$

由公式（8－17）可知，新变量 F_2 的最大方差为 λ_2，单位特征向量为 u_2。

将上述主成分的求解方式拓展到一般的第 k 个主成分的求解，在 $u_k^T u_k=1$、$u_k^T u_i=0(i<k)$的要求下，为使 $D(F_k)=u_k^T Su_k$ 达到最大值，构建如下目标函数：

$$\phi_k(u_k,\lambda,\delta_i)=u_k^T Su_k-\lambda(u_k^T u_k-1)-2\sum_{i=1}^{k-1}\delta_i u_i^T u_k \tag{8-18}$$

两边对 u_k 求微分，可得：

$$\frac{\partial \phi_k}{\partial u_k} = 2Su_k - 2\lambda u_k - 2\sum_{i=1}^{k-1} \delta_i u_i^T u_k \tag{8-19}$$

两边分别左乘 u_i^T，可得：

$$u_i^T S u_k - \lambda u_i^T u_k - \sum_{i=1}^{k-1} \delta_i u_i^T u_i = 0 \tag{8-20}$$

其中，由于 $u_i^T S u_k = 0$，$u_i^T u_k = 0$ 且 $u_i^T u_i = 1$，可求得 $\delta_i = 0(i = 1, 2, \cdots, k-1)$，代入积分式中，可得：

$$Su_k = \lambda u_k \tag{8-21}$$

两边分别左乘 u_k^T，可得：

$$u_k^T S u_k = \lambda \tag{8-22}$$

其中，λ_k 既是协方差矩阵 S 的第 k 大的特征根，同时也是 F_k 的最大方差，其单位特征向量为 u_k。基于上述分析，新的主成分可由下述线性组合得出，同时协方差矩阵的特征根即为各主成分的方差。

$$\begin{cases} F_1 = u_1^T X \\ F_2 = u_2^T X \\ \cdots \\ F_p = u_p^T X \end{cases} \tag{8-23}$$

为了衡量各主成分 F 从原始数据 X 中提取的信息量，通常用主成分贡献率和累计贡献率两个标准进行相应计算分析。主成分的贡献率是指第 i 主成分对应的特征值在所有特征值中的占比。其判别方式为：贡献率越大，第 i 主成分包含的原始信息就越多。贡献率为 β_i 可计算为：

$$\beta_i = \frac{\lambda_i}{\sum_{i=1}^{p} \lambda_i} \tag{8-24}$$

主成分的累计贡献率是指前 k 个主成分特征值之和在所有特征值之和中的占比。通过计算主成分的累计贡献率，可判断得出各主成分中包含的原始数据信息量，即值越大，表示原始数据的绝大多数信息均被包含在前 k 个主成分中。累计贡献率 M_k 可计算为：

$$M_k = \frac{\sum_{i=1}^{k} \lambda_i}{\sum_{i=1}^{p} \lambda_i} \tag{8-25}$$

其中，λ_i 为第 i 个主成分对应的特征值，M_k 为前 k 个主成分的累计贡献率。

二、加权主成分降维模型分析

加权主成分降维模型的原理是通过对数据矩阵中的所有变量赋予相应的权重以凸显变量的相应重要度。变量的权重值越大，其相对重要程度越强，反之，变量的权重值越小，其相对重要程度越弱。加权主成分降维模型的具体计算步骤如下：

（1）原始矩阵 $A_{m\times n}$ 表示为：

$$\begin{bmatrix} x_{11} & \cdots & x_{1n} \\ \cdots & \cdots & \cdots \\ x_{m1} & \cdots & x_{mn} \end{bmatrix} \tag{8-26}$$

（2）对原始矩阵 $A_{m\times n}$ 进行标准化处理：

$$x_{ij}^{*} = \frac{x_{ij} - \bar{x}_j}{\sqrt{Var(x_j)}} (i=1,2,\cdots, m;\ j=1,2,\cdots,n) \tag{8-27}$$

其中，$\bar{x}_j = \frac{1}{m}\sum_{i=1}^{m} x_{ij}$，$Var(x_j) = \frac{1}{m-1}\sum_{i=1}^{m} (x_{ij} - \bar{x}_j)^2$，$x_{ij}^{*}$ 表示原始矩阵 $A_{m\times n}$ 各项标准化后的对应值。

（3）权值向量 ω_j 可计算为：

$$\omega_j = \frac{c_j}{\sum_{j=1}^{n} c_j} \tag{8-28}$$

其中，$c_j = \frac{1}{m}\sum_{i=1}^{m} x_{ij}^{*} (i=1,2,\cdots,m;\ j=1,2,\cdots,n)$，$x_{ij}^{*}$ 是原始矩阵 $A_{m\times n}$ 的元素 x_{ij} 经过归一化处理之后的对应值。

（4）对矩阵进行加权处理得到 $Z_{m\times n}$：

$$Z_{m\times n} = \begin{cases} z_1 & w\times(x_{11},\cdots,x_{1n}) \\ \cdots & \cdots \\ z_m & w\times(x_{m1},\cdots,x_{mn}) \end{cases} \Rightarrow Z_{m\times n} = \begin{bmatrix} z_{11} & \cdots & z_{1n} \\ \cdots & \cdots & \cdots \\ z_{m1} & \cdots & z_{mn} \end{bmatrix} \tag{8-29}$$

（5）求解标准化矩阵的相关系数矩阵 R：

$$R=\begin{bmatrix} r_{11} & r_{12} & \cdots & r_{1n} \\ r_{21} & r_{22} & \cdots & r_{2n} \\ & \cdots & & \\ r_{m1} & r_{m2} & \cdots & r_{mn} \end{bmatrix} \tag{8-30}$$

其中，满足 $r_{ij} = \frac{1}{m-1}\sum_{i=1}^{m} z_{ii}z_{ij}(i = 1,2,\cdots,m;\ j = 1,2,\cdots,n)$。

（6）计算相关系数矩阵 R 的特征值 λ_j 和特征向量 α_j：$\lambda_j\alpha_j = R\alpha_j(j = 1,2,\cdots,n)$。

（7）相关系数矩阵 R 的特征值可通过降序排列如下：$\lambda_1 \geqslant \lambda_2 \geqslant \cdots \geqslant \lambda_n$。

（8）计算主成分 y_k 的贡献率 $\frac{\lambda_k}{\sum_{j=1}^{n}\lambda_j}$，累积贡献率 $\frac{\sum_{j=1}^{k}\lambda_j}{\sum_{j=1}^{n}\lambda_j}$。加权主成分降维模型中，主成分选取的有效性一般通过累计贡献率的大小来判别，即当累计贡献率大于等于 85% 时，认为主成分的选取具备有效性。

三、二维主成分降维模型分析

二维主成分降维模型主要通过构建二维图像矩阵，得到图像协方差矩阵，并通过求解最优投影向量来提取特征，在此基础上再进一步进行图像去噪。相对于传统主成分降维模型，其优点为：一方面，通过二维主成分降维模型计算的协方差矩阵更简便且更准确；另一方面，提高了特征向量的计算速度，降低了计算复杂度和存储空间。二维主成分降维模型可建模如下。

设 X 为一个 n 维的单位列向量，V 是 $m\times n$ 的投影图像，将 V 投影到 X 上可得：

$$Y = VX \tag{8-31}$$

其中，m 维矢量 Y 为图像 V 的投影特征矢量。由于投影图像的总散布矩阵可以有效测量具有辨别率的投影矢量，同时投影特征矢量的协方差矩阵的迹能够表示投影图像的总散布矩阵，由此可得到主成分准则：

$$J(X) = tr(S_x) \tag{8-32}$$

其中，协方差矩阵 S_x 对应投影特征矢量 Y，$tr(S_x)$ 是矩阵的迹。为了使投影后的特征向量总体散布矩阵最大化，求解投影轴 X 尤为重要。将协方差矩阵计算如下：

$$\begin{aligned} S_x &= E[(Y-EY)(Y-EY)^T] \\ &= E\{[VX-E(VX)][VX-E(VX)]^T\} \\ &= E\{[(V-EV)X][(V-EV)X]^T\} \end{aligned} \tag{8-33}$$

因此，协方差矩阵的迹可表示为：

$$tr(S_x) = X^T E[(V - EV)^T (V - EV)]X \tag{8-34}$$

定义矩阵 S_t 为图像 V 的总协方差矩阵，可将其表示为：

$$S_t = E[(V - EV)^T (V - EV)] \tag{8-35}$$

其中，S_t 为 $n \times n$ 阶非负正定矩阵，可由原始图像样本矩阵直接计算得出。

假设 N 个训练样本中，矩阵样本 $V_j (j = 1, 2, \cdots, N)$ 为第 j 个样本的 $m \times n$ 阶矩阵，训练样本的均值图像记为 $\bar{V}$，此时可将总协方差矩阵表示为：

$$S_t = \frac{1}{N} \sum_{j=1}^{N} (V_j - \bar{V})^T (V_j - \bar{V}) \tag{8-36}$$

其中，$\bar{V} = \frac{1}{N} \sum_{j=1}^{N} V_j$。综合上述分析，可将二维主成分降维模型的广义散布准则函数表示为：

$$J(X) = X^T S_t X \tag{8-37}$$

其中，X 是单位列向量，当准则函数达到最大值时，单位矢量 X 称为最优投影轴，即投影后的散布矩阵 $J(X)$ 取到最大值。为提升分析的全面性，有必要寻找一系列最优的投影轴 $X_1, X_2, \cdots, X_d$。最优投影轴需要满足正交约束和最大化准则：

$$\begin{cases} \{X_1, X_2, \cdots, X_d\} = \operatorname{argmax} J(X) \\ X_i^T X_j = 0,\ i \neq j,\ i, j = 1, 2, \cdots, d \end{cases} \tag{8-38}$$

其中，若已知图像 V 的总协方差矩阵为 S_t，通过求解其前 d 个最大特征值所对应的正交特征向量，即可求解出最优投影轴 $X_1, X_2, \cdots, X_d$。二维主成分降维模型主要应用于特征提取中，图像样本 V，其投影后的特征矢量族为 $Y_1, Y_2, \cdots, Y_d$，特征向量即为求解出的主成分，满足 $Y_k = VX_k (k = 1, 2, \cdots, d)$。在已知最优投影矩阵 $X = [X_1, X_2, \cdots, X_d]$ 的基础上，可利用主成分矢量构造 $m \times d$ 阶矩阵 $B = [Y_1, Y_2, \cdots, Y_d]$，此时矩阵 B 即为图像样本 V 的特征矩阵或特征图像，符合条件 $B = VX$。

四、核主成分降维模型分析

设 $\omega_1, \omega_2, \cdots, \omega_p$ 为 p 个图像类别，将 N 个训练样本矢量表示为满足 $n_1 + n_2 + \cdots + n_p = N$ 的集合 $\{x_1^1, x_2^1, \cdots, x_{n_1}^1, \cdots, x_1^p, x_2^p, \cdots, x_{n_p}^p\}$，其中，$x_j^i \in R^n$ 为第 i 类的第 j 个训练样本，n_i 为其训练样本数目。在 L 维特征空间 W 中表示经过非线性映射 η 变换后的训练样本，得到全体训练样本矢量 $\eta(x_1^1), \eta(x_2^1), \cdots, \eta(x_{n_1}^1), \cdots, \eta(x_1^p), \eta(x_2^p), \cdots,$

$\eta(x_{n_p}^p)$，将高维特征空间 W 上的训练样本总体散度矩阵 S_t^η 定义为：

$$S_t^\eta = \frac{1}{N}\sum_{i=1}^{p}\sum_{j=1}^{n_i}[\eta(x_j^i) - v^\eta][\eta(x_j^i) - v^\eta]^T \tag{8-39}$$

其中，将样本总体均值矢量表示为 v^η，满足条件：$v^\eta = \frac{1}{N}\sum_{i=1}^{p}\sum_{j=1}^{n_i}\eta(x_j^i)$，准则函数表示为：

$$\max J^\eta(U) = \sum_{j=1}^{c} u_j^T S_t^\eta u_j \tag{8-40}$$

其中，$u_i \in R^L$ 是非零列矢量，$U = [u_1, u_2, \cdots, u_c] \in R^{L\times c}$。当准则函数取到最大值时，最优鉴别矢量组 $u_1, u_2, \cdots, u_c$ 可在特征空间 W 上求得，为后续特征提取作准备。由于非线性映射 η 变换的未知性，将 L 维特征空间 W 上主成分降维模型准则函数用核函数进行表示。$\eta(x_1), \eta(x_2), \cdots, \eta(x_N)$ 为高维特征空间 W 中的 N 个训练样本，根据主成分降维模型准则中任何解矢量 u_i 一定位于由 N 个训练样本 $\eta(x_1), \eta(x_2), \cdots$, $\eta(x_N)$ 所组成的空间内，即：

$$u = \sum_{i=1}^{N} b_i\eta(x_i) = \phi\beta \tag{8-41}$$

其中，$\phi = [\eta(x_1), \eta(x_2), \cdots, \eta(x_N)]$，$\beta = [b_1, b_2, \cdots, b_N]^T \in R^N$，把 $\eta(x_k^i)$ 投影到 u 上，则有：

$$\begin{aligned} u^T\eta(x_k^i) &= \beta^T\phi^T\eta(x_k^i) \\ &= \beta^T[\eta(x_1)^T\eta(x_k^i), \eta(x_2)^T\eta(x_k^i), \cdots, \eta(x_N)^T\eta(x_k^i)]^T \\ &= \beta^T[k(x_1, x_k^i), k(x_2, x_k^i), \cdots, k(x_N, x_k^i)]^T \\ &= \beta^T X_k^i \end{aligned} \tag{8-42}$$

其中，X_k^i 是 N 维的列矢量，且 $X_k^i = [k(x_1, x_k^i), k(x_2, x_k^i), \cdots, k(x_N, x_k^i)]^T$。

由上述结论可知，假设原始输入样本表示为 x_k^i，核样本矢量可进一步表示为 $X_k^i = [k(x_1, x_k^i), k(x_2, x_k^i), \cdots, k(x_N, x_k^i)]^T$，对应的列矢量 $\beta = [b_1, b_2, \cdots, b_N]^T \in R^N$ 为核鉴别矢量。在潜在最优鉴别矢量 u 上对总体均值矢量 v^η 进行投影，可得：

$$\begin{aligned} u^T v^\eta &= \beta^T\frac{1}{N}\sum_{i=1}^{p}[\eta(x_1)^T\eta(x_j^i), \eta(x_2)^T\eta(x_j^i), \cdots, \eta(x_N)^T\eta(x_j^i)]^T \\ &= \beta^T\frac{1}{N}\sum_{i=1}^{p}\sum_{j=1}^{n_i}[k(x_1, x_j^i), k(x_2, x_j^i), \cdots, k(x_N, x_j^i)]^T \\ &= \beta^T\frac{1}{N}\sum_{i=1}^{p}\sum_{j=1}^{n_i}X_j^i \\ &= \beta^T\mu \end{aligned} \tag{8-43}$$

其中，$\mu = \frac{1}{N}\sum_{i=1}^{p}\sum_{j=1}^{n_i}X_j^i$，综合式（8－39）至式（8－43）可得：

$$u^T S_t^\eta u = \beta^T K_t \beta \tag{8-44}$$

其中，$K_t \in R^{N\times N}$且$K_t = \frac{1}{N}\sum_{i=1}^{p}\sum_{j=1}^{n_i}(X_j^i - \mu)(X_j^i - \mu)^T$。综合上述分析，将$L$维特征空间$W$上的核主成分降维模型函数定义为如下形式：

$$\begin{aligned} \max J^\eta(U) &= \sum_{j=1}^{c} u_j^T S_t^\eta u_j = \sum_{j=1}^{c} \beta_j^T K_t \beta_j \\ \max J_K(\beta) &= \sum_{j=1}^{c} \beta_j^T K_t \beta_j \end{aligned} \tag{8-45}$$

其中，最优N维核鉴别矢量$b_i \in R^N$满足$J_K(\beta)$取到最大值。当最优核鉴别矢量取单位矢量时，即满足$b_i^T b_i = 1$，核主成分降维模型准则可转化为：

$$\begin{cases} \max \sum_{i=1}^{c} \beta_i^T K_t \beta_i \\ \text{s. t.}\ \ \beta_i^T\beta_i = 1(i = 1,2,\cdots,c) \end{cases} \tag{8-46}$$

在核主成分降维模型准则中，假设特征方程表示为$K_t X = \lambda X$，最优核鉴别矢量集$b_1, b_2, \cdots, b_c$可由其前c个最大特征值所对应的单位特征矢量求得，进一步将其做投影变换可得到矩阵$B = [b_1, b_2, \cdots, b_c]$，同时低维的特征矢量可通过$Y = BX$对任意核样本矢量$X$进行投影变换取得。

五、因子分析降维模型分析

设有n个样本，每个样本包含p个观测变量。满足以下假设：

（1）随机向量$X = (X_1, X_2, \cdots, X_p)^T$可观测，均值向量$E(X) = 0$，协方差矩阵$\text{cov}(X) = \Sigma$，当$E(X) = \mu$时，令$X^* = X - \mu$，此时有$EX^* = 0$。

（2）随机向量$F = (F_1, F_2, \cdots, F_m)^T (m < p)$不可观测，均值向量$E(F) = 0$，协方差矩阵$\text{cov}(F) = I_m$，各分量间不相关且方差为1。

（3）随机向量$\varepsilon = (\varepsilon_1, \varepsilon_2, \cdots \varepsilon_p)^T$不可观测，均值向量$E(\varepsilon) = 0$，协方差矩阵$\text{cov}(\varepsilon) = diag(\sigma_1^2, \sigma_2^2, \cdots, \sigma_p^2) = D_\varepsilon$。其中，$D_\varepsilon$为对角矩阵，各分量间不相关，同时随机向量$\varepsilon$与$F$不相关，即$\text{cov}(F, \varepsilon) = 0$。结合上述假设条件，因子分析降维模型表达为：

$$\begin{cases} X_1 = a_{11}F_1 + a_{12}F_2 + \cdots + a_{1m}F_m + \varepsilon_1 \\ X_2 = a_{21}F_1 + a_{22}F_2 + \cdots + a_{2m}F_m + \varepsilon_2 \\ \cdots \\ X_p = a_{p1}F_1 + a_{p2}F_2 + \cdots + a_{pm}F_m + \varepsilon_p \end{cases} \tag{8-47}$$

其矩阵形式可表示为：

$$X = AF + \varepsilon \tag{8-48}$$

其中，$F = (F_1, F_2, \cdots, F_m)^T$ 为公共因子，a_{ij}与 $A = (a_{ij})_{p \times m}$分别表示因子载荷及其矩阵，其中，$a_{ij}$表示 X_i 在 F_i 上的负荷，即第 i 个变量 X_i 对第 j 个公共因子 F_j 的相对重要性，$\varepsilon = (\varepsilon_1, \varepsilon_2, \cdots, \varepsilon_p)^T$ 为特殊因子。因子分析降维模型具备下列性质：

（1）满足 $m \leqslant p$；

（2）F 和 ε 不相关，即 $\mathrm{cov}(F, \varepsilon) = 0$；

（3）$F_1, F_2, \cdots, F_m$ 不相关且方差均为 1，即：

$$D(F) = \begin{bmatrix} 1 & & & \\ & 1 & & \\ & & \cdots & \\ & & & 1 \end{bmatrix} \tag{8-49}$$

（4）$\varepsilon_1, \varepsilon_2, \cdots, \varepsilon_p$ 不相关且方差不相同，即：

$$D(\varepsilon) = \begin{bmatrix} \sigma_1^2 & & & \\ & \sigma_2^2 & & \\ & & \cdots & \\ & & & \sigma_P^2 \end{bmatrix} \tag{8-50}$$

（一）因子分析降维模型变量统计意义

在因子分析降维模型中，因子载荷、公共因子方差贡献、变量共同度三大变量能够有效解释因子分析结果的含义。

1. 因子载荷

因子载荷变量 a_{ij}具体表示 X_i 在 F_j 上的负荷，衡量变量对公共因子的相对重要性，因子载荷越高，则变量与公共因子之间越接近，否则则反之。因子载荷可通过下列模型求出：

$$X_i = a_{i1}F_1 + a_{i2}F_2 + \cdots + a_{ij}F_j + \cdots + a_{im}F_m + \varepsilon_i \tag{8-51}$$

模型（8－51）两边同时右乘 F_j 可得：

$$X_iF_j = a_{i1}F_1F_j + a_{i2}F_2F_j + \cdots + a_{ij}F_jF_j + \cdots + a_{im}F_mF_j + \varepsilon_iF_j \tag{8-52}$$

其均值向量可表示为：

$$E(X_iF_j) = a_{i1}E(F_1F_j) + a_{i2}E(F_2F_j) + \cdots + a_{ij}E(F_jF_j) + \cdots a_{im}E(F_mF_j) + E(\varepsilon_iF_j) \tag{8-53}$$

基于假设条件中的已知条件：$E(X_i)=0, E(F_i)=0, E(\varepsilon_i)=0$，且 $Var(X_i)=1$，$Var(F_i)=1, Var(\varepsilon_i)=1$，可得：$E(X_iF_j)=\gamma_{X_iF_j}, E(F_iF_j)=\gamma_{F_iF_j}, E(\varepsilon_iF_j)=\lambda_{\varepsilon_iF_j}$，将其代入均值向量式，进一步可得：

$$\begin{aligned}\gamma_{X_iF_j} &= a_{i1}\gamma_{F_1F_j} + a_{i2}\gamma_{F_2F_j} + \cdots + a_{ij}\gamma_{F_jF_j} + \cdots + a_{im}\gamma_{F_mF_j} + \gamma_{\varepsilon_iF_j} \\ &= a_{ij}\end{aligned} \tag{8-54}$$

其中，γ 为随机向量间的相关系数。

2. 公共因子 F_j 的方差贡献

因子载荷矩阵中，公共因子的方差贡献 S_j 可通过各列平方和求得，S_j 表示第 j 个公共因子 F_j 对于第 i 个变量 X_i 贡献的方差总和，即：$S_j = \sum\limits_{i=1}^{p} a_{ij}^2 (j=1,2,\cdots,m)$，具体表示如下：

$$\begin{Bmatrix} S_1 = a_{11}^2 + a_{21}^2 + \cdots + a_{p1}^2 \\ S_2 = a_{12}^2 + a_{22}^2 + \cdots + a_{p2}^2 \\ \cdots \\ S_m = a_{1m}^2 + a_{2m}^2 + \cdots + a_{pm}^2 \end{Bmatrix} \tag{8-55}$$

其中，方差贡献 S_j 代表公共因子的相对重要性。S_j 越大，表示公共因子 F_j 对 X_i 的贡献越大，即对 X_i 的影响越大，反之则相反。公共因子在因子载荷矩阵中的影响力可通过对公共因子的方差贡献大小进行排序得出，即方差贡献越大则公共因子在因子载荷矩阵中的影响力越大，否则则反之。公共因子的求解可具体建模如下：

$$X_i = a_{i1}F_1 + a_{i2}F_2 + \cdots + a_{ij}F_j + \cdots + a_{im}F_m + \varepsilon_i \tag{8-56}$$

对模型（8－56）两边同时求方差，可得：

$$Var(X_i) = a_{i1}^2Var(F_1) + a_{i2}^2Var(F_2) + \cdots + a_{im}^2Var(F_m) + Var(\varepsilon_i) \tag{8-57}$$

求和得：

$$\begin{aligned}\sum_{i=1}^{p} Var(X_i) &= Var(F_1)\sum_{i=1}^{p} a_{i1}^2 + Var(F_2)\sum_{i=1}^{p} a_{i2}^2 + \cdots + Var(F_m)\sum_{i=1}^{p} a_{im}^2 + \sum_{i=1}^{p} Var(\varepsilon_i) \\ &= Var(F_1)S_1 + Var(F_2)S_2 + \cdots + Var(F_m)S_m + \sum_{i=1}^{p} Var(\varepsilon_i) \\ &= S_1 + S_2 + \cdots + S_m + \sum_{i=1}^{p} Var(\varepsilon_i)\end{aligned} \tag{8-58}$$

3. 变量共同度

因子载荷矩阵中，变量共同度 h_i 可通过各行元素平方和求得，即

$h_i = \sum_{j=1}^{m} a_{ij}^2 (i = 1,2,\cdots,p)$，具体表示为：

$$\left\{\begin{aligned} h_1 &= a_{11}^2 + a_{12}^2 + \cdots + a_{1m}^2 \\ h_2 &= a_{21}^2 + a_{22}^2 + \cdots + a_{2m}^2 \\ &\cdots \\ h_p &= a_{pa}^2 + a_{p2}^2 + \cdots + a_{pm}^2 \end{aligned}\right\} \tag{8-59}$$

构建模型：

$$X_i - \mu_i = a_{i1}F_1 + a_{i2}F_2 + \cdots + a_{ij}F_j + \cdots + a_{im}F_m + \varepsilon_i \tag{8-60}$$

对模型两边同时求方差，可得：

$$\begin{aligned} Var(X_i) &= a_{i1}^2 Var(F_1) + a_{i2}^2 Var(F_2) + \cdots + a_{im}^2 Var(F_m) + Var(\varepsilon_i) \\ &= a_{i1}^2 + a_{i2}^2 + \cdots + a_{im}^2 + \sigma_i^2 \\ &= \sum_{j=1}^{m} a_{ij}^2 + \sigma_i^2 \\ &= h_i + \sigma_i^2 \end{aligned} \tag{8-61}$$

由于 $Var(X_i)=1$，因此，$h_i + \sigma_i^2 = 1$。其中，h_i 表示全部公共因子对变量 X_i 的方差贡献，h_i 的值越接近于1，则表示公共因子包含的原始变量的信息量越大，且 h_i 的值与变量 X_i 对公共因子 F_j 的共同依赖程度成正比；σ_i^2 为特殊因子的方差即剩余方差，值仅与变量 X_i 有关。

（二）因子载荷矩阵和特殊方差矩阵参数求解

因子载荷矩阵 $A = (a_{ij})_{p\times m}$ 和特殊方差矩阵 $D = diag(\sigma_1^2, \sigma_2^2, \cdots, \sigma_p^2)$，较为常用的参数估计方法是主成分法、极大似然法、最小二乘法以及 EM 算法。

1. 主成分法

设随机向量 $X = (X_1, X_2, \cdots, X_p)^T$ 的协方差矩阵为实对称矩阵 Σ，其特征根满足

$\lambda_1 \geqslant \lambda_2 \geqslant \cdots \lambda_p > 0$，将其进行标准正交化，得到特征向量 $U=(e_1, e_2, \cdots, e_p)$，满足 $U^T \Sigma U = \Lambda$ 的条件，将 Σ 分解为：

$$\Sigma = U\begin{bmatrix} \lambda_1 & & & \\ & \lambda_2 & & \\ & & \cdots & \\ & & & \lambda_p \end{bmatrix}U^T$$

$$= U\begin{bmatrix} \sqrt{\lambda_1} & & & \\ & \sqrt{\lambda_2} & & \\ & & \cdots & \\ & & & \sqrt{\lambda_P} \end{bmatrix}\begin{bmatrix} \sqrt{\lambda_1} & & & \\ & \sqrt{\lambda_2} & & \\ & & \cdots & \\ & & & \sqrt{\lambda_p} \end{bmatrix}U^T$$

$$= (\sqrt{\lambda_1 e_1}, \sqrt{\lambda_2 e_2}, \cdots, \sqrt{\lambda_p e_p})(\sqrt{\lambda_1 e_1}^T, \sqrt{\lambda_2 e_2}^T, \cdots, \sqrt{\lambda_p e_p}^T)^T \tag{8-62}$$

对 $X = AF + \varepsilon$ 式子两边求方差得：

$$\begin{aligned} \Sigma &= D(X) = D(AF) + D(\varepsilon) \\ &= AD(F)A^T + D(\varepsilon) \\ &= AA^T + \Sigma_\varepsilon \end{aligned} \tag{8-63}$$

当特殊因子的方差为0，即 $\Sigma_\varepsilon = 0$ 时，得到 $\Sigma = AA^T$，代入 Σ 分解式，可求得因子载荷矩阵为：

$$A = (\sqrt{\lambda_1 e_1}, \sqrt{\lambda_2 e_2}, \cdots, \sqrt{\lambda_p e_p}) \tag{8-64}$$

当最后 $p-m$ 个特征根较少时，可将最后 $p-m$ 项 $\lambda_{m+1} e_{m+1} e_{m+1}^T$ 对 Σ 的贡献忽略，即可将协方差矩阵 Σ 表示为：

$$\Sigma \approx (\sqrt{\lambda_1 e_1}, \sqrt{\lambda_2 e_2}, \cdots, \sqrt{\lambda_m e_m})\begin{pmatrix} \sqrt{\lambda_1} e_1^T \\ \sqrt{\lambda_2} e_2^T \\ \cdots \\ \sqrt{\lambda_m} e_m^T \end{pmatrix} = AA^T \tag{8-65}$$

此时，有：

$$A = (\sqrt{\lambda_1} e_1, \sqrt{\lambda_2} e_2, \cdots, \sqrt{\lambda_m} e_m) \tag{8-66}$$

考虑特殊因子时，协方差矩阵表示为：

$$\Sigma = AA^T + \Sigma_\varepsilon$$

$$\approx (\sqrt{\lambda_1}e_1, \sqrt{\lambda_2}e_2, \cdots, \sqrt{\lambda_m}e_m)\begin{pmatrix} \sqrt{\lambda_1}e_1^T \\ \sqrt{\lambda_2}e_2^T \\ \cdots \\ \sqrt{\lambda_m}e_m^T \end{pmatrix} + \begin{pmatrix} \sigma_1^2 & & & \\ & \sigma_2^2 & & \\ & & \cdots & \\ & & & \sigma_p^2 \end{pmatrix} \quad (8-67)$$

此时，有：

$$A = (\sqrt{\lambda_1}e_1, \sqrt{\lambda_2}e_2, \cdots, \sqrt{\lambda_m}e_m) \quad (8-68)$$

2. 极大似然法

当公共因子 F 和特殊因子 ε 均服从 $F \sim N(0, I_k)$，$\varepsilon \sim N(0, D_{p\times p})$，两者独立，原始变量服从正态分布 $X \sim N_p(\mu, \Sigma)$。基于变量 X_i 可计算出函数 $L = (\mu, \Sigma)$，由于 $\Sigma = AA^T + D$，可得到似然函数 $L(\mu, A, D)$。记似然函数 $L(\mu, A, D)$ 的极大似然估计为 $L(\hat{\mu}, \hat{A}, \hat{D})$，则有：

$$L(\hat{\mu}, \hat{A}, \hat{D}) = \max L(\mu, A, D) \quad (8-69)$$

由于 $\hat{\mu} = X$，则 $\hat{A}$ 和 $\hat{D}$ 满足：

$$\begin{cases} \hat{\Sigma}\hat{D}^{-1}\hat{A} = \hat{A}(I_k + \hat{A}\hat{D}^{-1}\hat{A}) \\ \hat{D} = diag(\hat{\Sigma} - \hat{A}\hat{A}^T) \end{cases} \quad (8-70)$$

其中，$\hat{\Sigma} = \frac{1}{n}\sum_{i=1}^{p}(X_i - \bar{X})(X_i - \bar{X})^T$。由于因子载荷矩阵 A 的解存在不唯一性，如 $A^T\hat{D}^{-1}A$ 为对角矩阵，即可通过迭代法求解 $\hat{A}$ 和 $\hat{D}$。

3. EM 算法

EM（expectation-maximization）算法，是上面极大似然法中用来求解因子载荷矩阵 A 和特殊方差矩阵 D 的迭代方法。EM 算法主要分两步进行迭代：首先是求解期望的 E 步，其次是极大化取值的 M 步。具体求解如下：

假设公共因子 F 和特殊因子 ε 均服从 $F \sim N(0, I_k)$，$\varepsilon \sim N(0, D_{p\times p})$，$D_{p\times p}$ 为对角矩阵，F 与 ε 无相关性，则有 $X \sim N(0, AA^T + D)$。由于正态分布任意组合后仍是正态分布，则可将 X 与 F 的联合分布表示为：

$$\begin{pmatrix} X \\ F \end{pmatrix} \sim N\left(\begin{bmatrix} 0 \\ 0 \end{bmatrix}, \begin{bmatrix} AA^T + D & A \\ A^T & I \end{bmatrix}\right) \quad (8-71)$$

记 $\theta = (A, D)$，则联合分布的均值和方差可表示为：

$$E(F \mid \theta, X) = A^T(AA^T + D)^{-1}X \quad (8-72)$$

$$Var(F \mid \theta, X) = I - A^T(AA^T + D)^{-1}A \quad (8-73)$$

从而有：

$$\begin{aligned} E(FF^T|\theta,X) &= Var(F|\theta,X)+E(F|\theta,X)E(F|\theta,X)^T \\ &= I-A^T(AA^T+D)^{-1}A+A^T(AA^T+D)^{-1}XX^T(AA^T+D)^{-1}A \end{aligned} \quad (8-74)$$

因子分析降维模型中，设有 n 个观测样本 $X_1,X_2,\cdots,X_n$。$\theta^{(k)}=(A^{(k)},D^{(k)})$ 为第 k 次迭代的参数值。则：

$$\begin{aligned} Q(\theta|\theta^{(k)},X) &= E^F\left(\log\left\{\prod_i(2\pi)^{-\frac{p}{2}}|D|^{-\frac{1}{2}}\exp\left[-\frac{1}{2}(X_i-AF)^TD^{-1}(X_i-AF)\right]\right\}\right) \\ &= -\frac{np}{2}\log(2\pi)-\frac{n}{2}\log|D|-\frac{1}{2}\sum_i E(X_i^TD^{-1}X_i-2x_i^TD^{-1}AF \\ &\quad +F^TA^TD^{-1}AF) \\ &= -\frac{np}{2}\log(2\pi)-\frac{n}{2}\log|D|-\frac{1}{2}\sum_i\left\{\begin{matrix} X_i^TD^{-1}X_i-2X_i^TD^{-1}AE(F|\theta^{(k)},X_i) \\ +tr[A^TD^{-1}AE(FF^T|\theta^{(k)},X_i)] \end{matrix}\right\} \end{aligned} \quad (8-75)$$

为了使得 $Q(\theta|\theta^{(k)},X)$ 达到最大，分别对 A 和 D^{-1} 求导。对 A 求导得：

$$\frac{\partial Q}{\partial A}=-\sum_{i=1}^n D^{-1}X_iE(F|\theta^{(k)},X_i)^T+\sum_{j=1}^n D^{-1}AE(FF^T|\theta^{(k)},X_j)=0 \quad (8-76)$$

化简得：

$$A^{(k+1)}=\sum_{i=1}^n X_iE(F|\theta^{(k)},X_i)^T\left[\sum_{j=1}^n E(FF^T|\theta^{(k)},X_j)^T\right]^{-1} \quad (8-77)$$

对 D^{-1} 求导得：

$$\frac{\partial Q}{\partial D^{-1}}=0 \quad (8-78)$$

$$\frac{n}{2}D^{(k+1)}-\frac{1}{2}\sum_{i=1}^n\left[X_iX_i^T-2A^{(k+1)}E(F|\theta^{(k)},X_i)X_i^T+A^{(k+1)}E(FF^T|\theta^{(k)},X_i)A^{(k+1)^T}\right]=0 \quad (8-79)$$

化简得：

$$\begin{aligned} \frac{n}{2}D^{(k+1)} &= \sum_{i=1}^n\frac{1}{2}X_iX_i^T-\frac{1}{2}A^{(k+1)}E(F|\theta^{(k)},X_i)X_i^T \\ D^{(k+1)} &= \frac{1}{n}\left[\sum_{i=1}^n X_iX_i^T-A^{(k+1)}E(F|\theta^{(k)},X_i)X_i^T\right] \end{aligned} \quad (8-80)$$

最后进行对角化处理，得：

$$D^{(k+1)} = \frac{1}{n}diag[\sum_{i=1}^{n} X_iX_i^T - A^{(k+1)}E(F|\theta^{(k)},X_i)X_i^T] \tag{8-81}$$

其中，对角矩阵 $diag$ 由主对角元素构成。

（三）因子旋转

在运用因子分析降维模型进行具体问题分析时，一方面找出公共因子很重要，另一方面如何抓住每个公共因子的具体含义也不可忽略。由于公共因子的任一解均可通过由因子载荷矩阵 A 旋转得到，且旋转后公共因子对变量 X_i 的贡献率 h_i 不变，但旋转的过程中 S_j 开始向 0 和 1 两级分化，有助于解释公共因子。旋转因子载荷矩阵 A，即用正交矩阵 Γ 右乘因子载荷矩阵 A：

$$X = AF + \varepsilon = (A\Gamma)(\Gamma^T F) + \varepsilon \tag{8-82}$$

记 $A^* = A\Gamma$，$F^* = \Gamma^T F$，则 $X = A^* F^* + \varepsilon$ 为因子分析降维模型。因子载荷矩阵 A 经正交变换后仍为因子载荷矩阵，且每次正交变换均对应一次坐标轴的旋转，即因子轴的旋转。设两个因子的载荷矩阵为：

$$A = \begin{bmatrix} a_{11} & a_{12} \\ a_{21} & a_{22} \\ \multicolumn{2}{c}{\cdots} \\ a_{p1} & a_{p2} \end{bmatrix} \tag{8-83}$$

将其行公共度表示为 $h_i^2 = a_{i1}^2 + a_{i2}^2 (i = 1,2,\cdots,p)$，由于不同变量对公共因子的依赖程度不同，容易影响分析结果，为了消除上述影响，将因子载荷矩阵进行归一化处理：

$$A = \left(\frac{a_{ij}}{h_i}\right) \tag{8-84}$$

其正交矩阵表示为：

$$\Gamma = \begin{bmatrix} \cos\varphi & -\sin\varphi \\ \sin\varphi & \cos\varphi \end{bmatrix} \tag{8-85}$$

记 $B = A\Gamma$，则可将其表示为：

$$B = \begin{bmatrix} a_{11}\cos\phi + a_{12}\sin\phi & -a_{11}\sin\phi + a_{12}\cos\phi \\ \cdots & \cdots \\ a_{p1}\cos\phi + a_{p2}\sin\phi & -a_{p1}\sin\phi + a_{p2}\cos\phi \end{bmatrix}$$

$$= \begin{bmatrix} b_{11} & b_{12} \\ \cdots & \cdots \\ b_{p1} & b_{p2} \end{bmatrix} \tag{8-86}$$

其中，b_{ij}是矩阵B的元素。为了简化矩阵B的结构，需要使得$(b_{11}^2, b_{21}^2, \cdots, b_{p1}^2)$与$(b_{12}^2, b_{22}^2, \cdots, b_{p2}^2)$两组数据的方差最大，用样本方差$V_1$与$V_2$分别表示两组数据的分散程度，即：

$$V_1 = \frac{1}{p}\sum_{i=1}^{p}(b_{i1}^2 - \bar{b}_{\cdot 1}^2)^2 = \frac{1}{p}\sum_{i=1}^{p}(b_{i1}^2)^2 - (b_{\cdot 1}^2)^2$$

$$V_2 = \frac{1}{p}\sum_{i=1}^{p}(b_{i2}^2 - \bar{b}_{\cdot 2}^2)^2 = \frac{1}{p}\sum_{i=1}^{p}(b_{i2}^2)^2 - (b_{\cdot 2}^2)^2 \quad (8-87)$$

其中，$\bar{b}_{\cdot 1}^2 = \frac{1}{p}\sum_{i=1}^{p} b_{i1}^2$，$\bar{b}_{\cdot 2}^2 = \frac{1}{p}\sum_{i=1}^{p} b_{i2}^2$，由于$b_{ij}^2$受到正交旋转角度$\varphi$影响，则分散程度$V$同样受$\varphi$影响，为了使得总方差达到最大，即要求：

$$\begin{aligned} V &= V_1 + V_2 = \max \\ &= \sum_{j=1}^{2}\left\{\frac{1}{p}\sum_{i=1}^{p}(b_{ij}^2)^2 - \left[\frac{1}{p}\sum_{i=1}^{p}(b_{ij}^2)\right]^2\right\} = \max \end{aligned} \quad (8-88)$$

公式（8-88）对φ求积分，可得：

$$\tan 4\varphi = \frac{d - \frac{2ab}{p}}{c - \frac{a^2 - b^2}{p}} \quad (8-89)$$

若记：

$$v_i = \left(\frac{a_{i1}}{h_i}\right)^2 - \left(\frac{a_{i2}}{h_i}\right)^2 = a\left(\frac{a_{i1}}{h_i}\right)\left(\frac{a_{i2}}{h_i}\right) = 2a_{i1}^T a_{i2}^T \quad (8-90)$$

则：

$$a = \sum_{i=1}^{p} v_i, b = \sum_{i=1}^{p} w_i, c = \sum_{i=1}^{p}(v_i^2 - w_i^2), d = 2\sum_{i=1}^{p} v_i w_i \quad (8-91)$$

因子分析降维模型中，若公共因子的个数大于等于2时，一般只能通过EM算法进行迭代求得矩阵Γ。此时，可将$m=2$代入$C_m^2 = \frac{m(m-1)}{2}$对因子旋转中，最终旋转实现总方差的变化细微，便终止旋转。

（四）因子得分

由变量X线性组合后得到公共因子F为：

$$F_j = b_{j1}X_1 + b_{j2}X_2 + \cdots + b_{jp}X_p (j = 1, 2, \cdots, m) \quad (8-92)$$

其矩阵形式表示为：

$$F = BX \tag{8-93}$$

其中，$B = (b_{jk})_{m \times p}$，$F_j$ 为因子得分函数。在因子分析降维模型中，当运用回归分析法估计 B 时，旋转之前 $B = A^T R^{-1}$，旋转之后 $B = (A^*)^T R^{-1}$。其中，A^* 为旋转后的因子载荷矩阵，R 为变量 X 的相关系数矩阵。

第三节　基于 SPSS 的模型实现与案例分析

一、案例背景

基于前面的模型及原理介绍，为了更为直观地展示主成分降维模型与因子分析降维模型的具体操作及结果分析，下面将引入化工厂空气污染案例进行具体案例分析。化工厂生产中排放的各类气体会造成一定的空气污染，而空气污染又会对人体和环境均造成不可忽视的影响。具体而言，首先，空气污染会危害人的身体健康，吸入污染的空气一方面会造成呼吸系统疾病和生理功能障碍；另一方面会造成眼鼻膜组织受刺激进而出现病变。其次，空气中存在污染气体会较大程度上阻碍植物的正常生长，不仅会导致植物叶片表面受损，造成叶片萎蔫脱落，而且会对植物造成慢性损害，最终导致植物无法正常生长最终死亡。最后，空气污染对天气和气候的影响同样不容忽略。一方面，空气污染会较大程度上减少太阳辐射量，使得大气降水量大幅增加；另一方面，容易出现酸雨天气及“热岛效应”。为具体测度化工厂空气中有害气体的污染情况，在化工厂附近随机选取 8 个观测点，对下列 8 种气体的含量进行测度：氯气、氟化氢、二氧化硫、硫酸二甲酯、氮气、甲烷、一氧化碳、硫化氢，采样频率为每日 3 次。取每个观测点实测数据平均数，得到数据如表 8-1 所示。

表 8-1　　化工厂空气中 8 种有害气体平均浓度

序号	x1	x2	x3	x4	x5	x6	x7	x8
1	0.0551	0.0642	0.0213	0.0335	0.0253	0.0658	0.0449	0.0974
2	0.0348	0.0245	0.0127	0.0221	0.0202	0.0552	0.0215	0.0812
3	0.0687	0.0512	0.0621	0.0523	0.0551	0.0851	0.0725	0.0832
4	0.0486	0.0465	0.0584	0.0354	0.0365	0.0623	0.0365	0.0351
5	0.0212	0.0362	0.0414	0.0125	0.0163	0.0351	0.0286	0.0246
6	0.0421	0.0548	0.0615	0.0412	0.0548	0.0546	0.0352	0.0852

续表

序号	$x1$	$x2$	$x3$	$x4$	$x5$	$x6$	$x7$	$x8$
7	0.0325	0.0212	0.0246	0.0325	0.0412	0.0342	0.0156	0.0736
8	0.0486	0.0325	0.0515	0.0685	0.0725	0.0523	0.0583	0.0912

表8－1中，$x1$、$x2$、$x3$、$x4$、$x5$、$x6$、$x7$、$x8$ 分别表示氯气、氟化氢、二氧化硫、硫酸二甲酯、氮气、甲烷、一氧化碳、硫化氢8种气体。表中数值分别对应8个观测点下气体的平均浓度，且将作为下述主成分降维模型或因子分析降维模型的“原始变量”。

二、主成分降维模型实现

首先，新建或打开数据文件，判断是否符合主成分降维模型或因子分析降维模型的前提。打开数据文件case. sav，在数据编辑窗口，选择“文件”→“打开”→“数据”，单击“打开数据”对话框，如图8－2所示，找到数据文件case. sav，单击“打开”。在数据编辑窗口依次选择“分析”→“降维”→“因子分析”，打开“因子分析”对话框，如图8－3所示，所有变量都列在对话框左侧的源变量列表框中，右边变量（V）：列表框用于选择参与主成分降维模型或因子分析降维模型的变量。如图8－3所示，从左边源变量列表框中选择变量“$x1$、$x2$、$x3$、$x4$、$x5$、$x6$、$x7$、$x8$”进入右边变量（V）：列表框，作为主成分降维模型的原始变量。

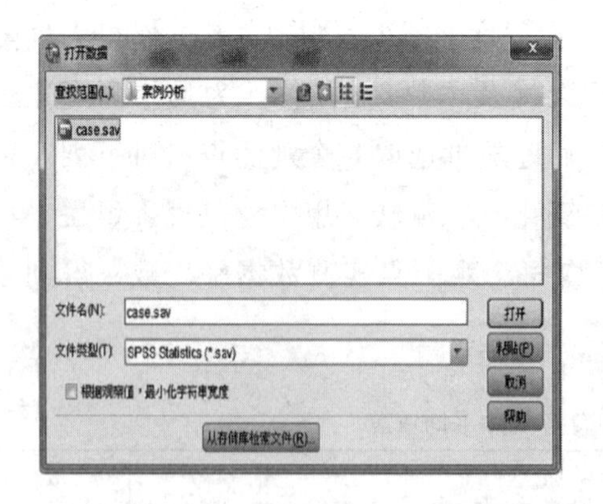

图8－2 “打开数据”对话框

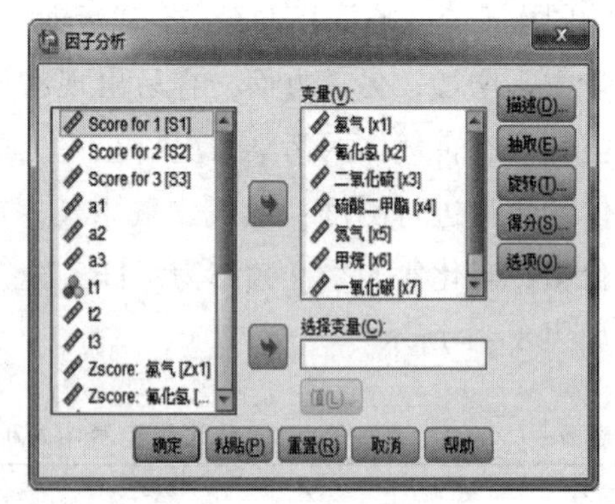

图8－3 “因子分析”对话框

若不使用全部变量进行分析，且原始数据中存在一个选择变量，则将该变量选入“选择变量（C）：”对话框中，其目的在于限制对含有特定值的个案集合进行分析。如图8－4所示，假设变量“$x8$”为选择变量，将其选入该对话框，下方“值（L）：”被激活，单击“值（L）：”按钮，打开“因子分析：设置值”对话框。在该对话框中，“选定变量的值”参数框内输入的值表示选择该数值作为限制指定值。

在“因子分析”对话框的最右侧，有五个展开按钮，分别为“描述（D）、抽取（E）、旋转（T）、得分（S）、选项（O）”。“描述（D）”按钮主要用于判断是否符合主成分或因子分析的前提。单击此按钮，打开“因子分析：描述统计”对话框，如图 8－5 所示，对话框主要包括“统计量”及“相关矩阵”两栏。

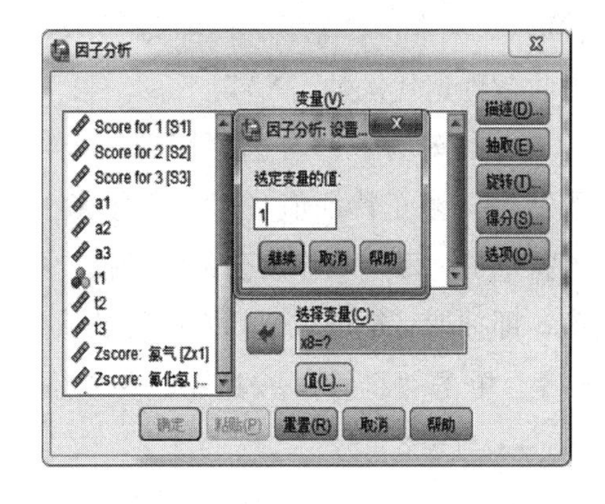

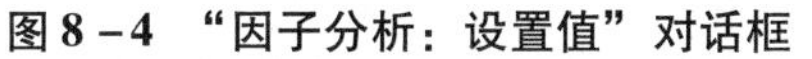
图 8－4　“因子分析：设置值”对话框

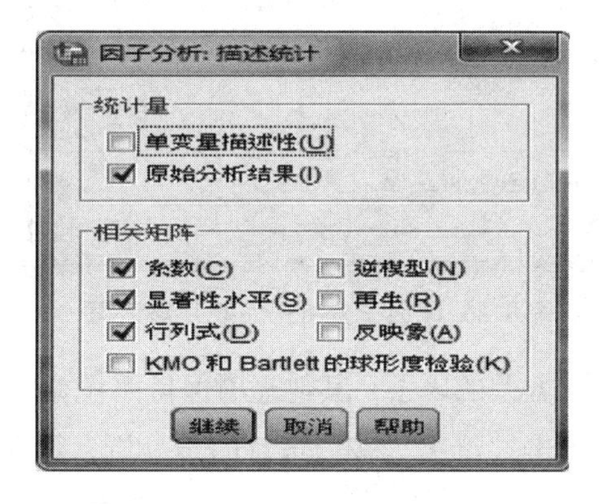

图8－5　“因子分析：描述统计”对话框

“统计量”中，“单变量描述性（U）”是指单变量描述性统计量的输出，包括原始变量的有效观测个案数量（N）、均值（Mean）、标准差（Std. Deviation）。“原始分析结果（I）”是系统的默认选项，表示输出原始变量的公因子方差，即可以用协方差矩阵对角线上元素解释的总方差占比。

“相关矩阵”中，“系数（C）”是指主成分降维模型或因子分析降维模型所涉及的原始变量相关矩阵；“显著性水平（S）”表示输出相关矩阵中相关系数对的单尾假设检验的显著性；“行列式（D）”表示输出相关系数矩阵的行列式；“KMO 和 Bartlett 的球形度检验（K）”表示不考虑变量之间的偏相关度，均进行抽样充足性的 Kaiser-Meyer-Olkin 检验，不考虑相关矩阵是否为单位矩阵，均进行 Bartlett 球形度检验，达到验证因素模型的合理性的目的；“逆模型（N）”是指相关系数矩阵的逆矩阵；“再生（R）”是指主成分降维模型或因子分析降维模型的相关矩阵与残差；“反映象（A）”是指反映象相关矩阵，包含偏相关系数的负值和偏方差为负值的反映象方差矩阵，反映象相关矩阵对角线包含了对模型样本抽样充足性的检验。

在本书的案例分析中，“因子分析：描述统计”对话框内，分别勾选“原始分析结果（I）、系数（C）、显著性水平（S）、行列式（D）”按钮，单击“继续”按钮返回主对话框，再单击“继续”按钮进行描述性统计分析。其中，主成分降维模型或因子分析降维模型所涉及的原始变量的相关矩阵显著性水平均大于 0.05，即变量间显著相关，符合主成分降维模型或因子分析降维模型的前提，继续进行分析。

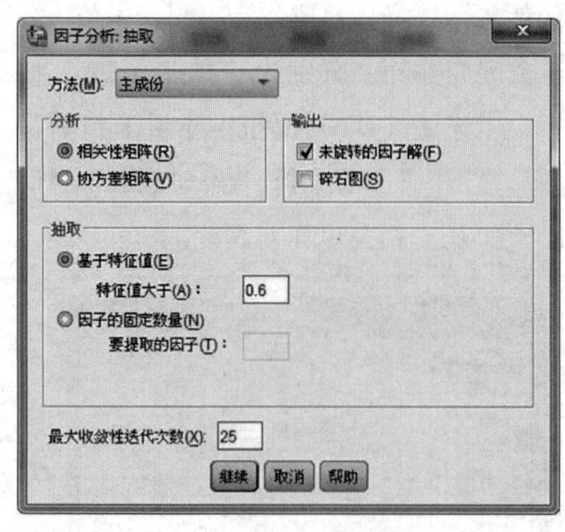

图8-6 “因子分析：抽取”对话框

其次，在主成分分析前进行简单因子分析。主要用“因子分析”对话框展开按钮“抽取（E）”。单击此按钮，打开“因子分析：抽取”对话框，如图8-6所示，对话框内有五栏，分别是“方法（M）”“分析”“输出”“抽取”及“最大收敛性迭代次数（X）”。

在本案例中，勾选“因子分析：抽取”中“基于特征值（E）”的按钮并输入特征值大于0.6作为公共因子抽取的阈值，即抽取特征值大于0.6或特征值大于平均方差的因子，其他选项保持系统默认设置。单击“继续”按钮返回主对话框，再单击“继续”按钮进行因子分析，得到表8-2与表8-3。

表8-2 特征值与方差贡献

成分	初始特征值			提取平方和载入		
	合计	方差（%）	累积（%）	合计	方差（%）	累积（%）
1	4.6420	58.0253	58.0253	4.6420	58.0253	58.0253
2	1.4325	17.9065	75.9318	1.4325	17.9065	75.9318
3	1.2537	15.6716	91.6035	1.2537	15.6716	91.6035
4	0.4154	5.1928	96.7962			
5	0.1619	2.0239	98.8201			
6	0.0789	0.9862	99.8063			
7	0.0155	0.1937	100.0000			
8	0.0000	0.0000	100.0000			

表8-3 旋转前的因子载荷矩阵

变量	成分		
	1	2	3
氯气	0.9246	0.2470	0.1591
氟化氢	0.5770	0.6643	-0.0958
二氧化硫	0.6222	-0.1075	-0.7512
硫酸二甲酯	0.8528	-0.4962	0.0470
氮气	0.7483	-0.6398	-0.1064
甲烷	0.8110	0.4707	0.1149
一氧化碳	0.9176	0.0810	-0.1025
硫化氢	0.5291	-0.1870	0.7860

注：提取方法——主成分分析法。

表 8－2 给出了各因子对应的特征值及方差贡献。表中“合计”代表特征值大小，对应因子方差贡献度，“方差（%）”代表特征值的方差占比，“累积（%）”代表特征值的总方差占比累加值。“提取平方和载入”为根据特征值大于 0.6 的原则抽取的公共因子的特征值、总方差占比及其累加值。

从表 8－2 中值可看出，前 3 个变量的方差占比到达 91.6035%，提取的公共因子能够较为全面地反映原始变量中包含的信息。表 8－3 为旋转前的因子载荷矩阵，由表中可看出，第 1 个公共因子与氯气联系较紧密，第 2 个公共因子与氟化氢联系较紧密，第 3 个公共因子与硫化氢联系较紧密。

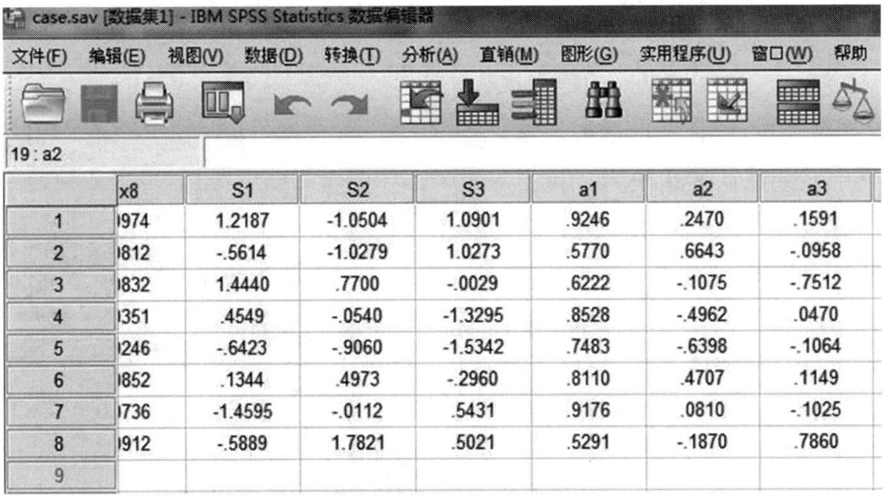

case.sav [数据集1] - IBM SPSS Statistics 数据编辑器

文件(F)　编辑(E)　视图(V)　数据(D)　转换(T)　分析(A)　直销(M)　图形(G)　实用程序(U)　窗口(W)　帮助

19 : a2

	x8	S1	S2	S3	a1	a2	a3
1	974	1.2187	-1.0504	1.0901	.9246	.2470	.1591
2	812	-.5614	-1.0279	1.0273	.5770	.6643	-.0958
3	832	1.4440	.7700	-.0029	.6222	-.1075	-.7512
4	351	.4549	-.0540	-1.3295	.8528	-.4962	.0470
5	246	-.6423	-.9060	-1.5342	.7483	-.6398	-.1064
6	852	.1344	.4973	-.2960	.8110	.4707	.1149
7	736	-1.4595	-.0112	.5431	.9176	.0810	-.1025
8	912	-.5889	1.7821	.5021	.5291	-.1870	.7860
9							

图 8－7　旋转前的因子载荷矩阵数据输入窗口

利用因子分析的结果进行主成分降维分析。在数据编辑窗口输入旋转前的因子载荷矩阵，如图 8－7 所示。根据输入数据构建出特征向量矩阵。继续选择“转换”→“计算变量”，打开“计算变量”对话框，如图 8－8 所示。“计算变量”对话框中包含“目标变量（T）”“类型与标签（L）”“数字表达式（E）”“函数组（G）”“函数和特征变量（F）”“如果（T）（可选的个案选择条件）”六栏。

“目标变量（T）”栏表示输入的需要计算的目标变量，当该栏有输入值时，下方的“类型与标签（L）”栏才可选。单击“类型与标签（L）”按钮，打开“计算变量：类型和标签”，如图 8－9 所示，其中“标签”栏中，“标签（L）”表示目标变量的标签内容，“将表达式用作标签（U）”表示将后续在“数字表达式（E）”栏输入的表达式作为标签内容。“类型”中系统默认选择的数据类型是数值（N），且宽度（W）为 8。“数字表达式（E）”中输入计算目标变量的数字表达式。“函数值（G）”栏中包括了在计算变量中可以运用的各种类型的函数组。“函数和特殊变量（F）”表示输入在函数组一栏中没有但在目标变量计算中需要运用的函数或特殊变量。单击“如果（T）（可选的个案选择条件）”按钮，可得到如图 8－10 所示的

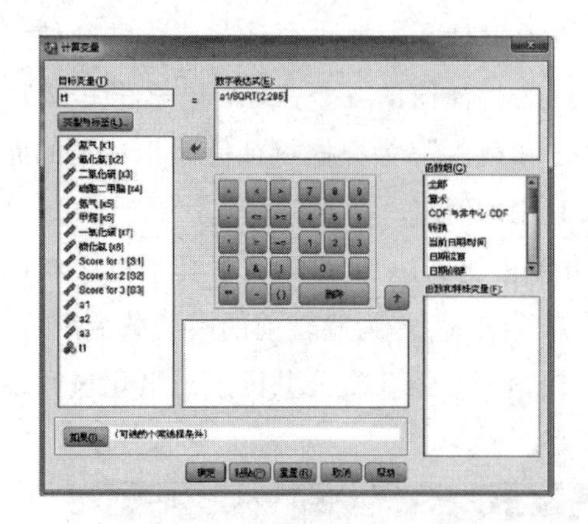

图 8-8 “计算变量”对话框

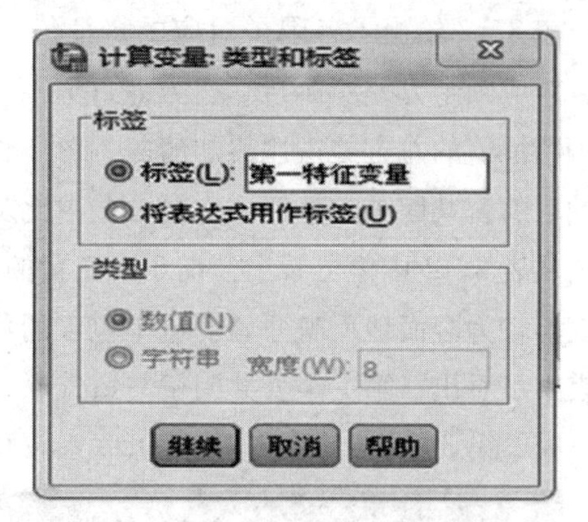

图 8-9 “计算变量：类型与标签”对话框

“计算变量：IF 个案”对话框。该对话框中系统默认的选项为“包括所有个案（A）”，此时与普通计算变量的过程相同。“如果个案满足条件则包括（F）”表示可输入个别变量所需要满足的特殊条件，目标变量的计算过程将在基于此条件的基础上进行。

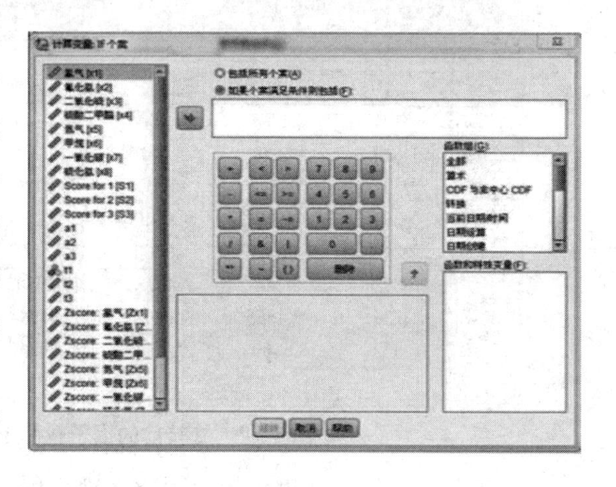

图 8-10 “计算变量：IF 个案”对话框

在本书的案例中，在“目标变量（T）”栏依次输入“$t1$”“$t2$”“$t3$”，单击“类型与标签（L）”按钮，在“标签”栏中依次输入“第一特征变量”“第二特征变量”“第三特征变量”，在“数字表达式（E）”栏依次输入“$t1 = a1/SQRT$（2.285）”“$t2 = a2/SQRT$（2.285）”“$t3 = a3/SQRT$（2.285）”，最终数据输入窗口将输出特征变量，变量名为“$t1$”“$t2$”“$t3$”。

根据表 8-4 的特征向量矩阵，设 8 个变量依次表示为 X_1、X_2、X_3、X_4、X_5、X_6、X_7、X_8，3 个主成分依次表示为 Y_1、Y_2、Y_3，则主成分可依次建模为：

$$
\begin{aligned}
Y_1 &= 0.6117X_1 + 0.3817X_2 + 0.4116X_3 + 0.5642X_4 + 0.4950X_5 \\
&\quad + 0.5365X_6 + 0.6070X_7 + 0.3500X_8 \\
Y_2 &= 0.1634X_1 + 0.4395X_2 - 0.0711X_3 - 0.3283X_4 - 0.4233X_5 \\
&\quad + 0.3114X_6 + 0.0536X_7 - 0.1237X_8 \\
Y_3 &= 0.1053X_1 - 0.0634X_2 - 0.4969X_3 + 0.0311X_4 - 0.0704X_5 \\
&\quad + 0.0760X_6 - 0.0678X_7 + 0.5200X_8
\end{aligned}
\tag{8-94}
$$

表 8-4　　特征向量矩阵

变量	成分		
	1	2	3
氯气	0.6117	0.1634	0.1053
氟化氢	0.3817	0.4395	-0.0634
二氧化硫	0.4116	-0.0711	-0.4969
硫酸二甲酯	0.5642	-0.3283	0.0311
氮气	0.4950	-0.4233	-0.0704
甲烷	0.5365	0.3114	0.0760
一氧化碳	0.6070	0.0536	-0.0678
硫化氢	0.3500	-0.1237	0.5200

在上述分析中，以相关系数矩阵为基础进行因子分析的前提，要求变量是标准化变量。原始变量标准化步骤如下。数据编辑窗口中，选择“分析（A）”→“描述统计”→“描述（D）”按钮，打开“描述性”对话框，如图 8-11 所示。该对话框中主要包含“源变量”“变量（V）”“将标准化得分另存为变量（Z）”“选项（O）”“Bootstrap（B）”五栏。

“源变量”和“变量（V）”栏分别表示源变量类型及需进行标准化处理的变量。“将标准化得分另存为变量（Z）”表示变量进行标准化处理之后得出的 Z 分值，在数据窗口中以新变量的身份进行保存，命名为：“Z + 源变量名”。标准化过程如下：

$$Z_i = \frac{X_i - \bar{X}}{S} \tag{8-95}$$

其中，Z_i 对应变量进行标准化处理后的得分值，X_i 对应变量 x 的第 i 个观测值，$\bar{X}$ 为变量 x 的平均值，S 为标准差。

单击右侧的“选项（O）”按钮，打开如图 8-12 所示的“描述：选项”对话框。该对话框可以用来指定需要输出哪些基本统计量以及输出结果显示的顺序。“分布”栏代表用于计算和描述分布的统计量，“峰度”代表显示峰度和其误差，“偏度”表示显示偏度和其误差。“显示顺序额”栏用于输出顺序选择，其中“变量列表（B）”代表按变量列表内顺序进行输出，“字母顺序（A）”代表按变量首字母顺序输出，“按均值的升序排序（C）”代表按均值升序输出，“按均值的降序排序（D）”代表按均值的降序输出。

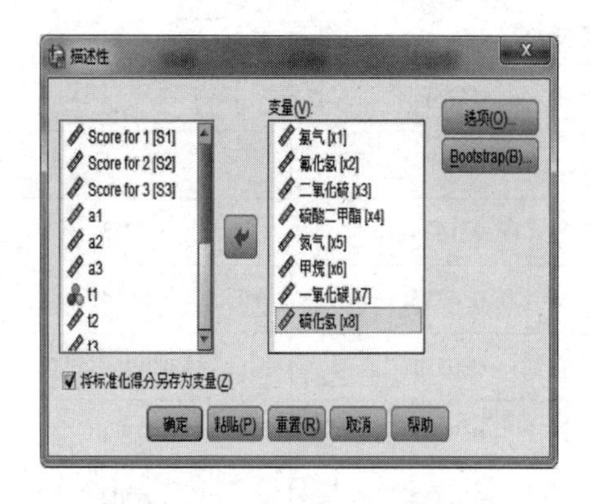

图 8-11 “描述性”对话框

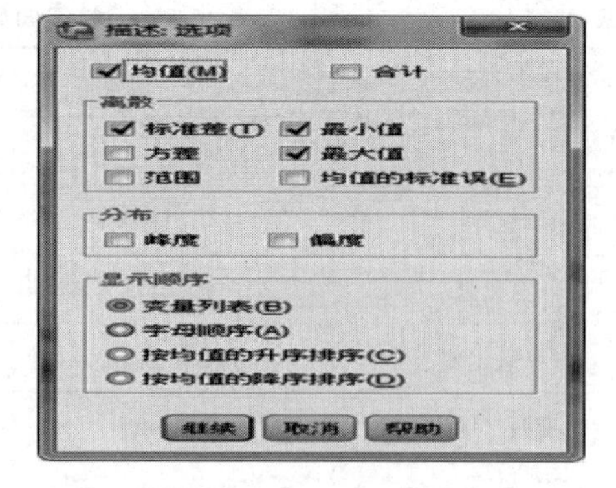

图 8-12 “描述：选项”对话框

本书的案例分析中，从左侧源变量中依次选择 8 个源变量“x_1、x_2、x_3、x_4、x_5、x_6、x_7、x_8”放入“变量（V）”栏中。单击“选项（O）”按钮，选取系统默认设置，选中“均值（M）”“标准差（T）”“最小值”“最大值”“变量列表（B）”。单击“继续”按钮确认返回“描述性”对话框，再次单击“确认”按钮，执行源变量的标准化。得到表 8-5 标准化后的特征向量矩阵。

表 8-5 标准化后的特征向量矩阵

变量	标准化变量							
	氯气	氟化氢	二氧化硫	硫酸二甲酯	氮气	甲烷	一氧化碳	硫化氢
氯气	0.7577	1.4989	-1.0318	-0.2165	-0.7625	0.6191	0.3042	0.9708
氟化氢	-0.6218	-1.1096	-1.4671	-0.8745	-1.0229	-0.0227	-0.9311	0.3650
二氧化硫	1.6818	0.6448	1.0331	0.8688	0.7587	1.7877	1.7611	0.4398
硫酸二甲酯	0.3160	0.3359	0.8458	-0.1068	-0.1908	0.4072	-0.1392	-1.3587
氮气	-1.5459	-0.3409	-0.0146	-1.4287	-1.2219	-1.2397	-0.5563	-1.7514
甲烷	-0.1257	0.8813	1.0027	0.2280	0.7434	-0.0590	-0.2079	0.5146
一氧化碳	-0.7781	-1.3265	-0.8648	-0.2742	0.0491	-1.2942	-1.2425	0.0809
硫化氢	0.3160	-0.5840	0.4966	1.8039	1.6469	-0.1983	1.0116	0.7390

基于标准化后的特征向量矩阵，设 8 个标准化后的变量依次表示为 ZX_1、ZX_2、ZX_3、ZX_4、ZX_5、ZX_6、ZX_7、ZX_8，3 个主成分依次表示为 ZY_1、ZY_2、ZY_3，可依次建模如下：

$$ZY_1 = 0.6117ZX_1 + 0.3817ZX_2 + 0.4116ZX_3 + 0.5642ZX_4 + 0.4950ZX_5 + 0.5365ZX_6 + 0.6070ZX_7 + 0.3500ZX_8$$

$$ZY_2 = 0.1634ZX_1 + 0.4395ZX_2 - 0.0711ZX_3 - 0.3283ZX_4 - 0.4233ZX_5 + 0.3114ZX_6 + 0.0536ZX_7 - 0.1237ZX_8$$

$$ZY_3 = 0.1053ZX_1 - 0.0634ZX_2 - 0.4969ZX_3 + 0.0311ZX_4 - 0.0704ZX_5 + 0.0760ZX_6 - 0.0678ZX_7 + 0.5200ZX_8 \quad (8-96)$$

再次调用“计算变量”命令，“在数字表达式（E）”栏中分别依次输入上述表达式，如图 8－13 所示，最终得到表 8－6 主成分表。

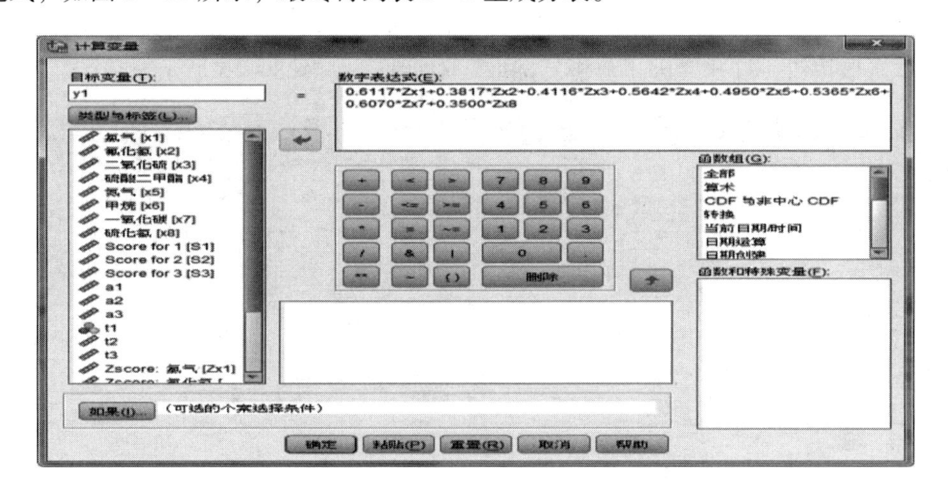

图 8－13　标准化“计算变量”对话框

表 8－6　主成分表

变量	主成分		
	y1	y2	y3
氯气	0.9679	1.3388	1.0757
氟化氢	－2.8570	0.1330	1.0299
二氧化硫	4.7478	0.4750	－0.1584
硫酸二甲酯	0.1733	0.5424	－1.0644
氮气	－4.1084	0.3857	－1.0596
甲烷	1.1911	－0.1872	－0.3354
一氧化碳	－2.8888	－1.0590	0.4478
硫化氢	2.7740	－1.6286	0.0643

三、因子分析降维模型实现

使用主成分降维模型中案例数据化工厂空气污染 case.sav，继续进行因子分析。由上述主成分降维模型可知，该数据文件中的原始变量两两之间显著相关，符合主成分降维模型的前提，可进行下一步分析。

首先，打开“因子分析”对话框，设置公共因子抽取方法。在数据编辑窗口，单击“分析”→“降维”→“因子分析”，打开“因子分析”对话框，如图8－14所示。所有变量均显示在源变量列表框中，右边变量（V）：代表用于选择参与主成分降维模型或因子分析的变量。如图8－14所示，从左边源变量列表框中选择变量“$x1$、$x2$、$x3$、$x4$、$x5$、$x6$、$x7$、$x8$”进入右边变量（V）：列表框，作为因子分析的原始变量。运用“因子分析”对话框拓展按钮“抽取（E）”设置公共因子的抽取方法。单击该按钮，打开“因子分析：抽取”对话框，如图8－15所示。

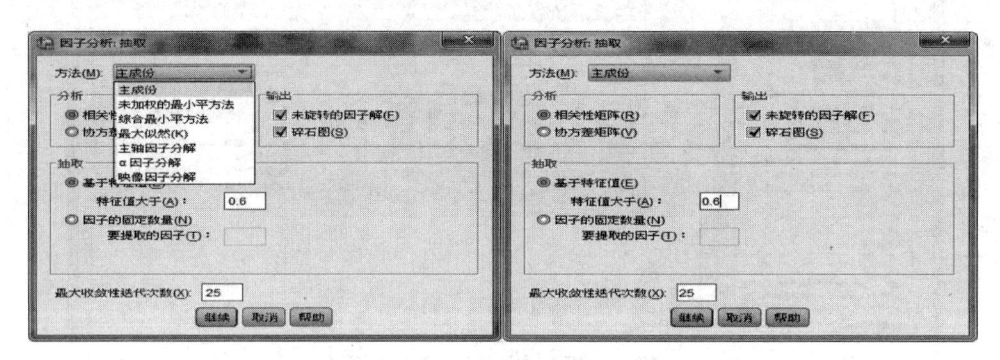

图8－14 “因子分析：抽取”对话框

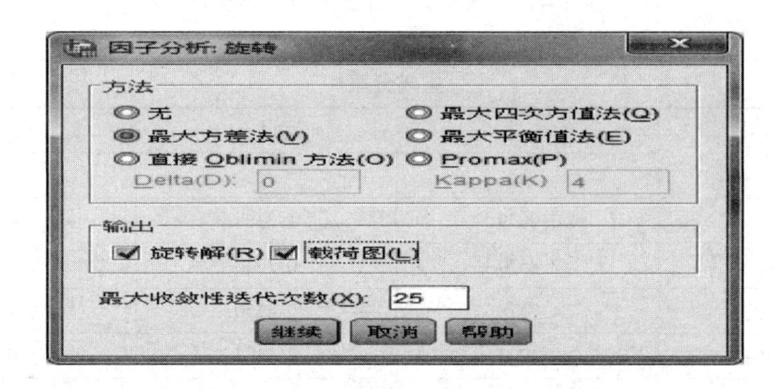

图8－15 “因子分析：旋转”对话框

其次，对因子分析降维模型中的旋转方法进行相应设置。运用“因子分析”中的展开按钮“旋转（T）”。单击该按钮，打开“因子分析：旋转”对话框，如图8－16所示，其中包含了“方法（M）”“输出”及“最大收敛性迭代次数（X）”三栏。

在书中的具体案例中，“因子分析：抽取”对话框中，单击“主成分”“相关性矩阵（R）”“基于特征值（E）”，输入公共因子抽取的阈值为大于0.6，即抽取的因子必须满足特征值大于0.6或大于平均方差的条件，同时单击“未旋转的因子解（F）”“碎石图（S）”。“因子分析：旋转”对话框中勾选“最大方差法（V）”“旋转解（R）”“载荷图（L）”。单击“继续”按钮返回主对话框，再次单击“继续”按钮，执行公共因子抽取及因子旋转。

表8－7为变量共同度，表示因子分析中采用主成分法抽取公共因子之后各变量

的共同度，包括各变量对应的初始共同度和提取公共因子之后的提取共同度。由表格具体数值可知，各变量对应的初始共同度均为 1，提取公共因子之后各变量对应的共同度发生了变化，其中氮气变量的提取共同度最高为 0.9806，即公共因子几乎代表了氮气的全部原始信息，氟化氢变量的提取共同度最低为 0.7834，即公共因子代表的氟化氢的原始信息相对较小。

表 8 - 7　　变量共同度

变 量	初始共同度	提取共同度
氯气	1.0000	0.9413
氟化氢	1.0000	0.7834
二氧化硫	1.0000	0.9629
硫酸二甲酯	1.0000	0.9758
氮气	1.0000	0.9806
甲烷	1.0000	0.8925
一氧化碳	1.0000	0.8591
硫化氢	1.0000	0.9327

注：提取方法——主成分分析法。

表 8 - 8 为总方差解释表。“合计”显示了特征值大小，对应公共因子的方差贡献度，“方差%”表示特征值的方差占比，“累积%”表示特征值总方差占比的累加值。“提取平方和载入”栏即为根据特征值大于 0.6 的原则抽取的 3 个公共因子的特征值、总方差占比及其累加值。“旋转平方和载入”栏为进行因子旋转后 3 个公共因子的特征值、总方差占比及其累加值。由表 8 - 8 可知，旋转过后 3 个公共因子的方差占比分别为 37.7032%、36.9508%、16.9495%，即公共因子 1 和公共因子 2 为主要因子，且 3 个公共因子方差贡献率累加值为 91.6035，表示提取的公共因子能够较为全面地反映原始变量信息。

表 8 - 8　　总方差解释表

成分	初始特征值			提取平方和载入			旋转平方和载入		
	合计	方差（%）	累积（%）	合计	方差（%）	累积（%）	合计	方差（%）	累积（%）
1	4.6420	58.0253	58.0253	4.6420	58.0253	58.0253	3.0163	37.7032	37.7032
2	1.4325	17.9065	75.9318	1.4325	17.9065	75.9318	2.9561	36.9508	74.6540
3	1.2537	15.6716	91.6035	1.2537	15.6716	91.6035	1.3560	16.9495	91.6035
4	0.4154	5.1928	96.7962						
5	0.1619	2.0239	98.8201						
6	0.0789	0.9862	99.8063						
7	0.0155	0.1937	100.0000						
8	0.0000	0.0000	100.0000						

注：提取方法——主成分降维模型法。

图 8 – 16 为碎石图，横坐标为因子序号，纵坐标为各因子对应的特征值，根据不通过因子序号所对应的特征值描点，连接即可得到碎石图。在碎石图中，连线的陡缓程度直接与因子的重要程度相关联，即坡度较陡的连线端点对应的因子特征值差异较大，因子较为重要，反之则相反。基于上述分析，由图 8 – 16 可以看出，提取的公共因子 1 和公共因子 2 的连线坡度较陡，因子特征值差异较大，即公共因子 1 和公共因子 2 为主要因子，与上述结论相一致。

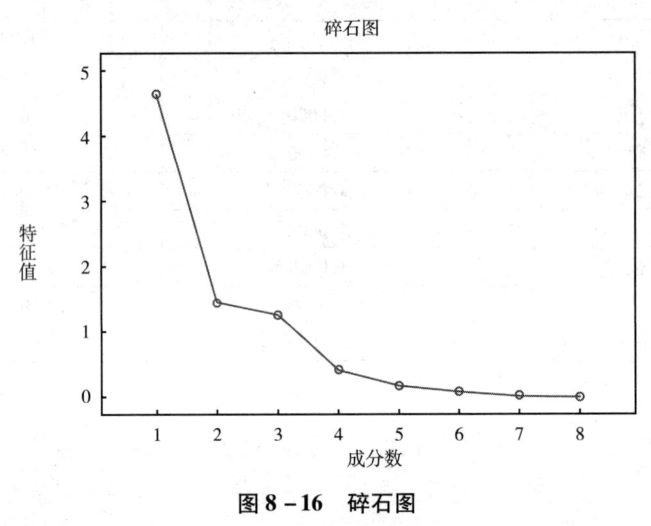

图 8 – 16　碎石图

表 8 – 9 为因子载荷矩阵。由表 8 – 9 可以看出，第 1 个公共因子与氯气联系较紧密，第 2 个公共因子与氟化氢联系较紧密，第 3 个公共因子与硫化氢联系较为紧密。表 8 – 10 为使用具有 Kaiser 标准化的正交旋转法旋转后的因子载荷矩阵，旋转后的因子载荷矩阵能够更好地对主因子进行解释，且旋转过后第 1 个公共因子与甲烷联系较紧密，第 2 个公共因子与氮气联系较紧密，第 3 个公共因子与硫化氢联系较紧密。上述现象同时也说明了 3 个公共因子对化工厂空气污染的程度不一致。

表 8 – 9　　　　因子载荷矩阵

变量	因子		
	1	2	3
氯气	0.9246	0.2470	0.1591
氟化氢	0.5770	0.6643	–0.0958
二氧化硫	0.6222	–0.1075	–0.7512
硫酸二甲酯	0.8528	–0.4962	0.0470
氮气	0.7483	–0.6398	–0.1064
甲烷	0.8110	0.4707	0.1149
一氧化碳	0.9176	0.0810	–0.1025
硫化氢	0.5291	–0.1870	0.7860

注：提取方法——主成分分析法。

表 8－10　　旋转后的因子载荷矩阵

变量	因子		
	1	2	3
氯气	0.8243	0.4330	0.2725
氟化氢	0.8787	-0.0335	-0.1009
二氧化硫	0.3652	0.6783	-0.6078
硫酸二甲酯	0.2456	0.9181	0.2695
氮气	0.0710	0.9797	0.1254
甲烷	0.9040	0.2118	0.1746
一氧化碳	0.7029	0.6026	0.0433
硫化氢	0.2337	0.3108	0.8840

注：提取方法——主成分分析法。
旋转法：具有 Kaiser 标准化的正交旋转法。

图 8－17 表示旋转后的因子载荷散点图。在散点图中，如果变量对应的点的位置刚好落在坐标轴上，则表示变量值与坐标轴对应的因子有载荷；如果变量对应的点位置落在原点附近，则表示变量的因子载荷较小；如果变量对应的点位置落在坐标轴顶部，则表示变量的因子载荷较大。结合上述原理，由图 8－17 可知，变量 $x8$ 对应的点较其余的点更靠近 Z 轴，即表示该变量值与 Z 轴对应的因子有载荷，变量 $x2$ 对应的点较为靠近原点，其变量的因子载荷较小，变量 $x5$ 对应的点较为靠近坐标轴顶端，其变量的因子载荷较大。

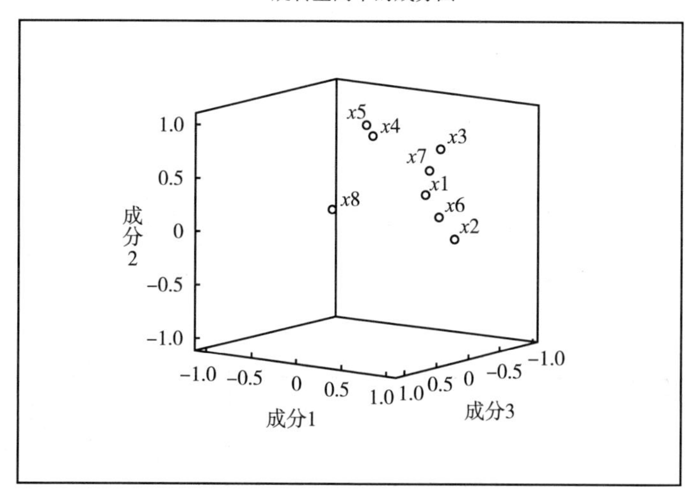

图 8－17　旋转后的因子载荷散点图

运用“因子分析”对话框展开按钮“得分(S)”计算公共因子得分。单击该按钮，打开“因子分析：因子得分”对话框，如图8－18所示，对话框内主要包含三栏，分别为“保存为变量（S）”“方法”及“显示因子得分系数矩阵（D）”。

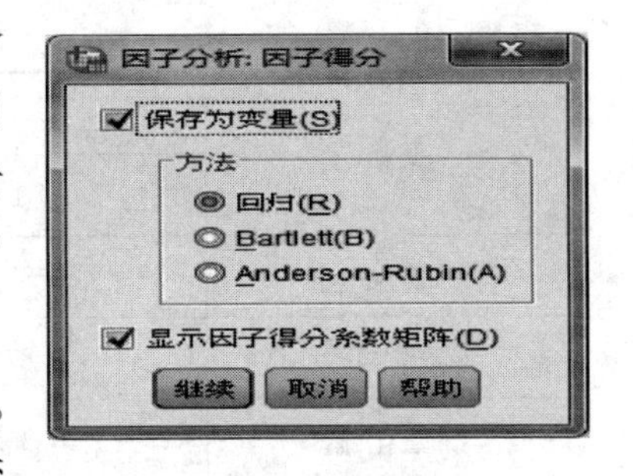

图8－18 “因子分析：因子得分”对话框

“保存为变量（S）”代表保存变量为因子得分。分析结果中每个因子均会生成一个新变量，且新变量的名称和变量标签均会列在输出的表中，变量标签的内容展示了因子得分的具体计算方法。

“方法”一栏主要对因子得分系数的计算方法进行选取，且只有选中了“保存为变量（S）”选项时才能激活方法栏。“回归（R）”代表运用回归法计算因子得分系数，得到的因子分值为0，其方差由估计因子值与真实因子值多元相关的平方计算得到。“Bartlett（B）”代表采用Bartlett法计算因子得分系数，得到的因子分值为0，同时实现了超过变量范围的各因子值的平方和最小化。“Anderson-Rubin（A）”代表采用修正的Bartlett方法计算因子得分系数，得到的因子分值的均值为0，标准差为1，且上述两个值间不相关。

“显示因子得分系数矩阵（D）”代表输出因子得分的系数矩阵及方差矩阵。

在书中的具体案例中，“因子分析：因子得分”对话框内勾选“保存为变量（S）”“回归（R）”及“显示因子得分系数矩阵（D）”选项。单击“继续”按钮返回主对话框，再次单击“继续”按钮，对公共因子得分进行计算，输出结果如表8－11、表8－12所示。表8－11为因子得分系数矩阵，基于因子得分系数矩阵，构建因子得分模型如下。基于因子得分模型最终计算得到表8－12的因子得分。

$$
\begin{aligned}
S_1 =\ & 0.2619X_1 + 0.4178X_2 + 0.0445X_3 - 0.1177X_4 - 0.2041X_5 \\
& + 0.3560X_6 + 0.1796X_7 - 0.0167X_8 \\
S_2 =\ & -0.0099X_1 - 0.2136X_2 + 0.2834X_3 + 0.3553X_4 + 0.4367X_5 \\
& - 0.1254X_6 + 0.1169X_7 + 0.0223X_8 \\
S_3 =\ & 0.1298X_1 - 0.1270X_2 - 0.5480X_3 + 0.1228X_4 + 0.0159X_5 \\
& + 0.0665X_6 - 0.0549X_7 + 0.6489X_8
\end{aligned}
\tag{8-97}
$$

表8－11 因子得分系数矩阵

变量	因子		
	1	2	3
氯气	0.2619	-0.0099	0.1298
氟化氢	0.4178	-0.2136	-0.1270

续表

变量	因子		
	1	2	3
二氧化硫	0.0445	0.2834	-0.5480
硫酸二甲酯	-0.1177	0.3553	0.1228
氮气	-0.2041	0.4367	0.0159
甲烷	0.3560	-0.1254	0.0665
一氧化碳	0.1796	0.1169	-0.0549
硫化氢	-0.0167	0.0223	0.6498

注：提取方法——主成分分析法。

旋转法：具有 Kaiser 标准化的正交旋转法。

表 8-12　　　　因子得分

变量	因子		
	1	2	3
氯气	1.2187	-1.0504	1.0901
氟化氢	-0.5614	-1.0279	1.0273
二氧化硫	1.4441	0.7700	-0.0030
硫酸二甲酯	0.4549	-0.0541	-1.3295
氮气	-0.6423	-0.9060	-1.5342
甲烷	0.1344	0.4973	-0.2960
一氧化碳	-1.4595	-0.0112	0.5431
硫化氢	-0.5889	1.7821	0.5021

“因子分析”对话框最右边还有一个特殊按钮“选项（O）”。单击该按钮，打开“因子分析：选项”对话框，如图 8-19 所示，对话框内主要有“缺失值”及“系数显示格式”两栏。

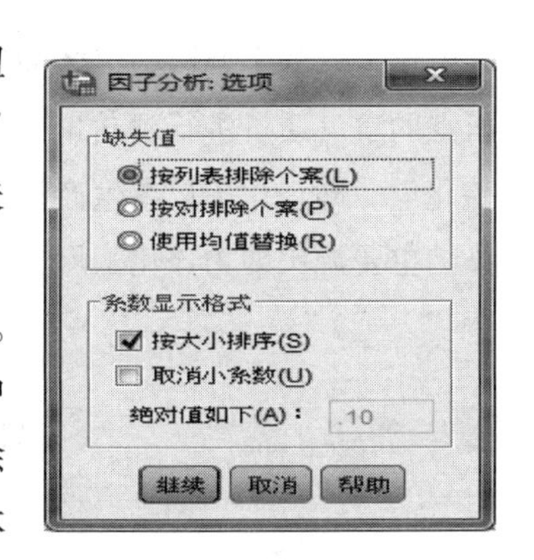

图 8-19　“因子分析：选项”对话框

“缺失值”一栏主要用于选取处理缺失值的方法。其中“按列表排除个案（L）”代表排除所有分析中存在缺失值的观测值，为系统默认选项。“按对排除个案（P）”代表不将存在缺失值的观测值代入具体的计算。“使用均值替换（R）”代表使用变量的均值替换观测值中出现的所有缺失值。

“系数显示格式”栏主要用于选择系数的显示格式。其中“按大小排序（S）”表示将因子载荷和结构矩阵进行排序，达到将同一个因素的高载荷变量排序在一起。“取消小系数（U）”表示只显示绝对值大于某个阈值的载荷系数。系统默认的缺省值设置是0.1，该值可在0~1任意取值。

在书中的具体案例中，在“因子分析：选项”对话框中勾选“按列表排除个案(L)”“按大小排序（S)”选项，单击“继续”按钮返回主对话框，再次单击“继续”按钮，执行因子分析。

四、结果分析与降维效果

表8-6主成分表展示了主成分降维模型的降维结果。根据主成分的表达式及表格结果可知，变量 X_1 在第一主成分 Y_1 上具有较高的载荷，即氯气决定了第一主成分，化工厂主要污染气体为氯气是可信的。同理，变量 X_2 在第二主成分 Y_2 上具有较高的载荷，及氟化氢决定了第二主成分，化工厂主要污染气体为氯气是可信的。变量 X_8 在第三主成分 Y_3 上具有较高的载荷，即硫化氢决定了第三主成分，化工厂主要污染气体为硫化氢是可信的。综上所述，在对化工厂周围8个随机点的空气质量进行评价时，可以认定氯气、氟化氢、硫化氢是其空气污染的主要污染气体。即当化工厂在生产时排放了氯气、氟化氢、硫化氢气体，则该地区空气污染的主要源头即为该化工厂。

表8-12因子得分展示了因子分析降维模型的降维结果。由因子得分模型和因子得分可看出，第一公共因子中变量 X_2 具有较高的载荷，说明第一公共因子由氟化氢决定，化工厂的主要污染气体为氟化氢是可信的。同理，第二公共因子中变量 X_5 具有较高的载荷，说明第二公共因子由氮气决定，化工厂的主要污染气体为氮气是可信的。第三公共因子中变量 X_8 具有较高的载荷，说明第三公共因子由硫化氢决定，化工厂的主要污染气体为硫化氢是可信的。综上所述，在对化工厂周围8个随机点的空气质量进行评价时，可以认为空气污染的主要污染气体是氟化氢、氮气、硫化氢。即当化工厂在生产时排放了氟化氢、氮气、硫化氢气体，则该地区空气污染的主要源头即为该化工厂。

第四节　本章小结

本章首先介绍了系统降维分析方法及SPSS软件的具体实现步骤。系统降维分析方法主要包括主成分降维模型及因子分析降维模型。具体而言，本章分析了系统降维分析方法的相关背景及其应用情况，通过系统降维分析可以实现数据及指标的降维处理，简化问题分析的难度。其次，介绍了系统降维分析中的传统主成分降维模型、加权主成分降维模型、二维主成分降维模型、核主成分降维模型以及因子分析降维模型的具体模型构建及分析。最后，通过化工厂空气的案例对系统降维分析模型的软件实现进行具体介绍。

从案例分析与软件实现部分可以看出，主成分降维模型在 SPSS 软件中的实现需要通过因子分析来实现，两者在 SPSS 软件的实现中最主要的区别是主成分降维模型是通过特征向量矩阵计算主成分得分，而因子分析能够直接通过软件计算出因子得分。在实际应用中，主成分降维模型主要被作为一种中间手段用于寻找判断某种事物或现象的综合指标，且每个原始指标在最终得到的主成分中均占有一定的载荷，由于载荷的大小没有清晰的分界线，容易导致提取的主成分命名不清晰。考虑到主成分降维模型对现实意义的解释缺陷，对主成分降维模型进行拓展引出了因子分析。一方面，因子分析注重变量之间的相关性；另一方面，由于变量间的相关性较强，保证提取的公因子能够被赋予较清晰的解释。主成分降维模型与因子分析降维模型之间的关系类似于包含与拓展的关系，但两者之间也存在明显的差异。首先，在主成分降维模型中，主成分由原始变量组合得到，上述组合一般均是简单的线性组合，而因子分析是将原始变量进行分类后构建少数几个公共因子，再将公共因子进行线性组合。主成分降维模型的重点是保留原始变量的绝大部分信息，同时解释每个变量的总方差；因子分析的重点是描述原始变量之间的相关性，同时解释各变量之间的协方差。其次，当协方差或相关矩阵存在唯一的特征值时，可得到主成分降维模型中固定的主成分，而因子分析中的公共因子却不固定。

在具体应用中，主成分降维模型被主要应用于评价经济效益、经济发展水平、经济发展竞争力、生活水平及质量等方面。通常，主成分降维模型将多个原始指标综合成较少的指标，降低问题分析的维数，便于后续排序和评估，或与回归分析、判别分析与聚类分析相结合，进行相关分析。因子分析由于其最终得到的因子具有较强的现实解释意义，因此可以用于解决共线性、简化聚类变量、调整内在结构等问题的研究中。若只需要将原始变量综合成少数几个新变量进行后续的分析，主成分降维模型与因子分析均可使用。因此，在具体的问题分析与研究中，应做到正确理解和运用上述两种方法，根据不同的数据特征和研究目的选择较为适合的分析方法，充分发挥两种方法的优势，更好地对实际问题进行分析。

参考文献

[1] 陈培彬、张精、曾芳芳、朱朝枝：《基于因子分析的福建省生态农业发展质量评价》，载于《生态经济》2020 年第 3 期。

[2] 陈茜、田治威：《林业上市企业财务风险评价研究——基于因子分析法和聚类分析法》，载于《财经理论与实践》2017 年第 1 期。

[3] 程序、关永刚、张文鹏、唐诚：《基于因子分析和支持向量机算法的高压断路器机械故

障诊断方法》，载于《电工技术学报》2014 年第 7 期。

[4] 仇磊、王俊和、仲跃、王潇婕：《基于因子分析和数据包络分析的发电企业能效评价研究》，载于《热力发电》2019 年第 12 期。

[5] 段志伟、杜立杰、吕海明、王家海、刘海东、富勇明：《基于主成分降维模型与 BP 神经网络的 TBM 围岩可掘性分级实时识别方法研究》，载于《隧道建设（中英文）》2020 年第 3 期。

[6] 冯丽霞、范奇芳：《因子分析在电力上市公司经营业绩评价中的应用》，载于《长沙理工大学学报（社会科学版）》2006 年第 2 期。

[7] 冯雪彬、张建英：《基于主成分降维模型法对农牧板块的上市公司财务绩效评价研究》，载于《饲料研究》2020 年第 11 期。

[8] 郭兴华：《基于因子分析法的 A 市农村地区扶贫绩效评估实证分析》，载于《技术经济与管理研究》2020 年第 12 期。

[9] 贺强、赵照：《基于因子分析法的证券公司运营绩效研究》，载于《投资研究》2014 年第 10 期。

[10] 洪增林、李永红、张玲玉、李傲雯、任超：《一种基于主成分降维模型法的区域性地质灾害危险性评估方法》，载于《灾害学》2020 年第 1 期。

[11] 胡文伟、李湛：《不同融资方式下的科技企业并购绩效比较研究——基于因子分析与 Wilcoxon 符号秩检验的实证分析》，载于《上海经济研究》2019 年第 11 期。

[12] 黄安、杨联安、杜挺、王安乐、张彬、袁刚：《基于主成分降维模型的土壤养分综合评价》，载于《干旱区研究》2014 年第 5 期。

[13] 黄颖桢、陈菁瑛、张武君、刘保财、赵云青、陈莹：《基于化学计量分析的福建金花茶花 HPLC 指纹图谱研究》，载于《中药材》2020 年第 6 期。

[14] 霍雷刚、冯象初：《基于主成分降维模型和字典学习的高光谱遥感图像去噪方法》，载于《电子与信息学报》2014 年第 11 期。

[15] 靳贝贝、裴香萍、梁惠珍：《青皮药材的 HPLC 指纹图谱建立及聚类分析和主成分降维模型》，载于《中国药房》2018 年第 24 期。

[16] 荆瑞勇、卫佳琪、王丽艳、宋维民、郑桂萍、郭永霞：《基于主成分降维模型的不同水稻品种品质综合评价》，载于《食品科学》2020 年第 24 期。

[17] 孔德明、宋乐乐、崔耀耀、张春祥、王书涛：《结合平行因子分析算法和模式识别方法的三维荧光光谱技术用于石油类污染物的检测》，载于《光谱学与光谱分析》2020 年第 9 期。

[18] 李东博、黄铝文：《重加权稀疏主成分降维模型及其在人脸识别中的应用》，载于《计算机应用》2020 年第 3 期。

[19] 李发权、杨立才、颜红博：《基于 PCA-SVM 多生理信息融合的情绪识别方法》，载于《山东大学学报（工学版）》2014 年第 6 期。

[20] 李福祥、刘琪琦：《我国地区金融发展水平综合评价研究——基于面板数据的因子分析和 topsis 实证研究》，载于《工业技术经济》2016 年第 3 期。

[21] 李岩、赵建文：《基于 PCA-SVM 的采空区危险性评价》，载于《河北冶金》2014 年第 11 期。

［22］刘丙花、王开芳、王小芳、梁静、白瑞亮、谢小锋、孙蕾:《基于主成分降维模型的蓝莓果实质地品质评价》，载于《核农学报》2019 年第 5 期。

［23］刘俊秀、杜彬、邓玉强、张建文、祝海江:《基于差分—主成分降维模型——支持向量机的有机化合物太赫兹吸收光谱识别方法》，载于《中国激光》2019 年第 6 期。

［24］刘秀芹:《因子分析法在电子行业上市公司绩效评价中的应用》，载于《北方工业大学学报》2004 年第 3 期。

［25］刘志祥、郭虎强、兰明:《金属矿采空区危险性判别的 PCA-SVM 模型研究》，载于《矿冶工程》2014 年第 4 期。

［26］芦笛、王冠华:《农业上市公司的财务风险预警研究——基于因子分析法和聚类分析法》，载于《会计之友》2019 年第 24 期。

［27］门桂珍:《因子分析的初步应用》，载于《煤田地质与勘探》1979 年第 6 期。

［28］明勇、王华军:《基于 PCA 和 BP 混合神经网络的无损电子鼻设计》，载于《激光杂志》2014 年第 12 期。

［29］欧国良、吴刚、朱祥波:《基于因子分析法的房地产企业财务风险预警研究》，载于《社会科学家》2018 年第 9 期。

［30］宋叙言、沈江:《基于主成分降维模型和集对分析的生态工业园区生态绩效评价研究——以山东省生态工业园区为例》，载于《资源科学》2015 年第 3 期。

［31］汤昶烽、卫志农、李志杰、钟淋涓、孙国强、孙永辉:《基于因子分析和支持向量机的电网故障风险评估》，载于《电网技术》2013 年第 4 期。

［32］王二化、刘颉:《基于主成分降维模型和 BP 神经网络的微铣刀磨损在线监测》，载于《组合机床与自动化加工技术》2021 年第 1 期。

［33］王海燕、卓奕君:《基于主成分降维模型的统计过程控制图模式识别方法》，载于《统计与决策》2020 年第 24 期。

［34］王珂、郭晓曦、李梅香:《长三角大湾区城市群生态文明绩效评价——基于因子分析与熵值法的结合分析》，载于《生态经济》2020 年第 4 期。

［35］王瑞霞、林伟、毛军:《基于小波变换和 PCA 的 SAR 图像相干斑抑制》，载于《计算机工程》2008 年第 20 期。

［36］王勇、邓旭东:《基于因子分析的农产品供应链绩效评价实证》，载于《中国流通经济》2015 年第 3 期。

［37］谢汀、伍文、邓良基、高雪松、李启权、徐安琪、谢鑫:《基于 PCA-RBF 神经网络的成都市建设用地需求预测》，载于《西南大学学报（自然科学版）》2014 年第 11 期。

［38］徐尚友、郑垂勇:《因子分析法在投资项目财务综合评价中的应用》，载于《技术经济与管理研究》2003 年第 1 期。

［39］许童羽、马艺铭、曹英丽、唐瑞、陈俊杰:《基于主成分降维模型和遗传优化 BP 神经网络的光伏输出功率短期预测》，载于《电力系统保护与控制》2016 年第 22 期。

［40］杨磊:《饲料上市公司财务绩效评价中的因子分析法应用》，载于《中国饲料》2020 年第 10 期。

［41］于仙毅、巫江虹、高云辉：《基于主成分降维模型与支持向量机的热泵系统制冷剂泄漏识别研究》，载于《化工学报》2020年第7期。

［42］张明慧、程红霞：《因子分析和神经网络的信息系统风险评估模型》，载于《现代电子技术》2019年第13期。

［43］周栋、曹杰、姜雅慧、冯永超、郝群：《基于PCA方法的散斑计算成像研究》，载于《激光与光电子学进展》2021年第1期。

［44］朱振杰、杜付鑫、杨旺功：《基于主成分降维模型—孪生支持向量机的工业系统故障监测》，载于《济南大学学报（自然科学版）》2021年第3期。

［45］Alam M. K., Rana Z. H., Islam S. N., Akhtaruzzaman M., Comparative Assessment of Nutritional Composition, Polyphenol Profile, Antidiabetic and Antioxidative Properties of Selected Edible Wild Plant Species of Bangladesh. *Food Chemistry*, Vol. 320, 2020, P. 126646.

［46］Beauducel A., Hilger N., Score Predictor Factor Analysis: Reproducing Observed Covariances by Means of Factor Score Predictors. *Frontiers in Psychology*, Vol. 10, 2019, P. 1895.

［47］Beiragh R. G., Alizadeh R., Kaleibari S. S., Cavallaro F., Zolfani S. H., Bausys R., Mardani A., An Integrated Multi-criteria Decision-Making Model for Sustainability Performance Assessment for Insurance Companies. *Sustainability*, Vol. 12, No. 3, 2020, P. 789.

［48］Bro R., Smilde A. K., Principal Component Analysis. *Analytical Methods*, Vol. 6, No. 9, 2014, pp. 2812 – 2831.

［49］Casini R., Li W., Removal of Spectro-polarimetric Fringes by Two-dimensional Principal Component Analysis. *The Astrophysical Journal*, Vol. 872, No. 2, 2019, P. 173.

［50］Chen J. F., Ji J., Wang H. M., Deng M. H., Yu C., Risk Assessment of Urban Rainstorm Disaster based on Multi-layer Weighted Principal Component Analysis: A Case Study of Nanjing, China. *International Journal of Environmental Research and Public Health*, Vol. 17, No. 15, 2020, P. 5523.

［51］Dong W., Hu C. L., Ming H. Y., Online Object Tracking with Sparse Prototypes. *IEEE Transactions on Image Processing*, Vol. 22, No. 1, 2013, pp. 314 – 325.

［52］Flach L., Castro J. K., DeMattos L. K., Financial Performance Evaluation of Brazilian Energy with Factor Analysis and Decision Tree. *Revista Eletronica de Estrategia E Negocios-Reen*, Vol. 10, No. 1, 2017, pp. 201 – 225.

［53］Flora D. B., LaBrish C., Chalmers R. P., Old and New Ideas for Data Screening and Assumption Testing for Exploratory and Confirmatory Factor Analysis. *Frontiers in Psychology*, Vol. 3, 2012, P. 3389.

［54］Horst T., Peter F., Exploratory Factor Analysis Revisited: How Robust Methods Support the Detection of Hidden Multivariate Data Structures in IS Research. *Information and Management*, Vol. 47, No. 4, 2010, pp. 197 – 207.

［55］Journee M., Nesterov Y., Richtarik P., Generalized Power Method for Sparse Principal Component Analysis. *Journal of Machine Learning Research*, Vol. 11, 2010, pp. 517 – 553.

［56］Jun H. Z., Han F. C., Convergence of Algorithms Used for Principal Component Analy-

sis. Science in China Series E-technological Sciences, Vol. 40, No. 6, 1997, pp. 597 – 604.

[57] Jung S. H., Exploratory Factor Analysis with Small Sample Sizes: A Comparison of Three Approaches. *Behavioural Processes*, Vol. 97, 2013, pp. 90 – 95.

[58] Kahn J. H., Factor Analysis in Counseling Psychology Research, Training, and Practice: Principles, Advances, and Applications. *The Counseling Psychologist*, Vol. 34, No. 5, 2006, pp. 684 – 718.

[59] Kumar K., Principal Component Analysis: Most Favourite Tool in Chemometrics. *Resonance*, Vol. 22, No. 8, 2017, pp. 747 – 759.

[60] Lai Z. H., Xu Y., Chen Q. C., Yang J., Zhang D., Multilinear Sparse Principal Component Analysis. *IEEE Transactions on Neural Networks and Learning Systems*, Vol. 25, No. 10, 2014, pp. 1942 – 1950.

[61] Lei Z., Wei S, D., David Z., Guang M. S., Two-stage Image Denoising by Principal Component Analysis with Local Pixel Grouping. *Pattern Recognition*, Vol. 43, No. 4, 2010, pp. 1531 – 1549.

[62] Luo L., Arizmend C., Gates K. M., Exploratory Factor Analysis (EFA) Programs in R. *Structural Equation Modeling: A Multidisciplinary Journal*, Vol. 26, No. 5, 2019, pp. 819 – 826.

[63] Ma Z. M., Sparse Principal Component Analysis and Iterative Thresholding. *The Annals of Statistics*, Vol. 41, No. 2, 2013, pp. 772 – 801.

[64] Mairal J., Bach F., Ponce J., Online Learning for Matrix Factorization and Sparse Coding. *Journal of Machine Learning Research*, Vol. 11, 2010, pp. 19 – 60.

[65] Mohammed K., Gamal E., Da W. S., Paul A., Application of NIR Hyperspectral Imaging for Discrimination of Lamb Muscles. *Journal of Food Engineering*, Vol. 104, No. 3, 2011, pp. 332 – 340.

[66] Orcan F., Exploratory and Confirmatory Factor Analysis: Which One to Use First? *Journal of Measurement and Evaluation in Education and Psychology-Epod*, Vol. 9, No. 4, 2018, pp. 414 – 421.

[67] Peterson C., Accommodation, Prediction and Replication: Model Selection in Scale Construction. *Synthese*, Vol. 196, No. 10, 2019, pp. 4329 – 4350.

[68] Peterson C., Exploratory Factor Analysis and Theory Generation in Psychology. *Review of Philosophy and Psychology*, Vol. 8, No. 3, 2017, pp. 519 – 540.

[69] Reddy G. T., Reddy M. P. K., Lakshmanna K., Kaluri R., Rajput D. S., Srivastava G., Baker T., Analysis of Dimensionality Reduction Techniques on Big Data. *IEEE Access*, Vol. 8, 2020, pp. 54776 – 54788.

[70] Scholkopf B., Smola A., Muller K. R., Kernel Principal Component Analysis. *In Proceedings ICCANN, LNCS, Speinger*, 1997, pp. 583 – 589.

[71] Scholkopf B., Smola A., Muller K. R., Nonlinear Component Analysis as a Kernel Eigenvalue Problem. *Neural Computation*, Vol. 10, No. 5, 1998, pp. 1299 – 1319.

[72] Tung C. T., Lee Y. J., Wang K. H., Combining Grey Theory and Principal Component Analysis to Evaluate Financial Performance of the Airline Companies in Taiwan. *Journal of Grey System*, Vol. 21, No. 4, 2009, pp. 357 – 268.

[73] Wei X., Peng W., Chen D., Schober R., Jiang T., Uplink Channel Estimation in Massive Mimo

Systems Using Factor Analysis. *IEEE Communications Letters*, Vol. 22, No. 8, 2018, pp. 1620 - 1623.

[74] Wetzel S. J., Unsupervised Learning of Phase Transitions: From Principal Component Analysis to Variational Autoencoders. *Physical Review E*, Vol. 96, No. 2, 2017, P. 022140.

[75] Wright A. G. C., The Current State and Future of Factor Analysis in Personality Disorder Research. *Personality Disorders: Theory, Research, and Treatment*, Vol. 8, No. 1, 2017, pp. 14 - 25.

[76] Wu N. N., Zhang J., Factor-analysis based Anomaly Detection and Clustering. *Decision Support Systems*, Vol. 42, No. 1, 2006, pp. 375 - 389.

[77] Zeng N. Y., Qiu H., Wang Z. D., Liu W. B., Zhang H., Li Y. R., A New Switching-delayed-PSO-Based Optimized SVM Algorithm for Diagnosis of Alzheimer's Disease. *Neurocomputing*, Vol. 320, 2018, pp. 195 - 202.

[78] Zhang G. J., Browne M. W., Ong A. D., Chow S. M., Analytic Standard Errors for Exploratory Process Factor Analysis. *Psychometrika*, Vol. 79, No. 3, 2014, pp. 444 - 469.

[79] Zhao H. M., Zheng J. J., Xu J. J., Deng W., Fault Diagnosis Method based on Principal Component Analysis and Broad Learning System. *IEEE Access*, Vol. 7, 2019, pp. 99263 - 99272.

第九章

Chapter 9

系统结构分析与Amos实现

第一节　系统结构分析方法与相关背景

一、系统结构分析方法介绍

在系统工程中，为了最大化实现系统目的，需要对系统内各组成要素、系统的组织结构、系统内控制关系等进行分析和研究。通过了解系统中的复杂因果关系，能够清晰地观测到系统总体与局部之间、局部与局部之间的信息流向。在此基础上进行有效管理和控制，实现系统内部关系协调，部门与部门之间相互配合，从而实现系统总体的最优运行。系统结构分析方法是一种对变量因果关系建模的方法，起源于因果关系的量化研究。系统结构分析方法的主要模型为系统结构方程模型。系统结构方程模型是在回归分析和路径分析的基础上，引入潜变量测度发展而来的。相较于回归分析和路径分析，系统结构方程模型可用于测度存在潜在变量的复杂因果关系。系统结构分析能够在系统中进行复杂因果关系测度，进而梳理出系统中错综复杂的因果关系。因此，系统结构分析是系统工程中的重要一环，本章介绍系统结构分析及其 Amos 实现。

二、系统结构分析方法背景介绍

系统结构分析方法能够在系统中进行复杂因果关系测度，系统结构分析是基于因果关系分析的背景建立起来的。从古至今，事物间的因果关系一直是人类努力探寻的对象。因果关系存在于各个学科领域，对各学科中的因果关系进行分析与研究，能够帮助我们找到世界运行的规律。人类对因果关系的认知程度，某种意义上决定了人类对该学科领域运行规律的了解程度（Galton，1889）。有科学家甚至认为，一切的科学问题都可以归结为因果关系问题（Charles，1904）。在现代科学研究中，充分了解变量间因果关系能够帮助科学家有效解决实际问题。因此，无论是在自然科学还是社会科学中，许多科学家致力于分析变量间因果关系的形式和具体方向，并在此基础上进行理论验证和结构分析。

因果关系测度模型的出现与发展为因果关系的测度提供了新思路。通过对事物进行量化，可以将因果关系问题转变为可通过计算解决的数理问题。在近百年来，因果关系测度模型经历了从回归分析到路径分析，再到系统结构方程的发展历程。其发展特点主要有，一是可测度变量范围变大；二是可处理因变量数目增加；三是误差项逐渐被考虑进模型测度中；四是模型可调整性不断增大。以线性因果关系为基础的回归分析（regression model，RM）（Galton，1889）常被认为是因果关系建模的基础。经济学家通过对回归分析进行进一步的发展和完善，于20世纪初建立与发展起新的经济学分支——计量经济学。回归分析的核心思想是构建一个数学方程式，该数学方程式主要用以量化一个或多个自变量对一个因变量的线性因果关系。在此基础上，使用历史数据，选用合适的估计方法对方程式中的参数进行估计，得到完整的模型。在求出模型后，采用一系列方法检测模型是否在统计上显著，是否具有理论意义。在模型通过检测后，该模型可用于实际的预测和理论验证方面。值得注意的是，回归模型是在假定变量之间存在因果关系的前提之下对因果关系进行验证，对于变量之间是否存在因果关系，还需要结合其他方法进行研究和探讨。此外，回归分析也存在一些缺陷，首先，对于一些无法直接观测的变量，回归分析不能对其进行处理；其次，回归分析无法测度存在超过一个因变量的情况；最后，回归分析中未考虑测量过程中存在误差对测量结果的影响。莱特（Wright，1921）在生物学研究中提出一种新的因果关系测度模型——路径分析（path analysis，PA）。在路径分析中，箭头用以表示变量之间的影响路径。由此，变量之间的因果关系可通过路径图直观地反映出来。若路径图中仅存在单向箭头，即变量之间只有单向因果关系，模型为递归模型，反之，为非递归模型。作为线性因果关系研究模型的扩展，路径分析具有如下优点：首先，路径图的引入使得路径分析中允许多个因变量存在；其次，通过引入中介变量（mediator），路径分析可以分析“直接因果效应”（direct causal effect）和“间接因果效应”（indirect causal effect）。相较于回归分析，路径分析更像是多个回归方程的联立，其中复杂的因果关系可通过路径图呈现。由此因变量与因变量之间、自变量与因变量之间的因果关系可通过路径图直观地反映出来。

在整合的模型中，因变量不仅会受到自变量的直接影响（direct influence），还会受到自变量的“间接影响”（indirect influence）。路径分析和回归分析的建模思想一样，在假设变量之间因果关系的前提下，对假设模型进行验证。尽管路径分析能有效解决回归分析中只能存在一个因变量的问题，但仍然存在如下缺陷。首先，无法处理不能直接观测到的变量（潜变量）之间的因果关系；其次，忽略了估计过程中测量误差对估计结果的影响。表 9 - 1 为三种不同的因果关系模型对比。

表 9 - 1　　因果关系模型对比

模型	回归模型	路径分析模型	系统结构方程模型
来源	生物学/遗传学	生物学	心理学
出现年代	19 世纪末	20 世纪 30 年代	20 世纪 70 年代
因果关系类型	单向	单向（递归模型）、双向（非递归模型）	单向、双向
效应类型	直接效应	直接效应、间接效应	直接效应、间接效应
变量类型	测量变量	测量变量	测量变量、潜在变量
误差设定	自变量无误差，因变量有误差项	自变量无误差，因变量有误差项	自变量、因变量都可以有误差项
参数估计	使得残差平方和最小（OLS、MM、ML 等）	使得残差平方和最小（OLS、MM、ML 等）	使得样本协方差矩阵与模型协方差矩阵差别最小（ML、GLS 等）
检验统计量	t、F、R^2	t、F、R^2、Wald	χ^2/df、GFI、AGFI、CFI、NFI 等
专用计算机处理软件	EViews、Stata	LISREL、Amos	LISREL、Amos
样本量要求	小	较大	大
适用领域	简单因果关系研究	有中介变量的或双向的因果关系	自变量存在误差、存在潜在变量的复杂因果关系

针对传统回归分析和路径分析的不足，引入因子分析的系统结构方程模型能有效解决前者无法研究潜变量的问题。查尔斯（Charles，1904）将潜变量概念引入因果关系测度中，选用变量之间的协方差矩阵，采用不同估计方法对所假设模型的参数进行估计，有效地解决了回归分析无法处理潜变量的问题。但该方法依旧无法处理存在多个因变量的情况下因果关系的测度。至 20 世纪 60 年代，邓肯（Duncan，1962）统筹计量经济学中联立方程的思想、心理学中潜变量模型、生物学中路径分析三方面的优势，为后续潜在变量模型分析与路径分析的结合奠定扎实基础。直至 1973 年，瑞典统计学家杰瑞可基（Joreskog）提出了基于最大似然估计的系统结构方程模型分析技术，并成功开发了 LISREL 软件，系统结构方程模型由此正式进入学者们的视野。和回归分析与路径分析一样，系统结构方程为验证性建模方法，系统结构方程的建立必须以一定理论为基础进行因果关系的构建，再通过不同估计方

法对方程内参数进行估计。系统结构方程模型自提出以来，被广泛运用于教育学、心理学、经济学的研究中。近年来，随着数值分析和计算机科学的进一步发展，系统结构方程模型的理论和方法在20世纪80年代末期逐渐成熟并完善，并且得到了更加广泛的应用。通过对比发现，相较于其他方程，系统结构方程模型的适用领域更为广泛。

三、系统结构分析相关研究综述

系统结构分析主要基于系统结构方程模型，本小节主要对系统结构方程模型的应用和发展进行梳理。

（一）系统结构方程的应用综述

近年来，随着系统结构方程模型理论的完善，以及计算机科学的发展，系统结构方程模型被广泛运用在经济学、心理学、管理学、生物医学等相关领域的研究中。目前各学科学者主要将系统结构方程模型运用于四个领域的研究中，分别是影响因素分析（相关性分析）、评价指标体系的构建、满意度调查以及竞争力分析四个领域。

系统结构方程模型是基于因果关系分析的回归分析和因子分析等发展而来，故其在针对某一个问题进行影响因素分析时具有得天独厚的优势。在教育学方面，系统结构方程模型被用于捕捉儿童教育与生存条件不同变量之间的相互作用关系（Java & Paola, 2008）、数学能力及自我概念和自我调节学习之间的关联关系（Alma et al., 2013）；在管理学方面，系统结构方程模型被用以测度研究公司与供应商、客户的共同合作能力和内部员工的团队协作能力之间的因果关系（Anant & Rachna, 2009）、电子数据内部交换管理中相对应的内部与外部因素对EDI性能的影响（Thomas & Schandin, 2009）、项目绩效和项目特性之间的整体关系（Kyu Man et al., 2009）、零售企业监控与顾客和员工的安全感之间的联系（Sami et al., 2010）、产险公司资本结构与承保风险对获利能力的影响（赵桂芹和王上文, 2008）；在心理学方面，孙凤（2007）建立了主观幸福感的系统结构方程模型，对影响幸福感的工作、生活、收入分配和社会保障各种关系进行了分析。系统结构方程模型也被运用于生物医学方面的研究，如乳腺炎的预防和治疗策略之间的相关关系（Detilleuxa et al., 2012）。除此之外，系统结构方程模型也被广泛运用于能源（Carsten, 2013）、社会学（卢凌霄等, 2010；黄德森和杨朝峰, 2011）等领域相关关系的研究。

系统结构方程模型也常被用于进行评价指标体系的构建以及绩效分析。在指标构建方面，社会学家戴维德和玛格丽特（David & Margaret, 1997）比较通过系统结构方程模型分析得到的指标得分和标准回归得到的指标分数比，进而分析影响生活习惯的因素。生物医学家瑞德曼等（Rinderman et al., 2004）利用系统结构方程模型对心理能力的竞争模型进行比较，构建信息处理速度指标。永等（Young et al., 2007）利用系统结构方程模型构建财务表现指标体系衡量财务状况比。在绩效分析方面，绩效是组织中个人或群体特定时间内可描述的工作行为和可测量的工作结果，以及组织结合个人或群体在过去工作中的素质和能力，指导其改进完善，从而预计该个人或群体在未来特定时间内所能取得的工作成效的总和。目前学者主要使用系统结构方程模型对企业绩效进行分析（马海刚和耿哗强，2008；李焕荣和苏敷胜，2009；齐丽云和魏婷婷，2013）。

系统结构方程模型也被运用于满意度的调查研究中。1989 年，瑞典率先建立了顾客满意度模型，即瑞典顾客满意度晴雨表指数（SCSB）（林盛等，2005），从此之后，许多国家都相继开展了全国性顾客满意度的测评工作（黄桂，2005；田喜洲和蒲勇健，2006）。随后，在顾客满意度模型（Sang et al., 2008）的不断发展和修正过程中，又提出了美国顾客满意度指数模型（ACSI）（Sang et al. 2008）、欧盟顾客满意度指数模型（ECSI）（Sun et al., 2009；Seung et al., 2011）等，其中 ACSI 模型应用得最为广泛。这些模型均属于系统结构方程模型，可见，系统结构方程模型是一种非常通用的、主要的线性统计建模技术。长期以来，利用系统结构方程模型对满意度的应用研究主要集中于顾客满意度（林盛等，2005；Sang et al., 2008；Yong et al., 2008；Sun et al., 2009；Seung et al., 2011）、工作满意度（田喜洲和蒲勇健，2006；俞文钊等，2008；吴利萍和冯有胜，2009；黄振鑫等，2013）、员工满意度（黄桂，2005；曹明华，2013）三个方面。

系统结构方程模型常被用于竞争力的研究。《世界竞争力年鉴》和《国家竞争力》这两项报告极大地推动了国际竞争力的学术研究。随后，有关竞争力的研究成果不断涌现，其中通过系统结构方程模型对区域竞争力（易丽蓉，2006；刘炳胜等，2011）、城市竞争力（管伟峰，2010）、核心竞争力（丁伟斌等，2005；王霄和胡军，2005；Yang et al., 2006；Khalid et al., 2006；霍国庆等，2011；Abdul，2011；Kung-Jeng et al., 2013）三个方面的应用研究居多。

（二）系统结构方程的发展综述

在早期的因果关系研究中，潜在变量模型和线性因果关系模型一直是因果分析中两个常用的模型，二者各具优势，但从未有过交集。系统结构方程主要实现潜在变量模型和线性因果关系模型的有机整合，其起源最早可以追溯至 20 世纪初。1904 年，为引入考试成绩来研究学生的智力水平，斯皮尔曼（Spearman，1904）首次在心理学领域运用潜在结构因素模型，在这个模型中，变量之间的协方差矩阵为模型的估计参数。随后，通过对回归分析中多重联立方程的估计，莱特（1918）创新性地将路径模型的思想运用于回归分析中。至20世纪60年代，邓肯（1962）统筹计量经济学中联立方程的思想、心理学中潜变量模型、生物学中路径分析三方面的优势，为后续潜在变量模型分析和路径分析的结合奠定扎实基础。直至1973年，瑞典统计学家杰瑞可基提出了基于最大似然估计的系统结构方程模型分析技术，并成功开发了LISREL软件，系统结构方程模型由此正式进入学者们的视野。

系统结构方程模型创立以来，各领域学者尝试对其进行改进。主要从以下两个方面进行。一方面，一些学者尝试对模型进行改进，以提高其拟合优度。一般而言，系统结构方程模型在进行模型结构设计时，必须基于已有理论或实际背景。但在实际运用中，研究者所设计的因果关系和结构约束往往不够准确（陈明亮，2004），这会导致模型拟合优度较低（汪心仪等，2020）。因此，改善模型以提高模型对理论的验证作用是部分学者的重点关注领域（Mulaik，1997；Liu，1998）。许多学者尝试改进，如在模型构建的第二步和第三步之间引入一套识别不恰当约束的程序（陈明亮，2004），在考量了样本量、参数估计、模型设定等因素后选取一套合适的度量指标（邱蕾，2013）等。另一方面，一些学者尝试通过结合不同方法完成模型的扩展和优化。主要包括系统结构方程模型的动态化改进、神经网络模型与系统结构方程模型的结合、仿生算法与系统结构方程模型的结合、时间序列模型与系统结构方程模型的结合。

首先，将系统结构方程模型的动态化改进。传统的系统结构方程模型不支持动态数据的处理，仅仅是用于横截面数据的因果关系和因果结构分析，因此该模型无法测度数据的滞后性所带来的影响（Joreskog & Sorbom，1984）。动态系统结构方程模型（Cziraky，2002）旨在解决这一现实问题（Anderson et al.，2011）。2002年，兹拉其（Cziraky，2002）首次将一般系统结构方程模型扩展到动态系统结构方程模型（Dynamic Structure Equation Model，DSEM）。更进一步的，能够处理面板数据的动态面板系统结构方程模型（Dynamic Panel Structural Equation Model，DPSEM）（Cziraky，2004）也被运用于各项研究中（Anderson et al.，2011）。研究表明，在系统结构方程中引入时间序列可以实现系统结构方程模型的动态扩展（Anderson et al.，2011）。在此基础上，安德森等（Anderson et al.，2011）还在动态系统结构方程模型中增添了个体效应扰动项，使模型能够处理时间序列数据和面板数据。但在实际运用中，指标的弱外生性一直是该模型存在的问题（张璇，2014）。而有限信息最大似然法的引入，能够使动态系统结构方程模型中的估计量保持大样本性质（张璇，2014）。另一种将系统结构方程模型动态化的方法是将其运用于实践贯穿的研究方法，即潜增长模型（Latent Growth Model，LGM）（Bentler & Weeks，1980）。在潜增长模型（LGM）中，增长参数的截距和斜率被用于量化研究主体之间的变化趋势（刘红云，2007；孙旭和张海霞，2019）。最初的参照通过设定两个潜变量模型确定，观测某一变量在不同时间点上的实际测量值，将其用来估计模型的潜变量结构（孙立新，2013；Yun，2018）。与一般的系统结构方程模型相比，潜增长模型是测量水平分析和个体水平分析的结合（Yum & Park，2011）。潜增长模型在关注因子平均值的同时，也关注因子的方差（Xu et al.，2019）。该方法被广泛运用于心理学（Michael et al.，2018；Yi et al.，2019）、医学（Roth et al.，2001；Claus et al.，2018）、教育学（Song et al.，2020）的研究中。

其次，有学者尝试将系统结构方程模型与神经网络模型相结合。传统系统结构方程模型无法合并测度变量之间的交互影响（汪心仪等，2020），这会导致在实际运用中测度结果的不准确。考虑到神经网络模型在变量之间关系和测量方法方面并不需要严格假设，一些学者尝试将神经网络的方法运用于系统结构方程模型构建中（Fiona et al.，1999；赵海峰和万迪昉，2003；曾凤章和王元华，2005；赵广智，2017）。研究表明，将神经网络中的输入层、输出层和隐层分别用系统结构方程中的外生指标、内生指标、潜变量替代，所估计结果更为准确（Fiona et al.，1999）。同时运用系统结构方程模型和神经网络对相同数据进行估计，可以增强所需因果关系的可信度（赵海峰和万迪昉，2003）。在客户满意度测评（曾凤章和王元华，2005）和煤矿输送机同步带传动精度预测（赵广智，2017）的研究中，神经网络和系统结构方程模型的结合均提高模型的预测准确度（汪心仪等，2020）。

再次，有学者尝试将系统结构方程模型与仿生学算法相结合。传统系统结构方程模型对样本数量有一定限制，为解决这一问题，有学者尝试将系统结构方程模型与仿生算法结合（崔晓聪，2013；李乃文等，2019）。崔晓聪（2013）将参数估计结果作为双链量子遗传算法的初始解进行求解。该算法有两个优点：一是使系统结构方程突破样本数量限制，参数估计在少样本情况下依旧准确；二是增加了算法的搜索效率，有效解决算法中的早熟问题。除此之外，也有学者结合系统动力学理论，将系统结构方程中的路径系数作为系统动力学仿真的数据参数（李乃文，2019）。该算法可得出动态的变量间作用关系仿真结果。

最后，有学者将系统结构方程模型与时间序列模型结合。将时间序列模型与系统结构方程模型结合能够较好地进行时间序列数据预测（朱苗苗，2016；樊丹，2019）。将自回归移动平均模型（auto regressive moving average model，ARMA）和系统结构方程模型结合能够得到准确的时间序列预测（朱苗苗，2016）。也有学者将灰色模型（gray model，GM）与系统结构方程模型相结合，使用灰色模型对系统结构方程模型的路径系数进行检验和预测（樊丹，2019）。该方法可以得到更为准确的预测结果。在经济学研究中，计量经济模型与潜变量分析的有效结合能够为变量因果关系研究提供可靠的建模框架（汪心仪等，2020）。如多元回归模型（缪言，2016）、线性联立方程模型（刘雪晨，2019）可视为系统结构方程模型的特例（缪言，2016）。

第二节　系统结构与结构方程模型

一、系统结构建模的方程形式

系统结构建模的方程由测量模型（measurement model）和结构模型（structure model）组成。在模型中，存在两种类型的变量，分别为测量变量（measured variable）和潜在变量（latent variable）。测量变量与测量变量之间的关系、潜在变量与潜在变量之间的关系组成了系统结构方程中错综复杂的因果关系。以下内容将对经典系统结构方程模型进行详细介绍。

（一）两种类型的变量

测量变量和潜在变量是一个完整结构方程中变量的两种基本形态。其中，测量变量又被称为显性变量或是观察变量，是可以被直接观察并测量到的变量，在系统结构方程模型路径图中测量变量用方形表示。在实际中，学者们将问卷调查的量表题项设置为潜在变量。测量变量可通过问卷调查直接采集数据进行研究。例如，在实际中学者常采用李克特的五点量表对目标进行量化，而所测得的数据平均数就介于1～5。潜在变量又被称为潜在因素、构念等，是系统结构方程中无法被直接观测到的变量，在系统结构方程模型路径图中潜在变量用椭圆形表示。在系统结构方程中，潜在变量通过测量变量推演出。测量变量是真正被分析和计算的变量，而潜在变量是在知悉测量变量的条件下萃取出的概念。系统结构方程中测量变量也会受到潜在变量的影响。与路径分析相同，测量变量可分为内生测量变量和外生测量变量，潜在变量可分为内生潜在变量和外生潜在变量。

（二）两种类型的方程

完整的系统结构方程包含测量模型和结构模型。测量模型主要用于测度观测变量和潜在变量的因果关系。结构模型主要反映的是潜在变量之间的关系。测量模型在结构模型中是验证性因子分析，而结构模型是系统结构方程模型中路径分析思想的体现。其数学方程式如下：

$$x = \Lambda_x \xi + \delta \tag{9-1}$$

$$y = \Lambda_y \eta + \varepsilon \tag{9-2}$$

$$\eta = B\eta + I\zeta + \xi \tag{9-3}$$

在公式（9－1）、公式（9－2）中，x、y 为测量变量。其中，x 为外生测量变量，y 为内生测量变量，ξ 为外生潜在变量，η 为内生潜在变量。Λ_x 为外生测量变量在外生潜在变量上的因子载荷矩阵，描述外生潜在变量与外生测量变量之间的关系。Λ_y 为内生测量变量在内生潜在变量上的因子载荷矩阵，描述内生潜在变量与内生测量变量之间的关系。δ 和 ε 分别为外生变量和内生变量的误差项向量。系统结构方程中的测量方程为公式（9－1）和公式（9－2），结构方程为公式（9－3）。公式（9－1）和公式（9－2）主要用于描述潜在变量和测量变量之间的因果关系，公式（9－3）主要用于描述潜在变量之间的因果关系。

二、传统结构方程模型

结构方程模型主要由测量模型、结构模型构成，传统结构方程模型主要有六种类型。

（一）类型一

在第一类结构方程模型（SEM）中，两个外因潜在变量（自变量）分别为 F_1、F_2，内因潜在变项（因变量）为 F_3，以外因潜在变量来预测内因潜在变量会有预测残差，因而内因潜在变量 F_3 要增列一个预测残差项。外因潜在变量间没有因果关系存在，假设模型图中要以双箭头曲线建立共变关系，两个外因变量彼此独立没有相关，则进一步可将变量间的共变关系设定为0（Amos 窗口界面中直接在双箭头共变对象中将协方差参数的数值界定为0，或将协方差参数 C 设为0：$C=0$），如图9－1所示。

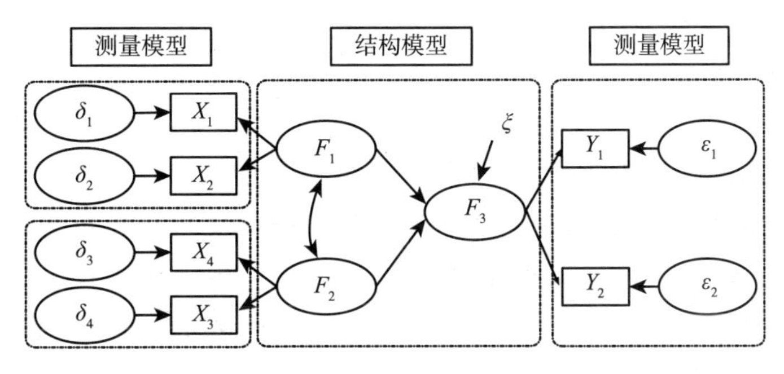

图9－1　结构方程模型类型一

（二）类型二

在第二类结构方程模型（SEM）中，外因潜在变量（自变量）为 F_1，内因潜在变量（因变量）分别为 F_2、F_3，以外因潜在变量来预测内因潜在变量会有预测误差，因而内因潜在变量 F_2 与 F_3 均要各增列一个预测残差项。F_2 潜在变量在模型中具有中介变量（intervening variable / mediating variables）的性质，此变量在结构模型中也归属于内因变量，内因变量对内因变量的路径系数通常以 β 表示，外因变量对内因变量的路径系数则以 γ 表示，如图 9 – 2 所示。

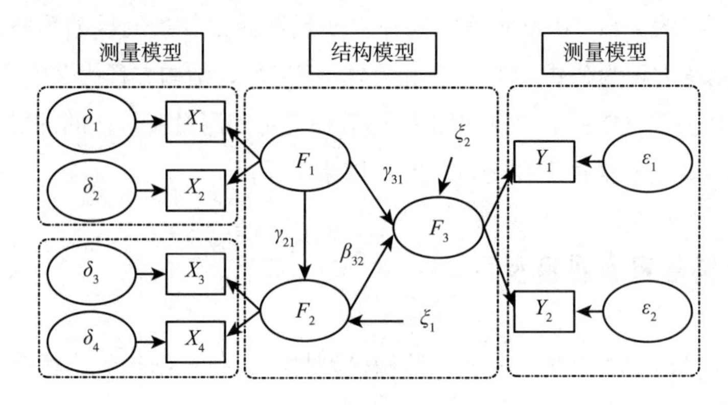

图 9 – 2　结构方程模型类型二

在上述结构模型中，构念变量 F_1 对构念变量的影响路径有两个：一个为“$F_1 \rightarrow F_3$”；另一个为“$F_1 \rightarrow F_2 \rightarrow F_3$”。第一种影响路径称为直接效果，第二种影响路径称为间接效果。直接效果指的是两个构念变量间有直接连接关系，间接效果指的是两个构念变量间的关系是通过至少一个以上的中介变量建构而成。构念变量 F_2 称为中介变量，中介效果表示两个有关的构念变量经由第三个变量构念介入而形成关系。

以班级数学学习为例，学生的智力与数学成就两个构念间是某种程度的相关，但智力构念变量导致数学学习表现的实际情形，却经常受到某个变量的影响。因为两个构念变量若只有直接效果，将无法解释高智力低数学成就表现的学生。此外，对于低智力高数学成就表现的学生也无法合理解释，因此学生将智力转换成数学学习表现受到某种变量的影响，这个构念变量称为读书效能。读书效能指的是学生努力的程度、投入课业的时间、从事课业及活动的时间管理情形、课堂专注度等。因而智力构念变量对数学学习表现的显著相关路径（$F_1 \rightarrow F_3$）可以解释为“智力（F_1）→读书效能（F_2）→数学成就表现（F_3）”，智力构念作为模型输入变量（F_1），数学成就表现（F_3）作为最后结果变量，读书效能（F_2）即为中介变量。输入变量为外因构念变量，结果变量为内因构念变量，中介变量是连接外因变量与内因变量关系的另一种变量。

中介变量效果的模型图中包括完全中介（complete mediation）效果、部分中介（partial mediation）效果。如果中介变量可以完全解释外因变量与内因变量的关系，称为完全中介效果，若中介变量无法完全解释外因变量与内因变量的关系，称为部分中介效果，部分中介效果表示外因变量与内因变量间的直接关系也显著。实务操作中可将直接效果的路径系数固定为 0，此模型称为限制模型。限制模型的适配度若显著性较未限制模型的更佳，并与样本数据可以适配，两个模型卡方值差异达到统计 1 上显著，则“$F_1 \rightarrow F_3$”路径为 0 的模型图可以被接受。如果限制模型与未限制模型估计的卡方值差不多，则表示中介变量的介入是可以得到支持的（Hair et al.，2010）。完全中介效果模型检验的两个模型如图 9－3、图 9－4 所示。

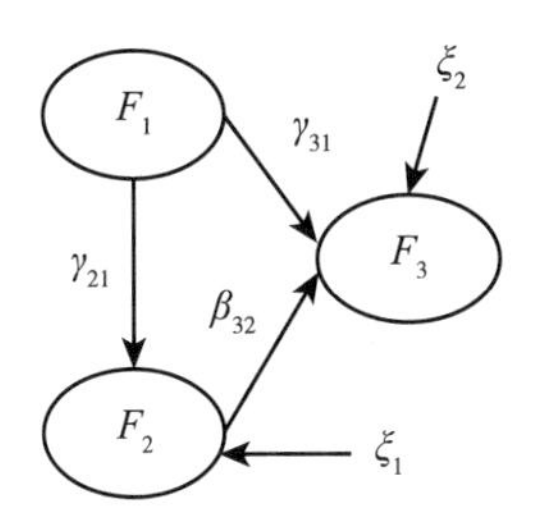

图 9－3　未限制模型

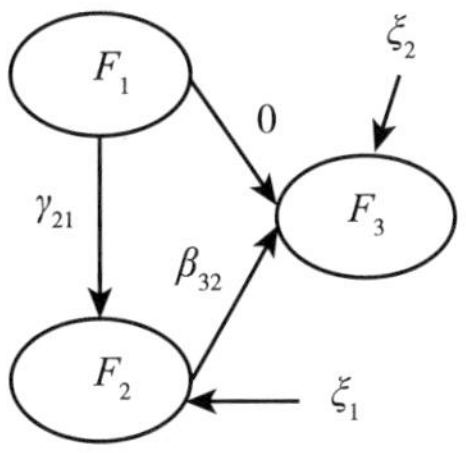

图 9－4　限制模型（F_1 对 F_3 的路径系数设为 0）

在未限制模型图中，个别结构模型统计显著性的检验有三个：

- F_1 和 F_3 有关：表示直接关系存在。
- F_1 和 F_2 有关：表示中介变量与输入变量有关。
- F_2 和 F_3 有关：表示中介变量与结果构念变量有关。

（三）类型三

在第三类结构方程模型（SEM）中，两个外因潜在变量（自变量）分别为 F_1、F_2，内因潜在变量（因变量）分别为 F_3、F_4，内因潜在变量 F_3 就外因潜在变量而言为一个“果”变量（因变量），但对于潜在变量 F_4 而言是一个“因”变量（自变量），其性质类似一个中介变量，以外因潜在变量来预测内因潜在变量会有预测误差，因而内因潜在变量 F_3、F_4 各要增列一个预测残差项。增列的预测残差项其路径系数要界定参数 1，若没有将路径系数设为固定参数，则执行时模型无法辨识，结果中出现：“The model is probably unidentified. In order to achieve identifiability, it will probably be necessary to impose 1 additional constraint”（模型可能无法辨识，为了让模型能够辨识，可能要增列一个限制条件）。模型估计时若是出现此种信息，通常模型整体适配度的卡方值也不会出现，“Computation Summary”（计算摘要）方盒中的最小化历程的迭代次数只有 1，如：

Minimization

Iteration 1

Writing output

Amos 中的假设模型图，未增列内因潜在变量或内因观察变量的预测残差项，估计模型参数时，会出现警告信息："The following variables are endogenous, but have no residual (error) variables"（下列变量为内因变量，但这些变量没有界定残差或误差项）。此外，假设模型图中所有椭圆形对象内的潜在变量名称不能与 SPSS 数据文件内的变量名称相同，后者均被视为观察变量或测量变量，它只能出现于假设模型图内方形或长方形对象内。若假设模型图椭圆形对象内的潜在变量名称与 SPSS 数据文件内的变量名称相同，估计模型参数时，会出现警告"The observed variable, F_1, is represented by an ellipse in the path diagram"（观察变量 F_1 出现在路径图椭圆形对象内）。由于潜在变量 F_1 的变量名称与 SPSS 数据文件内的变量名称 F_1 相同，模型估计时会将变量 F_1 视为测量变量，测量变量只能放置于长方形或方形对象内，但研究者却将其绘制于椭圆形对象内，造成观察变量与潜在变量设定得不一致的结果。因而，SEM 假设模型图中作为潜在变量的变量名称，绝不能与 SPSS 数据文件内的变量名称相同。SEM 混合模型中，结构模型包含潜在变量与观测变量（观测变量的变量名称必须是 SPSS 数据文件中的一个变量名称，潜在变量的变量名称绝对不能与 SPSS 数据文件中的任意一个变量名称相同）。在图 9－5 中内因变量为观测变量，此变量为原先潜在变量 F_3 两个向度分数的加总或总量表的单题平均分数。

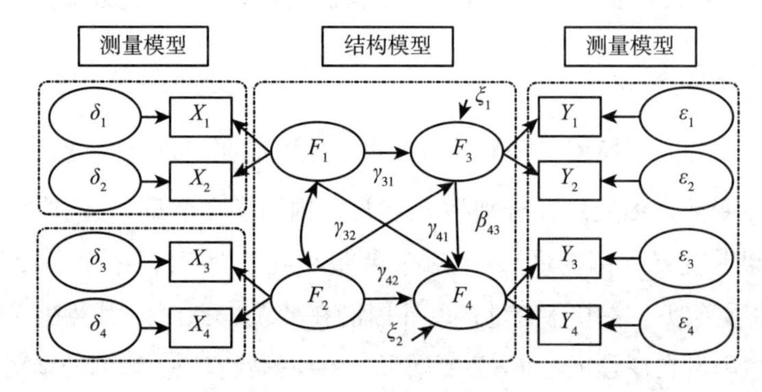

图 9－5　结构方程模型类型三

（四）类型四

第四类结构方程模型为混合模型，在结构方程模型中的变量有观察变量（椭圆形对象变量）及潜在变量（长方形对象变量），整体 F_3 变量为受试者在 F_3 相对应量表中所有向度的总和（或受试者在总量表中的单题平均数）。外因变量 F_1 的两个测量变量 X_1、X_2 为其二阶潜在构念的两个因素构面，内因变量 F_2 的两个测量变量 X_3、X_4 为其二阶潜在构念的两个因素构面，如图 9－6 所示。

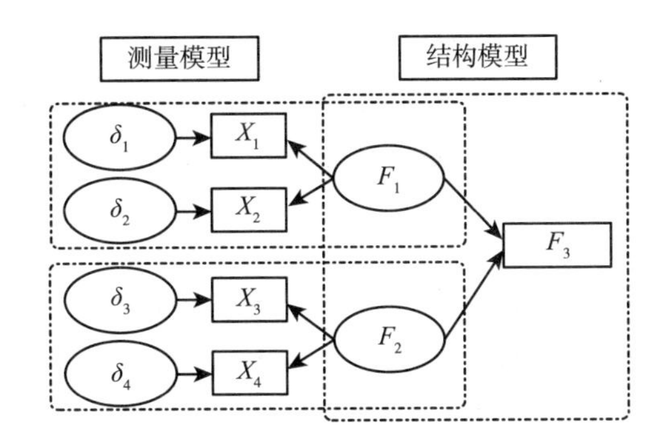

图 9-6　结构方程模型类型四

(五) 类型五

在第五类结构方程模型中，结构模型的潜在变量为 F_1、F_2、F_4，本身模型均为测量模型，测量模型的观察变量为潜在因素的构面向度。内因变量 F_3 直接以受试者在此量表中的总得分为变量，因而没有反映的测量变量，如图 9-7 所示。

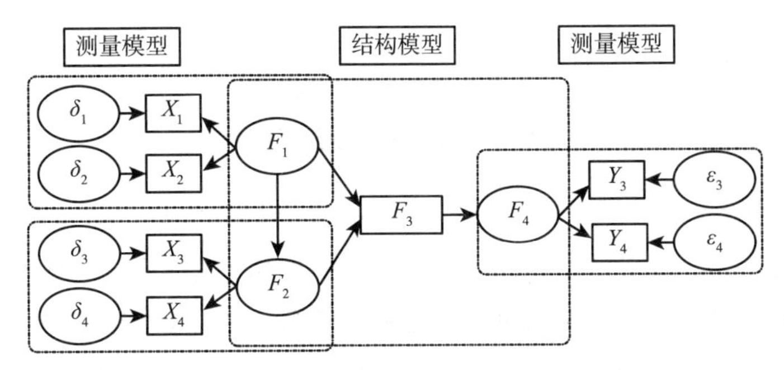

图 9-7　结构方程模型类型五

(六) 类型六

在第六类结构方程模型中，结构模型的四个变量有两个为潜在变量（F_2、F_4），两个为观察变量（整体 F_1、整体 F_3）。整体 F_1、整体 F_3 为长方形对象，因而这两个变量必须是样本数据文件中有界定的变量名称，至于潜在内因变量 F_2、F_4 两个变量为无法观察变量，属于椭圆形对象，因而不能与样本数据文件中的变量名称相同。Amos 的误差项及预测残差的参数标签名称默认为 e，建议研究者将结构方程模型中内因变量的预测残差项（residuals）以 r_1、r_2、……符号表示比较方便，如图 9-8 所示。

三、系统结构基本方程

系统结构方程模型的基本方程式为协方差代数（covariance algebra），协方差代数在系统结构方程模型中可以帮助估计方差与协方差，当模型越复杂时，协方差代数的运算会越冗长。此外，协方差代数也可以说明从小样本群体中如何求出参数估计值，进而估算出总体的协方差矩阵。当 c 是一个常数，X_1 是一个随机变量，三个协方差代数基本规则为：

$$COV(c,X_1)=0 \tag{9-4}$$

$$COV(cX_1,X_2)=cCOV(X_1,X_2) \tag{9-5}$$

$$COV(X_1+X_2,X_3)=COV(X_1,X_3)+COV(X_2,X_3) \tag{9-6}$$

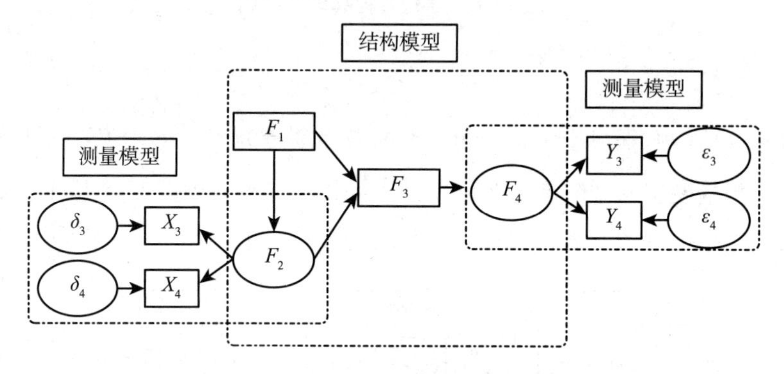

图 9-8 结构方程模型类型六

第一个规则为一个变量与一个常数项间的协方差值为 0，第二个规则是常数项乘数以变量与另一个变量的协方差等于两个变量的协方差乘以常数项，第三个规则是两个变量相加与第三个变量的协方差之和等于第一个变量与第三个变量的协方差加第二个变量与第三个变量的协方差。第三个规则也可以推论到前面两个变量相减的情况：

$$COV(X_1-X_2,X_3)=COV(X_1,X_3)-COV(X_2,X_3) \tag{9-7}$$

就上述三个潜在变量的系统结构方程为例，外因变量 X_1 对内因变量 Y_1 影响的直接效果方程式为：

$$Y_1=\gamma_{11}X_1+\varepsilon_1 \tag{9-8}$$

外因变量 X_1、中介变量 Y_1 对内因变量 Y_2 影响的方程式为：

$$Y_2=\beta_{21}X_1+\gamma_{11}X_1+\varepsilon_2 \tag{9-9}$$

上述两个方程式中 ε_1、ε_2 为预测残差项。

X_1 与 Y_1 两个变量的协方差为：

$$COV(X_1,Y_1)=COV(X_1,\gamma_{11}X_1+\varepsilon_1) \tag{9-10}$$

$$COV(X_1,Y_1)=COV(X_1,\gamma_{11}X_1)+COV(X_1,\varepsilon_1) \tag{9-11}$$

在系统结构方程模型中，残差项与潜在变量间没有共变关系，因而假定 $COV(X_1,\varepsilon_1)=0$。

$$COV(X_1,Y_1)=COV(X_1,\gamma_{11}X_1)=0 \tag{9-12}$$

$$COV(X_1,Y_1)=COV(X_1,\gamma_{11}X_1)=\gamma_{11}COV(X_1,X_1) \tag{9-13}$$

变量与变量间的协方差为变量的方差，方程式简化如下：

$$COV(X_1,Y_1)=\gamma_{11}\sigma_{X_1X_1} \tag{9-14}$$

上述方程表示 X_1 与 Y_1 间待估计的总体协方差等于 X_1 与 Y_1 的路径系数（γ_{11}）乘以外因变量 X_1 的方差。从假设模型中可以估计 X_1 与 Y_1 间的总体协方差，如果模型良好，则 $\gamma_{11}\sigma_{X_1X_1}$ 导出的协方差会十分接近样本协方差。相似的，从样本数据估算 Y_1 与 Y_2 的协方差为：

$$\begin{aligned} COV(Y_1,Y_2) &= COV(\gamma_{11}X_1+\varepsilon,\beta_{21}Y_1+\gamma_{21}X_1+\varepsilon_2) \\ &= COV(\gamma_{11}X_1,\beta_{21}Y_1)+COV(\gamma_{11}X_1,\gamma_{21}X_1) \\ &= \gamma_{11}\beta_{21}\sigma X_1Y_1+\gamma_{11}\gamma_{21}\sigma X_1X_1 \end{aligned} \tag{9-15}$$

假设模型推导而得的方差协方差矩阵，矩阵元素的估计假定预测残差项 ε_1、ε_2 和其他变量间均没有共变关系（协方差数值为0），测量指标误差项与潜在变量间也没有共变关系（协方差数值为0）。

四、结构方程模型建模步骤与拟合检验

（一）结构方程模型建模步骤

1. 设计模型

结构方程模型的建模，首先是基于现有理论和知识，对所研究的变量之间进行因果关系设定；其次采用路径图的形式表示变量之间的因果关系。结构方程模型为一种验证性模型，所以该步骤在结构方程中处于灵魂地位。

2. 验证模型

在进行初步的模型设定后，还需要对所设计模型进行验证和识别。所设计模型需符合建模原则，才能估计得出自由参数的唯一估计值。模型验证的原则为，所观察数据的协方差和方差总数必须小于待估参数的个数。

3. 估计模型参数

在完成模型搭建和模型检验后，需对模型中的参数进行估计。在实际运用中，线性结构关系法（linear structural relationships，LISREL）和偏最小二乘法（partial least square，PLS）常被用于结构方程模型的估计中。线性结构关系法首先构建协方

差结构，其次基于变量协方差，通过拟合模型估计协方差与样本协方差来估计模型参数。在线性结构关系法中，极大似然函数、广义最小二乘法等均被用来估计拟合函数值的最优参数。偏最小二乘法是多元回归和主成分分析的有效结合，其核心思想是对潜在变量的测量变量抽取主成分，在此基础上建立回归模型，再根据实际情况对主成分的权重进行调整，然后进行参数估计。无论使用哪种方法，结构方程的估计都存在计算量大的问题，统计分析软件能够很好地解决这个问题，如 LISREL、Amos、Mplus 等。

4. 检验模型拟合优度

在完成模型参数估计后，还需要对模型拟合优度进行检验。可选取计算一系列测度指标对模型拟合优度进行检验。如评估每一个参数估计值的 t 值、评估模型总体拟合程度的测度指标卡方值等。通常而言，测度指标会和估计结果在软件中呈现。

5. 对模型进行修正

在实际运用中，初始设定的模型不一定能拟合所有观察数据。这时就需要对模型进行修正。模型修正能够很好地改进模型的适合程度，增强模型的理论意义和实际运用价值。完成修正后，需要采用与之前相同的数据对模型进行二次估计。

（二）结构方程模型拟合检验

在完成结构方程的模型设计和参数估计后，还需要对所构建模型的拟合优度进行检验。目前有很多指标可用于结构方程模型拟合度的测量。使用者可以直接运用计量软件计算出各指标数值，比较适配度后判断所估计模型的拟合优度。表 9－2 详细介绍了目前结构方程常用的检测指标及其适配指数。

表 9－2　　模型适配度（拟合优度）检验指标

统计检验量	绝对适配度指数	备注
自由度	呈现模型自由度	
绝对适配度指数		
χ^2 值	$p>0.05$（未达显著水平）	大样本情况下，χ^2 值是个参考指标
χ^2/df	<2.00（严谨）或 <3.00（普通）	数值越接近 0，模型拟合度越好
RMR 值	<0.05	数值越接近 0，模型拟合度越好
RMSEA 值	<0.08（若 <0.05 为良好；<0.08 为普通）	90% 置信区间介于 0.06～0.08
SRMR	<0.08（若 <0.05 为良好；<0.08 为普通）	数值越接近 0，模型拟合度越好
GFI 值	>0.90 以上	数值越接近 1，模型拟合度越好
AGFI 值	>0.90 以上	数值越接近 1，模型拟合度越好
CN 值	>200	数值越大，模型拟合度越好
比较适配度指数		

续表

统计检验量	绝对适配度指数	备注
NFI 值	≥0.95 以上（普通适配为 >0.90）	数值越接近 1，模型拟合度越好
RFI 值	≥0.95 以上（普通适配为 >0.90）	数值越接近 1，模型拟合度越好
IFI 值	≥0.95 以上（普通适配为 >0.90）	数值越接近 1，模型拟合度越好
TLI 值（*NNFI* 值）	≥0.95 以上（普通适配为 >0.90）	数值越接近 1，模型拟合度越好
CFI 值	≥0.95 以上（普通适配为 >0.90）	数值越接近 1，模型拟合度越好
MFI 值（*Mc*）	≥0.95 以上	Amos 软件未提供 *MFI* 值
简约适配度指标		
PGFI 值	>0.05 以上	数值越接近 1，模型拟合度越好
PNFI 值	>0.05 以上	
PCFI 值	>0.05 以上	

结构方程模型评估除检验该模型是否为可接受的假设模型外，研究者也要注意模型估计的问题。如果模型无法识别，则模型中所有参数均无法顺利估算出来，此种情形表示界定的模型有问题。研究者必须重新检查该模型。Amos 窗口最常见的错误界定模型为路径系数没有固定为 1，既包括测量变量误差项及内因变量残差项的路径系数没有限定为固定参数，也包括方形对象内的变量名称与 SPSS 数据文件内的观察变量名称重复，或模型内同时有两个相同的指标变量名称等。相对地，如果假设模型界定没有错误，但测量模型的指标变量间的相关度很高，或模型潜在统计假定被破坏，或观察数据与假设模型的数据相距甚大等，模型虽可以顺利收敛识别，模型参数可以顺利估计出来，但可能会出现不合理的标准化参数，如模型中的相关系数或标准化路径系数的绝对值超过 1.00，这种估计值在理论上是不可能存在的，此种“不适当解值”（improper solution）也可能是由很差的构念界定导致，如构念的信度很低或构念效度不佳等。

第三节　基于 Amos 的模型实现与案例分析

一、结构方程模型的 Amos 实现

本节介绍结构方程模型的 Amos 实现。Amos 的使用能够使系统结构方程的构建变得简单而高效。Amos 是一款操作简单但功能强大的软件。在建模前，需了解 A-mos 操作界面常见图标的具体用途，如表 9 - 3 所示。

表 9-3　　Amos 操作界面常见图标的具体用途

图标	作用	图标	作用	图标	作用
	描绘观察变量		描绘无法观察变量（描绘潜在变量）		描绘潜在变量或增加潜在变量的指标变量
	描绘单向箭头的因果路径		描绘双向箭头的共变关系		在已有的变量（内因变量）增列一个误差变量
Title	设定假设模型的标题内容		开启模式中所有变量的对话视窗		开启数据文件所有观察变量的对话视窗
	一次选取一个对象		一次选取所有对象		取消所有选取对象
	复制对象		移动对象		删除对象
	变更对象形状的大小（调整对象大小）		旋转潜在变量的指标变量（一次 90 度）		映射潜在变量间的指标变量
	移动对象参数的位置		重新调整路径图在屏幕中的位置		对象最后排列
	选择分析的数据文件		开启分析属性的对话视窗		计算估计值
	复制路径图到剪贴板中		浏览文字（开启文件视窗）		存储目前的路径图（存档）
	开启对象性质视窗		复制对象格式到其他对象		测量模型对称性的保留
	扩大选取的区域		将路径图放大显示（实际大小不变）		将路径图缩小显示（实际大小不变）
	将路径图整页显示于屏幕中		配合绘图视窗重新调整路径图的大小		以放大镜模式检视路径图
	贝氏估计		多群组分析		打印目前的路径图
	还原先前的改变		重做先前改变的程序		模型界定的搜寻

在 Amos 中的构建系统结构方程主要通过以下四个步骤：一是绘制假设模型图；二是导入数据文件；三是选取指标变量；四是设定潜在变量。本节将对每一个步骤

进行详细介绍。

（一）绘制假设模型图

绘制假设模型图主要包括绘制观察变量、绘制潜在变量、明确观测变量与潜在变量之间的关系、将箭头线上的固定系数设置为 1、添加误差变量五个步骤。

一是绘制观察变量。如图 9－9 所示，打开 Amos Graphics，图标中的矩形代表显变量，单击“矩形”，在画布上合适位置单击就能画出一个代表观察变量（显变量）的矩形。需要几个观察变量，就在合适的位置单击几次。

二是绘制潜在变量。如图 9－10 所示，Amos 软件左侧图标栏中第一行第二列的椭圆形图标代表潜在变量，单击“椭圆形”，在画布上合适位置单击就能画出一个代表测量变量的椭圆形。

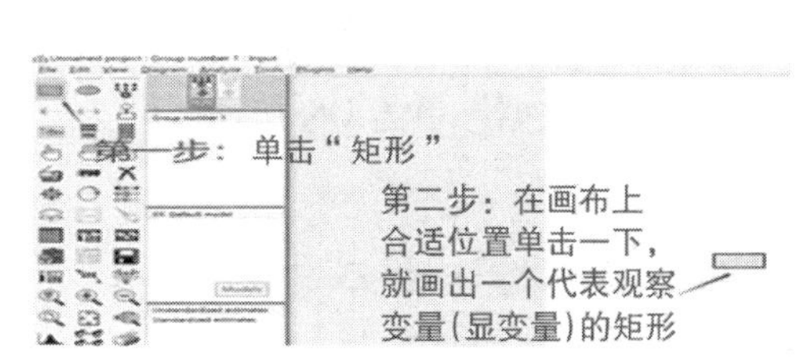

图 9－9　绘制观察变量

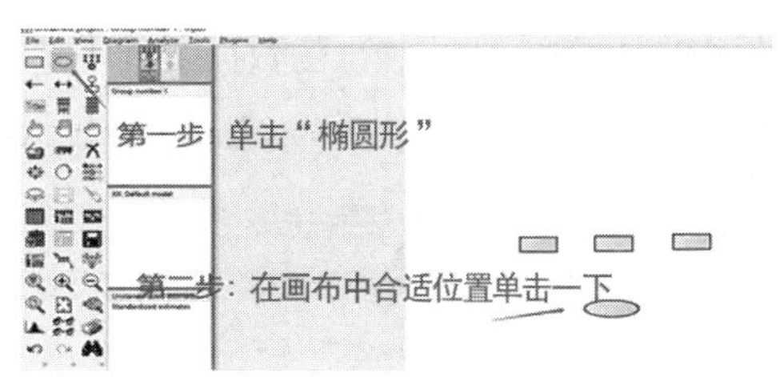

图 9－10　绘制潜在变量

三是明确观测变量与潜在变量之间的关系。如图 9－11 所示，Amos 软件左侧图标栏第二行第一列的箭头可用于表示因果关系。单击箭头，在画布上从潜变量出发，指向观察变量，明确潜变量与观察变量之间的关系。

四是将箭头线上的固定系数设置为 1。如图 9－12 所示，在已经绘制好的关系图中单击任意箭头，会弹出 Object Properties 对话框。单击对话框中的 Parameters，在 Regression Weight 中写 1 完成固定系数设置，只需要设置一条箭头线上的固定系数。

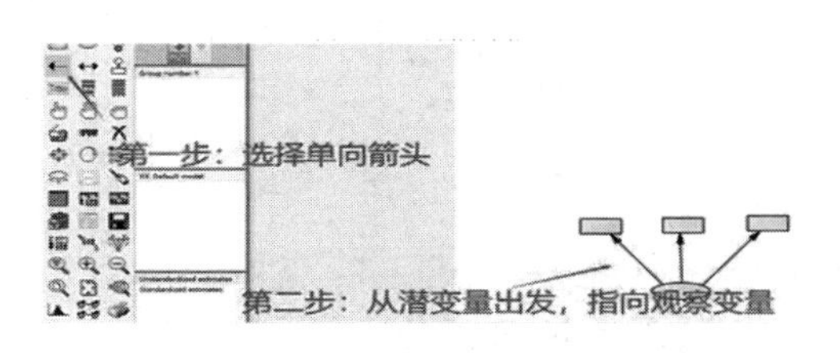

图9－11　明确观测变量与潜在变量之间的关系

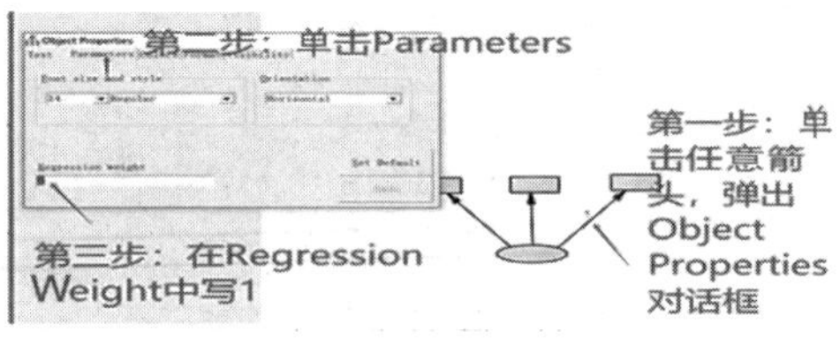

图 9－12　将固定系数设置为 1

五是添加误差变量。结构模型需要对每一个观测变量添加误差变量。如图 9－13 所示，单击左侧图标区第二行第三列图标，在画布中依次单击箭头所指变量，添加误差项。图 9－14 为包含两个潜在变量、六个观测变量的假设模型图。

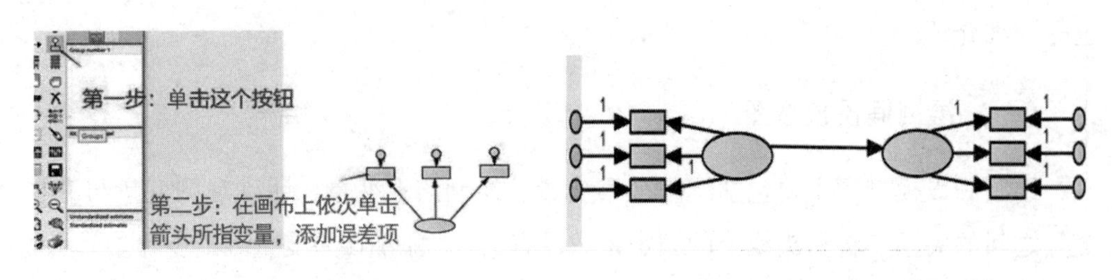

图 9－13　添加误差变量　　　　图 9－14　绘制好的假设模型

（二）导入数据文件

在完成了模型假设图绘制后，需要进行数据导入。如图 9－15 所示，单击 Amos 软件图标栏第八行第一列的图标可选择分析数据的文件。如图 9－16 所示，单击按钮后，会弹出 Data Files 对话框，在 Data Files 对话框中单击 File Name 选择数据文件。如图 9－17 所示，在弹出的数据文件中选择可以用于结构方程建模的数据格式，然后进行数据选择。然后，Group Name 会显示已经导入好的数据，单击 OK 按钮即可。

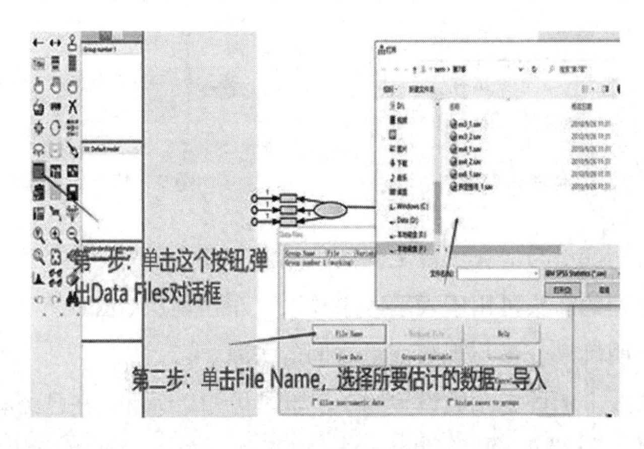

图 9－15　选择数据文件

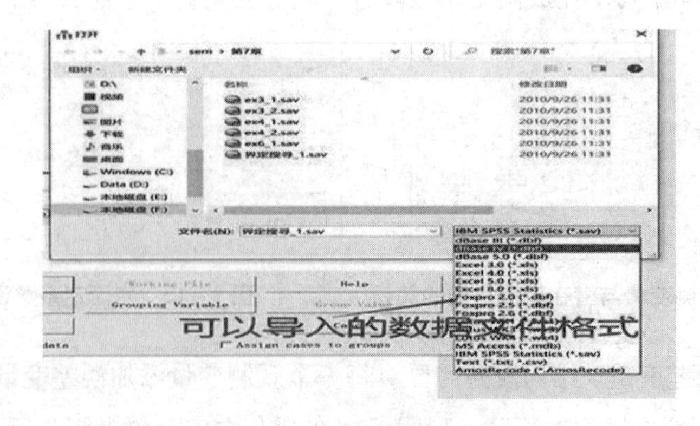

图 9－16　筛选数据文件格式

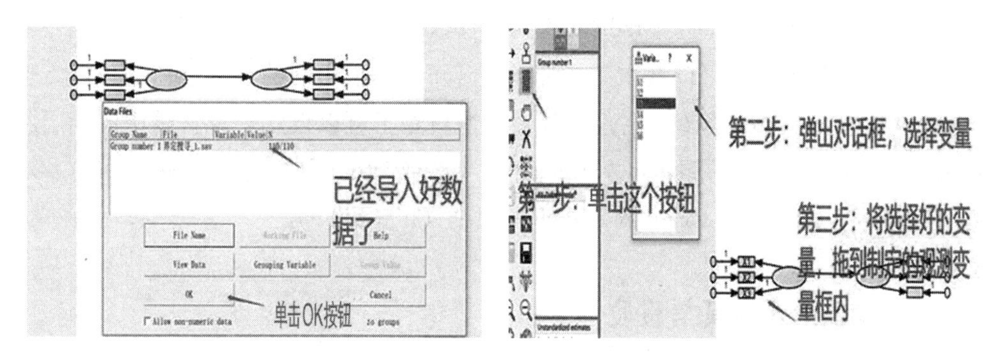

图 9－17　选择导入数据　　　　图 9－18　选取指标变量

1. 选取指标变量

如图 9－18 所示，选择“列出数据组内的变量名称”（List variables in data set）工具图按钮，数据组中的变量（Variable Dataset）的对话框窗口，选取每个变量，按住鼠标左键不放，直接拖拽至观测变量方框中。在 Amos 的操作中，作为指标变量（方框内的变量）必须出现于 SPSS 数据文件中，SPSS 数据文件中的所有变量名称只能拖拽至假设模型图的方框对象内（正方形或长方形对象），不能拖拽至表示潜在变量的椭圆形或圆形对象内，椭圆形或圆形对象内设定的变量名称不能与 SPSS 数据文件中的原始变量名称相同，否则执行计算估计值时会出现错误的信息。

2. 设定潜在变量

潜在变量部分的第一步是给潜在变量命名。如图 9－19 所示，单击代表潜在变量的“椭圆形”，会出现 Object Properties，单击 Text，在 Variable Name 的方框内输入潜在变量名称。对不同潜在变量进行命名，不需要关闭 Object Properties，直接单击其他潜在变量即可完成命名。全部命名完成后再关闭对话框。潜在变量部分的第二步是给潜在变量的误差项命名，如图 9－20 所示，给误差项命名。单击 Plugins 按钮，选择 Name Unobserved Variable，Amos 会自动给不可观测变量的误差项命名。

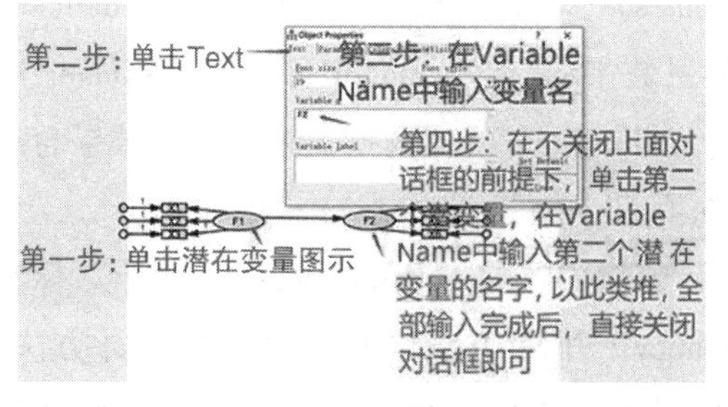

图 9－19　设定潜在变量

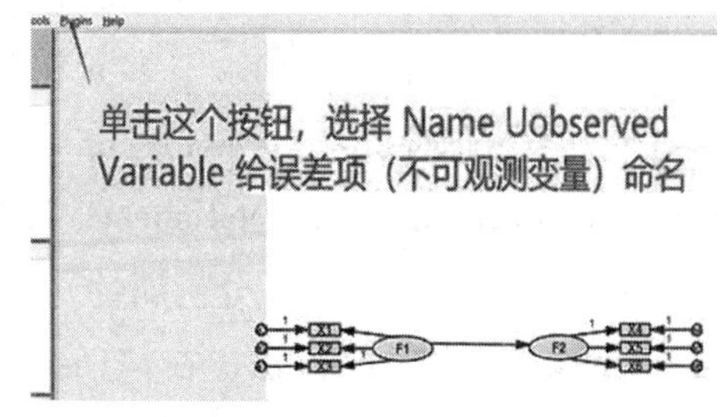

图 9－20　给误差项命名

其中，Amos 18 软件的“对象属性”（Object Properties）对话窗口的“颜色”（Color）卷标对话窗口可以设定对象背景中的渐层颜色，按“填充颜色”（Fill Color）

方盒中的颜色可以开启 Color Gradient 次对话窗口，“Color1”下选项可以选取第一种颜色、“Color2”下选项可以选取第二种颜色（可以拖拽中间的各颜色钮的位置，也可以设定颜色）。“Color”（颜色）卷标对话窗口除了可以设定对象背景中的渐层颜色外，也可以设定文字的颜色（text color）、对象参数的颜色（parameter color）、对象边框的颜色（border color）、对象边框的粗细（line width）。

二、参数估计与模型检验

本节进行参数估计与模型检验演示。首先是参数估计，如图 9－21 所示，单击 Amos 软件左侧图标栏中第八行第二列的图标，单击“分析的性质”（analysis properties）工具图像按钮，出现“analysis properties”（分析属性）对话窗口，按“output”（输出结果）标签钮，勾选要呈现的统计量，研究者可以根据模型图需要加以选取，输出的统计量包括：“最小化过程”（minimization history）、“标准化估计值”（standardized estimates）、“多元相关的平方”（squared multiple estimates）、“间接效果、直接效果与总效果值”（indirect，direct & total effects）、“所有隐含协方差矩阵”（all implied moments）、“残差协方差矩阵”（residual moments）、“修正指标”（modification indices）、“检验正态性与极端值”（tests for normality and outliers）、“因素分数加权值”（factor score weights）、“估计协方差”（covariances of estimates）、“估计相关系数”（correlations of estimates）、“差异临界比值”（critical ratios for difference）。勾选要输出的统计量后，按“Analysis Properties”对话窗口右上角的窗口关闭按钮“×”。本范例的输出统计量勾选以下几个：“标准化估计值”（standardized estimates）、“修正指标”（modification indices）（默认修正指标临界值为 4）、“多元相关系数平方”（squared multiple estimates）、“正态性及极端值检验”（tests for normality and outliers）、“间接效果、直接效果与总效果”（indirect，direct & total effect）等选项。

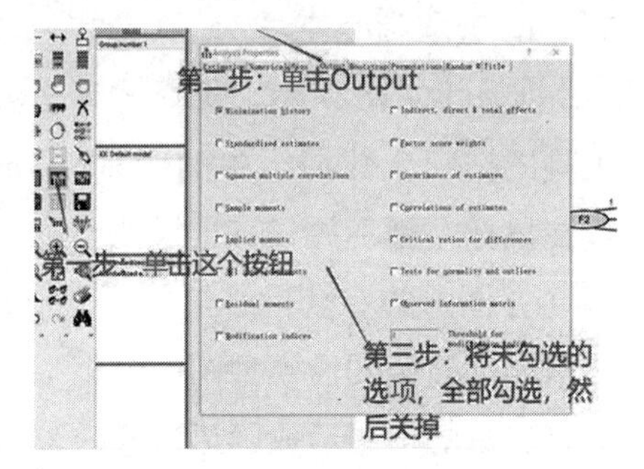

图 9－21 进行模型估计

“Analysis Properties”（分析属性）对话窗口中，按“Estimation”（估计）标签钮，可选取模型估计的方法，在“Discrepancy”下的方盒中有五种模型估计方法：“Maximum likelihood”（最大似然法，简称 ML 法，ML 法为 Amos 模型估计的默认选项）、“generalized least squares”（一般化最小平方法，简称 GLS 法）、“unweighted least squares”（无加权最小平方法，简称 ULS 法）、“scale-free least squares”（尺度自由最小平方法，简称 SFLS 法）、“asymptotically distribution-free”（渐近分配自由

法，简称 ADF 法）。当潜在变量路径分析的数据分布不符合多变量正态性假定时，一般采用 ADF 法；相对地，如果变量的数据分析符合多变量正态性的假定，模型参数的估计一般采用默认的 ML 法。Amos 模型估计时，模型估计的参数不包括变量平均数与截距项，其默认的参数为协方差、路径系数与方差，若要增列模型中变量的平均数与截距项参数，必须先勾选“estimate means and intercepts”（估计平均数与截距项）选项。

如图 9－22 所示，在 Amos Output 界面中，学者可通过单击左侧目录栏查看估计结果，进行分析。

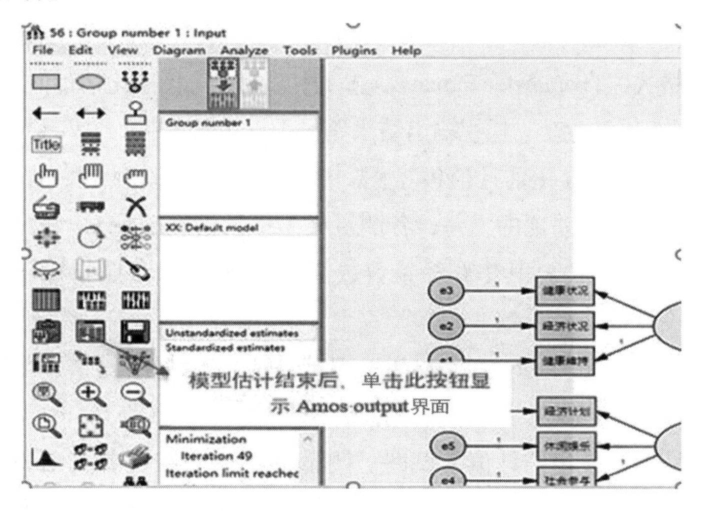

图 9－22　显示估计结果

其中，选中“储存目前的路径图”（save the current path diagram）工具图像按钮，将假设模型图存盘，其存盘类型为“Input file（＊. amw）”，存档后的扩展名为“＊. amw”选中“计算估计值”（calculate estimate）工具图像钮估计模型的统计量。

如果假设模型图可以收敛估计，则“检视输出路径图”（view the output path diagram）钮会由灰色变成明亮，“computation summary”（计算摘要）方盒会出现迭代次数、卡方值及模型自由度；相对地，如果模型无法收敛估计，表示模型无法识别，此时模型的自由参数无法估计，“computation summary”（计算摘要）方盒不会出现迭代次数、卡方值及模型自由度，“检视输出路径图”（view the output path diagram）钮还是呈现灰色（灰色表示无选取）。

若假设模型图无法辨识收敛，则模型的卡方值无法估计，此时“计算摘要”（computation summary）方盒中会出现以下信息：

default model（预设模型）

minimization（最小化方程）

iteration 1（迭代次数等于 1）

writing output

如果模型可以辨识收敛，则“计算摘要”（computation summary）方盒中会出现模型适配度的卡方值及模型的自由度，迭代运算次数会大于1。模型可以收敛估计只表示模型，其中待估计的自由参数可以计算出来，这些参数是否全部为合理或可解释的参数，研究者必须再加以判别，模型中不合理或无法解释的参数如方差为负数（统计学上方差的最小值为0，若出现负的方差，表示此方差是不合理的），标准化估计值模型图的路径系数大于1.00（标准化回归系数的绝对值必须小于1），外因变量对内因变量的解释变异量大于100.0%，协方差矩阵内部数值的绝对值无法大于1等。

在“参数格式”（parameter formats）选项中选取“未标准化估计值”（unstandardized estimates）选项，再按“检视输出结果路径图”（图像钮）（View the output path diagram），可呈现非标准化估计值模型图。非标准化估计模型图中的参数包括外因潜在变量、误差项、残差项的方差，各测量模型中的潜在变量对观察变量的路径系数（非标准化回归系数），其中路径系数数值1.00者为“参照指标”，外因潜在变量对内因潜在变量的路径系数。

在“参数格式”（parameter formats）选项中选取“标准化估计值”（standardized estimates）选项，再按“检视输出结果路径图”图像钮（view the output path diagram），可呈现标准化估计值模型图。测量模型中潜在变量对各观察变量的标准化路径系数为因素负荷量，因素负荷量的平方为指标变量的信度系数，一个可以有效反映潜在变量的指标变量其信度必须在0.500以上（即因素负荷量的数值要高于0.700），外因变量对内因潜在变量的标准化回归系数为直接效果值，多元相关系数平方为外因变量（自变量）对内因变量（因变量）联合的解释变异量。

三、案例结果分析

本节进行案例结果分析演示。打开“amos output”（Amos 输出），对话窗口内相关参数的解析如下：

analysis Summary（分析摘要）：显示模型估计的时间

the model is recursive（模型是递归的）

sample size =一个数字（有效样本个数为600）

variable Summary（Group number 1）（变量摘要）

your model contains the following variables（Group number 1）（群组1的模型包含了下列变量）

observed，endogenous variables（观察内因变量——观察变量）

观察变量列表

unobserved，endogenous variables（潜在内因变量——因变量）

因变量列表

unobserved，exogenous variables（潜在外因变量——误差项、残差项）

测量模型中所有指标变量（观察变量）均为内因变量（exogenous variables）。测量模型中的潜在变量如作为因变量（校标变量），则称为潜在内因变量（unobserved，endogenous variables）；潜在变量如作为自变量（解释变量），则称为潜在外因变量（unobserved，exogenous variables）。在范例中：教师知识管理能力为潜在外因变量（或称为外因潜在变量或外衍变量），班级经营效能为潜在内因变量（或称为内因潜在变量或内衍变量）。测量模型中每个观察变量可以直接由其他相对应的潜在变量来测量，因而每个观察变量（长方形对象）均为内因变量（内衍变量），每个观察变量的误差项（ε 项或 δ 项）（以椭圆形对象表示）为外因变量（外衍变量），班级经营效能变量的残差项（以椭圆形对象表示）也是外因变量（外衍变量）。

variable counts（Group number 1）：（变量个数）

number of variable in your model：（模型中的变量个数）

Number of observed variables：（观察变量的个数）

number of unobserved variables：（无法观察变量的个数）

number of exogenous variables：（外因变量的个数）

number of endogenous variables：（内因变量的个数）

模型中的变量总共有 23 个，观察变量（指标变量、测量变量）有 10 个（10 个指标变量）、无法观察变量（椭圆形对象）有 13 个，包括观察变量的误差项 10 个、知识管理能力 1 个、班级经营效能 2 个、潜在变量及班级经营效能的残差项（r_1）1 个；外因变量的个数有 12 个，包括观察变量的误差项 10 个、残差项（r_1）1 个、模型的自变量知识管理能力 1 个、内因变量的个数有 11 个，包括 10 个指标变量及 1 个校标变量班级经营效能。

如表 9－4 所示，模型中共有 22 个参照指标项、10 个误差变量、1 个残差变量，其路径参数固定值为 1。待估计的协方差参数有 0 个、待估计的方差参数有 12 个（1 个是外因潜在变量知识管理能力的方差、10 个是观察变量的测量误差项变量的方差、1 个是残差项的方差），因而待估计参数有 9＋0＋12＝21 个，这 21 个待估计的参数均未命名（因为测量模型中未设定参数标签名称），加上 13 个固定回归系数，全部的参数有 21＋13＝34 个。

表 9－4 参数摘要

参数	路径系数	协方差	方差	平均数	截距项	总计
固定参数	13	0	0	0	0	13
加注标签名称	0	0	0	0	0	0
未加注标签名称	9	0	12	0	0	21
总计	22	0	12	0	0	34

SEM 的分析程序中，若数据分布属极端分布，即严重偏离正态性数据，则不宜采用默认的最大似然估计法（maximum likelihood estimates），此时应改用渐进自由分配法（asymptotically distribution-free）。估计方法的选取操作程序：点选“分析属性”（analysis properties）工具列图像钮，切换到“估计”（estimation）次对话窗口，内有五种统计量估计方法，默认选项为 ML 法。渐进自由分配估计法适用于数据非多元正态分布的情形，但使用此方法时样本数必须为大样本，否则会影响模型估计结果的正确性。

notes for model（default model）（模型的批注）

computation of degrees of freedom（default model）

number of distinct sample moments：55

number of distinct parameters to be estimated：21

degree of freedom（55－21）：34

正态性评估选项可以就观察变量的分布情形进行判断。在表 9－5 中，第一栏为观察变量名称、第二栏为最小值、第三栏为最大值、第四栏为偏态系数、第五栏为偏态系数的显著性检验、第六栏为峰度系数的显著性检验。以观察变量亲师沟通为例，其数据最小值为 0. 717，峰度系数临界比值为 3. 583，其绝对值小于 1. 96。在正态分布下，偏态系数值与峰度系数值应该接近 0，其系数显著性检验应未达到 0. 05 的显著水平。若达到 0. 05 的显著水平，表示数据分布的偏态系数值或峰度系数值显著不等于 0，说明数据偏离正态分布。变量的偏态系数绝对值若大于 3、峰度系数绝对值若大于 10（较严格标准为 7 或 8），表示数据分布可能不是正态分布；若峰度系数绝对值大于 20，则偏离正态的情形可能比较严重。表中 10 个指标变量的偏度系数值介于－0. 722～－0. 238，其绝对值小于 1；峰度系数介于 0. 091～1. 918，其绝对值小于 2，表示数据符合正态分布，因而采用最大似然法作为模型各参数统计量的估计法较为适宜。当观察变量的数据严重偏离正态分布，模型估计的方法应改用渐进自由分配法（ADF 法），在大样本情况下，即使观察变量的数据分布不符合多变量正态性假定，只要数据偏离正态分布的情形不严重，采用最大似然估计法（ML 法）进行模型参数估计所得的参数也不会有所偏误。

表 9－5　正态性评估

指标变量	最小值	最大值	偏态系数	临界比	峰度系数	临界比
亲师沟通	1.750	5.000	－0.305	－30.052	0.717	3.583
师生互动	1.000	5.000	－0.516	－5.164	1.918	9.591
班级气氛	2.000	5.000	－0.315	－3.146	0.698	3.491
学习环境	1.750	5.000	－0.344	－3.440	0.460	2.301
班级常规	1.750	5.000	－0.238	－2.378	1.297	6.486
知识创新	1.333	5.000	－0.629	－6.293	1.181	5.905
知识分享	1.000	5.000	－0.531	－5.307	0.425	2.126
知识应用	1.333	5.000	－0.722	－7.222	1.778	8.889
知识储存	1.000	5.000	－0.577	－5.767	0.091	0.457
知识取得	1.500	5.000	－0.678	－6.781	1.504	7.518
最大系数值			－0.238	1.918		
最小系数值			－0.722	0.091		
Multivariate					26.403	20.873

从表 9－4 参数摘要中可以发现：模型内固定参数的个数有 13 个，待估计的路径系数有 9 个，待估计的方差有 12 个，全部待估计的自由参数共有 21 个，"Number of distinct parameters to be estimated"列为待估计的独特参数个数，此列的数值为模型中待估计的自由参数。测量模型中有 10 个观察变量，模型参数可以提供的信息点共有 55 个，信息点的个数 55＝10×（10＋1）÷2，由于模型中的独特样本矩样本点个数（number of distinct sample moments）有 55 个，待估计的个别自由参数有 21 个，模型的自由度为 55－21＝34。如果模型的自由度为负数，则模型会出现无法识别（Unidentified）的提示语，这表示模型的自由参数无法被估计出来，此时必须修改假设模型。

result （default model）

minimum was achieved

chi-square＝149.533

degree of freedom＝34

probability level＝0.000

模型估计若可以收敛，此时便能求出模型适配度的卡方值，范例中整体模型适配度的卡方值为 149.533，模型的自由度为 34，显著性概率水平 $P=0.000$。就 SEM 统计量而言，χ^2 是一个不佳的适配度测量值（badness of fit measure），因为似然比 χ^2 值统计量非常敏感，此统计量受到样本大小的影响非常大，当样本数扩大时，似然比 χ^2 值统计量也会跟着膨胀变大，显著性 P 值会跟着变得很小，此时所有虚无假设都会被拒绝，而得出多数假设模型与样本数据无法适配的结论：样本数据推算的协方差矩阵与假设模型推导的协方差矩阵（θ）显著不相等。因此在进行整体模型适配度的判别时，若遇到大样本的情况，似然比χ^2值只作为一个参考指标，不作为唯一的判别指标。

路径系数为采用最大似然法所估计的未标准化回归系数，在表9-6中，“知识管理能力>知识取得”“班级经营能效>班级常规”。未标准化回归系数参数为固定参数，其数值为1，所以这两个参数不需要进行路径系数显著性检验，其标准误差（S. E.）、临界比（C. R.）、显著性P值栏的数值均为空白。临界比（critical ratio）值等于参数估计值（estimate）与估计值标准误差（the standard error of estimate）的比值，相当于t检验值。如果此比值绝对值大于1.96，则参数估计值达到0.05显著水平；临比值绝对值大于2.58，则参数估计值达到0.01显著水平。显著性的概率值若是小于0.001，显著性P值栏会以“***”符号表示，显著性的概率值如果大于0.001，则P值栏会呈现出其数值大小。路径系数估计值检验在于判别回归路径系数估计值是否等于0，如果达到显著水平（$P<0.05$），表示回归系数显著不等于0。上述10个观察变量的路径系数除两个参照指标外，其余8个路径系数均到达0.05显著水平，表示这些路径系数参数均显著不等于0；结构模型的路径系数值为0.482，估计值标准误差为0.037，显著性P值小于0.001，亦达到0.05显著水平，表示知识管理能力外因变量（外衍变量）影响班级经营能效内因变量（内衍变量）的路径系数显著不等于0。

表9-6　　最大似然估计法

回归权重：（组号1—默认模型）

路径	估计值	标准误差	临界比值	显著性	标签
班级效能-知识管理能力	0.482	0.037	13.017	***	
知识取得-知识管理能力	1.000				参照指标
知识存储-知识管理能力	1.315	0.069	19.102	***	
知识应用-知识管理能力	1.133	0.047	23.884	***	
知识分享-知识管理能力	1.254	0.061	20.681	***	
知识创新-知识管理能力	1.093	0.049	22.105	***	
班级常规-班级经营效能	1.000				参照指标
学习环境-班级经营效能	1.314	0.090	14.589	***	
班级气氛-班级经营效能	1.436	0.088	16.295	***	
师生互动-班级经营效能	1.397	0.089	15.648	***	
亲师沟通-班级经营效能	1.255	0.088	14.340	***	

表 9－7 为标准化回归系数值，标准化路径系数代表的是共同潜在因素对观察变量的影响。以“知识管理能力 -> 知识取得”为例，其标准化的回归系数值为 0.788，表示潜在因素构念对观察变量知识取得的直接效果值为 0.788，其预测力 R^2 为 0.788 × 0.788 = 0.622（R^2 为测量模型观察变量的信度指标值）。在结构模型中的标准化回归系数为外因变量影响内因变量的直接效果值，范例中知识管理能力外因变量影响班级经营效能的标准化路径系数为 0.735，解释变异量 R^2 为 0.541。

表 9－7　　标准化路径系数

标准化路径	估计值	标准化路径	估计值
班级经营效能 <--- 知识管理能力	0.735	知识创新 <--- 知识管理能力	0.826
知识取得 <--- 知识管理能力	0.788	班级常规 <--- 班级经营效能	0.627
知识存储 <--- 知识管理能力	0.735	学习环境 <--- 班级经营效能	0.726
知识应用 <--- 知识管理能力	0.879	班级气氛 <--- 班级经营效能	0.853
知识分享 <--- 知识管理能力	0.783	师生互动 <--- 班级经营效能	0.800
知识创新 <--- 知识管理能力	0.826	亲师沟通 <--- 班级经营效能	0.709

表 9－8 包括 10 个观察变量的误差项方差、1 个结构模型的残差项方差、1 个外因潜在变量（外衍潜在变量）知识管理能力的方差、前者即 10 个观察变量的测量误差（measured error/residual）。模型中十二变量的方差均为正数且达到 0.05 显著水平，其方差标准误差估计值均很小，其数值介于 0.005～0.020，表示无模型界定错误的问题，估计参数中没有出现负的误差方差且方差估计值的标准误差数值均很小，显示模型的基本适配度良好。

表 9－8　　方差摘要

观察变量	估计值	标准误差	临界比	显著性	参数标签
知识管理能力	0.206	0.018	11.250	***	
r_1	0.041	0.005	7.558	***	
e_1	0.125	0.009	14.627	***	
e_2	0.303	0.020	15.406	***	
e_3	0.077	0.007	11.708	***	
e_4	0.203	0.014	14.715	***	
e_5	0.114	0.008	13.778	***	
e_6	0.136	0.009	15.919	***	
e_7	0.137	0.009	14.900	***	
e_8	0.068	0.006	11.470	***	
e_9	0.097	0.007	13.400	***	
e_{10}	0.138	0.009	15.122	***	

表 9-9　　两个因素构念变量测量模型的测量指标变量的因素负荷量及信效度检验摘要

因素构念	测量指标	因素负荷量	信度系数	测量误差	组合信度	均方差抽取值
教师知识管理能力	知识取得	0.735	0.540	0.460	0.8893	0.6174
	知识储存	0.788	0.621	0.379		
	知识应用	0.735	0.540	0.460		
	知识分享	0.879	0.773	0.227		
	知识创新	0.783	0.613	0.387		
班级经营效能	班级常规	0.627#	0.393#	0.607#	0.8620	0.5581
	学习环境	0.726	0.527	0.473		
	班级气氛	0.853	0.728	0.272		
	师生互动	0.800	0.640	0.360		
	亲师沟通	0.709	0.503	0.497		
	适配标准值	>0.700	>0.500	<0.500	>0.600	>0.500

注：#表示未达最低标准值因素负荷量 <0.70，信度系数 <0.50，组合信度 <0.600，平均方差抽取值 <0.500。

表 9-10 显示的是观察变量（测量变量）多元相关的平方，它与复回归中的 R^2 性质相同，表示个别观察变量（测量指标）被其潜在变量解释的变异量，以测量指标亲师沟通为例，其 R^2 值等于 0.503，表示潜在变量（因素构念）班级经营效能可以解释观察变量亲师沟通 50.3% 的变异量（班级经营效能→亲师沟通），无法解释的变异量（误差变异量）为 1-0.503=0.497。模型也包含随机误差，R^2 值被视为信度最小界限估计值。测量模型中个别观察变量的信度值若高于 0.50，表示模型的内在质量检测良好，SEM 的各测量模型（measured model）中，指标变量因素负荷量的平方即为各指标变量（观察变量）的信度系数。内因潜在变量（潜在内衍变量）的 R^2 为外因潜在变量（潜在外衍变量）可以解释的变异部分，由于模型中只有一个外因潜在变量知识管理能力，因而班级经营能效的 R^2（=0.541），为知识管理能力变量可以解释的变异量（54.1%），外因潜在变量无法解释的变异量为 45.9%（=1-54.1%）。

表 9-10　　多元相关系数的平方

观察变量	估计值
班级经营效能	0.541
亲师沟通	0.503
师生互动	0.641
班级气氛	0.728
学习环境	0.527

续表

观察变量	估计值
班级常规	0.393
知识创新	0.682
知识分享	0.614
知识应用	0.773
知识储存	0.540
知识取得	0.622

表9-11中的数据为总效果值，总效果值等于直接效果值加上间接效果值。

表9-11　　总效果值

观察变量	知识管理能力	班级经营效能
班级经营效能	0.735	0.000
亲师沟通	0.522	0.709
师生互动	0.588	0.800
班级气氛	0.627	0.853
学习环境	0.534	0.726
班级常规	0.461	0.627
知识创新	0.826	0.000
知识分享	0.783	0.000
知识应用	0.879	0.000
知识储存	0.735	0.000
知识取得	0.788	0.000

表9-12中的数据为直接效果值，就测量模型而言，潜在变量对观察表变量的直接效果值为因素负荷量（标准化路径系数），以教师知识管理能力潜在变量的测量模型为例，潜在因素构念对知识创新、知识分享、知识应用、知识储存、知识取得的标准化路径系数分别为0.826、0.783、0.879、0.735、0.788，因素负荷量数值即为直接效果值；就结构模型而言，外因潜在变量对内因潜在变量直接影响路径的标准化路径系数即为直接效果值，范例中知识管理能力外因变量对班级经营效能内因变量的标准化路径系数为0.735，因而直接效果值为0.735。

表9-12　　标准总效应（第1组—默认模型）

观察变量	知识管理能力	班级经营效能
班级经营效能	0.735	0.000
亲师沟通	0.000	0.709

续表

观察变量	知识管理能力	班级经营效能
师生互动	0.000	0.800
班级气氛	0.000	0.853
学习环境	0.000	0.726
班级常规	0.000	0.627
知识创新	0.826	0.000
知识分享	0.783	0.000
知识应用	0.879	0.000
知识储存	0.735	0.000
知识取得	0.788	0.000

表9－13中的数据为间接效果值，所谓间接效果值是指自变量（解释变量）对因变量（校标变量）的影响路径是通过中介变量产生的。假设模型图中，外因变量知识管理对内因变量班级经营效能的影响并没有探究借由中介变量的影响情形，因而间接效果值为0.000。知识管理能力（外因变量）对内因潜在变量班级经营效能五个观察变量影响的间接效果值分别为0.522、0.588、0.627、0.534、0.461。间接效果值是中介变量的直接效果值乘以中介变量对效标变量的直接效果值。以班级常规观察变量为例，外因潜在变量知识管理能力对其影响的间接效果值＝0.735（知识管理能力→班级经营效能）×0.627（班级经营效能→班级常规）＝0.461；再以亲师沟通观察变量为例，外因潜在变量知识管理能力对其影响的间接效果值＝0.735（知识管理能力→班级经营效能）×0.709（班级经营效能→亲师沟通）＝0.522。潜在变量的路径分析，研究者关注的是结构模型之间的因果关系，因而只是探究外因潜在变量对内因潜在变量的之间接效果及总效果值，外因潜在变量对内因潜在变量各观测变量的间接效果并不是分析的重点所在。

表9－13　标准化间接效应（第1组—默认模型）

观察变量	知识管理能力	班级经营效能
班级经营效能	0.000	0.000
亲师沟通	0.522	0.000
师生互动	0.588	0.000
班级气氛	0.627	0.000
学习环境	0.534	0.000
班级常规	0.461	0.000
知识创新	0.000	0.000

续表

观察变量	知识管理能力	班级经营效能
知识分享	0.000	0.000
知识应用	0.000	0.000
知识储存	0.000	0.000
知识取得	0.000	0.000

当模型无法适配时，大部分使用 Amos 进行研究的学者会根据软件中的修正指标值对模型进行修正。增列变量估计的方差（variances）、增列变量间协方差（covariances）、增列变量的路径系数（regression weights）是软件所提供的修正指标。"M. I."（modification index）栏呈现的数值为模型卡方值降低的差异量，"par change"（estimated parameter change）栏为估计参数改变值；若是原先的协方差估计值为 0，"Par Change"栏的数值为负，表示增列变量间的协方差呈现负相关。

由于 Amos 提供的修正指标值中增列变量协方差或增列变量路径系数时，并没有考虑此种修正是否违反 SEM 的假定，或修改后的假设模型的意涵是否具有实质意义，因而研究者不能只根据 Amos 提供的所有修正指标值进行假设模型修正的参考。因为其中某些修正指标值是不具有意义的，那研究者又会质疑："既然某些修正指标值提供的协方差或路径不具意义，为何 Amos 又要提供这些修正指标值呢?"研究者心中的疑惑是可以理解的，这也是统计软件应用的限制所在，Amos 提供的修正指标只是将所有可以有效降低 χ^2 值统计量的方法告知使用者，至于要如何取舍及如何进行模型的修正，则必须根据理论文献与假设模型而定。其中，最重要的是所增列的变量间关系要有实质意义，修正后的假设模型可以合理地解读和诠释，且修正后的假设模型的变量间关系不能违反 SEM 的基本假定。

以表 9-14 中误差项 e_9 和知识管理能力列的修正指标为例，修正指标值 5.944，数值文字说明为：

If you repeat the analysis treating the covariance between e_9 and 知识管理能力 as a free parameter, the discrepancy will fall by at least 5.944.

如果将 e_9 和知识管理能力间的协方差界定为自由参数，则大约可降低卡方值 5.944 的差异量。

期望参数改变的数值 -0.016 的说明为：

If you repeat the analysis treating the covariance between e_9 and 知识管理能力 as a free parameter, its estimate will become smaller by approximately 0.016 than it is in the present analysis.

如果将 e_9 和知识管理能力间的协方差界定为自由参数，协方差的估计值大约会比目前估计分析结果的数值估计值小 0. 016（期望参数改变的数值若为正，则表示修正假设模型估计值会比目前分析结果所得的估计值大）。

表 9 – 14　修正指标

修正指标	M. I.	Par Change
e_9 <--> 知识管理能力	5. 944	– 0. 016
e_9 <--> r_1	8. 469	0. 010
e_8 <--> e_9	11. 310	0. 014
e_6 <--> e_8	5. 203	– 0. 011
e_6 <--> e_7	7. 541	0. 017
e_5 <--> r_1	15. 772	0. 014
e_4 <--> r_1	8. 412	– 0. 014
e_4 <--> e_7	4. 635	– 0. 017
e_4 <--> e_5	7. 348	0. 020
e_3 <--> e_{10}	4. 171	– 0. 011
e_3 <--> e_4	11. 002	– 0. 021
e_2 <--> r_1	10. 235	– 0. 018
e_2 <--> e_{10}	4. 840	0. 020
e_2 <--> e_9	18. 480	– 0. 035
e_2 <--> e_5	15. 962	– 0. 035
e_2 <--> e_4	14. 748	0. 044
e_2 <--> e_3	5. 760	0. 018
e_1 <--> e_5	4. 085	– 0. 012

再以误差项 e_2 与误差项 e_9 列的协方差为例，修正指标值 18. 480 与期望参数改变估计值 – 0. 035 的说明为：

If you repeat the analysis treating the covariance between e_2 and e_9 as a free parameter, the discrepancy will fall by at least 18. 480.

如果将 e_2 和 e_9 两个误差项间的协方差界定为自由参数，则大约可降低卡方值 18. 480 的差异量。

If you repeat the analysis treating the covariance between e_2 and e_9 as a free parameter, its estimate will become smaller by approximately 0. 035 than it is in the present analysis.

如果将 e_2 和 e_9 两个误差项间的协方差界定为自由参数，协方差的估计值大约会比目前估计分析结果的数值估计值小 0. 035。

方差分析的修正指标没有呈现，表示如果增列变量的方差后，卡方值的差异量没有超过默认的数值 4（If no modification indices are displayed, this means that none exceed the specified threshold.)，修正指标数值 4 为默认值，研究者可以修改。

If you repeat the analysis treating the regression weight for using 知识储存 to predict 师生互动 as a free parameter, the discrepancy will fall by at least 20.103.

表 9-15　　路径系数修正指标

路径	M. I.	Par Change
师生互动 <--- 知识管理能力	5.944	-0.080
师生互动 <--- 知识分享	7.893	-0.055
师生互动 <--- 知识储存	20.103	-0.078
师生互动 <--- 知识取得	7.270	-0.066
学习环境 <--- 班级常规	4.297	0.071
知识创新 <--- 班级经营效能	5.875	0.132
知识创新 <--- 师生互动	4.988	0.066
知识创新 <--- 班级气氛	6.969	0.081
知识创新 <--- 学习环境	6.053	0.070
知识创新 <--- 班级常规	5.177	0.073
知识创新 <--- 知识储存	6.779	-0.049
知识分享 <--- 师生互动	5.052	-0.086
知识分享 <--- 学习环境	6.754	-0.096
知识分享 <--- 知识储存	6.219	0.061
知识储存 <--- 师生互动	14.318	-0.173
知识储存 <--- 班级气氛	5.620	-0.112
知识储存 <--- 知识创新	4.256	-0.081
知识储存 <--- 知识分享	5.018	0.073

如果模型图中增列知识储存对师生互动预测的路径系数为自由参数，则大约可降低卡方值 20.103 的差异量。

If you repeat the analysis treating the regression weight for using 知识储存 to predict 师生互动 as a free parameter, its estimate will become smaller by approximately 0.078 than it is in the present analysis.

如果模型图中增列知识储存对师生互动预测的路径系数为自由参数，则其估计值会比目前估计分析结果的数值估计值小 0.078（由于原先知识储存对师生互动预测的路径系数为 0，新的路径系数估计值比 0 小，表示增列假设模型中此条路径的路径系数值为负数）。

第四节　本章小结

本章主要是对系统工程中系统结构分析的相关内容展开相关研究理论介绍、软件操作步骤介绍和实际运用分析。首先，本章介绍了系统分析方法。系统分析方法是一种对变量因果关系建模的方法，起源于因果关系的量化研究。系统结构分析能够在系统中进行复杂因果关系测度，进而梳理出系统中错综复杂的因果关系，帮助实现系统总体的最优运行。其次，通过文献梳理，本章介绍了系统结构分析方法的发展和应用。在发展方面，系统结构方程模型由斯皮尔曼于1904年首次提出，经过近70年的发展逐渐成熟，至1973年，杰瑞可基成功开发出用于系统结构方程计算软件LISREL后，系统结构方程模型被广泛运用于各学科领域的研究中。系统结构方程模型创立以来，各领域学者尝试改变建模方法以提高其拟合优度，同时也尝试结合时间序列、仿生算法、神经网络等方法以扩宽系统结构方程的使用范围。在应用方面，系统结构方程模型被广泛运用于经济学、心理学、管理学、生物医学等相关领域研究。目前各学科学者主要将系统结构方程模型用于影响因素分析（相关性分析）、评价指标体系的构建、满意度调查以及竞争力分析四个领域的研究中。再次，本章介绍了系统结构方程模型的经典模型和六种不同类型的系统结构方程模型。系统结构方程的经典模型主要包括两类模型和两种变量。其中，两类模型指的是测量模型和结构模型。结构模型被用以衡量观测变量之间的关系，测量模型被用以衡量潜在变量与观测变量之间的关系。两类变量包括测量变量与潜在变量。六种不同结构方程模型主要表现为因果关系结构的不同，在实际运用中研究者需根据相关理论或是实践经验设计所研究变量间的因果关系，并以因果关系路径图的方式呈现。系统结构方程模型的建立包含5个步骤，分别为设计模型、验证模型、估计模型参数、检验模型拟合优度、对模型进行修正。在完成参数估计后，还需要根据一系列指标判断模型的拟合优度。最后，本章介绍了如何使用AMOS软件构建系统结构方程模型，同时以一个案例对建模后的结果分析进行说明。

作为一种常用的因果分析工具，使用系统结构方程模型建模的系统结构分析具有以下优点：首先，可以研究多变量之间的复杂因果关系；其次，可用于研究包含潜变量情况下事物间的因果关系；最后，变量之间因果关系可通过路径图较为直观地呈现。系统结构方程模型原理简单、软件易于操作、所得结果较为直观，且易于与其他模型结合使用，故在系统工程的学习中，熟练掌握系统结构方程模型是必要的。

参考文献

［1］曹玉玲、李随成：《企业间信任的影响因素模型及实证研究》，载于《科研管理》2011 年第 1 期。

［2］曾凤章、王元华：《神经网络在顾客满意度测评中的应用》，载于《北京理工大学学报（社会科学版）》2005 年第 1 期。

［3］陈明亮：《结构方程建模方法的改进及在 CRM 实证中的应用》，载于《科研管理》2004 年第 2 期。

［4］陈琦：《技术核心能力对高技术企业绩效的影响——基于结构方程模型的实证分析》，载于《求索》2010 年第 10 期。

［5］成子娟、侯杰泰：《相信智力不变是否也认为个性难改？——个人属性内隐观的普遍性》，载于《心理学报》2002 年第 1 期。

［6］丁伟斌、荣先恒、桂斌旺：《我国中小企业核心竞争力要素选择的实证分析——以杭州、苏州中小企业为例》，载于《科学学研究》2005 年第 5 期。

［7］樊丹、史晋娜：《基于结构方程和 GM(1,1) 模型的我国旅游业与经济增长关系实证研究》，载于《中国集体经济》2019 年第 25 期。

［8］耿建芳、曲喜和、郭文希、李有根：《经理报酬影响因素的结构方程模型实证分析》，载于《管理评论》2006 年第 3 期。

［9］管伟峰、张可、杨旭：《基于结构方程模型的城市竞争力评价》，载于《经济与管理》2010 年第 1 期。

［10］郭庆科、李芳、陈雪霞、王炜丽、孟庆茂：《不同条件下拟合指数的表现及临界值的选择》，载于《心理学报》2008 年第 1 期。

［11］侯杰泰、成子娟：《结构方程模型的应用及分析策略》，载于《心理学探新》1999 年第 1 期。

［12］黄德森、杨朝峰：《基于结构方程模型的动漫产业影响因素分析》，载于《中国软科学》2011 年第 5 期。

［13］霍国庆、张晓东、董帅、肖建华、谢晔：《基于 SEM 的科研组织核心竞争力评价模型》，载于《科学学与科学技术管理》2011 年第 8 期。

［14］李焕荣，苏敷胜：《人力资源管理与企业绩效关系的实证研究——基于结构方程模型理论》，载于《华东经济管理》2009 年第 4 期。

［15］李乃文、郑诚、唐水清、牛莉霞：《基于系统力学结构方程模型（SEM - SD）的高危岗位矿工习惯性违章行为干预策略研究》，载于《科技促进发展》2019 年第 3 期。

［16］廖颖林：《结构方程模型及其在顾客满意度研究中的应用》，载于《统计与决策》2005 年第 18 期。

［17］林盛、刘金兰、韩文秀：《基于 PLS - 结构方程的顾客满意度评价方法》，载于《系统工程学报》2005 年第 6 期。

［18］刘炳胜、王雪青、李冰：《中国建筑产业竞争力形成机理分析——基于 PLS 结构方程模

型的实证研究》，载于《数理统计与管理》2011 年第 1 期。

［19］刘红云：《如何描述发展趋势的差异：潜变量混合增长模型》，载于《心理科学进展》2007 年第 3 期。

［20］刘军、富萍萍：《结构方程模型应用陷阱分析》，载于《数理统计与管理》2007 年第2期。

［21］卢凌霄、周德、吕超、周应恒：《中国蔬菜产地集中的影响因素分析——基于山东寿光批发商数据的结构方程模型研究》，载于《财贸经济》2010 年第 6 期。

［22］罗玉波、王玉翠：《结构方程模型在竞争力评价中的应用综述》，载于《技术经济与管理研究》2013 年第 3 期。

［23］马海刚、耿晔强：《中部地区乡镇企业绩效的影响因素分析——基于结构方程模型的实证研究》，载于《中国农村经济》2008 年第 5 期。

［24］齐丽云、魏婷婷：《基于 ISO 26000 的企业社会责任绩效评价模型研究》，载于《科研管理》2013 年第 3 期。

［25］孙凤：《主观幸福感的结构方程模型》，载于《统计研究》2007 年第 2 期。

［26］孙立新：《顾客满意度的潜增长模型研究》，载于《商业时代》2013 年第 32 期。

［27］孙旭、张海霞：《求职行为变化轨迹及其前因与后果分析：一个潜增长模型》，载于《中国人力资源开发》2019 年第 4 期。

［28］田喜洲、蒲勇健：《导游工作满意度分析与实证测评》，载于《旅游学刊》2006 年第6期。

［29］汪心怡、屈莉莉、程杨阳：《结构方程模型及其在经济领域的应用研究综述》，载于《现代商业》2020 年第 27 期。

［30］王登峰、崔红：《人格维度、自我和谐及行为抑制与心身症状的关系》，载于《心理学报》2007 年第 5 期。

［31］王霄、胡军：《社会资本结构与中小企业创新——一项基于结构方程模型的实证研究》，载于《管理世界》2005 年第 7 期。

［32］温忠麟、侯杰泰、马什赫伯特：《结构方程模型检验：拟合指数与卡方准则》，载于《心理学报》2004 年第 2 期。

［33］温忠麟、侯杰泰、马什赫伯特：《潜变量交互效应分析方法》，载于《心理科学进展》2003 年第 5 期。

［34］温忠麟、侯杰泰：《结构方程模型中调节效应的标准化估计》，载于《心理学报》2008 年第 6 期。

［35］温忠麟、侯杰泰：《隐变量交互效应分析方法的比较与评价》，载于《数理统计与管理》2004 年第 3 期。

［36］温忠麟、吴艳、侯杰泰：《潜变量交互效应结构方程：分布分析方法》，载于《心理学探新》2013 年第 5 期。

［37］吴利萍、冯有胜：《基于 SEM 的高校图书馆员工作满意度研究》，载于《图书情报工作》2009 年第 19 期。

［38］吴艳、温忠麟、侯杰泰：《无均值结构的潜变量交互效应模型的标准化估计》，载于《心理学报》2011 年第 10 期。

［39］谢佩洪、奚红妹、魏农建、刘霞：《转型时期我国 B2C 电子商务中顾客满意度影响因素的实证研究》，载于《科研管理》2011 年第 10 期。

［40］易丽蓉：《基于结构方程模型的区域旅游产业竞争力评价》，载于《重庆大学学报（自然科学版）》2006 年第 10 期。

［41］张锋、沈模卫、徐梅、朱海燕、周宁：《互联网使用动机、行为与其社会——心理健康的模型构建》，载于《心理学报》2006 年第 3 期。

［42］张建平：《一种新的统计方法和研究思路——结构方程建模述评》，载于《心理学报》1993 年第 1 期。

［43］张璇：《基于 LIML 的动态面板结构方程估计方法的改进》，载于《统计与决策》2014 年第 4 期。

［44］赵广智：《基于结构化神经网络的煤矿输送机同步带传动精度预测》，载于《煤炭技术》2017 年第 3 期。

［45］赵海峰、万迪昉：《结构方程模型与人工神经网络模型的比较》，载于《系统工程理论方法应用》2003 年第 3 期。

［46］朱苗苗：《基于结构方程模型改进 ARMA 模型参数估计》，载于《软件导刊》2016 年第9期。

［47］Albert S., Robustness Issues in Structural Equation Modeling: A Review of Recent Developments. *Quality and Quantity*, Vol. 24, No. 4, 1990, pp. 156–179.

［48］Anant A., Mishra R. S., In Union Lies Strength: Collaborative Competence in New Product Development and its Performance Effects. *Journal of Operations Management*, Vol. 27, No. 4, 2009, pp. 156–168.

［49］Anderson T. W., Kunitomo N., Matsushita Y., On Finite Sample Properties of Alternative Estimators of Coefficients in A Structural Equation with Many Instruments. *Journal of Econometrics*, Vol. 165, 2011, pp. 58–69.

［50］Barboza G. E., Dominguez S., Pinder J., Trajectories of Post-Traumatic Stress and Externalizing Psychopathology among Maltreated Foster Care Youth: A Parallel Process Latent Growth Curve Model. *Child Abuse & Neglect*, Vol. 72, 2017, pp. 370–382.

［51］Bentler P. M., Multivariate Analysis with Latent Variables: Causal Modeling. *Annual Review of Psychology*, Vol. 31, No. 3, 1980, pp. 135–169.

［52］Bentler P. M., Weeks D. G., Linear Structural Equations with Latent Variables. *Psychometrika*, Vol. 45, No. 1, 1980, pp. 289–308.

［53］Carsten H., Emmann L. A., Ludwig T., Individual Acceptance of the Biogas Innovation: A Structural Equation Model. *Energy Policy*, Vol. 62, No. 3, 2013, pp. 586–598.

［54］Claus B., Nadine H., Carola B., Is Very Low Infant Birth Weight a Predictor for a Five-Year Course of Depression in Parents? A Latent Growth Curve Model. *Journal of Affective Disorders*, Vol. 229,

2018, pp. 415 – 420.

[55] Cziraky D., Estimation of Dynamic Structural Equation Models with Latent Variables, *Advances in Methodology & Statistics*, Vol. 72, 2004, pp. 268 – 278.

[56] Detilleux L., Theron J. M., Beduin C. H., A Structural Equation Model to Evaluate Direct and Indirect Factors Associated with a Latent Measure of Mastitis in Belgian Dairy Herds. *Preventive Veterinary Medicine*, Vol. 107, No. 6, 2012, pp. 3 – 4.

[57] Eun K. Y. et al., Longitudinal Effects of Body Mass Index and Self-Esteem on Adjustment from Early to Late Adolescence: A Latent Growth Model. *Journal of Nursing Research*, Vol. 27, No. 1, P. e2.

[58] Fatma N., Gulhayat G. S., Structural Determinants of Customer Satisfaction in Loyalty Models: Turkish Retail Supermarkets. *Procedia Social and Behavioral Sciences*, Vol. 30, No. 3, 2011, pp. 113 – 146.

[59] Ferra Y., Kamarulzaman I., Abdul A. J., On the Application of Structural Equation Modeling for the Construction of a Health Index. *Environmental Health and Preventive Medicine*, Vol. 15, No. 5, 2010, pp. 156 – 168.

[60] Fiona D., Mark G., Josef M., Luiz M., LISREL and Neural Network Modelling: Two Comparison Studies. *Journal of Retailing and Consumer Services*, Vol. 64, 1999, pp. 249 – 261.

[61] Jaya K., Paola B., Estimating Basic Capabilities: A Structural Equation Model Applied to Bolivia. *World Development*, Vol. 36, No. 6, 2007, pp. 121 – 156.

[62] Joreskog J., Sorbom D., Analysis of Linear Structural by Maximum Likelihood, Instrument Variables, and Methods. *Ind: Scientific Software*, 1984.

[63] Kim S. H., Cha J., Singh A. J., Knutson B., A Longitudinal Investigation to Test the Validity of the American Customer Satisfaction Model in the U. S. Hotel Industry. *International Journal of Hospitality Management*, Vol. 35, No. 5, 2013, pp. 453 – 470.

[64] Kyu Man C., Tae Hoon H., Chang Taek H., Effect of Project Characteristics on Project Performance in Construction Projects based on Structural Equation Model. *Expert Systems with Applications*, Vol. 36, No. 7, 2009, pp. 201 – 221.

[65] Michael J. R., McDermott P. A., Latent Growth Curve and Repeated Measures ANOVA Contrasts: What the Models are Telling You. *Multivariate Behavioral Research*, Vol. 53, No. 1, 2018, pp. 90 – 101.

[66] Roth D. L., Haley W. E., Owen J. E., Clay O. J., Goode K. T., Latent Growth Models of the Longitudinal Effects of Dementia Caregiving: A Comparison of African American and White Family Caregivers. *Psychology and Aging*, Vol. 16, No. 3, 2001, pp. 427 – 436.

[67] Sami K., Arto L., How Retail Entrepreneurs Perceive the Link between Surveillance, Feeling of Security, and Competitiveness of the Retail Store? A Structural Model Approach. *Journal of Retailing and Consumer Services*, Vol. 17, No. 4, 2010, pp. 235 – 246.

[68] Sangjae L., Hyunchul A., Structural Equation Model for EDI Controls: Controls Design Perspective. *Expert Systems with Applications*, Vol. 36, No. 2, 2009, pp. 202 – 234.

[69] Sang-Lin H., Hyung-Suk S., Industrial Brand Value and Relationship Performance in Business

Markets—A General Structural Equation Model. *Industrial Marketing Management*, Vol. 37, No. 7, 2008, pp. 45 – 78.

[70] So Y. S., Hong S K., Tae H. M., Predicting the Financial Performance Index of Technology Fund for SME Using Structural Equation Model. *Expert Systems with Applications*, Vol. 32, No. 3, 2006, pp. 145 – 169.

[71] Song M. K., Yoon J. Y., Kim E., Trajectories of Depressive Symptoms among Multicultural Adolescents in Korea: Longitudinal Analysis Using Latent Class Growth Model. *International Journal of Environmental Research and Public Health*, Vol. 17, No. 21, 2020, pp. 74 – 82.

[72] Sun Y. S., Tae H., Moon S. Y. S., Structural Equation Model for Effective CRM of Information Infrastructure Industry in Korea. *Expert Systems with Applications*, Vol. 36, No. 2, 2009, pp. 123 – 136.

[73] Xu X. P., Xu G. M., Liu M., Deng C. P., Influence of Parental Academic Involvement on the Achievement Goal Orientations of High School Students in China: A Latent Growth Model Study. *The British Journal of Educational Psychology*, Vol. 90, No. 3, 2019, pp. 700 – 718.

[74] Yi F., Gregory R., Hancock J. R., Harring L., Latent Growth Models with Floors, Ceilings, and Random Knots. *Multivariate Behavioral Research*, Vol. 54, No. 5, 2019, pp. 751 – 770.

[75] Yong G. J., So Y. S., Structural Equation Model for Effective CRM of Digital Content Industry. *Expert Systems with Applications*, Vol. 34, No. 1, 2006, pp. 34 – 68.

[76] Yum S. C., Park C. Y., Mediating Effect of Learning Strategy in the Relation of Mathematics Self-Efficacy and Mathematics Achievement: Latent Growth Model Analyses. *The Mathematical Education*, Vol. 50, No. 1, 2011, pp. 103 – 118.

[77] Yusuf Y. Y., Gunasekaran A., Adeleye E. O., Sivayoganathan K., Agile Supply Chain Capabilities: Determinants of Competitive Objectives. *European Journal of Operational Research*, Vol. 159, No. 2, 2003, pp. 34 – 79.

系统正则化分析与R程序实现

第一节 系统正则化分析方法与相关背景

系统正则化分析方法具有实现压缩变量、选择变量、精简模型以防止模型过度拟合等功能。这类方法在应用和研究中被不断完善。以下部分将从系统正则化方法的定义、提出背景、经典模型的发展和应用等几个方面进行回顾梳理。

一、系统正则化分析方法

系统正则化分析法指将正则化模型运用于系统工程中达到改善多重共线性、精简模型、防止过度拟合的一系列方法。因为正则化的本质是将系数估计向着零的方向约束、调整或者缩小。因此基于正则化产生的模型具备剔除变量、简化模型的用途。经典的正则化模型包括岭回归、Lasso、弹性网以及一系列拓展模型。其中岭回归运用了 L_2 正则，Lasso 运用了 L_1 正则，弹性网则是 L_1 正则和 L_2 正则结合的产物。

系统正则化模型能够有效克服传统模型在运用中存在的弊端，这类方法的实质在于将传统的回归模型与正则化相结合形成新的目标函数，然后对目标函数进行最小化或最大化的求解从而得到参数估计的一类模型（姜叶飞，2014）。更具体地来说，系统正则化分析法的核心是通过压缩不显著变量达到精简模型的目的。通常情况下，不显著变量的系数会被压缩至零，而显著变量的压缩程度较小。最终保留的模型既简洁又能较大程度地反映事实。此外，因为系统正则化方法中的系数估计和变量选择是同时进行，故其能够在一定程度上节约计算成本。

岭回归（Hoerl & Kennard，1970）是最早带有惩罚的系统正则化分析方法。但是岭回归无法产生稀疏解，因此，它没有直接选择变量的能力。为解决这一问题，弗兰克和弗雷德曼（Frank & Fredman）在岭回归的基础上提出桥回归（Bridge Regression）（Frank & Fredman，1993）。但由于桥回归的计算难以实现，故未被广泛运用。而由提布施瓦尼（Tibshirani）提出的 Lasso 模型继承了最优子集法的优点。因此它能够产生稀疏解实现变量选择，但遗憾的是这是一种有偏估计（Tibshirani，1996）。2004 年，角回归（LARS）求解方法的提出使得 Lasso 被更为广泛地运用（Efron et al.，2004）。由于 Lasso 模型在实际运用中存在诸多不足，学术界在它的基础上进一步衍生出了 Elastic-Net 模型（Zou & Hastie，2005）。

二、系统正则化分析方法的相关背景

系统工程的相关研究中大多存在多重共线性问题。严重的多重共线性会使得估计结果脱离实际，如参数估计符号与实际含义相反。主成分分析方法可以用于解决多元线性回归模型中的多重共线性问题，但其中心思想是以降维的方式对变量打包删除，这将可能使模型失去有用信息。此外，主成分分析这种打包删除共线性变量的方式会无法识别某些重要的变量而将其剔除，从而降低模型的解释能力。为解决这个难题，系统正则化分析方法逐渐发展起来。1962 年统计学家赫尔（Hoerl）基于响应面函数首次提出了岭回归，他认为当模型存在明显的多重共线性时，参数估计值的长度通常会从原点向外进行扩张。因此，他认为对此时的参数估计值应该进行适当的压缩。赫尔和肯纳德（Hoerl & Kennard，1970）合作对岭回归模型进行了相对完整的表述，他们认为岭回归在某种情况下是对最小二乘法的改进，这种情况通常是指回归模型的设计矩阵表现为不满秩。

传统最小二乘法线性回归存在两个明显的缺点：一是最小二乘法估计通常会有较小的偏差，但方差较大；二是存在大量预测因素的情况下，无法确定一个表现最强的较小子集。岭回归虽然能够在一定程度上改善以上两个缺陷，但岭回归同样存在其他缺点。岭回归是一个连续的过程，是收缩系数，因此更稳定。但是，它没有设置任何系数为 0，因此没有给出一个容易解释的模型。基于此背景，罗伯特（Robert，1996）提出了一种新的技术，称为 Lasso，“最少绝对收缩和选择算子”。Lasso 试图缩小一些系数并将其他系数设为 0，以此来保留子集选择和岭回归的良好特征。Lasso 事实上就是一个连续压缩的过程，本质就是在最小残差平方和上增加一

个 L_1 惩罚。L_1 惩罚的作用与软门限原则相似，故 Lasso 能够同时对变量进行压缩和选择。

提布施瓦尼（Tibshirani，1996）和符（Fu，1998）比较了 Lasso（Robert，1996）、Ridge（Hoerl & Kennard，1970）和 Bridge Regression（Frank & Ffiedman，1993）的预测表现，发现三种方法各具特色，不存在某一种方法优于余下两种的情况。由于 Lasso 的稀疏表现而被广泛运用于数据分析中的变量选择。虽然 Lasso 在大多数情况下都表现良好，但它仍有很多缺点。故邹和汉斯蒂（Zou & Hanstie，2005）构建了 Elastic Net 模型以解决 Lasso 存在的一些问题。该方法既能有效处理维数远远大于样本容量数据的变量选择问题，防止模型过于稀疏，又能有效处理组效应问题。

三、系统正则化分析方法的文献综述

为使读者能够更清晰地了解系统正则化方法的发展及应用，接下来分别对岭回归、Lasso 以及弹性网的相关文献进行梳理总结。

亚瑟和罗伯特（Arthur & Robert，1970）系统阐述了岭回归思想，随后学者从理论特性和实际应用两方面进行研究并进一步完善了该模型。起初，学者热衷于证实岭回归模型是否能够解决多元线性回归模型中的多重共线性问题，结果表明岭回归模型是一个较为优秀的解决途径，与最小二乘估计相比，岭回归估计具有相对更小的均方误差和更为稳定的参数值（Marquart & Snee，1975；Lawless & Wang，1976）。随后学者关注到岭回归模型的性质和求解，如对岭回归有限样本性质进行理论阐述和论证（Dwivedi et al.，1980）；对几乎无偏岭估计的小样本性质进行阐述（Ohtani，1986）；描述岭回归估计在求解不同阶矩时的一般表达式（Kozumi & Ohtani，1994）；通过操作几乎无偏岭回归估计的矩而得出求不同阶矩的定理（Akdeniz et al.，2004）。另外，通过对比与其他相关模型来验证岭回归模型以及衍生模型的优良性，如闫莉和陈夏（2006）、林昌盛（2009）等。此外，岭回归方法还与其他回归方法相结合。例如，芒雄和舒凯里（Mansson & Shukur，2011）结合概率模型和岭回归提出一种新的方法，即 PRR，该方法的主要目的在于解决概率模型中的多重共线性问题。拉卡等（Locking et al.，2013）对 PRR 模型进行了改进，并利用蒙特卡洛模拟验证了 PRR 的估计特性。萨利赫和布里亚（Saleh & Kibria，2013）考虑到传统 Logistic 回归模型的回归参数估计问题，提出五种估计方法：无限制的岭回归（unrestricted RR）、受限制的岭回归（restricted RR）、先验岭回归（preliminary test RR）、压缩岭回归（shrinkage RR）和正规则岭回归（positive rule RR）。最近几年，岭回归的衍生模型中核岭回归、收缩岭回归以及广义岭回归应用相对较为广泛。鲁兹贝赫和岚（Roozbeh & Arashi，2016）、伊兹巴和埃贾兹（Yüzba & Ejaz，2016）和伊兹巴等（Yüzba et al.，2018）在部分线性模型中开发了岭型收缩估计。此外，吴和阿塞尔（Wu & Asar，2016）在这些模型中考虑了加权随机限制岭估计。罗若兹瑞德和阿塞尔（Norouzirad & Arashi，2017）研究了稳健回归中的收缩岭估计。阿塞尔等（Arashi et al.，2014）和伊兹巴等（Yüzba et al.，2017）在线性模型中提出了预测试和收缩岭回归估计，将它们的性能与一些惩罚估计器进行比较。罗若兹瑞德等（Norouzirad et al.，2017）为稳健的 RR 估计器开发了收缩策略，并分析了渐近性能。在高维环境下，伊斯瓦兰和拉奥（Ishwaran & Rao，2014）论证了一种研究广义岭回归（GRR）估计量性质的几何方法。伊兹巴等（Yüzba et al.，2020）、邵和邓（Shao & Deng，2012）、艾哈迈德和法拉普尔（Ahmed & Fallahpour，2012）和卡罗伊（Karoui，2013）的基础上进行进一步研究，提出了基于广义岭回归估计的预测试和收缩方法。

与岭回归模型相关的研究关注的重点是岭回归参数（γ）的选取。目前最常用的方法为岭迹图、方差扩大因子法、Hemmerle-Brantle 法、Q(c)准则、Cp 准则、广义交叉验证法（Gloub et al.，1979）等。由于岭迹法在确定参数 γ 方面存在一些问题，朱尚伟和李景华（2015）针对这个问题进行了深入研究，建议以均方误差预期与拟合误差预期为约束条件的前提下来选择并确定 γ。此外还有一些方法被提出，例如，诺德伯格（Nordberg，1982）从降低均方误差（MSE）的角度计算最优岭回归参数，阿拉夫和舒凯里（Khalaf & Shukur，2005）在此基础上，使用计算机模拟技术选择最优岭回归参数；梁飞豹和郭针阳（1993）引入二分法来选择岭回归参数。汪明瑾（2003，2004）利用岭回归估计的均方误差具有的单调性来选取岭参数。安等（Ahn et al.，2012）采用遗传算法来确定最优的岭参数。哈米德（Hamed，2013）通过建立数学规划模型来选取岭回归参数。以上具有代表性的研究为岭回归参数的确定提供了重要的参考依据。

近几年，岭回归的主要应用领域有：计算机科学与技术（Gholami，2020）、生物学（Novianti et al.，2017）、医学（Ianni et al.，2018）、工程学（Elkhalil，2020）等方面。也有学者将岭回归和神经网络结合，例如，斯托内和凯勒（Stone & Keller，2014）提出了一种结合 L_2 正则化和卷积神经网络的方法来识别前瞻性长波红外图像中的埋藏爆炸风险；吕炜等（2015）对带有 L_2 正则化的 BP 算法进行了收敛性分析，并证明了其收敛性；毛景慧（2017）结合 L_2 正则化和 LSTM 模型对股市时间序列进行预测；吉恩和陈（Jin & Chen，2018）通过 L_2 正则化方法提高了神经网络对离群点数据的鲁棒性。

Lasso 作为一种新的变量选择模型估计方法在 1996 年被提布施瓦尼（Tibshirani）提出。但在其提出初期由于计算问题而未被广泛运用，直至最小角回归方法的提出

(Efron et al., 2004)。随后在该方法的使用过程中，范和李（Fan & Li, 2001）研究发现 Lasso 这一惩罚函数计算的估计量并不能较好地满足稀疏性、无偏性和连续性，存在一定的局限性。为克服 Lasso 在实际运用中的局限，逐渐衍生出一些经典的基于惩罚函数的改进方法，如适应性 Lasso（Zou, 2006）、SCAD 惩罚函数（Fan & Peng, 2004）、MCP（Zhang, 2010）、超高维变量选择方法 SIS（Fan & Song, 2010）等，更为具体的分类如图 10 - 1 所示。这些衍生模型因其所带惩罚项存在差异，具有不同的优势。MCP 和 SCAD 在排除变量方面比 Lasso 表现更加优秀，因为其惩罚项处于 L_1 惩罚和最优子集选择的惩罚之间。更具体的区别在于，SCAD 的惩罚项为非凸函数，与最小角回归算法更契合，可进一步降低计算成本（尹卓菲, 2015），且 SCAD 能够有效防止系数被过度压缩从而减小参数值的估计偏差（李根等, 2012）。MCP 适用于处理多个重要变量相关性较高的情形（孙红卫等, 2016）。除了对惩罚函数进行改进外，还有一些基于 Lasso 模型，结合其他方法或思想提出的经典改进模型，如 Fused Lasso 模型（Tibshirani, 2004）、Boosting Lasso 算法（Zhao, 2004）、Relaxed Lasso 模型（Meinshausen, 2007）、Bayesian Lasso 概念（Park & Casella, 2008）、Group Lasso 模型（Meier, 2008）、核 Lasso（Gao et al., 2010）等。以上方法都是 Lasso 模型的衍生品，虽然其各具优势，但它们在实际研究中的应用不如 Lasso 模型，而且这些模型推算过程的严谨性、稳定性以及效果都值得被进一步证实。

关于 Lasso 模型的算法，除了最小角回归，常用的还有坐标下降法（Friedman et al., 2010），且坐标下降法的运算速度要比最小角回归算法要快。除此之外，对于 Lasso 回归的求解，学者们还提出了许多其他算法，但由于难以用软件实现等原因而使用较少。例如，奥斯本等（Osborne et al., 2000）将 Lasso 问题看作一个凸规划问题，并导出了对偶优化问题。在考虑原问题和对偶问题的前提下开发了一个计算 Lasso 估计量的高效算法，该算法的优点在于可适用于回归变量个数大于样本数量的情况。克瑞赤（Keerthi, 2007）立足分段二次函数和路径跟踪算法提出了稀疏 Logistic 回归解曲线跟踪算法。吴和兰格（Wu & Lange, 2008）提出了一种贪婪的坐标下降算法，并证明了其收敛性。

Lasso 的应用范围非常广泛，比较成功的是在生物领域的应用。李和吴（Li & Wu, 2004）利用 Lasso 的稀疏性质对基因芯片进行判别分析。黄等（Huang et al., 2013）以 Lasso 方法推断蛋白质性质。富冈和罗伯特（Tomioka & Robert, 2010）提出了一种基于正则化经验风险最小化问题的脑电图（EEG）信号分析框架以及一种新的正则化算法。克里本等（Cribben et al., 2012）在脑连接中，以 Lasso 回归估计脑状态变化。茉（Mu, 2013）应用 Lasso 对容貌吸引力建模。在图形模型方面，Lasso 表现不俗。例如，利用 Lasso 的优点来进行高维图形的领域选择（Meinshausen &

Zurich, 2006)；利用惩罚来估计高斯图形模型中的浓度矩阵，既保证了矩阵的正定性，同时还实现了变量选择和参数估计（Yuan & Li, 2007)；利用图形 Lasso 计算稀疏协方差矩阵的逆矩阵（Friedman et al. , 2008)；利用 Lasso 以及 Group Lasso 的优点来计算稀疏型的模型（Friedman et al. , 2010)。在神经网络出现后，结合 Lasso 的研究逐渐成为新的关注热点，如科斯塔和布拉加（Costa & Braga, 2006）提出了一种基于 Lasso 和神经网络的算法来解决多目标优化问题；崔和王（Cui & Wang, 2016）针对高维小样本数据提出了基于 Lasso 的随机赋权神经网络模型；吴进等(2019）提出了一个基于 Lasso 和 SVD 的深度学习模型以实现参数压缩等。进一步总结，其运用较为广泛的领域有：计算机科学（Wang et al. , 2019)、生物学（Shi et al. , 2019)、经济学（Messner & Pinson, 2019)、工程学（Zhao et al. , 2019)、统计学（Rockova & George, 2018; Windmeijer et al. , 2019)、医学（Liang et al. , 2019)、化学（Koos & Link, 2019)。

虽然 Lasso 已经能够很好地解决高维多重共线性模型的变量选择和参数估计问题，但其在具有组效应的数据处理方面仍存在不足。针对这一问题邹和汉斯蒂(Zou & Hanstie, 2005）提出了 Naïve Elastic Net 模型，它同时包含 L_1 惩罚项和 L_2 惩罚项。因此，该模型不仅能够处理组效应问题，还能够处理维度大于样本量的数据。此外对防止模型过度稀疏同样有效。卢颖（2011）将 Elastic Net 运用到 Poisson 模型和 Logistic 模型中，并分别对其进行了定义以及运用数据验证有效性。谭和纳拉亚南(Tan & Narayanan, 2012）基于组稀疏的思想和稀疏贝叶斯学习方法（Tipping, 2001）提出一种新稀疏模型，即组弹性网（Group Elastic Net)。由于 Elastic Net 存在“一刀切”施加同等程度 L_2 惩罚的问题，罗伯特等（Lorbert et al. , 2010)、罗伯特和拉马吉（Lorbert & Ramadge, 2013）提出两两弹性网。为缓解 Elastic Net 的不足，即不具有 Oracle 性质，邹和张（Zou & Zhang, 2009）对 Elastic Net 的 L_1 惩罚部分进行系数加权处理，提出了 Adaptive Elastic Net 模型（自适应弹性网)。陈等(Chen et al. , 2012）基于部分线性模型对该方法进行进一步改进，并证明其具有 Oracle 性质，且能有效处理多重共线性问题。曾（Zeng, 2014）针对弹性网有偏估计的问题，提出了弹性 SCAD。此外，部分学者将弹性网正则化与其他方法结合运用，其中较为突出的便是与神经网络结合。例如，徐等（Xu et al. , 2013）利用弹性网神经网络模型进行图像复原；麦考密克和法尔西（Mccormick & Falcy, 2015）利用弹性网神经网络模型来预测鲑鱼收益；李宏锋（2016）将 ELM 和弹性网正则化结合，可以更加稳健地进行图像分类；翁等（Ong et al. , 2016）结合弹性网模型和深度递归神经网络来检验日本的大气污染物浓度；兰加等（Rangra et al. , 2018）提出一个基于弹性网正则化的卷积神经网络模型用来对人们发的 Twitter 进行情感分析。弹性网在以下几个领域都得到广泛运用：统计学（Helwig, 2021)、生物学

(Yan & Song, 2019)、医学(Gregory et al., 2019)、化学(Zeng et al., 2020)、计算与应用数学(Chen et al., 2020)、计算机科学(Zhao et al., 2021)、神经计算学(Torres-Barran et al., 2018)等。

综合上述系统正则化经典模型的文献梳理可发现，大部分模型都是根据研究的对象以及目的去优化、改进已有模型或经典模型的目的函数。经典的模型及其衍生品如图 10-1 所示。值得注意的是，因为该类模型具有变量选择这一特点，可以帮助解决机器学习和图像处理等领域建模过程中高维数据集造成的过拟合问题和数值计算病态问题。因此，围绕这一主题的相关研究正是当前该领域的研究热点。

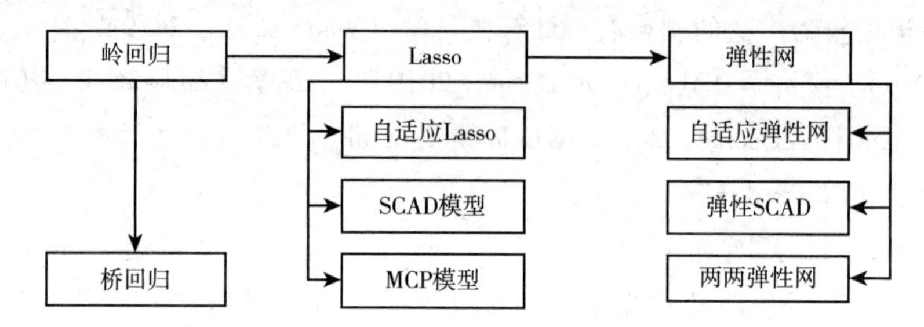

图 10-1 经典模型及衍生模型

第二节 系统正则化模型介绍

定义多元线性回归模型：设因变量 y 与自变量 $X=(X_1,X_2,\cdots,X_p)$ 存在以下线性关系：

$$y=\theta_0+\theta_1X_1+\cdots+\theta_pX_p+\varepsilon \tag{10-1}$$

其中，$\varepsilon\sim N(0,\delta^2)$，$\theta_0,\theta_1,\cdots,\theta_p$ 为待估参数。当 $p\geqslant2$ 时，公式(10-1)为多元线性回归模型表达式。

设 $(x_{i1},x_{i2},\cdots,x_{i2},y_i)$，$i=1,2,\cdots,n$ 是 $X=(X_1,X_2,\cdots,X_p,y)$ 的 n 次独立观测值，那么公式(10-1)可表示为：

$$y_i=\theta_0+\theta_1x_{i1}+\cdots+\theta_px_{ip}+\varepsilon_i,\ i=1,2,\cdots,n \tag{10-2}$$

其中，$\varepsilon_i\sim N(0,\delta^2)$，且独立同分布。用矩阵表示为：

$$\boldsymbol{y}=\begin{bmatrix}y_1\\y_2\\\vdots\\y_n\end{bmatrix},\boldsymbol{\theta}=\begin{bmatrix}\theta_1\\\theta_2\\\vdots\\\theta_p\end{bmatrix},\boldsymbol{X}=\begin{bmatrix}x_{11}&x_{12}&\cdots&x_{1p}\\x_{21}&x_{22}&\cdots&x_{2p}\\\vdots&\vdots&\cdots&\vdots\\x_{n1}&x_{n2}&\cdots&x_{np}\end{bmatrix},\boldsymbol{\varepsilon}=\begin{bmatrix}\varepsilon_1\\\varepsilon_2\\\vdots\\\varepsilon_n\end{bmatrix}$$

故公式（10-1）用矩阵形式可表示为：

$$y = X\theta + \varepsilon \tag{10-3}$$

其中，y 为因变量的 n 维向量，X 为 $n\times(p+1)$ 阶矩阵，θ 为 $p+1$ 维向量，ε 为 n 维误差向量，并满足以下条件：

$$E(\varepsilon)=0, \mathrm{Var}(\varepsilon)=\delta^2 I_n \tag{10-4}$$

定义 1　对于多元线性回归模型（10-1），回归参数 θ 的最小二乘估计可表示为：

$$^{ls}f(\theta)=(X^{\mathrm{T}}X)^{-1}X^{\mathrm{T}}y \tag{10-5}$$

或将其表示为：

$$^{ls}f(\theta) = \mathrm{argmin}\{\sum (y-X\theta)^2\} \tag{10-6}$$

一、岭回归模型及其衍生经典模型

（一）岭回归

当存在样本量小于自变量个数和自变量间有明显的多重共线性的情况时，线性回归模型将出现无法估计偏回归系数或系数被放大而无意义的情况。为缓解线性回归模型这一缺点，希尔（Heer，1970）在线性回归模型中加入一个惩罚项，即 L_2 正则项，以使模型的回归估计系数有解。基于多元线性回归模型，岭回归模型的损失函数表达式可表示为：

$$^{ridge}f(\theta) = \mathrm{argmin}\{\sum (y-X\theta)^2 + \gamma \|\theta\|_2^2\}$$

$$\gamma\|\theta\|_2^2 = \sum \gamma\theta^2 \tag{10-7}$$

其中，$^{ridge}f(\theta)$ 为岭回归的目标函数，y 是因变量，X 为自变量，θ 为偏回归系数，$\gamma>0$ 且为常数在该模型中代表岭回归参数，$\sum\gamma\theta^2$ 和 $\gamma\|\theta\|_2^2$ 均表示偏回归系数 θ 的平方和。从线性代数的角度，y 和 θ 均为一维向量，X 为二维矩阵。

假设 $a_1, a_2, \cdots, a_{p-1}$ 为矩阵 $X^{\mathrm{T}}X$ 的特征值，$\Phi_1, \Phi_2, \cdots, \Phi_{p-1}$ 对应特征值标准正交化的特征向量，记矩阵 $\Phi=(\Phi_1, \Phi_2, \cdots, \Phi_{p-1})$，那么 Φ 为 $p-1$ 阶标准正交阵，有 $\Phi^{\mathrm{T}}\Phi=I$，记对角矩阵 $\Gamma=\mathrm{diag}(a_1, a_2, \cdots, a_{p-1})$，那么 $X^{\mathrm{T}}X=\Phi^{\mathrm{T}}\Gamma\Phi$ 对于线性模型可改写成：

$$y=\beta_0 1+Z\beta+\varepsilon，且 E(\varepsilon)=0, \mathrm{Var}(\varepsilon)=\delta^2 I_n \tag{10-8}$$

其中，$\boldsymbol{Z}=\boldsymbol{X\Phi}$，$\boldsymbol{\beta}=\boldsymbol{\Phi}^{\mathrm{T}}\boldsymbol{\theta}$，$\boldsymbol{\beta}$ 也为典则回归参数。

β_0 和 β 的最小二乘法估计分别为：

$$\hat{\boldsymbol{\beta}}_0=\bar{\boldsymbol{y}}\ ,\hat{\boldsymbol{\beta}}=(\boldsymbol{Z}^{\mathrm{T}}\boldsymbol{Z})^{-1}\boldsymbol{Z}^{\mathrm{T}}\boldsymbol{y} \tag{10-9}$$

由于 $(\boldsymbol{Z}^{\mathrm{T}}\boldsymbol{Z})=\boldsymbol{\Phi}^{\mathrm{T}}\boldsymbol{X}^{\mathrm{T}}\boldsymbol{X\Phi}=\Gamma$，$\hat{\boldsymbol{\beta}}=\boldsymbol{\Gamma}^{-1}\boldsymbol{Z}^{\mathrm{T}}\boldsymbol{y}$，此时典则参数 $\boldsymbol{\beta}$ 的最小二乘估计方差为：

$$\mathrm{Var}(\hat{\boldsymbol{\beta}})=\boldsymbol{\delta}^2\boldsymbol{\Gamma}^{-1}\boldsymbol{Z}^{\mathrm{T}}\boldsymbol{Z}\boldsymbol{\Gamma}^{-1}=\boldsymbol{\delta}^2\boldsymbol{\Gamma}^{-1} \tag{10-10}$$

典则回归参数 β 的岭回归估计为：

$$\hat{\boldsymbol{\beta}}(\boldsymbol{\gamma})=(\boldsymbol{Z}^{\mathrm{T}}\boldsymbol{Z})^{-1}\boldsymbol{Z}^{\mathrm{T}}\boldsymbol{y} \tag{10-11}$$

下面部分给出度量估计好坏的一个标准，均方误差的概念。

设 $b=(b_1,b_2,\cdots,b_p)$ 为一组待估参数的向量形式，$\hat{b}$ 是 b 的估计结果，那么 $\hat{b}$ 的均方误差表示为：

$$\begin{aligned}
\mathrm{MSE}(\hat{b})&=E\ \|\hat{b}-b\|^2\\
&=E(\hat{b}-b)^TE(\hat{b}-b)\\
&=E[(\hat{b}-\hat{Eb})+(\hat{Eb}-b)]^TE[(\hat{b}-\hat{Eb})+(\hat{Eb}-b)]\\
&=E(\hat{b}-\hat{Eb})^T(b-\hat{Eb})+\|\hat{Eb}-b\|^2\\
&=tr[\mathrm{Cov}(\hat{b})]+\|\hat{Eb}-b\|^2\\
&=\Delta_1+\Delta_2
\end{aligned} \tag{10-12}$$

记 $\hat{b}^T=(\hat{b}_1,\hat{b}_2,\cdots,\hat{b}_p)$，则：

$$\Delta_1\ =\ tr[\mathrm{Cov}(\hat{b})]\ =\ \sum_{i=1}^{p}\mathrm{Var}(\hat{b}_i) \tag{10-13}$$

$$\Delta_2\ =\ \|E\hat{b}\ -\ b\|^2\ =\ \sum_{i=1}^{p}(E\hat{b}_i\ -\ b_i) \tag{10-14}$$

其中，tr 为矩阵的迹，Δ_1、Δ_2 分别是各估计量 $\hat{b}$ 变动程度的总和、与真实值偏离程度的平方和。换句话说，均方误差 $\mathrm{MSE}(\hat{b})$ 是待估参数自身变动所导致的偏差以及与真实值的偏差的总和，这即意味着均方误差的大小同时受到 Δ_1 和 Δ_2 的影响。值得注意的是，岭回归中估计参数的正交变化并不影响均方误差 $\mathrm{MSE}(\hat{b})$ 的大小。

岭回归的本质就是对最小二乘法的估计参数进行压缩以提高估计精度。具有如下的性质：

性质 1：岭估计是一种有偏估计，因为有岭参数 γ 的存在，即岭回归在估计参数时会向原点方向压缩表现为不合理长度的参数，从而导致了估计结果失去无偏性。

证明如下：

$$E[\theta(\gamma)] = E[(\boldsymbol{X}^{\mathrm{T}}\boldsymbol{X}+\boldsymbol{\gamma I})^{-1}\boldsymbol{X}^{\mathrm{T}}\boldsymbol{y}]$$
$$=(\boldsymbol{X}^{\mathrm{T}}\boldsymbol{X}+\boldsymbol{\gamma I})^{\mathrm{T}}\boldsymbol{X}^{\mathrm{T}}E(\boldsymbol{y})$$
$$=(\boldsymbol{X}^{\mathrm{T}}\boldsymbol{X}+\boldsymbol{\gamma I})^{\mathrm{T}}\boldsymbol{X}^{\mathrm{T}}\boldsymbol{X\theta} \tag{10-15}$$

性质 2：在 γ 与模型内生变量无关的情况下，岭估计表现为最小二乘法的线性转换，同时也可对模型中的内生变量进行线性表达。证明如下：

$$\theta(\gamma) = (\boldsymbol{X}^{\mathrm{T}}\boldsymbol{X}+\boldsymbol{\gamma I})^{-1}\boldsymbol{X}^{\mathrm{T}}y$$
$$=(\boldsymbol{X}^{\mathrm{T}}\boldsymbol{X}+\gamma I)^{-1}\boldsymbol{X}^{\mathrm{T}}\boldsymbol{X}(\boldsymbol{X}^{\mathrm{T}}\boldsymbol{X})^{-1}\boldsymbol{X}^{\mathrm{T}}y$$
$$=(\boldsymbol{X}^{\mathrm{T}}\boldsymbol{X}+\gamma I)^{-1}\boldsymbol{X}^{\mathrm{T}}\boldsymbol{X}\hat{\boldsymbol{\theta}} \tag{10-16}$$

但通常情况下 γ 的取值大多与模型中的内生变量有密切关联，因此岭估计很难满足线性。

性质 3：当 γ 为非负数时，岭回归的参数估计长度小于最小二乘法的参数估计长度，即满足下列不等式：

$$\|\hat{\theta}(\gamma)\| < \|\hat{\theta}\| \tag{10-17}$$

该性质说明了在模型存在严重共线性时对其参数进行压缩是合理的。因为共线性行为会使最小二乘法的估计长度变长，从而产生不合理的参数。

性质 4：存在一个合理的 γ 使 $\mathrm{MSE}[\hat{\beta}(\gamma)]$ 小于 $\mathrm{MSE}(\hat{\beta})$。证明如下：

因为典则形式并不影响均方误差的大小，因此证明出存在 $\gamma>0$，使 $\mathrm{MSE}[\hat{\beta}(\gamma)]<\mathrm{MSE}(\hat{\beta})$，即可得到性质 4。

$$\mathrm{Cov}[\hat{\beta}(\gamma)] = \delta^2(\Gamma+I\gamma)^{-1}\Gamma(\Gamma+I\gamma)^{-1} \tag{10-18}$$

$$E[\hat{\beta}(\gamma)] = (\Gamma+I\gamma)^{-1}Z^T(Z\beta) = (\Gamma+I\gamma)^{-1}\Gamma\beta \tag{10-19}$$

那么 $\mathrm{MSE}[\hat{\beta}(\gamma)]$ 可转化为：

$$\mathrm{MSE}[\hat{\beta}(\gamma)] = tr\{Cov[\hat{\beta}(\gamma)]\} + \|E[\hat{\beta}(\gamma)]-\beta\|^2$$
$$=\delta^2\sum_{i=1}^{p}\frac{a_i}{(a_i+\gamma)^2}+\gamma^2\sum_{i=1}^{p}\frac{\beta_i}{(a_i+\gamma)^2}$$
$$=\nu_1(\gamma)+\nu_2(\gamma)$$
$$=\nu(\gamma) \tag{10-20}$$

再分别对 $\nu_1(\gamma)$，$\nu_2(\gamma)$ 中的 γ 求导，得：

$$\nu'_1(\gamma) = -2\delta^2\sum_{i=1}^{p}\frac{a_i}{(a_i+\gamma)^3},\nu'_2(\gamma) = 2\gamma\sum_{i=1}^{p}\frac{a_i\beta_i^2}{(a_i+\gamma)^3} \tag{10-21}$$

可见当 $\gamma=0$ 时，$\nu'_1(0)<0$，$\nu'_2(0)=0$，那么 $\nu'(0)<0$。因为 $\nu'_1(\gamma)$ 和 $\nu'_2(\gamma)$ 在 0 处皆连续，故当 $\gamma\to0^+$ 时，$\nu'(\gamma)<0$。这说明在 γ 充分小时，$\mathrm{MSE}[\hat{\beta}(\gamma)]=\nu(\gamma)$ 与 γ 反向变化，那么 $\gamma>0$，有 $\nu(\gamma)<\nu(0)$，即 $\mathrm{MSE}[\hat{\beta}(\gamma)]<\mathrm{MSE}(\hat{\beta})$。

（二）几何意义和求解方法

为进一步解释偏回归系数 θ 的几何意义，根据凸优化理论将岭回归的损失函数${}^{ridge}f(\theta)$转化为以下形式：

$$\begin{cases}\mathrm{argmin}\left[\sum (y - X\theta)^2\right] \\ \mathrm{s.t.} \sum \theta^2 \leqslant c\end{cases} \tag{10-22}$$

其中，第一行是为确保模型的残差平方和（RSS）最小，第二行为第一行的附加条件，即所有偏回归系数 θ 的平方和均小于等于某个阈值 c，即调和参数。接下来以两个变量为例，其对应的回归系数分别为 θ_1 和 θ_2，结合图形解释最小二乘解和岭回归系数解之间的关系。

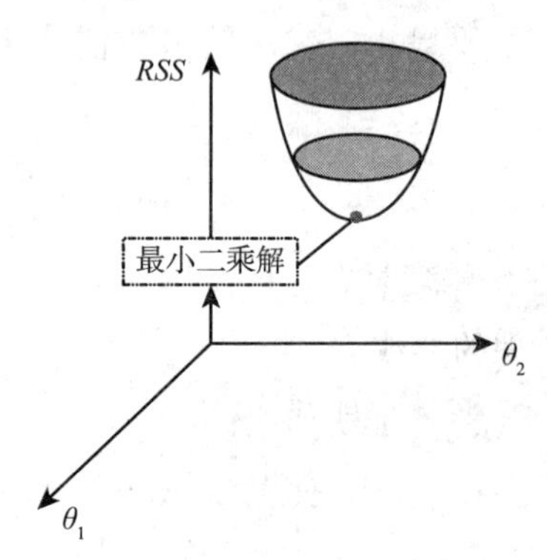

图 10－2　无约束下几何示意

无约束项时，RSS 可用 θ_1 和 θ_2 的二次函数表示，几何表示为一个抛物面，抛物面的最低点则为最小二乘解，如图 10－2 所示。当约束项为 $\theta_1^2+\theta_2^2 \leqslant c$ 时，表现为以底半径为 c 的圆柱体与抛物面的交点，即岭回归解，如图 10－3 所示。将图 10－3 投影到二维坐标形成如图 10－4 所示的二维投影图。观察图 10－4 可发现，岭回归估计的系数值要比线性回归估计的系数值小，这是由 γ 对回归系数的缩减达到的“压缩”效果。同时可发现，抛物面和圆柱体的交点几乎不可能发生在坐标轴上，因此岭回归模型会使自变量个数多于样本量和自变量间存在多重共线性的两种情况有解，但并不具备筛选变量的功能。

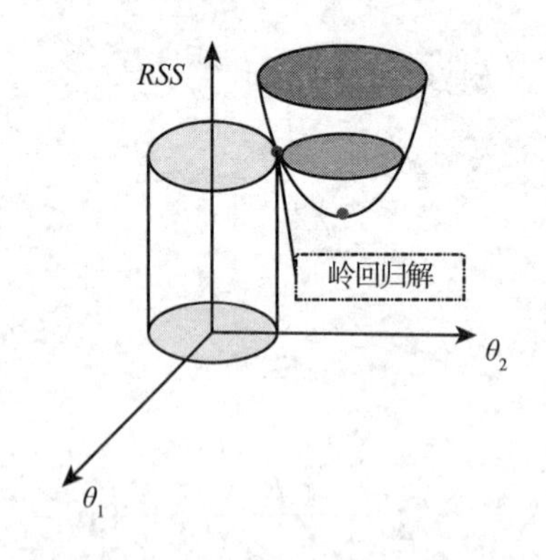

图 10－3　含约束 L_1 的几何示意

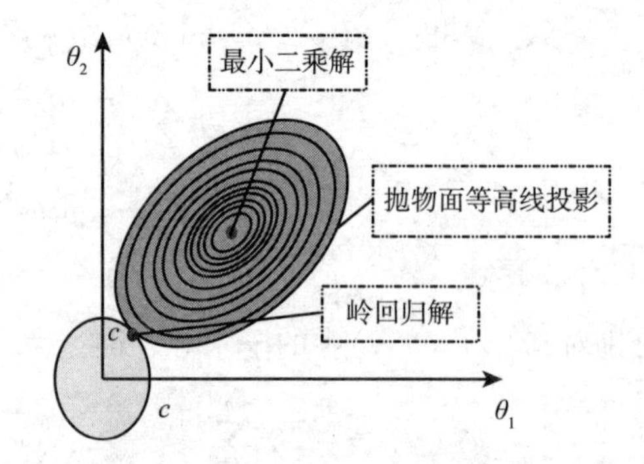

图 10－4　含约束 L_1 的二维投影

求解上述目标函数${}^{ridge}f(\theta)$的最小值，主要分为两个步骤：一是对${}^{ridge}f(\theta)$求导得到${}^{ridge}f'(\theta)$，二是令${}^{ridge}f'(\theta)=0$，计算偏回归系数 θ。结合线性代数知识推导过程如下：

1. 展开$^{ridge}f(\theta)$的平方项

$$
\begin{aligned}
{}^{ridge}f(\theta) &= (y - X\theta)^T(y - X\theta) + \gamma\theta^T\theta \\
&= (y^T - X^T\theta^T)(y - X\theta) + \gamma\theta^T\theta \\
&= y^T y - y^T X\theta - X^T\theta^T y + X^T\theta^T X\theta + \gamma\theta^T\theta
\end{aligned}
\tag{10-23}
$$

2. 对$^{ridge}f(\theta)$求导得到$^{ridge}f'(\theta)$

$$
\begin{aligned}
f'(\theta) = \frac{\partial f(\theta)}{\partial\theta} &= 0 - y^T X - X^T y + 2X^T X\theta + 2\gamma\theta \\
&= -X^T y - X^T y + 2X^T X\theta + 2\gamma\theta \\
&= -2X^T y + (2X^T X + 2\gamma I)\theta
\end{aligned}
\tag{10-24}
$$

3. 令$^{ridge}f'(\theta)=0$，求解θ

$$-2X^T y + (2X^T X + 2\gamma I)\theta = 0 \tag{10-25}$$

$$\theta = (X^T X + \gamma I)^T X^T y \tag{10-26}$$

以上过程获得了θ的求解式，但仍含未知常数γ。由于γ的作用，其模型的方差随着模型复杂度的提升而减小，偏差则随着模型复杂度的提升而增大。故在岭回归模型中，可以通过对γ的调节来选择一个较为理想的模型。

实际运用中，常用的γ的确定方法有两种：一种是可视化方法，即岭迹图；另一种是交叉验证法。可视化方法具体而言即指通过绘制不同γ和对应偏回归系数θ的折线图来确定较为合理的γ。当θ随着γ的变化逐渐趋于稳定时对应的γ值即为模型较为合理的γ。但观察根据可视化刻画的折线图只能确定γ的大致范围，具体选择较为主观。交叉验证法则能更为精确地寻找理想的γ来平衡模型的方差和偏差。

（三）经典衍生模型——桥回归

桥回归模型实际上是最早被提出来的近似无偏稀疏模型，但是由于求解算法困难而一致未流行起来，其形式如下：

$${}^{Bridge}f(\theta) = \text{argmin}\{\|y - X\theta\|_2^2 + \gamma\|\theta\|_1^\lambda\} \tag{10-27}$$

其中，$\|\theta\|_1^\lambda = \sum|\theta|^\lambda$为$L_\lambda$范数罚，$\lambda \in (0,1]$。

桥回归模型实质与 SCAD 模型和 MCP 模型类似，都是通过回归系数绝对值的增大而减小压缩的程度来克服 Lasso 有偏估计缺点的。

二、Lasso 模型及衍生经典模型

（一）Lasso 模型

岭回归模型通过加入惩罚项L_2来解决线性回归模型中多重共线性和自变量个数

多于样本量而造成的无解情况。但岭回归模型仍不能解决线性模型复杂度较高的这一问题。因此，罗伯特和提布施瓦尼（Robert & Tibshirani）提出了 Lasso 模型以克服该缺点。他将岭回归模型中的惩罚项改为 L_1，即偏回归系数的平均值。因此，Lasso 的损失函数表达式为：

$$^{Lasso}f(\theta) = \text{argmin}\{\sum (y - X\theta)^2 + \gamma \| \theta \|_1\}$$

$$\gamma \| \theta \|_1 = \sum \gamma |\theta| \tag{10-28}$$

其中，$\gamma \| \theta \|_1$ 和 $\sum \gamma|\theta|$ 均可表示为对所有偏回归系数的平均值求和，同时 $\gamma \| \theta \|_1$ 也有 L_1 惩罚。

（二）几何含义和求解过程

为进一步解释偏回归系数 θ 的几何意义，根据凸优化理论将岭回归的损失函数 $f(\theta)$ 转化为以下形式：

$$\begin{cases} \text{argmin}\{\sum (y - X\theta)^2\} \\ \text{s. t.} \sum |\theta| \leqslant c \end{cases} \tag{10-29}$$

其中，第一行是为确保模型的残差平方和（RSS）最小，第二行为第一行的附加条件，即所有偏回归系数 θ 的绝对值之和小于等于某个阈值 c。接下来以两个变量为例，其对应的回归系数分别为 θ_1 和 θ_2，结合图形解释最小二乘解和 Lasso 系数解之间的关系，如图 10－5 和图 10－6 所示。

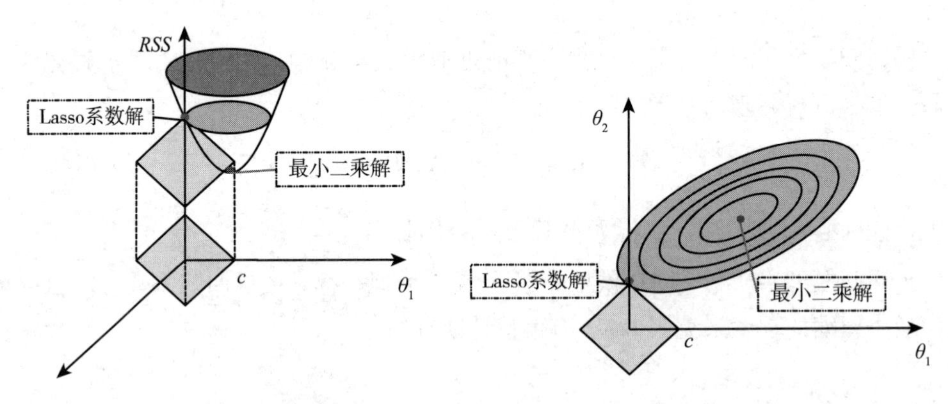

图 10－5　含约束 L_2 的几何示意　　图 10－6　含约束 L_2 的二维投影

当约束项为 $|\theta_1| + |\theta_2| \leqslant c$ 时，以边长为 c 的正方体与抛物面的交点，即 Lasso 解，如图 10－5 所示。将图 10－5 投影到二维坐标形成如图 10－6 所示的二维投影图。由图 10－6 可知，当抛物面与正方体的角相交于一点时，会使得某一变量的估

计系数为 0，即 $\theta_i=0$，从而达到筛选变量的效果。同样可以看出，Lasso 解相比于最小二乘解要小。因此，Lasso 回归即可以实现系数估计值的缩减和变量的筛选。

Lasso 中的惩罚项为 L_2，它能够压缩系数至 0，从而起到选择变量、精简模型、提高预测准确度的作用。但也存在诸多不足，如过度拟合、无法处理具有组效应的数据等。针对这些问题也产生了许多具有针对性的衍生模型。

由于惩罚项 L_2 的数学形式为绝对值之和，导致 Lasso 回归的损失函数存在不可导点。这使传统的求解方法无法对 Lasso 进行求解，如最小二乘法、梯度下降法、牛顿法与拟牛顿法等。目前采用坐标轴下降法、最小角回归法以及交叉验证法来求解的居多。接下来本书将详细介绍三种方法的求解原理及过程。

1. 坐标轴下降法

坐标轴下降法即沿着坐标轴方向下降的方法。它和梯度下降法一样都是迭代法，即通过启发式的方式一步步迭代求解函数的最小值。

坐标下降法的依据为：假设一个可微凸函数为 $f(\theta)$，其中 θ 为 $n\times1$ 的向量，那么肯定存在一点 $\hat{\theta}$，使得可微凸函数 $f(\theta)$ 在 $\hat{\theta}_i(i=1,2,\cdots,n)$ 上都为最小值，此时 $f(\hat{\theta}_i)$ 即为全局的最小值。具体算法过程如下：

首先，Lasso 的损失函数表达式变形为：

$$^{Lasso}f(\theta)=\sum_{i=1}^{n}(y_i-\sum_{j=1}^{p}\theta x_{ij})^2+\gamma\sum_{j=1}^{p}|\theta| \tag{10-30}$$

其中，第一个部分可代表残差平方和，为可导凸函数，设其为 $T(\theta)$，因此可对其中的每个偏回归系数求偏导。第二部分为惩罚项 L_1 的范数，设其为 $\gamma l_1(\theta)$。

其次，将 $T(\theta)$ 展开，并设 $x_{ij}=g_i(x_j)$，那么：

$$\begin{aligned}T(\theta)&=\sum_{i=1}^{n}[y_i-\sum_{j=1}^{p}\theta g_i(x_j)]^2\\&=\sum_{i=1}^{n}\{y_i^2-2y_i\sum_{j=1}^{p}\theta g_i(x_j)+[\sum_{j=1}^{p}\theta g_i(x_j)]^2\}\end{aligned} \tag{10-31}$$

最后，对 $T(\theta)$ 求 θ_i 的偏导数：

令 $\vartheta_j=\sum_{i=1}^{n}g_i(x_j)[y_i-\sum_{k\neq j}\theta_k g_k(x_i)],\ell_j=\sum_{i=1}^{n}g_j(x_j)^2$，上式可改写为 $\frac{\partial T(\theta)}{\partial\theta_i}=-2\vartheta_j+2\theta_j\ell_j$。

因为惩罚项 L_1 的范数为不可导函数，所以将不能选用梯度方法，而只能选择用于求解不可导函数最值问题的次梯度方法。对于具体的某分量 θ_j，其对应的惩罚项可表示为 $\gamma|\theta_j|$，那么对于 θ_j 处的导函数可表示为：

$$\frac{\partial \gamma l_1(\theta)}{\partial \theta_i}=\begin{cases}\gamma, & \text{如果 } \theta_i>0\\ [-\gamma,\gamma], & \text{如果 } \theta_i=0\\ -\gamma, & \text{如果 } \theta_i<0\end{cases} \tag{10-32}$$

将 $T(\theta)$ 与 $\gamma l_1(\theta)$ 的分量导函数相加，并令其等于 0，以对 Lasso 回归系数进行求解。

$$\frac{\partial T(\theta)}{\partial \theta_j}+\frac{\partial \gamma l_1(\theta)}{\partial \theta_j}=\begin{cases}-2\vartheta_j+2\theta_j\ell_j+\gamma=0\\ [-2\vartheta_j-\gamma,-2\vartheta_j+\gamma]=0\\ -2\vartheta_j+2\theta_j\ell_j-\gamma=0\end{cases} \tag{10-33}$$

$$\hat{\theta}=\begin{cases}\left(\vartheta_j-\dfrac{\gamma}{2}\right)/\ell_j, & \text{如果 } \vartheta_j>\dfrac{\gamma}{2}\\ 0 & \text{如果 } \vartheta_j\in\left[-\dfrac{\gamma}{2},\dfrac{\gamma}{2}\right]\\ \left(\vartheta_j+\dfrac{\gamma}{2}\right)/\ell_j, & \text{如果 } \vartheta_j<\dfrac{\gamma}{2}\end{cases} \tag{10-34}$$

根据上述推导结果可知，Lasso 求解回归系数仍然依赖于 γ 的取值。

2. 最小角回归法

最小角回归法是前向选择算法和前向梯度算法的折中，其既在一定程度上保留了前向梯度算法的精确性，同时又简化了前向梯度算法迭代的过程。具体算法如下：

在 $Y=\theta X$ 的线性关系中，Y 为 $m\times 1$ 的向量，也即因变量；X 为 $m\times n$ 的矩阵，也即自变量集，θ 为 $n\times 1$ 的向量。m 为样本数量，n 为特征维度。假设 $\bar{Y}$ 是 Y 在 x_a 上的投影。那么残差 $e_y=Y-\bar{Y}$，由于是投影，故 e_y 和 x_a 正交，其关系式如下：

$$\bar{Y}=x_a\theta_a,\theta_a=\frac{\langle x_a,Y\rangle}{\| x_a \|_2} \tag{10-35}$$

首先，找到 Y 距离最近或者相关程度最高的 x_a，再使用类似于前向梯度算法中的残差计算方法估计 e_y，不同的是最小角回归法中是直接向前走直到出现一个 x_c，实现 x_c 和 e_y 的相关度和 x_a 与 e_y 的相关度达成一致。那么这个时候的残差 e_y 就在 x_c 和 x_a 的角平分线方向上。其次，顺着残差的角平分线继续走，直到第三个特征 x_d 出现。这时 x_d 与 e_y 的相关度足够大，即 x_d 到对应残差 e_y 的相关度和 θ_c、θ_a 以及 e_y 的相关度一样。最后，将其纳入 Y 的逼近特征集合，同时运用 Y 的逼近特征集合的共同角分线，作为新的逼近方向。重复上述过程直到 e_y 实现足够的小，或者说直到取完所有变量，算法才会停止。那么此时对应着的 θ 则是 Lasso 模型所求的结果。下面以二维的 X 为例进行解释（见图 10-7）：

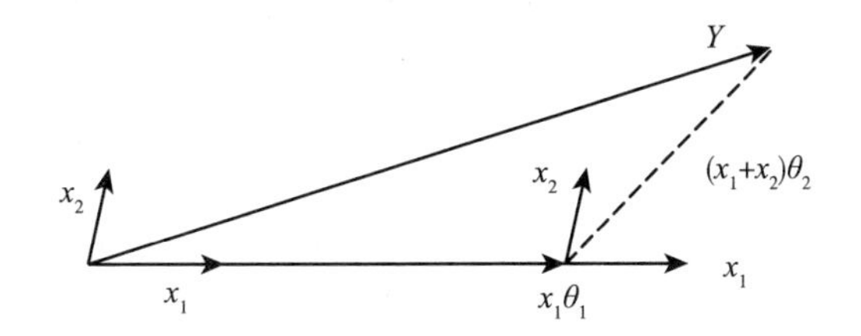

图 10-7 最小角回归法原理二维图示

当 X 只有二维时，与因变量 Y 最接近的自变量是 x_1，首先在 x_1 上面走直到残差 θ_1 在 x_1 和 x_2 的角平分线上，再沿着角平分线走，直到残差最小时停止，这时对应的系数 θ 为最终结果。

3. 交叉验证法则（CV）

介绍交叉验证法之前，首先定义自变量的活跃集如下：

$$S_0 = \{j : \theta_j^{ols} \neq 0,\ j = 1, 2, \cdots, p\} \tag{10-36}$$

相应的，把 Lasso 方法估计的参数的非零系数下标集记作：

$$\hat{S}_\gamma = \{j : \theta_j^{ols}(\gamma) \neq 0,\ j = 1, 2, \cdots, p\} \tag{10-37}$$

在做变量选择时，期望寻找到活跃集 S_0，此时就需一个较大的 Lasso 参数。

给定一个常数 A，定义：$S_0^{revelant(\mathrm{A})} = \{j : |\theta_j^{ols}| \geq A,\ j = 1, 2, \cdots, p\}$，可证明当 γ 在一个合适的范围，即 $\gamma \approx \sqrt{\log(p)/n}$ 时，存在：

$$\| \hat{\theta}(\gamma) - \theta^{ols} \| \xrightarrow{p} 0\,(n \to \infty) \tag{10-38}$$

据此可证明：对于任意给定的 $A(0 < A < \infty)$，存在

$$P[\hat{S}(\gamma) \supset S_0^{revelant(A)}] \to 1\,(n \to \infty) \tag{10-39}$$

按照交叉验证（CV）法则得到 Lasso 参数 γ_{CV}，Lasso 回归在估计时会选择多个变量。最终得到的 $\hat{S}(\hat{\gamma}_{CV})$ 至少会很高的概率包括 S_0 或 $S_0^{revelant(A)}$，并且有 $|\hat{S}(\hat{\gamma}_{CV})| \leq \min(n, p)$（Peter, 2011）。交叉验证法常见的验证形式有 K 折交叉验证法、Holdout 验证和留一验证三种。其主要思想都是对原始数据进行分组，将数据中的一部分作为训练集，剩下部分作为验证集。首先采用训练集对分类器进行训练，其次再利用验证集来测试训练得到的模型，并以此来作为评价分类器的性能指标。此部分选择了 K 折交叉验证法来进一步介绍，其流程如下：

（1）将训练集 T 分成 K 等份，即 $T = \{T_1, T_2, \cdots, T_K\}$。

（2）分别取 $k = 1, 2, \cdots, K$。去掉训练集中的第 k 部分，在其余部分进行拟合，得到模型 $\hat{h}_{-k}^{\gamma}(x)$。并分别在第 k 部分进行拟合，得到误差为：

$$CV_k(\gamma) = |T_K|^{-1} \sum_{(x,y \subseteq T_K)} [y - \hat{h}^{\gamma}_{-k}(x)]^2 \quad (10-40)$$

（3）K 折交叉验证总误差为：

$$CV(\gamma) = K^{-1} \sum_{k=1}^{K} CV_k(\gamma) \quad (10-41)$$

（4）K 折交叉验证求得的 Lasso 参数 γ 为：

$$\hat{\gamma}_{CV} = \underset{\gamma>0}{\operatorname{argmin}} CV(\gamma) \quad (10-42)$$

（三）经典的衍生模型

1. SCAD 模型

由于范和李（Fan & Li）在研究中发现 Lasso 回归会过度压缩模型中较大的参数系数，从而使选择后的模型产生不必要的偏差，同时研究已表明 Lasso 回归的估计不具有 Oracle 性质，即变量选择的相合性。但范和李认为 Oracle 性质是一个表现优异的惩罚函数应该具有的。它能够使参数估计具有稀疏性、无偏性和连续性等渐近性质。

基于此，范和李提出了 SCAD 模型。SCAD 模型具有以下三个特点：变量选择、估计线性系数、满足 Oracle 性质。SCAD 的目标函数可表示为：

$$^{SCAD}f(\theta) = \operatorname{argmin}\left[\sum (y - X\theta)^2 + \sum_{i=1}^{p} p_\gamma(|\theta_i|)\right] \quad (10-43)$$

其中，$p_\lambda(|\theta_i|)$为 SCAD 的惩罚项，该方法同样也是在最小二乘法上加入惩罚项，范和李对该惩罚项的一阶求导形式如下：

$$p'_\lambda|\theta| = \gamma\left[I(\theta \leqslant \gamma) + \frac{(d\gamma-\theta)_+}{(d-1)\gamma} I(\theta>\gamma)\right] d>2, \theta>0 \quad (10-44)$$

根据式（10-44）可以看出，除了$[-d\gamma, d\gamma]$外，$p'_\lambda|\theta|$均等于0，故可得：

$$p_\lambda|\theta| = \begin{cases} \gamma|\theta| & \text{如果}|\theta| \leqslant \gamma \\ -\dfrac{\theta^2 - 2d\gamma|\theta| + \gamma^2}{2(d-1)} & \text{如果}\gamma<|\theta| \leqslant d\gamma \\ \dfrac{(d+1)\gamma^2}{2} & \text{如果}|\theta|>d\gamma \end{cases} \quad (10-45)$$

该 SCAD 的惩罚函数是对称的，在$(0,\infty)$上为非凹，且在原点不可导，在$(-\infty,0)\cup(0,\infty)$上为连续可微。将观测值标准化后，SCAD 的解可表示为：

$$\hat{\theta}_i=\begin{cases}(|\hat{\theta}_i|-\gamma)+sign(\hat{\theta}_i) & 如果 |\hat{\theta}_i|\leqslant 2\gamma \\ (d-2)^{-1}[(d-1)\hat{\theta}_i-sign(\hat{\theta}_i)d\gamma] & 如果 2\lambda<|\hat{\theta}_i|\leqslant d\gamma \\ \hat{\theta}_i & 如果 |\hat{\theta}_i|>d\gamma\end{cases} \quad (10-46)$$

其中，γ 和 d 为未知参数，可以通过二维广义交叉验证的方法来估计它们，但是计算十分复杂。通过贝叶斯的观点结合模拟分析，范提出 d 取 3.7，γ 还是通过广义交叉验证方法来得到。

此外，范和李证明了使用 $p_\gamma(|\theta_i|)$ 作为惩罚项得到的估计量可以满足无偏性、稀疏性、连续性。同时，该惩罚函数的数学性质决定了，当 $\gamma\to 0$，且 $\sqrt{n}\gamma\to\infty$（$n\to\infty$）时，SCAD 方法会把不相关的变量对应的系数变成 0，其他一些系数朝 0 压缩，而很大的系数则基本保持不动，从而可以保证前面的三个特性。此外，选取了合适的正则化参数后，SCAD 方法得到的估计量（满足 Oracle 性质）。

2. Adaptive Lasso（自适应 Lasso）

2006 年提出了自适应 Lasso 方法，即 Adaptive Lasso，其损失函数的目标函数表达式如下：

$$^{AL}f(\theta)=\operatorname{argmin}\left\{\sum(y-X\theta)^2+\gamma\sum_{i=1}^{p}\frac{|\theta_i|}{|\hat{\theta}_{init,i}|}\right\} \quad (10-47)$$

其中，$\hat{\theta}_{init,i}$ 为初始的估计量。

可以用普通最小二乘法（OLS）来得到参数的估计值 $\hat{\theta}_{ols}$，并将其作为 θ 的初始估计 $\hat{\theta}_{init,i}$。但是在研究数据为高维的情况下，$\hat{\theta}_{ols}$ 的模型预测准确度和可解释性方面表现不足。因此，一般选择采用 Lasso 回归获取初始估计量 $\hat{\theta}_{init,i}$。由 Adaptive Lasso 的表达式可知，$\hat{\theta}_{init,i}=0\Rightarrow\hat{\theta}_{adaptive,i}=0$。若 $|\hat{\theta}_{init,i}|$ 比较大，那么 Adaptive Lasso 将会对 θ 的第 i 个系数施加较小的惩罚，故对应的 $|\hat{\theta}_{adaptive,i}|$ 也相对较大。自适应 Lasso 的参数估计结果是稀疏解，且减少“假参数”出现的可能。

在某些情形下，Lasso 得到的变量选择不是相合的。邹（Zou，2006）证明了选择适当的 γ 后，自适应 Lasso 能够满足如下的性质：

（1）相合性：

$$\{i:\hat{\theta}_i\neq 0\}=\{i:\theta\neq 0\}\triangleq S_0 \quad (10-48)$$

（2）渐近正态性：

$$\sqrt{n}(\hat{\theta}-\theta_{S_0})\to N(0,\Sigma) \quad (10-49)$$

虽然自适应 Lasso 相较于原始 Lasso 具有更多的优点，但是它仍存在一些难以克服的问题，一是高维情况下初始的估计量难以满足 $\sqrt{n}$ 相合；二是无法有效处理具有组效应的变量选择问题。

3. MCP 模型

张（Zhang, 2010）提出了具有非凸惩罚、无偏性、稀疏性和连续性的 MCP 模型，它由 MCP 罚函数和罚线性无偏选择算法组成，其中 MCP 项能够有效限制模型解，使其具有无偏性和稀疏性，而罚线性无偏选择算法则能够计算 MCP 在多个可能局部区间内的最小值。同时，张在其研究中证明了该模型的收敛性和无偏性。

MCP 在$[0,\infty)$范围的定义为：

$$p(\theta_j;\gamma) = \gamma\int_0^{\theta_j}\left(1 - \frac{x}{\gamma\tau}\right)_+ \mathrm{d}x \tag{10-50}$$

积分得：

$$p_{\gamma,\tau}(\theta_j) = \begin{cases}\gamma\theta_j - \dfrac{\theta_j^2}{2\tau}, & \text{如果 } \theta_j \leqslant \tau\gamma \\ \dfrac{1}{2}\tau\gamma^2, & \text{如果 } \theta_j > \tau\gamma\end{cases} \tag{10-51}$$

其一阶导数为：

$$p'_{\gamma,\tau}(\theta_j) = \begin{cases}\gamma - \dfrac{\theta_j}{\tau}, & \text{如果 } \theta_j \leqslant \tau\gamma \\ 0, & \text{如果 } \theta_j > \tau\gamma\end{cases} \tag{10-52}$$

其中，$\gamma \geqslant 0$，$\tau > 1$。

根据式（10－52）可知，MCP 模型的惩罚在 $\theta_j \leqslant \tau\gamma$ 时，与 Lasso 的惩罚比例一致；在 $\theta_j > \tau\gamma$ 时，惩罚比例为0。故它与 SCAD 模型的区别主要在 $\theta_j > \tau\gamma$ 时，惩罚函数的不同。

下面，我们通过解决一个单变量问题来解释 MCP 模型的原理。首先假定 y 与 x 是线性回归。那么它的最小二乘解可以表示为 $z = 1/n(x^T y)$（x 为标准化后的变量，那么 $x^T x = n$）。对于该问题的 MCP 估计如下所示：

$$\hat{\theta} = h(z,\gamma,\tau) = \begin{cases}\dfrac{Q(z,\gamma)}{1 - 1/\tau}, & \text{如果 } |z| \leqslant \tau\gamma \\ z, & \text{如果 } |z| > \tau\gamma\end{cases} \tag{10-53}$$

其中，$Q(\cdot)$是一个软阈操作：

$$Q(z,\gamma) = \begin{cases}z - \gamma, & \text{如果 } z > \gamma \\ 0, & \text{如果 } |z| \leqslant \gamma \\ z + \gamma, & \text{如果 } z < -\gamma\end{cases} \tag{10-54}$$

显而易见，当 γ 大于零时，即 $\gamma>0$，$Q(z,\gamma)$ 是单变量时 Lasso 的解。而当 τ 趋近于无穷时，即 $\tau\to\infty$，MCP 模型和 Lasso 模型的估计结果趋于一致。当 $\tau=1$ 时，MCP 的估计结果则与硬阈的估计 $zI_{|z|>\tau}$ 一致。当数据矩阵为正交矩阵时，子集选择的选择结果是等价于硬阈值，Lasso 的选择结果等价于软阈值，而 MCP 的选择结果则相当于平稳阈值。因此子集选择、Lasso 回归、MCP 回归分别被认为是多变量的硬阈值选择、软阈值罚回归以及平稳阈值罚回归。

三、弹性网及衍生经典模型

（一）弹性网

提布施瓦尼（Tibshirani，1996）和符（1998）比较了 Lasso、Ridge 和 Bridge Regression（Frank & Ffiedman，1993）三种估计的预测表现，发现三种方法各具特色，且不存在某一种方法优于余下两种。由于 Lasso 的稀疏表现而被广泛运用于数据分析中的变量选择。虽然 Lasso 在很多研究情况下都表现优良，但实际上它在运用中仍存在诸多局限，例如，埃弗龙等（Efron et al.，2004）发现，在采用最小角回归算法求解时，对于设计矩阵为 $n\times p$ 矩阵，其中，n 通常代表变量个数，p 代表每个变量的样本量，Lasso 最多只能选择出 $\min(n,p)$ 个变量，也就是说最多只能筛选出 n 个变量，不适用于当 $p>n$ 的情况。因为当 $p>n$ 时，只筛选出 n 个变量会使模型过于稀疏。当数据中存在组效应时，Lasso 无法有效处理，具体而言就是存在一组相互间有强交互作用的变量时，Lasso 只能从这一组数据中获取一个变量，且不会在意从这一组数据中选取哪一个数据。而事实上在一些研究中，这整组变量都应该被选择入模型中，如在生物遗传学领域（Segal & Conklin，2003）。

综上所述，Lasso 方法在处理这两种情形下的数据时存在明显的缺陷，尤其是在组效应存在非常普遍的医学和生物学领域。故邹和汉斯蒂（Zou & Hanstie，2005）构建了 Elastic Net 模型以解决 Lasso 存在的一些问题。该方法既能有效处理 $p>n$ 的变量选择问题，防止模型过于稀疏，又能有效处理组效应问题。下面详细介绍一下该方法：

$$
{}^{EN}f(\theta) = \operatorname{argmin}\left[\sum(y-X\theta)^2+\gamma_1\|\theta\|_2^2+\gamma_2\|\theta\|_1\right] \tag{10-55}
$$

$$
\gamma_1\|\theta\|_2^2=\sum\gamma_1\theta^2,\quad \gamma_2\|\theta\|_1=\sum\gamma_2|\theta|
$$

显而易见，弹性网包含了惩罚项 L_1 和 L_2，这使得其既具有岭回归的稳定性又能够达到筛选变量的效果，这个过程可以看作一种惩罚最小二乘法，设 $\alpha=\gamma_2/(\gamma_1+\gamma_2)$，$\alpha\in[0,1)$；那么式（10-55）可转化为：

$$\begin{cases} \arg\min[\sum (y - X\theta)^2] \\ \text{s.t.}\ (1-\alpha)\sum|\theta| + \alpha\sum\theta^2 \leqslant c \end{cases} \tag{10-56}$$

其中，$(1-\alpha)\sum|\theta| + \alpha\gamma\ \|\theta\|_2^2$ 是 Lasso 回归和岭回归的凸组合。弹性网的特殊点在于当 $\alpha=1$ 时，弹性网变成了简单的岭回归；当 $\alpha=0$ 时，弹性网变成了 Lasso 回归。对于所有 $0<\alpha$ 都是严格凸，从而具有 Lasso 回归和岭回归的特点。注意 Lasso 惩罚（$\alpha=0$）是凸的，但不是严格凸，如图 10－8 所示。图中，实线为弹性网惩罚机制的轮廓，纯虚线为 Lasso 回归惩罚机制的轮廓，带点虚线为岭回归惩罚机制的轮廓。可以观察到弹性网惩罚机制的轮廓的凸性程度随 α 变化而变化。

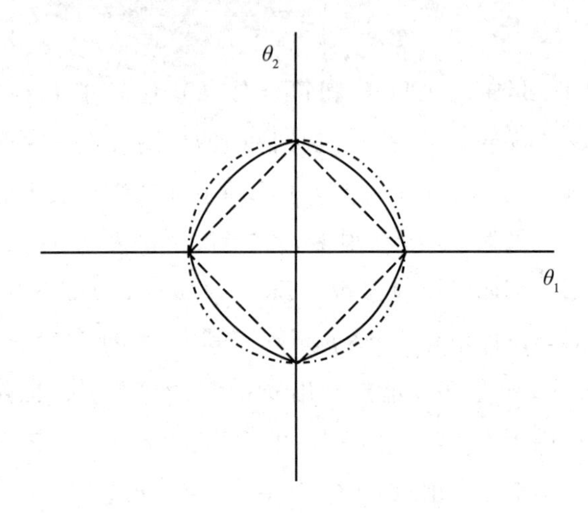

图 10－8　弹性网惩罚项二维示意（$\alpha=0.5$）

观察图 10－8 可以看出，Lasso 的惩罚项和 Elastic Net 的惩罚项都会对变量进行一定程度的压缩。但弹性网模型同时具有 Lasso 和岭回归的优势，即在实现变量压缩的同时还能避免对其过度压缩，可以在精简模型的同时保留更多的解释变量。

弹性网的求解过程，基于给定数据(Y,X)和(γ_1,γ_2)，定义新的数据集（Y^*，X^*）：

$$X^*_{(n+p)\times p} = (1+\gamma_2)^{\frac{1}{2}}\begin{pmatrix} X \\ I\sqrt{\gamma_2} \end{pmatrix} \quad Y^*_{n+p} = \begin{pmatrix} Y \\ 0 \end{pmatrix} \tag{10-57}$$

令 $\theta^* = \sqrt{1+\gamma_1\theta}$，且 $\kappa=\gamma_2/\sqrt{1+\gamma_1}$，那么可得到：

$$\begin{aligned} f(\theta) &= \sum(y - X\theta)^2 + \sum\gamma_1\theta^2 + \sum\gamma_2|\theta| \\ &= \sum y^* - X^*\theta^* + \kappa\sum|\theta_j^*| \end{aligned} \tag{10-58}$$

得到参数估计的值：

$$\hat{\theta} = \frac{1}{\sqrt{1+\gamma_1}}\hat{\theta}^*$$
$$= \frac{1}{\sqrt{1+\gamma_1}}\text{argmin}\left[\sum(y^* - X^*\theta^*)^2 + \kappa\sum|\theta_j^*|\right] \tag{10-59}$$

因为 $I_{p\times p}$ 是满秩方阵，考虑 $X^*_{(n+p)\times p}$ 的构成及其含有 p 列，故 $X^*_{(n+p)\times p}$ 是列满秩矩阵（秩为 p）。由于此时 Lasso 作用矩阵为 $X^*_{(n+p)\times p}$，即意味着可以筛选出 p 个变量，克服 Lasso 最多只能筛选 $n(n<p)$ 个变量的缺点。同时，弹性网模型（Elsatic Net）可以有效解决具有组效应的变量选择问题。

弹性网模型（Elastic Net）的问题可以转化成 Lasso 模型的问题，而 Lasso 则可以通过最小回归法求解，因此弹性网模型（Elastic Net）也可以由最小回归算法求解，但其存在一个明显的缺点就是计算量较大。

（二）经典的衍生模型——自适应弹性网

自适应弹性网是基于对弹性网的惩罚项改变而衍生出来的模型，不同点在于自适应弹性网中对 L_1 惩罚项给不同的变量系数配给不同的权重。因此，自适应弹性网的惩罚项可以看作是一个 L_1 惩罚和 L_2 惩罚加权后的组合。这也正是自适应弹性网的特点，可以根据变量系数的大小赋予其相应的权重，将更有利于筛选重要的变量。值得一提的是该模型的估计值具有 Oracle 性质。

设弹性网的估计值为 ${}^{EN}\hat{\theta}$，那么自适应权重向量可表示为：

$$\hat{\omega}_j = (|{}^{EN}\hat{\theta}_j|)^{-\eta},\ j=1,2,\cdots,p \tag{10-60}$$

其中，η 为正的常数。

结合弹性网的损失函数表达式和自适应权重表达式，可得到自适应弹性网的损失函数表达形式如下：

$${}^{AEN}f(\theta) = \sum(y-X\theta)^2 + \gamma_1\|\theta\|_2^2 + \gamma_2^*\sum\hat{\omega}_j|\theta| \tag{10-61}$$

假设下列条件成立：

① 设正定矩阵 D 的最小特征根为 $a_{\min}$ 和最大特征根 $a_{\max}$，那么则存在正常数 A_1 和 A_2，使得：

$$A_1 \leqslant a_{\min}\left(\frac{1}{n}X^TX\right) \leqslant a_{\max}\left(\frac{1}{n}X^TX\right) \leqslant A_2$$

② $\lim\limits_{n\to\infty}\dfrac{\max_{i=1,2,\cdots,n}\sum_{j=1}^{p}x_{ij}^2}{n} = 0$；

③ 存在$\delta>0$，使得$E\left(|\varepsilon|^{2+\delta}\right)<\infty$；

④ 存在$0\leqslant\nu<1$，使得$\lim_{n\to\infty}\frac{\log(p)}{\log(n)}=v$；

⑤ $\lim_{n\to\infty}\frac{\gamma_1}{n}=0$，$\lim_{n\to\infty}\frac{\gamma_2}{\sqrt{n}}=0$，$\lim_{n\to\infty}\frac{\gamma_2^*}{\sqrt{n}}=0$，$\lim_{n\to\infty}\frac{\gamma_2^*}{\sqrt{n}}n^{[(1-\nu)(1+\nu)]\div 2}=0$；

⑥ $\lim_{n\to\infty}\frac{\gamma_1}{\sqrt{n}}\sqrt{\sum_{j\in\zeta}\theta_j^{*2}}=0$，$\lim_{n\to\infty}\min\left[\frac{n}{\gamma_2\sqrt{p}},\left(\frac{\sqrt{n}}{\sqrt{p}\gamma_2^*}\right)^{1/\lambda}\right](\min_{j\in\zeta}|\theta_j^*|)\to\infty$，$\zeta=\{j:\hat{\theta}_j\neq 0\}$。

上述公式中，条件①和条件②假设预测器矩阵具有良好的性能。条件③是建立自适应弹性网的渐近正态性。$\lambda=\left(\frac{2v}{1-v}\right)+1$，是为构造自适应权重而取得一个固定值。在确定了$\lambda$的前提下再根据条件⑤、条件⑥选择正则化参数。条件⑥允许非零系数消失，但消失的速度可以通过惩罚最小二乘来区分。满足以上六个条件的情况下，自适应弹性网才具有Oracle性质，具体证明过程见邹和张（2009）发表的文章*On the Adaptive Elastic-net with a Diverging Number of Parameters*。

第三节　系统正则化Lasso模型的R语言实现与实例分析

为将上述知识运用到实际研究中，本节以经济增长的主要影响因素的相关数据集为例，运用R语言中的相关程序包进行实际操作的演练。因为本书每部分所使用的程序均不同，为了读者能够更好地操作，此处首先介绍了在案例演练过程中可能会涉及的R语言运行程序的基础功能，如界面中各板块的介绍、数据导入、保存、绘图等。在此基础上本部分才进一步运用了R语言中的glmnet（）函数程序包和lars（）函数程序包对案例进行了Lasso回归。通过更改函数中lambda（λ）可分别求解岭回归、Lasso和弹性网，此部分的λ对应理论介绍部分的γ，故本部分只介绍了如何运用R语言实现Lasso回归模型的求解。

一、RStudio运行界面及其相关板块

RStudio运行界面及其相关板块如图10－9所示。

A区域：主要功能代码的撰写（刚开始启动时可能不会出现该区域）。

在A区域输入的代码，选中后，可通过单击【Run】运行光标所在行的代码，点一次运行一行。也可通过【Crtl ＋Enter】运行。运行的代码会在B区域显示，如

果代码有错，也会出现相应的报错提示。

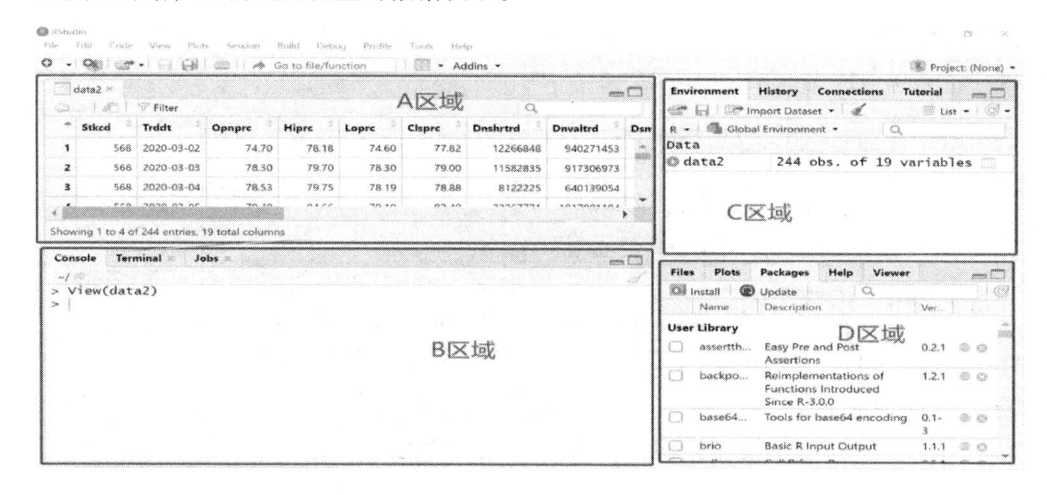

图 10－9　主要功能代码撰写区

B 区域：执行代码以及代码结果显示的地方。

在 A 区域输入的代码，每执行一行都会在这里显示。也可在这个区域直接输入代码，然后按回车键执行代码，输出结果。B 区域随着代码的运行，会越来越多，可通过“扫帚”按钮清空，想要清除 Console 中的内容，还可按【Ctrl ＋ L】快捷键或者在 Console 中输入 cat（'\ f'）。

C 区域：由 Environment、History、Connections 和 Tutorial 四个部分组成。

Environment 是记录正在运行变量的数值，以方便查看它们的状况。History 储存了在 Console 内代码执行的历史记录。Connections 用于连接外部数据库。

D 区域：由 Files、Plots、Packages、Help 和 Viewer 五个板块组成。

Files 会显示当前工作路径下的文件。此外可通过在 Console 中输入 getwd（）函数来获取当前工作路径。

Plots：显示执行命令后的图形。

Packages：显示已经安装好了的包，打勾代表已经加载，如图 10－10 所示。

Files　Plots　Packages　Help　Viewer

Install　Update

	Name	Description	Versi...
User Library			
☑	assertthat	Easy Pre and Post Assertions	0.2.1
☐	backports	Reimplementations of Functions Introduced Since R-3.0.0	1.2.1
☐	base64enc	Tools for base64 encoding	0.1-3
☐	brio	Basic R Input Output	1.1.1
☐	callr	Call R from R	3.5.1

图 10－10　安装包选择

安装 Packages 单击 Install，然后输入包名，并选择储存地点；也可在 Console 中输入代码来安装包，比如 install. packages（‘data. tree’）将安装“data. tree”这个包，如图 10－11 所示。

Install Packages

Install from: ⓘ Configuring Repositories

Repository (CRAN)

程序包名称

Packages (separate multiple with space or comma):

data.tree

Install to Library:

C:/Users/10341/Documents/R/win-library/4.0 [Default]

☑ Install dependencies

程序包储存地点

Install Cancel

图 10－11 安装 Package 示意

Help：查询函数如何使用。

同样可在 Console 中输入 help（）函数，（）内输入所要查询的函数。比如：help（par）。或者直接在 Console 中输入？par，如图 10－12 所示。

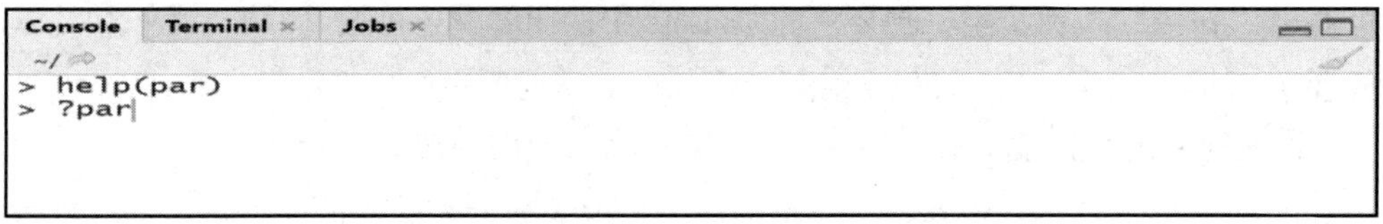

Console Terminal × Jobs ×

```
~/
> help(par)
> ?par
```

图 10－12 使用 help 查询函数示意

二、正则化计算的数据处理

首先建立一个文档用于储存该数据或者该研究，以便二次使用和检查。

步骤：【File】→【New File】→【R Script】，如图 10－13 所示。

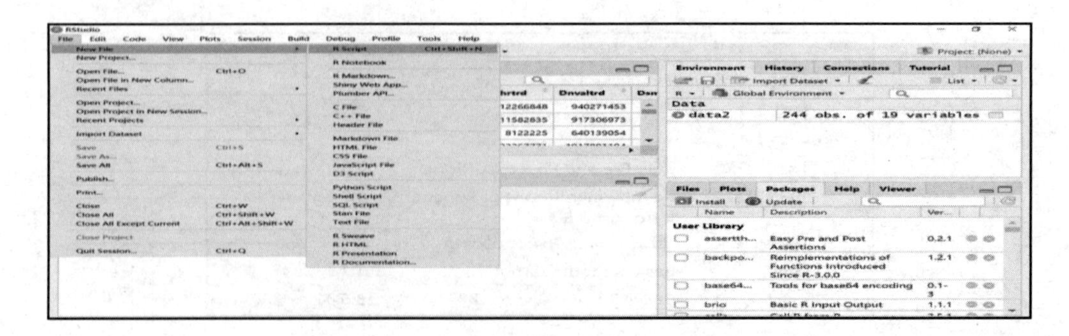

图 10－13 建立文档用于储存数据或研究

上面步骤将新建一个名为“Untitled1”的 R 代码文件（后缀名默认为 . R）。可在文件内撰写代码，然后可按快捷键【Ctrl + S】保存文件。也可单击左上角的【File】→【Save】进行保存。接着会弹出“Save File”框，然后可将“Untitled1”文件重命名。单击“Save”保存文件。文件将保存在你想保存的工作路径下。

研究数据导入 RStudio 中，此处将介绍两种数据的录入方法及相关常见错误的处理方式。

1. 第一种数据输入方式：手动输入

（1）先定义数据框（变量名称以及属性等）

命令：

```
>data1 <- data.frame(age = numeric(0),gender = character(0),weight = numeric(0))
```

其中 data1 为数据框名称，age、gender、weight 为变量名称，numeric（数值）、character（字符）为属性。

（2）利用 edit 命令，出现可编辑的数据框，手动输入数据。如图 10－14 所示。

命令：

```
data1 <- edit(data1)
```

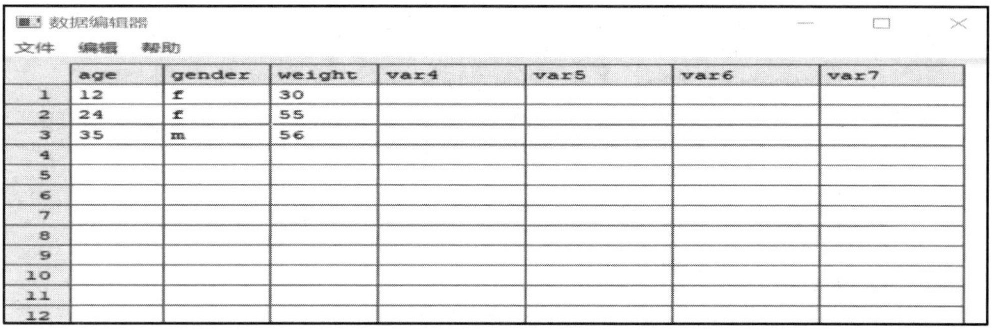

数据编辑器

文件　编辑　帮助

	age	gender	weight	var4	var5	var6	var7
1	12	f	30				
2	24	f	55				
3	35	m	56				
4							
5							
6							
7							
8							
9							
10							
11							
12							

图 10－14　可编辑数据框

此外，也可直接在数据编辑器中增加其他变量，例如，将 var4 定义为“education”，属性为“numeric”，如图 10－15 所示。

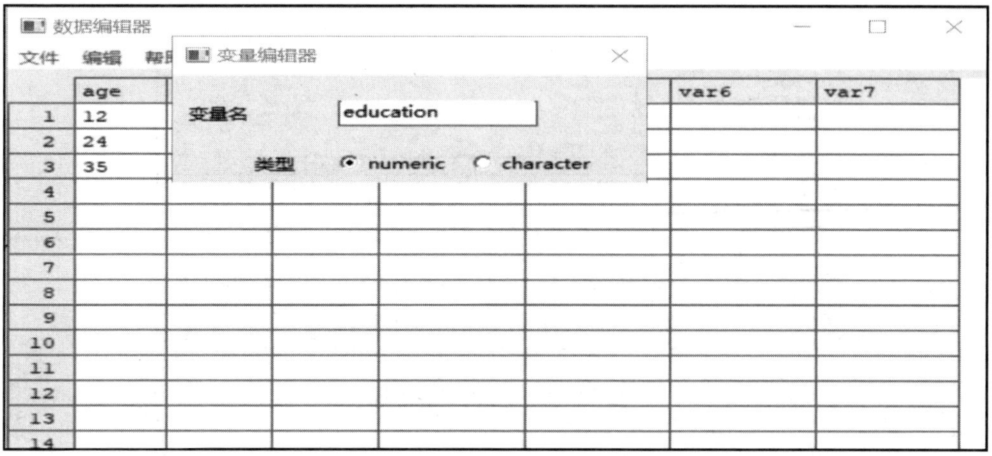

图 10－15　变量编辑示意

查看已输入的数据，结果在命令面板内展示，如图 10－16 所示。

命令：> data1

```
> data1
  age gender weight education
1  12      f     30         6
2  24      f     55        12
3  35      m     56        16
```

图 10－16 已输入数据在命令面板展示

2. 第二种数据输入方式：直接导入 Excel 数据

（1）需要将 Excel 数据的格式另存为 CSV 格式，再导入 R 中。

命令：> data2 < －read. csv("D:/document/TRD_Dalyr1. csv", header = TRUE, sep = ",")

其中，D：/document/TRD_Dalyr1. csv 为数据存放路径，header = TRUE 即第一行设置为变量名称；sep = "," 即数据分隔符为逗号。

（2）通过 C 区域的 Environment 中的导入数据。

a. 【Import Dataset】→【From Text（base）…】，如图 10－17 所示。

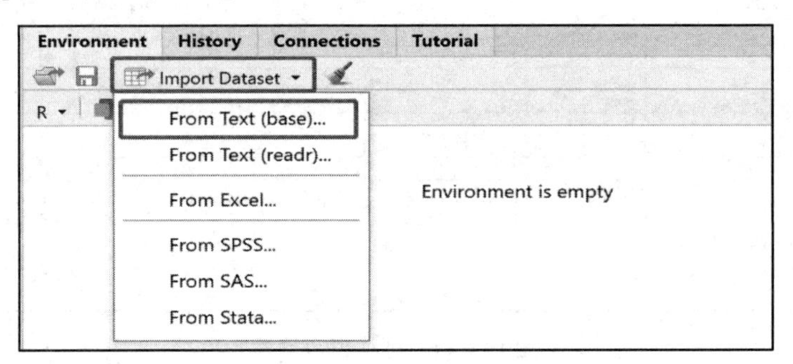

图 10－17 Environment 数据导入

b. 选择需要导入的数据文件（同样为 CSV 格式），如图 10－18 所示。

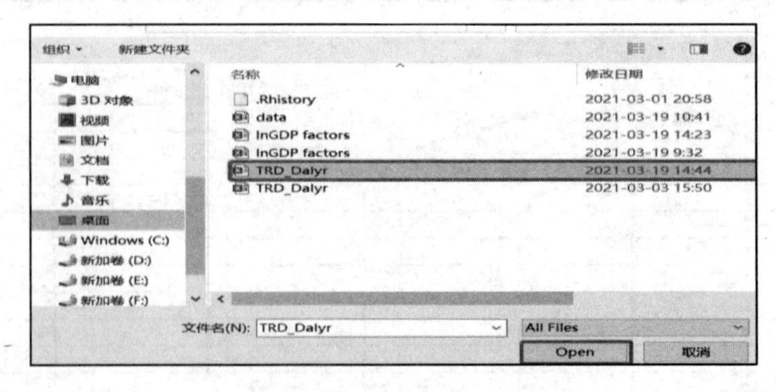

图 10－18 导入文件选择

c. 打开后出现数据导入界面，其中 Heading 选择“Yes”则认为数据第一行为变量名。然后单击“Import”则成功导入数据，如图 10 - 19 所示。

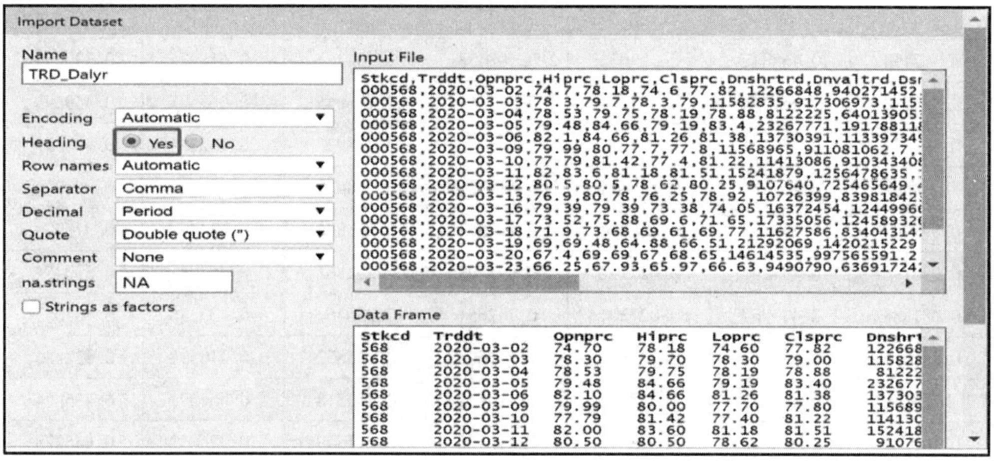

图 10 - 19　设定数据第一行为变量名

三、案例背景与模型计算

（一）案例介绍

该案例用于研究经济增长的主要影响因素，选择国内生产总值 GDP 的对数收益率为被解释变量，解释变量分别为第二产业总值占 GDP 比例（$x1$）、消费总额占 GDP 比例（$x2$）、固定资产占 GDP 比例（$x3$）、财政支出占 GDP 比例（$x4$）、进出口总额占 GDP 比例（$x5$）、国内贸易总额占 GDP 比例（$x6$）。分别考察了消费、投资、政府支出、出口、产业结构变迁（第二产业）等对我国经济增长的影响。剔除部分不匹配的数据，所获数据为 1999 ~ 2019 年的年度数据，且均来自国泰安数据库。如表 10 - 2 所示。

表 10 - 2　案例数据

lnGDP	x1	x2	x3	x4	x5	x6
0. 101907	0. 453599	0. 036946	0. 329652	0. 145617	0. 33011	0. 393619
0. 100329	0. 455361	0. 03711	0. 328257	0. 158421	0. 391635	0. 389965
0. 093406	0. 447934	0. 035963	0. 335671	0. 170504	0. 380502	0. 388365
0. 121355	0. 444506	0. 03534	0. 357384	0. 181183	0. 42211	0. 395473
0. 163552	0. 456228	0. 033517	0. 40435	0. 179374	0. 512898	0. 382153
0. 146203	0. 459002	0. 031745	0. 435476	0. 176019	0. 59033	0. 367653
0. 158259	0. 470226	0. 030806	0. 473917	0. 181136	0. 624186	0. 358622
0. 207692	0. 475574	0. 02924	0. 501271	0. 18421	0. 642434	0. 348207

续表

lnGDP	$x1$	$x2$	$x3$	$x4$	$x5$	$x6$
0. 167194	0. 468842	0. 028036	0. 508433	0. 184312	0. 618026	0. 330294
0. 087732	0. 469712	0. 027274	0. 541367	0. 196065	0. 563585	0. 359693
0. 167624	0. 459571	0. 027299	0. 64444	0. 218927	0. 432254	0. 380693
0. 16888	0. 464978	0. 026494	0. 610706	0. 218078	0. 489475	0. 380954
0. 098743	0. 465293	0. 026916	0. 638367	0. 223896	0. 48449	0. 376929
0. 096196	0. 45423	0. 027292	0. 695709	0. 233861	0. 453341	0. 390484
0. 081888	0. 441767	0. 027304	0. 752651	0. 23646	0. 435388	0. 401053
0. 068015	0. 430856	0. 027624	0. 795603	0. 235852	0. 410592	0. 422486
0. 08022	0. 408413	0. 028159	0. 815843	0. 255318	0. 356391	0. 436854
0. 108621	0. 395806	0. 028441	0. 812526	0. 251549	0. 326083	0. 445228
0. 099716	0. 398517	0. 027525	0. 770686	0. 244083	0. 334242	0. 440199
0. 074986	0. 39687	0. 027197	0. 702369	0. 240301	0. 33179	0. 41444
0. 025036	0. 389725	0. 027817	0. 566045	0. 24106	0. 318537	0. 411779

（二）利用 R 语言求解 Lasso 回归模型

根据前面介绍可知，岭回归、Lasso 以及弹性回归三个模型的本质不同在于 λ 的取值不同，在 R 语言中相关的程序包均能求解，只需对应改变相关变量的取值，故本书将只详细介绍如何运用 R 语言求解 Lasso 模型。对 Lasso 模型中 λ 常见的求解方法有两种：一种是利用最小角回归法；另一种是交叉验证法。首先介绍在 R 语言中如何利用最小角回归法求解 Lasso 回归中的 λ。

1. 利用最小角回归法求解 λ

第一步，根据前面的介绍，将样本数据导入 RStudio 中，即如图 10－20 所示。

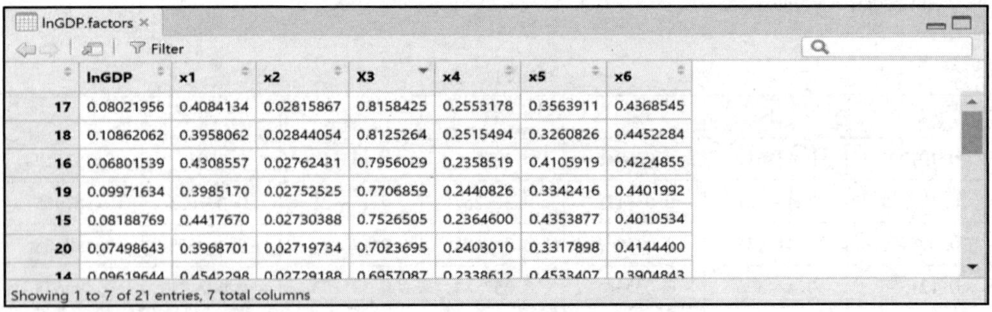

lnGDP.factors ×

Filter

	lnGDP	x1	x2	X3	x4	x5	x6
17	0.08021956	0.4084134	0.02815867	0.8158425	0.2553178	0.3563911	0.4368545
18	0.10862062	0.3958062	0.02844054	0.8125264	0.2515494	0.3260826	0.4452284
16	0.06801539	0.4308557	0.02762431	0.7956029	0.2358519	0.4105919	0.4224855
19	0.09971634	0.3985170	0.02752525	0.7706859	0.2440826	0.3342416	0.4401992
15	0.08188769	0.4417670	0.02730388	0.7526505	0.2364600	0.4353877	0.4010534
20	0.07498643	0.3968701	0.02719734	0.7023695	0.2403010	0.3317898	0.4144400
14	0.09619644	0.4542298	0.02729188	0.6957087	0.2338612	0.4533407	0.3904843

Showing 1 to 7 of 21 entries, 7 total columns

图 10－20　案例数据导入

第二步，下载 Lasso 模型运行的程序包“lars”，并导入，运行结果如图 10－21 所示。

```
> install.packages("lars")
WARNING: Rtools is required to build R packages but is not currently i
nstalled. Please download and install the appropriate version of Rtool
s before proceeding:

https://cran.rstudio.com/bin/windows/Rtools/
Installing package into 'C:/Users/10341/Documents/R/win-library/4.0'
(as 'lib' is unspecified)
试开URL'https://cran.rstudio.com/bin/windows/contrib/4.0/lars_1.2.zip'
Content type 'application/zip' length 238316 bytes (232 KB)
downloaded 232 KB

package 'lars' successfully unpacked and MD5 sums checked

The downloaded binary packages are in
        C:\Users\10341\AppData\Local\Temp\RtmpApJrvL\downloaded_packag
es
```

图 10－21　lars 程序包的下载和导入

命令：＞install. packages("lars")

　　　＞library(lars)

其中，install. packages（""）为下载命令，library（）为导入程序的命令。

第三步，利用 lars 函数实现 Lasso 回归并可视化显示。

（1）将解释变量和被解释变量各自定义为一个矩阵。

命令：＞x = as. matrix(lnGDP. factors[，2:7])

　　　＞y = as. matrix(lnGDP. factors[，1])

其中，设定 x，y 分别为解释变量、被解释变量对应矩阵的名称。As. matrix（）为转换矩阵的函数命令，lnGDP. factors 为导入数据，即要研究的样本集合名称。[，2:7]表示 lnGDP. factors 中第 2 列到第 7 列数据。[，1]意味着 lnGDP. factors 中第 1 列。

（2）Lasso 回归及其结果展现，结果如图 10－22 所示。

```
Call:
lars(x = x, y = y, type = "lasso")
R-squared: 0.561
Sequence of LASSO moves:
     x5 x1 x4 x2 x6 x3 x2 x2
Var   5  1  4  2  6  3 -2  2
Step  1  2  3  4  5  6  7  8
```

图 10－22　基于最小角法 Lasso 回归的运行结果

命令：＞lar1 < － lars(x，y，type = "Lasso")

　　　＞lar1

其中，第一条命令为对 x,y 进行 Lasso 回归，并将结果存入 lar1，第二条为查看运行结果。

由图 10－22 可以看出，通过 Lasso 回归得到的 R^2 为 0. 561。第二个红色框内为在进行 Lasso 回归时，自变量被选入的顺序。也可用图表示，如图 10－23 所示。

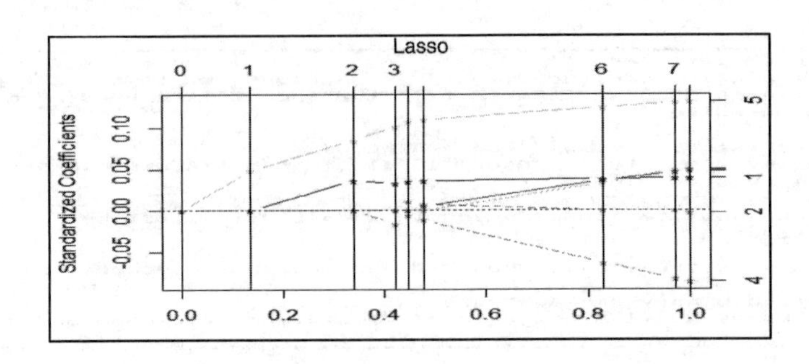

图 10－23　基于最小角法 Lasso 回归运行结果的图形展示

命令：＞plot(lar1)

可以看到图 10－23 中的竖线对应于 Lasso 中迭代的次数，对应的系数值不为 0 的自变量即为选入的，竖线的标号与图 10－22 中的 Step 相对应。

其中图形导出方式：单击 Plots 中的 Export 出现三种保存方式，根据喜好自行选择，如图 10－24 所示，以第一种方式为例，单击 Save as Image 界面，Image format 可选择图片的存储格式，Directory 为图片储存位置，可单击该选项自行选择储存，File name 为图片保存后的名称，Weight 可设置图片的宽度，Height 自设置图片的高度，Save 为保存。

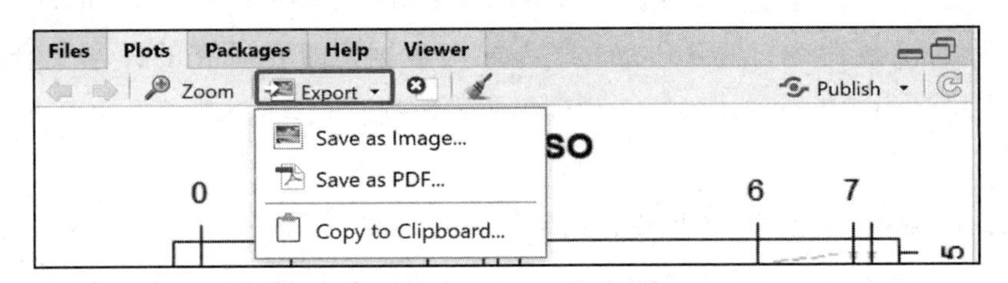

图 10－24　运行结果图的保存路径

第四步，选取 Cp 值最小时对应的模型，获取模型对应系数。

对于选取最小 Cp 值对应的模型可以通过两种方式实现：

(1) 显示所有 Cp 值，从中挑选最小的，如图 10－25 所示。

```
> summary(lar1)
LARS/LASSO
Call: lars(x = x, y = y, type = "lasso")
  Df      Rss      Cp
0  1 0.038928 12.9193
1  2 0.027597  5.6285
2  3 0.018881  0.4817
3  4 0.017878  1.6591
4  5 0.017794  3.5904
5  6 0.017713  5.5239
6  7 0.017132  7.0475
7  6 0.017075  5.0005
8  7 0.017074  7.0000
```

图 10－25　不同迭代次数的 Cp 值以及 RSS

命令：＞ summary(lar1)

图 10－25 显示了 Lasso 回归中所有的 Cp 值，选择最小的，即 0.4817，对应的 Df＝3，最前面一列对应迭代次数（即步数），step＝2。RSS 为残差平方和。

（2）直接选取最小的 Cp 值，结果如图 10－26 所示。

```
> lar1$Cp[which.min(lar1$Cp)]
        2
0.4817266
```

图 10－26　直接获取最小 Cp 值的结果示意

命令：＞ lar1 $ Cp[which. min(lar1 $ Cp)]

与图 10－25 中黑框部分的结果一样，但是要注意，2 表示的是 step 的大小。

第五步，选取 Cp 值最小时对应的模型系数。

获取所有迭代系数，根据 step 的大小选择 Cp 值最小时对应的自变量系数值。

命令：＞ lar $ beta

图 10－27 中用黑框标出的部分为迭代次数为 2（step＝2），对应的是该模型中 Cp 值最小的解释变量的相关系数。

```
> lar1$beta
         x1         x2         x3          x4        x5         x6
0 0.0000000  0.0000000 0.00000000  0.00000000 0.0000000 0.00000000
1 0.0000000  0.0000000 0.00000000  0.00000000 0.1013661 0.00000000
2 0.2893729  0.0000000 0.00000000  0.00000000 0.1773588 0.00000000
3 0.2652131  0.0000000 0.00000000 -0.10788405 0.2125472 0.00000000
4 0.2802111  0.6428310 0.00000000 -0.04223231 0.2250825 0.00000000
5 0.2890528  0.4586399 0.00000000 -0.07427996 0.2296993 0.04399225
6 0.3067622  0.0000000 0.04461802 -0.42290538 0.2607599 0.27274559
7 0.3112413  0.0000000 0.06486005 -0.54974148 0.2730448 0.34738615
8 0.3143906 -0.1975584 0.06383716 -0.57307523 0.2741392 0.37128072
attr(,"scaled:scale")
[1] 0.12571300 0.01626463 0.75452322 0.15034511 0.47870328 0.134704
```

图 10－27　不同迭代次数下的自变量系数值

第六步，获取截距的系数。

通过第五部分可以获取 Cp 值最小时对应的自变量的系数，但是没有办法获取对应模型的截距值，下面的代码可以获取对应模型的截距值，如图 10－28 所示。

```
> predict.lars(lar1,data.frame(x1=0,x2=0,x3=0,x4=0,x5=0,x6=0),s=3,type="fit")
$s
[1] 3

$fraction
[1] 0.25

$mode
[1] "step"

$fit
[1] -0.09292378
```

图 10－28　获取 Cp 值最小的模型截距值

命令：＞predict. lars(lar1 , data. frame(x1 ＝0 , x2 ＝0 , x3 ＝0 , x4 ＝0 , x5 ＝0 , x6 ＝0) , s ＝ 3 , type ＝" fit"))

其中，s = step + 1，与 DF 值相等，代表第几次迭代对应的模型的截距值。data. frame 中自变量的数量和数据框中进行 Lasso 拟合的自变量数目相同。

通过上面的 4 步可以利用 R 语言实现利用最小角方法求解的（lars）Lasso 回归，并获取模型相应的系数和截距值。

根据以上结果，Lasso 回归模型的表达式如下：

$$Y = -0.093 + 0.289X_1 + 0.177X_5$$

2. 利用交叉验证法求解，对应程序包为 glmnet

导入数据，并将解释变量和被解释变量各自定义为一个矩阵，同时下载并导入 glmnet 程序包的命令，可参照前文对程序包 lars 的相关处理。

第一种，首先利用函数 glmnet（）建模。

命令：>fit < -glmnet(x, y, family = "gaussian", nlambda =50, alpha =1)

其中，参数 nlambda =50 让算法自动挑选 50 个不同的 λ 值，拟合出 50 个系数不同的模型。alpha =1 输入 α 值，1 是它的默认值。Lasso 回归对应于 $\alpha=1$，岭回归对应于 $\alpha=0$，一般 Elastic Net 模型对应于 $0<\alpha<1$。参数 family 规定了回归模型的类型：“gaussian”适用于一维连续因变量；“mgaussian”适用于多维连续因变量；“poisson”适用于非负次数因变量；“binomial”适用于二元离散因变量；“multinomial”适用于多元离散因变量。

其次，查看拟合结果“fit”的详细情况，如图 10 -29 所示。

命令：>print(fit)

```
> print(fit)

Call:  glmnet(x = x, y = y, family = "gaussian", alpha = 1, nlambda = 50)

   Df  %Dev    Lambda
1   0   0.00 0.0307700
2   1  16.01 0.0255000
3   1  27.00 0.0211300
4   2  35.18 0.0175100
5   2  40.96 0.0145100
6   2  44.93 0.0120200
7   2  47.66 0.0099620
8   2  49.53 0.0082550
9   2  50.82 0.0068410
10  3  51.75 0.0056680
11  3  52.52 0.0046970
12  3  53.05 0.0038920
13  3  53.42 0.0032250
14  3  53.66 0.0026730
15  3  53.84 0.0022150
16  3  53.95 0.0018350
17  3  54.03 0.0015210
18  4  54.10 0.0012600
```

图 10 -29　glmnet（）函数对 Lasso 回归的 50 个 λ 的拟合结果

每一行代表一个模型。第一列代表第几个模型，第二列 Df 是自由度，代表了非零的线性模型拟合系数的个数。% Dev 代表了由模型解释的残差的比例，也就是线性模型的 R^2，越接近 100 说明模型的表现越好。第四列 Lambda 对应每个模型 λ。由图 10 -29 可知，随着 λ 的变小，模型中被接纳的自变量越多，% Dev 随之变大。当连续几个% Dev 变化很小时 glmnet（）会自动停止，因此本书的案例并未得到 50 个模型。当 Df =3 时，% Dev 在 53 左右，继续缩小 λ，也未能显著提高% Dev。当 λ

接近 0.4 时，即模型 12，可以得到包含 3 个主要的自变量描述这组数据，并可以用这三个模型构建模型。

最后，指定 λ 值，抓取出对应模型的系数，结果如图 10－30 所示。

```
> coef(fit,s=c(fit$lambda[12],0.4))
7 x 2 sparse Matrix of class "dgCMatrix"
                      1         2
(Intercept) -0.08551697 0.1151216
x1           0.27927818 .
x2           .          .
x3           .          .
x4          -0.04797421 .
x5           0.19295886 .
x6           .          .
```

图 10－30　指定 λ 值，抓取出对应模型的系数

命令：> coef(fit, s = c(fit $ lambda[12], 0.4))

此外，还可以通过图形观察 50 个模型中系数是如何变化的，如图 10－31 所示。

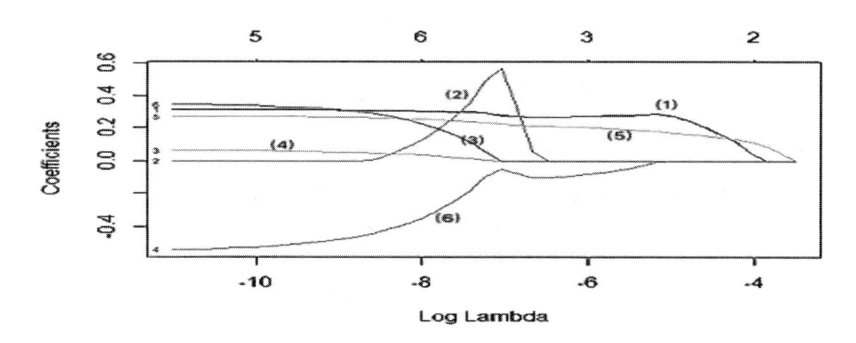

图 10－31　50 个模型中系数变化

命令：plot(fit, xvar = "lambda", label = TRUE)

图 10－31 中的每条不同曲线代表不同自变量系数的变化轨迹，其中纵坐标是系数，下横坐标是 log(λ)，上横坐标是此时模型中非零系数的个数。

glmnet () 函数筛选出的 λ 接近 0.4 时，对应的三个变量则可有效地描述本章案例的 Lasso 模型，分别为 $x1$、$x4$、$x5$，比最小角回归法选取的变量多一个 $x4$。

第二种，用函数 cv. glmnet () 建模。只要条件允许，都会选择使用交叉验证拟合进而选取模型，它对模型有更准确的估计。因为函数 glmnet 建模将所有数据都用来做了一次拟合，这很有可能会造成过拟合。

命令：> cvfit < - cv. glmnet(x, y, family = "binomial", type, measure = "deviance")

其中，参数 family 规定的回归模型类型与函数 glmnet 一致，参数 type. mearsure 用来指定交叉验证选取模型时希望最小化的目标参量："deviance" 即为 －2log－

likelihood（默认选择）；“class”仅适用于二项、多项 Logistic 回归，且存在误分类误差；“auc”仅用于两类 Logistic 回归，给出 ROC 曲线下的面积；“MAE”与“MSE”可以用于除 Cox 之外的所有模型；他们测量从拟合的平均值到响应的偏差。

同样地，可以绘制 cvfit 对象，如图 10 - 32 所示。

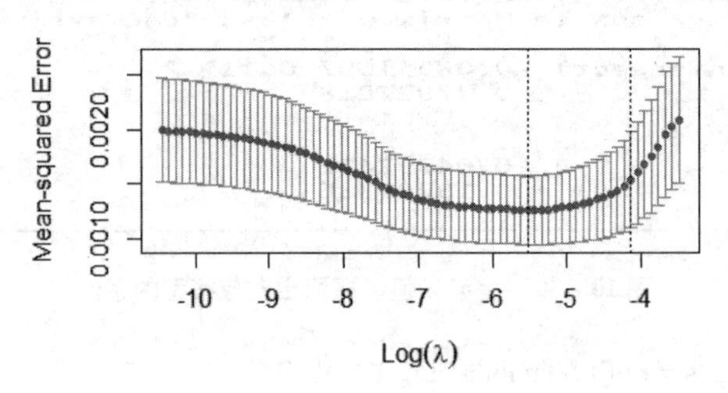

图 10 - 32　cvfit 的图形展示

命令：＞plot（cvfit）

因为交叉验证，对于每一个 λ 值，在黑点所示目标参量的均值左右，可以得到一个目标参量的置信区间。两条虚线分别指示了两个特殊的 λ 值，可通过命令获取。如图 10 - 33 所示。

```
> c(cvfit$lambda.min, cvfit$lambda.1se)
[1] 0.003974369 0.017608925
```

图 10 - 33　交叉验证法下 lambda. min 和 lambda. 1se 的获取结果

命令：＞ c(cvfit $ lambda. min，cvfit $ lambda. lse)

其中，lambda. min 是指在所有的 λ 值中可以得到最小目标参量均值的那一个。而 lambda. 1se 是指在 lambda. min 一个方差范围内得到最简单模型的那一个 λ 值。因为 λ 值到达一定大小之后，继续增加模型自变量个数，即缩小 λ 值，并不能很显著地提高模型性能，lambda. lse 给出的就是一个具备优良性能但是自变量个数最少的模型。

抓取出 λ = lambda. 1se，即 0. 0176 对应模型的系数，结果如图 10 - 34 所示。

```
7 x 1 sparse Matrix of class "dgCMatrix"
                     1
(Intercept) 0.03997102
x1          0.05278777
x2          .
x3          .
x4          .
x5          0.11503180
x6          .
```

图 10 - 34　λ = lambda. 1se 对应模型的系数

根据图 10－34，当 $\lambda=0.0176$ 时，筛选出可有效描述本书案例 Lasso 模型的变量为 $x1$、$x5$，这与最小角回归法筛选出的变量相同，其模型可表示如下：

$$y=0.0399+0.0528x_1+0.1150x_2$$

同样地，可以指定 λ 值然后进行预测。

命令：> predict(cvfit, newx = x[1:21,], type = "rcsponse", s = "lambda. lse")

其中，type 有五种选择："link" 给出线性预测值，即进行 Logit 变换之前的值；"response" 给出概率值，即进行 Logit 变换之后的值； "class" 给出 0/1 预测值；"coefficients" 罗列出给定 λ 值时的模型系数；"nonzero" 罗列出给定 λ 值时，不为零模型系数的下标。

当已有了一个模型之后，又得到了几个新的自变量，如果想知道这些新变量能否在第一个模型的基础上提高模型性能，可以把第一个模型的预测因变量作为一个向量放到函数选项 offset 中，再用 glmnet 或者 cv. glmnet 进行拟合。

此外本书利用函数 cv. glmnet 分别刻画了该套数据的 Lasso、岭回归以及 Elastic Net 回归的结果，如图 10－35 所示。

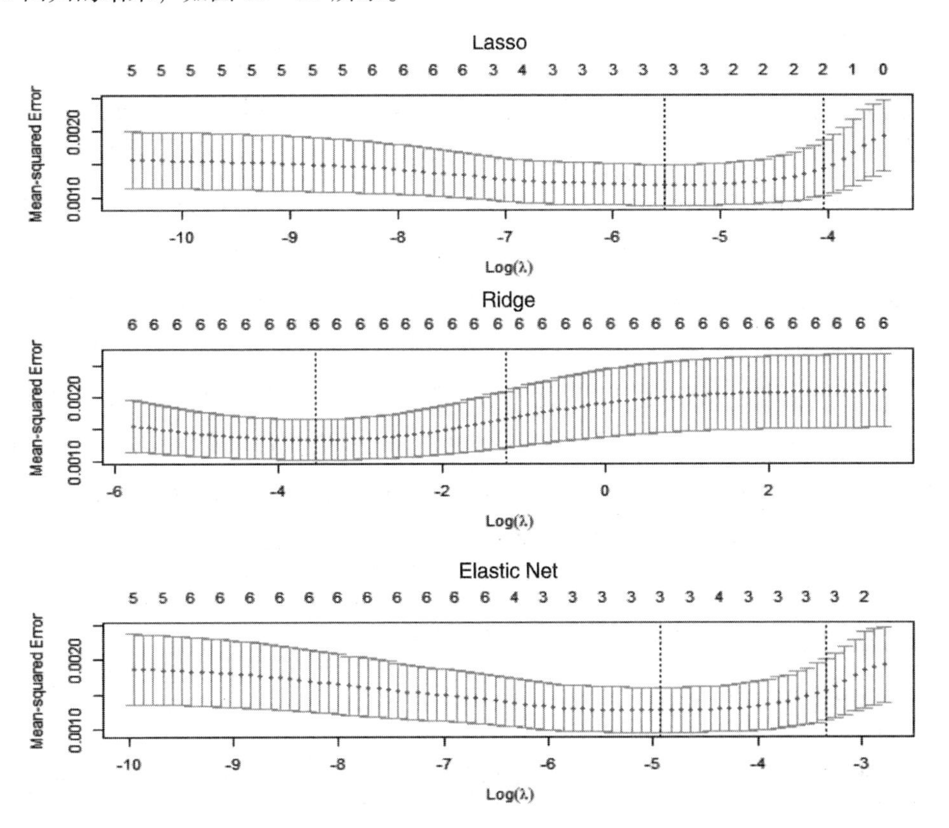

图 10－35　Lasso、Ridge 以及 Elastic Net 回归对比

命令：

```
> for (i in 0:10) {
        assign(paste("cvfit", i, sep = ""),
            cv.glmnet(x, y, family = "gaussian", type.measure = "deviance",
alpha = i/10))
    }
    par(mfrow = c(3,1))
    plot(cvfit10, main = "LASSO")
    plot(cvfit0, main = "Ridge")
    plot(cvfit5, main = "Elastic Net")
```

其中，函数 par（）用于绘图，参数 mfrow = c(3,1)即意味着生成的结果图可以成三行一列排序。

第四节　本章小结

本章重点介绍了系统正则化分析方法：岭回归、Lasso 回归、弹性网。主要从模型的提出背景、发展及应用、经典模型、模型实现及实例分析五个方面展开。为解决多重共线性问题可能造成信息损失和易剔除重要变量等缺陷，赫尔和肯纳德（Hoerl，1962；Kennard，1970）提出了岭回归模型。而由于岭回归模型并未设置任何系数为 0，这将导致岭回归模型难以被解释。罗伯特（1996）提出了 Lasso 回归，即最少绝对收缩和选择算子。Lasso 回归会缩小部分系数并设定其他系数为 0，以此来保留岭回归的良好特征。虽然 Lasso 在处理高维多重共线性问题上比最小二乘回归、最优子集选择、岭估计、主成分回归等方法更优，但对具有组效应的数据处理效果较差。因此，邹和汉斯蒂（2005）针对具有组效应的特殊数据结构，提出朴素弹性网。该方法不仅能有效地处理维数远远大于样本容量数据的变量选择问题，防止模型过于稀疏，还能有效地处理组效应问题。为使读者能够将岭回归、Lasso 回归和弹性网运用到系统工程的实际研究中，本章还以经济增长的主要影响因素相关数据集为例，运用 R 语言中的相关程序包进行实际操作的演练。

参考文献

［1］林昌盛：《回归系数的广义岭型主相关估计及其优良性》，载于《大学数学》2009 年第 6 期。

［2］吕炜、陈永刚、沈晨：《带 L_2 正则化项的神经网络逆向迭代算法收敛性分析》，载于《信息技术与信息化》2015 年第 6 期。

[3] 汪明瑾、王静龙：《岭回归中确定 K 值的一种方法》，载于《应用概率统计》2001 年第 1 期。

[4] 吴进、吴汉宁、刘安等：《一种基于 Lasso 回归与 SVD 融合的深度学习模型压缩方法》，载于 *Telecommunication Engineering* 2019 年第 5 期。

[5] 闫莉、陈夏：《回归系数的岭型主相关估计及其优良性》，载于《数学杂志》2006 年第 3 期。

[6] 朱尚伟、李景华：《岭回归参数的两个预期约束》，载于《统计与决策》2015 年第 22 期。

[7] Ahmed S. E., Fallahpour S., Shrinkage Estimation Strategy in Quasi-Likelihood Models. *Stat. Probab. Lett.*, Vol. 82, No. 12, 2012, pp. 2170 – 2179.

[8] Ahn J. J., Kim Y. M., Yoo K., et al., Using Ga-Ridge Regression to Select Hydro-Geological Parameter Influencing Groundewater Pollution Vulnerability. *Environmental Monitoring and Assessment*, Vol. 184, No. 11, 2012, pp. 6637 – 6645.

[9] Akdeniz F., Yuksel, et al., The Moments of the Operational Almost Unbiased Ridge Regression Estimator. *Applied Mathematics and Computation*, Vol. 153, No. 3, 2004, pp. 673 – 684.

[10] Arashi M., Tabatabaey S. M. M., Bashtian M. H., Shrinkage Ridge Estimators in Linear Regression. *Commun. Stat. -Simul. Comput.*, Vol. 43, No. 4, 2014, pp. 871 – 904.

[11] Asar Y., Arashi M., Wu J., Restricted Ridge Estimator in the Logistic Regression Model. *Communication in Statistics-Simulation and Computation*, Vol. 46, No. 8, 2017, pp. 6538 – 6544.

[12] Becker N., Toedt G., Lichter P., et al., Elastic Scad as a Novel Penalization Methon for Svm Classification Tasks in High-Dimensional Data. *BMC Bioinformatics*, Vol. 12, No. 1, 2011, pp. 1 – 13.

[13] Chen B. C., Yu Y., Zou H., Liang H., Profiled Adaptive Elastic-Net Procedure for Partially Linear Models with High-Dimensional Covariates. *Journal of Statistical Planning and Inference*, Vol. 142, No. 7, 2012, pp. 1733 – 1745.

[14] Chen B. Z., Zhai W. J., Haung Z. Y., Low-Rank Elastic-Net Regularized Multivariate Huber Regression Model. *Applied Mathematical Modelling*, Vol. 87, 2020, pp. 571 – 583.

[15] Costa M. A., Braga A. P., *Optimization of Neural Networks with Multi-Objective Lasso Algorithm.* The 2006 IEEE International Joint Conference on Neural Network Proceedings. Vancouver, BC, Canada, 2006, pp. 3312 – 3318.

[16] Cribben I., Haraldsdottir R., Atlas L. Y., et al., Dynamic Connectivity Regression: Determining State-Related Changes in Brain Connectivity. *NeuroImage*, Vol. 61, No. 4, 2012, pp. 907 – 920.

[17] Cui C., Wang D., High Dimensional Data Regression Using Lasso Model and Neural Networks with Random Weights. *Information Science*, Vol. 372, 2016, pp. 505 – 517.

[18] Dwivedi T. D., Srivastava V. K., On the Minimum Mean Squared Error Estimators in a Regression Model. *Communications in Statistics Theory & Methods*, Vol. 7, No. 5, 1978, pp. 487 – 494.

[19] Efron B., Hastie T., Johnstone I., Tibshirani R., Least Angle Regression. *Ann. Statist.*, Vol. 32, 2004, pp. 407 – 499.

[20] El Karoui N., Asymptotic Behavior of Unregularized and Ridge-Regularized High-Dimensional Robust Regression Estimators. *Rigorous Results*, Vol. 1311, 2013.

[21] Elkhalil K., Kammoun A., Zhang X. L., Alouini M. S., Al-Naffouri T., Risk Convergence of Centered Kernel Ridge Regression with Large Dimensional Data. *IEEE Transactions on Signal Processing*, Vol. 68, 2020, pp. 1574 – 1588.

[22] Friedman J., Hastie T., Tibshirani R., A Note on the Group Lasso and a Sparse Group Lasso. *arXiv preprint arXiv*: 1001.0736, 2010.

[23] Friedman J., Hastie T., Tibshirani R., Sparse Inverse Covariance Estimation with the Graphical Lasso. *Biostatistics*, Vol. 9, No. 3, 2008, pp. 432 – 441.

[24] Gao J., Kwan P. W., Shi D., Sparse Kernel Learning with Lasso and Bayesian Inference Algorithm. *Neural Networks*, Vol. 23, No. 2, 2010, pp. 257 – 264.

[25] Gholami H., Mohammadifar A., Bui D. T., Collins A. L., Mapping Wind Erosion Hazard with Regression-Based Machine Learning Algorithms. *Scientific Reports*, Vol. 10, No. 1, 2020, P. 20494.

[26] Gloub G. H., Heath M., Wahba G., Generalized Cross-Validation as a Method for Choosing a Good Ridge Parameter. *Technometrics*, Vol. 21, No. 2, 1979, pp. 215 – 223.

[27] Gregory K. B., Wang D. W., McMahan C. S., Adaptive Elastic Net for Group Testing. *Biometrics*, Vol. 75, No. 1, 2019, pp. 13 – 23.

[28] Hamed R., Hefnawy A. E., Farag A., Selection of the Ridge Parameter Using Mathematical Programming. *Communication in Statisticcs-Siulation and Commputation*, Vol. 42, No. 6, 2013, pp. 1409 – 1432.

[29] Helwig N. E., Spectrally Sparse Nonparametric Regression via Elastic Net Regularized Smoothers. *Journal of Computational and Graphical Statistics*, Vol. 30, No. 1, 2020, pp. 182 – 191.

[30] Huang T., Gong H., Yang C., et al., ProteinLasso: A Lasso Regression Approach to Protein Inference Problem in Shotgun Proteomics. *Computational Biology and Chemistry*, Vol. 43, No. 4, 2013, pp. 46 – 54.

[31] Ianni J. D., Cao Z. P., Grissom W. A., Machine Learning RF Shimming: Prediction by Iteratively Projected Ridge Regression. *Magnetic Resonance in Medicine*, 2018.

[32] Ishwaran H., Rao J. S., Geometry and Properties of Generalized Ridge Regression in High Dimensions. *Contemporary Mathematics*, 2014, Vol. 622, pp. 81 – 93.

[33] Jin J. W., Chen C. L. P., Regularied Robust Broad Learning System for Uncertain Data Modeling. *Neurocomputing*, Vol. 322, 2018, pp. 58 – 69.

[34] Keerthi S. S., Shevade S., A Fast-Tracking Algorithm for Generalized LARS/LASSO. *IEEE Transactions on Neural Networks*, Vol. 18, No. 6, 2007, pp. 1826 – 1830.

[35] Khalaf G., Shukur G., Choosing Ridge Parameter for Regression Problems. 2005.

[36] Koos J. D., Link A. J., Heterologous and in Vitro Reconstitution of Fuscanodin, a Lasso Peptide from Thermobifida Fusca. *Journal of the American Chemical Society*, Vol. 141, No. 2, 2019, pp. 928 – 935.

[37] Kozumi H., Ohtani K., The General Expressions for the Moments of Lawless and Wang's Ordi-

nary Ridge Regression Estimator. *Communications in Statistics Theory & Methods*, Vol. 23, No. 10, 1994, pp. 2755 - 2774.

[38] Lawless J. F., Wang P. A., Simulation Study of Ridge and Other Regression Estimators. *Communications in Statistics-Theory Methods*, 2010.

[39] Li R., Wu B., Sparse Regularized Discriminant Analysis with Application to Microarrays. *Computational Biology and Chemistry*, Vol. 39, No. 8, 2012, pp. 14 - 19.

[40] Liang R. Q., Zhi Y. Q., Zheng G. Z., et al., Analysis of Long Non-coding Rnas in Glioblastoma for Prognosis Prediction Using Weighted Gene Co-expression Network Analysis, Cox Regression, and l1-lasso Penalization. *OncoTargets and Therapy*, Vol. 12, 2018, pp. 157 - 168.

[41] Locking H., Mansson K., Shukur G., Performance of Some Ridge Parameters for Probit Regression: With Application to Swedish Job Search Data. *Communications in Statistics-Simulation and Computation*, Vol. 42, No. 3, 2013, pp. 698 - 710.

[42] Lorbert A., Eis D., Kostina V., et al., *Exploiting Covariate Similarity in Sparse Regression Via the Pairwise Elastic Net.* Proceedings of the 13th International Conference on Artificial Intelligence ang Statistics. Chia Laguna Resort, Italy, 2010, pp. 477 - 484.

[43] Lorbert A., Ramadge P. J., The Pairwise Elastic Net Support Vector Machine for Automatic Fmri Feature Selection. Proceedings of the IEEE International Conference on Speech and Signal Processing. Vancouver, Canada, 2013, pp. 1036 - 1040.

[44] Mansson K., Shukur G., On Ridge Parameters in Logistic Regression. *Communications in Statistics-Theory Methods*, Vol. 40, No. 18, 2011, pp. 3366 - 3381.

[45] Marquard D. W., Snee R. D., Ridge Regression in Practice. *The American Statistician*, Vol. 29, No. 1, 1975, pp. 3 - 20.

[46] Mccormick J. L., Falcy M. R., Evaluation of Non-Traditional Modeling Techniques for Forecasting Salmon Returns. *Fisheries Management and Ecology*, Vol. 22, No. 4, 2015, pp. 269 - 278.

[47] Meinshauen N., Relaxed Lasso. *Computation Statistics and Data Analysis*, Vol. 52, No. 1, 2007, pp. 374 - 393.

[48] Meinshausen N., Zürich P. B. E., High-Dimensional Graphs and Variable Selection with the Lasso. *The Annals of Statistics*, Vol. 34, No. 3, 2006, pp. 1436 - 1462.

[49] Messner J. W., Pinson P., Online Adaptive Lasso Estimation in Vector Autoregressive Models for High Dimensional Wind Power Forecasting. *International Journal of Forecasting*, Vol. 35, No. 4, 2019, pp. 1485 - 1498.

[50] Mu Y., Computational Facial Attractiveness Prediction by Aesthetics-Aware Features. *Neurocomputing*, Vol. 99, No. 1, 2013, pp. 59 - 64.

[51] Nordberg L., A Procedure for Determination of a Good Ridge Parameter in Linear Regression. *Communications in Statistics-Simulation and Computation*, Vol. 11, No. 3, 1982, pp. 285 - 309.

[52] Norouzirad M., Arashi M., Preliminary Test and Stein-Type Shrinkage Ridge Estimators in Robust Regression. *Statistical Papers*, 2017.

[53] Norouzirad M., Arashi M., Ahmed S. E., Improved Robust Ridge M-Estimation. *J. Stat. Comp. Simul.*, Vol. 87, No. 18, 2017, pp. 3469 – 3490.

[54] Ong B. T., Sugiura K., Zettsu K., Dynamically Pre-Trained Deep Recurrent Neural Networks Using Environmental Monitoring Data for Predicting PM2. 5. *Neural Computing and Applicatios*, Vol. 27, No. 6, 2016, pp. 1553 – 1566.

[55] Osborne M. R., Presnell B., Turlach B. A., On the Lasso and its Dual. *Journal of Computational and Graphical Statistics*, Vol. 9, No. 2, 2000, pp. 319 – 337.

[56] Pa J. H., Lp E. H., Dubé L., An Alternative to Post Hoc Model Modification in Confirmatory Factor Analysis: The Bayesian Lasso. *Psychol Methods*, Vol. 22, No. 4, 2017, pp. 687 – 704.

[57] Park T., Casella G., The Bayesian Lasso. *Journal of the American Statistical Association*, Vol. 103, No. 482, 2008, pp. 681 – 686.

[58] Rangra A., Sehgal V. K., Shukla S., *Sentiment Analysis of Tweets by Convolution Neural Network with L_1 and L_2 Regulation.* International Conference on Advanced Informatics for Computing Research. Spring, Singapore, 2018, pp. 355 – 365.

[59] Roozbeh M., Arashi M., Shrinkage Ridge Regression in Partial Linear Models. *Communications in Statistics Simulation and Computation*, Vol. 45, No. 20, 2016, pp. 6022 – 6044.

[60] Saleh A. K. M. E., Kibria B. M. G., Improved Ridge Regression Estimators for the Logistic Regression Model. *Computational Statistics*, Vol. 28, No. 6, 2013, pp. 2519 – 2558.

[61] Shao J., Deng X., Estimation in High-Dimensional Linear Models with Deterministic Design Matrices. *The Annals of Statistics*, Vol. 40, No. 2, 2012, pp. 812 – 831.

[62] Shi H., Liu S. M., Chen J. Q., et al., Predicting Drug-Target Interactions Using Lasso with Random Forest based on Evolutionary Information and Chemical Structure. *Genomics*, Vol. 111, No. 6, 2018, pp. 1839 – 1852.

[63] Tan Q. F., Narayanan S. S., Novel Variations of Group Sparse Regularization Technique with Applications to Noise Robust Automtic Speech Recognition. *IEEE Transactions on Audio, Speech, and Language Processing*, Vol. 20, No. 4, 2012, pp. 1337 – 1346.

[64] Tibshirani R., Regression Shrinkage and Selection Via the Lasso. *Journal of the Royal Statistics Society, Series B*, Vol. 58, 1996, pp. 267 – 288.

[65] Tibshirani R., Saunders M., Sparsity and Smoothness Via the Fused Lasso. *Journal of the Royal Statistics Society, Series B*, Vol. 67, No. 1, 2005, pp. 91 – 108.

[66] Tipping M. E., Sparse Bayesian Learning and the Relevance Vector Machine. *Journal of Machine Learning Research*, Vol. 1, No. 6, 2001, pp. 211 – 244.

[67] Tomioka R., Merller K. R., A Regularized Discriminative Framework for Eeg Analysis with Application to Brain Computer Interface. *NeuroImage*, Vol. 49, No. 1, 2010, pp. 415 – 432.

[68] Torres-Barrán A., Alaíz C. M., Dorronsoro J. R., V-Svm Solutions of Constrained Lasso and Elastic Net. *Neurocomputing*, Vol. 275, 2018, pp. 1921 – 1931.

[69] Wang Y., Shen Y. X., Mao S. W., et al., Lasso & Lstm Integrated Temporal Model for Short-

Term Solar Intensity Forecasting. *IEEE Internet of Things Journal*, Vol. 6, No. 22, 2018, pp. 2933 – 2944.

[70] Windmeijer F., Farbmacher H., Davies N., et al., On the Use of the Lasso for Instrumental Variables Estimation with Some Invalid Instruments. *Journal of the American Statistical Association*, Vol. 114, No. 527, 2017, pp. 1339 – 1350.

[71] Xu Y., Wang J., Dong Y., *Mixed Norm-based Image Restoration Using Neural Network*. 2013 IEEE International Conference on Green Computing and Communications and IEEE Internet of Thing and IEEE Cyber, Physical and Social Computing. Beijing, China, 2013, pp. 1957 – 1961.

[72] Yan A. L., Song F. L., Adaptive Elastic Net-Penalized Quantile Regression for Variable Selection. *Communications in Statistics-Theory and Methods*, Vol. 48, No. 20, 2019, pp. 5106 – 5120.

[73] Yuan M., Lin Y., Model Selection and Estimation in the Gaussian Graphical Model. *Biometrika*, Vol. 94, No. 1, 2007, pp. 19 – 35.

[74] Yüzbaşı B, Ahmed S E, Aydın D, Ridge-Type Pretest and Shrinkage Estimations in Partially Linear Models. *Statistical Papers*, Vol. 61, No. 2, 2020, pp. 869 – 898.

[75] Yüzbası B., Ahmed S. E., Gungor M., Improved Penalty Strategies in Linear Regression Models. *REVSTAT-Statistical Journal*, Vol. 15, No. 2, 2017, pp. 251 – 276.

[76] Yüzbası B., Ejaz Ahmed S., Shrinkage and Penalized Estimation in Semi-Parametric Models with Multicollinear Data. *Journal of Statistical Computation and Simulation*, Vol. 86, No. 17, 2016, pp. 3543 – 3561.

[77] Zeng H., Hou M., Ni Y., et al., Mixture Analysis Using Non-Negative Elastic Net for Raman Spectroscopy. *Journal of Chemometrics*, Vol. 34, No. 10, 2020, P. e3293.

[78] Zeng L., Xie J., Group Variable Selection Via SCAD-L_2. *Statistics*, Vol. 48, No. 1, 2014, pp. 49 – 66.

[79] Zhang C. H., Nearly Unbiased Variable Selection under Minimax Concave Penalty. *The Annals of Statistics*, 2010, pp. 894 – 942.

[80] Zhao L. J., Zou S. D., Huang M. Z., et al., Distributed Regularized Stochastic Configuration Networks Via the Elastic Net. *Neural Computing and Applications*, Vol. 33, 2020, pp. 3281 – 3297.

[81] Zhao P., Yu B., Boosted Lasso. Washington: DTIC Document, 2004.

[82] Zhao Z. B., Wu S. M., Qiao B. J., et al., Enhanced Sparse Period-Group Lasso for Bearing Fault Diagnosis. *IEEE Transactions on Industrial Electronics*, Vol. 66, No. 3, 2019, pp. 2143 – 2153.

[83] Zou H., Adaptive Lasso and its Oracle Properties. *Journal of American Statistics Association*, Vol. 101, No. 3, 2006, pp. 1418 – 1429.

[84] Zou H., Hastie T., Regularization and Variable Selection Via the Elastic Net. *Journal of the Royal Statistical Society: Series B (Statistical Methodology)*, Vol. 67, No. 2, 2005, pp. 301 – 320.

[85] Zou H., Zhang H., On the Adaptive Elastic Net with a Diverging Number of Parameters. *The Annals of Statistics*, Vol. 37, No. 4, 2009, pp. 1733 – 1751.

系统泡沫趋势分析与1stOpt软件实现

第一节　系统泡沫趋势分析方法与相关背景

本章主要是对系统泡沫趋势的相关理论、研究背景、研究现状及研究方法模型的介绍，系统泡沫趋势指的是市场中资产价格发生异常波动而产生持续暴涨或持续暴跌的趋势，研究者们把这类趋势称作泡沫。此时资产价格是严重高于或低于其实际价值的，前者是泡沫的形成，后者是泡沫的破裂。系统泡沫趋势的产生有可能对市场造成很大冲击，特别是系统泡沫破裂会给市场造成很大危害，所以对系统泡沫趋势的检测和辨识尤其重要。尤其自20世纪80年代之后，一系列股市泡沫事件接连发生，其中较为出名的有：1987年10月19日“黑色星期一”发生的股灾，当天由美国股市暴跌引起的全球股市全面下泄；20世纪90年代初日本为应对日元升值而降息，鼓励借贷将房价和股价推至高点使其泡沫破裂；1997年7~10月泰国股市泡沫破裂并进一步影响邻近的亚洲国家市场，最终引发东南亚金融危机；2007年底美国房地产市场发生的次贷危机最终引起世界性金融危机爆发；还有2015年的股灾泡沫等。泡沫是因市场价格波动并严重偏离其真实价值形成的，最终会在受到一定冲击时破裂导致价格暴跌。这种冲击可能是金融危机也可能是重大事件的发生。那么市场泡沫是可以提前预测的吗？

很多时候大家都认为股市大跌是“黑天鹅”事件导致的，如金融危机，但索内特（Sornette，1996）认为金融危机不是“黑天鹅”，而是可以被预测的“龙王”。

“龙王”指的是市场价格在极端下跌时的异常值，因为它们的数量级别通常非常大，超出了样本分布规律，像“龙”一样引人瞩目。它们无法被常规的幂律分布捕捉，值得关注。在统计学上，为了得到更可靠的推断，通常会将极端值视为误差或异常值，将其排除在外。索内特则认为这些异常值具有重大意义。他注意到，在大量复杂系统中，极端事件甚至比幂律分布尾部向外推测的数量级更大，表示我们面对的是超越常识的对象。他认为分析金融资产的涨幅和跌幅的分布规律更能反映市场风险。图11-1展现了美国30家企业股票的涨幅和跌幅，横轴为涨跌幅度（%），纵轴为概率取对数。大部分数据分布在幂律函数上，但尾部存在一些“龙王”极端值。约翰森和索内特（Johansen & Sornette）发现，约有2/3的“龙王”实际上为大泡沫之后的股市崩盘。他们提出的“龙王”理论将金融危机视为泡沫的终结。泡沫产生于市场交易中的正反馈机制，导致价格超指数级发展。

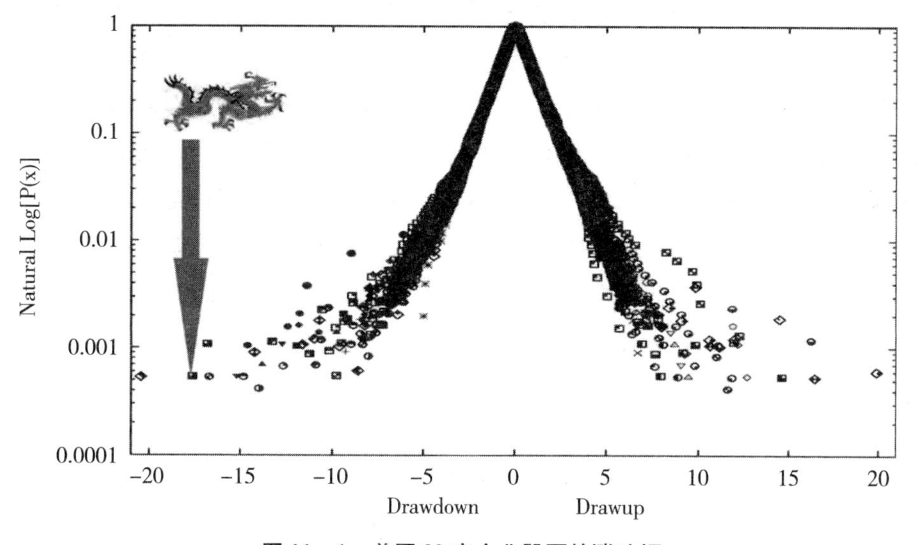

图11-1 美国30家企业股票的涨跌幅

许多复杂系统在其特性和动态方面都存在质变。索内特提出，灾难性事件涉及许多不同规模的结构之间的相互作用，导致了组织集体机制的转换。引用复杂系统理论和统计物理学中的一个概念：不需要大的扰动就能导致剧烈的瓦解。所以，当一个市场经历了十年大涨，狂欢随时都可能停止。金融危机同样存在可观测的先兆信号，系统发生质变的临界点信息包含在超指数增长的早期发展阶段之中。索内特（Sornette）将金融危机定义为：金融崩溃是互相联系的连续大量损失在瞬间的爆发（“Financial crashes are transient bursts of dependence between successive large losses.”）。并且突发因素（或外部冲击）并不是金融危机的根本原因，系统的不稳定性才是根源，而捕捉“龙王”则是预测危机的关键。金融市场的资产价格时常能观测到一些异常值（“龙王”），索内特还指出大约2/3的“龙王”实际上是金融危机。且“龙王”不同于“黑天鹅”，恰恰相反，它们是可以被预测的。从事地球物理研究的索内特教授的发现解决了这个难题，他研究发现金融泡沫的形成和破裂与地震的形成和爆发具有很多相似的地方，它们都可以看成是自组织行为，且是可用模型进行说明和预测的。随后索内特教授提出了可以用在地球物理和临界现象研究中的 Log – Periodic Power Low（对数周期性幂律，LPPL）模型对金融泡沫展开研究。并且运用该模型成功识别和预测了许多市场泡沫，如他和周炜星教授在2003年就通过相关数据观察到了中国房价的“超指数增长”的泡沫特征，并预测中国房价将持续上涨至2008年，之后会发生房地产市场泡沫破裂。2013年诺贝尔经济学奖得主尤金·法玛在20世纪70年代提出了有效市场假说（Efficient Markets Hypothesis，EMH），认为金融资产价格反映了全部可得信息。这个理论认为金融危机被视作由外生冲击造成，即“黑天鹅”因素导致。这种情况下市场和政府所能做得非常有限，只能在危机之后尽量降低经济损失程度。但是，该理论隐含的理性人假设过于完美。事实上，我们很难期待市场的参与者做到时刻理性，并能对市场信息迅速作出合理反应。与古典经济学相比，复杂系统方法放宽了对完全理性人的假设，它将经济的演化看作是动态的、非线性的和不确定的过程。提出对数周期性幂律模型LPPL模型的学者将金融市场看作一个复杂动态的系统，且系统内部存在模仿、羊群效应、自组织协同、正反馈等现象，本身具有内生的不稳定性。LPPL模型不仅可以提前预测资产或市场泡沫的走向，还可以预测泡沫的破裂时间。索内特的实验室FCO（Financial Crisis Observatory）做了不少预测金融泡沫的研究，并且已经成功预测过2004年英国房地产泡沫、2006年美国房地产泡沫、2008年全球石油泡沫，也包括2005年、2009年、2015年我国股市泡沫。可见，LPPL模型在资产泡沫辨识上具有有效的运用。该模型更多运用于金融市场，因为金融市场是大量资金汇集的市场，其稳定性不仅受市场内部的成熟度影响，更多的还受外部因素影响，尤其是成熟度较低的市场受外部因素影响更大。在现实社会中，各国的金融市场关乎国家经济发展，故金融泡沫的滋生必然会引起很大关注。

LPPL模型从提出、发展至今已有近20年，可以说算是辨识泡沫的一个较成熟的模型。有许多相关文献对此作出介绍分析，甚至改进，本节将整理LPPL模型在系统泡沫趋势研究领域的相关文献，对LPPL模型的来源与发展和LPPL模型的相关运用两个方面作出阐述。本章也主要是介绍LPPL模型在金融泡沫上的相关研究。LPPL模型是在金融泡沫测度研究的第三阶段——非线性动力学理论阶段提出的，早在此前，还经历了理性泡沫理论和非理性泡沫理论阶段。下面将对这三个阶段进行梳理，进而引出LPPL模型。第一阶段即理性泡沫理论阶段，始于20世纪80年代初，该阶段的研究认为市场是有效的且假定市场遵循理性行为和理性预期，实际价格不仅反映了市场的基础价值还包含着一定理性泡沫成分，因此认为资产泡沫是可以通过利用一些数学模型进行理性预测的。其标志是布兰查德和韦斯顿（Blanchard & Weston，1982）构建的动态预测模型，假设套利均衡，并进行重复迭代得到具有理性预期的差分方程的理性泡沫解。即理性投资者预期的实现而产生的偏离基础价值的泡沫。理性泡沫理论存在的缺陷是，它的前提假设都过于理想化，难以用于解释现实经济中的众多泡沫。第二阶段即非理性泡沫理论阶段，始于20世纪80年代末，主要是以行为金融学和博弈论为基础来研究泡沫的产生机理，多从微观行为角度展开研究。国外研究主要有以下三个模型，第一个模型是一个开创性的模型：噪声交易者模型，该模型是从交易者投资行为出发，认为大量投资者的不理性投资行为会造成噪声交易行为，且股市中还有大量投机套利者规避风险的行为存在，故推动股价朝一个趋势发展而形成泡沫，并推动泡沫膨胀直至破裂（De Long et al.，1990）。第二个模型是时尚模型，研究者认为股价容易受到纯粹的时尚潮流和社会动态的影响而产生泡沫（Shiller，1990）。第三个模型是托普尔（Topol，1991）用行为金融学的羊群效应来解释股市泡沫，他认为交易者在进行投资决策时会相互模仿，具有从众行为，这样就会导致股市出现持续上涨或下跌，并使股价有反转压力，从而有泡沫的形成和破裂。国内的研究主要是从理论模型的基础来探讨股市非理性泡沫的产生及演进机理（刘松，2005；贾男，2007）。虽然非理性泡沫理论能对股市泡沫的形成和破裂有较好的解释，但其仍不完善。第三阶段即非线性动力学理论阶段始于20世纪90年代，主要是在第二阶段的研究基础上加入非线性动力学理论，包括分形理论、混沌理论等。其中，在非线性动力学理论基础上发展起来的对数周期性幂律模型能更好地测度金融泡沫并预测价格转变时间，运用最广。其可以对转变前的股价进行拟合，预测泡沫趋势。主要是索内特等的研究，他们最早对1987年崩盘前的美国股市泡沫进行研究，发现在泡沫破裂前股价具有对数周期性振荡规律，并采用了一阶对数周期性幂律模型对其进行泡沫识别（Sornette et al.，1996）。后面他们又利用LPPL模型分析了21个重要泡沫，证明了其对新兴市场投机泡沫的适用性（Sornette et al.，1999）。并且系统地对49个股市暴跌前的股价或股指演化进行了研究，发现其中有25个股市可以用LPPL模型进行刻画（Sornette et al.，2006）。这便是LPPL模型在金融泡沫理论上产生的阶段，那么LPPL模型是怎样被用于测度金融泡沫呢，下面将进一步地阐述。

资产泡沫的形成与资产价格有很大关系，故很多学者在研究资产泡沫时，多是探究资产价格的特点。索内特等（Sornette et al.，1996）、索内特和约翰森（Sornette & Johansen，1997）、约翰森等（2000）和索内特（2003a）提出，在泡沫破裂前，股票价格时间序列的平均函数具有对数周期振荡的幂律特征，最终导致价格达到市场崩溃的临界点。莱因哈特和罗戈夫（Reinhart & Rogoff，2009）指出，因为一系列金融泡沫导致经济的“第二次大收缩”，故检测金融泡沫并预测其结束时间已经变得至关重要。正如索内特（2009）、索内特等（2009）、索内特和伍达德（Sornette & Woodard, 2010）指出的那样，2007 年爆发的金融危机可以被当作一个特例，来说明如何通过创造新的泡沫来应对泡沫的崩溃。谷凯纳克（Gürkaynak, 2008）整理了大量对于资产价格泡沫的计量经济研究发现，对于每一篇找到市场泡沫的文献都会有一篇同样数据的论文没有发现市场泡沫，因此不能通过时变的基本原理来区分市场泡沫。这进一步突出了泡沫辨识工具的重要性。于是一个多次成功预测泡沫存在的物理模型迅速引起了金融从业人员的大量关注，它就是由约翰森等（2000）和索内特（2003a, 2003b）提出的对数周期性幂律（LPPL）模型。其中，"对数周期"是指加速振荡的部分，"幂律"则代表由于正反馈带来的超指数增长。他们的模型理念主要是基于：经济学理论的理性预期泡沫、行为金融的投资者和交易者模仿行为和羊群效应、数学以及统计物理学中分叉和相变概念。将以上理念引入 LPPL 模型，采用参数化表现形式，使得模型能够捕捉到资产价格在临界点的奇异性特征以及周期振荡特征，从而检测泡沫发展和预测泡沫破裂的临界点。其实早在 1996 年索内特教授就已经通过实证证明了金融市场与其他统计物理系统一样，都具有自组织特点，即各种状态的形成是一个减熵有序化的过程，内部变化的主导影响不是外界因素，而是系统内部成分间的相互作用。后面索内特（2003）从物理角度对金融泡沫的形成与破裂进行了研究，发现其类似于地震等物理现象，所以提出可以用地球物理和临界现象研究中使用的 LPPL 模型对金融领域的泡沫问题进行研究。之后 LPPL 模型就被广泛用于金融泡沫的检验和泡沫走向及破裂时间预测（Zhang, 2016；田挚昆, 2016）。LPPL 模型假设金融市场中的交易者只能在局部范围内相互影响，且交易者的交易决策存在"跟风"现象，会相互模仿，甚至完全采用最邻近交易者的投资决策。由于跟风模仿行为的存在，故会出现同一时刻有很多相同的市场订单，即会出现资产价格持续上涨或下跌的波动现象。这种群体跟风行为将导致市场中的资金流动呈周期性变化，进而导致资产价格也呈现周期性变化规律，当资产价格持续上涨（或下跌），则反转压力会越积越大，直至破裂（类似地震发生）。市场中不仅有泡沫的存在，还有反泡沫的存在。反泡沫早在 1999 年被约翰森和索内特提出，不过他们是利用三级朗道模型对日经指数的泡沫段和反泡沫段进行识别和预测。之后，周和索内特（2002）在 2002 年底识别了美国股市泡沫破裂后的价格走势，并以此说明西方发达国家的股市存在反泡沫。约翰森和索内特（2004）研究了大量金融资产最极端的累计损失，并表明它们属于一个概率密度分布，且与正常市场制度下 99% 较小降幅的收益率分布不同。此外，他们还表明，对于 2/3 的极端下跌情况，在极端下跌出现前市场价格都遵循超指数变化，这由 LPPL 模型证实。LPPL 模型是可以在泡沫破裂前就能预先辨识泡沫的，即可用于预测"龙王"，从而预测危机（Sornette & Zhou, 2006；Sornette et al., 2008；Zhou & Sornette, 2003, 2006, 2008,

2009)。并且在运用 LPPL 模型进行泡沫辨识前可以先用重标极差法（*R/S*）分析法计算资产对数收益率的 Hurst 指数（赫斯特指数）和分形维，检验三个指数收益率序列的分形特征和长期记忆性，即看资产对数收益率的历史增量与未来增量的相关性，初步检测资产泡沫的存在性（徐龙炳和陆蓉，1999；张维和黄兴，2001；周洪涛和王宗军，2005）。

前面已经介绍了 LPPL 模型在金融泡沫研究领域的大致发展历程，本节将先对泡沫测度的其他方法进行综述并与 LPPL 模型进行对比，突出 LPPL 模型在测度泡沫方面的优势，再针对 LPPL 模型在金融泡沫方面的相关运用进行梳理阐述，以此证明 LPPL 模型在泡沫测度研究领域的广适性。对于泡沫的测度研究，除了 LPPL 模型外还有主要的三种传统方法：第一种是非线性门限泡沫分析模型，由艾哈迈德等（Ahmed et al.，1999）早期提出并对太平洋周边国家的股市泡沫进行了测度；第二种是基于马氏域变模型的泡沫度量方法（Quandt，1958），后面还被许多学者进行了改进和完善（Goldfeld & Quaudt，1973；Hamilton，1990），该方法的运用主要在泡沫研究领域初期较多，国内学者在后期也有运用这两种方法研究了我国的股市泡沫（崔杨和刘金全，2006；孟庆斌等，2008）；第三种是区制转换检验方法，由布鲁克斯和卡萨利斯（Brooks & Katsaris，2005）提出并识别了美国 1888～2001 年的股市泡沫及其周期性，该方法同样被国内学者用于我国股市泡沫的测度（赵鹏等，2008）。前两种方法无法证明其所得结果是有效的，所以未被广泛运用，后一种方法不能对泡沫的大小及其破裂时间进行较准确的测度，所以这三种方法在金融泡沫研究领域的运用不广，而 LPPL 模型可以很好地解决上述方法存在的问题，所以被广泛运用。不仅如此，在股市泡沫破裂前股价具有的超指数增长和幂律振动特点都可以用 LPPL 模型进行检验（Drozdz et al.，1999；Johansen et al.，2000）。经过多个实证研究表明，LPPL 模型适用于各个国家股市泡沫的识别和测度，早期就有学者对拉丁美洲和亚洲共 21 个股市泡沫进行识别和测度，证明了 LPPL 模型都能对其进行较好刻画，并能较准确地预测各个泡沫的破裂时间（Johansen，2001）。其破裂时间与泡沫产生过程中股价振动周期的起点有关（Gnacinski & Makowiec，2004），并且泡沫周期越长 LPPL 模型所测度的结果就越准确（Drozdz et al.，2003）。LPPL 模型成功辨识多个股市泡沫，且其泡沫破裂时间预测也与实际情况较吻合，包括对反泡沫的测度亦是如此，如周和索内特（2004）用 LPPL 模型测度了 2000 年 8 月的股市反泡沫和美国国债收益率反泡沫并进一步分析二者的因果关系；周等（2009a）利用 LPPL 模型成功测度了 2003～2006 年 45 个南非上市公司的股市泡沫；蒋等（Jiang et al.，2010）运用 LPPL 模型测度了我国股市 2005～2009 年大涨和大跌段的股价，成功识别了我国股市的泡沫和反泡沫；用于测度金融市场泡沫，用代表性指数进行测试，还可以提供泡沫持续时间的诊断和崩盘时间预测（Sornette and Zhou，2003；Lin et al. , 2014)。当然，LPPL 模型不仅仅运用于股市泡沫的测度，还可以用于其他市场的泡沫测度，如对美国房地产市场泡沫的测度（Zhou & Sornette，2006a；2006b），还有对石油期货市场泡沫的测度（Jiang et al. , 2010）及反泡沫识别（Fantazzini，2016）等，其结果都较为准确。LPPL 模型在国内的运用也较为广泛，而且可以用于不同市场的泡沫识别。其中运用最多的是股市泡沫的测度，发现中国股市是一个不成熟的市场，股价的波动幅度较大，政策性特征较强（方勇，2011），且市场内的机构投资者多具有"投机"行为，因此会使得股价与其内在价值偏差较大，易产生泡沫（徐浩峰和朱松，2012）。国内的学者不仅对泡沫进行研究，还利用 LPPL 模型识别了反泡沫，包括检测了中国股市泡沫与反泡沫（吉翔和高英，2012），美国股市的多个正向泡沫与反向泡沫（Zhang et al. , 2016），其检测的效果都较好。还在 LPPL 模型的基础上，运用改进的模型或结合其他方法对股市泡沫进行测度。例如，结合 LPPL 模型和 Nelder-Mead Simplex 算法得到了较为理想的股市泡沫识别及其破裂点预测的结果（李东，2012）；构建了 LPPLS 模型对沪深 300 指数进行拟合，较准确地检测其泡沫的产生及其破裂临界点（Li，2017）；基于 LPPL 模型并结合 Lomb 谱分析和 O－U 过程检验有效预测了股市泡沫破裂时间点。除了股市，还可用于其他市场的泡沫检测，如房地产市场价格的泡沫与反泡沫趋势检测（温红梅和姚凤阁，2007；李伦一和张翔，2019）；突发事件的发生很容易激发人们的情绪化，导致市场出现泡沫，反泡沫以及泡沫崩盘。正常可控的泡沫形成可以促进经济的发展，但是不可控的泡沫崩盘后对经济的冲击是较严重的，因此有效检测市场泡沫及预测其崩盘时间点将有助于泡沫破裂前的市场风险防控。在所有泡沫检测模型中，LPPL 模型是较有效且运用较广的，LPPL 模型本是用于地震系统的预测，后来发展为可用于任何市场的泡沫与反泡沫测度。上述文献综述也说明了 LPPL 模型在泡沫研究领域的广泛运用，证明了其泡沫辨识的有效性。但约翰森和索内特以及周炜星曾多次强调，LPPL 模型对泡沫破裂时间点的预测仅代表市场机制的转变点，仅是市场今后可能的发展。

本章将在下面的小节中基于已有研究对系统泡沫的相关概念、系统泡沫检测的相关方法、系统泡沫辨识预测模型的相关理论及其软件操作步骤等进行详细阐述，最后再运用案例分析完整演示系统泡沫趋势检测辨识的整个过程及 LPPL 模型的运用分析，展示 LPPL 模型在系统泡沫趋势辨识中的运用与分析。其中，因为已有研究中多数提到的是泡沫和反泡沫，本章在此基础上将根据资产价格的走势，进一步将泡沫类型进行细分，也为突出我国股市的泡沫多重性。另外，因为 LPPL 模型多用于金融泡沫的预测与辨识，故下面主要是基于金融泡沫展开对 LPPL 模型的介绍。

第二节　泡沫趋势理论及其量化模型介绍

本节将对对数周期性幂律模型的相关理论进行介绍。该模型主要运用于资产泡沫的辨识预测，故本节将先从资产泡沫的定义着手，并结合该领域较为常见的分形理论对资产泡沫的检测进行初步分析，为后面LPPL模型的介绍奠定基础。再进一步对LPPL模型的定义、由来、推导及拟合算法等相关理论展开分析。

一、泡沫分类及其检验方法

资产泡沫在市场中是较为常见的现象，但遇到大的资产泡沫崩溃时，对市场造成的冲击是较大的，会给投资者造成严重损失。故预测资产泡沫是学术界较热的研究话题，且已有的跨学科研究对资产泡沫的预测成为可能。针对资产泡沫，一种较为认可的简单定义是指资产的市场价格超过了其实际价值而形成持续暴涨，或低于其实际价值而形成持续暴跌的过程。

资产泡沫具有“超指数增长”的特点，“超指数增长”比 $Y=2^X(X=0,1,2,3,\cdots)$的指数增长还要更快，因此会吸引很多人参与。因为泡沫形成后会持续一段时间并且最终并不一定会破裂，也有可能会逐渐消散，因此会有许多投资者为了这种高额回报参与其中并形成羊群效应。

上述暴涨或暴跌过程也构成市场的跳跃异象，其中，价格暴涨对应了资产泡沫的形成过程，即泡沫或正泡沫；而价格暴跌对应了资产泡沫破灭的过程，即目前相关研究所定义的负泡沫。这种划分是基于市场价格与实际价值的比较以及价格变化趋势得出的，在一定程度上具备合理性。但泡沫和负泡沫的区分还不足以完全反映市场中呈现的泡沫现象。因此，在考虑趋势变化速度对资产泡沫影响的情况下，可以进一步将市场中存在的泡沫现象划分为正泡沫、负泡沫、反转泡沫和反转负泡沫四类。具体形态如图11－2～图11－5所示。

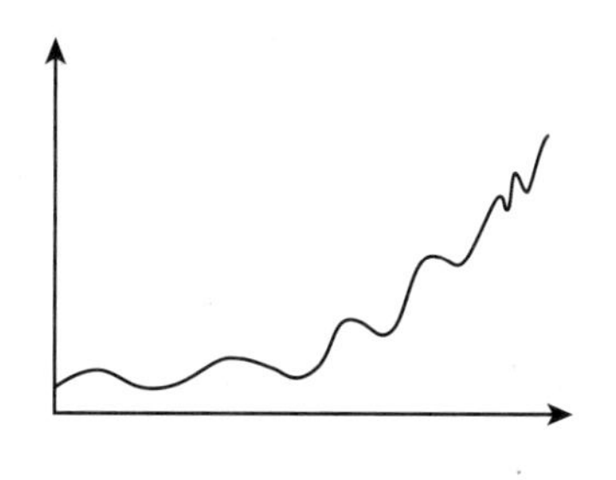

图11－2　正泡沫形态特征

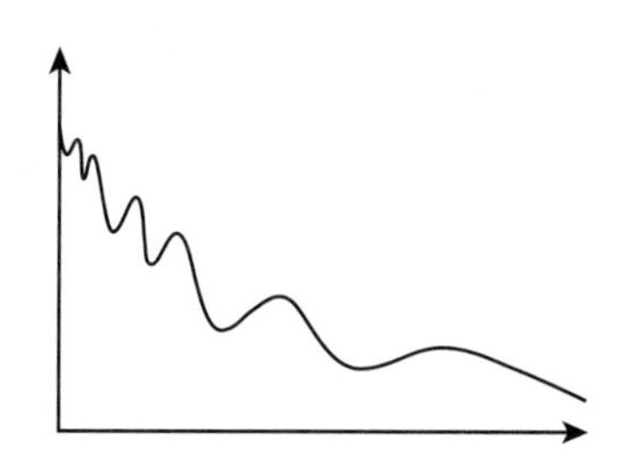

图11－3　负泡沫形态特征

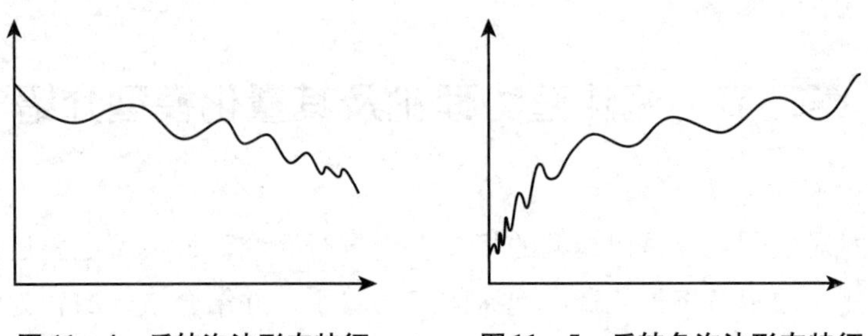

图 11-4　反转泡沫形态特征　　　图 11-5　反转负泡沫形态特征

正泡沫是指资产价格处于暴涨且上涨幅度逐渐变大的过程，如图 11-2 所示；负泡沫是指资产价格处于暴跌且下跌幅度逐渐变小的过程，如图 11-3 所示；反转泡沫是指资产价格处于暴跌且下跌幅度逐渐变大的过程，如图 11-4 所示；反转负泡沫是指资产价格处于暴涨且上涨幅度逐渐变小的过程，如图 11-5 所示。

从图 11-2~图 11-5 可以看出，图 11-2 和图 11-5 属于原有的正泡沫，图 11-3 和图 11-4 属于原有的负泡沫。其中，图 11-2 和图 11-5 以及图 11-3 和图 11-4 的最大区别在于，价格上升或下降的速度变化不同，图 11-2 和图 11-4 的速度变化逐步增大，图 11-3 和图 11-5 的速度变化逐步减小。

泡沫理论的发展大致经历了从理性泡沫到非理性泡沫，从线性泡沫到非线性泡沫的过程。由此衍生出许多泡沫检测方法及测度理论。近年来，金融物理学的分形理论和对数周期性幂律模型在国内外金融市场得到了一系列成功的运用。分形理论主要运用于市场分形特征的测度，进而判断市场是否存在正反馈效应以及由此导致的泡沫现象。相关理论分析如下。

分形维是分形理论研究市场泡沫的一个重要定量表征或基本参数，既是描述分形时间序列的特征量，也是用于测度时间序列参差不齐的程度，一般用带小数点的数表示。直线分形维是 1，平面的分形维是 2，介于直线与平面之间随机游动的分形维则是 1.5。在市场分形维的计算中，最常用的方法是重标度极差分析法，该方法可以计算出分形理论中的 Hurst 指数（赫斯特指数），从而能得到分形维数，这也对应了资产价格收益变化的性质。也因如此，该方法能对市场中的泡沫进行有效检测。采用重标极差法（R/S）分析法分析市场分形特征的步骤主要如下：

首先，对金融交易数据做式（11-1）的变换，得到指数对数收益率。

$$R_t = \ln P_t - \ln P_{t-1} \tag{11-1}$$

其中，R 代表收益率，P 表示金融交易数据，下标 t 表示交易时间。

其次，以 R_t 为因变量，R_{t-1} 为自变量，进行回归，进而得到 R_t 的残差序列 X_t 如下：

$$X_t = R_t - (a + bR_{t-1}) \tag{11-2}$$

将残差序列分为长度为 N 的等长区间，并计算每个区间的离差和，具体如式（11－3）所示。

$$X_{t,n} = \sum_{u=1}^{t} (x_u - M_n) \tag{11-3}$$

其中，M_n 为第 n 个区间的均值。得到累计离差后，构建重标极差 R/S。其中，$R = \max(X_{t,n}) - \min(X_{t,n})$，$S$ 为 x_u 序列的标准差。并建立如下关系：

$$R/S = K(n)^H \tag{11-4}$$

对式（11－4）两边取对数可得：

$$\log(R/S) = H\log(n) + \log(K) \tag{11-5}$$

其中，H 的估计值即为收益率的 Hurst 指数。此外，基于收益率的 Hurst 指数可以计算出相应的分形维，计算公式如下：

$$D_s = 2 - H \tag{11-6}$$

其中，$1 \leqslant D_s < 2$，H 为 Hurst 指数。当 $D_s = 1.5$ 时，收益率序列为随机游走；当 $1 \leqslant D_s < 1.5$ 时，表明收益率序列的光滑度位于直线和随机游走之间；当 $1.5 \leqslant D_s < 2$ 时，表明收益率序列较随机游走更粗糙。

另外，Hurst 指数的大小与时间长度 n 有关，可用 V 统计量对其稳定性进行检验，并可以通过 V 统计量获得资产价格的循环周期，式子如下：

$$V = \frac{(R/S)_n}{\sqrt{n}} \tag{11-7}$$

由式（11－7）可知，V 统计量的散点图与 R/S 统计量和时间长度 n 的平方根增长情况有关，同步增长时呈现一条水平线；前者增长快于后者时散点图呈上升趋势，Hurst 值比 0.5 大，数据具有持续性和长期记忆性；前者增长慢于后者时散点图呈下降趋势，Hurst 值比 0.5 小，数据具有反持续性且不具有长期记忆性。另外，V 统计量的平均周期点指的是其散点图趋势转变的拐点，由该点可得平均循环周期。

分形理论能有效找到整体与部分、混乱与规则，以及有序与无序之间相互过渡的相似性，将其应用于金融市场，能深化对金融市场的理解。当分形维位于 1～1.5 时，表明收益率序列的光滑度位于直线和随机游走之间，分形结构较为稳定，历史增量促进未来增量增长，容易滋生市场泡沫。当然，分形理论只能对泡沫存在性和相对强度大小进行简单检测，无法判断泡沫持续时间、泡沫幅度大小以及泡沫机制反转时间。因此，要进一步利用对数周期性幂律模型对存在的泡沫进行研究。

二、对数周期性幂律与泡沫测度

正如前面所述，股市产生泡沫的主要原因是交易者们的相互模仿，引发市场正反馈效应，进而导致价格迅速上涨。下面将对 LPPL 模型的定义、由来、推导及拟合算法进行阐述。

对数周期性幂律模型（LPPL）是由约翰森和索内特提出，也称为 Johansen-Ledoit-Sornette（JLS）模型，该模型假设市场上存在两类交易者：一种是具有理性预期的交易者；另一种是非理性的噪声交易者，即具有羊群行为的非理性投资者。LPPL 模型借鉴统计物理中解释铁磁相变的 Ising 模型。交易者只能有两种决策：买入或卖出，且他们的交易行为取决于其他交易者的决策和外部影响。由于这些相互作用，交易者会形成具有相似交易行为的群体，这将导致市场泡沫的形成，也就是市场变得"有序"（不同于正常市场的"无序"状态，也就是熵比较大的市场）。该模型中另外一个重要的特点是在交易者相互作用和风险增加之间引入正反馈，以维持泡沫的继续，使泡沫越来越大，并在奇点处崩溃。而这些正反馈是由交易者之间相互模仿而产生的相互作用所形成的，致使产生市场泡沫和反泡沫并持续发展，故可以用 LPPL 模型对其进行有效识别和预测。LPPL 模型会将市场崩溃和临界点相类比，用幂律对资产的价格或其对数值进行拟合，从而预测泡沫走势及趋势转换点即泡沫崩溃点。LPPL 模型的理论基础是市场动力学，即市场中的投资者在进行投资时相互模仿，相互作用形成正反馈机制，维持市场价格的对数周期性振动，最终导致集体效应形成并使得市场崩盘。

LPPLS 是指对数周期性幂律奇异性（log-periodic power law singularity）。对数周期性是金融市场的离散层级或离散分形结构导致的可观测到的结果，也就是交易单位大小的层级和趋势跟随者与价值投资者之间的非线性互动所导致的结果。顺周期性和正反馈会导致特殊的加速趋势（使系统越来越偏离其稳态的趋势），作者称之为"幂律奇异性"（power law singularity），在数学上这一性质可以被描述为在时域上的双曲幂律函数。索内特把对数周期性和幂律结合起来称为对数周期性幂律（LPPL）模型。幂律经常被用来形容金融回报率的厚尾分布，索内特在 LPPL 后面加上 S，代表"奇异性"（singularity）。由 LPPLS 理论定义的泡沫中，幂律奇异性并不是统计上的，它描述的是价格在某些有限时间点前的超指数增长过程，而这一时间点就是区分泡沫生成期和崩盘期的奇异点。

作为纯物理学家的索内特教授想将物理学模型运用到金融学领域中，先让索内特教授联想到的是用来描述物质磁铁性的易辛模型。类比易辛模型，索内特教授认为在金融市场中，投资者就像原子一样存在，也只有两种状态：一种是买；另一种是卖。并且金融市场也是一个自组织系统，投资者间的投资行为会相互影响，容易产生羊群效应。

可以考虑满足以下几点要求的理想化市场：一是无派息；二是银行利率为 0；三是市场内投资者对风险都是极度厌恶的；四是市场内资产的流动性都很强。可以看出，在这样一个市场内金融资产的基础价值都为 0。另外，市场内只有两类投资者，即理性投资者和非理性的噪声投资者。非理性的噪声投资者会存在模仿、跟风行为，其投资行为会相互影响，最终造成羊群效应，让金融资产的市场价格与其基础价值有偏差，会远高于其基础价值，使泡沫初步形成。而市场内的理性投资者为享受泡沫带来的高额收益，在投资决策上并没有反其道而行之，而是跟随非理性噪声投资者的行为。这样会促使市场泡沫的膨胀，当这些投资者手中没有足够头寸继续维持这个泡沫趋势时，开始大量抛售而造成市场的崩盘，泡沫破裂。

索内特教授对此的解释是，投资者间的跟风行为属于市场的自激励正反馈机制，这样会让大量投资者的投资行为慢慢趋于一致。他对泡沫趋势段的资产价格进行系列推算后发现，该段的资产价格的增长具有对数周期性幂律特点，这与地震数据的特征相似，故他提出地震测度模型：LPPL 模型用来分析金融泡沫。LPPL 模型不仅可以拟合泡沫趋势，还可以预测泡沫破裂的风险概率，这样可以让投资者提前规避泡沫破裂的风险，减少因泡沫破裂带来的损失。前面的文献综述中也证明了 LPPL 模型在金融泡沫测度上的有效运用。

LPPL 模型的相关形式有以下几种：

第一，简单幂律：

$$\ln[p(t)] = A + B\,(t_C - t)^{\beta} \tag{11-8}$$

式（11－8）是一个简单幂律模型，但用该式进行泡沫预测效果不佳。因为在数据很嘈杂时，不可能区分幂律公式（11－8）和一个非临界的指数增长。且一个像该式的平滑增长对嘈杂时间序列中的 t_C 具有很小的约束力。故学者们对泡沫预测模型的研究都集中在对数周期性公式上。

第二，“线性”对数周期性公式：

$$\ln p(t) = A + B\,(t_C - t)^{\beta} + C\,(t_C - t)^{\beta}\cos[\omega\ln(t_C - t) + \phi] \tag{11-9}$$

一旦其他四个变量 t_C、β、ω、ϕ 已知，变量 A、B 和 C 由线性函数求得。最佳程序是使用所谓的最小二乘法解析求得，然后将它们代入目标函数中推导出一个仅取决于 t_C、β、ω、ϕ 的集中目标函数。

由于数据的嘈杂特性以及在执行高度非线性的四参数拟合，故拟合结果存在着多个局部最小值。其最优策略是利用软件程序展开一轮网络搜索，并从搜索到的所有局部最优值中开启一个优化程序（如莱文贝格－马夸特）。由此得到的收敛点就是全局最优值。

参数值有一些先验限制，可以保证这些值是合理的。指数β需要在0~1以保证价格可以加速但仍然有限。索内特提出更为严格的标准$0.2<\beta<0.8$可以有效避免与端点0和1相关联的一些不正常的问题。对于角对数周期性频率ω，在实际操作中，常使用限制条件$5<\omega<15$。显然，t_C必须大于被拟合样本数据中的最后一个日期。相位ϕ不受限制。

第三，"非线性"对数周期性公式：

$$\ln[p(t)]=A+B\frac{(t_C-t)^{\beta}}{\sqrt{1+\left(\frac{t_C-t}{\Delta_t}\right)^{2\beta}}}\left(1+C\cos\left\{\omega\ln(t_C-t)+\frac{\Delta_\omega}{2\alpha}\ln\left[1+\left(\frac{t_C-t}{\Delta_t}\right)^{2\beta}\right]\right\}+\phi\right) \tag{11-10}$$

和线性对数周期性公式一样使用最小二乘法，可以不用关注线性变量A、B和C，并且可以像前面所述那样，建立一个仅取决于t_C、β、ω、ϕ的目标函数，再加两个参数Δ_t和Δ_ω。因为Δ_t是在两个范式之间的过渡时间，这一过渡应当在数据集中被观察到，所以要求其值在1~20年。如前所述，目标函数的非线性产生了多个局部最小值，故使用初步网格搜索来为优化程序找到起始点。

下面重点对"线性"LPPL模型的内容进行介绍。LPPL模型可以较好地识别泡沫趋势。而常用的是"线性"形式的LPPL模型，故以下所提到的LPPL模型都是指"线性"的LPPL模型，即：

$$\ln p(t)=A+B(t_C-t)^{\beta}+C(t_C-t)^{\beta}\cos[\omega\ln(t_C-t)+\phi] \tag{11-11}$$

其中，$\ln p(t)$表示t时刻资产价格的对数；t_C表示泡沫破裂时刻，即发生转变的临界时间；A表示泡沫一直持续到临界时间t_C时，$\ln p(t_C)$可能达到的值；B是指泡沫破裂前，当$C\to 0$时，$\ln p(t_C)$的增加率，$B<0$表示价格呈上升加速趋势，出现泡沫，$B\geqslant 0$表示价格呈加速下降趋势，出现了反泡沫；C表示波动频率（ω）的指数增长因子，且$\omega=6.36\pm 1.56$；β表示幂增长指数，且$\beta=0.33\pm 0.18$；ϕ表示相位参数，且$0\leqslant\phi\leqslant 2\pi$。

对于LPPL模型的由来，约翰森等考虑一个没有股息的理想市场，且利率、风险厌恶和市场流动性限制都被忽略。因此，资产的基本价值是$p(t)=0$，且$p(t)$的任何正值都表示泡沫。一般来说，$p(t)$可以看作是超过资产基本价值的价格。在这个模型中，金融危机不是某一确定事件，它的特点是概率分布：金融投资者继续投资是合理的，因为发生崩溃的风险是由金融泡沫产生的正回报来补偿，泡沫顺利消失的可能性很小，且没有发生危机。在崩溃之前模拟价格行为的关键变量是崩溃风险率$h(t)$，即在尚未发生的情况下，每单位时间内发生崩溃的概率。风险率$h(t)$量化了大量交易者同时位于相同卖出位置的概率。此时，除非价格大幅下跌，否则市场将无法满足所需头寸。在这个模型中，对于交易者同时处于空头位置（就像泡沫崩溃的情况一样）这一现象，认为不一定是一个精心制定的全球协调的内部机制的结果，但它可以从模仿的局部微观互动开始，然后由市场传播，产生宏观效应。在这方面，约翰森等（Johansen et al.，2000）首先讨论了一个宏观的“平均场”方法，然后转向更微观的方法。下面将进行详细介绍。

首先是宏观建模，根据统计力学的平均场理论（Stanley，1971；Goldenfeld，1992）描述模仿过程的一个简单方法是假设风险率 $h(t)$ 可以用以下方程来描述：

$$\frac{\mathrm{d}h}{\mathrm{d}t}=Ch^{\delta} \tag{11-12}$$

其中，$C>0$ 是常数，$\delta>1$ 表示交易者之间的平均相互作用数减去 1。因此，相互作用的放大增加了风险率。如果整合（11－11），有：

$$h(t)=\left(\frac{h_0}{t_C-t}\right)^{\alpha},\ \alpha=\frac{1}{\delta-1} \tag{11-13}$$

其中，t_C 是由初始条件在一定时间内决定的临界时间。可以证明条件 $\delta>1$（即 $\alpha>0$）对于获得有限时间内的临界点的增长至关重要。另外，$\alpha<1$ 是价格在 t_C 时无分歧的必要条件。且 $2<\delta<\infty$，并要求一个交易者至少要与两个交易者连接。这种方法的另一个重要特征是自我实现危机的可能性，曾被用于解释“90 年代”一些国家的股市衰退（Krugman，1998；Sornette，2003a）。衰退的原因是投资者信心的丧失，可以用风险率来量化这种信心的不足：

$$\frac{\mathrm{d}h}{\mathrm{d}t}=Dp^{\mu},\ \mu>0 \tag{11-14}$$

其中，D 是常数，当市场价格与其基础价值相偏离时，该值就会变大，因此价格必须增加以补偿日益增加的风险。

其次是微观建模，约翰森（2000）和索内特（2003a）假设非理性交易者连接到一个网络中。每个交易都由整数 $i=1,\cdots,I$ 和 $N(i)$ 表示网络中直接连接到交易者 i 的交易者数。假设每个交易者只能有两个可能的状态 s_i：“买入”（$s_i=+1$）或“卖出”（$s_i=-1$）。假设交易者 i 的状态由以下马尔可夫过程决定：

$$s_i=\mathrm{sign}\left(K\sum_{k\in N(i)}s_j+\sigma\varepsilon_i\right) \tag{11-15}$$

其中，如果 $x>0$，$\mathrm{sign}(x)$ 等于 1；如果 $x<0$，$\mathrm{sign}(x)$ 等于 -1。K 是常数，ε_i 是标准正态随机变量。在这个模型中，K 控制着交易者中的模仿趋势，σ 支配着他们的特殊行为。如果 K 增加，网络中的趋势也会增加，而当 σ 增加时，则相反。如果交

易成功，交易者就会赢他们的近邻，并且他们的模仿行为将蔓延到整个网络，从而导致市场崩溃。更具体地类比 Ising 模型，存在一个临界点 K_C，它决定了不同制度之间的分离：当 $K<K_C$ 时，无序市场占主导地位，对小范围全球市场影响的敏感性较低。当模仿力 K 逐渐接近 K_C 时，交易者的行为逐渐趋于一致，此时市场对小范围的全球动荡变得极为敏感。最后，对于更大的模仿力，使 $K>K_C$，模仿的倾向是如此强烈，以至于在交易者中存在一个占主导地位的交易倾向。

系统的磁化率是系统对外部扰动（或一般全局影响）敏感程度的物理量，这个数量描述考虑到网络中存在的外部影响，市场中的投资者所出现的状态概率相同，将衡量全球影响的变量 G 添至式（11－14）中：

$$s_i = \text{sign}\left(K\sum_{k\in N(i)} s_j + \sigma\varepsilon_i + G\right) \tag{11-16}$$

将市场平均状态定义为 $M = (1/I)\sum_{i=1}^{I} s_i$，当 $G=0$ 时，$E[M]=0$。对于 $G>0$，有 $M>0$；对于 $G<0$，有 $M<0$。因此，$E[M]\times G\geqslant 0$。然后将系统的磁化率定义为 $X=\frac{\mathrm{d}E[M]}{\mathrm{d}G}\Big|_{G=0}$。

一般来说，磁化率有三种可能的解释：第一，它衡量 M 对全球影响微小变化的敏感性。第二，它是（一个恒定的时间）M 围绕由特质冲击 ε_i 引起的零期望方差。第三，如果考虑两个投资者，并强制一个处于一定状态，我们的干预将使第二个投资者产生的影响与敏感性成正比。

最后是价格动力学和 LPPL 模型的推导。正如先前所预期的那样，JLS 模型认为市场中的理性投资者风险偏好是中性的且其期望是合理的。故市场中的资产价格 $p(t)$ 遵循鞅过程：

$$E_t[p(t')] = p(t),\ \forall t' > t \tag{11-17}$$

其中，$E_t[.]$表示给定直到时间 t 为止所有可用信息的条件期望。在市场均衡的情况下，先前的相等是不套利的必要条件。

考虑到崩溃发生的概率不是零，我们可以定义一个跳跃过程 j，它在崩溃前为 0，时间 t_C 崩溃后等于 1。由于 t_C 是未知的，它由具有概率密度函数 $q(t)$、累积分布函数 $Q(t)$ 和 $h(t)=q(t)/[1-Q(t)]$ 给出的危险率的随机变量来描述，即在下一个瞬间发生碰撞的单位时间概率。为了简单起见，假设价格在崩溃期间下降了固定百分比 $k\in(0,1)$，资产价格动态由式（11－18）得到：

$$\begin{aligned}
&\mathrm{d}p = \mu(t)p(t)\mathrm{d}t - kp(t)\mathrm{d}j \Rightarrow \\
&E[\mathrm{d}p] = \mu(t)p(t)\mathrm{d}t - kp(t)[P(\mathrm{d}j=0)\times(\mathrm{d}j=0) + P(\mathrm{d}j=1)\times(\mathrm{d}j=1)] \\
&\quad = \mu(t)p(t)\mathrm{d}t - kp(t)[0 + h(t)\mathrm{d}t] = \mu(t)p(t)\mathrm{d}t - kp(t)h(t)\mathrm{d}t
\end{aligned} \tag{11-18}$$

无套利条件和理性预期共同意味着 $E[\mathrm{d}p]=0$，因此 $\mu(t)p(t)\mathrm{d}t-kp(t)h(t)\mathrm{d}t=0$，即 $\mu(t)=kh(t)$。将最后一个等式代入式（11－17），得到定义 $d[\ln p(t)]=kh(t)$ 给出的崩溃发生前价格动力学的微分方程，其解是：

$$\ln\left[\frac{p(t)}{p(t_0)}\right]=k\int_{t_0}^{t}h(t')\mathrm{d}t' \tag{11-19}$$

崩盘的概率越高，价格应该增长得越快，以补偿投资者在市场上崩盘的风险增加（Blanchard，1979）。此时，JLS（2000）采用的结果是，一个接近临界点的变量系统，可以用幂律来描述。并且系统的磁化率发散如下：

$$X\approx A\ (K_C-K)^{-\gamma} \tag{11-20}$$

其中，A 是正常数，$\gamma>0$ 被称为磁化率的临界指数（等于二维等值模型的 7/4）。不幸的是，二维 Ising 模型只考虑投资者以统一的方式相互关联，而在实际市场中，一些投资者可以比其他投资者更多地连接。现代金融市场是由一群相互作用的投资者组成的，他们的规模大不相同，从个人投资者到大型养老基金。此外，世界上所有的投资者都是在一个网络（家庭、朋友、工作等）中组织起来的，在这个网络中，他们在当地相互影响。金融市场当前结构的一个更合适的表示是由一个分层的菱形晶格给出的，可以用这个结构开发一个理性模仿模型。其结构描述如下：第一，市场中两个投资者相互链接，这样就形成了一个链接和两个投资者；第二，用形成菱形的四个新的链接代替这个链接：两个原始投资者现在位于两个截然相反的顶点，而另外两个顶点被两个新的交易者占据；第三，对于这四个环节中的每一个，用四个新的环节代替它们，以同样的方式形成一颗钻石。重复这个操作任意次数，将得到一个分层钻石格。因此，经过 n 次迭代将有 $N=(2/3)\times(2+4^n)$ 个投资者和 $L=4^n$ 个联系。例如，最后一个生成的投资者将只有两个链接，初始投资者将有 $2n$ 个邻居，而其他投资者将有中等数量的邻居在中间。这个模型的一个版本由德里达等（Derrida et al.，1983）提出，基本性质与使用二维网络的理性模仿模型相似，唯一区别是式（11－8）中的 γ 可为复数。故解一般为：

$$\begin{aligned}X&\approx\mathrm{Re}[A_0\ (K_C-K)^{-\gamma}+A_1\ (K_C-K)^{-\gamma+i\omega}+\cdots]\\&\approx A'_0\ (K_C-K)^{-\gamma}+A'_1\ (K_C-K)^{-\gamma}\cos[\omega\ln(K_C-K)+\phi]+\cdots\end{aligned} \tag{11-21}$$

其中，A_0、A_1 和 ω 为实数，Re[.]为复数实数部分。现在，式（11－20）中的幂律被称为“对数周期”的振荡修正，因为它们在变量(K_C-K)的对数中是周期性的，$\omega/2$ 是它们的对数频率。这些振荡随着频率达到临界时间而加速。考虑到这一机制，约翰森等（Johansen et al.，2000）假设崩溃危险率的行为与临界点附近的磁化率相似。故用式（11－20）并考虑金融市场的层次格，风险率具有以下行为：

$$h(t) \approx B_0\,(t_C - t)^{-\alpha} + B_1\,(t_C - t)^{-\alpha}\cos[\omega\ln(t_C - t) + \varphi'] \tag{11-22}$$

这种风险率的行为表明，当投资者之间的互动变得足够大时，单位时间内的崩溃风险（考虑到它尚未发生）将会急剧增加。然而，这种加速度会被中断，并与加速的阶段序列叠加，其中风险降低，这是由对数周期振荡表示的。由公式（11－18）～公式（11－22）可以得到以下崩溃前资产价格的进化：

$$\ln[p(t)] \approx \ln[p(c)] - \frac{K}{\beta}\{B_0\,(t_C - t)^{\beta} + B_1\,(t_C - t)^{\beta}\cos[\omega\ln(t_C - t) + \phi]\} \tag{11-23}$$

以更合适的形式整理，以拟合金融时间序列如下：

$$\ln[p(t)] \approx A + B\,(t_C - t)^{\beta} + C\,(t_C - t)^{\beta}\cos[\omega\ln(t_C - t) + \phi] \tag{11-24}$$

下面介绍 LPPL 模型的推导。市场在达到临界点前价格呈现对数周期性特点，在临界点附近呈现离散标度不变性（discrete scale invariance，DSI）规律，故可以通过分析这个规律来分析临界点的特点。例如，对于变量 $O(x)$，具有 DSI 特性：自变量 x 的增减倍数不影响变量 $O(x)$ 的幂律形式，用公式表示为 $O(x)=\mu(\lambda)O(\lambda x)$，和多重分形一样。$\lambda$ 为放大因子，具有周期性特性，故可将 $O(x)$ 表示为：

$$O(x) = x^{\beta}p\left(\frac{\ln x}{\ln\lambda}\right) \tag{11-25}$$

其中，$p(\cdots)$ 表示具有周期性的函数。故可将其用 Fourier 级数展开为：

$$\sum_{n=-\infty}^{\infty} c_n\exp\left(2n\pi i\,\frac{\ln x}{\ln\lambda}\right),\ \alpha_n = \alpha + i\,\frac{2\pi n}{\ln\lambda} \tag{11-26}$$

并将式（11－25）代入 $O(x)=\mu(\lambda)O(\lambda x)$ 中，得到一阶形式为：

$$I(t) = A + B\tau^{\alpha} + C\tau^{\alpha}\cos[\omega\ln\tau + \Phi] \tag{11-27}$$

其中，$I(t)$ 是金融市场中资产的价格序列或者对数价格序列，即 $I(t)=p(t)$ 或 $I(t)=\ln[p(t)]$，一般是后者。τ 是各时间点 t 与临界点 t_C 的间隔，泡沫曲线为 $\tau=f(t_C,t)$，反泡沫曲线为 $\tau=f(t,t_C)$。进一步地让拟合结果更精确，有二阶形式为：

$$I(t) = A + B\tau^{\beta} + C\tau^{\beta}\cos[\omega\ln\tau + \Phi_1] + D\tau^{\beta}\cos[2\omega\ln\tau + \Phi_2] \tag{11-28}$$

据约翰森等研究，资产价格的行为模式可用以下模型表示：

$$\mathrm{d}p = kp(t)h(t)\,\mathrm{d}t \tag{11-29}$$

其中，$\mathrm{d}p$ 表示单位时间价格或指数变动量，k 是价格或指数在泡沫破裂时下降的可能性，$p(t)$为t时刻的价格或指数，$h(t)$是t时刻的风险率，即在下一单位时间泡沫破裂的概率。可对式（11－29）进行系列变换，并通过设定交易者行为模式和模仿因子以及利用傅里叶变换最终可得到式（11－10），即 LPPL 模型。

由公式（11－29）可得：

$$\log p(t) = k\int_{t_0}^{t} h(t')\,\mathrm{d}t' \tag{11-30}$$

约翰森等建立了一个投资者行为模型来确定风险比率$h(t)$，投资者对市场的态度有两种：看好的牛市（＋1）和不看好的熊市（－1），每个投资者在下个单位时间i的状态s_i如下：

$$s_i = \mathrm{sign}(K\sum_{j\in N(i)} s_j + \sigma \in i) \tag{11-31}$$

其中，K是一个人的模仿因子；$N(i)$是影响第i个交易者行为的交易者集合；σ是所有交易者趋于同一行为模式的程度；$\in i$是标准正态分布和随机变量。

引入两个假设：第一，K随时间t的增长而增长，在临界时刻t_c时有最大值K_c，因此$K_c-K(t)$的值取决于t_c-t的值；第二，风险比率h和K/K_c有相同的敏感性变化。于是：

$$h(t)\approx B'(t_c-t)^{-\alpha}\{1+C'\cos[\omega\log(t_c-t)+\phi']\} \tag{11-32}$$

把公式（11－32）中的h代入公式（11－30），可得：

$$\log p(t) = k\int_{t_0}^{t} B'(t_c-t)^{-\alpha}\{1+C'\cos[\omega\log(t_c-t)+\phi']\}\mathrm{d}t' \tag{11-33}$$

令$\beta=1-\alpha$，$\psi(t)=\omega\log(t_c-t)+\phi'$可得：

$$\begin{aligned}\int(t_c-t)^{-\alpha}\cos[\omega\log(t_c-t)+\phi']\mathrm{d}t &= \int(t_c-t)^{\beta-1}\cos\psi(t)\,\mathrm{d}t\\ &= \frac{-(t_c-t)^{\beta}}{\omega^2+\beta^2}[\omega\sin\psi(t)+\beta\cos\psi(t)]\end{aligned} \tag{11-34}$$

用公式（11－34）对公式（11－33）进行整合后求积分得：

$$\log p(t)\approx A+B(t_c-t)^{\beta}\{1+C\cos[\omega\log(t_c-t)+\phi]\} \tag{11-35}$$

其中，$A=\log p(t_c)$，$B=-kB'/\beta$，$C=\beta^2C'/(\omega^2+\beta^2)$。

接着是 LPPL 模型的拟合算法。LPPL 模型中共有 7 个参数需要在实际运算中有相关数据进行拟合估计，其原则是先确定拟合的数据窗口，再选取拟合数据与真实数据差异最小的参数值。

首先，对于数据窗口选择，起点是研究时间段（变化趋势改变前）的价格或指数最低值所对应的时间点，终点是研究时间段价格或指数最大值所对应的时间点，即所要辨识泡沫是否会破裂的时刻。

其次，用 LPPL 模型进行拟合：

$$SE = \sum_{t=t_1}^{t_n}(y_t - \hat{y}_t)^2 = \sum_{t=t_1}^{t_n}[y_t - A + B(t_c - t)^{\beta} + C(t_c - t)^{\beta}\cos(\omega \ln x + \phi)]^2 \quad (11-36)$$

其中，y_t 为资产的对数价格或者是指数的对数，$\hat{y}_t$ 为 LPPL 模型预测的数据，n 为整个数据窗口中的工作日数，t_i 为数据窗口中第 i 个工作日。要求 7 个拟合参数的估计值是一个全局优化问题：即用 LPPL 模型对数据序列 $p(t_i),i=1,\cdots,n$ 进行拟合，最终寻找使拟合误差 SE 最小的参数$(A,B,C,\beta,\omega,t_c,\phi)$，并以此来判断泡沫的发生与否，及泡沫破裂的大致时间。

最后，再对模型进行优化，(A,B,C)为线性参数，$(\beta,\omega,t_c,\varphi)$为非线性参数，用式（11－36）分别对 A,B,C 取偏导取零建立方程组，进而可用非线性参数表达线性参数。建立参数(ω,t_c)的网络，对网络的每个点，利用禁忌算法求取最优参数(β,ϕ)。选择 $0<\beta<1$ 的最优参数(β,ω,t_c,ϕ)集，以此来导出 Nelder-Mead Simplex 搜索过程，简称 JS 方法。

第三节 系统泡沫趋势分析的 1stOpt 实现与案例分析

一、1stOpt 软件介绍与泡沫趋势分析

（一）运用对数周期性幂律模型进行泡沫辨识

具体步骤如下：

第一步，选择样本，观察金融产品的价格趋势，然后筛选出具有急剧上升和下降的对象作为研究样本。

第二步，构造 LPPLS 模型方程，计算选定金融产品的对数价格。

注：“对数周期性幂律”：泡沫的出现总是伴随着价格的快于指数的增长，而泡沫的爆发总是伴随着价格的急剧反转，起点和终点分别处于向上的价格趋势。

第三步，利用 1stOpt 拟合软件对 LPPLS 模型参数进行估计，得到 LPPLS 模型中的所有参数。

第四步，识别气泡类型。如果风险比 $h(t)$ 是非负数且 $0<\alpha<1$ 集中在 0.5 附近，则金融市场满足崩盘条件，其中市场崩盘的风险比为 $h(t)$，并且 $h(t)\geqslant 0$。这

里 $B<0$ 表示价格呈加速上升趋势，出现泡沫；$B\geqslant 0$ 表示价格呈加速下降趋势，出现了反泡沫。

第五步，通过拟合 LPPLS 模型来度量风险抵抗能力，并通过改变泡沫的结束时间来获得更多组的拟合带，并选取最好的拟合带，确定其拟合参数和泡沫崩盘时间。

（二）本书将用 1stOpt 软件进行 LPPL 模型的拟合运算

运行步骤如下：

Step1：将资产价格取对数，并将时间那一列按升序由 1 开始标序号。

Step2：打开 1stOpt 软件，其界面如图 11－6 所示，需要输入的对象依次是标题、参数、变量、函数和数据。

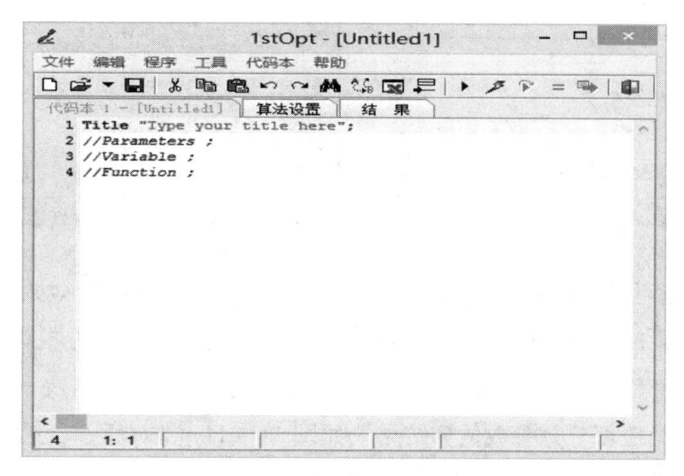

图 11－6　1stOpt 运行界面

Step3：算法设置里的优化算法选麦夸特法（Levenberg-Marquardt），如图 11－7 所示。将 LPPL 模型的相关参数、变量、函数关系式及数据依次输入，如图 11－8 所示，然后单击菜单栏里的三角形“运行”按钮。

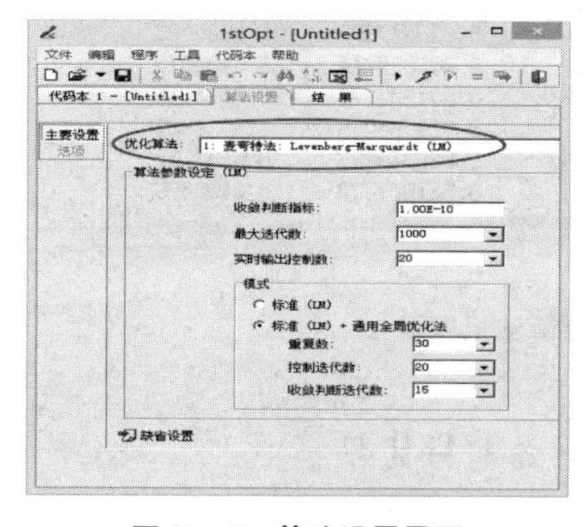

图 11－7　算法设置界面

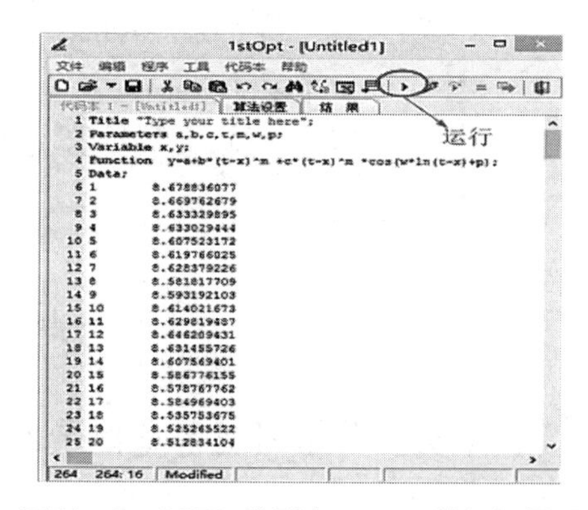

图 11－8　LPPL 模型在 1stOpt 的运行界面

Step4：图 11 - 9 为上一步运行后的结果界面，上面的框为资产对数价格的拟合图，横向倾斜曲线为真实的对数价格线，纵向倾斜曲线为资产对数价格的拟合线，下面的框为 LPPL 模型的运算结果。

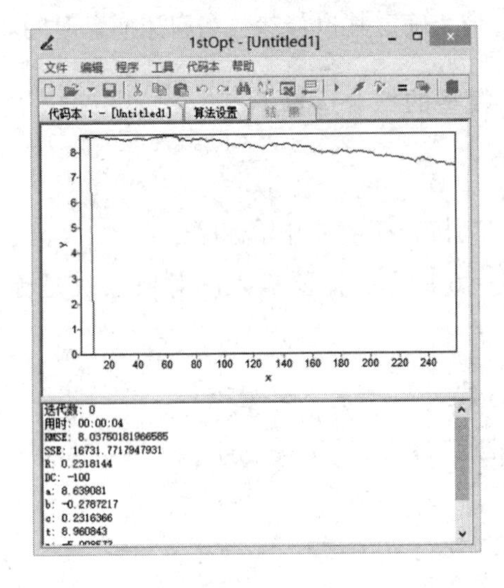

图 11 - 9 1stOpt 结果界面

图 11 - 10 1stOpt 计算结束的结果界面

Step5：运行结束后的界面如图 11 - 10 所示，上框中的拟合效果较好，下框中运算结果的第一部分是统计结果，包括迭代数、运算用时、均方根误差（RMSE）、残差平方和（SSE）、相关系数（R）、相关系数平方和（R^2）、可决系数、卡方系数和 F 统计量，第二部分是参数估算结果，如图 11 - 11（a）所示，第三部分是结果输出部分，包括序列序号、资产对数价格的真实值和由 LPPL 模型得到的计算值，如图 11 - 11（b）所示。

参数	最佳估算
a	7.18498142745114
b	0.0596666691247855
c	-0.00474579595374З
t	267.083978285447
m	0.581489173465068
w	13.3261458728534
p	-35.4986211625557

（a）

==== 结果输出 ====

No	实测值y	计算值y
1	8.678836077	8.6763450
2	8.669762679	8.6674171
3	8.633329895	8.6586096
4	8.633029444	8.6499373
5	8.607523172	8.6414146
6	8.619766025	8.6330561
7	8.628379226	8.6248757
8	8.581817709	8.6168875

（b）

图 11 - 11 1stOpt 估算结果界面

二、中国、美国和英国金融系统的泡沫趋势比较

本书选取了对世界各国市场影响较大的事件：美国的金融危机事件，并利用前

面介绍的模型方法识别这一时期所产生的金融市场泡沫。将探究中国股市泡沫，并选取两个具有代表性的国外股票指数作对比，不仅体现 LPPL 模型的实用性，还将金融危机对中国股市和国外股市冲击产生的泡沫进行对比分析。

基于上述分析，将选取三个国家主要的股票指数为研究对象，即中国的上证指数、美国的道琼斯工业指数和英国的富时 100 指数，这三个股票指数代表了各个国家的大盘指数。选取指数的日收盘价，数据来源于同花顺交易软件，且整个研究时间段是 2005～2009 年。为了使本部分的收益率在正态分布检验中，避免受到股价时间序列相关性以及时间趋势的干扰，此处使用股价的对数收益率而非一般收益率，如公式（11－1）。图 11－12～图 11－14 分别是上证指数、道琼斯工业指数和英国富时 100 指数在研究时间段的对数收益率时序图，可以看出三个股票指数的对数收益率都是围绕 0 值上下波动，其中上证指数的对数收益率波动较大些，尤其是 2008～2009 年这段时期，说明我国股市的成熟度不是很高，股市受投资者情绪影响较大，更容易出现泡沫。而道琼斯工业指数和英国富时 100 指数对数收益率波动相似，都是前期较平稳，到 2008 年末至 2009 年初有较大波动。同时，通过对比发现，道琼斯工业指数整体波动范围远小于上证指数（平均相对波动），英国富时 100 指数波动范围略大于道琼斯工业指数，但同样远小于上证指数。

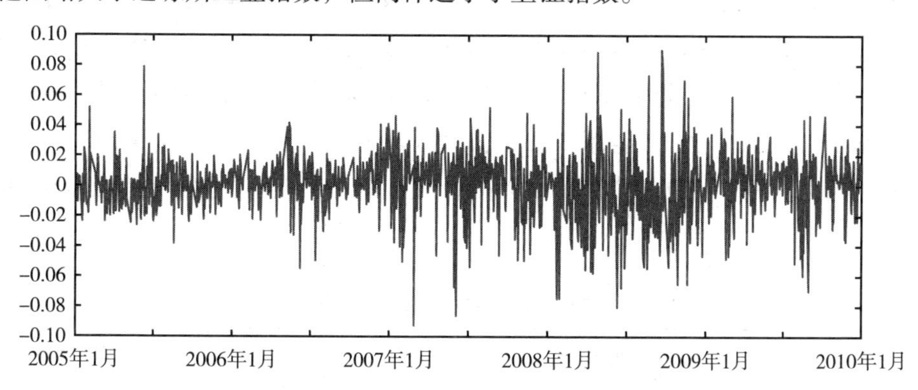

图 11－12　上证指数对数收益率时序

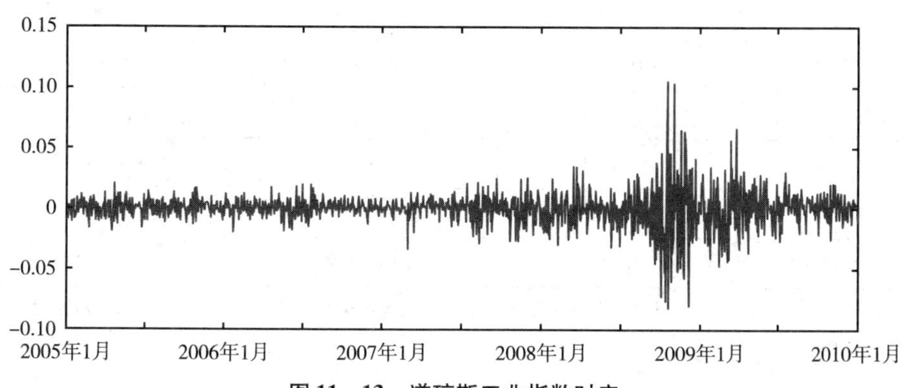

图 11－13　道琼斯工业指数时序

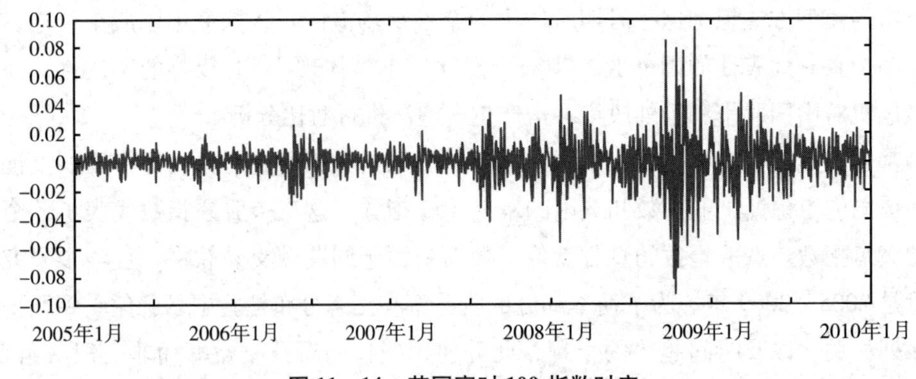

图 11-14 英国富时 100 指数时序

进一步分析三个股票指数对数收益率的统计特征，利用 EViews 得到三个股票指数的描述性统计结果。如表 11-1 所示，因为三个国家的节假日有所不同，所以在研究时间段内的样本个数也不同，上证指数有 1214 个样本，道琼斯工业指数有 1258 个样本，英国富时 100 指数有 1263 个。三个股票指数的平均收益率都较小，甚至道琼斯工业指数的平均收益率为负数，说明金融危机对其造成的影响较大。上证指数和英国富时 100 指数的对数收益率分布均是左偏，而道琼斯工业指数的对数收益率是右偏的，这表明三个股票指数的对数收益率都不是围绕均值对称分布的。此外，三种对数收益率的峰度均大于 0，在峰值附近集中取值的频率大于正态分布，呈现尖峰状态，其中道琼斯工业指数和英国富时 100 指数的对数收益率的尖峰状态比较明显。而且三种对数收益率的 JB 检验均显著拒绝原假设，所以其分布均远远偏离正态分布。下一节将进一步利用 *R/S* 分析来验证三个股票指数是否具有分形市场特征。

表 11-1 指数对数收益率的描述性统计

项目	上证指数	道琼斯工业指数	英国富时 100 指数
容量	1214	1258	1263
均值	0. 000799	-0. 000023	0. 000087
标准差	0. 020440	0. 013915	0. 014083
偏度 S	-0. 342786	0. 046866	-0. 125828
峰度 K	2. 394383	10. 161602	8. 496579
JB 检验	315. 9900 ***	5435. 3000 ***	3818. 8000 ***
ADF 检验	-9. 6637 ***	-10. 8870 ***	-10. 8190 ***

注：*** 表示在 1% 的置信水平下显著，ADF 检验原假设是数据具有单位根，非平稳。JB 检验原假设是数据服从正态分布。

为了检测选取样本区间是否存在泡沫，利用 *R/S* 分析法测算样本期内三个股票指数的 Hurst 指数值，检验三个指数收益率序列的分形特征和长期记忆性。本书先计算三个指数的对数收益率，并以其为数据源，用 Matlab 软件运行 *R/S* 分析法的代码直接得到三个股票指数的 Hurst 值。

如表 11－2 所示，上证指数、道琼斯工业指数和英国富时 100 指数的 Hurst 指数值分别为 0.7487、0.6020 和 0.5346，均大于 0.5，说明其收益率序列具有长期记忆性和趋势增强的特征。证明上证指数、道琼斯工业指数和英国富时 100 指数的未来增量与历史增量呈正相关，遵循有偏的随机游走过程，具备分形特征。上证指数的赫斯特指数大于 0.65，说明其对数收益率呈强持续过去趋势，持续时间长，即上证指数对数收益率的未来增量与历史增量的正相关性较强；道琼斯工业指数和英国富时 100 指数的赫斯特指数都小于 0.65，呈弱持续过去趋势，持续时间较短，即其对数收益率的未来增量与历史增量正相关性较弱。下一步则可以通过分形特征初步判定三个国家的股市存在标度不变性。利用式（11－6）计算三个股票指数收益率序列的分形维分别为 1.2513、1.398 和 1.4654，均小于 1.5，说明三个股票指数收益率序列的光滑度位于直线和随机游走之间，具有稳定的分形结构，满足标度不变性，说明历史增量促进未来增量增长，为三国股市泡沫的存在提供了证据。

表 11－2　　　　　　　　指数收益率的 Hurst 指数值

指数	Hurst 指数值
上证指数	0.7487 **
道琼斯工业指数	0.6020 *
英国富时 100 指数	0.5346 *

注：* 表示弱持续或弱反持续，** 表示强持续或强反持续。

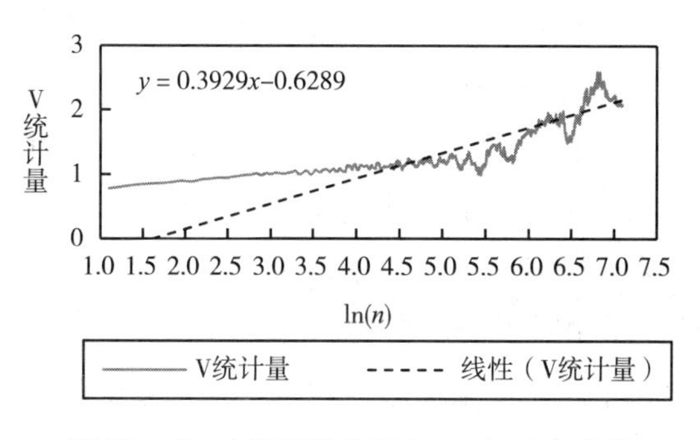

图 11－15　上证指数的 V-ln（*n*）变化曲线

上述分析证明了三个股票指数收益率的持续性，下面将根据 V 统计量的散点图来确定它们各自的平均循环周期。图 11－15 ~ 图 11－17 分别是上证指数、道琼斯工业指数和英国富时 100 指数的 V 统计量散点图，横轴是时间长度的对数值 ln(*n*)，纵轴是 V 统计量。实线是 V 统计量的真实散点图，虚线是散点图的趋势线。可以看到三个散点图的趋势线都是向右上方倾斜，对应了上面的结论，即 Hurst 指数大于 0.5，存在长期记忆性。根据数学上的拐点定义判断，图 11－15 中的第一个拐点是在 ln(*n*) = 2.8332 处，对应的时间长度为 *n* =

$e^{2.8332} \approx 17$，即上证指数对数收益率的时间序列平均循环长度为 17 年，这说明过去对未来的有效影响时间可达 17 年，超过 17 年其持续性将会逐渐消失。同理可以得到图 11－16 和图 11－17 中的第一个拐点都是在 $\ln(n)=2.1972$ 处，对应的时间长度为 $n=e^{2.1972} \approx 9$，即道琼斯工业指数和英国富时 100 指数对数收益率的时间序列平均循环长度都为 9 年，超过 9 年这两个股票指数的持续性将会逐渐消失。这也对应了表 11－1 中上证指数具有强持续性，道琼斯工业指数和英国富时 100 指数具有弱持续性的结论。

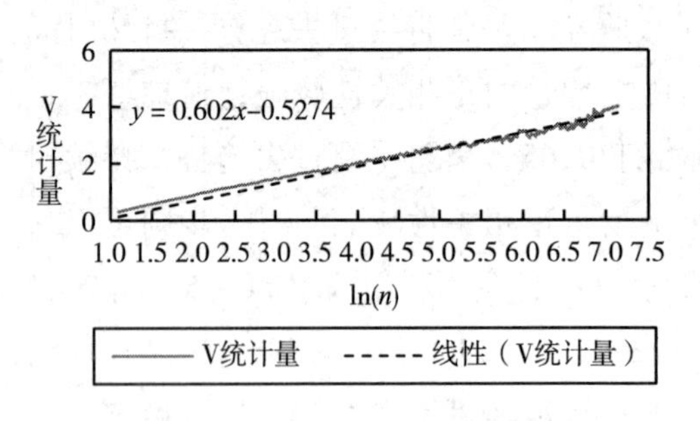

图 11－16　道琼斯工业指数的 V-ln（n）变化曲线

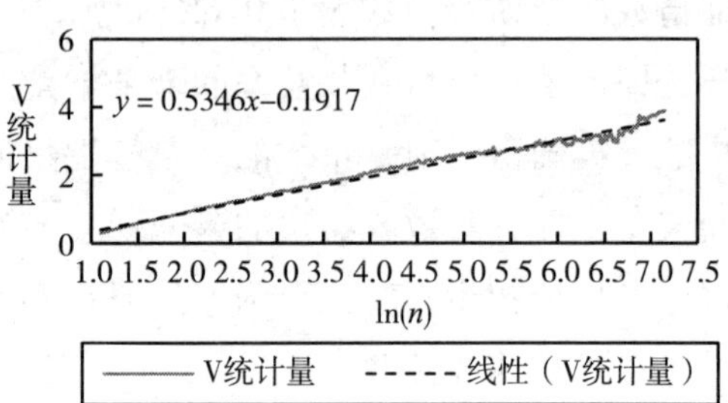

图 11－17　英国富时 100 指数的 V-ln（n）变化曲线

上述分析已经验证了三个国家的股票市场具有分形特征，满足标度不变性，从而为股票市场价格的对数周期性提供了基本证据，三国股市在样本区间内具备泡沫产生的必要条件，而泡沫无论对投资者还是整体经济都具有很大伤害，甚至造成市场崩溃与经济危机。因此，辨识泡沫种类和预测泡沫的崩溃（机制转变）具有重要意义。下面将给出利用对数周期性幂律模型辨识三个国家股市泡沫的分析。

先观察三个股票指数的价格趋势图，由价格趋势来初步确定各指数的泡沫区间。如图 11－18 所示，无论是上涨段还是下跌段，上证指数价格走势的坡度都是最大的，而道琼斯工业指数次之，英国富时 100 指数最为平缓，这与股市的成熟度和国家的金融政策有关。但是可以看出在金融危机时期，三个国家的股票指数上涨下跌区间相似，首先是危机前期的大涨段，道琼斯工业指数上涨较缓且在 2007 年 10 月 9 日收盘价达到最大值 14164.53 点，英国富时 100 指数上涨速度最缓，且达到峰值的时间要早一些，在 2007 年 6 月 15 日上涨至 6732.399 点，上证指数上涨速度最大且达到峰值的时间比道琼斯工业指数晚几天，在 2007 年 10 月 16 日上涨至 6092.06 点；其次是大跌段，三个股票指数都是急速下跌，和大涨段一样，上证指数下跌速度也最大，跌至 1839.62 点（2008 年 10 月 24 日），道琼斯工业指数次之，跌至 6547.05 点（2009 年 3 月 9 日），英国富时 100 指数最小，跌至 3512.09 点（2009 年 3 月 3 日）；最后是跌至谷底的反弹上涨段。因此由三个指数的价格趋势图可以将整段样本期分为三段泡沫区间，且根据两个高低价的时间可以大致确定三个股票指数的泡沫时段。三个股票指数的价格波动相似，根据上面介绍的泡沫形态类型和图11－18各时间段的股票指数价格走势初步确定了各段的泡沫类型。大涨段的上涨趋势逐渐增强，故为正泡沫；大跌段的下跌趋势逐渐减弱，故为负泡沫；反弹上涨段上涨趋势逐渐减弱，故为反转负泡沫。先初步将三个股票指数在金融危机时期的三段泡沫的时间段和类型定为表11－3中的结果，第三节将运用LPPL模型识别各段泡沫，并确定具体的泡沫区间和泡沫类型。

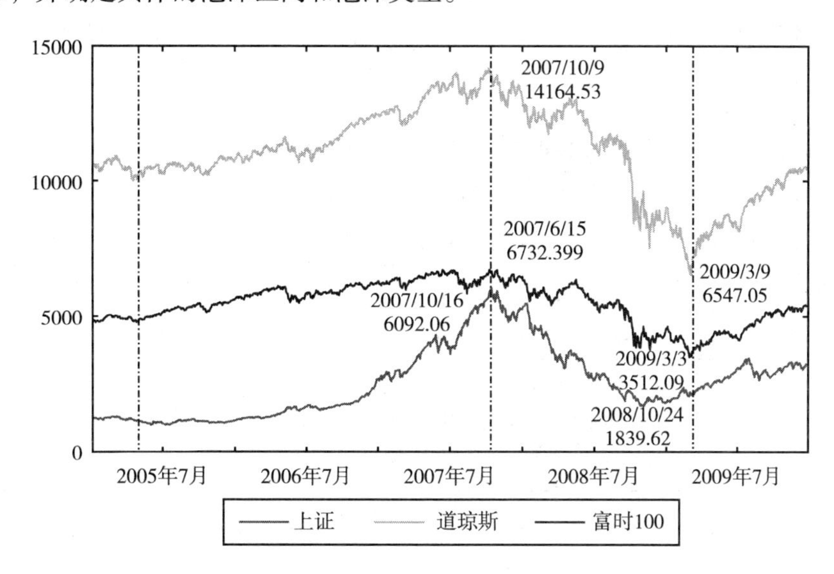

图11－18 三个国家的股票指数价格趋势

表11－3　　三个指数泡沫区间的初步分段

指数	时间段	时间跨度	拟研究的泡沫形式
上证指数	2005年7月~2007年10月	2.33	正泡沫
	2007年11月~2008年10月	1	负泡沫
	2008年11月~2009年12月	1.17	反转负泡沫
道琼斯工业指数	2005年10月~2007年10月	2.08	正泡沫
	2007年11月~2009年3月	1.42	负泡沫
	2009年4月~2009年12月	0.75	反转负泡沫
英国富时100指数	2005年5月~2007年6月	2.17	正泡沫
	2007年7月~2009年3月	1.75	负泡沫
	2009年4月~2009年12月	0.75	反转负泡沫

最终得到上证指数、道琼斯工业指数和英国富时100指数的拟合参数结果分别如表11－4至表11－6所示，t是泡沫破裂的预测时间，或者说是跳跃转变时间，其得到的是时间长度，据此可以找到对应的具体日期。各阶段拟合效果分别如图11－19至图11－21所示。根据拟合参数中B的正负和拟合图的形态确定泡沫的类型。对于

上证指数，第一个泡沫区间为 2005 年 7 月 18 日 ~2007 年 10 月 16 日，其拟合参数中 $B<0$，价格呈现上涨趋势，拟合图如图 11－19（a）所示，上涨趋势逐渐增强，故该段的泡沫类型为正泡沫；第二个泡沫区间为 2007 年 10 月 17 日 ~2008 年 11 月 4 日，其拟合参数中 $B>0$，价格是下降趋势，拟合图如图 11－19（b）所示，下降趋势逐渐减弱，故该段的泡沫类型为负泡沫；同理，第三个泡沫区间为 2008 年 11 月 5 日至 2009 年 8 月 4 日，其拟合参数中 $B<0$，且其拟合图如图 11－19（c）所示，上涨趋势逐渐减弱，故为反转负泡沫。图 11－19（d）为各阶段拟合图组合成的完整拟合图。

表 11－4　　上证指数 LPPL 模型拟合参数结果

时间段	t	A	B	C	α	ω	ϕ	泡沫形态
2005/7/18 ~2007/10/16	529.0017	8.7315	－0.0170	－0.0019	0.7575	3.4106	37.7472	正泡沫
2007/10/17 ~2008/11/4	342.7571	6.6211	0.0425	0.0017	0.6682	21.1359	－200.4034	负泡沫
2008/11/5 ~2009/8/4	177.0641	8.1790	－0.0205	0.0019	0.6809	－18.0692	28.8420	反转负泡沫

表 11－5　　道琼斯工业指数 LPPL 模型拟合参数结果

时间段	t	A	B	C	α	ω	ϕ	泡沫形态
2005/10/13 ~ 2007/10/9	728.4566	33439.4069	－8478.5920	－124.6170	0.1516	－17.0648	－370.3902	反转负泡沫
2007/10/10 ~ 2009/3/9	396.0757	4082.2609	315.8692	31.0414	0.5880	－5.7373	30.3448	反转泡沫
2009/3/10 ~ 2009/10/22	159.0005	10082.9705	－22.0585	－3.5899	0.9455	7.2996	1281.6902	反转负泡沫

表 11－6　　英国富时 100 指数 LPPL 模型拟合参数结果

时间段	t	A	B	C	α	ω	ϕ	泡沫形态
2005/5/16 ~2007/6/15	613.2942	7030.4863	－22.2712	－2.5185	0.6823	9.2690	4.0203	反转负泡沫
2007/6/18 ~2009/3/3	451.7187	3596.9886	19.0799	3.4218	0.8630	－3.7249	－62.1517	反转泡沫
2009/3/4 ~2009/11/25	473.9664	12848.7544	－710.4950	－13.5532	0.4137	26.3746	－269.7636	反转负泡沫

而道琼斯工业指数和英国富时 100 指数的泡沫类型判定结果和上面预测的不一样，都只有反转负泡沫和反转泡沫两种类型。对于道琼斯工业指数，第一个泡沫区间为 2005 年 10 月 13 日至 2007 年 10 月 9 日，拟合参数 $B<0$，拟合图如图 11－20（a）所示，指数价格上涨趋势逐渐减弱，故该段泡沫类型为反转负泡沫；第二个泡沫区间为 2007 年 10 月 10 日至 2009 年 3 月 9 日，拟合参数 $B>0$，拟合图如图 11－20（b）所示，指数价格下跌趋势逐渐增强，故该段泡沫类型为反转泡沫；第三个泡沫区间

为 2009 年 3 月 10 日至 2009 年 10 月 22 日，拟合图如图 11 - 20（c）所示，与第一段泡沫类型一样，是反转负泡沫。图 11 - 20（d）为各阶段拟合图组合成的完整拟合图。

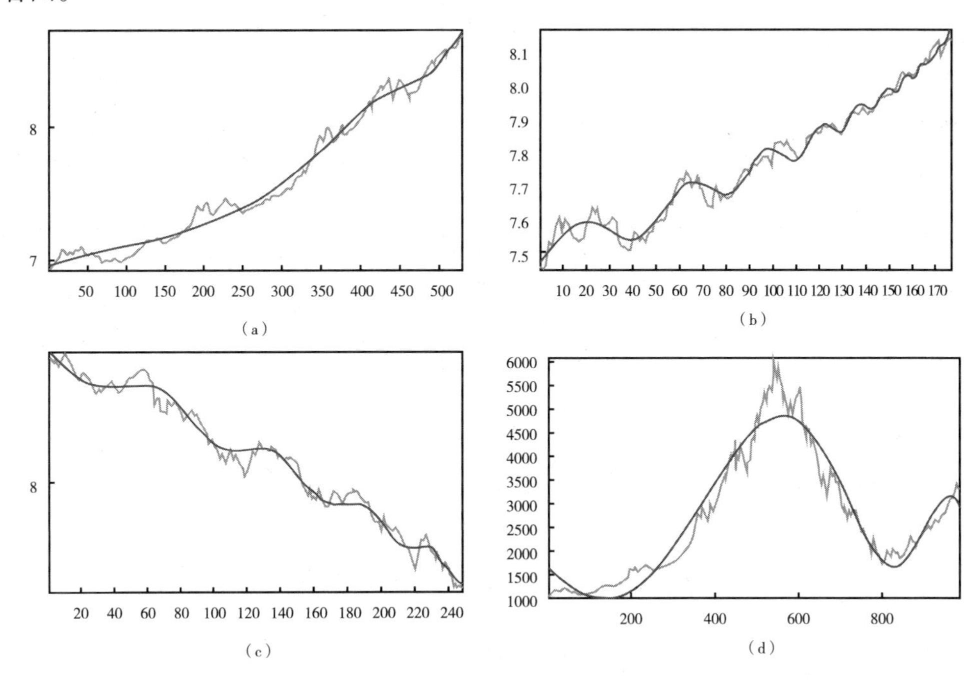

图 11 - 19　上证指数对数价格拟合

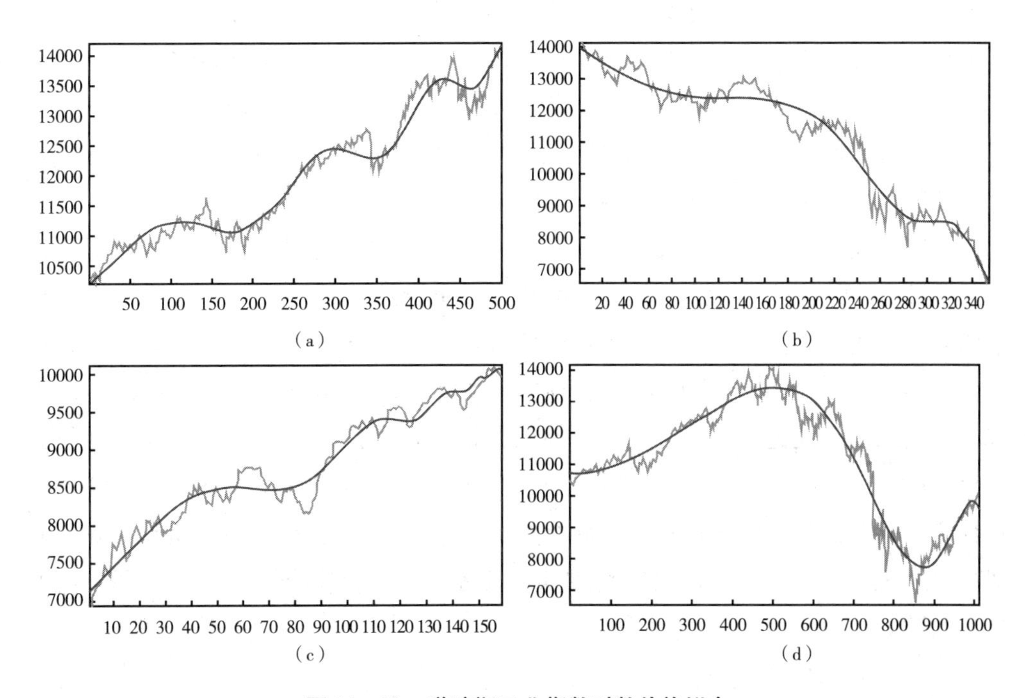

图 11 - 20　道琼斯工业指数对数价格拟合

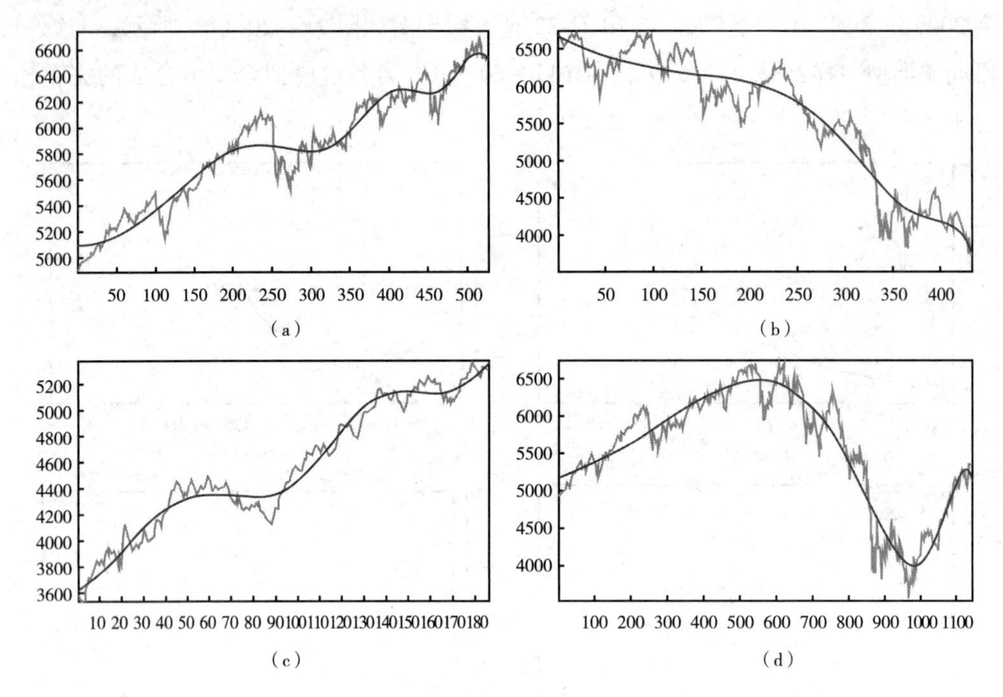

图 11－21　英国富时 100 对数价格拟合

对于英国富时 100 指数，第一个泡沫区间为 2005 年 5 月 16 日至 2007 年 6 月 15 日，拟合参数 $B<0$，拟合图如图 11－21（a）所示，指数价格上涨趋势逐渐减弱，故该段泡沫类型为反转负泡沫；第二个泡沫区间为 2007 年 6 月 18 日至 2009 年 3 月 3 日，拟合参数 $B>0$，拟合图如图 11－21（b）所示，指数价格下跌趋势逐渐增强，故该段泡沫类型为反转泡沫；第三个泡沫区间为 2009 年 3 月 4 日至 2009 年 11 月 25 日，拟合图如图 11－21（c）所示，和第一段泡沫类型一样，是反转负泡沫。图 11－21（d）为各阶段拟合图组合成的完整拟合图。

选取上述分析中，三个股票指数较大两段泡沫的转变时间分析，根据前面得到的参数 t 找到对应的具体日期，是正泡沫（负泡沫）终止或反转泡沫（反转负泡沫）开始的估计时间，即为 LPPL 模型预测的泡沫破裂时间或是指数价格趋势转变时间。然后将其与真实转变时间进行对比，得到其预测误差，具体结果如表 11－7 所示。通过对比表 11－7 中的预测转变时间和实际转变时间，可以发现，LPPL 模型在预测中国股市的上涨趋势泡沫转变时间时较准确，误差甚至为 0，而在预测国外股市指数下跌趋势泡沫转变时间时较准确，不过这也可能与选择的时间窗口有关。临界时间 t_c 的测定精度非常重要，在一定程度上代表了 LPPL 模型的有效性。

表 11-7　　LPPL 模型预测崩盘时间误差

指数	时间段	预测转变时间	实际转变时间	误差
上证指数	2005/7/18 ~ 2007/10/16	2007/10/16	2007/10/16	0
	2007/10/17 ~ 2008/11/4	2009/3/30	2008/10/24	157
道琼斯工业指数	2005/10/13 ~ 2007/10/9	2008/9/4	2007/10/9	331
	2007/10/10 ~ 2009/3/9	2009/5/6	2009/3/9	58
英国富时 100 指数	2005/5/16 ~ 2007/6/15	2007/10/15	2007/6/15	122
	2007/6/18 ~ 2008/10/16	2009/3/25	2009/3/3	22

上述内容分析了运用 LPPL 模型识别中国、美国和英国三个国家的股市泡沫，以三个国家具有代表性的股票指数为研究对象。发现在整个金融危机前后时期，三个国家的股市都存在三段泡沫，分别在金融危机爆发前期的股市大涨段、金融危机爆发后的大跌段，以及股市跌至谷底后反弹的再次上涨段。在三段泡沫类型中，中国股市呈现不同的泡沫类型，即正泡沫、负泡沫和反转负泡沫，是一个显著的多重泡沫市场，这也在一定程度上反映了中国股市较低的成熟度。与中国市场存在较大差异。另外，对比三个股票指数的两个转变时间可以发现，金融危机爆发时，英国股市泡沫最先破裂，美国股市泡沫次之，中国泡沫最后破裂；而在危机后期的股市反弹时，中国股市是最先反弹的，英国股市次之，最后是美国股市，这与各国实施的相关政策有关，中国当时实施了一系列财政政策和货币政策，并推进 4 万亿元经济刺激计划，使股市反弹，英国也进行了金融监管框架的改革，实行“双峰”（审慎监管和行为监管）监管，提高金融监管有效性。

三、中国金融系统的泡沫趋势分析

上个案例分析说明了中国股市存在多重泡沫现象，前面介绍了四种泡沫类型，为体现这一结论，下面扩大了时间范围，列举出多个中国股市泡沫。前面为和其他国家股市进行对比分析，故选取了我国股市中的大盘指数，现在单独分析我国的股市泡沫，将选取沪深 300 指数为研究对象。沪深 300 指数是根据流动性和市值规模，通过一定筛选，从沪深两市中选取 300 只 A 股股票作为成分股采用分级技术编制而成，能整体反映沪深两个市场走势及主流投资的收益情况。观察 2005 ~ 2015 年底沪深 300 指数在股市中的情况。自 2006 年起股市开始滋生泡沫，2007 年沪深 300 指数突破 5800 点，而后，从 2008 年开始迅速跌落，最低达到 1627.76 点，跌幅在 72% 以上。接着是小幅的上涨下跌，至 2014 年底股市再次进入一轮持续上涨跳跃，沪深 300 指数在 2015 年 3 月 30 日再次突破 4000 点，创 7 年新高，而后在 2015 年 5 月 25 日突破 5000 点，直至上升到 5353.75 点。这两轮的大涨大跌都是由事件冲击市场造成股市动荡产生的，前一轮是由2008年的美国金融危机引起的，后一轮是由2015年的股灾引起的，这期间极易产生股市泡沫，下面将运用前面介绍的方法模型进行检测与辨识股市泡沫。

选取沪深300指数2005年4月至2015年11月期间的成交点位为研究序列数据，共计获得2570个数据。从图11－22中可以看出，2007年10月与2015年6月沪深300指数出现了两轮牛市，收盘点位远高于其他时间段，即呈现出较强的泡沫趋势。2007年的大牛市在2008年11月跌至谷底，2015年的大牛市也在经过一个大幅度下跌后趋于稳定，但其中是否存在泡沫还有待进一步地定量验证。当然，从图11－22中可以发现，沪深300指数序列是非平稳的。有必要对其进行一定处理，即对收盘点位进行对数化后的差分取值，进而得到收盘点位的收益率序列，具体计算如公式（11－1）所示。图11－23是沪深300指数对数收益率的走势图，可以发现沪深300指数的收益率围绕0值上下波动。

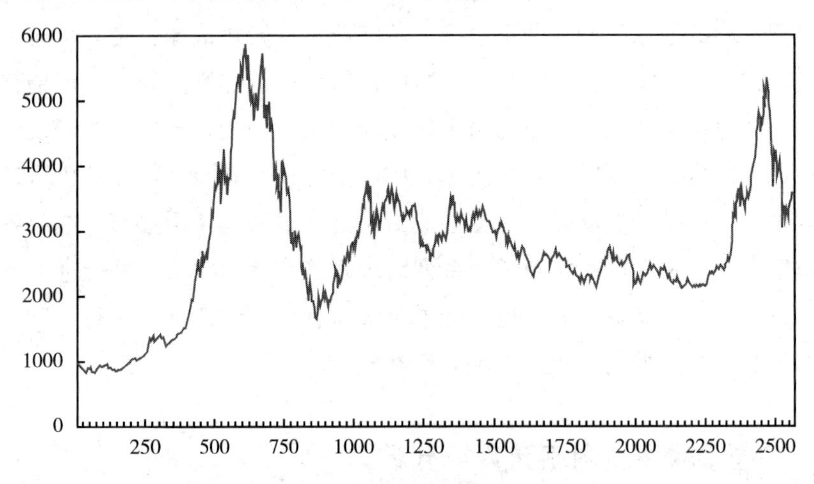

图11－22 沪深300指数走势

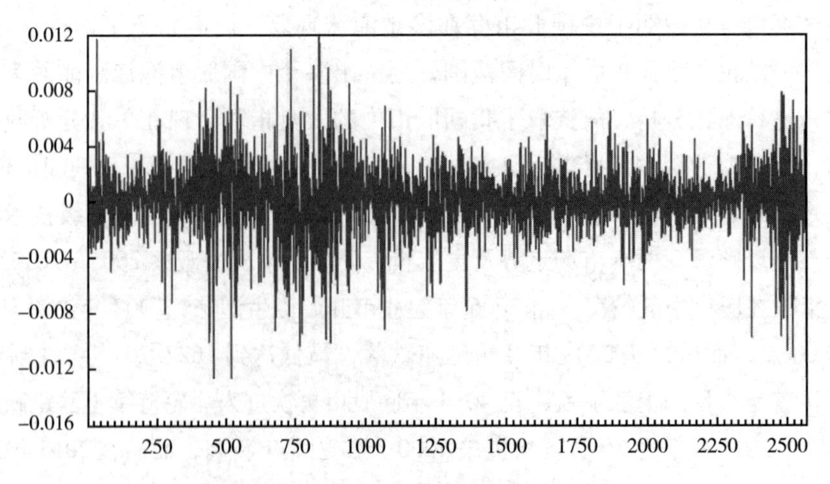

图11－23 沪深300指数收益率跳跃走势

将沪深300指数的收盘点位转换为对数收益率后，获得2569个样本数据，其中对数收益率序列的基本统计特征如表11－8所示。通过对表11－8的分析可以发现，沪深300指数收益率序列的均值接近零，偏度小于零，峰度大于3，存在一定的左偏尖峰厚尾现象与跳跃现象。JB检验显著，说明数据序列是非正态分布，ADF检验显著，数据序列平稳。尽管分布与正态分布差距较大，但不影响本书的分形分析与对数加速幂律模型构建。

表11－8　　　沪深300指数对数收益率描述性统计

指数	容量	均值	标准差	偏度S	峰度K	JB检验	ADF检验
沪深300指数	2569	0.0005	0.0190	－0.4751	3.0728	1110.6***	－12.039***

注：***表示在1%的置信水平下显著，ADF检验原假设是数据具有单位根，非平稳。JB检验原假设是数据服从正态分布。

为检测选取样本区间是否存在泡沫，利用*R/S*分析法对全样本数据的Hurst指数值进行测算，检验沪深300指数收益率序列的分形特征和长期记忆性。表11－9是序列长度分别为50、120和200时的移动平均Hurst指数值，图11－24～图11－26为相应Hurst指数变化图。

表11－9　　　沪深300指数收益率的Hurst指数值

Hurst指数	沪深300指数
$N=50$	0.7284
$N=120$	0.6836
$N=200$	0.6714

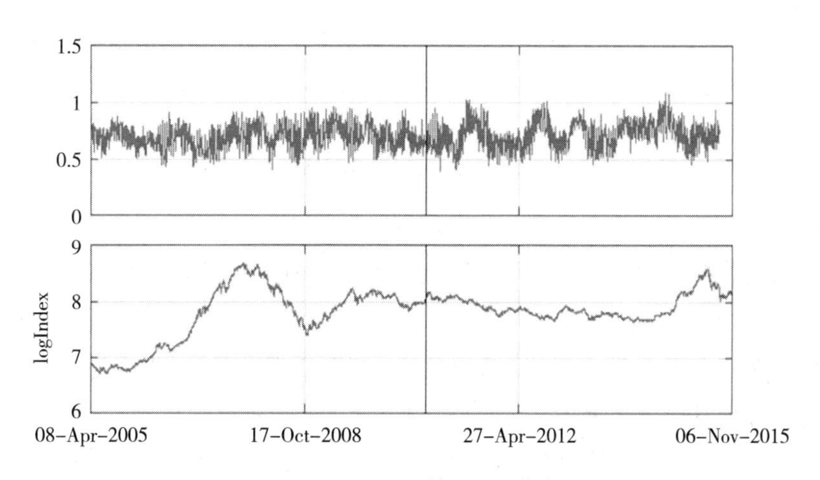

图11－24　$N=50$的Hurst指数值

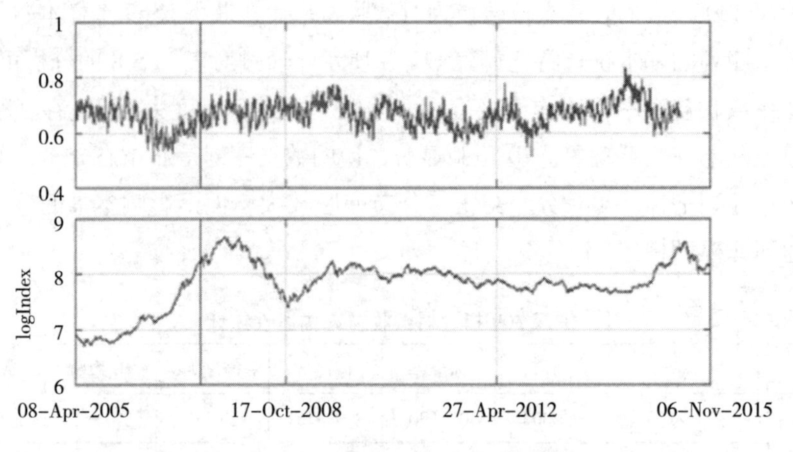

图 11－25　$N=120$ 的 Hurst 指数值

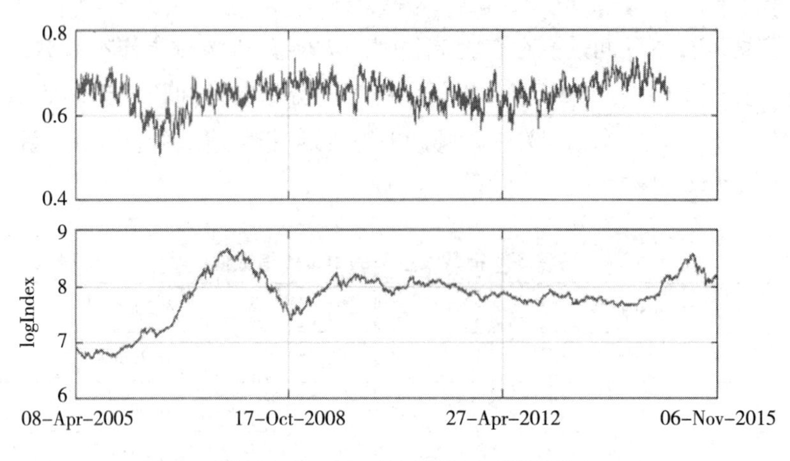

图 11－26　$N=200$ 的 Hurst 指数值

由表 11－9、图 11－24 至图 11－26 可以看出，沪深 300 指数的 Hurst 值大于 0.5，收益率序列具有长期记忆性和持续性特征，未来增量与历史增量呈正相关，遵循有偏的随机游走过程，具备分形特征。此外，利用式（11－6）计算收益率序列的分形维为 1.27。因此，沪深 300 指数收益率序列具有稳定分形结构，满足标度不变性。同时，也为中国股市泡沫的存在提供了证据。

基于上述分析可知，中国股市在以上建模区间存在泡沫产生的必要条件，故下面将利用 LPPL 模型辨识中国股市中存在的各类泡沫，并进一步分析其相对泡沫大小以及机制转变时间（泡沫的崩溃时间）。同时，针对该时间段内最大的两段泡沫进行比较，分析其产生的原因。

先对样本期进行时间段划分，如表 11－10 所示，是基于市场整体收益率的变化趋势划分的，具体分为上行跳跃、下行跳跃、横盘小跳跃及过渡阶段四种类型。其中，上行跳跃表示在一定时间段内收益率为正，指数处于上升变化阶段；下行跳跃表示在一定时间段内收益率为负，指数处于下跌变化阶段；横盘小跳跃表示在一定时间内无明显上涨或下跌趋势；过渡阶段表示在一定时间段有明显波动，但无法判断其趋势；转变时间是指收益率开始朝跳跃趋势的相反方向运动的初始时间。由于过渡阶段并不符合LPPL模型拟合的特性，因此，主要选取上行跳跃、下行跳跃和横盘小跳跃三个类型十个时间段进行拟合分析。

表11-10　沪深300指数时间段划分

时间段	所属类型	转变时间	时间段	所属类型	转变时间
2005/4~2007/10	上行跳跃	2008/1/14	2012/1~2012/4	过渡阶段	2012/5/7
2007/11~2008/10	下行跳跃	2008/11/5	2012/5~2012/11	过渡阶段	2012/12/3
2008/11~2009/7	上行跳跃	2009/8/3	2012/12~2013/6	下行跳跃	2013/6/27
2009/8~2009/11	横盘小跳跃	2009/12/7	2013/7~2014/5	过渡阶段	2014/6/6
2009/12~2010/6	下行跳跃	2010/7/5	2014/6~2015/5	上行跳跃	2015/6/11
2010/7~2010/10	上行跳跃	2010/11/8	2015/6~2015/11	下行跳跃	—
2010/11~2011/12	下行跳跃	2012/1/5	—		—

表11-11是LPPL模型对上述的10个时间段进行拟合的结果，t是泡沫破裂的预测时间，或者说跳跃转变时间，是根据得到的时间长度推断的。其中各阶段拟合效果如图11-27至图11-36所示，图11-37为各阶段拟合图组合成的完整拟合图。可以看出，图11-27和图11-35为正泡沫，图11-36为负泡沫，图11-28、图11-31、图11-33为反转泡沫，图11-29为反转负泡沫，即中国股市存在四种类型的泡沫，体现了多重泡沫市场的特点，也反映了中国市场较低的成熟度。

表11-11　沪深300指数对数价格的LPPL模型拟合

时间段	t	A	B	C	α	ω	ϕ	泡沫形态
2005/4~2007/10	2008/1/8	7.7938	-0.0530	0.7707	0.0293	1.8975	-197.806	正泡沫
2007/11~2008/10	2008/11/14	7.1852	-0.0599	-0.0048	0.5807	-13.313	-39.9702	反转泡沫
2008/11~2009/7	2009/8/3	8.2478	-0.0156	-0.0014	0.7520	-17.968	6.7555	反转负泡沫
2009/8~2009/11	2009/12/23	18.792	-23.903	-0.3169	0.4599	-35.915	35.430	—
2009/12~2010/6	2010/7/11	8.3643	-10.076	-1.3509	0.7557	9.6010	-286.34	反转泡沫
2010/7~2010/10	2010/11/18	8.4486	-0.1240	-0.0124	0.3495	-4.9952	11.372	—
2010/11~2011/12	2012/1/6	7.6212	-0.0750	0.0068	0.3331	12.362	-52.269	反转泡沫
2012/12~2013/6	2013/7/2	8.0244	-0.8004	-0.2039	0.3769	4.5453	-19.081	—
2014/6~2015/5	2015/6/14	9.2901	-0.0740	0.0039	0.5504	11.520	-20.875	正泡沫
2015/6~2015/11	2015/12/08	13.263	-24.062	5.3505	0.0563	-0.4777	339.04	负泡沫

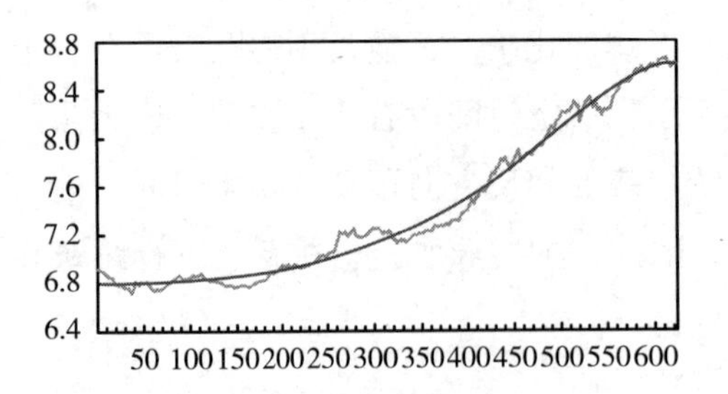

图 11－27　2005 年 4 月至 2007 年 10 月拟合

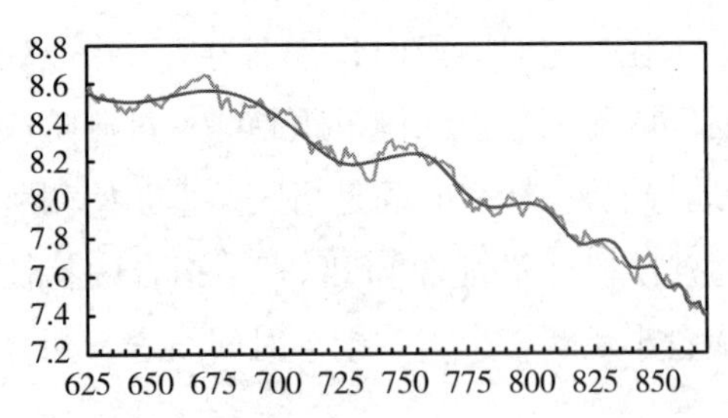

图 11－28　2007 年 11 月至 2008 年 10 月拟合

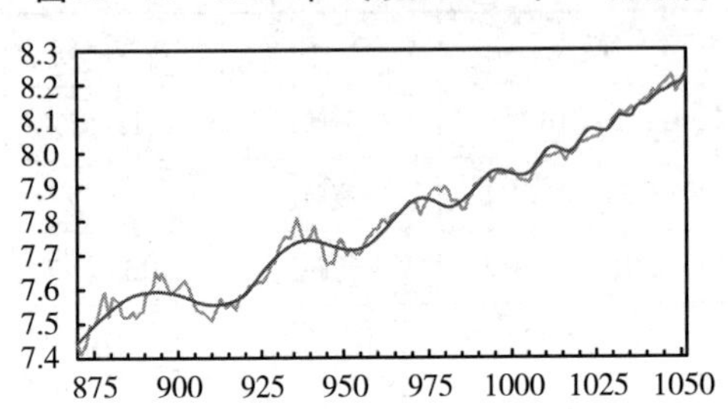

图 11－29　2008 年 11 月至 2009 年 7 月拟合

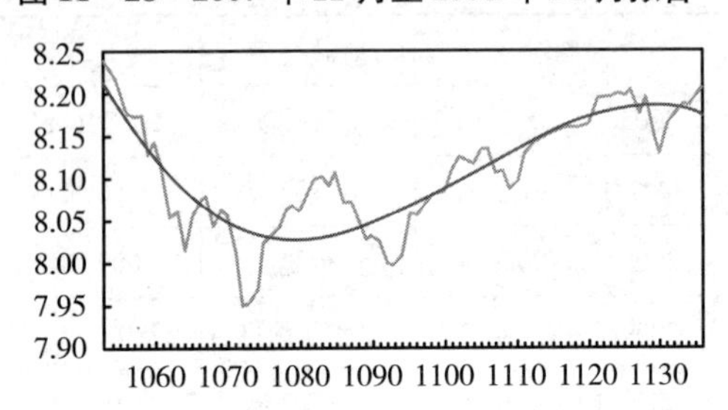

图 11－30　2009 年 8 月至 2009 年 11 月拟合

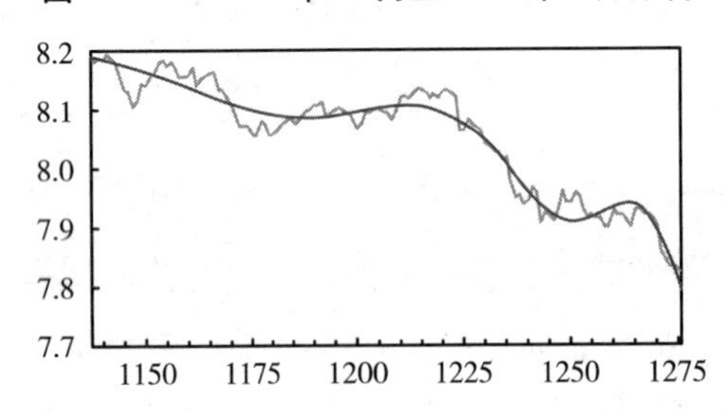

图 11－31　2009 年 12 月至 2010 年 6 月拟合

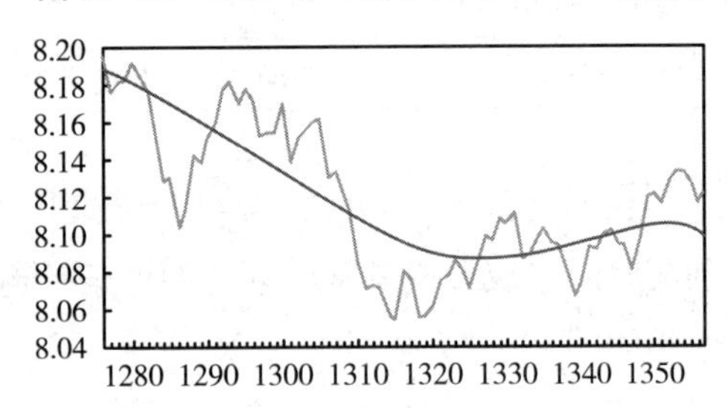

图 11－32　2010 年 7 月至 2010 年 10 月拟合

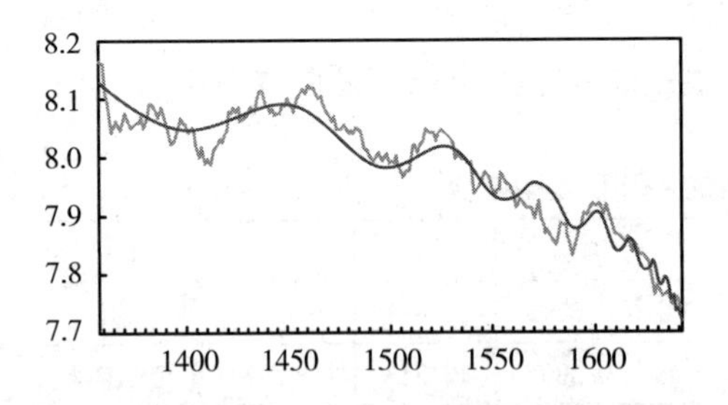

图 11－33　2010 年 11 月至 2011 年 12 月拟合

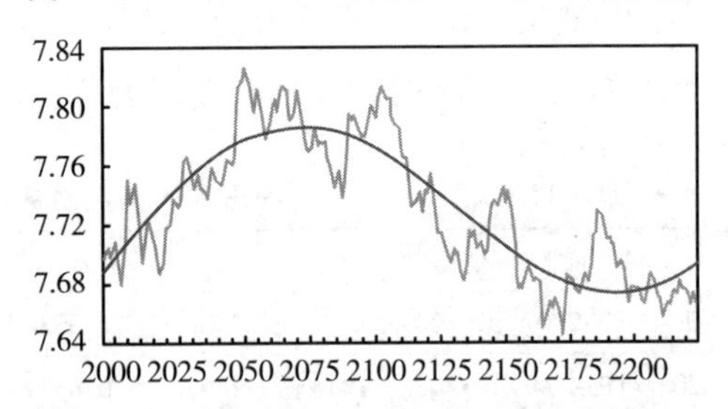

图 11－34　2012 年 12 月至 2013 年 6 月拟合

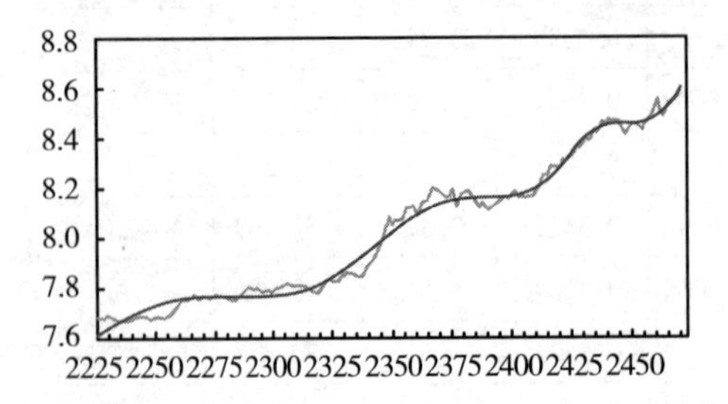

图 11－35　2014 年 6 月至 2015 年 5 月拟合

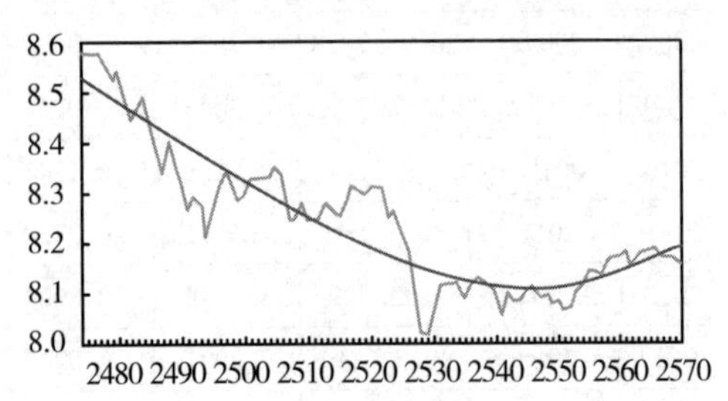

图 11－36　2015 年 6 月至 2015 年 11 月拟合

此外，从图 11 - 37 中可以看出，从 2005 年至今，中国股市出现了两轮较大的暴涨跳跃，分别对应图 11 -27 和图 11 - 35，时间段为 2005 年 4 月至 2007 年 10 月和 2015 年 6 月至 2015 年 11 月，这也是中国股市泡沫产生较为严重的两个阶段。

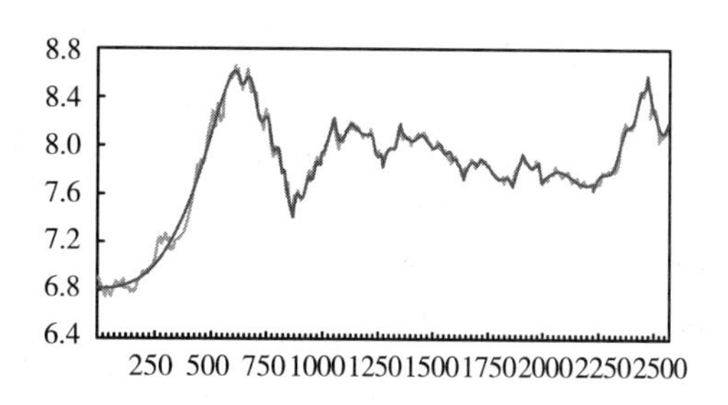

图 11 - 37　2005 年 4 月至 2015 年 11 月完整拟合

在 2005 年 4 月至 2007 年 10 月，沪深 300 指数从 1003. 5 点上升到 5862. 38 点，涨幅高达 500%，股市回报率位居当时全球第一；在 2014 年 6 月至 2015 年 5 月，沪深 300 指数从 2134. 28 点上升到 5353. 75 点，涨幅高达 150%，结合表 11 - 11 中 α 和 ϖ 的值可以发现，中国股市在此时段内存在明显的市场泡沫。下面将就这两段最大的泡沫段进行比较，并分析其产生的原因。

笔者认为，2005 年 4 月至 2007 年 10 月，得益于宏观政策的改善，中国股市出现一轮持续上涨跳跃，并最终产生股市的跳跃异象。在此轮上涨前，中国证监会发布了《关于上市公司股权分置改革试点有关问题的通知》，宣布启动股权分置改革试点工作，消除了非流通股和流通股的流通制度差异，在一定程度上解决了 A 股市场相关股东之间的利益平衡问题，使中国股市发展进入崭新时期。因此，股市蓬勃发展，回报率不断提升，市场投机与非理性投资大幅度增强，随之进入了跳跃异象阶段，即产生股市泡沫。2008 年美国金融危机对中国金融市场的较大冲击戳破了之前已经形成的股市泡沫，最终在 2008 年 1 月泡沫破裂，沪深 300 指数急剧下跌，从 5699. 15 点跌至 1627. 76 点。经过 7 年左右的上下跳跃，2014 年 6 月至 2015 年 5 月又出现了一轮新的上涨趋势跳跃，该阶段无论是涨势还是高度都毫不逊色于上一轮，具体可对比图 11 - 27 和图 11 - 35。造成该现象的原因可能是高度宽裕的短期流动性和大量资金的流入。其中，宽裕的短期流动性表现在短期 SHIBOR 利率大幅度下跌，金融业短期流动性泛滥。大量资金流入体现在中国经济衰退，众多实体经济领域高度萎缩，投资者纷纷选择将资金投入股市。因此，造成中国股票市场的再次跳跃异象，即股市泡沫的形成。以上分析也对应并验证了前面的实证结论。

进一步地，将表 11 - 11 中由 LPPL 模型得到的预测转变时间与表 11 - 12 中的实际转变时间进行对比，可以发现，LPPL 模型给出的 10 个阶段临界时间与实际转变时间非常接近，存在泡沫的 7 个阶段的平均误差天数不超过 10 天，最小误差为 0，最大误差为 9。临界时间 t 的测定精度非常重要，在一定程度上代表了 LPPL 模型的有效性。

表 11－12　　沪深 300 指数崩盘时间预测误差

泡沫形态	时间段	预测转变时间	实际转变时间	误差
泡沫	2005/4～2007/10	2008/1/8	2008/1/14	6
反转泡沫	2007/11～2008/10	2008/11/14	2008/11/5	9
反转负泡沫	2008/11～2009/7	2009/8/3	2009/8/3	0
反转泡沫	2009/12～2010/6	2010/7/11	2010/7/5	6
反转泡沫	2010/11～2011/12	2012/1/6	2012/1/5	1
泡沫	2014/6～2015/5	2015/6/14	2015/6/11	3
负泡沫	2015/6～2015/11	2015/12/08	—	—

四、新冠疫情期间中国金融系统的泡沫趋势分析

上面分析了金融危机时期的市场泡沫，下面将会运用 LPPL 模型识别近期发生的一件重大事件时期的市场泡沫，即 2020 年初新冠疫情的全球蔓延。从 2020 年 3 月起各国股指都在暴跌，多国股市触发熔断，尤其美国股市先后在 3 月 9 日、12 日、16 日、18 日发生 4 次熔断。我国沪深 300 指数也在春节后的首个交易日 2 月 3 日达到了 7.88% 的巨大跌幅，上证综指跌幅达到了 7.72%，A 股市场更有超过 3000 多只股票跌停。受疫情冲击，我国股市波动较大，极易产生泡沫，下面将同样用上述方法模型检测辨识疫情时期的股市泡沫。

为研究国内疫情暴发前后期间中国的股市泡沫，故选取了疫情暴发前至疫情得到一定控制后整个时期为研究时间段，即 2020 年 1 月初至 2020 年 7 月底，并选取沪深 300 指数的收盘价为研究样本，共 136 个样本值。同样先对沪深 300 指数的对数收益率进行统计分析，结果如表 11－13 所示，取对数收益率后有 135 个数据值，均值较小，偏度小于 0，峰度大于 3，数据序列呈左偏尖峰厚尾特征。JB 检验显著，是非正态分布，ADF 检验显著，数据序列平稳。图 11－38 是沪深 300 指数在样本期内的时序图，可以看出波动较大，说明了疫情对股市的冲击较大，极可能有泡沫的产生和崩溃。

表 11－13　　沪深 300 指数对数收益率描述性统计

指数	容量	均值	标准差	偏度 S	峰度 K	JB 检验	ADF 检验
沪深 300 指数	135	0.0006	0.0169	－1.0834	4.5071	147.04***	－4.2907***

注：*** 表示在 1% 的置信水平下显著，ADF 检验原假设是数据具有单位根，非平稳。JB 检验原假设是数据服从正态分布。

为了检测选取样本区间是否存在泡沫，利用 *R/S* 分析法测算样本期内沪深 300 指数的 Hurst 指数值，检验沪深 300 指数对数收益率序列的分形特征和长期记忆性。具体步骤如公式（11－5）所示。同样先计算沪深 300 指数的对数收益率，并以其

为数据源，用 Matlab 软件运行 R/S 分析法的代码直接得到沪深 300 指数的 Hurst 值。

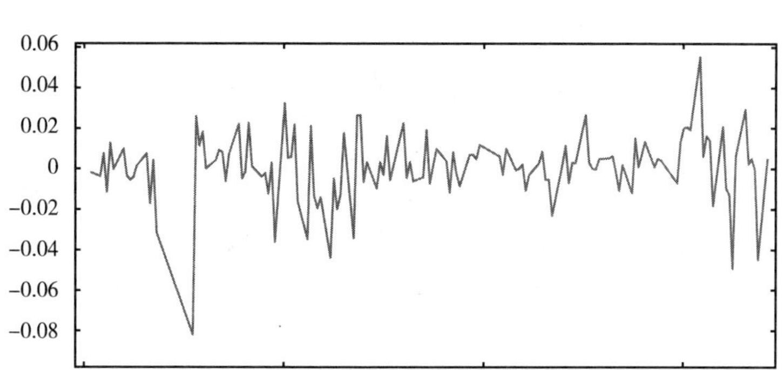

图 11 – 38 新冠疫情时期沪深 300 指数对数收益率时序

如表 11 – 14 所示，沪深 300 指数的 Hurst 指数值为 0.57，大于 0.5，说明其收益率序列具有长期记忆性和趋势增强的特征。证明沪深 300 指数的未来增量与历史增量呈正相关，遵循有偏的随机游走过程，具备分形特征。且沪深 300 指数的赫斯特指数小于 0.65，说明其对数收益率呈弱持续过去趋势，持续时间短，即沪深 300 指数对数收益率的未来增量与历史增量的正相关性较弱。下一步则可以通过分形特征初步判定股市存在标度不变性。利用式（11 – 6）计算沪深 300 指数的对数收益率序列的分形维为 1.43，小于 1.5，说明沪深 300 指数的对数收益率序列的光滑度位于直线和随机游走之间，具有稳定的分形结构，满足标度不变性。说明历史增量促进未来增量增长，为三国股市泡沫的存在提供了证据。

表 11 – 14 指数收益率的 Hurst 指数值

指数	Hurst 指数值
沪深 300 指数	0.5700*

注：* 表示弱持续或弱反持续。

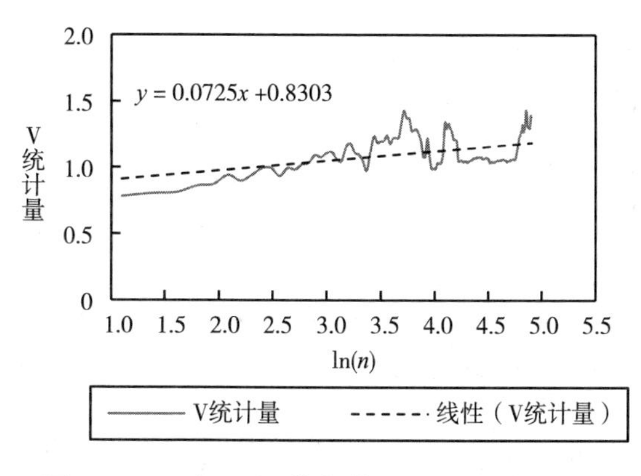

图 11 – 39 沪深 300 指数的 V-ln（n）变化曲线

上述分析证明了沪深 300 指数收益率的持续性，下面将根据 V 统计量的散点图来确定它的平均循环周期。图 11 – 39 是沪深 300 指数的 V 统计量散点图，横轴是时间长度的对数值 $\ln(n)$，纵轴是 V 统计量。实线是 V 统计量的真实散点图，虚线是散点图的趋势线。可以看到散点图的趋势线是向右上方倾斜，对应了上面的结论，即 Hurst 指数大于 0.5，存在长期记忆性。根据数学上的拐点定义判断，图 11－39 中的第一个拐点是在 $\ln(n)=2.3026$ 处，对应的时间长度为 $n=e^{2.3026}\approx 10$，即沪深 300 指数对数收益率的时间序列平均循环长度为 10 年，这说明过去对未来的有效影响时间可达 10 年，超过 10 年其持续性将会逐渐消失。

上述分析已经验证了新冠疫情期间中国股市具有分形特征，满足标度不变性，从而为股票市场价格的对数周期性提供了基本证据，股市在样本区间内具备泡沫产生的必要条件，下面将给出利用对数周期性幂律模型辨识疫情期间国内股市泡沫的分析。

观察样本期内沪深 300 指数的价格走势图，由价格趋势来初步确定各指数的泡沫区间。如图 11－40 所示，可分为下跌和上涨段，不同趋势图中用不同颜色表示。新冠疫情暴发时，即 2020 年 1 月，沪深 300 指数出现下跌直至春节后第一个交易日即 2 月 3 日，春节期间的持续恐慌让新冠疫情对市场的冲击在当天集中释放；而后随着疫情的初步控制、货币政策及财政政策的实施，再加融资新规等对冲政策落地，资金重新转入股市，沪深 300 指数出现小幅反弹；但在 2 月末至 3 月下旬，因疫情在海外扩散使得外围市场暴跌，美股市场反复震荡，引发全球市场同步回调，沪深 300 指数价格跌至更低点，3 月 23 日为 3530.3058。至此初步确定样本期的第一个泡沫趋势段为 2020 年 1 月至 2020 年 3 月。3 月后随着全国展开全面防疫措施，新冠疫情得到有效控制，各行各业复工率的增加，及国内 25 万亿元新基建计划的提出，股市行情慢慢回升，沪深 300 指数又开始上涨至 7 月到高点。故将样本期的第二个泡沫趋势段定为 2020 年 4 月至 2020 年 7 月。各段的具体时间由接下来的 LPPL 模型拟合确定。

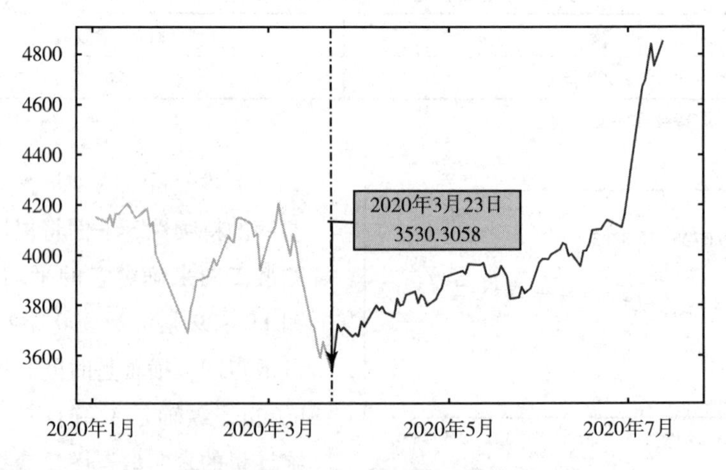

图 11－40 沪深 300 指数价格走势

用 LPPL 模型分别对上述两个时间段沪深 300 指数的对数价格进行拟合，不断调整区间大小，变换初始值进行拟合，得出不同的模型曲线，选取拟合较好的拟合带，进而确定价格区间。最终选取的拟合结果如表11－15所示，拟合图如图11－41所示。结合表11－15和图11－41分析可知，第一个泡沫区间为2020年1月9日至3月23日，其拟合参数中$B>0$，价格呈现下降趋势，拟合图如图11－41（a）所示，下降趋势逐渐减弱，故该段的泡沫类型为负泡沫；第二个泡沫区间为2020年4月1日至7月14日，其拟合参数中$B<0$，价格是上涨趋势，拟合图如图11－41（b）所示，上涨趋势逐渐增强，故该段的泡沫类型为正泡沫。由此得到新冠疫情期间的两个泡沫区间。

表11－15　　沪深300指数LPPL模型拟合参数结果

时间段	t	A	B	C	α	ϖ	ϕ	泡沫形态
2020/1/9～2020/3/23	89	8.1819	0.0087	－0.0055	0.9828	－2.1646	1.4188	负泡沫
2020/4/1～2020/7/14	71	8.9297	－0.3726	0.0206	0.1619	2.6732	8.1126	正泡沫

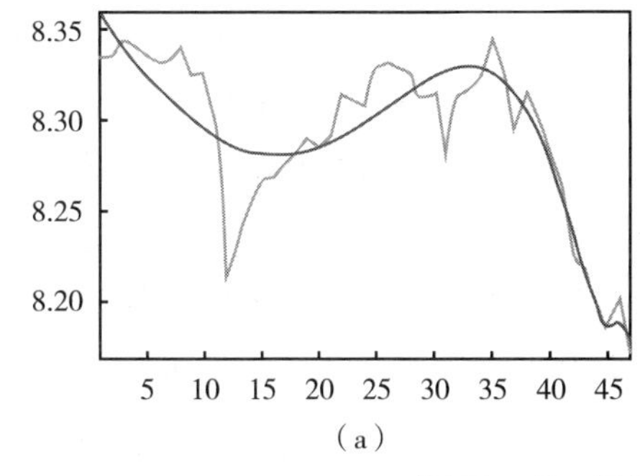

（a）

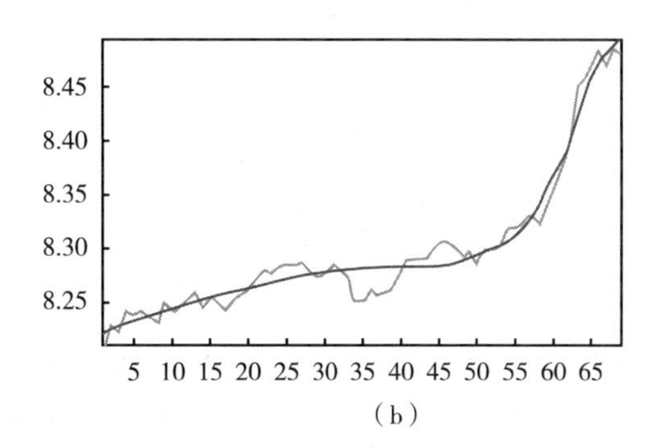

（b）

图11－41　沪深300指数对数价格拟合

进一步地，将表11－16中由LPPL模型得到的预测转变时间与疫情期间的实际转变时间进行对比，可以发现，LPPL模型给出的这两个阶段临界时间与实际转变时间非常接近，负泡沫阶段的预测误差为4天，正泡沫阶段的预测误差为3天，进一步说明了LPPL模型的有效性。

表11－16　　沪深300指数崩盘时间预测误差

泡沫形态	时间段	预测转变时间	实际转变时间	误差
负泡沫	2020/1/9～2020/3/23	2020/3/27	2020/3/23	4
正泡沫	2020/4/1～2020/7/14	2020/7/16	2020/7/13	3

第四节　本章小结

本章围绕系统泡沫趋势分析展开相关介绍，主要对系统泡沫的相关理论、研究背景、相关研究成果、检测方法（分形理论）、辨识模型（LPPL 模型）及其软件（1stOpt）操作以及对系统泡沫相关案例分析展开介绍。

第一节首先对本章研究主题——系统泡沫趋势作出介绍，系统泡沫趋势是在市场内资产价格发生异常变动时产生，并于一定时间点发生趋势转变，即泡沫破裂，此时对市场造成的危害较大；其次对系统泡沫趋势及其检测辨识方法模型的研究背景展开叙述，主要是 LPPL 模型，LPPL 模型本是统计物理学的模型，在泡沫研究后期被与数学、金融学等学科知识一起结合，用于资产或市场泡沫的辨识与预测；然后对 LPPL 模型在系统泡沫趋势研究领域的相关文献进行了整理综述。

第二节主要对系统泡沫的定义、分类、检验方法及辨识模型进行详细阐述，本章基于已有研究对泡沫类型的分类进一步根据资产价格走势将泡沫类型划分为四类，实证分析时可以根据 LPPL 得到的拟合参数和拟合图对泡沫类型进行更细致的判别。因为在现实研究中先是分析市场的分形特征再判别泡沫，故本章在相关理论介绍时还介绍了市场分形特征的测度方法。若资产收益率具有长期记忆性则表示现有价格趋势会继续保持并推动未来价格，会出现泡沫，但不能确定泡沫破裂的时间，故用 LPPL 模型继续对资产对数价格进行拟合分析，得到拟合参数和拟合效果图，最后判别泡沫类型及泡沫破裂时间。

第三节先对 LPPL 模型在系统泡沫辨识上的操作步骤及其 1stOpt 软件运行步骤作出介绍，再结合三个案例分析进一步深化系统泡沫趋势的相关分析。对于三个案例，先选取了国内外几个具有代表性的股票指数为研究对象，并选取了一个全球性金融危机时期为研究时间段。还进一步用 LPPL 模型测度了新冠疫情时期我国的股市泡沫。总之，LPPL 模型主要用于泡沫辨识，对市场、时期等外部因素没有什么特别要求，并且其有效性较高，因此得到了广泛运用。

总之，系统泡沫趋势的存在和转变对市场有较大冲击，掌握其辨识预测模型尤其重要。在运用 LPPL 模型进行泡沫辨识时，唯一麻烦的地方是需要使用不同窗口期去测试数据，要找到拟合参数和拟合效果较好的窗口期即时间段，然后确定最终的拟合参数和拟合图，并据此判别泡沫类型和泡沫结束时间，即价格趋势转变时间。但要注意的是，这些能够预测到泡沫的终结时间，但不一定是市场的崩溃时间。因为有时经历泡沫后系统不一定会崩溃，还有可能进入平稳期或缓慢衰减。

参考文献

[1] 曾志坚、王雯：《基于 LPPL 模型的股市泡沫研究——兼论主权债务危机时国际援助计划效果》，载于《财经理论与实践》2018 年第 1 期。

[2] 陈卫华、蔡文靖：《基于 LPPL 模型的股市暴跌风险预警》，载于《统计与决策》2018 年第 5 期。

[3] 陈莹、赵成国、李心丹：《中国证券市场泡沫测度及形成机理研究》，载于《复旦学报（社会科学版）》2010 年第 2 期。

[4] 崔畅、刘金全：《我国股市投机泡沫分析——基于非线性协调整关系的实证检验》，载于《财经科学》2006 年第 11 期。

[5] 方勇：《中国股票市场自组织临界性与对数周期性幂律的实证研究》，载于《统计与决策》2011 年第 10 期。

[6] 扈文秀、刘刚、章伟果等：《基于因素嵌入的非理性资产价格泡沫生成及膨胀演化研究》，载于《中国管理科学》2016 年第 5 期。

[7] 吉翔、高英：《中国股市的泡沫与反泡沫——基于对数周期性幂律模型的实证研究》，载于《山西财经大学学报》2012 年第 12 期。

[8] 贾男：《股票市场非理性泡沫形成机理研究》，载于《生产力研究》2007 年第 8 期。

[9] 李东：《LPPL 模型算法的初步探讨》，载于《淮海工学院学报（自然科学版）》2012 年第 3 期。

[10] 李伦一、张翔：《中国房地产市场价格泡沫与空间传染效应》，载于《金融研究》2019 年第 12 期。

[11] 李斯嘉、李冬昕、王粟旸：《股市崩盘动力学分析和预测》，载于《上海经济研究》2017 年第 7 期。

[12] 刘松：《股票内在投资价值理论与中国股市泡沫问题》，载于《经济研究》2005 年第 2 期。

[13] 孟庆斌、周爱民、汪孟海：《基于齐次马氏域变方法的中国股市价格泡沫检验》，载于《金融研究》2008 年第 8 期。

[14] 潘娜、王子剑、周勇：《资产价格泡沫何时发生崩溃？——基于 LPPL 模型的在中国金融市场上的有效性检验》，载于《中国管理科学》2018 年第 12 期。

[15] 攀登、施东晖、宋铮：《证券市场泡沫的生成机理分析——基于宝钢权证自然实验的实证研究》，载于《管理世界》2008 年第 4 期。

[16] 石建勋、王盼盼、何宗武：《中国牛市真的是“水牛”吗？——不确定性视角下股市价量关系的实证研究》，载于《中国管理科学》2017 年第 9 期。

[17] 田挚昆：《基于物理泡沫破裂模型的股市风险预测》，载于《数学理论与应用》2016 年第 3 期。

[18] 温红梅、姚凤阁：《我国房地产市场价格泡沫的实证分析——以北京地区为例》，载于《中国管理科学》2007 年第 S1 期。

[19] 吴世农：《股市泡沫的生成机理和度量》，载于《财经科学》2002 年第 4 期。

[20] 徐浩峰、朱松：《机构投资者与股市泡沫的形成》，载于《中国管理科学》2012 年第 4 期。

[21] 徐龙炳、陆蓉：《R/S 分析探索中国股票市场的非线性》，载于《预测》1999 年第 2 期。

[22] 张维、黄兴：《沪深股市的 R/S 实证分析》，载于《系统工程》2001 年第 1 期。

[23] 赵磊、刘庆：《基于 LPPL 模型的比特币价格泡沫风险识别》，载于《统计与决策》2020 年第 18 期。

［24］赵鹏、曾剑云：《我国股市周期性破灭型投机泡沫实证研究——基于马尔可夫区制转换方法》，载于《金融研究》2008 年第 4 期。

［25］周洪涛、王宗军：《上海股市非线性特征：一个基于 R/S 方法的实证分析》，载于《管理学报》2005 年第 5 期。

［26］周伟、何建敏：《后危机时代金属期货价格集体上涨——市场需求还是投机泡沫》，载于《金融研究》2011 年第 9 期。

［27］周伟、谭琳、丁冰清：《泡沫分析视角下的指数型基金抗风险能力研究》，载于《审计与经济研究》2017 年第 5 期。

［28］Abreu D., Brunnermeier M., Bubbles and Crashes. *Econometrica*, Vol. 71, 2003, pp. 173 – 204.

［29］Ahmed E., Roeaer J. B., Uppal J. Y., Evidence of Nonlinear Speculative Bubbles in Pacific-Rim Stock Markets. *The Quarterly Journal of Economics and Finance*, Vol. 39, 1999, pp. 21 – 36.

［30］Battalio R., Schultz P., Options and the Bubble. *Journal of Finance*, Vol. 61, No. 5, 2006, pp. 2071 – 2102.

［31］Blanchard O. J., Watson M. W., Bubbles, Rational Expectations and Financial Markets. *NBER Working Papers*, No. 945. 1982.

［32］Brooks C., Katsaris A., Three Regiem Model of Speculative Behavior: Modeling the Evolution of Bubbles in the S&P500 Composition Index Forthcoming. *Joumal of Business*, Vol. 12, No. 2, 2005, pp. 212 – 220.

［33］Charles P., Kindleberger S., Robert Z., *Panics and Crashed: A History of Financial Cries* (*the fifth edition*). Palgrave Macmillan Press, 2005.

［34］De Long J. B., Shleifer A., Summers L. H., Waldmann R. J., Noise Trader Risk in Financial Markets. *Journal of Political Economy*, Vol. 98, No. 4, 1990, pp. 703 – 738.

［35］Drozdz S., Grummer F., Ruf F., Log-periodic Self-Similarity: An Emerging Financial Law. *Physica A: Statistical Mechanics and its Applications*, Vol. 324, No. 1, 2003, pp. 74 – 182.

［36］Drozdz S., Ruf F., Speth J., et al., Imprints of Log-Periodic Self-Similarity in the Stock Market. *The European Physical Joumal B*, Vol. 10, No. 3, 1999, pp. 589 – 593.

［37］Fantazzini D., The Oil Price Crash in 2014/15: Was There a (negative) Financial Bubble? *Energy Policy*, Vol. 96, No. 9, 2016, pp. 383 – 396.

［38］Feigenbaum J. A., Freund P. G., Discrete Scale Invariance in Stock Markets before Crashes. *International Journal of Moderm Physics B*, Vol. 10, No. 27, 1996, pp. 3737 – 3745.

［39］Gnacinski P., Makowiec D., Another Type of Log-Periodic Oscillations on Polish Stock Market. *Physica A*, Vol. 344, No. 1, 2004, pp. 322 – 325.

［40］Gürkaynak R. S., Econometric Tests of Asset Price Bubbles: Taking Stock. *Journal of Economic Surveys*, Vol. 22, No. 1, 2008, pp. 166 – 186.

［41］Jiang Z. Q., Zhou W. X., Sornette D., Bubble Diagnosis and Prediction of the 2005 – 2007 and 2008 – 2009 Chinese Stock Market Bubbles. *Joumal of Economic Behavior & Organization*, Vol. 74, No. 3, 2010, pp. 149 – 162.

[42] Johansen A., Characterization of Large Price Variations in Financial Markets. *Physica A: Statistical Mechanics and its Applications*, Vol. 314, No. 1-2, 2003, pp. 157-166.

[43] Johansen A., Ledoit O., Sormette D., Crashes as Critical Points. *Intemational Joumal of Theoretical and Applied Finance*, Vol. 13, No. 2, 2000, pp. 219-255.

[44] Johansen A., Somette D., Bubbles and Anti-Bubbles in Latin-American, Asian and Western Stock Markets: An Empirical Study. *Intemational Journal of Theoretical and Applied Finance*, Vol. 4, No. 6, 2001, pp. 853-920.

[45] Johansen A., Somette D., Modeling the Stock Market Prior to Large Crashes. *The European Physical Joumal B*, Vol. 9, No. 1, 1999, pp. 167-174.

[46] Johansen A., Sormette D., The NASDAQ Crash of April 2000: Yet Another Example of Log-Periodicity in Aspeculative Bubble Ending in A Crash. *The European Physical Joumal B*, Vol. 7, No. 2, 2000, pp. 319-328.

[47] Johansen A., Sornette D., *Endogenous Versus Exogenous Crashes in Financial Markets.* Nova Science Publishers, 2006.

[48] Johansen A., Sornette D., Financial "Anti-Bubbles": Log-periodicity in Gold and Nikkei Collapses. *International Journal of Modern Physics C*, Vol. 10, No. 4, 1999, pp. 563-575.

[49] Johansen A., Sornette D., Log-periodic Power Law Bubbles in Latin-American and Asian Markets and Correlated Anti-Bubbles in Western Stock Markets: An Empirical Study [J]. *International Journal of Theoretical & Applied Finance*, Vol. 4, No. 6, 1999, pp. 853-920.

[50] LeRoy S. F., Rational Exuberance. *Journal of Economic Literature*, Vol. 42, No. 3, 2004, pp. 783-804.

[51] Lin L., Ren R. E., Sornette D., The Volatility-Confined LPPL Model: A Consistent Model of "Explosive" Financial Bubbles with Mean-Reverting Residuals. *International Review of Financial Analysis*, Vol. 33, 2014, pp. 210-225.

[52] Reinhart C. M., Rogoff K., *This Time is Different: Eight Centuries of Financial Folly.* Princeton University Press, 2011.

[53] Reinhart C., Rogoff K., The Time is Different Eight Centuries of Financial Folly, *The Time is Different Eight Centuries of Financial Folly*, 2009.

[54] Robert J., Shiller D., *Irational Exuberance.* Princeton University Press, 2000.

[55] Saleur H., Sammis C. G., Sormette D., Discrete Scale Invariance, Complex Fractal Dimensions, and Log-Peri-Odic Fluctuations in Seismicity. *Joumal of Geophysical Research Atmospheres*, Vol. 101, No. 8, 1996, pp. 17661-17667.

[56] Scheinkman J. A., Xiong W., Overconfidence and Speculative Bubbles. *Joumal of Political Economy*, Vol. 111, No. 6, 2003, pp. 1183-219.

[57] Shiller R. J., Speculative Prices and Popular Models. *Journal of Economic Perspectives*, Vol. 4, No. 2, 1990, pp. 55-65.

[58] Sorge A., This Time is Different: Eight Centuries of Financial Folly. *Economics Books*,

Vol. 20, No. 18, 2011, pp. 191 – 194.

[59] Sormette D., Johansen A., Bouchaud J. P., Stock Market Crashes, Precursors and Replicas. *Joumal of Physics I (France)*, Vol. 6, 1996, pp. 167 – 175.

[60] Sormette D., Woodard R., Zhou W. X., The 2006 – 2008 Oil Bubble: Evidence of Speculation and Predic-Tion. *Physica A*, Vol. 388, 2009, pp. 1571 – 1576.

[61] Sornette D., Critical Market Crashes. *Physics Reports*, Vol. 378, No. 1, 2003, pp. 1 – 98.

[62] Sornette D., Dragon-Kings, Black Swans and the Prediction of Crises. *SSRN Electronic Journal*, Vol. 2, 2009, pp. 9 – 36.

[63] Sornette D., *Why Stock Markets Crash.* Princeton University Press, 2003a.

[64] Sornette D., Johansen A., A Hierarchical Model of Financial Crashes. *Physica A Statistical Mechanics & its Applications*, Vol. 261, No. 3 – 4, 1998, pp. 581 – 598.

[65] Sornette D., Johansen A., Large Financial Crashes. *Physica A: Statistical Mechanics and its Applications*, Vol. 245, No. 3, 1997, pp. 411 – 422.

[66] Sornette D., Johansen A., Bouchaud J. P., Stock Market Crashes, Precursors and Replicas. *Journal de Physique I*, Vol. 6, No. 1, 1996, pp. 167 – 175.

[67] Sornette D., Woodard R., Zhou W. X., The 2006 – 2008 Oil Bubble and Beyond. *Papers*, 2008.

[68] Sornette D., Woodard R., Zhou W. X., The 2006 – 2008 Oil Bubble: Evidence of Speculation, and Prediction. *Physica A: Statistical Mechanics and its Applications*, Vol. 388, No. 8, 2009, pp. 1571 – 1576.

[69] Sornette D., Zhou W. X., Evidence of Fueling of the 2000 New Economy Bubble by Foreign Capital Inflow: Im-Plications for the Future of the US Economy and its Stock Market. *Physica A: Statistical Mechanics and its Applications*, Vol. 332, 2004, pp. 412 – 440.

[70] Sornette D., Zhou W. X., Predictability of Large Future Changes in Major Financial Indices. *International Journal of Forecasting*, Vol. 22, No. 1, 2006, pp. 153 – 168.

[71] Topol R., Bubbles and Volatility of Stock Prices: Effect of Mi Metic Contagion. *Economic Journal*, Vol. 407, 1991, pp. 786 – 800.

[72] Utpal B., Yu X. Y., The Causes and Consequences of Recent Financial Market Bubbles: An Introduction. *The Review of Financial Studied*, Vol. 21, No. 1, 2008, pp. 2 – 10.

[73] Zhang Q., Zhang Q., Sornette D., Early Warning Signals of Financial Crises with Multi-Scale Quantile Regressions of Log-Periodic Power Law Singularities. *Plos One*, Vol. 11, No. 11, 2016, pp. 61 – 73.

[74] Zhou W. X., Sonette D., Fundamental Factors Versus Herding in the 2000 – 2005 US Stock Market and Pre-Diction. *Physica A*, Vol. 360, 2006, pp. 459 – 482.

[75] Zhou W. X., Sormette D., A Case Study of Speculative Financial Bubbles in the South African Stock Market 2003 – 2006. *Physica A*, Vol. 388, 2009, pp. 869 – 880.

[76] Zhou W. X., Sornette D., 2000 – 2003 Real Estate Bubble in the UK But not in the USA. *Physica A: Statistical Mechanics and its Applications*, Vol. 329, No. 1, 2003, pp. 249 – 263.

[77] Zhou W. X., Sornette D., Analysis of the Real Estate Market in Las Vegas: Bubble, Seasonal Patterns, and Prediction of the CSW Indices. *Physica A: Statistical Mechanics and its Applications*, Vol. 387, No. 1, 2007, pp. 243 - 260.

[78] Zhou W. X., Sornette D., Causal Slaving of the US Treasury Bond Yield Antibubble by the Stock Market Antibubble of August 2000. *Physica A: Statistical Mechanics and its Applications*, Vol. 337, No. 3 - 4, 2004, pp. 586 - 608.

[79] Zhou W. X., Sornette D., Evidence of a Worldwide Stock Market Log-Periodic Anti-Bubble Since Mid - 2000. *Physica A: Statistical Mechanics and its Applications*, Vol. 330, No. 3 - 4, 2002, pp. 543 - 583.

[80] Zhou W. X., Sornette D., Is There a Real-Estate Bubble in the USA? *Physica A: Statistical Mechanics and its Applications*, Vol. 361, No. 1, 2005, pp. 297 - 308.

[81] Zhou W. X., Sornette D., Numerical Investigations of Discrete Scale Invariance in Fractals and Multiracial Measures. *Physica A: Statistical Mechanics and its Applications*, Vol. 388, 2009, pp. 2623 - 2639.

系统学习分析与Python实现

第一节 系统学习分析方法与相关背景

系统机器学习分析方法具体定义为：一门关于人工智能的科学，主要研究对象是人工智能，特别是如何在经验学习中改善具体算法的性能，也就是计算机领域的机器学习方法。它主要应用于让计算机怎样模拟或实现人类的学习行为，以获取新的知识或技能，重新组织已有的知识结构使之不断改善自身的性能，是人工智能的核心，是使计算机具有智能的根本途径。它是一门多学科交叉专业，涵盖了概率论、统计学、算法等理论知识，将现有内容进行知识结构划分来有效提高学习效率。

一、系统学习的发展背景

系统机器学习分析方法是人工智能下面的一个子集，所有的机器学习都是 AI，但不是所有的 AI 都是机器学习。机器实际上是一个应用驱动的学科，其根本的驱动力是："更多、更好地解决实际问题。" 由于近 20 年的飞速发展，机器学习已经具备了一定的解决实际问题的能力，似乎逐渐开始成为一种基础性、透明化的"支持技术、服务技术"。机器学习可以通过算法来解决一些复杂的问题。通过计算机学习的能力，优化任务衡量变量的可用数据，做出对应的算法，并以此对未来进行准确的预测。在计算机进行学习与训练的过程中，算法最初接收其输入是已知的示例，此时要注意其预测和正确输出之间的差异，并且调节输入的权重以提高其预测的准确性，直到他们被优化。因此，机器学习算法的一个重要特征就是，它们预测的质量会随着经验而改进。

实际上，机器学习相关研究概念早在 20 世纪之前就已诞生，却囿于数据储存、计算限制。在过去几十年里，随着技术水平的飞速进步，人类社会活动产生了大量的数据信息，而机器学习则恰好能够满足时代的需要，从而获得了巨大的推广和发展，在各个学科领域都能看到机器学习方法的身影。目前较为经典的机器学习方法有决策树、K 近邻、支持向量机以及以神经网络为单元的感知机等。机器学习的算法可以分为有监督学习和无监督学习。有监督学习是指通过训练样本得到一个模型，然后利用这个模型进行推理预测，包括决策树、K 近邻和支持向量等。无监督学习则是要给定一些样本数据让机器学习算法直接对这些数据进行分析，得到数据的某些知识。

2016 年 3 月 15 日，AlphaGo 以 4∶0 战胜世界围棋冠军李世石，人工智能首次从学术界进入了大众视野。而实际上，早在 21 世纪以前，人工智能就已经开始挑战人类。即 1959 年 IBM 工程研究组的萨缪尔（Samuel）开发出一款跳棋程序，并且在人机对战中落败。人工智能比较突出的方法是机器学习，也被称为统计学习，顾名思义，是一门以构建数学统计模型并且运用模型对相关数据进行预测、分类、回归等分析的一门学科。实际上机器学习是人工智能领域的一种代表性方法，其包含的算法种类很多，如决策树、支持向量机以及近些年来火热的深度学习模型等，以下将详细介绍相关算法的发展历程。

线性判别分析（LDA）是费希尔（Fisher，1936）在 20 世纪 60 年代发表的论文中提出的，在当时，机器学习这一概念还没有形成。作为一种降维算法，其根据线性转变将数据向量由高维空间映射到低维空间，从而使不同数据类别的划分更加明显。贝叶斯分类器始于 20 世纪 50 年代，基于贝叶斯决策理论，它给出实例可能属于每个类的后验概率，并且将概率最大的类赋予这个实例；感知机模型（Rosenblatt，1958）同样是一种线性分类器，它是神经网络的基础，于 1958 年提出。但由于感知机较为基础，无法解决异或问题，所以不具有使用价值，但为后面的算法提供了思想基础；K－近邻（KNN）算法（Cover & Hart，1967）在 1967 年提出，该算法基于模型匹配的思想，它的优点是计算方便简单，且效果良好，至今为止依然有不错的使用价值。

以上算法是在 1980 年之前提出的，在 1980 年前，这些机器学习算法都是碎片化的，未构成完整的机器学习体系，但它们对机器学习体系的贡献是巨大的。直到 20 世纪 80 年代，机器学习才形成完整的体系，成了一个单独的方向。随后，各种机器学习算法快速发展。而决策树是 20 世纪八九十年代提出的一种机器学习分类算法，它主要有三种实现方式：ID3（Quinlan，1986）、C4.5（Breiman et al.，1984）、CART（Quinlan，1993）。决策树拥有不错的分类效果。

到了20世纪90年代，机器学习的发展进入了崭新的阶段。在这一时期，科学家们提出了至今仍然影响深远的两种算法：支持向量机（SVM）（Cortes & Vapnik，1995）和集成算法 Adaboost（Freund，1995）。支持向量机的提出代表了核技术的成功，战胜了当时蓬勃发展的神经网络。而 Adaboost 则代表了集成算法的成功，集成算法即通过一系列简单的分类器的集成从而达到不错的分类效果的一种机器学习算法。随机森林（Breiman & Leo，2001）在2001年提出，它也是集成学习的一种，它计算简单，在诸多问题上效果极佳，因此至今还在大量地使用。此外，2009年的一篇机器学习经典之作——距离度量学习（Kilian et al.，2009）给机器学习领域提供了新思路，使通过机器学习求得距离函数的思想被大家广泛地应用。

21世纪以来，机器学习领域内，人们对非线性方法的研究变得十分火热，它始于一项新技术——局部线性嵌入 LLE（Roweis et al.，2000）。在这之后，大批基于此思想的算法也是层出不穷，如局部保持投影技术、拉普拉斯映射、等间距映射等（Belkin et al.，2003；He et al.，2003；Tenenbaum et al.，2000）。流形学习虽然在数学上受到了大家的热烈关注，但并没有多少成功的应用。t分布随机邻域嵌入（t-SNE）算法是2008年提出的机器学习算法（Maaten & Hinton，2008），是与 SNE 技术结合的降维技术。它在解决降维中的拥挤问题上拥有十分良好的效果。

概率图模型是机器学习领域一个重要的分支，是用图表示变量概率依赖关系的理论。隐马尔可夫模型于1960年提出（Stratonovich，1960），直到1980年，才在语音识别中大放异彩。而后来该模型多用于分析各种序列数据的问题，在深度循环神经网络大热之前，隐马尔可夫一直是处理序列数据的首要模型。马尔可夫随机场于1984年提出（Geman & Geman，1984），作为另一种概率图模型的经典算法，现实中经常与贝叶斯网络结合使用。贝叶斯网络是概率图模型中推理最有效的理论模型之一，于1985年提出（Pearl，1985）。条件随机场诞生于2001年（Lafferty et al.，2001），是一种无向图模型，主要应用于自然文字序列或生物序列的标注问题。

深度学习的雏形源自20世纪40年代至60年代的控制论，在当时生物学习理论的发展以及模型的实现（如感知机）为深度学习提供了基础；神经网络的研究很早就出现，但由于梯度消失的问题使神经网络的应用效果不佳。直到1986年诞生了用于神经网络梯度的反向传播算法（David et al.，1986），神经网络才有了实际应用，并为深度学习领域提供了基础模型。此后直至1980~1995年，联结主义方法的出现，使人们可以通过反向传播算法实现具有1~2个隐藏层的神经网络的训练；直到2006年才真正意义上以深度学习的名义兴起（Hinton et al.，2006）。

而神经网络直到 2012 年 Alex 网络（Alex et al.，2012）的大获成功，才重新进入大众的视野，并掀起一股浪潮。此后，人们将卷积神经网络应用于计算机视觉的各个方面；将循环神经网络应用于语音识别、自然语言处理等序列问题，进而逐渐取代了隐马尔可夫在处理序列模型上的主导地位。1989 年，乐村（LeCun）设计出一个真正意义上的卷积神经网络（CNN）（LeCun et al.，1989），最开始应用于图像识别，且是深度卷积网络的前身，至今为计算机视觉领域发展提供了不可磨灭的作用。

强化学习起源于贝尔曼（Bellman，1956）提出的动态规划方法，萨顿（Sutton，1988）提出了时间差分算法，但实际问题中过多的状态导致该算法无法大规模使用。在深度学习兴起之后，强化学习与神经网络结合，又名深度强化学习（Williams，1992；Volodymyr，2013；Mnih，2016），强化学习才得到了大家的重视。Q 函数诞生于 1992 年，用于拟合动作，使人们可以处理各种复杂的状态和环境。

二、系统学习的应用

机器学习是人工智能领域的一个大分支学科，因而其蕴含着的智能系统在各个领域之间都有所需求。各个领域之间最为普遍的问题就是目标函数的优化问题，能够在相应领域内触类旁通，我们可以惊奇地发现机器学习方法能够极大地适应很多领域所要研究的目标。例如，文本挖掘（车思琪和李学沛，2021）、医学（任珍等，2021）、自动驾驶（潘峰和鲍泓，2021）和自然灾害（李海宏等，2021）。可以看出，机器学习设计的研究领域之间有些存在天然的学术屏障，但是都可以统一地运用到同一种方法下，这种能够使用于交叉学科间的机器学习方法将会是现在乃至未来较为热点的话题。

需要注意的是，对于机器学习方法许多人存在一个误区，即将机器学习与深度学习乃至强化学习区分开来，很多人认为，如 AVM、KNN 以及决策树等称作机器学习，而全连接神经网络、循环神经网络以及卷积神经网络等称为深度学习，Q-learning、Sarsa 以及 DQN 等才称为强化学习。尽管两者都同属于机器学习范畴，乃至人工智能领域，但是为了以示区分，本书将以上不同的机器学习方法分为传统的机器学习方法、深度学习方法以及强化学习方法。

对于传统机器学习方法来说，由于早期的技术限制以及数据集较小，传统的机器学习方法就能取得很好的效果，因而也逐渐被应用在不同领域。其中，传统机器学习方法中最为经典的代表性方法包括决策树（DT）、支持向量机（SVM）以及 K 近邻方法（KNN）。在 KNN 算法应用方面：何和王（He & Wang，2007）提出了一种基于 k－最近邻规则（FD-kNN）的故障检测方法，用来自动处理数据中的非线性部分。周红标和乔俊飞（2017）对多元序列问题，提出了利用KNN算法扩展了高维特征互信息表征问题，以此筛选出最优特征。王月等（2021）构建了基于KNN思想的三元组网络入侵检测模型imTN-KNN。在决策树算法应用方面：许多学者扩大了决策树算法可应用的实际范围和领域（AL-Dlaeena & Alashqur, 2014；Thohari & Anita, 2020）。例如，冯伟等（2015）基于决策树模型的中国慢性病分析与危险因素监测应用。对不同特征人群进行糖尿病风险研究，在确定糖尿病优先筛查人群中具有重要的应用影响力；王雪飞和沈来信（2013）使用C4.5算法完成了通过古民居不同年代的图像数据指纹对古民居的分类应用；吴薇等（2019）为了进一步提高土地覆盖遥感分类精度，提出一种基于迭代CART算法分层分类的新技术体系。因此不难看出，决策树算法能够符合多个领域对于实际问题的研究应用，而且确实带来了足够优秀的表现。而在SVM算法应用方面：撒肯和汪德维尔（Suykens & Vandewalle, 1999a）从最小二乘法角度重新解读了SVM算法，并且在双螺旋基本分类问题上验证了其有效性，并且在2002年再次说明了这一点（Suykens et al., 2002b）。费等（Fei et al., 2009）提出了基于遗传算法的SVM模型来预测电力变压器油中的关键气体比。卡洛斯基（Chorowski et al., 2014）综述了支持向量机（SVM）、最小二乘支持向量机（LSSVM）、极限学习机（ELM）和边际损失（ML）这四种机器学习分类方法的通用框架及其应用。显而易见的是，SVM算法的应用领域十分广泛（Santos et al., 2015；朱大业等, 2018；杨红云等, 2021）。

对于深度学习方法来说（LeCun et al., 2015），传统的机器学习方法更多是基于线性拟合角度解读数据，这就大部分导致了要求数据容量较少且简单，而深度学习方法则从非线性拟合角度解读数据，因而适用于大规模数据，能够解决很多复杂情况。深度学习方法不仅能够全覆盖传统机器学习方法所涉及的方方面面，还因为其更高的性能和泛化能力而被广泛地运用到许多领域。塞弗恩和莫斯基蒂（Severyn & Moschitti, 2015）采用卷积神经网络构建Twitter情感分析深度学习系统。张新伯等（2015）和宋辉等（2018）基于深度学习模型，分别采用了深度置信网络和深度卷积网络来构建局部放电模式识别模型，其实验结果显示：与传统的识别模型相比，深度学习模型在处理复杂数据上性能更高，识别准确率更高。而在计算机视觉领域里，在多标签图像分类上，构建深度卷积神经网络模型进行图片识别（Li et al., 2019；Durand et al., 2020）；孙滨和张亮（2021）基于海域视觉复杂问题，通过改进深度学习方法以此来进行障碍识别。张悟移和陈成（2021）采用了LSTM以及Bi-LSTM结构构建深度学习模型研究分析了“一带一路”沿线经济体交通运输能耗问题。商富博等（2021）将CNN与Bi-LSTM结合构建了入侵检测模型，其中创新性地将一维数据转换为三维图像数据进行预测。对于入侵检测的研究来说，采用深度学习方法是目前较为前沿的方向（王明和李剑，2017；李荷婷等，2019；刘月峰等，2019）。可以看出，深度学习所能够涉及的领域较多，同时能够取得的效果也更加显著。

对于强化学习方法来说，强化学习是在深度学习的基础上发展而来，而生成对抗网络可以理解为属于强化学习中的一种模型训练方式。其用于描述和解决智能体或模型在与环境或事件交互中通过学习策略以达到回报最大或者时向特定目标的问题。不同于上述传统机器学习与深度学习的数据要求，强化学习更多要求的是无监督学习，即数据类型没有标签。实际上，强化学习已经在游戏、机器人等领域中崭露头角，对于强化学习的应用也十分广泛，目前的领域有：游戏领域、机器人、电脑网络、智能体交互、车载导航、医学、推荐系统以及工业物流等。

就机器学习方法本身而言，其所包含的内容丰富、理论精彩，并不是短短三言两语就可以介绍清楚的，且本书编撰的主要目的是开阔读者视野，因此本书在各章节介绍了大量的模型、理论及其相应的实例分析，本节接下来将主要介绍一些传统和重要的机器学习算法以供读者大概了解，若读者想要进一步地了解以及将其运用到自身研究领域中，则需要通过网上查找更多本章节不予介绍的理论和运用部分。

第二节　系统学习的模型介绍

相关的机器学习方法正如前面所述，其所包含的方法种类很多。为了使读者能够有一个直观的感受，接下来将较为全面地介绍不同的机器学习方法和模型。而根据发展的不同阶段和不同程度，分成了经典模型、新兴模型以及重要模型三部分进行介绍。其中经典模型是包括 K 均值算法、感知机、朴素贝叶斯法、主成分分析和隐马尔可夫模型；新兴模型包括集成学习、随机森林、提升法和 DBSCAN 算法；重要模型包括决策树模型、支持向量机、卷积神经网络和循环神经网络。

一、系统学习的经典模型介绍

（一）K 均值算法

K 均值算法是一种简单的计算快速的聚类算法。它是 1957 年由贝尔实验室的斯图尔特－劳埃德（Stuart Lloyd）提出，当时用于脉冲编码调制，直到 1982 年才对外公开。

首先生成一个数据集，如图 12－1 所示。

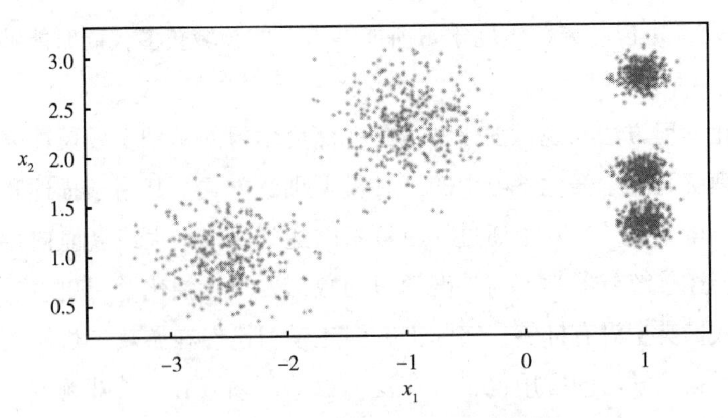

图 12－1 手动生成的聚类数据集

将数据输入 K-Means 估计器中，它将为每个实例分配给最近的集群。需要注意的是，该聚类算法必须提前指定集群数 K。训练结束后，每个实例都将被分配给这 5 个集群之一，K-Means 算法会自动存储被训练的实例的标签，可以通过使用 labels_ 属性访问。此外，该算法还可以计算五个集群的中心点；它也能将新输出的实例点分配集群。

与分类问题类似，估计器根据集群中心点的距离，然后预测出实例所属的类别，这种聚类称为硬聚类。同理，估计器如果对实例可能属于的类别进行打分，这种聚类是软聚类。这种分数可以是该实例与集群中心点的距离，可以使用 tranform（）方法获得每个实例距离集群中心点的距离。

K-Means 算法是如何工作的呢？算法从随机初始化中心点开始，然后开始标记实例，更新中心点，不断重复工作，直到中心点不再移动位置。这种算法的优点在于，它可以保证迭代在有限数量步骤内达到收敛，且不会一直振荡。但该算法的缺点在于，虽然能保证收敛，但可能不会收敛到正确解。

（二）感知机

感知机（perceptron）由罗森布拉特（Rosenblatt，1957）提出，通过对样本的特征向量进行线性组合来实现对样本类别的分类，它是神经网络和支持向量机的基础。

对于任意一个特征向量 x，感知机的运算过程如下：

$$f(x)=\mathrm{sign}(w\cdot x+b) \tag{12-1}$$

已知感知机的目标就是找到一个能分离不同类别的实例的超平面，为了确定这样一个超平面，即确定感知机参数 w,b，需要为感知机制定一个学习策略即损失函数极小化。损失函数为所有误分类实例点到超平面的距离之和：

$$-\frac{1}{\|w\|}\sum_{x_i\in M}y_i(w\cdot x_i+b) \tag{12-2}$$

其中，M 为误分类实例点的集合。因为$\frac{1}{\| w \|}$不影响极小化损失函数，所以损失函数通常忽略它，即：$\min_{w,b} L(w,b) = -\sum_{x_i \in M} y_i(w \cdot x_i + b)$

至此，感知机学习问题已被转化为极小化损失函数的问题，采用随机梯度下降法作为最优化方法。对于随机生成的超平面参数向量 w_0, b_0，在最小化损失函数的计算过程中，根据梯度下降方法不断缩小实际分类和预测分类之间的损失误差。假定对于误分类集 M，其有关损失函数的梯度下降公式为：

$$\nabla_w L(w,b) = -\sum_{x_i \in M} y_i x_i$$
$$\nabla_b L(w,b) = -\sum_{x_i \in M} y_i \tag{12-3}$$

随机选取一个误分类点 (x_i, y_i)，对参数 w, b 进行更新：

$$w \leftarrow w + \eta y_i x_i$$
$$b \leftarrow b + \eta y_i \tag{12-4}$$

其中，η 为学习率，用来控制梯度下降的步长，通常在 0 ~ 1。

当实例数据集线性可分时，感知机学习算法存在无穷多个解，取决于不同的初值选取和迭代顺序。

（三）朴素贝叶斯法

朴素贝叶斯是基于贝叶斯定理条件独立假设的分类方法。首先，输入训练集使模型学习输入输出的联合概率分布 $P(x,y)$；其次，对于任意给定的输入 x，结合贝叶斯定理求出后验概率最大的输出结果 y。

朴素贝叶斯模型具体学习过程如下：

假设训练数据集由 N 个类别、K 个实例组成，则先验概率分布：

$$P(Y = c_n),\ n = 1, 2, \cdots, N \tag{12-5}$$

条件概率分布为：

$$P(X = x \mid Y = c_n) = P(X_1 = x_1, \cdots, X_K = x_K \mid Y = c_n),\ n = 1, 2, \cdots, K \tag{12-6}$$

朴素贝叶斯法要求条件概率分布满足条件独立性假设：

$$\begin{aligned} P(X = x \mid Y = c_n) &= P(X_1 = x_1, \cdots, X_K = x_K \mid Y = c_n) \\ &= \prod_{i=1}^{K} P(X_i = x_i \mid Y = c_n) \end{aligned} \tag{12-7}$$

在模型学习完毕后，对于给定的输入 x，计算后验概率：

$$P(Y=c_n \mid X=x)=\frac{P(X=x \mid Y=c_n)P(Y=c_n)}{\sum_n P(X=x \mid Y=c_n)P(Y=c_n)} \tag{12-8}$$

所以，朴素贝叶斯公式可表示为：

$$y=f(x)=\arg\max_{c_n}\frac{P(Y=c_n)\prod_{i=1}^{K}P(X_i=x_i \mid Y=c_n)}{\sum_n P(Y=c_n)\prod_{i=1}^{K}P(X_i=x_i \mid Y=c_n)} \tag{12-9}$$

当真正计算时，由于式（12-9）中的分母对于任意类别 c_n 都是不变的，所以朴素贝叶斯公式等价表示为：

$$y=f(x)=\arg\max_{c_n}P(Y=c_n)\prod_{i=1}^{K}P(X_i=x_i \mid Y=c_n) \tag{12-10}$$

下面使用极大似然估计法估计朴素贝叶斯的参数。

首先，先验概率的极大似然估计为：

$$P(Y=c_n)=\frac{\sum_{i=1}^{K}I(y_n=c_n)}{K},n=1,2,\cdots N \tag{12-11}$$

其中，$I(\cdot)$为指示函数。

设第 j 个特征可能取值组成的集合为$\{a_{1j},a_{2j},\cdots,a_{S_j j}\}$，则条件概率的极大似然估计为：

$$P(X_j=a_{mj} \mid Y=c_n)=\frac{\sum_{i=1}^{K}I(x_{ij}=a_{mj},y_i=c_n)}{\sum_{i=1}^{K}I(y_i=c_n)},$$

$$j=1,2,\cdots,K;\ l=1,2,\cdots S_j,\ n=1,2,\cdots,N \tag{12-12}$$

通过极大似然估计，即可计算出朴素贝叶斯公式的概率值。

（四）隐马尔可夫模型

隐马尔可夫模型描述的是由隐藏的马尔可夫链随机生成不可观测的状态序列，再由各个状态序列生成观测序列的过程。下面具体介绍一下。

设 Q 是可能的状态集合，M 是可能的观测集合：

$$Q=\{q_1,q_2,\cdots,q_n\},M=\{m_1,m_2,\cdots,m_p\}$$

其中，n 为可能的状态的数量，M 是可能的观测结果的数量。

I 是状态序列，O 是与其对应的观测序列：

$$I=(i_1,i_2,\cdots,i_T),\ O=(o_1,o_2,\cdots,o_T)$$

$\boldsymbol{A}$ 是状态转移矩阵，其中元素代表着概率：

$$\boldsymbol{A}=[a_{ij}]_{n\cdot n}$$

其中，

$$a_{ij}=P(i_{t+1}=q_j\mid i_t=q_i),\ i=1,2,\cdots,n;\ j=1,2,\cdots,n$$

是在时刻 t 处于状态 q_i 的条件在时刻 $t+1$ 转移到状态 q_j 的概率。

$\boldsymbol{B}$ 是观测概率矩阵：

$$\boldsymbol{B}=[b_j(k)]_{n\cdot m}$$

其中，

$$b_j(k)=P(o_t=v_k\mid i_t=q_j),\ k=1,2,\cdots,m;\ j=1,2,\cdots,n$$

是在时刻 t 处于状态 q_j 的条件生成观测 v_k 的概率。$\boldsymbol{\pi}$ 是初始状态概率向量，是初始时刻处于状态 q_i 的概率。

隐马尔可夫模型由三要素组成，分别是初始状态概率向量 $\boldsymbol{\pi}$，状态转移概率矩阵 $\boldsymbol{A}$，和观测概率矩阵 $\boldsymbol{B}$。$\boldsymbol{\pi}$ 和 $\boldsymbol{A}$ 决定状态序列，$\boldsymbol{B}$ 决定观测序列。若用 λ 表示隐马尔可夫模型，则：

$$\lambda=(\boldsymbol{\pi},\boldsymbol{A},\boldsymbol{B})$$

$\boldsymbol{A}$，$\boldsymbol{B}$，$\boldsymbol{\pi}$ 被称为隐马尔可夫模型的三要素。

状态转移概率矩阵 $\boldsymbol{A}$ 与初始状态概率向量 $\boldsymbol{\pi}$ 确定了隐藏的马尔可夫链生成不可观测的状态序列，观测概率矩阵 $\boldsymbol{B}$ 和状态序列共同决定了从状态生成观测结果的过程。

二、系统学习的新兴模型介绍

（一）集成学习

俗话说得好，“群众的眼睛是雪亮的”，这句话同样也适用于机器学习领域中，研究人员发现，用一堆简单的分类器对一个问题进行分类，最后再汇总分类器给出的答案，结果竟然比一个精密的分类器效果更好。这种简单分类器组成的分类被称为集成学习。

本节将讨论几种最流行的集成方法，如 bagging、pasting、stacking 等。投票分类，与平时投票选举一样，票数多的人被选中。在机器学习中，先对几个简单分类器使用训练集训练模型（见图 12－2），再由这几个分类器对同样的新实例进行预测（见图 12－3），最后选取票数最多的类别作为这个新实例的类别，这就是最典型的投票分类，也叫作硬投票分类。

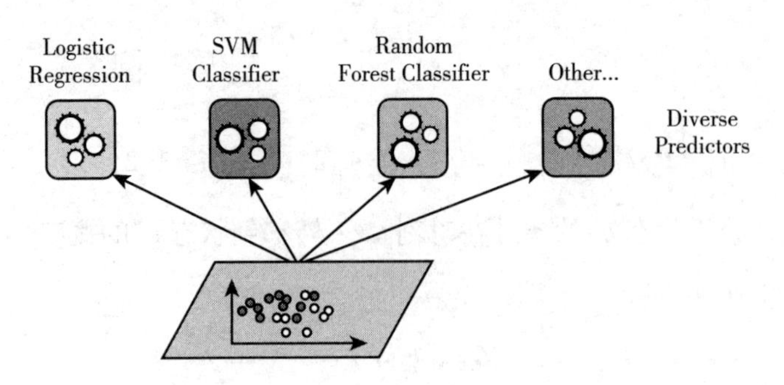

图 12－2　对多个简单分类器进行训练

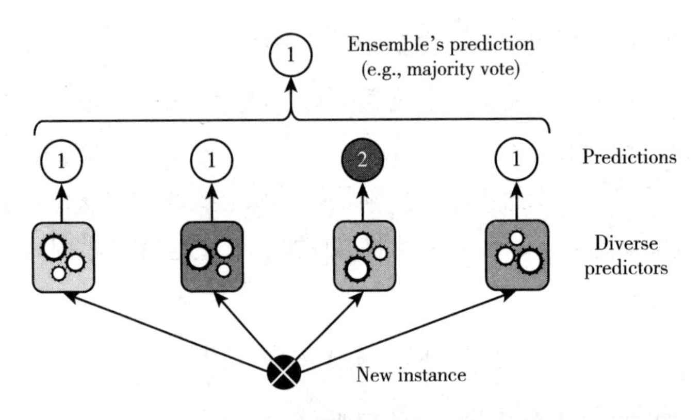

图 12－3　硬投票分类器进行预测

当然，要想使用集成方法提高预测的准确率也是有条件的，条件就是这些分类器必须尽可能地相互独立。

如果简单分类器能够估计出类别的概率，可以将每个类别的概率平均计算，然后让 sklearn 给出平均概率最高的类别作为预测。这种办法被称为软投票法。一般来说，它比硬投票法预测更优，因为在软投票中越高预测概率的分类器拥有更高的权重。

当简单分类器预测完成后，集成就简单地聚合每个简单分类器的预测并对新实例进行预测。对于分类问题，集成通常使用硬投票法；对于回归问题，通常使用求平均值的方法。通过集成方法，可以同时降低预测器的方差和偏差。

前面的投票分类器是使用不同的分类器进行投票，还有另一种方法就是对每个分类器都使用相同的算法，但是使用不同的训练集子集对其训练。采样时若将样本放回，则称为 bagging，若不将样本放回，则称为 pasting。

一般来说，bagging 方法优于 pasting 方法。因为 bagging 有放回方法为训练集的每个子集提供了更多的多样性，在训练完成后 bagging 比 pasting 的偏差略高，但同时这也意味着简单分类器间的关联度更低，所以集成的方差更低。总之，当你不知道选择何种集成方法时，率先使用 bagging 总是一个不错的选择。

对于任意给定的简单分类器，若使用 bagging 方法，有些实例会被多次采样，而有些实例根本不会被采样。一般来说，当训练集的数量足够大的时候，训练集中平均只有 63% 的训练实例被选取，余下 37% 的数据对分类器来说是全新的数据，称为包外（oob）数据。为了不浪费训练集的数据，可以将这批全新的数据用作测试集评估模型。

（二）随机森林

随机森林，是集成方法的一种特殊形式，即决策树的 bagging 集成。随机森林相比于决策树，使用了更大的随机性，在前面讲述决策树时，决策树的分裂节点是选取最好的特征，而随机森林则是在该节点的特征中随机选择一个包含 n 个属性的子集，再从这个子集中选择一个最好的特征用来划分，这使随机森林拥有更大的多样性，这又一次通过牺牲偏差，来换取更低的方差。总而言之，随机森林能够很好地拟合大多数数据，且具有不错的预测水平。

随机森林简单、容易实现、计算开销小，并且在许多实际问题上表现出强大的性能。可以看出，随机森林对 Bagging 集成方法进行了一些小改动，Bagging 方法中通过对样本的干扰来提升分类器之间的差异性，而随机森林进一步在样本上进行了特征扰动，这使随机森林中的简单分类器之间的差异性得到进一步提升。

（三）提升法

提升法（boosting），其思想是将几个弱学习器结合成为一个强学习器的方法。大多数提升法的训练思路是反复训练分类器，每一次都对之前的分类器作出一定的修正。现在，最流行的提升法是 AdaBoost 和梯度提升法。

1. AdaBoost

AdaBoost 的思路是通过反复训练，对误分类的实例赋予更大的权重，使分类器能够识别这个误分类实例。初始时赋予每个实例的权重为$\frac{1}{m}$，对第一个简单分类器进行训练，然后计算加权误差率 r_1。

首先，第 j 个分类器的加权误差率为：

$$r_j = \frac{\sum_{i=1}^{m} w^{(i)} I[\hat{y}_j^{(i)} \neq y^{(i)}]}{\sum_{i=1}^{m} w^{(i)}} \tag{12-14}$$

其次，重新计算分类器权重：

$$\alpha_j = \eta \log \frac{1 - r_j}{r_j} \tag{12-15}$$

对 $i = 1, 2, \cdots, m$ 有：

$$w^{(i)} \leftarrow \begin{cases} w^{(i)}, & 若\ \hat{y}_j^{(i)} = y^{(i)} \\ w^{(i)}, & 若\ \hat{y}_j^{(i)} \neq y^{(i)} \end{cases}$$

更新完权重后再进行归一化处理（即除以 $\sum_{i=1}^{m} w^{(i)}$ ）。

最后，使用更新后的权重训练分类器，之后重复整个流程，直到训练出的分类器满足所需数量为止。训练完成后，用 AdaBoost 预测新实例，就是简单地计算所有分类器的预测结果，并用 α_j 进行加权，得到的大多数投票的类别就是 AdaBoost 预测的结果：

$$\hat{y} = \operatorname{argmax} \sum_{\substack{j=1 \\ \hat{y}_j(x) = k}}^{N} \alpha_j \tag{12-16}$$

其中，N 是分类器的数量，k 是类别。

2. 梯度提升法

与 AdaBoost 类似，梯度提升也是逐步在集成中添加分类器，并对上一个分类器作出修正。但不同的是，它不在每次迭代中更新实例的权重，而是让新的分类器对上一个分类器的残差进行拟合，即用一个新的分类器对数据(x,r)进行拟合。

（四）DBSCAN 算法

DBSCAN 是一种基于密度的聚类算法，它由一组邻域参数$(\varepsilon, n_samples)$来刻画样本分布的 density 程度，给出以下定义：

（1）对于每个实例，计算该实例在 ε 内的一小段距离内有多少实例，区域称为该实例的 ε - 邻域。

（2）若一个实例在 ε - 邻域内至少包含 $n\_samples$ 个实例，则该实例是一个核心对象。

（3）距离核心实例 ε 内的所有实例都属于同一集群。该邻域内也可以包括其他核心实例。所以，一长串邻接的核心实例形成一个集群。

（4）任何不是核心实例，且 ε - 邻域内没有实例的实例都被称为异常。

DBSCAN 优点：

（1）相比于 K 均值算法，DBSCAN 无须事先设定聚类的数量参数。

（2）DBSCAN 对于无监督簇类形状的发现更为灵活。

（3）DBSCAN 能够用于异常点检测。

（4）使用 DBSCAN 时，输入模型中样本的顺序不会影响聚类的结果。但是，对于不同簇类间的样本点来说，样本往往会被分到先被学习出形状的簇类中。

用户设定的超参数极大地影响了 DBSCAN 对样本学习的结果，参数的选择要十分谨慎小心。

三、系统学习的重要模型介绍

（一）决策树模型

基本的分类与回归方法中，决策树是其中最具代表性的方法之一。决策树的模型呈树状结构，在分类问题中，决策树的生成过程就是利用不同的特征将实例点进行分类。它的主要优点是可读性高、分类速度快、可视化效果好。在学习模型的过程中，根据损失函数最小化的规则，利用训练数据集以及对应的不同特征生成决策树模型，它的学习过程一般包括特征选择、生成决策树、修建决策树三步。

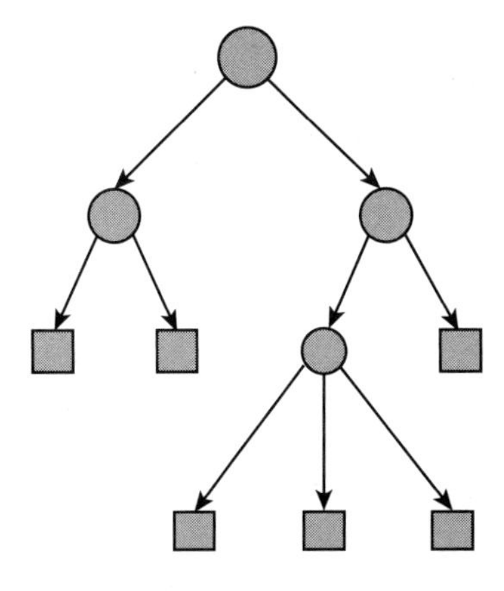

图 12-4　决策树模型

分类决策树模型是一种描述对实例点进行分类决策的树状结构的模型。决策树由节点和边构成，相同的节点代表一个种类。图 12-4 是一棵决策树的示意图，方框代表叶节点，圆代表内部节点。

决策树模型一般是从根节点开始对所有实例点的特征进行检测，根据不同的特征显示将其放入不同的节点中，每个节点中都有着相同特征的实例点，对每个实例点进行检测并分配，直到每一个叶节点，最后模型将所有的实例点分配到叶节点代表的类中。其中叶节点是决策树分类的结果，决策树的一个重要的规则是：互斥且完备。也就是说，数据集中的每个实例点都被一条路径或规则所覆盖，且只被一条路径所覆盖。

决策树就是在数据集中进行归纳总结，归纳出一组分类规则。可能与训练数据集不矛盾的决策树有很多，也可能一个都没有。需要的是一个与训练数据集矛盾较小的决策树模型，与此同时还要具备良好的泛化能力，即预测能力。在学习的过程中同样用损失函数来表示这一目标，损失函数一般为带有正则化项的极大似然函数，学习的过程就是要使损失函数最小化。

决策树的学习的算法通常采用递归的方式去选择最优的特征，并且根据这个最优的特征对训练数据集进行切分，使得每个子数据集都有一个最优的分类。这个过程对应着模型对特征空间的划分，同时也是决策树模型生成的过程。决策树模型构建的三个步骤对应不同的选择角度，生成考虑的是局部的最优化，而剪枝对应着全局最优的选择。这就是所谓的特征选择的问题，通过特征的相似程度进行分类。

决策树特征选择标准——熵。在信息论中，熵表示的是随机变量不确定性的一种测度。假设 X 是一个离散的随机变量，概率分布律为：

$$P(X=x_i)=p_i,\ i=1,2,\cdots,n \tag{12-17}$$

随机变量 X 的熵定义如下：

$$Ent(X) = -\sum_{i=1}^{n} p_i \log p_i \tag{12-18}$$

其中，对数一般以 2 或 e 为底，这时的熵单位分别是比特和纳特。可以看出，熵的大小只依赖于 X 的分布，与 X 的取值大小无关，因此用 $Ent(p)$ 来表示 X 的熵，即：

$$Ent(p) = -\sum_{i=1}^{n} p_i \log p_i \tag{12-19}$$

条件熵 $Ent(Y|X)$ 表示在随机变量 X 已知的条件下随机变量 Y 的不确定性。用数学关系来表达，条件熵的定义是在给定 X 的条件下 Y 的条件概率分布对 X 的数学期望。

$$Ent(Y|X) = \sum_{i=1}^{n} p_i H(Y|X=x_i) \tag{12-20}$$

$$p_i = P(X=x_i),\ i=1,2,\cdots,n \tag{12-21}$$

由信息增益的基本定义可知，特征 A 对训练集 D 的信息增益 g（D，A）是指集合 D 的经验熵与特征 A 给定的条件下 D 的条件熵 $H(D|A)$ 之差，即：

$$g(D,A)=Ent(D)-Ent(D|A) \tag{12-22}$$

熵 $Ent(Y)$ 与条件熵 $Ent(Y|X)$ 之差在信息论中被称作互信息，决策树的学习过程中使用的信息增益等价于训练集中特征与类别的互信息。

在决策树学习的过程中利用信息增益进行特征选择，具体的操作是：对于训练集 D，计算出每个特征对应 D 的信息增益，并通过比较他们的大小来选择信息增益最大的特征，并以此递归选择，直到分出满足要求的分类模型。信息增益比则是特征选择的另一个准则，它解决了信息增益进行选择时会偏向选择取值较多的特征这一问题。

（二）支持向量机

支持向量机（support vector machine，SVM）是一个线性的分类器，它是满足间隔最大化的一种分类方法，是典型的二类分类模型。它与前面介绍的感知机模型的思路相同，都是将分类点到分离超平面的距离定义为损失函数，通过误分类点驱动的学习策略。但是二者不同的是，支持向量机通过引入支持向量，并使支持向量之间间隔最大化，解决了感知机中分离超平面不唯一的问题。

支持向量机的模型一般包括三种，按照模型由简单到复杂的顺序分别为：线性可分支持向量机、线性支持向量机以及非线性支持向量机。根据数据的线性可分程度不同，以上三种模型适用于不同的数据。当数据线性可分时，利用硬间隔最大化的学习策略，训练得到一个线性的分类器，即线性可分支持向量机；当数据近似线性可分时，采用软间隔最大化的策略，也学习得到一个线性的分类器，即线性支持向量机；当数据线性不可分时，通过使用核技巧加上软间隔最大化的策略，学习非线性支持向量机。

1. 线性可分支持向量机

在解决二分类问题上，线性可分支持向量机的映射是一种线性映射，得到的是一个线性的分类器。可以看到，输入都是由输入空间转到特征空间，支持向量的学习都是在特征空间中进行的。

再给定一个训练数据集，它满足在特征空间上的条件：

$$T=\{(x_1,y_1),(x_2,y_2),(x_3,y_3),\cdots,(x_N,y_N)\} \tag{12-23}$$

其中，$x_i \in X = R^n$，$y_i \in Y = \{-1,+1\}$，$i=1,2,\cdots,N$。x_i 为第 i 个特征向量，也称为实例，在分类器的学习过程中找到了一个分离超平面，它是由法向量 ω 和截距项决定。分离超平面将训练数据集所在的特征空间划分为正类与负类两个部分。

当训练数据集线性可分时，一般会存在无穷多个超平面将两类不同类别的数据正确分开。在感知机部分介绍过，感知机就是一种利用误分类最少的策略来驱动的一种分类器，但其选取误分类点的方式是随机的，解就有无穷多个。而线性可分支持向量机利用间隔最大化求解最优的分离超平面，求出的解是唯一的。

支持向量机实现分类的基本原理是求出能够正确划分训练数据集并且使几何间隔最大的分离超平面。这个唯一的分离超平面就是支持向量机分类的决策边界，训练集中与分离超平面距离最近的样本点所代表的实例被称为支持向量。

从图 12－5 可以看出，H1 与 H2 平行，二者中间没有训练数据集的实例点。二者之间的距离就是所谓的间隔，H1 与 H2 均为间隔边界，也就是对应感知机中的决策边界。在 H1 上面的被划分为正实例点，H2 下面的为负实例点。

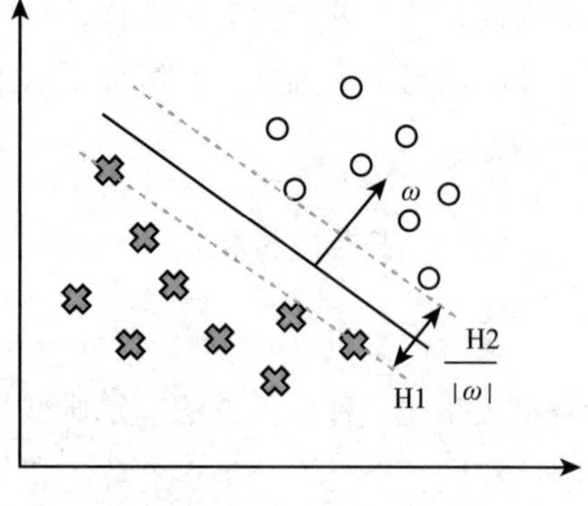

图 12－5　支持向量机

通常来讲，线性可分支持向量机的学习方法，对线性不可分的训练数据集是不适用的。那么这时候要将支持向量机扩展到线性不可分，尤其是数据近似线性可分的时候，就要改变硬间隔最大化的策略，使用软间隔最大化的策略。

假定给定一个特征空间中的训练集数据：

$$T=\{(x_1,y_1),(x_2,y_2),\cdots,(x_N,y_N)\} \tag{12-25}$$

其中，$x_i \in \chi = R^n$，$y_i \in \{+1,-1\}$，$i=1,2,\cdots,N$，x_i 为第 i 个特征向量，y_i 为 y_ix_i 的类标记。若训练数据集原来不是线性可分的，但是在抛去一些特殊的点之后，剩下的大部分点组成的数据集是线性可分的，那么此时就可以采用软间隔最大化的策略进行学习。软间隔最大化的策略指的是可以对每个样本点 (x_i,y_i) 引进一个松弛变量，使函数间隔加上松弛变量大于等于 1。

硬间隔最大化存在两个问题：一个是它只在数据是线性可分的时候是有效的；另一个则是对异常值非常敏感。面对数据的近似线性可分的特点，应该采用更灵活的模型来避免这些问题。

2. 非线性支持向量机

当处理的训练数据是完全非线性的时候，就需要用到非线性支持向量机，核技巧是它的重要组成部分。为此，接下来介绍核技巧。观察图 12－6，分类问题中点代表正的实例点，×代表负的实例点，虽然无法用一条直线（线性模型）将正负实例点分开，但是可以用一个超曲面将二者正确地分开。

非线性的问题往往不好求解，为此，需要对非线性的数据进行变换，使其成为线性的。如图 12－6（a）中的椭圆变换成图 12－6（b）中的直线，将非线性分类问题转换为线性分类问题。

首先，通过一种变换方法将原来空间的非线性数据集映射到一个新的空间中；其次，在新的空间中利用线性分类的方法进行学习，得到分类超平面。这就是核技巧在支持向量机中应用的主要思想。

当面对很多线性不可分的数据集时，处理非线性数据集的方法之一是添加更多的特征，比如多项式特征。某些情况下，这种处理方式会使数据集变成线性可分离。

可以参看图 12－7（a）所示是一个简单的数据集，只有一个特征 x_1。可以看出，这个数据集线性不可分，但是如果添加第二个特征 $x_2=(x_1)^2$，生成的二维数据集则是完全线性可分的。

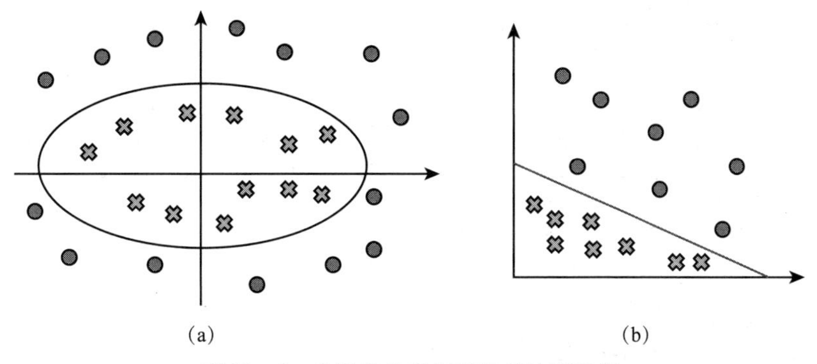

图 12－6　非线性分类问题与核技巧示例

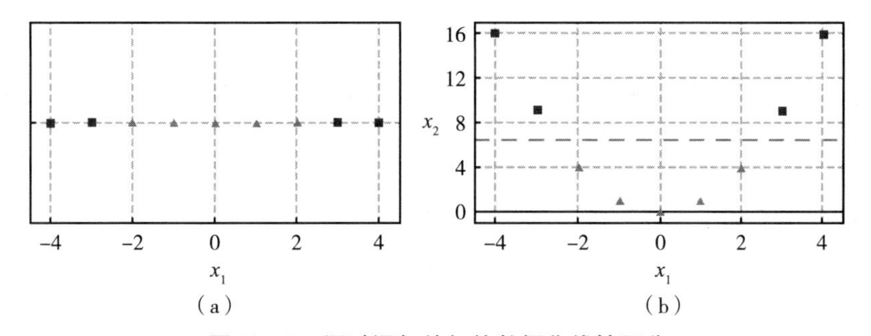

图 12－7　通过添加特征使数据集线性可分

（三）卷积神经网络

在计算机视觉领域内，卷积神经网络一直是深度学习中十分流行的模型。通常，卷积神经网络由三部分组成：卷积层、下采样层和紧密层。图 12－8 为典型的卷积神经网络模型架构，接下来逐层介绍。

首先，对于卷积层来说，以 2D 图片数据为例，卷积层通过卷积核对于图片像素点的计算，从而达到数据压缩和特征提取的目的。由于卷积核的参数共享可以极大地减少模型的计算量，卷积层运算公式如下：

$$z_{h,w}=\sigma\left(\sum_{i=0}^{L}\sum_{j=0}^{K}w_{i,j}x_{h+i,w+j}+b\right) \tag{12-26}$$

其中，L,K 分别表示卷积核的长和宽，σ 表示激活函数。

图 12－8 介绍了图片卷积操作，左上角灰色部分为第一个 3×3 感受野窗口与 3×3 的卷积核矩阵对应元素相乘的总和，第一个窗口的卷积运算如下所示：

$$1\times1+2\times1+3\times1+2\times0+3\times0+4\times0+3\times(-1)+4\times(-1)+5\times(-1)=-6$$

由此，最终得到第一个感受野的特征提取结果。按照上述方法，每次移动感受野都能够得到一个特征提取结果，从而得到卷积后的图片。

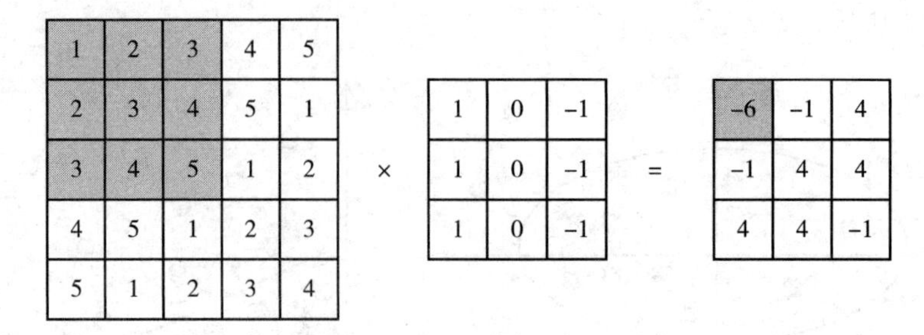

图 12 –8　卷积运算示意

其次，卷积之后的图片进入池化层来进一步压缩整合特征，一般情况下，池化层分为两种：最大池化和平均池化。最大池化就是提取感受野范围内的最大值作为输出值，平均池化就是计算感受野范围内的平均值作为输出值。

最后，将整合的特征输入全连接层进行预测和分类。全连接层运算公式如下：

$$y = \sigma(WX^{T} + b) \tag{12-27}$$

其中，$\boldsymbol{W}$,$\boldsymbol{X}$ 均为 $M \times N$ 的矩阵，$\boldsymbol{b}$ 为 $1 \times M$ 的向量。需要注意的是，本部分仅简单介绍了卷积概念，更多详细内容请参考专业书籍。

（四）循环神经网络

卷积神经网络利用卷积核的方式来共享参数，使参数大大减少，并且可以利用位置信息，同时它的输入大小是固定的。但是在语言处理和语音识别等方向中，文档中的每句话的长度是不一样的，并且前一句与后一句存在一定关系。像这样的有先后顺序的数据称为序列数据，处理这样的数据就不是卷积网络的特长，此时就需要另一种神经网络——循环神经网络。

图 12 –9（a）中 $\boldsymbol{U}$ 是输入隐藏层的权重矩阵，$\boldsymbol{W}$ 是隐藏层到隐藏层的权重矩阵，或者说是状态到隐藏层的权重矩阵。将图 12 –9 展开，具体的内部结构如图 12 –9（b）所示。从图 12 –9 中可以看到，循环神经网络共享参数的方式是各个时间点对应的 $\boldsymbol{W}$、$\boldsymbol{V}$、$\boldsymbol{U}$ 是不变的，这种结构类似于卷积网络的过滤器，这种方式的共享参数也大大减少了参数量。其中对于隐藏层的详细描述如图 12 –10 所示。

将循环神经网络单层结构拆开分析，假设 x 为 n 维向量，隐藏层的神经元数量为 m，输出层的神经元数量为 r，$\boldsymbol{W}$ 是前一次的 a_{t-1} 作为这一次的输入的权重矩阵，其维度为 $m \cdot m$ 维，$\boldsymbol{V}$ 是连接到输出层的权重矩阵，大小是 $m \cdot r$ 维度。网络结构中

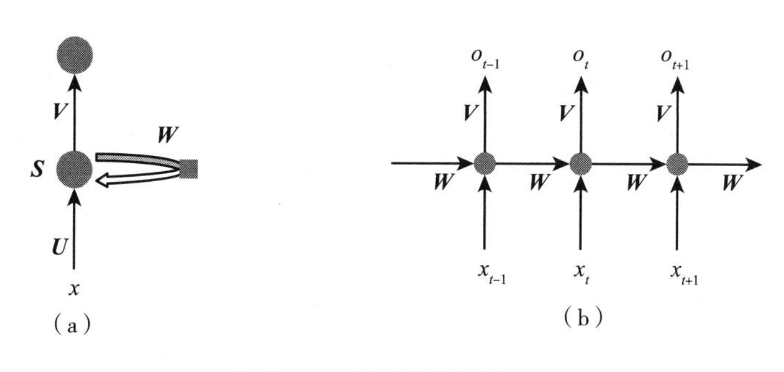

图 12－9　循环神经网络结构

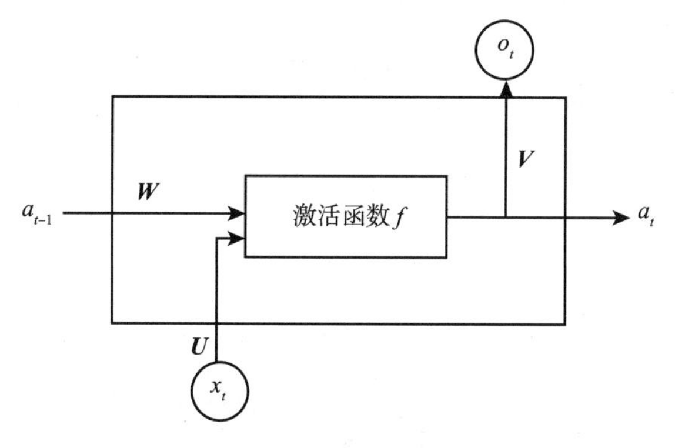

图 12－10　循环神经网络单层结构

不同向量的含义如下：

（1）x_t 是时刻 t 的输出。

（2）a_t 是时刻 t 的隐藏层状态，代表了网络的记忆，这也是循环神经网络记忆性的体现。a_t 基于前一时刻的隐藏层状态的输入进行计算，即 $a_t = f(Ux_t + Wa_{t-1})$，其中 f 为非线性的激活函数，a_{t-1} 是前一个时刻的隐藏层状态。

（3）o_t 是时刻 t 的输出。例如，如果想要预测一个句子中的下一个单词，它就是一个词汇表中的概率向量，$o_t = \mathrm{soft\,max}(Va_t)$。

（4）a_t 是神经网络的记忆，a_t 可以捕捉之前所有时刻发生的信息，输出 o_t 的计算结果依赖于时刻 t 的记忆。

循环神经网络最重要的特点是具有记忆性，因为它不仅包含了前一时刻的输出状态，还会将网络中前面的内容当作“记忆”储存起来，并将其随着前一个时刻的隐状态一起输入到当前的隐藏层中，也就是说，当面隐藏层的输入不仅有前一时刻的输出，也有前面所有想要保存下来的网络信息。

第三节　系统学习的软件实现与具体应用

基于机器学习方法和模型的介绍，将在下面通过相关软件来实现以及给出具体应用，对相关软件的安装和运行做简要介绍。若读者想要更全面地了解软件的运行，可通过查找专业书籍、百度百科等方式进行深入学习。由于机器学习方法和模型较多和受篇幅限制，本书仅对一些重要的方法和模型进行实现及算例应用。

一、机器学习的软件安装介绍

Anaconda（https：//www. anaconda. com/distribution/）就是对包进行管理，对环境进行统一配置的一款发行版本。Anaconda 包含了 Conda、Python 在内的超过 180 个科学包及其依赖项。本书只需要安装 Anaconda，首先从官网下载对应系统的 Anaconda 安装包，然后运行。首先单击 Next 按钮，如图 12－11 所示。

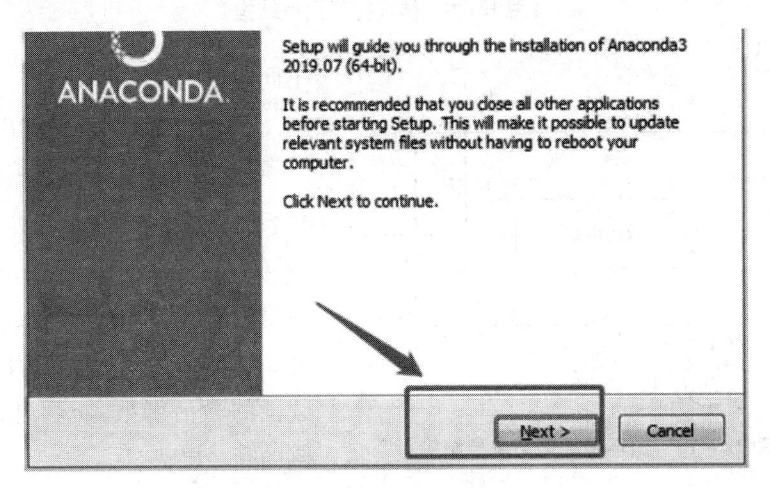

图 12－11　安装步骤 1

其次单击 I Agree 按钮，如图 12－12 所示。

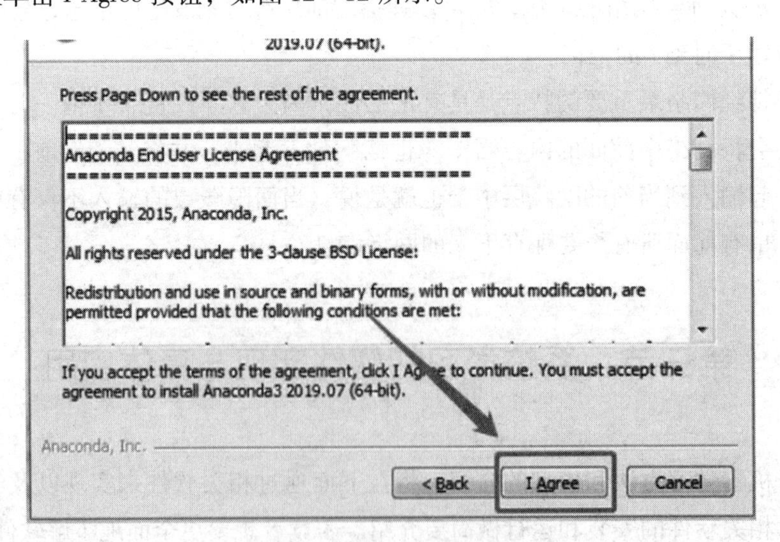

图 12－12　安装步骤 2

接着选择为自己安装，如图 12－13 所示。

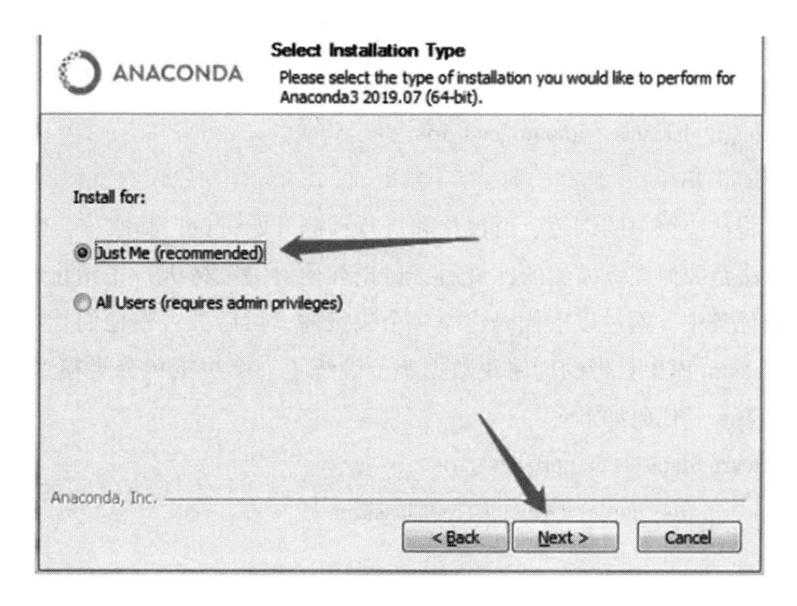

图 12－13　安装步骤 3

然后选择安装路径，再单击 Next 按钮，如图 12－14 所示。

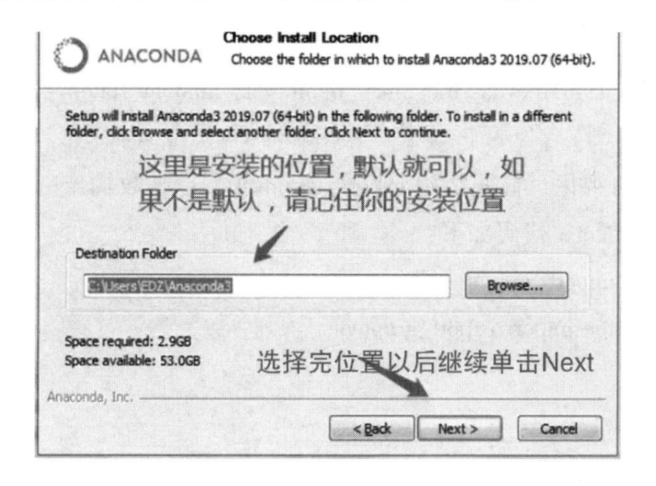

图 12－14　安装步骤 4

下一步中两个选项全部勾选（即安装最新版的 Python 和添加环境变量），然后等待安装完毕即可，在命令框输入 Jupyter Notebook 即可运行。

二、系统学习的具体应用

（一）决策树模型的应用实现

基于经典的鸢尾花数据作为决策树模型的数据集，鸢尾花数据集是 20 世纪 30

年代用来统计分类数据集的经典数据集。在机器学习的 Sklearn 库中，已经将鸢尾花数据集封装好了，可以直接调用，调用代码如下：

```
from sklearn.datasets import load_iris
data = load_iris()
```

首先，将从决策树的训练、可视化和进行预测开始讨论；其次，会介绍 Sklearn 中 CART 算法是如何训练模型的；最后，讨论如何对决策树进行正则化并将决策树应用到回归任务中。通过以下代码建立一个决策树，然后去观察他们是如何进行预测的。在 Sklearn 库中自带的鸢尾花数据集上训练了一个决策树分类模型，即 DecisionTreeClassifier。代码如下：

```
from sklearn.datasets import load_iris
from sklearn.tree import DecisionTreeClassifier

iris = load_iris()
X = iris.data[:, 2:] # petal length and width
y = iris.target

tree_clf = DecisionTreeClassifier(max_depth=2, random_state=42)
tree_clf.fit(X, y)
```

要将决策树可视化，首先要用 export_graphviz（）函数输出一个图形文件，将它命名为 iris_tree.dot，代码如下：

```
from graphviz import Source
from sklearn.tree import export_graphviz
import os
export_graphviz(
        tree_clf,
        out_file=os.path.join(IMAGES_PATH, "iris_tree.dot"),
        feature_names=iris.feature_names[2:],
        class_names=iris.target_names,
        rounded=True,
        filled=True
  )

Source.form_file(os.path.Join(IMAGES_PATH, "iris_tree.dot"))
```

输出可视化结果如图 12－15 所示（注意这只是一个图形文件，不是直接运用

Python 中的可视化方法生成的图像，没有安装 Graphviz 的读者可以提前安装，同时可以将 Graphviz 这个软件包下载并添加在环境变量中，方便以后的可视化，具体的流程留给读者去探索）。

图 12－15 中的决策树是如何进行预测的呢？假设你找到一朵鸢尾花要对其进行分类，应该从根节点开始（最顶部）：通过该节点询问花瓣的长度是否小于等于 2.45 厘米，如果是，那么向下移动到根节点的左侧子节点（左，深度为 1），它是一个叶节点所以并不会提出问题，只需要查看该节点的预测类别，然后决策树就可以预测出这个花朵是山鸢尾花（class = setosa）。

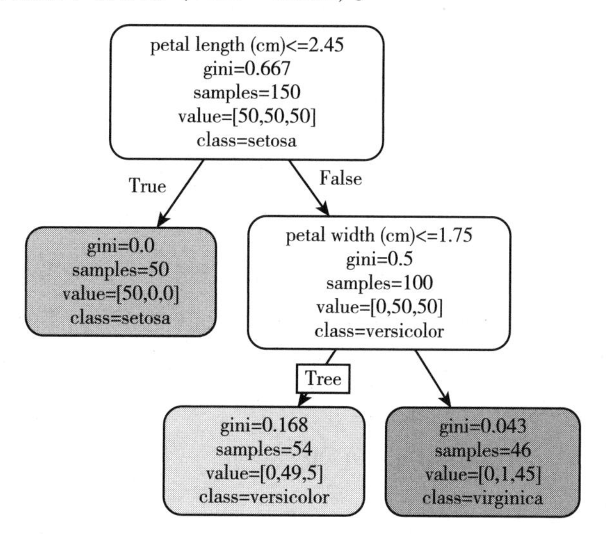

图 12－15　鸢尾花分类决策树

假如有另一朵鸢尾花，它的花瓣的长度大于 2.45 厘米，在根节点之后进入了右侧的子节点（深度为 1，右），这个子节点不是叶子节点，因此它会提出另一个问题，即花瓣的宽度是否小于 1.75 厘米。如果是，那么这个花朵就应该是变色鸢尾花（深度为 2，左），如果不是，则可能是维吉尼亚鸢尾花（深度 2，右）。

sklearn 库中生成决策树使用的算法是 CART 算法：非叶节点只有两个子节点，其他算法如 ID3 则会有多种子节点数量的选择。

可以用基尼不纯度来对分类的决策边界进行理解。图 12－16 显示了决策树的决策边界，加粗的直线表示根节点的决策边界：花瓣的长度是 2.45 厘米，它的左侧区域是纯的，表示落在其中的是山鸢尾花。右侧的区域是不纯的，可以继续划分，通过不同的深度进行区别，如深度为 1 的右侧节点在花瓣宽度等于 1.75 厘米的时候（虚线所示）再次分割开。在决策树的参数设置中将 max_depth 设置为 2，因此决策树在此停止，如果将 max_depth 设置为 3，那么两个深度为 2 的节点还会继续生出一条决策边界（如图中点线所代表的）。

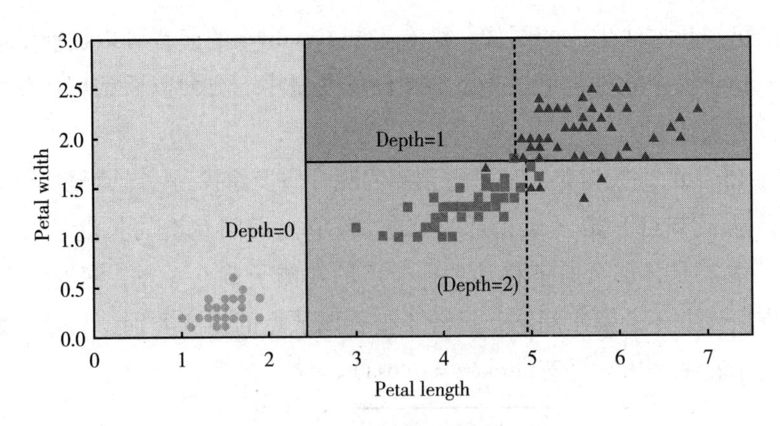

图 12－16　决策树的决策边界

决策树模型也可以对实例点属于不同类别的概率进行估算，形成一种软分类的情况。其中的原理是：跟随决策树的生成过程找到该实例的叶节点，随后返回该节点中类别 N 的训练数据中实例的占比。假设有一朵花花瓣的长度为 5 厘米，宽度为 1.5 厘米，我们找到相应的叶节点为深度为 2 的左侧节点，决策树会生成如下的概率，其中变色鸢尾花的概率最大，故类别应该是变色鸢尾花（类别 1）。输出概率与对应类别的代码如下：

```
tree_clf. predict_proba([[5, 1.5]])
array([[0.          ,0. 90740741, 0. 09259259]])
tree_clf. predict([[5, 1.5]])
array([1])
```

决策树同样也可以完成回归任务，可以利用 Sklearn 库中的 DecisionTreeRegression 类来构建一个回归树。在下面的例子中将最大深度设置为 2，同时在数据中加入了噪声来进行再次训练，代码如下：

```
#Quadratic training set + noise
np. random. seed(42)
m = 200
X = np. random. rand(m, 1)
y = 4 * (X - 0.5) ** 2
y = y + np. random. randn (m, 1)/10

from sklearn. tree import DecisionTreeRegressor

tree_reg = DecisionTreeRegressor (max_depth = 2, random_state = 42)
tree_reg. fit(X, y)
```

DecisionTreeRegressor(max_depth =2, random_state =42)

生成的决策树代码如下：

```
export_graphviz(
        tree_reg1,
        out_file = os. path. join(IMAGES_PATH, "regression_tree. dot "),
        feature_names = ["x1"],
        rounded = True,
        filled = True
  )
Source. from_file(os. path. join (IMAGES_PATH, "regression_tree. dot "))
```

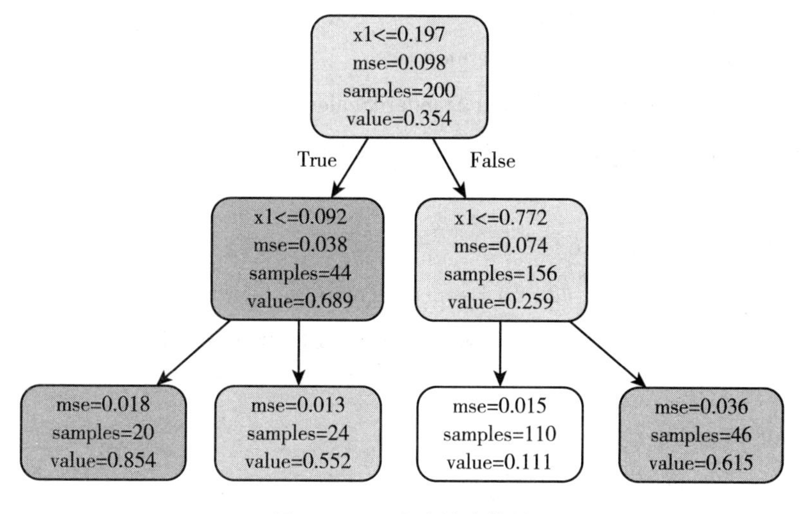

图 12－17　生成的决策树

这棵决策树与之前的分类树很相似，但树的每个节点不再预测一个类别而是预测一个概率值。例如，对一个 x1 =0. 8 的实例点进行预测，从根节点开始进行遍历，最后到达 value =0. 615 的叶节点，预测的均方误差为 0. 036。

（二）支持向量机的应用实现

1. 线性支持向量机

在介绍线性支持向量机的理论部分时使用了两张图（见图 12－18）让模型更好理解，现在就从这两张图开始，介绍支持向量机的代码实现。下面是图 12－18（a）的代码实现，用的是 Sklearn 库中自带的鸢尾花数据集，缩放特征，然后训练线性 SVM 模型，使用 C 等于 1 的 LinearSVC 类和合页损失函数（hinge loss function）来检测其中的一类鸢尾花——维吉尼亚鸢尾花。

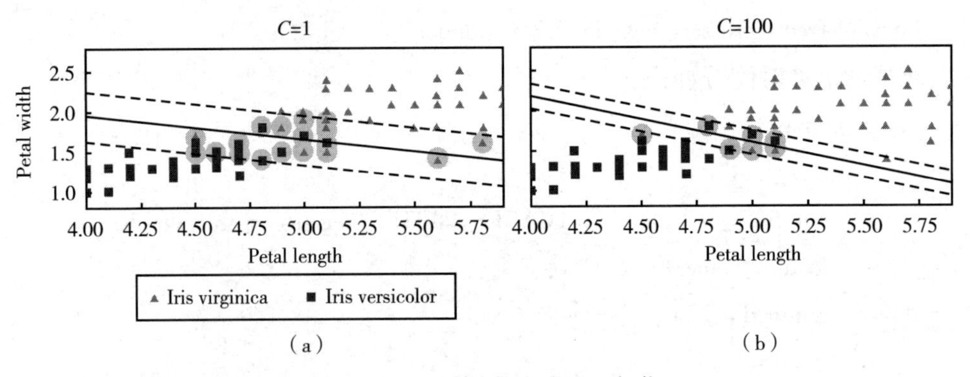

图 12－18 支持向量机原理可视化

```
import numpy as np
from sklearn import datasets
from sklearn. pipeline import Pipeline
from sklearn. preprocessing import StandardScaler
from sklearn. svm import LinearSVC

iris = datasets. load_iris( )
X = iris[ " data " ][ :, (2, 3) ] # petal length, petal width
y = ( iris[ "target " ]  = = 2). astype ( np. float64) # Iris virginica

svm_clf = Pipeline( [
        ( "scaler ", StandardScaler( ) ),
        ( "linear_svc ", LinearSVC( C = 1, loss = "hinge ", random_state = 42) ),
  ])
svm_clf. fit(X,y)
```

生成的模型如图 12－18 所示。另外可以用模型中自带的预测函数进行预测，代码如下：

```
> > >svm_clf. predict( [ [5. 5, 1. 7] ])
array( [1. ])
```

与 Logistic 回归分类器不同的是，SVM 分类器不会输出每个类的概率，只会输出类别的标签，这就是所谓的“硬分类”。此外，也可以将 SVC 类与线性内核一起使用，而不使用 LinearSVC 类。创建 SVC 模型时，可以将 SGDClassifier 类与 SGD-Classifier(loss =“hinge”, alpha = 1/(m * C)) 一起使用。这样就使用了常规的随机梯度下降方法来训练线性 SVM 分类器。虽然采用这种算法的收敛速度不如 LinearSVC 类，但是在处理在线分类任务或者不适合较大内存的庞大数据集时会很有用。

2. 非线性支持向量机

当数据线性不可分的时候，就需要通过一些方法和技巧将数据进行处理，使数据集经过变换后变得线性可分。为了实现这个想法，用 Sklearn 库创建一个包含 Polynomial Features 转换器的 Pipeline，之后再利用 StandardScaler 和 LinearSVC。接下来利用卫星数据集进行代码测试：这个数据集是一个用于二元分类的小数据集，其中数据点的形状为两个交织的半圆。用 make_moons（）函数生成此数据集，代码如下：

```
from sklearn. datasets import make_moons
X,y = make_moons (n_samples = 100, noise = 0. 15, random_state = 42)


def plot_dataset (X, y, axes):
    plt. plot(X[ :, 0] [y = =0], X[ :, 1][y = =0], "bs")
    plt. plot(X[ :, 0] [y = =1], X[ :, 1][y = =1], "g^")
    plt. axis(axes)
    plt. grid(True, which = 'both')
    plt. xlabel(r" $ x_1 $ ", fontsize = 20)
    plt. ylabel(r" $ x_2 $ ", fontsize = 20, rotation = 0)


plot_dataset(X, y, [ -1.5, 2.5, -1, 1.5])
plt. show( )
```

创建完卫星数据集后定义可视化函数，数据的可视化情况如图 12 - 19 所示。图中有两类实例点，但是难以用线性模型将它们分离开来，那么就需要进行特征的添加或者特征的转换。Sklearn 中的 Pipeline 函数就有这样的功能，同时它还会提供一个最终评估器。

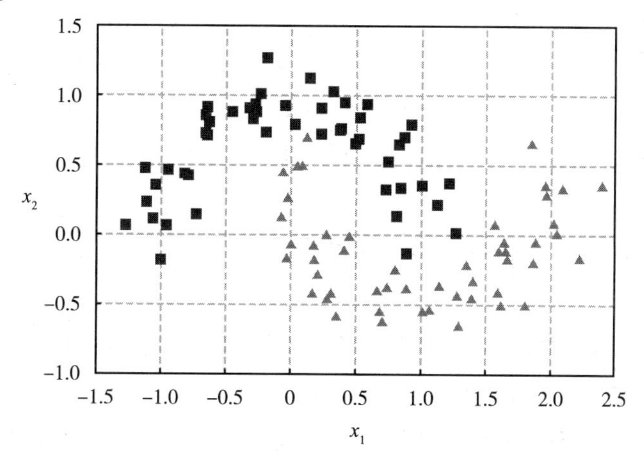

图 12 - 19　卫星数据集的可视化

接下来使用 PolynomialFeatures 转换器对模型进行训练并定义一个可视化函数，将训练后分类的可视化结果进行一个呈现，代码如下：

PolynomialFeatures 模型训练：

```
from sklearn. datasets import make_moons
from sklearn. pipeline import Pipeline
from sklearn. preprocessing import PolynomialFeatures

polynomial_svm_clf = Pipeline( [
        ( "poly_features" , PolynomialFeatures( degree = 3 ) ) ,
        ( "scaler" , StandardScaler ( ) ) ,
        ( "svm_clf" , LinearSVC( C = 10 , loss = " hinge" , random_state = 42 ) )
  ] )
polynomial_svm_clf. fit( X , y )
```

训练后分类的可视化结果呈现：

```
def plot_predictions( clf , axes ) :
    x0s = np. linspace ( axes [ 0 ] , axes[ 1 ] , 100 )
    x1s = np. linspace ( axes [ 2 ]. axes[ 3 ] , 100 )
    x0 , x1 = np. meshgrid( x0s , xls )
    X = np. c_[ x0. ravel( ) , x1. ravel( ) ]
    y_pred = clf. predict( X ). reshape( x0. shape )
    y_decision = clf. decision_function ( X ). reshape( x0. shape )
    plt. contourf ( x0 , x1 , y_pred , cmap = plt. cm. brg , alpha = 0. 2 )
    plt. contourf ( x0 , x1 , y_decision , cmap = plt. cm. brg , alpha = 0. 1 )

plot_predictions ( polynomial_svm_clf , [ -1. 5 , 2. 5 , -1 , 1. 5 ] )
plot_dataset( X , y , [ -1. 5 , 2. 5 , -1 , 1. 5 ] )

save_fig ( "moons_polynomial_svc_plot" )
plt. show( )
```

添加多项式特征实现起来很简单，并且对所有的机器学习方法都很有效。但是如果多项式的阶数太低，就会很难处理复杂的数据集，而高阶的多项式又会创造出大量的特征，导致模型的训练变得很慢。在这种情况下，SVM 可以使用一个非常巧妙的数学技巧，就是前面提到过的核技巧。它产生的结果与添加了许多多项式特征

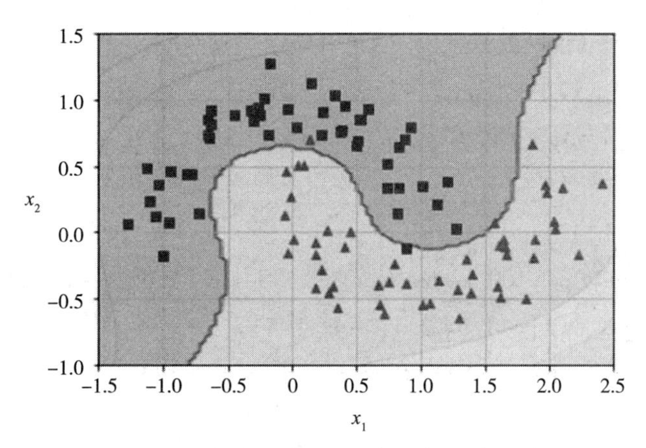

图 12－20　使用多现实特征的线性 SVM 分类器

一样，但是实际上并不需要真的去添加，所以也就不存在数量爆炸的组合特征了。这个方法可以由 SVC 类进行实现，依旧在卫星数据集进行测试：

```
from sklearn. svm import SVC


poly_kernel_svm_clf = Pipeline( [
        ( "scaler" , StandardScaler( ) ) ,
        ( "svm cIf" , SVC( kernel = "poly" , degree =3 , coef0 =1 , C =5) )
  ])
poly_kernel_svm_clf. fit ( X,y)
```

这段代码使用了一个 3 阶多项式内核来训练 SVM 分类器。而后再用一个 10 阶多项式核的 SVM 分类器。显然，如果模型出现过拟合，应该降低多项式阶数；反过来，如果欠拟合的话，就可以尝试使之提升。而超参数 coef0 则控制着模型受高阶多项式还是低价多项式影响程度的大小。相关代码如下：

10 阶多项式内核训练 SVM：

```
poly100_kernel_svm_clf = Pipeline( [
        ( "scaler" , StandardScaler( ) ) ,
        ( "svm_elf" , SVC ( kernel = "poly" , degrec =10 , coef0 =100 , C =5) )
  ])
poly100_kernel_svm_clf. fit ( X,y)
```

测试代码：

```
fig , axes = plt. subplots( ncols =2 , figsize = (10. 5 , 4) , sharey = True)


plt. sca ( axes [0])
```

```
plot_predictions (poly_kernel_svm_clf, [ -1.5, 2.45, -1, 1.5])
plot_dataset(X, y, [-1.5, 2.4, -1, 1,5])
plt. title(r" $d=3, r=1, C=5$", fontsize=18)

plt. sca(axes[1])
plot_predictions (poly100_kernel_svm_clf, [ -1.5, 2.45, -1, 1.5])
plot_dataset (X, y, [ -1.5, 2.4, -1, 1.5])
p1t. tit1e(r" $d=10, r=100, C=5$", fontsize=18)
plt. ylabel("")

save_fig("moons_kernelized_polyncmial_svc_plot")
plt. show()
```

可视化效果如图 12－21 所示。

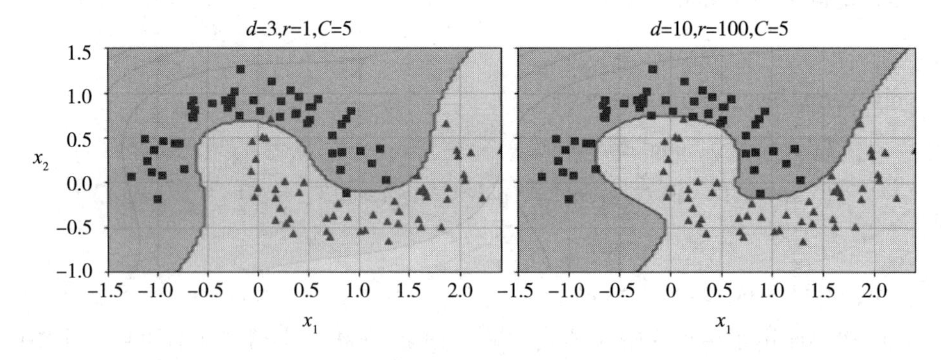

图 12－21　多项式核的 SVM 分类器

寻找正确的超参数数值的方法是网格搜索。可以先进行一次粗略的网格搜索，然后在表现较好的值附近展开一轮更加细致的网格搜索（有兴趣的同学可以了解一下网格搜索的方法，并详细了解一下各个超参数的作用）。解决非线性问题的另一种技术是调价相似特征，这些特征可以通过相似函数计算得出，这样就会创造很多维度，因此也增加了转换后训练集的线性可分性，缺点则是当训练数据集很大时，就会得到大量的特征，不利于训练。因此，对于大型的训练数据集来讲，计算所有附加特征的代价可能相当昂贵，但是核技巧再次展现了它的优越性：它可以利用另一些内核，产生的结果与添加很多相似特征的效果是一样的。接下来就使用 SVC 类试一下高斯 RBF 核，代码如下：

```
rbf_kernel_svm_clf = Pipeline([
        ("scaler", StandardScaler()),
        ("svm_clf", SVC (kernel = "rbf", gamma =5, C =0.001))
```

```
])
rbf_kernel_svm_clf. fit (X, y)
```

图 12 - 22 的左下方显示了这个模型，其余则显示的是不同超参数 gamma 和 C 的模型。

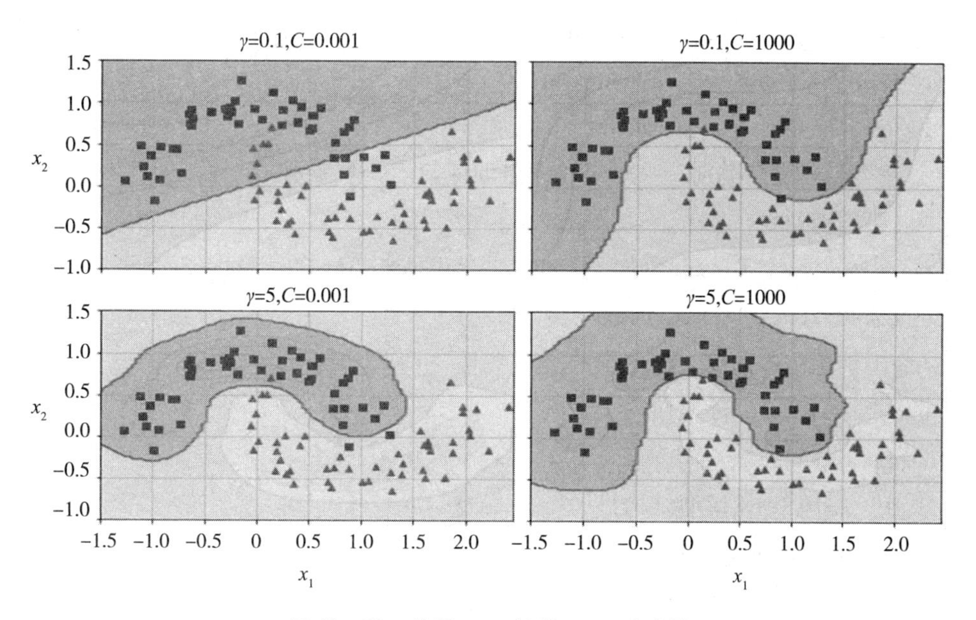

图 12 - 22 使用 RBF 核的 SVM 分类器

（三）卷积神经网络的应用实现

卷积神经网络一直是计算机视觉领域的大热模型，本书将用简单 CNN 来处理计算机视觉领域经典数字手写体图像数据集 Fashion MNIST（同样地，该数据集被完整地封装在 tensorflow. keras 库中，仅需要通过 keras. datasets. fashion_mnist. load_data（）调用即可），该数据集有 70000 张灰度图像，每个图片像素为 28 × 28，共有 10 个类别。

首先，加载数据集并且将数据处理成可以输入卷积神经网络的维度，代码如下：

```
import tensorflow as tf
from tensorflow import keras
import numpy as np
(X_train_full, y_train_full), (X_test, y_test) = keras. datasets. fashion_mnist.
load_data()
X_train, X_valid = X_train_full1[ : -5000], X_train_full1[ -5000: ]
y_train, y_valid = y_train_full[ : -5000], y_train_full[ -5000: ]
X_mean = X_train. mean (axis = 0, keepdims = True)
```

```
X_std = X_train. std( axis = 0, keepdims = True)  +  le - 7
X_train = ( X_train - X_mean)/X_std
X_valid = ( X_valid  - X_mean)/X_std
X_teat = ( X_test - X_mean)/X_std
X_train = X_train[ …, np. newaxis]
X_valid = X valid[ …, np. newaxis)
X_test = X_test[ …. , np. newaxis]
```

创建类名列表与类别一一对应并输出训练集第一个类别：

```
#创建类别列表
class_names = [ ' T - shirt/top', ' Trouser', 'Pullover', 'Dress', 'Coat', 'Sandal', 'Shirt',
'Sneaker', 'Bag', 'Ankle boot']
#输出训练集中的第一幅图像的类别
class_names[ y_train[ 0 ] ]
'Ankle boot'
```

其次，构建 CNN 模型结构：

```
from functools import partial

DefaultConv2D = partial( keras. layers. Conv2D,
                        kernel_size = 3, activation = 'relu', padding = " SAME " )

model = keras. models. Sequential( [
    DefaultConv2D( filters = 64, kernel_size = 7, input_shape = [ 28, 28, 1 ] ),
    keras. layers. MaxPooling2D( pool_size = 2 ),
    DefaultConv2D( filters = 128 ),
    DefaultConv2D( filters = 128 ),
    keras. layers. MaxPooling2D( pool_size = 2 ),
    DefaultConv2D( filters = 256 ),
    DefaultConv2D( filters = 256 ),
    keras. layers. MaxPooling2D( pool_size = 2 ),
    keras. layers. Flatten( ),
    keras. layers. Dense( units = 128, activation = 'relu' ),
    keras. layers. Dropout (0. 5 ),
    keras. layers. Dense( units = 64, activation = 'relu' ),
    keras. layers. Dropout (0. 5 ),
```

keras. layers. Dense（units = 10，activation = 'softmax'），

])

最后，训练该模型并预测：

model. complle（loss = " sparse_categorical_crossentropy"，

optimizer = " nadan"，metrics = [" accuracy"]）

history = model. fit（X_train，y_train，epochs = 10，validation_data = (X_valid，y_valid)）

score = model. evaluate（X_test，y_test）

X_new = X_test [:10] #pretend we have new images

y_pred = model. predict（X_new）

```
Epoch 1/10
1719/1719 [==============================] - 33s 16ms/step - loss: 1.0335 - accuracy: 0.6351 - val_loss: 0.3914 - val_accuracy: 0.86
56
Epoch 2/10
1719/1719 [==============================] - 27s 16ms/step - loss: 0.4308 - accuracy: 0.8548 - val_loss: 0.3270 - val_accuracy: 0.87
56
Epoch 3/10
1719/1719 [==============================] - 27s 16ms/step - loss: 0.3657 - accuracy: 0.8764 - val_loss: 0.2972 - val_accuracy: 0.89
64
Epoch 4/10
1719/1719 [==============================] - 27s 16ms/step - loss: 0.3287 - accuracy: 0.8893 - val_loss: 0.2843 - val_accuracy: 0.89
48
Epoch 5/10
1719/1719 [==============================] - 27s 16ms/step - loss: 0.3093 - accuracy: 0.8938 - val_loss: 0.2972 - val_accuracy: 0.89
62
Epoch 6/10
1719/1719 [==============================] - 27s 16ms/step - loss: 0.2804 - accuracy: 0.9038 - val_loss: 0.2868 - val_accuracy: 0.89
72
Epoch 7/10
1719/1719 [==============================] - 27s 16ms/step - loss: 0.2785 - accuracy: 0.9048 - val_loss: 0.2758 - val_accuracy: 0.90
24
Epoch 8/10
1719/1719 [==============================] - 27s 16ms/step - loss: 0.2626 - accuracy: 0.9098 - val_loss: 0.2767 - val_accuracy: 0.90
10
Epoch 9/10
1719/1719 [==============================] - 27s 16ms/step - loss: 0.2608 - accuracy: 0.9087 - val_loss: 0.2913 - val_accuracy: 0.90
42
Epoch 10/10
1719/1719 [==============================] - 27s 16ms/step - loss: 0.2416 - accuracy: 0.9172 - val_loss: 0.2686 - val_accuracy: 0.90
84
313/313 [==============================] - 1s 4ms/step - loss: 0.2917 - accuracy: 0.9048
```

图 12－23　训练模型并预测

可以发现，该模型在测试集上的精确度高达 90.48%，预测效果十分显著。

（四）循环神经网络的应用实现

首先介绍一个经典的数据集——IMDB 数据集。IMDB 数据集包含两极评论，评论一般会分为好坏两类，区别较为明显，其中共有 50000 条评论，好坏各占一半。在处理的时候将其分为训练集与测试集，同样，二者也各包含一半的正面评论，一半的负面评论。这些评论都通过预处理将其转换为整数序列，其中的数字代表不同的词。

在处理文本数据上，循环神经网络有着天然的优势，它不仅可以通过权重共享的方式减少网络参数，还可以通过其记忆性的特点，将前后的信息进行连接，更好地学习和预测时序数据的特征。接下来，将循环神经网络模型运用到 IMDB 数据集中，搭建一个简单的 RNN 模型来处理 IMDB 数据集，看看效果如何。

首先，将需要的第三方库引用，并设置好随机数种子，保证训练的一致性。同时使用 Tensorflow 的 2.0 版本。代码如下：

```
# fix random seed for reproducibility
np. random. seed(7)
# load the dataset but only keep the top n words, zero the rest
top_words = 10000
# truncate and pad input sequences
max_review_length = 80
(X_train, y_train), (X_test, y_test) = keras. datasets. imdb. load_data
(num_words = top_words)
# X_train = tf. convert_to_tensor(X_train)
# y_train = tf. one_hot (y_train, depth = 2)
print ('Pad sequences (samples x time)')
x_train = keras. preprocessing. sequence. pad_sequences
(X_train, maxlen = max_review_length)
x_test = keras. preprocessing. sequence. pad_sequences
(X_test, maxlen = max_review_length)
print ('x_train shape:', x_train. shape)
print('x_test shape:' x_test. shape)
```

其次，对数据进行预处理，将数据集划分为训练集与测试集，并查看训练集与测试集的大小，再给出继承 keras. Model 的自定义类 RNN，代码如下：

```
class RNN(keras. Model):
    def_init_(self, units, num_classes, num_layers):
        super(RNN, self). _init_()
        # self. cells = [keras. layers. LSTMCell(units) for _ in range(num_layers)]
        #
        # self. rnn = keras. layers. RNN(self. cells, unroll = True)
        self. rnn = keras. layers. LSTM(units, return_sequences = True)
        self. rnn2 = keras. Layers. LSTM(units)

        # self. cells = (keras. layers. LSTMCell(units) for_in range (num_layers))
        ##
        # self. rnn = keras. layers. RNN(self. cells, return_sequences = True, return_
state = True)
```

```
        # self. rnn = keras. layers. LSTM( units, unroll = True)
        # self. rnn = keras. layers. StackedRNNCells( self. cells)

        # have 1000 words totally, every word will be embedding into 100 length vector
        # the max sentence lenght is 80 words
        self. embedding = keras. layers. Embedding( top_words, 100, input_length =
max_review_length)
        self. fc = keras. layers. Dense(1)

    def call( self, inputs, training = None, mask = None):
        # print ('x', inputs. shape)
        # [b, sentence len] = > [b, sentence len, word embedding]
        x = self. embedding( inputs)
        # print ('embedding', x. shape)
        x = self. rnn( x)
        x = self. rnn2( x)
        # print ('rnn', x. shape)

        x = self. fc( x)
        print ( x. shape)

        return x
```

之后将划分好的数据代入进行训练与预测，通过准确度对模型进行评估：

```
units = 64
num_classes = 2
batch_size = 32
epochs = 20

model = RNN( units, num_classes, num_layers = 2)

model. compile( optimizer = keras. optimizers. Adam(0. 001),
              loss = keras. losses. BinaryCrossentropy ( from_logits = True),
              metrics = [ 'accuracy'])
```

```
# train
model. fit (x_train, y_train, batch_size = batch_size, epochs = epochs,
                validation_data = (x_test, y_test), verbose = 1)

# evaluate on test set
scores = model. evaluate (x_test, y_test, batch_size, verbose = 1)
print ("Final test loss and accuracy :", scores)
```

训练过程与预测精确度的输出结果如图 12 –24 所示。

```
Epoch 9/20
782/782 [==============================] - 53s 67ms/step - loss: 0.0226 - accuracy: 0.9937 - val_loss: 0.9334 - val_accuracy: 0.8210
Epoch 10/20
782/782 [==============================] - 52s 67ms/step - loss: 0.0158 - accuracy: 0.9949 - val_loss: 0.8826 - val_accuracy: 0.8196
Epoch 11/20
782/782 [==============================] - 57s 73ms/step - loss: 0.0166 - accuracy: 0.9948 - val_loss: 0.8736 - val_accuracy: 0.8086
Epoch 12/20
782/782 [==============================] - 54s 69ms/step - loss: 0.0194 - accuracy: 0.9933 - val_loss: 0.9991 - val_accuracy: 0.8166
Epoch 13/20
782/782 [==============================] - 55s 70ms/step - loss: 0.0138 - accuracy: 0.9961 - val_loss: 1.0733 - val_accuracy: 0.8150
Epoch 14/20
782/782 [==============================] - 61s 79ms/step - loss: 0.0127 - accuracy: 0.9968 - val_loss: 1.0647 - val_accuracy: 0.8126
Epoch 15/20
782/782 [==============================] - 52s 66ms/step - loss: 0.0118 - accuracy: 0.9965 - val_loss: 1.0391 - val_accuracy: 0.8227
Epoch 16/20
782/782 [==============================] - 55s 71ms/step - loss: 0.0081 - accuracy: 0.9975 - val_loss: 0.9756 - val_accuracy: 0.8247
Epoch 17/20
782/782 [==============================] - 56s 71ms/step - loss: 0.0066 - accuracy: 0.9981 - val_loss: 1.0452 - val_accuracy: 0.7978
Epoch 18/20
782/782 [==============================] - 52s 67ms/step - loss: 0.0093 - accuracy: 0.9976 - val_loss: 1.1032 - val_accuracy: 0.8208
Epoch 19/20
782/782 [==============================] - 56s 72ms/step - loss: 0.0089 - accuracy: 0.9971 - val_loss: 1.1076 - val_accuracy: 0.8216
Epoch 20/20
782/782 [==============================] - 54s 70ms/step - loss: 0.0038 - accuracy: 0.9990 - val_loss: 1.1276 - val_accuracy: 0.8228
782/782 [==============================] - 12s 15ms/step - loss: 1.1276 - accuracy: 0.8228
Final test loss and accuracy : [1.1275737285614014, 0.8227599859237671]
```

图 12 –24　训练过程与预测精确度的输出结果

可以看到，随着训练轮次的增加，训练的损失不断减少，准确度不断提高。测试集上预测的结果与真实的结果对比，准确率已经达到了 82.28%，由此可见 RNN 模型的预测效果不错，具备了一定的泛化能力。

第四节　本章小结

系统机器学习方法是一种近年来较为流行的、具有交叉领域应用的分类、回归模型。本章首先简单回顾了机器学习方法的发展与应用，可以发现，其涉及的研究领域十分广泛，且整体上超过了传统模型的应用。机器学习方法之间并不存在明显的好坏之分，一般是以模型的复杂程度来评价模型，即表现性能相对较好的模型其复杂度要大。实际上，传统的机器学习方法，如决策树、支持向量机以及 K 近邻等，模型相对简单，能够在规模较小、复杂程度低的数据集中取得很好的性能效果。而随着技术的发展，深度学习方法如卷积神经网络和循环神经网络等，凭借其更高的模型复杂度，就能在大数据中取得更好的性能效果，但这不是一定的结论，而是更应该考虑模型与研究领域的契合度，有时也会存在复杂度较低的模型能够对大数据取得不错性能的情况。其次，本章将不同的机器学习方法分为经典模型、新兴模型以及重要模型，较为全面地介绍了大部分模型，由于强化学习较为特殊，故本章并未对其进行介绍。最后，本章简单介绍了基于 Python 软件的机器学习方法的实现，并且针对性地选择了传统机器学习和深度学习中具有代表性的四个重要模型：决策树模型、支持向量机、卷积神经网络以及循环神经网络，并给出了具体的 Python 应用实现。综上所述，本章主要介绍了机器学习相关模型的应用实现，以及基于 Python 的代码实现，从模型原理和模型构建角度阐述了不同机器学习方法的差异性和应用性，方便读者对机器学习方法进行了解，从而有助于读者将机器学习方法应用至不同领域中。

参考文献

[1] 车思琪、李学沛：《评价系统视阈下中美企业致股东信情感话语对比分析——基于情感词典和机器学习的文本挖掘技术》，载于《外国语（上海外国语大学学报）》2021 年第 2 期。

[2] 陈皋、王卫华、林丹丹：《基于无预训练卷积神经网络的红外车辆目标检测》，载于《红外技术》2021 年第 4 期。

[3] 陈科圻、朱志亮、邓小明、马翠霞、王宏安：《多尺度目标检测的深度学习研究综述》，载于《软件学报》2021 年第 4 期。

[4] 冯立伟、张成、李元、谢彦红：《基于标准距离 k 近邻的多模态过程故障检测策略》，载于《控制理论与应用》2019 年第 4 期。

[5] 郭小萍、徐月、李元：《基于特征空间自适应 k 近邻工业过程故障检测》，载于《高校化学工程学报》2019 年第 2 期。

[6] 黄曦涛、李怀恩、张瑜、杨晓锋、陈思宇：《基于 PSR 和 AHP 方法的西安市城市内涝脆弱性评价体系构建与脆弱度评估》，载于《自然灾害学报》2019 年第 6 期。

[7] 李海宏、吴吉东、王强、杨辰、潘顺：《基于机器学习方法的上海市暴雨内涝灾情预测模型研究》，载于《自然灾害学报》2021 年第 1 期。

[8] 李航：《统计学习方法》，清华大学出版社 2012 年版。

[9] 李荷婷、冯仁君、陈海雁、景栋盛：《基于异卷积神经网络的入侵检测》，载于《计算机与现代化》2019 年第 10 期。

[10] 李蒙、韩立新：《基于深度强化学习的黑盒对抗攻击算法》，载于《计算机与现代化》2021 年第 4 期。

[11] 李欣、温阳、黄鲁成、苗红：《一种基于机器学习的研究前沿识别方法研究》，载于《科研管理》2021 年第 1 期。

[12] 李怡瑾、唐昊、吕凯、郭晓蕊、许丹：《源荷不确定冷热电联供微网能量调度的建模与学习优化》，载于《控制理论与应用》2018 年第 1 期。

[13] 刘洪、李吉峰、葛少云、张鹏、陈星屹：《基于多主体博弈与强化学习的并网型综合能源微网协调调度》，载于《电力系统自动化》2019 年第 1 期。

[14] 刘月峰、蔡爽、杨涵晰、张晨荣：《融合 CNN 与 BiLSTM 的网络入侵检测方法》，载于《计算机工程》2019 年第 12 期。

[15] 罗志刚：《基于 PSO - KNN 算法的人脸识别优化研究》，载于《电子设计工程》2021 年第 6 期。

[16] 孟球、沈凝、祁殷俏、张昊园：《基于强化学习的三维游戏控制算法》，载于《东北大学学报（自然科学版）》2021 年第 4 期。

[17] 彭军、王成龙、蒋富、顾欣、牟玥玥、刘伟荣：《一种车载服务的快速深度 Q 学习网络边云迁移策略》，载于《电子与信息学报》2020 年第 1 期。

[18] 任珍、李姝、赵静静、马青变：《机器学习在急诊医学中应用的研究进展及展望》，载于《中国急救医学》2021 年第 3 期。

[19] 商富博、韩忠华、林硕、单丹、戚爱伟：《基于 DSCNN-BiLSTM 的入侵检测方法》，载于《科学技术与工程》2021 年第 8 期。

[20] 宋爱国：《力觉临场感遥操作机器人（1）：技术发展与现状》，载于《南京信息工程大学学报（自然科学版）》2013 年第 1 期。

[21] 宋辉、代杰杰、张卫东、毕凯、盛戈皞、江秀臣：《复杂数据源下基于深度卷积网络的局部放电模式识别》，载于《高电压技术》2018 年第 11 期。

[22] 孙滨、张亮：《改进深度学习的无人船目标光视觉跟踪研究》，载于《舰船科学技术》2021 年第 6 期。

[23] 孙长银、穆朝絮：《多智能体深度强化学习的若干关键科学问题》，载于《自动化学报》2020 年第 7 期。

[24] 滕五晓、夏剑霺、万蓓蕾：《城市社区暴雨脆弱性评估研究——以上海市杨浦区为例》，载于《广州大学学报（社会科学版）》2018 年第 2 期。

[25] 王明、李剑：《基于卷积神经网络的网络入侵检测系统》，载于《信息安全研究》2017 年第 11 期。

[26] 王新迎、赵琦、赵黎媛、杨挺：《基于深度 Q 学习的电热综合能源系统能量管理》，载于《电力建设》2021 年第 3 期。

[27] 王月、江逸茗、兰巨龙：《基于改进三元组网络和 K 近邻算法的入侵检测》，载于《计算机应用》2021 年第 5 期。

[28] 张俊三、程俏俏、万瑶、朱杰、张世栋：《MIRGAN：一种基于 GAN 的医学影像报告生成模型》，载于《山东大学学报（工学版）》2021 年第 2 期。

[29] 张璐、李卓桓、殷绪成、晋赞霞：《基于生成模型的闲聊机器人自动评价方法综述》，载于《中文信息学报》2021 年第 3 期。

[30] 张悟移、陈成：《基于深度学习的交通运输业能耗预测——以“一带一路”主要经济体为例》，载于《数学的实践与认识》2021 年第 6 期。

[31] 张新伯、唐炬、潘成、张晓星、金淼、杨东、郑建、汪挺：《用于局部放电模式识别的

深度置信网络方法》，载于《电网技术》2016 年第 10 期。

[32] 赵书强、尚煜东、杨燕燕、李永华：《基于长短期记忆神经网络的地表太阳辐照度预测》，载于《太阳能学报》2021 年第 3 期。

[33] 周红标、乔俊飞：《基于高维 k – 近邻互信息的特征选择方法》，载于《智能系统学报》2017 年第 5 期。

[34] 周志华：《机器学习》，清华大学出版社 2017 年版。

[35] Ankerst M. , Breunig M. M. , Kriegel H. P. , et al. , OPTICS: Ordering Points to Identify the Clustering Structure. *ACM Sigmod Record*, Vol. 28, No. 2, 1999, pp. 49 – 60.

[36] Bazzan A. , F Klügl. , Introduction to Intelligent Systems in Traffic and Transportation. *Synthesis Lectures on Artificial Intelligence & Machine Learning*, Vol. 7, No. 3, 2013, pp. 1 – 137.

[37] Belkin M. , Niyogi P. , Laplacian Eigenmaps for Dimensionality Reduction and Data Representation. *Neural Computation*. Vol. 15, No. 6, 2003, pp. 1373 – 1396.

[38] Bernhard S. , Nonlinear Component Analysis as a Kernel Eigenvalue Problem. *Neural Computation*, Vol. 10, 1998, pp. 1299 – 1319.

[39] Breiman L. , Friedman J. H. , Olshen R. A. , et al. , *Classification and Regression Trees*. Routledge, 2017.

[40] Breiman L. , Random Forests. *Machine Learning*, Vol. 45, No. 1, 2001, pp. 5 – 32.

[41] Bui V H. , Hussain A. , Kim H. M. , Q-Learning-Based Operation Strategy for Community Battery Energy Storage System (CBESS) in Microgrid System. *Energies*, Vol. 12, No. 9, 2019, P. 1789.

[42] Cheng Y. , Mean Shift, Mode Seeking, and Clustering. *IEEE Transactions on Pattern Analysis and Machine Intelligence*, Vol. 17, No. 8, 1995, pp. 790 – 799.

[43] Cheng Z. , Zhao Q. , Wang F. , et al. , Satisfaction based Q-Learning for Integrated Lighting and Blind Control. *Energy and Buildings*, Vol. 127, 2016, pp. 43 – 55.

[44] Cortes C. , Vapnik V. , Support Vector Networks. *Machine Learning*, Vol. 20, 1995, pp. 273 – 297.

[45] Cover T. , Hart P. , Nearest Neighbor Pattern Classification. *IEEE Transactions on Information Theory*, Vol. 13, No. 1, 1967, pp. 21 – 27.

[46] Cox D. R. , The Regression Analysis of Binary Sequences. *Journal of the Royal Statistical Society: Series B (Methodological)*, Vol. 20, No. 2, 1958, pp. 215 – 232.

[47] Dai K. , Wang D. , Lu H. , et al. , *Visual Tracking Via Adaptive Spatially-Regularized Correlation Filters*. Proceedings of the IEEE/CVF Conference on Computer Vision and Pattern Recognition, 2019, pp. 4670 – 4679.

[48] Defays D. , An Efficient Algorithm for a Complete-Link Method. *The Computer Journal*, Vol. 20, No. 4, 1977, pp. 364 – 366.

[49] Dempster A. P. , Laird N. M. , Rubin D. B. , Maximum Likelihood from Incomplete Data via the EM Algorithm. *Journal of the Royal Statistical Society*, *Series B*, Vol. 39, No. 1, 1977, pp. 1 – 38.

[50] Desautels T. , Calvert J. , Hoffman J. , et al. , Prediction of Sepsis in the Intensive Care Unit

with Minimal Electronic Health Record Data: A Machine Learning Approach. *JMIR Medical Informatics*, Vol. 4, No. 3, 2016.

[51] Durand T., Mehrasa N., Mori G., *Learning a Deep ConvNet for Multi-Label Classification with Partial Labels.* 2019 IEEE/CVF Conference on Computer Vision and Pattern Recognition (CVPR), IEEE, 2020, pp. 647 – 657.

[52] Ester M., Kriegel H. P., Sander J., Xu X. Simoudis, Evangelos; Han, Jiawei; Fayyad, Usama M., eds., *A Density-Based Algorithm for Discovering Clusters in Large Spatial Databases with Noise.* Proceedings of the Second International Conference on Knowledge Discovery and Data Mining (KDD – 96), AAAI Press, 1996, pp. 226 – 231.

[53] Fisher R. A., The Use of Multiple Measurements in Taxonomic Problems. *Annals of Eugenics*, Vol. 7, No. 2, 1963, pp. 179 – 188.

[54] Freund Y., Boosting a Weak Learning Algorithm by Majority. *Information and Computation*, 1995.

[55] Geman S., Geman D., Stic Relaxation, Gibbs Distributions, and the Bayesian Restoration of Images. *IEEE Transactions on Pattern Analysis and Machine Intelligence*, Vol. 6, No. 6, 1984, pp. 721 – 741.

[56] Green M., Bjŏrk J., Forberg J., et al., Comparison between Neural Networks and Multiple Logistic Regression to Predict Acute Coronary Syndrome in the Emergency Room. *Artificial Intelligence in Medicine*, Vol. 38, No. 3, 2006, pp. 305 – 318.

[57] Gupta J. K., Egorov M., Kochenderfer M., *Cooperative Multi-Agent Control Using Deep Reinforcement Learning.* The 16th International Conference on Autonomous Agents and Multiagent Systems. Cham: Springer, 2017, pp. 66 – 83.

[58] He K., Zhang X., Ren S., et al., *Deep Residual Learning for Image Recognition.* Proceedings of the IEEE Conference on Computer Vision and Pattern Recognition, 2016, pp. 770 – 778.

[59] He P. Q., Wang J., Fault Detection Using the k-nearest Neighbor Rule for Semiconductor Manufacturing Processes. *IEEE Transactions on Semiconductor Manufacturing*, Vol. 20, No. 4, 2007, pp. 345 – 354.

[60] He X., Niyogi P., Locality Preserving Projections. *Advances in Neural Information Processing Systems*, Vol. 16, 2003, pp. 234 – 241.

[61] Hinton G. E., Osindero S., Teh Y. W., A Fast -Learning Algorithm for Deep Belief Nets. *Neural Computation*, Vol. 18, No. 7, 2006, pp. 1527 – 1554.

[62] Hinton G., Deep Belief Networks. *Scholarpedia*, Vol. 4, No. 5, 2009, P. 5947.

[63] Hochreiter S., Schmidhuber J., Long Short-Term Memory. *Neural Computation*, Vol. 9, No. 8, 1997, pp. 1735 – 1780.

[64] Hu L., Hong G., Ma J., et al., An Efficient Machine Learning Approach for Diagnosis of Paraquat-Poisoned Patients. *Computers in Biology and Medicine*, Vol. 59, 2015, pp. 116 – 124.

[65] Jiang J., Lu Z., *Learning Attentional Communication for Multi-Agent Cooperation.* Advances in Neural Information Processing Systems, New York: ACM Press, 2018, pp. 7254 – 7264.

[66] Johnson M., Hofmann K., Hutton T. J., et al., *The Malmo Platform for Artificial Intelligence Experimentation*. International Joint Conference on Artificial Intelligence (IJCAI), New York: AAAI Press, 2016, pp. 4246 – 4247.

[67] Kaelbling L. P., Littman M. L., Moore A. W., Reinforcement Learning: A Survey. *Journal of Artificial Intelligence Research*, Vol. 4, 1996, pp. 237 – 285.

[68] Kim S., Dalmia S., Metze F., *Gated Embeddings in End-to-End Speech Recognition for Conversational-Context Fusion*. Proceedings of the 57th Annual Meeting of the Association for Computational Linguistics, 2019, pp. 1131 – 1141.

[69] Konda V. R., Tsitsiklis J. N., Onactor-critic Algorithms. *SIAM Journal on Control and Optimization*, Vol. 42, No. 4, 2003, pp. 1143 – 1166.

[70] Krizhevsky A., Sutskever I., Hinton G. E., Imagenet Classification with Deep Convolutional Neural Networks. *Advances in Neural Information Processing Systems*, Vol. 25, 2012, pp. 1097 – 1105.

[71] Kwon J., Lee Y., Lee Y., et al., An Algorithm based on Deep Learning for Predicting In-Hospital Cardiac Arrest. *Journal of the American Heart Association*, Vol. 7, No. 13, 2018.

[72] Lafferty J., McCallum A., Pereira F., *Conditional Random Fields: Probabilistic Models for Segmenting and Labeling Sequence Data*. Proc. 18th International Conf. on Machine Learning. Morgan Kaufmann, 2001, pp. 282 – 289.

[73] LeCun Y., Boser B., Denker J. S., et al., Backpropagation Applied to Handwritten Zip Code Recognition. *Neural Computation*, Vol. 1, No. 4, 1989, pp. 541 – 551.

[74] LeCun Y., Bengio Y., Hinton G., Deep Learning. *Nature*, Vol. 521, No. 7553, 2015, pp. 436 – 444.

[75] Li Y., Chen X. Z., Zhu Z., et al., *Attention-Guided Unified Network for Panoptic Segmentation*. 2019 IEEE/CVF Conference on Computer Vision and Pattern Recognition (CVPR), 2019, pp. 7019 – 7028.

[76] Maaten L., Hinton G., Visualizing Data Using T-SNE. *Journal of Machine Learning Research*, Vol. 9, No. 86, 2008, pp. 2579 – 2605.

[77] MacQueen J., *Some Methods for Classification and Analysis of Multivariate Observations*. Proceedings of the fifth Berkeley symposium on mathematical statistics and probability, Vol. 1, No. 14, 1967, pp. 281 – 297.

[78] Mirowski P., Grimes M. K., Malinowski M., et al., Learning to Navigate in Cities without a Map. *Advances in Neural Information Processing Systems*, 2018, pp. 2419 – 2430.

[79] Mnih V., Badia A. P., Mirza M., et al., *Asynchronous Methods for Deep Reinforcement Learning*. International Conference on Machine Learning, PMLR, 2016, pp. 1928 – 1937.

[80] Nash F. A. Differential Diagnosis, An Apparatus to Assist the Logical Facultie. *Lancet*, Vol. 266, No. 6817, 1954, pp. 874 – 875.

[81] Ostafew C. J., Schoellig A. P., Barfoot T. D., et al., Learning-based Nonlinear Model Predictive Control to Improve Vision-Based Mobile Robot Path Tracking. *Journal of Field Robotics*, Vol. 33, No. 1, 2016, pp. 133 – 152.

[82] Pearl J., *Bayesian Networks: A Model Cf Self-Activated Memory for Evidential Reasoning.* Proceedings of the 7th Conference of the Cognitive Science Society, University of California, Irvine, 1985, pp. 15 - 17.

[83] Pearson K. LIII., On lines and Planes of Closest Fit to Systems of Points in Space. *The London, Edinburgh, and Dublin Philosophical Magazine and Journal of Science*, Vol. 2, No. 11, 1901, pp. 559 - 572.

[84] Qiu M., Li F. L., Wang S., et al., *AliMe Chat: A Sequence to Sequence and Rerank based Chatbot Engine.* Meeting of the Association for Computational Linguistics, 2017, pp. 498 - 503.

[85] Rosenblatt F., The Perceptron: A Probabilistic Model for Information Storage and Organization in the Brain. *Psychological Review*, Vol. 65, No. 6, 1958, P. 386.

[86] Roweis S. T., Saul L. K., Nonlinear Dimensionality Reduction by Locally Linear Embedding. *Science*, Vol. 290, No. 5500, 2000, pp. 2323 - 2326.

[87] Rumelhart D. E., Hinton G. E., Williams R. J., Learning Internal Representations by Back-Propagating Errors. *Nature*, Vol. 323, No. 99, 1986, pp. 533 - 536.

[88] Severyn A., Moschitti A., *Twitter Sentiment Analysis with Deep Convolutional Neural Networks.* International Acm Sigir Conference, ACM, 2015, pp. 959 - 962

[89] Seymour C. W., Liu V. X., Iwashyna T. J., et al., Assessment of Clinical Criteria for Sepsis: for the Third International Consensus Definitions for Sepsis and Septic Shock (Sepsis - 3). *Jama*, Vol. 315, No. 8, 2016, pp. 762 - 774.

[90] Shi J., Malik J., Normalized Cuts and Image Segmentation. *IEEE Transactions on Pattern Analysis and Machine Intelligence*, Vol. 22, No. 8, 2000, pp. 888 - 905.

[91] Sibson R., SLINK: An Optimally Efficient Algorithm for the Single-Link Cluster Method. *The Computer Journal*, Vol. 16, No. 1, 1973, pp. 30 - 34.

[92] Silver D., Huang A., Maddison C. J., et al., Mastering the Game of Go with Deep Neural Networks and Tree Search. *Nature*, Vol. 529, No. 7587, 2016, pp. 484 - 489.

[93] Stratonovich R. L., *Conditional Markov Processes.* Non-linear transformations of Stochastic Processes, Pergamon, 1965, pp. 427 - 453.

[94] Sutton R. S., Learning to Predict by the Methods of Temporal Differences. *Machine Learning*, Vol. 3, No. 1, 1988, pp. 9 - 44.

[95] Sutton R., Barto A. G., Reinforcement Learning: An Introduction. *IEEE Transactions on Neural Networks*, Vol., No. 5, 1998, P. 1054.

[96] Tenenbaum J. B., De Silva V., Langford J. C., A Global Geometric Framework for Nonlinear Dimensionality Reduction. *Science*, Vol. 290, No. 5500, 2000, pp. 2319 - 2323.

[97] Tsien C. L., Fraser H. S., Long W. J., et al., Using Classification Tree and Logistic Regression Methods to Diagnose Myocardial Infarction. *Stud Health Technol Inform*, Vol. 51, No. 1, 1998, pp. 493 - 497.

[98] Ty A., Lz A., Wei L. B., et al., Reinforcement Learning in Sustainable Energy and Electric Systems: A Survey. *Annual Reviews in Control*, Vol. 49, 2020, pp. 145 - 163.

[99] Vincent P., Larochelle H., Bengio Y., et al., *Extracting and Composing Robust Features with Denoising Autoencoders*. Proceedings of the 25th International Conference on Machine Learning, 2008, pp. 1096 - 1103.

[100] Vinyals O., Babuschkin I., Czarnecki W. M., et al., Grandmaster Level in StarCraft Ⅱ Using Multi-Agent Reinforcement Learning. *Nature*, Vol. 575, No. 782, 2019, pp. 350 - 354.

[101] Wang Q., Li B., Xiao T., et al., *Learning Deep Transformer Models for Machine Translation*. Proceedings of the 57th Annual Meeting of the Association for Computational Linguistics, 2019, pp. 1810 - 1822.

[102] Wang Y., He H., Sun C., Learning to Navigate through Complex Dynamic Environment with Modular Deep Reinforcement Learning. *IEEE Transactions on Games*, Vol. 10, No. 4, 2018, pp. 400 - 412.

[103] Wang Y. P., Zheng K. X., Tian D. X., et al., Cooperative Channel Assignment for VANETs based on Multiagent Reinforcement Learning. *Frontiers of Information Technology & Electronic Engineering*, Vol. 21, No. 7, 2020, pp. 1047 - 1059.

[104] Ward J. H., Hierarchical Grouping to Optimize an Objective Function. *Journal of the American Statistical Association*, Vol. 58, No. 301, 1963, pp. 236 - 244.

[105] Weinberger K. Q., Saul L. K., Distance Metric Learning for Large Margin Nearest Neighbor Classification. *Journal of Machine Learning Research*, Vol. 8, 2009, pp. 207 - 244.

[106] Williams R. J. Simple Statistical Gradient-Following Algorithms for Connectionist Reinforcement Learning. *Machine Learning*, Vol. 8, No. 3, 1992, pp. 229 - 256.

[107] Wu Y., Zhang W., Song K., *Master-slave Curriculum Design for Reinforcement Learning*. The 28th International Joint Conference on Artificial Intelligence, New York: ACM Press, 2018, pp. 1523 - 1529.

[108] Yang Y., Liang H., Choi C., A Deep Learning Approach to Grasping the Invisible. *IEEE Robotics and Automation Letters*, Vol. 5, No. 2, 2020, pp. 2232 - 2239.

[109] Yao H., Fei W., Ke J., et al., *Deep Multi-View Spatial-Temporal Network for Taxi Demand Prediction*. Proceedings of 2018 National Conference on Artificial Intelligence, 2018, pp. 2588 - 2595.

[110] Yu D., Xiong W., Droppo J., et al., *Deep Convolutional Neural Networks with Layer-Wise Context Expansion and Attention*. Interspeech, 2016, pp. 17 - 21.

[111] Yu T., Shen Y. L., Jin H. X., *A Visual Dialog Augmented Interactive Recommender System*. Proceedings of the 25th ACM SIGKDD International Conference on Knowledge Discovery & Data Mining, 2019, pp. 157 - 165.

[112] Zhang F., Leitner J., Milford M., et al., Towards Vision-Based Deep Reinforcement Learning for Robotic Motion Control. *Computer Science*, 2015.

[113] Zhang J. H., Zhang W., Song R., et al., *Grasp for Stacking Via Deep Reinforcement Learning*. 2020 IEEE International Conference on Robotics and Automation (ICRA). May 31 - August 31, 2020, Paris, France, IEEE, 2020, pp. 2543 - 2549.

[114] Zhao L., Song Y., Zhang C., et al., T-GCN: A Temporal Graph Convolutional Network for Traffic Prediction. *IEEE Transactions on Intelligent Transportation Systems*, Vol. 21, No. 9, 2020,

pp. 3848 – 3858.

[115] Zhao X. , Xia L. , Tang J. , et al. , Deep Reinforcement Learning for Search, Recommendation, and Online Advertising: A Survey. *ACM SIGWEB Newsletter*, 2019, pp. 1 – 15.

[116] Zhao X. , Xia L. , Zhang L. , et al. , *Deep Reinforcement Learning for Page-Wise Recommendations*. The 12th ACM Conference on Recommender Systems, New York: ACM Press, 2018, pp. 95 – 103.

[117] Zheng G. , Zhang F. , Zheng Z. , et al. , *DRN: A Deep Reinforcement Learning Framework for News Recommendation*. The 2018 World Wide Web Conference, New York: ACM Press, 2018, pp. 167 – 176.

[118] Zhu Y. , Mottaghi R. , Kolve E. , et al. , *Target-driven Visual Navigation in Indoor Scenes Using Deep Reinforcement Learning*. 2017 IEEE International Conference on Robotics and Automation (ICRA), Piscataway: IEEE Press, 2017, pp. 3357 – 3364.

图书在版编目（CIP）数据

系统工程理论、方法与程序／周伟主编，余德建，陈瑾，缑迅杰副主编. --北京：经济科学出版社，2023.12

ISBN 978-7-5218-4669-0

Ⅰ.①系… Ⅱ.①周… ②余… ③陈… ④缑… Ⅲ.①系统工程 Ⅳ.①N945

中国国家版本馆 CIP 数据核字（2023）第 057845 号

责任编辑：初少磊 杨 梅
责任校对：王苗苗
责任印制：范 艳

系统工程理论、方法与程序
XITONG GONGCHENG LILUN, FANGFA YU CHENGXU
主 编 周 伟
副主编 余德建 陈 瑾 缑迅杰
经济科学出版社出版、发行 新华书店经销
社址：北京市海淀区阜成路甲 28 号 邮编：100142
总编部电话：010-88191217 发行部电话：010-88191522
网址：www.esp.com.cn
电子邮箱：esp@esp.com.cn
天猫网店：经济科学出版社旗舰店
网址：http://jjkxcbs.tmall.com
北京季蜂印刷有限公司印装
787×1092 16 开 33.75 印张 650000 字
2023 年 12 月第 1 版 2023 年 12 月第 1 次印刷
ISBN 978-7-5218-4669-0 定价：118.00 元
（图书出现印装问题，本社负责调换。电话：010-88191545）